신의진의 아이심리백과

신의진의
아이심리백과

0~6세 부모가 꼭 알아야 할 아이 성장에 관한 모든 것

| 신의진 지음 |

메이븐
MAVEN

어느덧 소아 정신과 의사로 일해 온 지 26년이 되었습니다. 그동안 수십만 명에 이르는 부모와 아이를 만나 상담을 하고, 치료를 해 오면서 언제나 제 바람은 하나였습니다. 세상의 모든 부모와 아이가 건강하게 살아가는 것. 하지만 시간이 갈수록 문제 있는 부모와 아이가 줄어들기는커녕 더 늘어만 갔습니다. 특히나 아이의 마음이 많이 아픈데도 그걸 알아차리기보다 똑똑한 아이 만들기에만 열을 올리는 부모들을 보면 화가 났습니다. 그래서 초보 의사 시절에는 진료실을 찾은 부모들을 많이 혼냈습니다. 더 이상 아이를 망치지 말라고, 어느 만큼 아이를 망가뜨려야 정신을 차리겠느냐고 목소리를 높이기도 했습니다.

하지만 부모가 되어 틱 장애를 앓는 큰아들과 아픈 형 옆에서 관심을 갈구하며 자꾸만 엇나가는 작은아들을 키우면서 비로소 알게 되었습니다. 내가 혼냈던 부모들 또한 아이를 잘 키우고 싶었지만 그 방법을 잘 몰라 헤매는 초보 엄마 아빠였을 뿐이라는 사실을 말입니다. 그들이 진료실에서 울음을 터트릴 때 그들의 아픔에 공감해 줬어야 했는데, 그러지 못했다는 것을 말입니다. 어느 순간 몹시 부끄러웠습니다. 그래서 사죄하는 마음으로 쓰기 시작한 책이 바로 《신의진의 아이심리백과》입니다. 방대한 육아 지식을 한 권의 책에 모두 담을 수는 없지만 필요할 때마다 얼른 꺼내어 참고할 수 있고, 유용하게 써먹을 수 있는 책이 되길 바랐습니다. 그래서 0~6세 부모들이 가장 궁금해하는 질문들을 받아, 두 아이를 키운 부모로서의 경험과 소아 정신과 의사로서 환자들을 치료하며 얻은 실전 노하우들을 토대로 최대한 그 질문들에 꼼꼼히 답하고자 노력했습니다.

당시만 해도 책이 이렇게까지 오랫동안 독자들에게 읽히고 사랑받을 거라고는 짐작도 못 했습니다. 생각지 못한 곳에서 책을 읽은 독자를 만나면 반가우면서도 책의 영향력에 대해 새삼 깨닫게 되었고, 책이 도움이 되었다는 피드백을 들으면 진심으로 감사했습니다. 하지만 어느 순간부터는 '과연 좋은 평가를 받을 만한 책인가' 하고 자꾸만 스스로를 돌아보게 되었던 것도 사실입니다. 그래서 이번에 30만 부 기념 에디션을 만들면서는 바뀐 육아 환경에 따라 부모들이 가장 궁금해하는 베스트 질문을 다시 뽑고, 최신 육아 트렌드에 맞추어 몇 가지 내용을 삭제하거나 추가했습니다. 마지막으로 아이의 정신 건강을 자가 진단해 볼 수 있는 '연령별 부모들이 절대 놓치면 안 되는 아이의 위험 신호'를 새롭게 추가했습니다.

물론 이 한 권의 책이 초보 엄마 아빠의 불안과 조급함을 완전히 없애 줄 것이라고는 생각하지 않습니다. 그러기엔 부모들의 마음을 파고드는 불안과 조급함의 늪이 얼마나 깊고 무서운지 저 또한 잘 알고 있기 때문입니다. 내 얘기는 아닐 거라고 단정하지는 마십시오. 아이를 사랑한다면서 결국은 암기 괴물을 천재라고 칭찬하는 부모, 아이가 기대만큼 쫓아오지 못하는 것을 견디지 못하는 아빠, 자꾸만 옆집 아이와 비교하며 아이에게 스트레스를 주는 엄마가 되는 것은 한순간입니다.

고백하건대 저 또한 겉으로는 안 그런 척했지만 완벽한 부모를 꿈꾸었고, 그에 맞춰 아이들도 완벽하기를 바랐습니다. 그래서 늘 스스로를 채찍질했고 왜 그걸 못하느냐며 아이들을 보챘습니다. 하지만 그럴수록 모든 것이 힘들게만 느껴졌습니다. 그런데 어느 순간 완벽해지기를 포기하자 마음의 여유가 생기고 아이들에 대한 욕심도 조금은 내려놓을 수 있었습니다. 완벽하지 않아도 충분히 아이들을 사랑해 줄 수 있다는 사실도, 완벽하지 않은 내 아이들이 주는 온전한 행복이 무엇인지도 알게 되었습니다. 가장 놀라운 것은 그것이 아이들의 성장에 오히려 도움이 되었다는 사실입니다.

그래서 후회를 잘 하지 않는 성격임에도 '좀 더 일찍 완벽주의를 내려놓고 불안과 조급함의 늪에서 빠져나왔더라면 더 좋았을 텐데' 하는 후회는 듭니다. 스스로를 채 찍질하고, 아이들을 다그칠 시간에 좀 더 아이들을 껴안고 마음껏 사랑해 주지 못한 것이 아쉬움으로 남는 것입니다.

저는 이 책을 읽는 초보 엄마 아빠가 저와 같은 후회를 하지 않기를 진심으로 바랍니다. 아이가 바라는 것은 완벽하고 훌륭하게 자신을 돌보는 부모가 아니라 언제든 자신과 눈 마주치고, 자신의 말을 잘 들어주며, 자신에게 마음껏 사랑을 전하는 부모입니다. 그러니 그 어떤 순간에도 너무 잘하려고 애쓰지 마세요. 너무 부족한 부모라며 스스로를 괴롭히지 말고, 최대한 아이와 함께하는 시간을 즐기세요. 책을 읽고 100퍼센트 그대로 해 주려고 마음먹었다면 그 마음부터 버리세요. 책에 나온 내용 중 60~70퍼센트만 따르려고 애써도 당신은 이미 충분히 잘하고 있는 겁니다. 마지막으로 저는 당신이 세상에서 가장 아끼는 사람이 아이가 아니라 당신 자신이기를 바랍니다. 행복하고 건강한 아이를 만드는 건 결국 행복한 부모니까요.

2021년 10월
신의진

0~6세만큼 중요한 시기는 또 없습니다

아동 발달 전문가들에 따르면 아이는 6세까지 자아의 70퍼센트가 완성된다고 합니다. 그 말은 곧 인생을 살아가는 기반의 70퍼센트가 바로 이 시기에 완성된다는 의미이기도 합니다. 그만큼 아이에게 0~6세는 중요한 시기입니다. 비단 신체적 성장뿐만이 아닙니다. 뇌 발달과 함께 마음, 즉 심리적인 성장도 빠른 속도로 이뤄집니다. 그런데 부모가 아이의 이러한 심리적 성장 과정을 알지 못하면 아이를 대하는 일상은 전쟁이 될 수밖에 없습니다. 아이 마음에서 지금 어떤 변화가 일어나고 있고, 어떤 발달 과정을 거치고 있는지 모르기 때문에 어른의 시각으로 모든 행동을 판단하고 강요하게 되기 때문입니다.

그러므로 부모들은 먼저 아이가 '왜' 그런 행동을 하는지 알아야 합니다. 그래야 '어떻게' 대해야 할 것인지에 대한 해답을 제대로 찾을 수 있습니다.

1~2년 차 부모들에게

저는 큰아이 경모를 임신했을 때 참 어리석은 생각을 했습니다. 아이를 낳고 나면 자유의 몸이 되어 훨훨 날아갈 수 있을 거라 생각한 것입니다. 심지어는 산후조리 기간에 그동안 못 했던 공부를 하겠다는 야무진 계획을 세우기도 했습니다. 그런데 웬걸요. 아이를 낳고 나니 낳기 전보다 더 힘들어졌습니다. 내 뜻과는 상관없이 아이에게 맞춰 하루 24시간을 보내야 했으니 말이지요. 그때 정말 "애는 배 속에 있을 때가 편하다"라는 어른들 말씀이 피부로 와닿았습니다.

그렇게 시작된 초보 엄마 노릇은 순탄하지 않았습니다. 첫째 경모는 유난히 예민해서 자주 울었고, 밤에도 자주 깨어 보챘습니다. 이유식도 잘 먹지 않았고, 낯가림이 무척 심해 자길 돌봐 주는 분 말고는 다른 사람에게 가지를 않았습니다. 그때 저는 '이 아이는 왜 이렇게 까다로울까', '혹시 날 괴롭히려고 태어난 아이는 아닐까' 하는 못된 생각까지 했지요.

저는 절실한 엄마의 마음으로 공부에 매달렸습니다. 그러면서 경모가 보이는 여러 가지 문제가 타고난 기질과 발달상의 문제라는 것을 알게 되었습니다. 그러니 문제는 경모가 아니라, 아이에 대해 잘 알지도 못하면서 뜻대로 되지 않는다고 짜증을 낸 저에게 있던 것입니다. 그렇게 경모가 태어나고 1년간은 경모의 기질을 파악하고 이해하기 위해 노력했습니다.

태어나서 1년. 이 시기에 부모가 가장 중요하게 생각해야 할 것은 아이의 생리적 욕구들을 다 들어주는 것입니다. 이때는 아이의 몸과 마음이 분리되지 않는 시기로, 신체 발달이 곧 심리 발달을 의미합니다. 그래서 아이 몸이 최상의 컨디션을 유지할 수 있도록 제때 먹이고, 제때 재우고, 제때 싸게 하고 바로바로 치워 주는 것이 무척 중요합니다. 그러면서 아이와 그 무엇에도 무너지지 않을 견고한 애정 전선을 구축해야 합니다. 아이가 옹알이를 하면 무슨 뜻인지 몰라도 "그랬구나" 하며 맞장구쳐 주고, 아이가 웃으면 따라서 웃어 주고요. 팔에 깁스를 하고 있을지라도 안아 달라고 하면 안아 주어야 하고, 밖에 나가자고 하면 둘러업고 나가야 합니다.

초보 엄마인 저에게는 사실 이것이 쉬운 일은 아니었어요. 그래서 저는 주변 사람들에게 적극적으로 도움을 청했습니다. 낮 시간에 저를 대신해 아이를 정성으로 돌봐 줄 보모 할머니를 삼고초려(?) 끝에 모셔 왔고, 아이 아빠에게는 틈틈이 아이와 놀아 줄 것을 당부했지요. 그리고 저 또한 어떻게든 아이와 함께할 시간을 만들고자 잠자는 시간을 줄이는 등 노력을 기울였습니다. 주말이면 잠자는 아이를 한 팔로 안고 졸음을 이겨 가면서 책을 읽는 것이 일상이었지요. 돌이켜 보건대 생후 첫해는 무조건 다 퍼 주는 전폭적인 사랑, 한마디로 '찐한 연애!', 그것 하나가 전부이지 싶습니다.

그러다 경모가 막 돌이 지났을 무렵일 겁니다. 세상에 이런 고집불통이 또 있을까 싶을 만큼 떼를 부리기 시작하더군요. "안 돼"라고 하거나, 원하는 것을 들어주지 않으면 어디서 배웠는지 손가락을 입에 넣어 억지로 토하기까지 했습니다. 둘째 정모는 또 어땠는지 아세요? 평소엔 얌전히 잘 놀다가도 뭔가가 마음에 들지 않으면 보는 사람이 숨찰 만큼 울며 넘어갔습니다. 그러다가 바닥에 머리를 찧기도 하고요.

저는 떼쓰는 아이를 보며 본격적인 전쟁이 시작되었음을 알았습니다. 돌이 넘어서면서 아이는 하루에도 열두 번씩 "싫어", "안 해"라며 고개를 젓습니다. 엄마 아빠 눈에는 말도 안 되는 고집을 부리는 것으로 보이겠지만, 이는 곧 아이에게 드디어 '자아'라는 개념이 생겼다는 것을 의미합니다. 이제 아이는 엄마와 다른 '나'라는 존재가 있다는 것을 알게 되었습니다. 그리고 자유로워진 몸을 무기 삼아 이곳저곳을 쑤시고 다닙니다. 내가 살고 있는 세상이 도대체 어떻게 생겼는지 알고 싶기 때문입니다. 그리하여 무엇이든 해 봐야 직성이 풀리는 아이와 아이가 하는 대로 가만히 내버려 둘 수 없는 부모 사이에 크고 작은 실랑이가 끊임없이 생기게 됩니다.

만약 제가 그 고집을 '내 아이가 드디어 자기주장을 펼칠 때가 되었구나' 하고 긍정적으로 받아들였더라면 아이 기르는 일이 훨씬 더 행복했을 거라는 아쉬움이 남네요. 이론으로 알고는 있었지만, 막상 막무가내로 떼를 쓰는 아이를 보고 있으면 저도 모르게 울컥했던 적이 한두 번이 아니었거든요.

하지만 그런 와중에도 저는 아이의 뜻을 함부로 꺾지 않기 위해 노력했습니다. 이 시기에 가장 중요한 것은 아이가 부정적인 감정에 빠지지 않도록 하는 것입니다. 몸이 자유로워져 무엇이든 자기 멋대로 하고 싶어 하지만 불행히도 아이 뜻대로 할 수 있는 일은 많지 않습니다. 심지어 블록을 쌓는 것조차 아이에게는 힘이 들지요. 그래서 아이는 좌절을 경험하게 되고, 그 좌절감을 떼쓰고 화를 내는 것으로 드러냅니다.

아이가 자기 뜻대로 되지 않아 괴로워할 때는 부모가 따뜻하게 달래 주어야 합니다. 또한 위험하지 않다면 아이가 하고 싶은 대로 하게 해 줄 필요가 있습니다. 자기 스스로 무언가를 해 보는 경험이 긍정적인 자아상을 만들고, 그것이 곧 세상을 사는

데 꼭 필요한 자신감으로 이어지기 때문이지요.

아이의 자아가 성장할수록 엄마 아빠는 힘들어집니다. 돌 이후부터 자아가 어느 정도 완성되는 네 돌까지는 매일 아이와 실랑이하는 것이 일과입니다. 날이 갈수록 더 많이 고집을 부리고 더 많이 사고를 치지요. 부모 입장에서는 펄쩍 뛸 노릇이지만 어쩌겠습니까. 이 모두가 아이가 하나의 독립된 인격체로 커 나가는 과정인 걸요.

3~4년 차 부모들에게

"서당 개 3년이면 풍월을 읊는다"라지만, 부모 경력이 3~4년쯤 되어도 육아는 결코 만만하지 않습니다. 저도 그랬지요. 이제 아이의 기질도 파악했고 그 기질에 따라 어떻게 키우면 될지 원칙도 세웠건만, 첫째 아들 경모는 늘 미처 예상치 못한 일로 저를 놀라게 했습니다.

당시 휴대폰이 막 나오기 시작할 때였는데 저는 평소에 "휴대폰은 누가 거저 줘도 안 쓰겠다"고 호언장담하고 다니곤 했습니다. 그러던 제가 자진해서 휴대폰을 구입한 것은 언제 무슨 일을 벌일지 모르는 경모 때문이었습니다.

"경모 어머니시죠?"

세 돌이 지나 경모를 어린이집에 보내기 시작했는데, 선생님으로부터 일주일이 멀다 하고 전화를 받았습니다. 내 속으로 낳은 내 아이가 어떻게 이렇게 말썽을 부릴까 싶어 어떤 때는 눈물이 핑 돌더군요. 그러던 어느 날, 문득 깨달았습니다.

'내가 지금도 아이를 아이 그 자체로 보고 있지 않구나.'

알게 모르게 제 바람에 맞춰 아이를 판단하고 그것을 강요하고 있었던 겁니다. 저는 아이의 기질을 있는 그대로 받아들이자고 다시 마음을 다잡았습니다. 그리고 발달이 느리더라도 절대 조급해하지 말자고 결심했지요. 수업에 참여하지 않는다는 선생님 말씀에 '그럼 그 시간에 경모가 하고 싶은 것을 하게 해 달라'고 부탁했고, 아이가 한여름에도 내복을 안 벗으려고 할 때는 그냥 내복 위에 반바지를 입혀 보냈습니다.

이 시기의 아이들은 정말 어디로 튈지 모르는 럭비공 같습니다. 특히 자아 형성이라는 지상 과제를 안고 있는 아이들은 과제를 훌륭하게(?) 수행하기 위해 온갖 짓을 다 합니다. 떼도 걷잡을 수 없이 늘어나고, 자기주장도 그 전에 비해 훨씬 강해집니다. 거기에 또래 아이와 사귀게 되면서 사고의 수위도 훨씬 높아집니다. 옆집 아이는 한글을 읽네, 숫자를 세네 하는 소리에 스트레스를 받는 것도 바로 이 시기입니다.

이 시기 부모는 아이의 요구가 수용 가능한 것인지 아닌지를 판단하고, 떼를 부리면 받아 줄 것은 바로 받아 주고, 그렇지 않은 것은 절대 받아 주지 않아야 합니다. 아이들은 이런 원칙을 좋아합니다. 부모가 자신과 관련한 원칙을 세우고 지키는 것을 자신에 대한 관심이라고 생각하기 때문이죠. 따라서 아이가 힘들어하지 않을 범위 내에서 원칙을 세우고 일관성 있게 지키는 것이 이 시기 부모의 중요한 과제라고 할 수 있습니다.

5~6년 차 부모들에게

아이가 다섯 살이 넘으면 부모는 만세를 부릅니다. 대부분 아이가 어린이집이나 유치원에 가면서 비로소 해방감을 맛보게 되는 것이지요. 그런데 육체적으로는 편해질지언정 마음은 편하지 않습니다. 바로 교육 문제 때문입니다. 그래서 많은 부모들이 아이가 유치원에 간 사이 웹 사이트를 들락거리며 육아 정보를 찾곤 합니다.

평소 아이를 느리게 키워야 한다고 이야기하던 저였지만, 막상 제 아이를 키울 때만큼은 조기교육의 유혹을 떨쳐 버리기 힘들었습니다. 큰아이 경모는 새로운 상황에 적응이 힘든 아이이니까 세상과 교류하는 법만 알려 주면 된다고 생각하면서도 또래 아이들과 비교하면 불안해졌습니다. 그래서 극도의 거부 반응을 보이는 아이에게 이런저런 교육을 시키곤 했습니다.

둘째 정모는 영재 판정을 받았을 정도로 모든 면에서 뛰어나 하나를 가르치면 열을 깨쳤습니다. 그러다 보니 '이것도 한번 가르쳐 봐?' 하는 욕심이 계속 들더군요.

그런데 이것은 정말 저의 욕심이었습니다. 아이가 잘 따라온다는 생각은 저만의 착각이었을 뿐, 실제 아이는 큰 부담감을 느끼고 있던 것입니다. 못하면 안 된다는 부담감, 엄마가 시키는 것은 잘해야 한다는 부담감 말이지요. 급기야는 시험에 대한 부담감에 거짓말까지 하게 되었고요. 그 순간 저는 제가 얼마나 부질없는 것에 집착하고 있는지 뼈저리게 깨달았습니다.

이 시기의 아이들은 정말 머리가 좋습니다. 감정을 이성적으로 조절할 줄도 알고, 지능이 발달해서 학습도 가능해집니다. 그래서 대부분의 부모들이 당연한 듯 아이 교육에 매달리는데, 이때 중요한 학습은 영어 한 마디 더 하고, 글씨 잘 쓰고, 덧셈 뺄셈 잘하는 것이 아닙니다. 감정 조절력, 충동 조절력, 집중력, 공감 능력, 도덕성, 사회성, 새로운 지식에 대한 호기심 등 앞으로 세상을 살아가는 데 필요한 기반을 바로 이때 잡아 줘야 합니다.

이런 것들은 앉아서 배울 수 있는 것이 아닙니다. 또래 아이들과 놀이를 통해, 부모와의 교감을 통해, 보다 다양한 상황을 실제로 보고 겪으며 자연스럽게 깨치는 것이지요. 그러니 제발 아이에게 학습을 시키려 하지 말고, 아이 손을 잡고 밖으로 나가 넓은 세상을 보여 주세요. 공부는 앞으로 지겹게 하게 됩니다. 반면 부모의 체온을 느끼며 함께하는 순간, 친구와 깔깔거리며 노는 순간은 평생 다시 오지 않습니다. 아이와 하루하루 행복하게 지내는 것이 결국 최고의 공부라는 점을 잊지 마세요.

나와 같은 실수를 하지 않기를 바라며

하지만 부모 노릇을 한다는 게 말처럼 쉽지 않다 보니 엄마 아빠들은 오늘도 똑같은 실수를 반복합니다. 돌이켜 보면 저 역시 실수를 많이 했습니다. '그때 이렇게 해 줬더라면 좋았을걸', '이래서 내 아이가 그런 행동을 했구나' 싶었던 일이 한두 가지가 아니지요. 진료실에서 부모들을 대할 때마다 그때의 제 모습이 떠올라 반성도 되고, 실수 많은 엄마 밑에서 그래도 잘 자라 준 두 아이에게 고마운 마음도 듭니다.

아이 입장에서 생각해 보면 모든 궁금증이 풀리고 어떻게 아이를 길러야 할지 답이 보입니다. 그런데 정작 부모들이 궁금해하는 질문에 대해 현실적이고 실현 가능한 답을 주는 책이 의외로 없다는 생각이 들었습니다. 그래서 지금까지 수십 만 명에 이르는 부모들을 상담했던 진료 기록과 더불어 각종 육아 사이트에 올라온 글을 읽으며 0~6세 부모들이 가장 궁금해하는 질문들을 골라 그에 대한 답을 써 내려갔습니다. 또한 영유아 심리 발달 이론과 임상 체험뿐 아니라 두 아이를 키운 엄마로서의 경험이 책을 쓰는 데 토대가 되었습니다.

이 책이 매일 아이와 힘겨운 전쟁을 치르는 부모들에게 조금이나마 도움이 되었으면 좋겠습니다. 그리고 그 어떤 교육이든 지금 당장이 아닌, 아이의 20년 후를 생각할 수 있다면 더 바랄 것이 없겠습니다.

신의진

Contents

0~6세 부모들이 가장 궁금해하는 베스트 질문 40

1세(0~12개월)

2세(13~24개월)

언제, 어떻게 시작하면 좋을까?

3~4세(25~48개월)

0~6세 부모들이

— ❋ —

가장 궁금해하는

— ❋ —

베스트 질문 40

Q1 산후 우울증을 피해 갈 방법이 없을까요?

여성들이 출산 직후 일시적인 감정의 기복이나 슬프고 우울한 느낌 등을 경험하는 것을 산후 우울감(baby blue)이라고 합니다. 일반적으로 볼 때 산후 우울감은 분만 후 3~10일에 생겨 나는 증상으로 출산 과정에서 생긴 스트레스, 여성호르몬의 급격한 변화, 신체 변화 등이 그 원인으로 꼽힙니다. 초산일수록 발생 빈도가 높으며, 산모의 50~70퍼센트 정도가 산후 우울감을 겪는 것으로 알려져 있습니다. 그러나 대부분의 산모들은 2주 정도 지나면서 자연스레 극복하는 모습을 보입니다. 하지만 2주 이상 그런 상태가 지속되면 산후 우울증(postpartum depression)이 아닌지 체크할 필요가 있습니다.

"아이 낳으면서 직장을 그만두고 집 안에만 있게 되었는데 정말 미칠 것 같았어요. 아무도 돌봐 주는 사람이 없는데 남편마저 바쁘다는 핑계로 모른 체하니까 많이 힘들었죠."

보통 출산하는 여성의 10~15퍼센트 정도가 산후 우울증을 겪는 것으로 보고되고 있는데, 산후 우울증에 걸리면 이유 없이 우울해지고 기분이 가라앉습니다. 만사가 귀찮고 조그만 일에도 짜증이 나고 불안하고 초조하지요. 식욕이 없으며 눈물이 많아지고 때로는 가슴이 답답하고 불면증에 시달리기도 합니다. 육아에 대한 부담감 때문에 스트레스를 받고, 아이와 남편이 미워지며, 심한 경우 죽고 싶은 충동을 느끼기도 한답니다. 한 환자의 경우 15개월 된 아기가 음식을 흘리거나 보채면 어김없이 소리를 지르며 아기를 때렸습니다. 여느 엄마처럼 아기가 태어나기를 손꼽아 기다렸지만 막상 아기가 태어나자 육아 스트레스가 심해 그것을 견딜 수 없었던 겁니다.

남편과 부모, 친구들에게 걱정을 털어놓으세요

산후 우울증이 무서운 이유는 이처럼 산모와 아이, 더 나아가 가족 모두를 불행하게 만든다는 데 있습니다. 특히나 엄마가 우울증에 빠지면 아이는 심각한 영향을 받습니다. 한 발달심리학자가 엄마의 표정과 아이의 반응을 실험한 적이 있습니다. 엄마가 3분 동안 우울한 표정으로 아이를 바라보면 아이는 그것을 견디지 못하고 어쩔 줄 몰라 합니다. 엄마가 3분 뒤 다시 웃는 표정을 지어도 아이는 엄마를 경계하며 그 곁으로 가지 않으려고 합니다. 실험 결과 예전의 관계를 회복하려면 20분이 걸리는 것으로 나타났습니다.

3분만 우울한 표정을 지어도 정서적 회복 시간이 20분이나 필요한데 하루 종일 우울한 엄마를 보고 있는 아이는 과연 어떻게 자랄까요? 아이는 엄마를 회피하게 되고 아이의 성격 형성에도 안 좋은 영향을 미칠 것이 분명합니다. 나중에는 학업 수행 능력 및 지적 능력 저하도 불러올 수 있습니다. 그러므로 한 달 이상 산후 우울증이 지속될 경우 전문의를 찾아가 약물 치료와 심리 치료, 가족 치료 등을 받아야 합니다.

하지만 무엇보다 중요한 것은 예방입니다. 출산 시기가 다가오면 아기를 위한 출산 준비도 중요하지만 산후 우울증에 대한 대비책도 세워 둘 필요가 있어요. 특히 분만을 앞두고 불안에 시달리며 기분 변화가 심한 산모의 경우 더욱 유의해야만 합니다. 그러기 위해서는 먼저 주변 가족들이 산모가 출산 후의 변화된 생활에 빨리 적응할 수 있도록 도와주어야 합니다.

이때 남편은 가사와 육아 부담을 덜어 줌으로써 아내가 심신의 여유를 찾을 수 있도록 적극적으로 나서야 합니다. 산모 역시 '아이를 잘못 키우면 어쩌지?', '내 인생은 이제 끝난 건가?'라는 걱정과 불안에서 벗어나 되도록 긍정적인 생각을 하는 것이 필요합니다. 힘겨운 상황에 맞닥뜨렸을 때 혼자 해결하려 하지 말고 가족이나 친구들과 함께 걱정을 나누며 그들의 도움을 받아들이면 좀 더 편안해질 수 있습니다.

그리고 아이를 키우면서 인생이 풍요로워지고 성장한다는 사실을 믿어야만 아이도 엄마도 행복해질 수 있다는 걸 기억하세요. 출산 직후에는 몸과 마음이 굉장히 지쳐 있는 상태이므로 충분한 휴식을 취하는 것도 좋은 방법입니다.

Q2 신생아에게도 학습 능력이 있나요?

'어릴 때 자극을 주지 않으면 영재성이 사장되므로 적극적으로 밀어 줘야 한다'는 말을 들어 본 적이 있을 것입니다. 여기에서 말하는 어릴 때는 몇 년 전만 해도 4~5세를 뜻했는데 지금은 3세 이전으로 더 빨라졌습니다. 그러니까 그 논리를 좀 더 정확히 표현하자면 3세까지 어떤 학습적 자극을 주지 않을 경우 아이의 지적 능력이 제대로 발현되지 못한다는 얘기가 되지요. 그래서 부모들은 안 시키면 곧 자기 아이가 바보라도 될 것처럼 호들갑을 떨면서 되도록 빨리 영어와 수학, 한글 등을 가르칩니다.

하지만 안타깝게도(?) 신생아에게는 학습 능력이 없습니다. 그리고 뇌 발달 전문가인 서유헌 교수의 이야기에 따르면 언어나 수와 관련된 학습은 뇌 발달상 만 6세 이후에 시키는 것이 옳다고 합니다. 언어력과 관련한 측두엽과 수학적·물리적 기능을 담당하는 두정엽이 그때야 비로소 발달하기 때문이지요. 그렇다면 만 6세 이전에 아이들의 뇌 발달은 어떻게 이루어지며, 어떤 학습이 필요할까요?

정서적 안정은 두뇌 발달로 이어집니다

일단 만 3세 정도까지 아이의 뇌는 어느 한 부분에 치중하지 않고 모든 부분이 왕성하게 발달합니다. 때문에 어느 한쪽으로 편중된 학습은 좋지 않습니다. 예를 들어 물고기에 대해 학습을 시킬 때도 단순히 그림책이나 영상을 보여 주는 것보다는 오감을 이용해 직접 보고 만지게 하는 것이 더욱 효과적입니다. 이때 오감을 자극한다는 것은 시각, 후각, 청각, 미각, 촉각을 함께 자극하는 것을 의미합니다. 우리 뇌에는 감각을 관장하는 부위가 따로 있어 감각을 많이 자극할수록 뇌를 더 많이 사용하게 되므로 뇌 발달에 도움이 됩니다.

생후 3개월인 아이의 장난감으로는 모빌이 최고입니다. 그중에서도 소리가 나는 흑색 모빌이 좋아요. 이 시기 아이들은 색상을 구별하지 못하기 때문에 색의 대비와 형태가 뚜렷한 흑색 모빌은 눈의 초점을 맞춰 주고 시각적인 능력을 발달시켜 줍니다. 그 밖에 다양한 음악을 들려주거나 딸랑이를 흔들어 주면 청각 발달에 도움을 줄 수 있습니다.

무엇보다 이 시기에는 아이의 정서적 측면이 크게 발달하므로 아이가 즐겁고 행복하게 생활하도록 도와줘야 합니다. 그래야만 스스로에 대해, 세상에 대해 긍정적인 이미지를 갖게 되고, 이는 곧 자신감으로 연결됩니다. 이때 엄마와의 스킨십은 아이의 정서적 안정에 큰 역할을 합니다. 아이를 안아 주고 눈을 맞추며 행복을 느끼게 하는 게 곧 정서적 안정을 가져오고, 이것이 바로 두뇌 발달로 이어지기 때문입니다.

사춘기까지 뇌는 끊임없이 발전합니다

인간의 뇌는 사춘기까지 끊이지 않고 변화, 발전합니다. 뇌의 발전이 극대화될 때까지 무수한 변수들이 작용하지요. 그런데 그 과정에서 조급한 마음에 이것저것 들이밀면 아이의 성장에 문제가 생길 수 있습니다. 그래서 제가 '육아의 끝은 마지막이 되어야만 그 결과를 알 수 있다'고 강조하는 것입니다. 씨앗 상태에서는 그 꽃이 어떤 모양으로 피어나게 될지 모릅니다. 뿌리를 내리고, 줄기와 이파리들이 자라 봉오리를 맺고 난 이후 꽃이 피어야만 그것이 어떤 이름과 향과 모양을 갖추고 있는지 알게 되지요.

저는 잠재력과 관련하여 '타임 테이블(Time Table)'이라는 말을 자주 합니다. "어릴 땐 똑똑했는데 커서는 안 그렇다" 혹은 "어릴 땐 말도 제대로 못했는데 이젠 무엇이든 남들보다 빠르고 잘한다"는 말을 흔히들 합니다. 이렇듯 아이가 부모의 기대나 예상대로 자라는 예는 거의 없습니다. 잠재력은 뇌의 성장이나 아이를 둘러싼 환경, 타고난 아이의 기질에 따라서 누구도 예측할 수 없는 사이에 놀라운 방식으로 발현된다는 얘기지요.

그러므로 부모가 할 수 있는 일은 내 아이의 '타임 테이블'을 믿고 방해 요소를 파악해 제거해 주는 것입니다. 이때 과도한 스트레스가 1등 방해 요인입니다. 스트레스 호르몬이 과다하게 분비될 경우 아이의 기억을 담당하는 뇌의 기능이 현저하게 떨어지기 때문입니다. 그러므로 아이가 과도한 스트레스에 짓눌리지 않게 해 주어야 합니다. 아이의 긍정적인 자아상이 침해받지 않도록, 자신감이 없어지지 않도록, 세상에 대한 신뢰를 잃지 않도록 말입니다.

Q3 두 살까지는 무조건 엄마가 집에 있어야 좋을까요?

결론부터 말하자면 무조건 엄마가 집에 있어야 하는 것은 아닙니다. 단 만 3세까지는 주 양육자를 바꾸지 않는 것이 좋습니다. 주 양육자가 엄마가 됐건 할머니가 됐건 육아 도우미가 됐건, 그것은 상관없습니다. 대신 주 양육자는 반드시 민감하게 아이를 잘 돌보는 사람이어야 합니다. 만 3세까지라고 이야기하는 이유는 아이의 뇌 발달 과정 때문입니다. 만 3세가 되면 아이는 애착 대상과 떨어져서도 혼자 견딜 인지적 능력을 갖게 됩니다. 예를 들어 '조금 있으면 엄마가 올 거야'라고 생각하며 엄마 없는 불안을 견딜 힘을 갖게 되는 것이지요.

일하는 엄마라면
육아는 이제 엄마만의 몫이 아닙니다. 맞벌이 가정이 늘면서 아빠의 육아 휴직이 증가 추세에 있고 엄마 이외의 주 양육자도 늘어나고 있는 상황입니다. 아이가 엄마보다 할머니나 할아버지, 혹은 어린이집 선생님이나 육아 도우미의 손에서 자라는 게 대세가 되고 있는 것이지요. 그래도 아이의 입장에서 가장 의지하게 되는 대상은 부모입니다. 하지만 일하는 엄마의 경우 평일에 기껏 아이를 돌볼 수 있는 시간은 퇴근한 뒤 저녁부터 아침 출근 전까지입니다.

아이는 당연히 엄마가 키우는 것이라 믿어 온 사람들에게 그런 모습은 위험해 보일 수밖에 없지요. 아이가 엄마의 사랑을 제대로 받지 못하고 크는 것처럼 보이니까요. 일하는 엄마 자신도 아침마다 아이를 떼어 놓고 직장에 나가면서 죄책감에 시달립니다. 혹시나 안정된 애착 형성이 어려울까 봐 걱정하는 것이지요.

하지만 많은 연구 결과가 보여 주듯 일하는 엄마라고 해서 아기와 애착 관계가 특별히 불안정하게 형성되지는 않습니다. 일하는 엄마가 퇴근해서 몇 시간이라도 아이를 진심으로 돌보면 아이는 엄마와 안정 애착을 유지하며 건강하게 자랍니다. 즉 양보다는 질이 중요한 것이지요.

요즘에는 아예 시댁이나 친정에 아이를 맡기는 경우도 많은데, 이때 조심해야 할 것이 있습니다. 주말에 아이를 맡긴 집에 가서 같이 자는 것은 괜찮지만 아이를 집으로 데려오는 일은 삼가야 한다는 것입니다. 주 양육자인 할아버지 할머니와 떨어져 낯선 환경에 놓이게 되면 아이가 쉽게 불안을 느끼기 때문입니다. '그래도 우리 집이 더 편하고 좋지'라는 생각은 엄마, 아빠의 착각에 지나지 않습니다. 할아버지 할머니 집에 익숙한 아이에게 엄마 아빠 집은 그저 낯선 공간일 뿐이니까요. 그러므로 6개월 이상 아이를 맡겼다가 데려와서 키울 때는 아이에게 적응 기간을 주어야 합니다. 주 양육자였던 할머니를 집으로 모셔 와 몇 개월 동안 아이와 함께 머물게 하는 것이지요.

함께 있는 시간보다 엄마 공부가 더 중요해요

아이와 2~3년 동안 떨어져 지낸 엄마는 아이를 대하는 게 어색할 수밖에 없습니다. 애착이 없기 때문에 아이를 봐도 애틋하기는커녕 서먹해서 남의 아이 같다고 느끼는 경우도 있습니다. 그럴 경우는 아이에 대한 정이 생길 때까지 엄마의 부단한 노력이 필요합니다. 그렇다고 모성 본능이 없는 게 아닐까 하고 죄책감을 가질 필요는 없습니다. 모성은 본능이 아닙니다. 아이를 낳는다고 저절로 엄마가 되고 모성이 생기는 건 결코 아니에요. 아이를 잘 기른다는 건 정신적으로 건강하고 성숙한 사람이 아니면 매우 힘든 일입니다. 이유 없이 우는 아이를 하루에도 몇 번씩 안아 주고, 두세 시간마다 먹을 것을 챙겨 주고, 구토물이 남아 있는 냄새나는 옷을 서너 벌씩 빠는 과정을 고스란히 겪어 내면서 아이를 그 자체로 받아들일 수 있어야 합니다.

그래서 엄마가 되려면 아이 성장 발달에 대한 지식도 갖춰야 하고, 감정을 조절하는 능력도 길러야 하며, 한꺼번에 닥치는 예상치 못한 일들을 당차게 해결해 나갈 배포도 있어야 합니다. 그리고 그 모든 것은 결코 저절로 얻어지는 게 아니라 길러지는 것입니다. 그래서 저는 아이에게 문제가 있어서 병원을 찾아오는 엄마들에게 '아이 심리에 대해 공부하라'는 잔소리를 빼놓지 않습니다. 아이와 하루 종일 집에 같이 있다고 해서 좋은 엄마가 되는 건 아니라는 사실을 명심하세요. 같이 있어도 아이를 제대로 돌보지 못하면 결국 아이를 망치는 엄마가 될 수 있습니다.

Q4 안정 애착과 불안정 애착에 대해 알고 싶어요

아이는 도움이 필요하거나 몸이 아플 때 본능적으로 부모에게 도움을 요청합니다. 그러면 대부분의 부모들은 아이가 보내는 신호를 재빨리 알아채고 아이가 가진 문제를 해결해 주지요. 그러면 아이는 자신의 신호에 일관되고 신속히 대응해 주는 부모에게 특별한 애착을 느끼게 됩니다.

이처럼 아이가 엄마나 자신과 가장 가까운 사람에 대해서 느끼는 강한 정서적 유대감을 '애착'이라고 부릅니다. 대부분의 아기는 생후 6개월경이면 엄마에게 가려 하고 엄마와 있을 때 즐거워하며 엄마가 떠나려 할 때 싫어하는 등의 행동을 보입니다. 이러한 행동은 한 사람의 특정인에게 애착을 형성했다는 분명한 증거가 됩니다.

애착 이론은 영국의 정신분석학자인 존 볼비에 의해 처음으로 개념화되었고, 캐

나다의 발달심리학자인 매리 애인스워스에 의해 더욱 심화되었습니다. 애인스워스는 부모가 방을 떠날 때와 다시 돌아오는 시점에서의 아이의 반응을 기록한 낯선 상황 실험을 통해 애착 관계를 다음과 같이 분류했습니다.

◆안정 애착

엄마가 옆에 있을 때는 세상을 적극적으로 탐색하며 낯선 이를 별로 꺼리지 않는다. 하지만 엄마가 떠나는 것에 민감하게 반응하며 엄마가 돌아오면 위안을 받기 위해 능동적으로 신체적 접촉을 요구하며 그로써 정서적 안정감을 회복한다.

◆회피 애착

아이는 엄마와 함께 있어도 별로 반응을 보이지 않는다. 엄마가 주위를 끌려고 할 때조차도 돌아서서 크게 관심을 두지 않는다. 또 엄마가 방을 떠나도 아무렇지 않은 듯 행동하며 잠시 후 엄마가 돌아와도 시선이나 몸을 돌리는 등 회피 행동을 보인다. 이 경우 엄마는 평소에 아이의 요구에 민감한 반응을 해 주지 않았거나 거부했을 확률이 높다. 또한 아이의 신호와 관계없이 자신이 원하는 방법으로 관계 맺기를 바라며 아이와 신체적인 접촉을 거의 하지 않는다. 아이와 상호작용할 때 아이에게 화를 내거나 과민 반응을 보이기도 한다.

◆저항 애착

이 유형의 경우 주위 탐색을 거의 하지 않는다. 그저 엄마 옆에 딱 달라붙어 울고 보채다가 엄마가 방을 나가면 매우 심한 스트레스 행동을 보인다. 엄마가 잠시 후 돌아와 안아 주어도 계속 울면서 화를 내거나 쉽게 진정되지 않는 모습을 보인다. 이 경우 엄마는 평소에 아이의 요구에 일관성 없이 반응했을 확률이 높다. 기분에 따라 때로는 열광적으로 반응했다가 때로는 아이의 반응을 무시해 버리는 것이다.

위 세 가지 중 안정 애착을 제외한 나머지는 모두 불안정 애착에 해당합니다. 애착 관계가 중요한 까닭은 엄마와의 초기 애착 관계가 아이가 자라면서 맺는 모든 인간관계의 원형이 되기 때문입니다. 다시 말해 아이와 엄마 사이에 형성된 기본적인 신뢰감이 타인에 대한 신뢰로 이어진다는 것입니다. 그래서 엄마와 안정 애착을 형성한 아이는 사회성이 뛰어나 친구 관계를 잘 맺고 또래에게 인기가 높은 리더로 자라게 됩니다. 또한 도전적인 과제를 잘 해결하고 좌절을 잘 참아 내며 문제 행동을 덜 보입니다. 반면 불안정 애착 관계를 형성한 아이는 자신의 요구에 민감하게 반응하지 않았던 엄마처럼 다른 모든 사람도 그럴 것이라 믿습니다. 그래서 타인을 대할 때 긍정적인 감정보다 부정적인 감정을 더 강하게 느낍니다. 또 관계 맺기를 두려워하며 또래 아이들과 제대로 감정을 나눌 줄 모르고 혼자 노는 것을 더 좋아하는 경향을 보입니다. 이처럼 생후 1~3년 동안 맺은 애착은 아이의 인생에 커다란 영향을 끼친다는 것을 명심하세요.

Q5 행동이 굼뜨고 걸음마를 잘 못하는 아이, 정서 발달과 관계가 있나요?

"옆집 아이는 잘 걷고 춤까지 추는데, 우리 아이는 아직 걸음마도 못해요."
다른 건 다 괜찮은데 운동만 굼뜬 아이들이 있습니다. 다른 아이들에 비해 빠릿빠릿하지 못하고 잘 넘어지기도 합니다. 이런 경우, 단순히 운동 발달만 느린 걸까요?

운동 발달과 정서 발달은 함께 이뤄집니다
운동 발달과 정서 발달은 수레의 양 바퀴라고 할 수 있습니다. 특히 6세 이전의 성장기에는 서로 앞서거니 뒤서거니 하면서 동시에 진행된다고 할 수 있습니다. 또한 서로 밀접하게 연관되어 있어 어느 한쪽의 발달이 뒤떨어지면 그 영향으로 다른 쪽도 발달이 더뎌집니다.

예를 들어, 불안과 두려움이 많은 아이들 중에는 신체상 문제가 없는데도 걸음을 늦게 배우는 경우가 있습니다. 정상적인 운동 능력을 갖추었어도 소심하고 겁이 많아 걷기를 두려워하기 때문이지요. 또한 이런 아이들은 미세한 운동 능력(소근육 발달)이 늦게 발달하기도 합니다. 미세한 운동 능력을 기르기 위해서는 자꾸 몸을 움직여 무엇이든 시도해 봐야 하는데, 소심한 아이들은 그저 가만히 있으려고만 합니다. 이러한 이유로 운동 능력이 다른 아이들에 비해 떨어지게 되면 아이의 자아상이 나빠져 정서 발달을 저해하게 됩니다. 그러면 아이의 불안감이 더 증폭되는 악순환이 생기지요.

운동 능력이 떨어진다면 정서적인 문제부터 확인하세요

따라서 아이의 운동 발달이 더디다면 아이에게 어떤 불안 요소가 존재하는 건 아닌지 살펴봐야 합니다. 정서상의 이유로 운동 발달이 늦는 거라면 겁이 나고 불안하게 만드는 요인을 없애 아이의 자신감을 길러 주는 것이 근본적인 해결 방법입니다.

어떤 부모들은 아이의 손을 잡고 억지로 걷는 연습을 시키는데 자꾸 강요하면 아이가 걸음마 자체에 거부감을 갖게 될뿐더러, '나는 이런 것도 못하는 사람이야'라는 부정적인 자아상을 갖게 될 수도 있습니다.

한편 못 걷는 게 아니라 안 걷는 아이도 있습니다. 정서 발달은 정상이고 기는 속도도 상당히 빠른데 걷지 못한다면 아이 성격이 급한 탓일 수 있습니다. 서툴게 걷는 것보다 기는 것이 더 빠르니 걷는 연습을 하기 싫은 거지요. 하지만 이런 경우 대개 14개월이 지나면 걸음마를 시작하기 마련이니 너무 걱정할 필요는 없습니다.

아이가 기질상 느긋한 성격인 경우에도 운동 발달 속도가 느릴 수 있습니다. 느긋한 아이들은 뭐든 급할 것이 없어 걸음마도 늦게 배우는 것이지요. 다만 주의할 점은 뇌 발달에 이상이 있을 때에도 아이의 신체 발달에 문제가 생긴다는 것입니다. 이런 아이는 동작이나 행동에 안정감이 없습니다. 그럴 때는 소아재활의학과 등 전문의의 도움을 받아야만 합니다.

Q6 아이가 자꾸 밤에 자다 깨서 울어요

"제발 잠 좀 푹 자 봤으면 좋겠어요."

0~3세 엄마 아빠라면 누구나 공감하는 말입니다. 아이를 재우고 못다 한 집안일을 하기 위해 일어날라치면 아이는 어느새 눈을 떠 엄마를 찾으며 칭얼거리지요. 아이를 안고 겨우 재웠는데 눕히려고 하면 바로 깨서 우는 아이도 있습니다. 아이는 아직 밤낮을 구분하지 못합니다. 단지 우리가 그렇게 해 주기를 바랄 뿐이지요. 하지만 부모 입장에서 보면 배고픈 것도 아니고 기저귀 갈 때가 된 것도 아닌데 계속 매달리니, 아이를 상대하기가 보통 힘든 일이 아닙니다. 밤새도록 아이와 씨름하다 보면 엄마는 어느새 녹초가 되고 말지요. 집안일 하랴, 회사 일 하랴 몸이 둘이라도 모자란데 잠마저 제대로 못 자니 스트레스가 극에 달하는 것입니다. 그런데 어떤 남편들은 잘 자고 일어나 아내에게 이렇게 말합니다.

"애가 자다 깨서 울었다고? 진짜야? 나는 전혀 못 들었는데……."

엄마가 잠을 푹 잘 수 있는 방법은 정말 없는 것일까요?

신생아는 밤낮없이 자다 깨다를 반복합니다. 그러다 3개월쯤 되면 밤에 몰아 자기 시작하지요. 첫돌이 지난 아이의 일반적인 수면 시간은 낮잠 두 번에 밤잠은 14시간 정도입니다. 18개월이 지나면서부터는 낮잠이 한 번으로 줄고, 21개월쯤 되면 밤잠이 12~13시간으로 줄어듭니다. 그런데 아주 어린 아기라도 어떤 특별한 자극에 습관이 들면 그것을 미리 기대하게 됩니다. 이때 중요한 것은 잠을 몇 시간 자느냐보다 몇 시에 잠자리에 드느냐입니다. 아이 성장에 관여하는 성장 호르몬은 대부분 밤 10시에서 새벽 2시까지 분비되기 때문이지요. 따라서 아이가 잠을 잘 못 자면 성장 호르몬 분비가 제대로 이루어지지 않아 성장에 문제가 생길 수 있습니다.

그런데 2018년 육아정책연구소의 발표에 의하면 한국 아이들의 평균 취침 시각은 9시 52분으로 핀란드 8시 41분, 일본과 미국 8시 56분과 큰 차이를 보였습니다.

게다가 10시~10시 30분 사이 취침 비율이 31.5퍼센트로 가장 높은 것으로 나타났습니다. 늦게 귀가해서 미안한 마음에 조금이라도 아이와 놀아 주고 싶은 부모 마음을 이해 못 하는 것은 아니지만 아이를 위해서는 일찍 재워야 합니다. 엄마 아빠가 모두 늦게 자면 집 안이 시끌시끌하고 불도 다 켜져 있기 때문에 아이가 제대로 잠을 잘 수가 없습니다. 텔레비전 소리나 컴퓨터 키보드 소리도 아이의 수면을 방해하는 요소로 작용하므로 주의할 필요가 있습니다.

아기가 잠을 잘 못 자면 신경이 제 기능을 하지 못합니다. 툭 하면 짜증을 내고 투정을 부리며 엄마 젖도 잘 빨지 않게 되지요. 그러면 세상을 탐험하는 데 필요한 에너지를 얻지 못하고 계속 피곤한 상태로 하루를 보내게 됩니다. 그래서 지친 나머지 긴장을 풀고 잠에 빠져들어야 할 시간에도 짜증을 내며 쉽게 잠들지 못하는 악순환이 계속되는 것이지요.

부모들이 아이의 잠에 대해 잘못 알고 있는 것들

돌이 지났으면 아이의 잠을 방해하는 주위 환경은 개선하고 아이의 잘못된 잠버릇은 바로잡아 주어야 합니다. 이때 낮잠을 되도록 안 재워야 밤에 재울 수 있다고 말하는 부모들이 있는데 그것은 잘못된 생각입니다. 아이들마다 잠을 자는 패턴은 다릅니다. 낮잠을 자고도 밤에 일찍 자고 깊이 잘 수 있는 아이가 있는 반면, 낮에 잠을 안 잤는데도 밤에 늦게 자는 아이가 있습니다.

그리고 아기들은 상대적으로 얕은 잠을 자기 때문에 악몽을 꾸거나 바깥의 자극에 예민하게 반응하여 잠이 든 후 한두 시간 사이에 울거나 뒤척이는 일이 잦습니다. 그러므로 아기가 작은 소리를 낼 때마다 일일이 반응하지 않는 것이 좋아요. "이런, 깼구나"하면서 황급하게 달려가지 말라는 얘깁니다. 그럴 때는 아기를 규칙적으로 가볍게 다독여 주면서 혼자가 아니라고 안심시켜 주세요. 그러면 어느새 아이는 다시 잠을 자게 됩니다.

많은 부모가 아이가 잠투정을 하면 안아 흔들어 재우는데 일단 그 길에 들어서면 오래도록 안고 흔들어서 재울 각오를 해야 합니다. 왜냐하면 아이에게 '잠이란 이렇게 자는 거야'라고 가르치고 있는 셈이기 때문이지요. 그래서 나중에는 엄마 아빠가 안아 주지 않으면 아이가 잠들지 못하는 사태가 발생하게 됩니다. 이렇듯 부모가 필요 이상으로 반응하면 아기는 거기에 의존하게 된다는 사실을 명심해야 합니다.

아이가 울 때마다 계속 아이 입에 노리개 젖꼭지나 젖을 물려서 달래는 엄마들이 있는데 이 경우도 마찬가지입니다. 너무 거기에 의존하다 보면 그것 없이는 잠들지 못하게 되지요. 그래서 세계적인 육아 전문가 트레이시 호그는 노리개 젖꼭지나 엄마 젖이 아이에게 '버팀목'이 되지 않도록 조심하라고 경고합니다. 아기들은 노리개 젖꼭지를 보통 6~7분 열심히 빨다가 점점 속도를 줄이고는 마침내는 뱉어 냅니다. 빠는 욕구를 발산하고 나면 꿈나라로 들어가는 것이지요. 이때 부모가 노리개 젖꼭지를 다시 넣어 주는 경우가 있는데 그러면 안 됩니다. 참고로 밤중 수유나 노리개 젖꼭지는 6개월이 지나면 서서히 끊는 것이 좋습니다.

하지만 별다른 이유 없이 자다 깨서 울기를 반복하는 아이의 경우, 애착 관계에 문제가 있을 수도 있습니다. 유아들은 대부분 분리 공포를 겪지만 부모가 지나치게 응석을 받아 주거나 언젠가 어떤 식으로든 아이의 믿음을 저버린 적이 있다면 아이는 당연히 엄마와 떨어지는 것을 두려워할 수밖에 없어요. 단 5분도 엄마가 없으면 견디지 못하고 울음을 터트리는 아이를 만들고 마는 것이지요.

좋은 수면 습관 들이는 법

아기들은 예측 가능한 것을 잘하고 반복에 의해 배웁니다. 따라서 취침 시간이 다가오면 언제나 같은 말과 행동을 해서 아이가 '아, 이것은 내가 잠을 자야 한다는 의미구나'라고 생각하도록 해야 합니다. 이때 아기에게 휴식이 좋은 것이라는 느낌을 갖게 해 주세요. 강한 어조로 "잠잘 시간이야"라고 혼내듯 말하면 아기는 잠자기가 즐겁지 않은 일이라는 인상을 받습니다. 잠자기를 억지로 해야 하는 일처럼 느끼게 해선 안 됩니다. 잠을 자기에 앞서 '특별한 의식'을 통해 수면 습관을 형성해 주는 것도 좋습니다. 예컨대 매일 밤 잠들기 전 목욕을 하고 마사지를 하고 로션을 발라 주고 자장가를 불러 주는 등의 일을 하나의 의식처럼 반복하는 것입니다. 그러면 아이는 쉽게 잠이 들고 자는 동안에도 덜 깨며 규칙적인 수면 패턴을 보이게 됩니다. 잠들기 전 적어도 한 시간은 조용하게 지내는 것이 좋습니다. 수면 전에 에너지를 많이 요구하는 과격한 운동과 놀이를 하지 않도록 하세요. 미리미리 배고프지 않게 해 주고 수면 전 한 시간 이내로는 먹을 것을 주지 않는 것도 방법입니다.

Q7 아이가 울면서 자지러질 때 어떻게 해야 하나요?

아이는 울음으로 자신의 의사를 표현합니다. 그런데 한번 울기 시작하면 숨이 꼴깍 넘어갈 듯이 우는 아이들이 있습니다. 다른 아이에 비해서 까다롭고 감정 표현이 격렬한 아이들이지요. 이는 아이의 기질 때문일 수도 있지만, 선천적인 질환 때문일 수도 있습니다. 신생아 시절에 수술을 받았거나 아토피성 피부염 등 만성 질환으로 고생한 아이들은 병이 다 지나간 후에도 감정 표현이 격렬하고 예민할 수 있습니다.

요새는 아이가 울면서 넘어가면 오히려 부모가 당황하여 어쩔 줄 몰라 합니다. 예전에는 아이가 울어도 느긋하게 기다릴 줄 알았는데, 요즘은 아이를 한둘밖에 안 키우다 보니 아이가 조금만 울어도 부모가 더 놀라고 걱정하는 것이지요. 일단 아이가 울면 어디 아픈 곳은 없나 살펴봐야 합니다. 특별히 아픈 곳이 없다면 부모가 자신의 감정부터 추스르고 아이를 잘 달래 주어야 합니다. 그래야만 아이 스스로 감정을 조절하는 능력을 배우기 시작합니다. 감정을 표현함에 있어 아이는 태어날 때부터 자기만의 패턴을 가지고 있지만, 가장 가까운 주변 사람에 의해서 그것을 조절하는 능력을 키우게 됩니다. 침착하게 그 순간을 잘 넘기는 부모의 모습을 보고 아이도 부정적인 감정을 벗어나는 법을 배우게 되는 것이지요.

울기 전에 예방 조치를 하세요

아이를 잘 관찰하다가 아이가 감정적으로 폭발하기 전 재빠르게 조치를 취하는 것도 현명한 방법입니다. 정모가 어릴 때 제가 그랬습니다. 어릴 적 정모는 잘 놀다가도 뭔가 마음에 들지 않으면 갑자기 격하게 울기 시작해서 저를 당황하게 만들곤 했지요. 한번 울기 시작하면 그치지를 않아서 달래다가 파김치가 되었던 적이 한두 번이 아닙니다. 그래서 저는 '처음부터 울리지 말아야지' 하고 마음먹고 아이가 울 때를 대비하는 습관을 길렀습니다.

방법은 간단했습니다. 아이가 울 기색을 보이면 관심을 재빠르게 다른 곳으로 돌리거나, 그것이 안 될 때에는 아이가 원하는 것을 일단 들어주는 것이었어요. 그 방법이 버릇을 나쁘게 할 거라는 말도 들었지만, 아이의 버릇을 바로잡는 것보다 더 중요한 일은 좌절하지 않고 감정을 조절하는 법을 배워 정서적인 안정 상태를 유지하는 것이라는 판단 때문이었습니다.

정서적 안정 없이는 좋은 버릇을 길러 줄 수도 없습니다. 또한 이 시기에 분노나 좌절과 같은 부정적인 감정을 조절할 수 없게 되면 그다음의 발달 과제도 수행할 수 없지요. 예컨대 두 돌 때 자기 조절력을 배우지 못하고 세 돌이 되어서야 그 발달 과제를 수행한다면, 그만큼 뇌의 발달이 늦어 인지능력의 성장도 늦어지는 것입니다. 아이가 한번 울면 숨이 넘어가 탈진할 정도라면, 그 자체만으로도 아이의 정서적 불안감이 증폭됨은 물론 그로 인해 인지 발달도 저해된다는 사실을 알아야 합니다.

유독 칼날처럼 날카로운 아이들이 있습니다. 부모들은 그런 성질이 굳어져 나중에 아이에게 해가 되지는 않을까 걱정하지만, 어릴 때 잘 조절해 주면 별다른 지장 없이 자랄 수 있습니다. 뿐만 아니라 자기 기질을 긍정적으로 발휘해 사회에 꼭 필요한 사람이 될 수 있습니다. 세상에는 어디에든 적응을 잘하는 원만한 사람만 필요한 것이 아닙니다. 날카로운 시각으로 자기주장을 펼칠 줄 아는 사람도 필요하다는 것을 기억하세요.

Q8 아이가 사람을 가리지 않고 아무에게나 안겨요

낯가림이란 생후 7~8개월 정도부터 엄마를 다른 사람과 분명히 구별하고, 엄마 외의 다른 사람을 싫어하는 현상을 말합니다. 이는 엄마와 떨어지는 것 자체를 무서워하는 분리 불안과는 다릅니다. 분리 불안은 12개월경에 강하게 나타나는데 엄마와 자신이 이제 한몸이 아니라는 것을 깨닫고 불안감을 느끼는 것을 말합니다.

엄마들은 대개 낯가림이 너무 심한 경우만 문제를 삼는데, 저는 오히려 낯가림이 전혀 없는 경우가 더 심각한 문제라고 생각합니다. 아이가 다른 사람에게 잘 안기는 걸 두고 아이 성격이 좋아서 그런가 보다 하며 좋아해서만은 안 됩니다. 이 경우 엄마와 아이의 애착에 문제가 있는 건 아닌지 되짚어 봐야 합니다.

만일 정상적으로 엄마와 애착 관계를 형성한 아이라면 돌 이전에는 익숙하지 않은 사람을 피하는 것이 일반적입니다. 그러나 엄마와의 애착 관계가 허술하면 엄마와 다른 사람을 구별하지 않고 아무에게나 안기게 되는 것이지요. 한 예로 고아원 등의 아동보호 시설에서 자란 아이들 중에는 낯가림을 하지 않는 아이가 많습니다. 주 양육자와 친밀한 애착 관계를 이룰 기회가 없었기 때문이지요. 물론 기질적으로 아주 순한 아이라면 낯가림을 하는 기간이 짧고 정도가 약해 엄마가 미처 모르고 넘어가기도 합니다.

뇌 기능상의 문제가 있을 때에도 낯가림이 없습니다

낯가림이 없는 것을 예의 주시해야 하는 이유는, 뇌 기능상의 문제가 있을 경우에도 낯가림이 없기 때문입니다. 우선 지능이 떨어지면 관계에 대한 인식을 제대로 할 수 없어 낯을 가리지 않습니다. 또한 낯을 가리지 않는 것이 발달 장애의 한 증상일 수 있다는 점도 유념해야 합니다. 가장 대표적인 것이 자폐 스펙트럼 장애인데, 그로 인해 사회성이 발달이 안 된 경우에도 낯을 가리지 않습니다. 또 익숙한 사람과 익숙하지 않은 사람을 구별하는 인지능력에 문제가 있을 수도 있습니다.

이렇듯 아이가 낯선 사람이 안아도 놀라지 않고 가만히 있거나, 엄마와 떨어져도 불안해하지 않는 것은 정상 발달 과정에 어긋납니다. 정서장애든 뇌 발달의 장애든 아이에게 문제가 있다는 신호이지요. 따라서 아이의 행동 특징을 잘 살펴보고 필요하면 전문의와 상의해야 합니다.

그런데 어떤 부모들은 아이가 낯을 가리기 시작하면 낯선 사람들을 자꾸 보여 줘야 나아진다며 억지로 아이를 다른 사람 앞에 내놓기도 합니다. 이런 경우 아이가 스트레스를 받아서 잠을 못 자거나 불안 장애가 생길 수도 있습니다. 특히 엄마가 억지로 다른 사람에게 아이를 맡기고 자리를 비우는 것은 절대 해서는 안 됩니다.

낯가림 증상은 엄마가 없어도 괜찮다는 것을 아이 스스로 깨닫고 마음의 문을 열기 시작하면서 자연스럽게 없어집니다. 그러니 아이가 고모나 삼촌, 할머니, 할아버지 등 가까운 사람부터 차차 익숙해질 수 있도록 도와주세요.

Q9 아이가 엄마보다 할머니를 더 좋아해요

주 양육자인 엄마가 "안 돼"라는 말을 입에 달고 살면서 강압적인 육아를 해 왔거나 충분한 애정과 관심을 표현하지 않았다면 아이가 엄마를 경계하고 무서워할 수 있습니다. 이 경우 엄마보다 아빠를 더 좋아하거나 다른 사람을 더 따르기도 하지요. 이처럼 주 양육자가 엄마인 상태에서 아이가 엄마 아닌 다른 사람을 더 좋아한다면 엄마와의 관계가 불안정하다고 볼 수 있습니다. 그러나 엄마가 주 양육자가 아니라면, 예로 할머니가 아이를 키워 주는 경우에는 아이가 할머니와 더 친하다고 해도 문제가 되지 않습니다.

돌 전까지는 길러 주는 사람을 더 좋아해야 합니다

아이는 생후 6개월간 주 양육자와 애착을 형성합니다. 이때 엄마가 아닌 다른 사람이 아이를 키워 준다면 그 사람과 애착을 형성하는 것이 당연한 일이지요. 만약 대리 양육자가 있는데도 아이가 엄마만 보면 안겨서 안 떠나려고 한다면, 대리 양육자의 양육 방법에 문제가 있는 건 아닌지 살피고 아이와 그 사람의 관계를 꼭 확인하는 것이 좋습니다. 계속 강조하지만, 아이가 주 양육자가 아닌 다른 사람을 더 따른다면 애착에 문제가 있을 가능성이 높습니다.

그런데 아이가 엄마보다 아빠를 더 따르는 게 자연스러울 때가 있습니다. 아이는 첫돌 전후에 운동 발달이 크게 이루어지면서 몸을 이용한 놀이를 좋아하게 마련입니다. 아빠는 이런 놀이를 잘해 주는 사람이기 때문에 아이 입장에서는 아빠와 노는 것이 훨씬 재미있어 아빠를 더 따르는 것이지요.

아이의 애착 관계를 확인하는 방법은 아주 간단합니다. 아이가 힘이 없고 몸이 안 좋을 때, 즉 도움이 필요할 때 누구에게 가는지를 보면 알 수 있습니다. 몸이 아프고 힘들 때 엄마를 찾으면 애착 관계에 문제가 없는 겁니다. 일시적으로 아빠나 다른 사람에게 가는 건 문제가 안 됩니다. 잘 지켜보면 아이는 실컷 놀았다는 생각이 들거나 뭔가 필요한 것이 생기면 다시 엄마를 찾는 것을 볼 수 있을 겁니다. 아이는 생후 2년간의 애착 형성을 통해 정서적 안정감을 얻고 사회성을 기르게 됩니다. 그러므로 애착 형성은 이 시기의 가장 중요한 발달 과제라 해도 과언이 아니지요.

직장을 다니는 엄마라면

직장을 다니는 엄마의 경우 아이와 오랜 시간 함께 있을 수 없기 때문에 아이와의 애착 관계에 대해 걱정이 많습니다. 그러나 이럴 때는 아이가 엄마보다 대리 양육자와 안정적인 애착을 형성할 수 있도록 과감히 도와주어야 합니다. 바쁘다는 이유로 아이에게 충분히 사랑을 주지 못할 바에야, 훌륭한 대리 양육자에게 아이를 맡기고 아이가 사랑을 받으며 크고 있는지 꼼꼼히 체크하는 게 더 바람직하다는 말입니다.

이 때문에 나중에 아이와의 관계가 소원해지지는 않을까 하는 걱정은 하지 않아도 됩니다. 아이는 신기하게도 두 돌이 지나면서부터 자기를 돌봐 주는 사람과 엄마를 구별하고, 엄마가 세상에서 제일 좋다고 생각하게 됩니다. 엄마라는 존재가 따로 있고, 그 사람이 자신을 가장 사랑하고 자신에게 힘을 발휘하는 존재라는 걸 깨닫고 엄마를 따르지요. 이때부터는 아침 출근길에 가지 말라며 엄마 치맛자락을 붙들기도 하고, 전화를 걸어 일찍 들어오라고 채근하기도 합니다. 세 돌이 되면 그 정도가 더 심해져 직장을 그만둘까 심각하게 고민을 하는 엄마도 있습니다. 아이와 어떻게 시간을 함께할까 하는 고민은 오히려 이 시기에 더 필요한 일입니다.

만일 엄마 대신 다른 사람 손에서 자란 아이가 훗날 엄마를 싫어하고 무서워한다면 대리 양육자가 아이를 사랑으로 키우지 않았을 가능성이 있습니다. 아이가 어릴 때 대리 양육자에게 느꼈던 부정적인 이미지를 뒤늦게 엄마에게 그대로 투영시키는 것이지요. 실제로 초등학교 저학년의 경우 현재 엄마의 이미지보다는 과거에 자신을 길렀던 주 양육자의 이미지가 엄마와의 관계에 더 큰 영향을 미치곤 합니다. 그러니 직장을 다니고 있는 엄마라면 엄마가 직접 아이를 키우지 못한다고 걱정하거나 죄책감을 가질 것이 아니라, 정성과 사랑을 다해 아이를 키워 줄 수 있는 대리 양육 시스템을 찾아야 합니다.

Q10 아픈 아이를 키울 때 가장 신경 써야 할 것은요?

예전에 비해서 아토피와 천식이 눈에 띄게 늘고 있습니다. 특히 어린아이들에게서 급격히 증가하는 추세입니다. 미국의 경우 만성적인 질환을 앓고 있는 아이가 전체 아동의 10퍼센트를 차지한다고 합니다. 우리나라의 경우에도 겉으로 드러나지 않았을 뿐 충분히 그 정도 수치가 되리라고 봅니다. 만성적인 질환이 있거나 병약한 아이들을 키우는 것은 건강상의 문제도 그렇지만 건강한 아이에 비해 아이와 엄마의 관계가 나빠질 여지가 훨씬 많다는 점이 문제입니다. 약 먹기, 주사 맞기 등 아이가 싫어하는 일을 많이 시켜야 하니 그만큼 엄마와의 애착 형성이 어려워질 수밖에 없지요. 하지만 그럴수록 엄마는 온갖 방법을 동원해서 아이와 좋은 관계를 유지해야 합니다. 몸이 아파 가뜩이나 예민한 아이가 엄마와의 관계마저 나쁘다면, 정서 발달에 심각한 문제가 생길 수 있습니다. 이럴 경우 몸이 완치된다 하더라도 정서상의 문제는 계속 남아 성인이 되어서까지 장애 요인으로 작용할 수 있습니다.

아픈 아이에게 약을 먹일 때에는

병약한 아이와 엄마의 관계가 나빠지는 가장 큰 원인은 매일 치러야 하는 약 먹이기 전쟁입니다. 약을 먹어야만 하는 아이나 먹여야만 하는 엄마나 힘들기는 매한가지이지요. 덜 힘들게 약을 먹이려면 '약은 당연히 아이가 먹기 싫어하는 것'이라 단정 짓지 말고, 구체적으로 아이가 왜 약을 먹기 싫어하는지를 먼저 파악해야 합니다.

약이 써서 싫어한다면 약에 단것을 섞어 먹이면 됩니다. 어떤 아이들은 약 색깔이 싫어서 약을 거부하는데, 그럴 때는 다른 색깔의 약으로 바꿀 수 있는지 알아보고, 그럴 수 없다면 약 위에 초콜릿 등을 덧입혀 보는 것도 좋습니다. 약을 두고 아이와 정면 대결을 하기보다는 아이가 뭘 좋아하는지 이것저것 실험해서 엄마와 아이 모두 편한 방법을 찾아보세요.

저도 큰아이 경모가 어릴 때 병치레가 심해 고생을 많이 했습니다. 약을 먹일 때마다 한바탕 전쟁을 치르곤 했는데, 어느 날 아이에게 콜라를 조금 마시게 한 뒤 약을 먹이면 그나마 쉽게 약을 먹는 걸 발견했습니다. 영양학적으로야 콜라가 아이에게 좋지 않지만 당장의 약이 아이 건강을 위해서는 꼭 필요했고, 실랑이를 벌여 아이와 관계가 나빠지는 것보다는 콜라를 먹이는 게 낫다고 생각해 종종 그 방법을 이용하곤 했습니다.

만약 아이가 이유 없이 약을 거부한다면 되도록 빨리 먹여서 그 고통을 벗어나게 해 주어야 합니다. 멀리서 약봉지를 꺼내 아이가 있는 곳까지 보이게 들고 가면 아이가 우는 시간도 그만큼 길어집니다. 어쩔 수 없다면 최대한 짧고 빠르게 끝내는 게 좋습니다. 또한 아이가 약을 먹고 토해도 절대로 화를 내면 안 됩니다. 그러면 아이는 약 먹기를 더욱 싫어하게 될 뿐이지요. 토할 때를 대비해 약을 넉넉히 준비해 놓고 아이가 토하면 잘 달래서 다시 먹이도록 하세요.

두 돌 전에는 약을 못 먹는 아이가 많습니다. 인지적으로 약을 왜 먹어야 하는지 모르기 때문입니다. 두 돌만 지나면 아이는 약이 싫지만 빨리 먹고 끝내야 엄마가 좋아한다는 것을 압니다. 이런 면에서도 엄마와 아이 사이가 좋아야만 합니다. 만약 엄마와 사이가 좋지 않으면 아이는 그러한 노력을 기울일 필요를 느끼지 못하지요.

아픈 아이의 경우 가려야 하는 음식이 많습니다. 하지만 질병과 크게 상관없는 음식까지 무조건 절제시키는 것은 아이와 엄마 관계를 악화시킬 수 있고 아이에게 스트레스를 줄 수 있습니다. 제가 만난 한 아이는 아토피가 심하다는 이유로 평소에 엄마가 피자와 같은 인스턴트식품을 절대 사 주지 않았다는데 아이가 피자만 보면 울더군요. 아이의 질병에 따라 반드시 금지해야 할 음식이 아니라면 적당히 먹게 해 주는 융통성이 필요합니다.

병원에 대한 거부감도 없애 줘야 합니다

아픈 아이를 데리고 병원에 가는 것도 쉬운 일이 아니지요. 주사기와 청진기만 봐도 자지러지는 아이들이 있습니다. 약을 먹일 때와 마찬가지로 병원에 갈 때도 아이가 왜 싫어하는지 먼저 파악해야 합니다. 대부분의 아이들은 청진기의 차가운 감촉을 싫어합니다. 그러니 의사에게 청진기를 미리 따뜻하게 한 뒤 진찰해 달라고 부탁하고 아이의 시선을 청진기에서 다른 곳으로 돌려 주세요.

병원은 아이에게 두려울 수밖에 없는 곳입니다. 그런 곳을 자꾸 가자고 하는 엄마가 아이는 야속할 수밖에 없지요. 어떻게 하면 병원을 조금 더 쉽게 다닐 수 있을지 방법을 생각해 보세요. 그리고 다음의 사항도 함께 고려하기 바랍니다.

◆ 병원을 도구 삼아 아이를 혼내는 것은 좋지 않습니다

어떤 엄마들은 아이가 말을 안 들으면 병원 가서 아픈 주사 놓는다고 겁을 주는데, 이런 말로 인해 아이가 병원을 더 무서워하게 될 수 있습니다.

◆ 병원에 가는 걸 속이지 마세요

아이가 병원 가기를 싫어한다고 해서 다른 곳에 간다고 거짓말을 하면, 아이가 가진 엄마에 대한 믿음이 깨지게 되고 사람에 대한 막연한 불신이 생길 수 있습니다.

◆ 되도록 친절한 병원을 찾아가세요

아이가 병원 가는 일이 좋아지도록 재미있는 놀이 시설이 있거나 친절한 의사가 있는 병원을 찾아보는 것도 방법입니다.

◆ 병원놀이를 해 보세요

아이들은 자기가 왜 병원에 가야 하는지 잘 모릅니다. 주사를 맞은 기억만으로 막연히 두려워하는 경우가 많지요. 따라서 왜 병원에 가야 하는지 책이나 놀이를 통해서 알려 주는 것이 좋습니다.

또 한 가지 당부하고 싶은 것은 힘들었을 병원 진찰을 잘 끝낸 아이에게 보상을 주라는 것입니다. 보상이 아이의 버릇을 나쁘게 한다고들 하지만 아픈 아이에게는 예외입니다. 그래야만 두려움을 극복하고 치료에 임할 힘을 내게 됩니다. 진료가 끝나면 아이에게 잘해 줌으로써 병원에 대한 거부감을 줄여 주세요.

Q11 또래 아이에 비해서 말이 늦어요

또래들은 제법 문장도 구사하고 단어도 많이 얘기하는데 내 아이는 '엄마', '아빠', '맘마' 외에 쉬운 단어 몇 개만 말한다면 어느 부모든 불안해질 겁니다. '조바심을 내지 말고 조금만 더 기다려 보자' 하고 마음을 다잡아 보지만, 다른 아이들이 말을 잘하는 것을 보면 속이 상하고 스트레스를 받는 것도 당연하지요. 그러나 언어 발달에도 때가 있으니 내 아이가 지금 정상적인 발달 상태에 있는지, 혹은 도움이 필요한지를 불안해하지 말고 면밀히 살펴보는 것이 좋습니다.

언어 발달을 판단하는 네 가지 기준

아이가 말이 늦을 때 그냥 둬도 되는지, 전문적인 도움을 주어야 하는지 알아볼 수 있는 몇 가지 기준이 있습니다. 우선 몸짓이나 표정 등 비언어적인 방법으로 의사소통을 하고 있는지 살펴보세요. 아이가 눈을 맞춘다거나 모방 행동을 하며 생각과 감정을 전달할 수 있다면 말을 잘 못해도 크게 걱정하지 않아도 됩니다. 하지만 비언어적인 방법으로도 의사소통이 불가능하다면 자폐 스펙트럼 장애와 같은 발달 장애일 수 있으니 전문의에게 진단을 받아야 합니다.

두 번째로 아이가 지능상에 문제가 없는지 확인해야 합니다. 언어 발달도 인지능력에 속하기 때문에 지능이 떨어질 때 언어 발달 역시 더딘 경우가 많습니다. 아이의 지능 발달 상태를 알아보려면 아이가 자기 나이에 맞는 놀이를 하고 있는지를 살펴보면 됩니다. 예컨대 만 3세 전후의 아이가 소꿉놀이 같은 상상 놀이를 하지 못하고 단순한 신체 놀이만 하고 있다면 지능이 떨어질 가능성이 있습니다.

세 번째로는 사회성 발달이 정상인지 살펴야 합니다. 언어는 사람 사이의 의사소통 수단이기 때문에 다른 사람에게 관심이 없으면 언어 발달도 더디게 마련이지요. 아이의 사회성 발달에 가장 큰 영향을 미치는 것은 주 양육자입니다. 주 양육자와의 관계가 원만하지 않거나 불안정하면 아이는 타인에 대한 마음의 문을 닫아 버릴 수 있습니다. 특히 출산 후 엄마가 몸과 마음이 지쳐 회복을 하느라 아이와 활발한 상호작용을 하지 못했을 경우, 아이의 사회성 발달에 문제가 생길 수 있습니다. 이러한 경우 조기에 치료를 해야 정상 발달이 가능합니다. 뇌 발달이 거의 이루어진 이후에 치료를 하면 치료 효과도 더디게 나타날 뿐만 아니라 완치가 힘들 수도 있습니다.

또한 사회성 발달에 문제가 있는 경우에는 엄마 외에 아빠를 비롯한 주변 사람의 협조도 매우 중요합니다. 아이가 사회성을 발달시킬 수 있도록 주변 모든 사람이 따뜻한 관심과 애정을 보여야 한다는 말입니다.

　마지막으로, 언어 발달은 아이의 정서 상태와 밀접한 관계가 있으므로 아이가 정서적인 문제를 겪고 있는 것은 아닌지를 살펴봐야 합니다. 아이는 기분 상태에 따라서 언어 표현의 차이가 심합니다. 아이가 다른 사람의 말을 알아듣기는 하는데 평소에 우울해하고 말을 잘 안 한다면, 정서상의 문제를 살펴볼 필요가 있습니다. 준비가 안 된 상태에서 엄마와 떨어져 충격을 받았거나 친구들 사이에서 따돌림을 당한 아이는 심리적으로 많이 위축되어 정서 발달이 더딜 수 있습니다. 이 경우 언어 발달도 함께 지체됩니다. 아이 주변 환경을 잘 살펴보고 정서적인 문제가 언어 발달에도 지장을 줄 정도면 전문가와 상담하는 것이 좋습니다.

　이외에도 아이가 중이염을 앓아 작은 소리를 잘 듣지 못해 그럴 수 있으므로 청력과 구강 검사를 받아 보는 것이 좋습니다.

　만일 앞의 경우들과 달리 뚜렷한 원인 없이 언어 발달만 더디다면 '발달성 언어 장애'일 수 있으니 전문의의 진단을 통해 치료를 받아야 합니다.

　이 모든 것은 아이가 두 돌이 지났을 때에 해당합니다. 그 이전에는 언어 발달이 본격적으로 이루어지는 시기가 아니므로 아이가 두 돌이 안 됐다면 병원을 찾기보다는 엄마가 언어적인 자극을 많이 주도록 하세요. 아이가 하는 말의 발음과 표현을 엄마가 조금씩 교정해 주고 따라 할 수 있는 간단한 단어를 반복적으로 말해 주는 식으로요.

　이때 아이의 언어 능력을 키우기 위해 책을 많이 읽어 주는 부모들이 있습니다. 그러나 언어 발달은 실제 상황에서 쓰는 말을 통해 발전하기 때문에 책을 읽어 주기보다는 아이와 대화를 많이 하는 것이 훨씬 도움이 됩니다.

　또 아이에게 말할 거리를 많이 만들어 주세요. 동물원이나 박물관에 가는 등 재밋거리를 많이 마련해 아이가 말을 하지 않고는 못 배기도록 만드는 것이지요. 잠들기 전에 하루 동안 있었던 일을 아이에게 알콩달콩 이야기해 주는 것도 한 방법입니다. 또한 엄마가 먼저 수다쟁이가 되어, 의성어를 많이 쓰거나 조금은 과장된 말투로 아이의 귀를 자극하는 것도 좋지요.

◆가정에서 할 수 있는 네 가지 언어 발달 자극

① 아이에게 말을 할 때는 천천히 하세요.

② 아이의 언어 수준에 맞게 처음엔 단순한 단어로 자극해 주세요.

③ 아이가 말 이외에도 표정과 손짓, 몸짓 등 다양한 방법으로 의사 표현을 할 수 있도록 도와주세요.

④ 적극적인 놀이를 통해 아이에게 말할 거리를 많이 제공해 주세요.

Q12 일과 육아를 병행하는 엄마들을 위한 특별한 스트레스 관리법이 있을까요?

고백하건대 저는 아이를 낳기 전까지만 해도 일과 육아를 병행하기가 어렵다는 말에 동의하지 않았습니다. 그만큼 노력하지 않았기 때문이라고 생각했어요. 그러나 큰아이 경모를 키우며 저는 노력으로 안 되는 세상이 있음을 알게 되었습니다. 제 인생에 처음으로 '빨간 불'이 켜졌어요. 그저 모든 게 막막하게만 느껴졌습니다. '분명히 아이는 내가 낳았는데 어쩌면 이렇게 아이를 이해하기가 힘들까' 하는 생각에 아무 일도 하기 싫고, 매사에 짜증만 났습니다. 그러다 저도 모르게 눈물이 나기도 했고, 인생에 회의가 들기도 했습니다. 그사이 몸무게가 7킬로그램이나 빠졌어요. 그래도 명색이 소아 정신과 의사인데 말입니다.

딱 3년 동안은 ○○엄마로만 살아야 합니다

그래서인지 일하는 엄마들을 보고 있노라면 너무나 안타깝습니다. 항상 퀭한 눈빛으로 하루하루를 버티며 '이게 정말 사는 건가', '내가 정말 이것밖에 못하는 사람인가' 하는 생각에 사로잡힌 그들에게 무슨 말을 해 줄 수 있을까요. 그 어려움을 잘 알지만, 저는 눈을 질끈 감고 말합니다.

"딱 3년만 죽었다 생각하고 참으세요."

스트레스 관리법이라고 내놓은 답이 참으로 어이없을 것입니다. 죽을 것처럼 힘든 사람을 사지로 내모는 말로 들릴 수도 있을 테고요. 그러나 그것은 제가 드릴 수 있는 최선의 답입니다. 아이가 세 돌이 될 때까지 이어지는 육아 과정은 '나'라는 사람이 죽고 '○○엄마'라는 사람이 태어나는 고통스러운 과정입니다. 밤잠을 설치며 수시로 깨는 아이를 달래고, 젖 먹이고, 빨래며 청소를 하느라 밥도 제대로 먹지 못합니다. 직장에서는 '그럴 거면 집에 가서 애나 보지'라는 말을 듣지 않기 위해 더 열심히 일해야 하지요. 게다가 아이를 키우다 보면 내 의지와 상관없이 예측 불가능한 일이 언제 어디서 터질지 모릅니다. 아이는 언제나 갑자기 아프고, 갑자기 다치기 마련이니까요. 그래서 24시간 내내 온 신경을 곤두세우고 있어야 합니다. 그런 날이 언제 끝날지 모른다고 생각하면 미치지 않고 살아 있는 것만도 천만다행입니다.

그러나 엄마 자신의 욕구를 완전히 제쳐 놓고 아이만을 위해 사는 시기는 3년이면 끝납니다. 아무리 늦어도 3년만 지나면 아이는 스스로 작은 일상들을 처리해 나갑니다. 무엇보다 아이가 세 돌쯤 되면 말이 통하기 때문에 돌보기가 훨씬 수월해집니다. 그러나 그 기간을 견디지 못하고 아이 돌보기를 외면하거나 우울증에 빠져 버리면 아이는 아이대로 병이 나고, 엄마는 엄마대로 더 불행해집니다. 도둑질하기, 거짓말하기, 떼쓰기, 때리고 도망가기 등 부모를 속 터지게 만드는 아이들의 모든 행동은 첫 3년 동안 잘 돌보지 못해서 생긴 것이라고 해도 과언이 아닙니다.

그러니 3년만 죽었다고 생각하고 견뎌 내세요. 대신 '슈퍼우먼'이 되겠다는 생각은 하지 않는 것이 좋습니다. 아이는 절대 혼자 키울 수 없습니다. 아무리 위대한 엄마라도 그것은 불가능합니다. 그러니 애초에 남편이든 부모님이든 형제든 보모든 최대한 많은 사람을 적극적으로 활용할 방법을 찾아보세요. 그 기간에는 돈 벌 생각 또한 포기하는 게 낫습니다. 차라리 월급을 다 써서라도 고된 일들을 줄일 방법을 생각해 보세요. 3년 집안일을 소홀히 한다고 집이 무너지지는 않습니다. 그저 아이를 잘 키우는 데만 집중하세요.

직장에서도 일등이 되겠다는 생각을 버리고 잘리지 않을 정도로만 일하겠다고 생각해야 합니다. 그래야 죄지은 사람처럼 눈치 보며 마음고생할 일이 하나라도 줄 테고 오히려 주어진 일에 최선을 다할 수 있어요. 아이는 사랑스럽지만 그 아이 때문에 포기해야 할 것이 생기면 억울한 마음이 들 수밖에 없습니다. 그러나 그렇게 3년을 잘 보내고 나면 알게 될 것입니다. 왜 아이를 낳은 것이 세상에서 가장 잘한 일이라는 생각이 드는지 말입니다.

Q13 텔레비전, 스마트폰을 못 보게 하면 울어요

텔레비전이 아이에게 좋지 않다는 것은 누구나 잘 압니다. 하지만 아이에게 텔레비전 시청을 규제하는 것은 생각만큼 쉽지 않습니다. 아이를 텔레비전의 유혹으로부터 떼어 놓는 것이 어렵기도 하거니와 솔선수범해야 할 부모 스스로도 텔레비전을 보는 습관을 고치기 어렵기 때문입니다. 아이에게 좋지 않다는 것을 분명히 알면서도 텔레비전을 끄면 왠지 허전하고 답답하다는 엄마들도 많습니다.

아이 혼자 텔레비전 앞에 두는 것은 금물입니다

그나마 엄마와 아이가 같이 보면 다행입니다. 제일 안 좋은 상황은 엄마가 바쁘다는 핑계로 아이를 텔레비전 앞에 혼자 두는 것입니다. 우스갯소리가 아니라 나중에 아이가 엄마보다 텔레비전을 더 좋아하게 될 수도 있습니다.

아이를 할머니가 봐 주는 경우에도 텔레비전 시청이 습관이 될 수 있습니다. 요즘 부모들은 텔레비전의 유해성을 잘 알다 보니, 아이가 텔레비전을 오래 보게 하지 않습니다. 장기간 텔레비전에 노출되지 않으면 그만큼 중독될 위험이 줄어들지요. 하지만 손자 손녀가 원하는 건 뭐든 들어주고 싶어 하고, 텔레비전의 유해성도 잘 알지 못하는 할머니는 자칫 아이를 텔레비전 앞에 오래 앉혀 둘 수 있습니다. 심지어 종일 텔레비전을 틀어 놓고 지내는 조부모들도 종종 있습니다.

우선 두 돌 전에는 웬만하면 아이에게 텔레비전을 보여 주지 않는 것이 좋습니다. 미국 소아과학회는 '아이에게 텔레비전을 보여 주지 않아야 하며, 특히 2세 이하의 아이에게는 절대 보여 주지 않아야 한다'라고 권고한 적이 있습니다.

뇌 발달에 있어서 가장 중요한 것은 세상과의 교류입니다. 2세 이하의 아이들은 여기저기 돌아다니며 직접 보고 만지는 경험을 통해 좋은 자극을 받습니다. 그러나 텔레비전은 일방적으로 내용을 받아들여야 하는 수동적인 매체입니다. 때문에 아무리 교육적인 내용이라 할지라도, 텔레비전을 보는 것 자체가 아이의 언어나 지적 능력 발달을 방해합니다. 어른인 부모도 텔레비전을 보다 보면 한없이 게을러지는데 매일 끊임없이 성장하는 아이의 뇌에 좋을 리 없지요. 아이가 텔레비전을 보는 만큼 엄마와 아이 사이에 애착을 키울 시간이 줄어들 뿐입니다.

교육용 프로그램도 자제를

한때 유아용 텔레비전 프로그램이 선풍적인 인기를 끌었던 적이 있습니다. 이러한 프로그램은 상당히 중독성이 있어 아이들이 좋아하지만, 언어를 비롯한 지적 능력 발달에 좋다는 근거는 없습니다. 교육용 컴퓨터 프로그램은 효과가 있지 않느냐고 반문하는 엄마들도 많습니다. 이에 대해서는 아직 많은 연구가 실행되고 있지는 않으나 그간의 연구를 통해 효과가 높지 않다고 알려져 있습니다.

특히 영어를 가르치겠다고 영어로 된 프로그램을 아이에게 종일 보게 하는 것은 정말 위험한 일입니다. 언어는 단편적인 내용을 반복해서 들려준다고 발달하는 것이 아닙니다. 상황을 유추해 볼 수 있는 사고력이 바탕이 되어야 하지요. 때문에 이러한 반복 시청은 사고력마저 저해해 오히려 언어 발달을 늦추는 원인이 될 수 있습니다.

텔레비전이 아이에게 가져다 주는 문제점은 다음과 같습니다.

① 일방적인 소통을 하는 텔레비전을 자주 보게 되면 의사소통 방식을 제대로 배울 수 없습니다.
② 텔레비전을 틀어 놓는 동안 아이는 엄마와 애착을 형성할 기회를 잃어버려 정서 발달을 제대로 이룰 수 없습니다.
③ 텔레비전 화면이 바뀌는 속도가 너무 빨라 끊임없이 시청각적인 자극을 받습니다. 자극의 강도가 세면 심심한 일상의 자극에는 뇌가 반응하지 않아 두뇌 발달의 기회가 줄어들 수 있습니다.
④ 아이가 폭력적이고 잔인한 장면을 보게 될 경우, 뇌 발달상 현실과 환상을 혼동하는 시기이기 때문에 이때 생긴 불안과 공포가 상당 기간 지속될 수 있습니다.
⑤ 무엇이든 모방하는 아이들은 텔레비전에서 본 것을 그대로 흉내 내기 쉽습니다. 자기가 모방하는 것이 무엇을 의미하는지, 무엇이 좋고 나쁜지 모른 채 폭력적인 장면을 따라 할 수도 있습니다.

아이에겐 스마트폰이 더 위험할 수 있습니다

아이에게 스마트폰이 안 좋다고 하는데, 그 위험성을 부모들이 간과하고 있는 경우가 종종 있습니다. 아이가 스마트폰에 중독되어 발달 지연 현상이 일어나는데도 문제의 심각성을 깨닫지 못하는 것이지요. 그런 부모들은 대부분 아이가 세 돌쯤 되었는데 말이 늦어 걱정이라며 저를 찾아옵니다.

얼마 전에 찾아온 세 돌이 막 지난 여자아이도 그런 경우였습니다. 진료실 밖에서 기다리는 동안 아이가 짜증을 내자 엄마는 자연스럽게 아이에게 스마트폰을 주었습니다. 제가 스마트폰을 끄고 대화를 하자고 하자 아이는 갑자기 책상에 머리를 박고 소리를 지르기 시작했습니다. 알고 보니 부모가 맞벌이를 하느라 할머니에게 아이를 맡겼는데, 할머니는 하루 종일 텔레비전을 켜 놓았습니다. 저녁 때는 엄마가 데리고 와서 밥을 먹이는데 밥을 잘 안 먹으면 그때마다 스마트폰을 보여 줬다고 합니다. 어느 순간 아이는 스마트폰에 중독되어 스마트폰을 빼앗으려고 하면 소리를 지르고 울기 시작했습니다.

검사 결과 아이는 스마트폰에 심하게 중독된 상태였습니다. 그 문제를 먼저 해결하지 않는 한 언어 치료를 한다고 해서 나아질 상황이 아니었던 겁니다. 그래서 저는 아이의 엄마에게 당장 눈앞에서 스마트폰을 치우라고 했습니다. 아이가 아무리 울어도 절대 스마트폰을 주지 말고, 아이 앞에서 스마트폰을 보고 있는 모습도 보이지 말라고 한 것입니다.

대신 숙제를 줬습니다. 아이와 눈을 맞추고, 손가락 놀이를 하고, 감정을 전하는 연습을 하게 했습니다. 그처럼 의사소통을 통해 멈춰 있는 언어 영역을 자극하고 발달시키자 아이는 점차 나아지기 시작했습니다. 물론 아이가 완전히 좋아질 때까지는 1년이 걸렸지만 말입니다.

2017년 국내 한 연구 결과에 따르면 언어 발달이 느린 유아들을 추적해 보니 그들 대부분이(95퍼센트) 생후 24개월 이전에 디지털 기기를 처음 접했으며, 그중 63퍼센트가 하루 두 시간 이상 디지털 기기를 사용하는 것으로 밝혀졌습니다. 스마트폰이 얼마나 아이의 발달을 저해하는 주범인지 잘 보여 주는 사례라 하겠습니다. 그래서 저는 부모들에게 두 돌 전까지는 절대 스마트폰을 보여 주지 말라고 말씀 드리는데요. 세 돌 지난 아이의 스마트폰 사용도 웬만하면 권하지 않습니다. 스마트폰을 계속 보는 것도 문제지만 그로 인해 신체 활동이 줄어들고 친구들과 놀지 않게 되는 등의 부작용도 우려되기 때문입니다.

Q14 아직 대소변을 못 가려요

아이가 두 돌이 넘었는데도 아직도 대소변을 가리지 못해 걱정이라며 찾아오는 부모들이 있습니다. 그런데 진찰해 보면 아이는 아무 이상이 없는 경우가 대부분이지요. 부모들은 왜 지극히 정상인 아이에게 문제가 있다고 생각하는 걸까요?

대변을 가린다는 것은 아이가 새로운 발전 단계로 들어섰음을 뜻합니다. 대변을 가리게 되면 아이는 항문을 조절해서 변을 참기도 하고, 내보낼 수도 있게 되는데, 그걸 잘 하면 아이는 자신이 스스로 어떤 일을 해냈다는 데서 오는 만족감과 성취감을 경험하게 됩니다.

또한 대변을 가리게 되면 옷을 입고, 손을 씻고, 집 안을 정리하는 등 일상생활을 할 수 있는 심리적인 준비가 끝났음을 의미합니다. 따라서 대변 가리기는 아이의 성격과 부모와의 신뢰감을 형성하는 데 굉장히 중요한 역할을 한다고 볼 수 있습니다.

대소변 가리기 훈련은 생후 18개월 이상 된 아이를 둔 부모들의 주요 관심사이자 걱정입니다. 아이가 대소변을 가리기 시작하는 시기는 대개 18~30개월 사이지만 실제로 아이마다 차이가 큽니다. 최근 조사 결과에 따르면 우리나라 아이들은 평균 23개월 만에 기저귀를 뗀다고 합니다. 반면 독일은 평균 33개월, 영국은 평균 31개월, 미국은 평균 27개월이 걸리는 것으로 나왔습니다. 역시 '우리나라 아이들이 우수하고 똑똑하다'라고 생각할 수도 있지만 기저귀를 빨리 떼는 것과 지능과는 아무런 관련이 없습니다. 그러니 36개월 안에만 대소변 가리기 훈련이 끝나면 별 문제가 없다고 생각해도 됩니다.

너무 빨리 억지로 시키는 것이 가장 큰 문제

문제는 부모의 조급증입니다. '옆집 아이는 벌써 기저귀를 뗐는데 우리 아이는 왜 늦는 거지?'라고 생각하며 아이의 발달 정도를 무시하고 강압적으로 배변 훈련을 시키는 경우가 있는데, 이는 절대 아이에게 좋지 않습니다. 발달상 준비가 안 된 아이에게 억지로 훈련을 시키면 아이는 스트레스를 받아 오히려 훈련을 거부하게 됩니다. 변기에 앉거나 다가서는 것을 두려워하며 대변을 일부러 참다가 결국은 지리게 되는 것입니다. 게다가 이때 나온 굳고 딱딱한 변은 통증을 유발하여 아이로 하여금 대변을 더욱 참게 만드는 결과를 가져옵니다. 또한 엄마 아빠에게 야단맞는 것에 대한 두려움과 공포심 외에도 반항심과 적개심 등이 생겨서 아이가 난폭하고 공격적인 행동을 보일 확률이 높아집니다.

그러므로 부모는 아이에게 대소변 가리기 준비가 되었다는 신호가 나타날 때까지 기다리는 것이 좋습니다. 미국의 소아과 의사인 스포크 박사도 배변 훈련에서 가장 중요한 것은 부모의 인내심이라고 강조했을 정도니까요. 그리고 배변 훈련을 할 때는 아이를 변기에 앉힌 다음 힘주는 동작을 같이 해 주고, 아이가 잘 따랐을 경우에는 잘했다고 칭찬을 해 주는 것이 좋습니다. 엄마의 만족한 얼굴을 보면 아이도 덩달아 기뻐하게 되고 기분 좋은 배변이 머릿속에 남아 이후에도 배변을 조절할 수 있게 되기 때문입니다.

5세 이후에도 대소변을 못 가릴 경우

대소변 가리기는 대부분 36개월쯤 되면 가능하게 되는데, 만 4세가 지나서도 대소변 가리기에 문제를 보이는 경우가 있습니다. 그중에서 '야뇨증'은 만 5세 이상의 아이가 밤에 자면서 무의식적으로 소변을 배출하는 것으로, 일주일에 두 번 이상, 그것이 적어도 3개월 이상 지속되는 것입니다. 그런데 야뇨증은 5세 미만의 어린이 중 15퍼센트가 경험한다는 통계가 있을 정도로 흔한 질환입니다. 남자아이에게서 더 많이 나타나는 것은 일반적으로 남아의 발달이 여아에 비해 늦기 때문입니다.

그런데 소변을 잘 가리다가 어느 순간 지리기 시작해 6개월이 지난 뒤에도 계속해서 소변을 지리면 2차성 야뇨증으로 보며, 심리적 스트레스와 연관되어 나타날 가능성이 높습니다. 보통 첫째 아이의 경우 동생이 생겼을 때 야뇨증이 나타날 확률이 높고, 이사 등으로 인해 낯선 환경에 놓였을 때, 부모로부터 심한 격려나 처벌을 당했을 때, 지나친 대소변 가리기 훈련으로 스트레스를 받을 경우에도 야뇨증이 발생할 확률이 높습니다. 하지만 그럴 때일수록 심하게 혼을 내는 것은 좋지 않습니다. 여유롭고 너그러운 마음으로 아이를 다독여 주면 아이의 심리가 안정되면서 어느 순간 야뇨증이 사라지게 되니까요.

'유분증'은 대변을 가리지 못하는 현상으로 항문 근육을 조절하는 능력의 발달이 늦거나, 동생이 생기거나 부모가 심하게 싸우는 등의 심리적 요인이 서로 작용해 생깁니다. 아이가 대변을 가리지 못할 때에는 우선 변비를 유발하는 질병이 있는지를 확인해야 합니다. 하지만 항문 조절 능력이 충분히 발달하는 만 4세가 지났음에도 대변을 지린다면 발달 지연이나 발달 지체를 의심해 봐야 합니다. 그럴 경우에는 빨리 병원에 가서 전문가의 상담을 받아 볼 필요가 있습니다.

Q15 싫증도 잘 내고 새로운 걸 배우기 싫어해요

아이마다 특별히 싫어하는 것이 한두 가지쯤은 있게 마련입니다만 어떤 일에도 흥미가 없고 싫증을 잘 내는 아이들이 있습니다. 호기심이 한창 많을 시기에 그 호기심을 억제당한 경우 이런 성향을 보이기 쉽습니다. 또한 엄마와의 애착에 문제가 있을 경우에도 마찬가지입니다. 엄마와의 애착에 문제가 있다는 것은 세상을 신뢰하지 않는다는 것을 의미하지요. 그런 아이에게 세상에 대한 흥미가 있을 리 없고, 그러니 싫증을 잘 내게 되는 것입니다.

아이가 싫증을 쉽게 낸다고 해서 사사건건 잔소리를 하거나 다그치면 아이의 정서가 더 불안해질 수 있습니다. 또 이런 심리적인 불안으로 인해 아이는 더욱 싫증을 많이 내게 됩니다. 그 원인이 무엇이든 결국 답은 부모와의 긍정적 상호작용으로 배우는 즐거움을 느끼게 해 주는 것입니다.

새로운 학습을 싫어한다면

싫증을 잘 내는 아이들에게 새로운 학습을 강요하는 것은 부모의 욕심입니다. 아이가 좋아하지도 않는데, '남들 다 하니까' 하는 마음으로 새로운 것을 가르치려고 하면 아이 성격만 나빠집니다. 흔히 "될성부른 나무는 떡잎부터 알아본다"라고 하지만 6세 이전의 학습 능력이나 태도를 가지고 아이의 미래를 예측하는 것은 무리입니다. 이 시기는 학습에 대해서 관심을 가질 수도 있고 관심이 없을 수도 있는 시기입니다. 의학적으로 보자면 뇌 발달상 학습과 관련한 뇌가 충분히 발달하지 않은 상태이기 때문이지요. 게다가 아이마다 관심사도 다르고 먼저 발달하는 능력도 다릅니다. 그러니 마음의 여유를 가지고 아이를 지켜볼 필요가 있습니다.

부모의 강압은 자칫 아이에게 학습은 재미없는 것이라는 생각을 심어 줄 수 있습니다. 또한 부모라면 아이의 시행착오를 지켜볼 수 있어야 합니다. 아이들은 경험과 실수를 통해 하나씩 하나씩 배워 나가지요. 그런데 이때 부모가 아이가 조금 틀렸다 싶을 때마다 정답을 알려 주려고 한다면 아이는 흥미와 호기심을 잃게 됩니다. 정답을 제시하기보다 호기심이 학습으로 이어질 수 있도록 격려하고, 재미있고 적절한 자극을 주는 게 좋습니다.

Q16 아기가 자위행위를 해요

"이제 겨우 네 살밖에 안 됐는데 어디서 배웠는지 자꾸 고추를 만지작거려요. 처음 한두 번은 그냥 모른 척 넘어갔는데 이제는 사람들이 있어도 멈추지 않고 계속 만지니 어떡하면 좋죠?"

"두 돌이 막 지난 딸이 다리 사이에 인형을 끼워 넣고 힘을 주더니 얼굴이 빨개지네요. 못 하게 했더니 이제 숨어서 몰래 해요."

많은 부모들이 아이가 자위하는 모습을 목격하고 당황합니다. 창피한 마음에 누구에게 물어보지도 못하고 속으로만 끙끙 앓는 부모도 있습니다. 이는 아이의 자위행위를 어른의 시각에서 '성적인 행위'로 판단을 내리기 때문입니다. 하지만 아이에게서 보이는 자위행위는 성적인 의미를 포함하지 않은 단순히 감각적인 즐거움을 좇는 행위로서, 발달상 정상적인 행동입니다. 어른들처럼 성적인 상상을 동반하는 심리적 요소 없이 단순히 쾌감을 좇는 감각적 요소만 있을 따름이지요.

생후 6개월쯤 되었을 때 아이가 자기 몸 여기저기를 만지다가 우연히 성기를 발견하면서부터 호기심이나 장난으로 성기를 만지게 됩니다. 엄마가 기저귀를 갈아 주다가 성기를 건드릴 때 쾌감을 느끼는 수도 있지요. 성기를 만지면 기분이 좋아진다는 걸 알게 된 아이는 성기를 만지거나 다른 물건에 비비며 즐거움을 좇게 됩니다. 그러다 보면 돌 전 아이도 발기가 될 수 있습니다. 또한 36개월을 넘어서면서부터 남녀 구분이 조금씩 가능해지면 이성의 성기에도 관심을 보입니다. 스웨덴의 한 연구 결과에 따르면 아이들은 5~6세 사이에 자위행위를 가장 많이 한다고 합니다. 그러던 것이 초등학교에 들어가면서부터 서서히 없어집니다. 학교에 들어가면 훨씬 재미있고 즐거운 일이 많아지고, 다른 고차원적 놀이를 즐길 수 있을 만큼 두뇌가 발달하기 때문입니다.

아이가 자위행위에 집착하는 이유, 사는 게 재미없거나 엄마의 사랑이 부족하거나

하지만 아이가 지나칠 만큼 자위행위에 집착하고, 사람이 많은 장소에서도 아무렇지도 않게 자위를 한다면 심리적 문제가 있는 건 아닌지 살펴봐야 합니다. 먼저, 아이는 엄마와의 애착 관계가 불안정할 때 자위행위에 집착할 수 있습니다. 또한 본능적인 놀이 욕구가 채워지지 않아도 자위행위에 몰입합니다. 즉 더 재미있고 즐거운 일을 찾지 못해서 성기를 만지며 노는 것이지요. 스트레스가 많을 때에도 자위행위에 집착할 수 있습니다. 갑자기 젖을 뗐거나 동생이 생겼을 때, 유치원이나 어린이집에 갑자기 가게 됐거나 친척에게 맡겨졌을 때 등이 대표적인 예입니다.

그러므로 아이가 자위행위에 집착한다면 아이에게 부족한 것이 무엇인지, 엄마에게 불만은 없는지, 아이가 무엇에 가장 재미를 느끼는지 등을 하나씩 따져 봐야 합니다. 그 원인이 무엇이든 방법은 두 가지로 요약됩니다. 관심과 사랑을 충분히 쏟아 아이가 애정에 목말라 하지 않게 하는 것과 보다 재미있는 놀이로 관심을 분산시키는 것이지요. 충분히 애정을 표현하면서 적극적으로 아이와 놀아 주세요. 아이가 심심해 보이면 공놀이를 하거나 함께 그림을 그리는 등 다른 것에 관심을 돌리게 하여 몸을 향한 집착을 조금씩 줄여 가는 것입니다. 아이는 어른에 비해 집착의 정도도 심하지 않고, 쉽게 잘 잊는 특성이 있으므로 엄마가 노력하면 개선될 수 있습니다.

단, 아주 드물게 성폭행 이후 자위행위가 심하게 나타날 수 있으니 주의할 필요가 있습니다.

아이에게 성교육을 시킬 때에는

부모들이 알게 모르게 아이들은 성적인 놀이를 많이 합니다. 이성 친구의 성기를 만지기도 하고 자신의 성기를 서로 보여 주기도 합니다. 아이가 자위행위를 하거나 아이들끼리 성적인 놀이를 하는 모습을 발견했다면, 바로 그때가 부모가 성교육을 해야 하는 시점이라고 생각하면 됩니다.

이때 감정적으로 대응하여 화를 내거나 야단치지 않는 것이 중요합니다. 엄마가 화를 내면 아이는 필요 이상의 죄책감과 수치심을 느끼게 되고, 이는 아이에게 성에 대해 부정적인 인식을 갖게 합니다. 그러니 이렇게 말해 주세요.

"수영복으로 가리는 부분은 만져서도 안 되고 보여 줘서도 안 된단다. 친구들끼리 그러는 건 예의 없는 행동이야. 엄마 아빠도 목욕시킬 때가 아니면 네 몸을 보거나 함부로 만지지 않는데, 네가 다른 아이의 소중한 곳을 만지면 안 되겠지?"

만일 자위행위가 지나쳐 성기 부위에 염증이 생긴다면 늘 청결에 신경 쓰면서 아이 혼자 있는 시간을 가급적 줄이도록 하세요. 이때 주의할 것은 아이의 행동을 감시하고 혼내는 것이 아니라, 그것이 별로 좋지 않은 행동이고 엄마를 비롯한 그 누구도 원하지 않는 행동임을 아이에게 지속적으로 일깨워 주어야 한다는 점입니다.

Q17 문제 많은 우리 아이 병원에 가 봐야 할까요?

아이를 키우다 보면 지치고 힘들 때가 한두 번이 아니지요. 하루에도 열두 번씩 화가 나고, 행여 아이에 관해 싫은 소리라도 들으면 하루 종일 엄마 마음은 지옥 같습니다. 그래도 다른 아이들만큼만 자라 주면 좋겠는데, 엄마 뜻을 매번 거스르는 아이를 대하고 있으면 문득 이런 생각을 하게 됩니다.

'내 아이에게 무슨 정신적인 문제가 있는 건 아닐까?'

답답한 마음에 여기저기 물어보지만 그때마다 돌아오는 답은 모두 다릅니다. 아이는 원래 그렇다는 사람도 있고, 부모가 잘해 주지 못해서 그렇다는 사람도 있고, 얼른 고쳐 주지 않으면 나중에 더 큰 문제가 생긴다고 겁을 주는 사람도 있습니다. 고민을 하다 전문 기관을 찾아볼까 하고 생각을 하지만 우리나라에서는 아직까지 엄마들에게 소아 정신과의 문턱은 높기만 해서 쉽게 행동으로 이어지지 않습니다.

소아 정신과는 아이의 발달을 돕는 곳입니다

개인적으로 저는 소아 정신과의 명칭이 '발달 의학과'로 바뀌었으면 좋겠다는 생각을 합니다. 흔히 떠올리는 것처럼 소아 정신과가 아이의 심각한 정신 질환을 치료하는 역할만 하는 것이 아니기 때문이지요. 소아 정신과는 아이가 인지·정서적으로 정상적인 발달을 하고 있는지 체크하고, 만일 그렇지 않다면 주변에서 아이에게 어떤 도움을 주어야 하는지 등 아이의 발달과 관련한 모든 것을 다룹니다. 그것은 정신 질환의 치료에서도 기본적인 사항입니다. 아이의 생활 전반을 다루지 않고서는 그 어떤 병도 완치하기 어렵기 때문이지요.

그럼에도 불구하고 부모들이 소아 정신과를 찾지 못하는 이유는 두 가지입니다. 첫 번째는 주변의 시선을 너무 의식해서, 두 번째는 아이가 부정적인 자아상을 갖게 되지 않을까 하는 우려 때문입니다. 아이가 혹시 '내가 정신과에 올 만큼 문제가 있구나' 하는 마음에 상처를 입을까 두려운 것이지요. 하지만 정신과에 대한 이미지는 부모가 만들어 주는 것입니다. 아이는 정신과를 대할 때 뭔가 불안해하고 낯설어하는 부모의 얼굴에서 잘못됨을 인식할 뿐입니다.

성장기에 발달 검사를 받은 경모와 정모

저는 경모와 정모가 초등학교에 막 입학했을 때와 그 3~4년 뒤에 발달 검사를 시켰습니다. 특별한 문제가 있어서가 아니라 아이가 정상적인 성장을 하고 있는지 알아보고, 부족한 점이 있다면 엄마로서 도와줘야 한다는 생각에서였지요. 그리고 저는 두 아이에게 이렇게 말해 주었습니다.

"미국에서는 정신과를 가는 것이 부자들의 특권이란다. 몸이 아플 때 병원에 가는 것처럼 마음에 문제가 있을 때에도 병원에 가야 하는데, 당장 돈이 없으면 정신과에 가기가 어렵기 때문이지. 그러니 너희가 정신과에 가서 진료를 받을 수 있는 건 축복받은 일이야."

그랬더니 언젠가 경모가 그러더군요.

"엄마 있잖아, 우리 반에 너무 화를 잘 내는 애가 있어서 내가 말해 줬어. 너도 한번 우리 엄마에게 검사 좀 받아 보라고 말이야. 그러면 화를 안 내게 될 거라고."

소아 정신과는 단순히 병을 치료하는 곳이 아닙니다. 내 아이의 성장과 발달을 진단하고 부족한 부분을 채워 줄 수 있는 조력자 역할을 하는 곳이지요. 아이에게 소아 정신과에 대한 긍정적인 이미지를 심어 주기 위해서는 부모 스스로 먼저 편견에서 벗어나야 합니다. 또한 아이에게 왜 정신 건강이 중요한지 설명하는 것도 엄마 아빠의 몫입니다.

언제, 무슨 일로, 어떤 진단과 검사를 받을까

소아 정신과에서 진찰하는 연령은 0~18세입니다. 생후 5개월인 아이가 하루 종일 울기만 한다며 아이를 안고 저를 찾은 엄마도 있고, 어릴 때 저에게 치료를 받은 아이가 입시를 앞두고 불안이 심해졌다며 혼자 진단을 받으러 오기도 하지요. 소아 정신과에 오면 기본적으로 아이의 인지능력과 성격, 부모의 성격과 양육 태도를 검사하게 됩니다. 아이의 발달은 부모의 양육 태도와 밀접한 연관이 있기 때문에 아이뿐만 아니라 부모도 함께 검사를 하는 것이지요. 그리고 아이의 상태에 따라 보다 세부적인 검사를 합니다.

이때 연령과 문제의 심각성에 따라 검사 방법과 종류가 모두 다릅니다. 집중력의 경우 뇌 상태를 컴퓨터 검사로 정밀하게 분석하기도 합니다. 학습 능력이 떨어지는 경우 학습 능력 평가도 따로 하게 됩니다. 어린아이의 경우 정서 발달과 신체 발달 사이에 밀접한 연관이 있기 때문에 신체 발달 검사도 함께 이루어집니다. 아이가 어떨 때 소아 정신과를 찾아야 하느냐고 묻는 분들에게 저는 이렇게 말합니다.

"아이가 정상적으로 환경에 적응하지 못할 때, 주변에서 계속 도와주어도 아이 스스로 힘든 상황을 헤어 나오지 못할 때 진단을 받으세요."

아이가 이유 없이 문제 행동을 할 때 '크면 좋아진다'라며 넘기는 경우가 많습니다. 아주 틀린 말은 아닙니다. 아이들은 자라면서 지능이 발달하고 사회성도 생겨서 자연스럽게 문제 행동이 사라지는 경우도 많으니까요. 그러나 그것도 부모나 선생님이 감당할 수 있는 범위 내에서의 이야기입니다. 혹 엄마는 문제라고 생각하는데 주변에서 괜찮다고 한다면, 아이를 가장 잘 아는 사람은 엄마이므로 엄마 스스로의 판단을 따르도록 하세요.

그리고 아이에게 어려움이 있을 때는 되도록 빨리 도움을 주는 것이 좋습니다. 4

세에 반항기가 있는 아이를 치료하는 것과 4학년이 되어서 완전히 반항기가 굳어 친구를 때리고 어른한테 화내는 아이를 치료하는 것은 큰 차이가 있습니다. 반항기가 처음 보일 때였다면 6개월 안에 끝낼 수 있는 치료가 나중에 하게 되면 2년이 넘게 걸립니다. 반항기로 인해 다른 문제들이 연달아 발생하기 때문이지요. 특히 언어 장애 등 발달 지연의 경우 치료는 빠르면 빠를수록 좋습니다.

가끔 약물 치료에 대해 지나친 거부감을 보이는 부모도 있는데, ADHD(주의력결핍 과잉행동장애)나 강박증, 틱 장애 등은 대개 뇌의 기능적 문제가 원인이기 때문에 약물 치료가 매우 효과적이고 부작용도 생각처럼 크지 않습니다. 그 밖에 심리적인 원인으로 발생하는 문제들은 심리 치료와 부모 교육, 집단 치료 등을 통해 증상을 완화시킬 수 있습니다. 학습 장애가 있는 아이의 경우 전문적인 학습 치료를 병행하기도 합니다.

Q18 한글 학습, 언제부터 시켜야 할까요?

지적 발달은 아이마다 차이가 큽니다. 한글을 떼야 하는 시기도 정해진 것은 아닙니다. 다만 한 가지 명심할 점은 발달상 6세 이전에는 학습을 어렵고 따분하게 여긴다는 것이지요. 본능적으로 새로운 것에 호기심을 갖는 아이들이 천편일률적인 학습을 힘들어하는 것은 매우 당연한 현상입니다. 특히 한글 공부처럼 글자 체계를 논리적으로 따져야 하는 학습은 아이에게 무리가 아닐 수 없지요. 아이의 뇌도 글의 의미를 정확히 파악하여 표현할 만큼 발달하지 못했고요. 만일 이 시기의 아이가 엄마가 시키는 학습을 곧잘 따라 준다면, 평소에 엄마가 아이와 놀아 주는 시간이 너무 부족해 재미를 느낄 만한 대상이 없었거나, 학습을 엄마의 사랑을 받기 위한 수단으로 여기거나, 기질적으로 순종적인 아이일 가능성이 높습니다.

한글 학습보다 아이의 창의력 향상에 집중하세요

3~6세는 아이가 가장 창의적인 시기입니다. 논리적인 사고 능력이 싹트긴 했지만, 그 논리라는 것이 자기 식대로 세워져 있지요. 다시 말해 이 시기의 아이는 세상을 자기 기준에 맞춰 주관적으로 해석합니다. 그런데 학습은 규칙과 공식 등 지극히 객관적인 것들을 배우는 과정입니다. 때문에 이른 학습은 자칫 아이가 자기 식대로 세상을 해석할 자유를 빼앗아, 창의성의 향상을 저해할 수 있습니다. 게다가 창의성은 이 시기가 아니면 다시 발현될 가능성이 매우 적습니다.

그 폐해는 스무 살이 넘어 본격적으로 자신의 능력을 펼쳐야 할 시기에 나타납니다. 한 분야에 창의적인 전문인으로 우뚝 서야 하는 때에 어릴 때의 과도한 학습은 창의적 사고를 막는 주범이 되지요. 우리 아이들이 살아갈 미래 사회에서는 스스로 자기 길을 만들어 가는 사람이 성공합니다. 바로 그 틀이 3~6세의 짧은 시기에 만들어집니다. 글자 한 자 빨리 가르치려다가 더 소중한 능력을 키우지 못하게 해서는 안 될 일입니다.

학교에 들어간 뒤 시작해도 괜찮습니다

한글은 물론이고 다른 여러 가지 학습 모두 초등학교에 들어가서 시작해도 늦지 않습니다. 어떤 아이는 아무것도 준비하지 않은 상태에서 입학을 했는데, 다른 아이들에 비해 오히려 더 수업을 잘 따라갔다고 합니다. 다른 아이들은 이미 배운 것을 또 배우게 되는 격이라 수업 시간이 따분하기만 한데, 그 아이에게는 배우는 것 자체가 너무 재미있던 것이지요. 그러다 결국 반장도 하게 되었다나요.

그래도 한글도 안 깨우쳐 보내려니 불안한 마음이 든다면 입학을 1년 정도만 앞두고 있을 때 시작해도 늦지 않습니다. 늦게 가르쳐서 언제 다 가르칠 수 있을까 조바심을 낼 필요는 없습니다. 오히려 늦게 가르칠수록 아이의 뇌 발달이 많이 이루어진 상태이기 때문에 적은 양의 학습으로도 큰 효과를 볼 수 있지요. 만약 그때에도 아이가 고집을 부리면서 배우려 들지 않는다면 6개월 전부터 가르치기 시작해도 큰 문제가 없습니다. 제 큰아이 경모가 그 증거입니다.

고집불통에 원하지 않는 자극을 거부하는 성격을 지닌 경모는 초등학교에 들어가기 3개월 전에 겨우 한글을 배우기 시작했습니다. 아무것도 모르고 입학했다가 아이가 힘들어하면 어쩌나 싶어 억지로라도 조금 알게 하자던 것이었는데, 예상 밖으로 경모는 한글을 착실히 배워 나갔습니다. 처음에 얼굴을 찌푸리며 짜증을 내던 경모는 "하나도 모르고 학교에 가면 친구들이 놀릴지도 모르는데……" 하는 제 권유에 마음을 바꿔 먹더군요. 다행히 학습을 시작하자 글자의 조합을 재미있어했고요. 그러더니 입학 전에 한글을 거의 완벽하게 뗄 수 있었지요.

한글뿐만이 아닙니다. 그 무엇이든 하나라도 빨리 가르쳐야 한다는 강박관념에서 하루빨리 벗어나세요. 창의성은 물론이거니와 평생을 따라다닐 자아상에도 악영향을 끼칠 수 있습니다. 학습으로 인한 좌절 때문에 자기 자신을 '나는 공부를 못하는 아이', '사랑받을 수 없는 부족한 아이'로 인식할 가능성이 매우 크기 때문입니다.

Q19 식습관이 너무 나빠요

부모들의 골칫거리 중 하나가 아이의 먹는 문제입니다. 숟가락을 들고 꽁무니를 쫓아다녀도 한 숟가락 먹이기가 어렵고, 힘들게 입에 넣어 주면 온갖 인상을 쓰며 뱉어 버리고, 심지어 밥 먹는 일을 무기 삼아 "저거 안 사 주면 안 먹어" 하며 엄마를 협박하기까지 합니다. 한창 자랄 나이에 이렇게 끼니때마다 전쟁을 치러야 하니 부모 입장에서는 너무 속상하고 답답한 일이지요.

식습관은 아이가 이유식을 시작하면서 조금씩 자리 잡아 가는데, 아무것이나 주는 대로 잘 받아먹는 아이가 있는 반면 유독 음식의 질감이나 맛, 색깔에 예민한 반응을 보이는 아이들이 있습니다. 특정 음식이 가진 냄새나 맛에 예민한 것일 수도 있고, 선천적으로 음식 맛에 길들여지기가 어려운 것일 수도 있습니다.

하지만 끼니때 음식을 챙겨 먹여야 한다고 생각하는 부모들은 성장기 아이에게서 흔히 볼 수 있는 이런 특징을 간과하기가 쉽지요. 그래서 일단 어떻게든 먹이고 보자는 태도를 갖습니다. 아이는 자기가 먹지 않으면 엄마가 힘들어한다는 것을 알아채고, 원하는 것이 있을 때 '먹는 일'을 '거래 수단'으로 삼기도 합니다. 또 뭔가 엄마에게 불만이 있을 경우 그 반발심으로 일부러 음식 앞에서 고개를 젓는 아이도 있습니다.

이렇듯 아이가 음식을 거부하는 데에는 다양한 이유가 있습니다. 당장 한 끼를 먹이는 것보다 그 근본적인 문제를 찾아 해결하는 것이 바른 식습관을 들이기 위한 첫걸음입니다.

억지로 먹이지 마세요

이유가 무엇이 되었든 간에 가장 큰 원칙은 억지로 먹이지 않는 것입니다. 아이 곁에서 왜 음식을 거부하는지 찬찬히 관찰해 보길 바랍니다. 만일 아이가 기질적으로 예민하고 입맛이 까다롭다고 판단되면, 조리법을 바꾸거나 재료에 조금씩 변화를 주면서 아이가 좋아할 만한 것을 찾는 노력이 필요합니다. 자꾸 시도를 하다 보면 아이가 먹지 않는 이유가 정확히 어디에서 기인한 것인지 알 수 있습니다. 예컨대 어떤 음식의 질감을 싫어할 수도 있고, 시거나 짠맛에 유독 민감해서일 수도 있습니다. 기름진 음식을 싫어할 수도 있고 음식 고유의 색깔이 마음에 들지 않아서일 수도 있고요.

끼니때마다 한자리에 앉아 있지 못하고 마구 돌아다녀서 엄마나 아빠가 그릇을 들고 따라다녀야 하는 아이도 있습니다. 달래서라도 먹이려는 부모의 잘못된 태도가 아이로 하여금 그런 식습관을 갖게 합니다. 그렇게 하면 당장 한 숟가락을 먹일 수 있을지는 몰라도 장기적으로 볼 때 나쁜 식습관을 고착화할 수 있습니다.

하지만 그렇다고 해서 아이에게 화를 내거나 짜증을 내면 아이는 부모의 행동을 이해하지 못하고 반항하게 되지요. 식사 시간이 되면 아이 주변에서 호기심을 자극할 만한 것들을 가능한 한 없애고, 아이가 음식을 먹는 일에 재미를 느낄 수 있는 방법을 찾아보세요.

또 처음엔 어렵겠지만 정해진 장소에서 제시간에 밥을 주도록 하세요. 몇 번 권유하고 달래서 듣지 않으면 한두 끼 정도는 과감히 굶겨도 나쁘지 않습니다. 그러면서 음식을 먹어야 하는 이유를 반복적으로 설명해 주세요. 아이들은 먹는 것에도 익숙해질 시간이 필요합니다. 통제와 강요보다는 아이 스스로 먹을 수 있도록 유도하는 편이 좋습니다.

◆나쁜 식습관 지도법
① 음식을 다 먹지 않고 밥상에서 일어설 때

한꺼번에 너무 많은 양을 입에 넣어 주면 음식을 다 먹기도 전에 자리에서 일어나기 십상입니다. 또 급한 마음에 음식을 다 씹기도 전에 꿀꺽 삼켜 버리기도 합니다. 식탁에 앉아 있을 때 한 번에 조금씩 먹게 하되, 음식을 다 씹어 삼킨 후에 자리에서 일어나게 하세요.

② 계속 돌아다니며 한자리에서 밥을 못 먹을 때

아이의 호기심을 자극할 만한 물건은 우선 모두 치워 두세요. 그리고 아이의 흥미를 끌 만한 물건이나 좋아하는 장난감 몇 개만 식탁에 놓아 주세요. 이렇게 흥미를 느끼고 식탁에 오래 머물 수 있도록 하면서, 아이가 식탁에 올 때만 밥을 주는 게 좋습니다.

③ 밥그릇을 엎거나 숟가락을 던질 때

의도적인 행동이라기보다는 그릇 사용이 익숙하지 않아서 실수하는 경우가 많습니다. 또한 숟가락이나 젓가락을 사용하는 것이 서툴다 보니 약이 올라서 집어 던지기도 합니다. 차분히 숟가락을 사용하는 법을 가르쳐 주면서 실수로 엎지 않도록 넓은 그릇을 사용하세요.

Q20 아이가 황소고집이에요

아이가 두 돌 정도가 되면 언어가 폭발적으로 발달하면서 본격적으로 말을 하게 됩니다. 그런데 이 시기에 가장 많이 하는 말이 "싫어", "안 해", "저거 줘" 등 고집을 부리는 표현입니다. 말뿐만이 아니라 하는 행동도 어찌나 고집불통인지 한 번이라도 엄마 뜻에 따라 주는 법이 없지요. 그러다 보니 요새 부모들 사이에서는 '미운 세 살'이 아니라 '미운 두 살'이라는 말이 더 많이 쓰인다고 합니다. 이때부터 본격적인 아이와의 전쟁이 시작되는 거지요.

고집은 자아 개념이 생겼다는 신호

아이가 엄마의 말을 잘 따라 주지 않고 자기주장만 내세울 때 이를 가리켜 흔히 '고집이 세다', '떼를 쓴다'는 말을 합니다. 다분히 부정적인 의미가 담긴 말들이지요. 하지만 발달학적으로 보자면 이것은 아이가 그만큼 자아 개념이 강하고 자기 의지를 확고히 하고 있다는 것을 뜻합니다. 하지만 표현 능력이 미성숙해서 그것을 "싫어", "안 해" 등과 같은 단정적인 말로 표현하거나, 머리를 땅에 박는 등 과격한 행동으로 나타내는 것이지요.

문제는 이 시기의 아이는 주장을 표현할 줄은 알아도, 사고력과 분별력은 떨어진다는 점입니다. 이는 아이 스스로 어떻게 할 수 있는 것이 아닙니다. 뇌가 발달하고 인지적·정서적 성숙이 어느 정도 이루어져야만 합리적인 주장을 펼칠 수 있게 됩니다.

따라서 아이가 고집을 부릴 때에는 부모 시각에서 판단할 것이 아니라 아직 성장 과정에 있는 아이의 입장을 먼저 고려해야 합니다. 고집부리는 자체에 신경을 곤두세울 것이 아니라 고집을 부리는 숨은 동기를 찾기 위해 노력을 기울여야 합니다.

시간이 지날수록 아이는 다른 사람에 대한 배려를 배우게 되면서 자연스럽게 고집을 접게 됩니다. 만약 이런 과정이 없다면 아이는 자신의 주장을 제대로 펴지 못하는 어른으로 자랄 수 있습니다.

통제보다는 너그러운 마음이 효과적입니다

엄마들은 대개 아이가 고집을 부리면 처음부터 확실하게 버릇을 들여야 한다는 생각에 단호하게 야단을 치면서 아이의 행동을 막습니다. 물론 아이의 고집이 아이 자신이나 남에게 해가 되는 것이라면 적당한 선에서 막아 줄 필요는 있습니다. 하지만 아이의 주장이 엉뚱하거나 쓸모없다는 이유로 제재를 가한다면 아이의 자신감과 독립심이 제대로 자랄 수 없습니다. 따라서 아이가 어이없는 고집을 피우더라도 무조건 야단을 치는 것은 좋지 않습니다. 부정적인 고집에는 무관심한 태도를 보여 주고 긍정적인 고집에는 아낌없이 칭찬해 주세요. 예를 들어 혼자 입지도 못할 옷을 엄마가 입혀 줬다고 다시 벗고 자기가 입으려고 할 때에는 "왜 이렇게 엄마를 힘들게 해!" 하며 화를 내지 말고, 오히려 혼자서 해내려는 점을 칭찬해 주어야 합니다.

어릴 때 아이가 자기주장을 펼칠 수 없으면 자기 정체성에 대해 고민하게 되는 사춘기, 혹은 더 성장한 후에 억눌린 감정을 주체하지 못하고 문제를 일으킬 수 있습니다. 따라서 아이가 잘못된 고집을 부릴 때에는 아이의 자율성과 의사를 최대한 존중하는 범위 내에서 저지하는 것이 좋습니다.

Q21 지나치게 소심하고 마음이 약해요

예의범절을 중요시하는 우리 문화에서는 말 잘 듣고 얌전한 아이를 선호하는 경향이 오랫동안 이어져 내려왔지요. 그런데 요즘은 갈수록 경쟁이 치열해지는 사회 분위기 탓에 얌전하고 조용한 아이를 걱정하는 엄마들이 적지 않습니다.

"저렇게 마음이 약해서 앞으로 어떻게 세상을 살까요. 조금 드센 친구 앞에서는 말도 제대로 못한다니까요. 늘 기가 죽어 있는 것 같아 걱정스러워요."

무엇이든 천천히 적응할 수 있도록 배려를

아동 발달에 있어서는 아이마다 고유한 기질이 있으며, 그런 기질을 고려하여 아이를 길러야 한다는 것이 많은 학자들의 지배적인 주장입니다. 그중에는 새로운 것에 대한 적응이 유난히 느리고 수줍음이 많으며 불안이 많은 기질이 있는데, 이런 기질을 가진 아이들이 어릴 때 낯선 환경에서 놀란 경험이 많을 경우 성인이 되어서 우울증이나 불안 장애 등을 앓게 될 확률이 높다고 합니다. 따라서 부모의 양육 태도가 매우 중요하지요.

우선 먼저 아이의 기질을 그대로 인정해 주어야 합니다. 아이의 기질을 바꾸겠다고 새로운 환경에 억지로 적응시키려 하거나 낯선 사람과 계속 만나게 하면 아이는 내성적인 면이 더욱 강화되고 마음의 문을 닫아 버리게 됩니다. 또한 아이가 잘 울고 마음 약한 행동을 할 때, 이를 나무랄 것이 아니라 따뜻하게 위로하고 상처받지 않도록 보호해 주어야 합니다. 이런 아이들의 경우 특히 새로운 장소에 적응하는 것을 힘겨워합니다. 아이가 좋아할 만한 물건을 새로운 장소에 가져다 두는 등 천천히 적응할 수 있도록 배려해 줄 필요가 있습니다. 또한 친구를 사귀게 하려고 단체 생활을 억지로 시켜서도 안 됩니다. 제가 돌봤던 아이 중에는 아이에게 사회성을 길러 주겠다고 억지로 유치원에 보냈다가 불안 장애를 일으킨 경우도 있습니다.

칭찬이 가장 좋은 약입니다

기질적인 요인이 아니라 어릴 때부터 형성된 부정적인 자아상 때문에 아이가 소심해지는 경우도 있습니다. 엄마가 아이에게 하기 싫은 공부를 억지로 시킨다거나, 아이 앞에서 남편과 싸운다거나, 오랜 시간 아이를 다른 곳에 맡기는 등 강압적이고 무관심하게 아이를 대하면 아이는 긍정적인 자아상을 만들지 못합니다. 이런 경험이 누적될 경우 아이는 결국 자신감을 갖지 못하고 '나는 불행하고 늘 야단맞는 아이'라는 생각을 하게 되지요.

　이런 부정적인 자아상을 가진 아이들에게는 칭찬이 약입니다. 칭찬을 기반으로 잃어버린 자신감을 찾아가는 과정에서 아이는 일시적으로 고집을 피우거나 반항하는 모습을 보이기도 합니다. 그러나 그것은 그동안 억눌려 왔던 자기주장을 한꺼번에 표현하느라 보이는 행동입니다. 이때 부모가 따뜻하게 감싸 주면 아이는 제 스스로 행동을 고쳐 나갑니다. 간혹 그것이 예의범절에 어긋나더라도 야단을 치지는 마세요. 예의범절은 자신감이 생긴 뒤에 가르쳐도 늦지 않습니다.

Q22 형제끼리 잘 다퉈요

　흔히 형제들은 애초부터 서로를 아낀다고 생각하지만 형제애는 저절로 생기는 것이 아닙니다. 큰아이는 동생이 태어나면 사랑과 관심을 빼앗기는 것 같아서 시기하고, 동생 역시 엄마의 사랑을 독차지하기 위해 심술을 부립니다. 그러니 부모의 사랑을 두고 치열하게 경쟁하는 사이라고 보는 게 맞지요.

　개인적으로 저는 형제의 관계가 우애로우려면 둘의 터울이 적어도 3년 이상 되는 게 좋다고 생각합니다. 한 살이라도 젊을 때 키워야 한다고 1~2년 터울로 둘째를 낳기도 하는데, 이 경우 큰아이가 둘째를 '돌봐 주어야 할 존재'로 인식할 만큼 정서 발달이 되지 않아 괴롭히고 못살게 굴기 쉽습니다. 엄마 아빠가 보지 않을 때를 틈타 몰래 꼬집고 때리거나, 형 노릇을 한답시고 사사건건 방해하며 기합을 주는 식으로 말이지요.

동생을 본 형의 마음을 이해해 주세요

　큰아이 입장에서는 엄마의 사랑을 빼앗길까 봐 두려워 동생을 괴롭히는 것인데,

대부분의 엄마들은 이럴 경우 큰아이를 혼내고 야단칩니다. "형이 되어 가지고", "언니답지 못하게" 하면서 말이지요. 그러나 이때 가장 먼저 할 일은 큰아이의 마음을 이해해 주는 것입니다.

특히 큰아이의 나이가 어리면 어릴수록 엄마가 평소보다 더욱 관심을 기울여야 하지요. 갓난아이인 둘째를 보는 것이 힘이 들어 큰아이를 다른 사람 손에 맡기는 경우가 많은데, 오히려 동생을 다른 사람과 함께 돌보고 엄마는 형에게 더 신경을 써야 합니다. 이 시기에 큰아이를 엄마 곁에서 억지로 떨어트려 놓으면 큰아이에게 동생에 대한 첫인상이 부정적으로 자리 잡아 갈등의 씨앗이 됩니다. 또한 큰아이에게 동생을 돌보게 하여 동생의 의미를 인식시켜 주는 것이 좋습니다. '동생은 나보다 약하고 도와줘야 하는 사람'이라고 생각하게 만드는 것이지요.

만약 이때 큰아이의 마음을 잘 보듬어 주지 않으면 퇴행 현상을 보이기도 합니다. 소변을 잘 가리던 아이가 갑자기 소변을 지리고, 동생의 젖병에다 우유를 먹으려고 합니다. 밥도 저 혼자 안 먹고 먹여 달라고 떼를 쓰지요. 그럴 때에는 하고 싶은 대로 하게 그냥 두세요. 마음의 갈증이 풀리면 제 스스로 행동을 멈출뿐더러, 몇 번 하면 불편해서라도 그만두게 됩니다. 이런 행동을 보이는 아이의 마음도 편치 않기 때문에 "엄마가 어떻게 도와주면 좋겠니?"라는 따뜻한 말로 위로하는 것이 좋습니다.

전혀 다른 두 아이를 키운다고 생각하세요

그렇다면 동생 입장은 어떨까요? 둘째를 키울 때 부모들은 큰아이를 키우며 겪었던 시행착오를 경험 삼아 아이를 키웁니다. 큰아이를 키우던 것이 리허설이라면, 둘째를 키우는 것은 본 공연이라고 말하는 엄마도 있습니다. 하지만 이것은 위험한 발상입니다. 큰아이를 키우며 깨닫게 된 방법을 교훈 삼는 것은 좋지만, 그것이 둘째에게도 적용되리라는 법은 없습니다. 다만 참고할 수 있을 따름이지요.

보통 둘째는 형이 하는 것은 무엇이든 저도 하겠다고 나섭니다. 형의 장난감이나 인형을 빼앗으려 들고, 형이 어린이집에 가면 저도 가겠다고 따라나섭니다. 그런데 일부 부모들은 이를 이용해 아이를 가르치려고 해 결과적으로 형제간의 경쟁 심리를 부추깁니다. "형은 저렇게 잘하는데" 하면서 말이지요. 동생 입장에서 형은 저보다 먼저 태어나서 엄마의 사랑을 더 많이 받을 수밖에 없는 존재입니다. 넘을 수 없는 존재인 형을 따라잡기 위해 동생은 늘 힘이 들지요.

저는 두 아이를 키울 때 처음부터 경쟁이 생기지 않도록 주의했습니다. 하다못해 책 한 권을 사도 각자의 성격과 관심에 맞는 것을 골라, 따로 가질 수 있도록 했지요. 조금 번거롭기는 했지만 어린이집이나 유치원도 각각 다른 곳으로 보냈습니다. '누구의 동생 누구', '누구의 형 누구'로 불리며 아이가 비교당하는 일이 없도록 하기 위해서였지요.

초등학교에만 가도 남과의 경쟁에 시달리게 될 아이들입니다. 안 그래도 다툴 수밖에 없는 형제끼리 서로 비교하고 경쟁하는 것은 아이들에게 아무런 도움이 되지 않습니다. 무엇보다 중요한 것은 아이들이 어떤 행동을 보일 때 행동 그 자체만을 보지 않는 것입니다. 아이들은 지금 사랑을 빼앗기지 않기 위해 무척 애를 쓰는 중이니, 겉으로 보이는 행동만으로 아이를 나무라서는 안 됩니다.

혹시 형이 동생을 너무 잘 돌본다면 '그렇게 해서라도 엄마의 사랑을 잃고 싶지 않아서'일 수도 있습니다. 충족되지 못한 사랑에 대한 갈증을 다른 형식으로 풀고 있지 않은지 한 번쯤 살펴보세요. 또한 부모가 두 아이를 정말 공정하게 대하고 있는지도 되짚어 보길 바랍니다.

Q23 친구와 어울리지 못하고 혼자 놀아요

친구들 사이에 두어도 재미를 느끼지 못하고 혼자만 노는 아이들이 있습니다. 아이들끼리 티격태격 싸우기도 하면서 함께 어울려 지내면 좋으련만, 좋아하는 친구도 없고 제 고집이 강해 친구들 사이에서도 환영을 받지 못하지요. 늘 따로 떨어져 혼자 노는 아이. 엄마는 아이를 저대로 두어도 좋을지, 더 늦기 전에 엄마가 나서야 하는 것인지 알 수가 없지요.

아이들이 친구 사귀는 걸 힘들어하는 이유가 뭘까요? 성격이 예민하거나 고집이 센 아이의 경우 친구 사귀는 데 어려움이 많은 건 당연합니다. 남과 나누기는커녕 누군가가 자기 물건을 만지는 것조차 싫어하고, 친구 사이에서 저만 최고여야 한다면 당연히 친구들과 잘 지내기가 어렵지요.

드센 남자아이들의 경우에는 친구를 잘 놀리고 괴롭히기도 합니다. 물론 악의를 가지고 행동하는 것은 아닙니다. 아직 자기표현이 미성숙하여 관심과 호감을 그렇게 드러내기도 하고, 뇌가 아직 덜 성숙하여 자기 행동이 남을 괴롭힐 수 있다는 사실을 인식하지 못한 탓이기도 합니다. 또한 기질적으로 소극적이고 조용한 아이의 경우 친구에게 말을 먼저 거는 일을 매우 힘들어합니다.

아이가 친구를 사귀지 못하는 데에는 이렇듯 기질상의 문제, 뇌 발달상의 문제 등 여러 가지 원인이 있습니다. 그러니 이 문제를 해결하기 위해서는 내 아이의 특성과 현재 아이가 처한 환경, 엄마의 양육 태도 등을 모두 함께 살펴봐야 합니다.

집에서 잘 노는 아이가 친구와도 잘 놉니다

우선적으로 따져 봐야 할 것은 엄마와 아이의 관계입니다. 엄마와 사이가 좋고 잘 노는 아이는 집 밖에 나가서도 다른 사람들과 잘 어울려 놉니다. 엄마를 통해 세상이 재미있고 살 만한 곳이라는 걸 깨닫고, 조금씩 그 범위를 확장시켜 나가는 것이지요. 반대로 집에서 엄마와 매일 전쟁을 치르고 야단만 맞는 아이는 밖에 나가서도 친구를 잘 사귀지 못합니다.

또한 아빠나 형제 등 다른 가족과의 관계도 살펴볼 필요가 있습니다. 가족은 아이가 만나는 첫 번째 사회라고 할 수 있습니다. 그러므로 아이가 가족 안에서 일차적인 사회관계를 잘 구축하고 있는지를 살펴야 하는 것이지요. 가족 앞에서 자기가 하고 싶은 것과 하기 싫은 걸 표현하고 있는지 살펴보세요. 또 형제를 배려하고 형제와 타협할 수 있는지도 눈여겨보세요. 가정 안에서 이런 기본적인 능력을 갖추어야만 친구를 사귀는 데 무리가 없습니다.

아이에게 친구를 만들어 줄 때에는

아이가 친구 사귀기를 힘들어하면 부모들은 아이에게 용기를 주는 방법으로 태권도나 말하기 등을 가르치기도 합니다. 하지만 그런 것을 가르친다고 없던 용기가 갑자기 생기거나 자신감으로 이어지지 않습니다. 내성적이고 소극적인 아이라면 오히려 더 겁을 먹고 자기 안으로 움츠러들어 대인 관계를 더 오래 기피할 수 있습니다. 아이가 어느 정도 친구를 사귈 준비가 되었다는 판단이 든다면, 강요하는 식보다는 일상생활 속에서 자연스럽게 기회를 만들어 가는 방법이 좋습니다. 이를테면 우연히 새로운 친구를 만났을 때, 친구와 함께하면 더 재미있는 놀이를 알려 주거나 친구를 잘 사귀는 방법을 넌지시 일러 주는 식으로 말이지요.

또한 평소에 아이에게 대인 관계를 만들어 가는 방법을 말해 주는 것이 좋습니다. 어른은 물론이고 아이들의 세계에서도 관계 맺기는 이름을 기억하는 것에서부터 시작합니다. 그러니 새로운 친구를 만나면 이름을 기억하고 불러 주는 것이 좋다고 말해 주세요.

또 친구의 말을 잘 들어 주는 것이 중요하다고 가르쳐 주세요. 아이는 자기중심적인 사고를 하는 것이 특징이지만, 다른 친구들의 감정과 생각을 이해하는 게 왜 필요한지 가르쳐 주고 조금씩 또래 아이들을 이해할 수 있도록 도와주는 게 좋습니다. 다른 친구의 생각과 느낌을 입장 바꿔서 경험하게 해 주는 것도 한 방법입니다.

또 자기 물건을 나눠서 쓰게 하는 배려를 가르쳐 줘야 하는데, 아이에게 아직은 싫은 경험일 것입니다. 이때 엄마와 먼저 나눠 쓰는 연습을 하다 보면 아이도 조금씩 그 의미를 이해하게 될 것입니다.

무엇보다 중요한 것은 부모의 모범입니다. 부모가 다른 어른들과 좋은 관계를 유지하는 모습을 보며 자란 아이는 자연스럽게 그 모습을 닮아 가게 되어 있습니다. 그러니 부모로서 항상 이 점을 명심하며 생활해 나가세요.

Q24 자꾸 거짓말을 해요

아이가 거짓말을 하면 부모는 놀라고 당황합니다. '거짓말은 나쁜 것이고 배워선 안 되는 것'이라는 고정관념이 머릿속에 박혀 있기 때문이지요. 그래서 일단 혼내고 다시는 거짓말을 하지 말라고 가르칩니다. 하지만 현명한 부모라면 아이가 거짓말을 할 때, 그 순간을 놓치지 않고 아이가 거짓말을 하게 된 동기가 무엇인지, 거짓말을 할 정도로 스트레스가 될 만한 것이 있는지, 아이의 정서상에 다른 문제가 있는 건 아닌지 먼저 살펴보아야 합니다. 거짓말을 일종의 신호로 여기는 것이지요.

아이가 거짓말을 하는 이유

아이는 아직 논리적인 사고 체계가 발달하지 않았기 때문에 현실을 있는 그대로 보지 못하고 지극히 주관적이고 비현실적으로 해석합니다. 그래서 불안하고 피하고 싶은 상황에 직면하면 사실과 전혀 다른 이야기를 만들어 내기도 하고, 그 이야기를 진짜인 것처럼 믿어 버리기도 하지요. 바로 들통날 거짓말을 천연덕스럽게 하는 것은 아이가 나빠서가 아니라 발달상의 특징인 것입니다.

특히 하기 싫은 일을 할 때 아이는 거짓말을 자주 하게 됩니다. "손 씻었니?" 하고 물었을 때 "네" 하고 대답하는 아이. 엄마가 아이 손을 확인하고 야단을 치면 손을 뒤로 숨기면서도 끝까지 씻었다고 하거나, 방금 거짓말을 한 건 어느새 잊어버리고 "이제 씻을 거예요"라고 하지요. 꾸며서 말하는 상상력은 있어도, 이후에 바로 들킬 것을 알 만큼 논리적이지 못하기 때문에 하기 싫은 일에 대해서는 일단 거짓말부터 하고 보는 것입니다. 이때 엄마가 심하게 혼내면 아이는 거짓말을 해서 혼나는 게 아니라, 거짓말을 들켜서 혼나는 것이라고 생각합니다. 엄마에게 혼나는 것만큼 아이가 두려워하는 일은 없습니다. 그래서 아이는 혼나지 않기 위해서, 즉 사실을 잘 숨기기 위해 더 큰 거짓말을 하게 됩니다.

아이의 거짓말에 이기심이나 나쁜 의도가 있는 것이 아닙니다. 자아관이 형성되는 과정에서 자기중심적인 사고를 하다 보니 현실적이지도 않고 객관적이지도 않은, 즉흥적이고 단순한 거짓말을 하는 것이지요. 따라서 아이가 거짓말을 할 때는 일방적으로 야단을 치지 말고 아이가 왜 거짓말을 하게 됐는지 그 이유를 살펴봐야 합니다. 아이에게 불안감과 스트레스를 주어 순간적으로 거짓말을 하게 만드는 것부터 찾아 없애 주라는 뜻입니다.

손 씻었다고 거짓말을 하는 아이의 심리에는 '손 씻기가 너무 싫어. 왜 엄마는 자꾸 씻으라고만 할까' 하는 불만이 숨어 있겠지요. 이런 경우라면 엄마가 아이와 손을 함께 씻으면서 손을 안 씻으면 뭐가 나쁜지, 엄마가 왜 손을 깨끗이 하라고 하는지 기분 좋게 설명해 주세요. 그리고 한 번이라도 제 스스로 손을 씻었다면 아낌없이 칭찬해 주세요.

거짓말에 현명하게 대응하는 법

"그대로 두었다가 버릇이 되면 어떻게 하죠?"

엄마들이 이렇게 묻습니다만 아이가 하는 순간적이고 즉흥적인 거짓말, 금세 들통날 뻔한 거짓말은 뇌가 성숙하고 발달하면서 차차 사라집니다. 앞서 말한 대로 야단치고 심하게 윽박지르면 불안한 마음에 또 다른 거짓말을 하기 쉽고, 이런 과정에서 부정적인 자아상이 만들어질 수 있습니다. 우선 거짓말을 한 아이의 마음을 이해해 주고, 이해하고 있다는 것을 말로 표현해 주세요.

"엄마에게 거짓말할 만큼 손을 씻기가 싫었구나. 그런데 왜 손을 씻기가 싫었을까?"

엄마가 이해해 주었다는 사실만으로 아이는 불안감과 스트레스로부터 벗어나고, 같은 상황에서 아이가 거짓말을 하는 횟수도 줄어듭니다. 그런 다음엔 아이에게 왜 거짓말이 안 좋은 건지 설명해 주어야 합니다. 그리고 다음에 또 거짓말을 하면 어떤 조치를 취할 것이라고 미리 일러두세요. 물론 그 조치는 일방적인 것이 아니라 아이도 합의한 것이어야 합니다. 참고로 아이가 잘못한 일에 대한 벌로는 아이가 좋아하는 걸 하지 못하게 하는 것이 적절합니다. 처음부터 강도를 높게 잡지 말고 아이가 잘못을 거듭할수록 강도를 높여 가는 것이 효과적입니다.

Q25 아이가 때려야 말을 들어요

아이를 기르다 보면 한 번쯤 아이가 남의 집 곳곳을 헤집어 놓거나, 텔레비전 광고에 나오는 장난감은 무조건 사 달라고 떼를 쓰는 통에 화가 치밀었던 기억이 있을 겁니다. 급기야 손부터 올라가서 엉덩이를 몇 대 때리고 후회했던 적도 있을 거고요.

아이에게 매를 드는 걸 좋아하는 부모는 세상 어디에도 없습니다. 말로 하니 안 돼서, 너무 화가 나 순간적으로 참지 못해서 매를 들고는 뒤돌아 우는 것이 우리 엄마들이지요. 그런 엄마들에게 가장 많이 받는 질문 중 하나가 바로 체벌 문제입니다.

"매를 들어야지 말을 들어요. 막 떼를 쓰다가도 매만 들면 울음을 그치거든요."

"버릇을 잡기 위해서 어느 정도 체벌은 필요하지 않나요?"

체벌이 좋지 않은 이유

매를 드는 것이 과연 옳은가에 대해 여전히 말이 많습니다. 부모들의 가치관이 변해서 이제는 매로 아이를 가르친다는 생각이 많이 없어졌지만, 버릇을 들이기 위해 정말 필요한 순간에는 단호하게 매를 들어야 한다는 사람도 있습니다.

지금 부모들도 어릴 때 자기 부모에게 한 번쯤은 맞은 경험이 있는 사람들이 대부분입니다. 형제끼리 싸우다가, 놀다가 집에 늦게 와서, 부엌의 그릇을 깨트려서, 벽지에 낙서를 해서, 엄마 몰래 사탕을 먹어서……. 맞을 이유는 정말 많았지요.

하지만 맞았던 바로 그 순간을 떠올려 보면, 가장 먼저 생각나는 것은 엄마의 무서운 눈과 매를 맞았을 때의 분노, 수치심, 무서움 등이 아닌가요? 그것으로 인해 정말 자신의 잘못을 깨닫고 반성했다고는 말할 수 없을 겁니다. 결국 체벌은 엄마와 아이 사이를 나쁘게 만들 뿐, 옳고 그름을 깨닫고 그 가치관에 따라 행동하게 된 것이 체벌 때문은 아니라는 뜻이지요. 매가 무섭고 아파서 맞는 순간은 잘못했다고 말하지만 아픔이 가시고 나면 수치심과 부모에 대한 원망과 분노만이 남습니다.

체벌이 나쁜 이유는 또 있습니다. 아이를 한번 매로 다스리기 시작하면 점점 그 강도가 세져야 한다는 것이지요. 그러면 아이는 매가 무서워 말을 들을 뿐, 스스로 판단해 바른 행동을 하게 될 기회는 점점 줄어듭니다. 또한 힘이 갖는 위력을 인상 깊게 배우게 되어, 원하는 것이 있을 때 힘으로 그것을 얻을 수 있다고 생각하게 됩니다.

가장 큰 문제는 체벌로 인해 아이가 자신감을 잃어버리는 것입니다. 매를 들면 들수록 아이는 자신을 '나쁜 아이'로 생각하게 되고, 자신이 갖고 있는 문제가 나아질 수 없다는 생각에 자포자기하고 맙니다.

그래도 매를 들게 된다면

그러나 이런 부정적인 요소들에도 불구하고 아이를 기르다 보면 어쩔 수 없이 아이에게 매를 들게 되는 경우가 있습니다. 그럴 때에는 매를 들기 전에 부모 자신의 감정을 먼저 추스려야 합니다. 흥분된 상태에서 매를 들면 아이의 행동을 지적하기보다 아이 자체를 비난하게 되어 마음에 상처를 줄 수 있습니다. 아이는 자신의 행동이 잘못되었다기보다 자신이 나쁜 사람이라는 생각을 하게 되고요. 그리고 정해진 장소에서 정해진 매로 때려야 합니다. 아무 데서나 분이 풀릴 때까지 때리는 것은 좋지 않습니다. 매를 들기 전에는 왜 때리는지, 지금 몇 대를 어떻게 때릴 것인지, 또 잘못을 하면 어떻게 할 것인지 등을 차분하게 설명해 주세요. 또한 매를 댄 후에는 반드시 달래 주어야 합니다. 아이에게 엄마에 대한 원망이나 분노, 자신에 대한 부정적인 이미지가 남지 않도록 잘 안아 주고, 매를 대어서 엄마 마음 또한 아프다는 것을 설명해 주는 것이 좋습니다.

Q26 아이가 엄마 아빠를 우습게 봐요

시대가 바뀌면서 바른 부모상도 많이 바뀌었습니다. 많은 부모들이 권위적이고 강압적인 부모보다는 친구처럼 다정한 부모가 되고 싶어 하지요. 부모들이 변한 만큼 아이들의 모습도 많이 바뀌었습니다. 흔히 요새 아이들은 버릇없고 이기적이라는 말을 많이 하는데, 실제로 저는 진료실에서 아이가 엄마를 무시하고 제멋대로 구는 모습을 종종 봅니다. 그럴 때 엄마들은 어떻게 아이를 다뤄야 할지 몰라 쩔쩔매다가 결국 아이가 하자는 대로 끌려갑니다. 어떤 아이는 가만히 있는 엄마의 머리를 쥐어뜯고 때리고, 난동을 부리기도 하더군요.

아이 뜻에 지고 마는 부모의 속마음

물론 아이를 사랑으로 대하면서 아이의 눈높이에 맞춰 양육을 해야 하는 것은 맞습니다. 엄마와 친밀한 관계를 유지하는 것은 성장기 아이들의 최대 발달 과제이고, 이것이 이뤄지지 않는 한 그 어떤 정서적 성장도 기대하기 어려우니까요. 하지만 그것이 무조건 아이가 하자는 대로 끌려가는 것을 의미하지는 않습니다. 엄마들은 아이가 잘못 성장할까 봐 걱정하는 동시에 아이가 엄마를 싫어하면 어쩌나 걱정을 합니다. 아이가 엄마의 사랑을 잃을까 봐 두려워하는 것처럼, 엄마 역시 아이로부터 외면당하지 않을까 두려운 것이지요.

그런 마음이 부모와 아이 간에 꼭 있어야 할 경계선을 무너트리고 맙니다. 사랑을 베풀 줄은 알아도 그 사랑을 현명하게 표현하는 법을 잘 모르는 부모들이 그저 아이에게 무조건 맞춰 버리는 것이지요. 그 결과 아이는 부모를 자상하고 애정 많은 부모로 인식하는 것이 아니라 우습게 보게 됩니다. '내가 원하는 것을 사 주는 사람', 더 심한 경우 '나 없이는 못 사는 사람'으로 인식하고 그것을 이용합니다. 심지어 어떤 엄마는 "지갑에 돈이 있어야 아이가 말을 듣는다"라고도 하더군요. 아이가 부모를 한번 우습게 생각하기 시작하면, 아이가 자랄수록 부모로서 끌어 주는 역할을 하기가 힘들어집니다. 아이가 부모를 부모로 인식하지 않고 어떤 말을 해도 들으려고 하지 않게 되는 것이지요.

부모와 아이의 관계는 친밀하게 유지되어야 하지만, 경계 또한 분명해야 합니다. 가정 안에서 부모가 아이보다 상위에 있고, 보호자로서 아이의 길잡이 역할을 하고 있음을 부모와 아이 모두 인식하고 그것이 실제로 이루어져야 합니다.

존경받는 부모로 서야 합니다

한마디로 말하자면 존경받는 부모가 되어야 합니다. '친구 같은 멘토'라고나 할까요. 아이가 생각하기에 늘 곁에 있어 도움을 청할 수 있으면서 닮고 싶은 사람 말이지요. 하지만 이것은 부모가 억지로 권위를 내세운다고 될 일이 아닙니다. 먼저 부모 스스로 올바른 삶을 사는 게 중요합니다. 부모가 자신의 삶에 충실한 모습을 보이면서 늘 아이의 입장에서 사랑을 베풀되, 아이를 바로잡아 줘야 하는 순간이 오면 흔들림 없이 단호한 모습을 보여 주세요.

저는 이것을 설명할 때 돼지를 치는 농부를 비유로 듭니다. 돼지를 몰고 밭길을 지날 때, 농부는 돼지 무리를 앞세우고 뒤를 따르지요. 한참을 잘 가던 돼지가 어느 순간 길 옆 도랑으로 발을 디디면, 농부는 들고 있던 작은 회초리로 딱 한 번 돼지의 엉덩이를 칩니다. 뒤에서 주인이 채근하지 않아 안심하고 있던 돼지는 화들짝 놀라 방향을 바꾸지요. 현명한 농부는 목적지에 닿을 때까지 이렇게 돼지를 인도합니다.

아이는 항상 강압적인 것에 권위를 느낄 수 없습니다. 평상시에 부모의 한없는 사랑을 느끼다가 잘못을 저질렀을 때 부모의 단호한 모습을 보게 되면 부모의 권위를 다시 한번 생각하게 됩니다.

그렇지 않고 부모가 늘 무섭게 아이를 대하면 성장하면서 큰 부작용이 발생합니다. 아이들은 성장하면서 사랑은 느껴지지 않고 권위만 있는 부모에게는 반항을 하게 됩니다. 부모를 구타하는 자식 이야기가 그냥 나오는 것이 아닙니다. 아이를 바른 길로 걸어가게 하기 위해 부모로서의 경계를 잘 지켜 나가길 바랍니다.

Q27 의존적인 아이 어떻게 변화시켜야 하나요?

"우리 아이는 제 도움 없이 스스로 알아서 할 수 있는 게 하나도 없어요. 직장을 다니니 언제나 제가 옆에 붙어 있을 수도 없고 걱정이 돼요."

아이가 독립성이 부족하고 자율성이 없다고 속상해하는 부모들이 많습니다. 아이의 의존성은 선천적인 것이 아니라 자라 온 환경에서 비롯됩니다.

의존적인 아이가 되는 이유

아이는 돌이 지나면서 자아상이 생기고 스스로 하고 싶은 것들이 많아집니다. 자립심은 이 시기에 만들어진 자신감과 긍정적인 자아상에 의해 형성되는 것이지요. 만약 이때 아이를 너무 보호하려고 들거나, 부모의 뜻대로 아이를 강압적으로 대하면 자아가 확립되지 못해 의존적인 아이가 됩니다. 그런데 '치맛바람'이라는 말에서 알 수 있듯 우리나라 부모들은 다른 나라에 비해서 아이를 품에 안고 보호하려는 경향이 매우 강합니다. 그러다 보니 아이 혼자 서는 게 불안해 자꾸 손을 잡아 주려

하고 웬만한 일에도 가급적 아이를 보호하려고 듭니다. 이러한 상황이 계속되면 아이 스스로 할 수 있는 일이 줄어들고 자신감도 사라지게 되는 것이지요.

물론 자립심을 키워 준다는 명목 아래 아이가 도움을 청하는데도 외면하는 것은 바람직하지 않습니다. 아이가 혼자 무언가를 하려고 할 때 곁에서 지켜보다가, 도움이 필요한 순간 적절히 나서 주세요. '한 걸음' 뒤에서 아이를 쫓아가면서, 필요할 때 딱 '한 걸음'만 도와주라는 것이지요. 이렇게 부모의 도움이 잘 조절되면 아이에게 자신감이 생기고 혼자서 할 수 있는 일도 하나둘 늘어 가게 됩니다.

실수를 허용하는 부모 되기

아이들은 실수를 통해 배웁니다. 시행착오를 겪고 그것을 통해 깨달으며 비로소 성장하지요. 그런데 조바심이 많은 부모는 아이가 실수하고 힘들어하는 게 가슴이 아파 스스로 깨달을 기회를 주지 못합니다. 내 아이가 독립적이고 자율성이 높은 사람으로 성장하길 바란다면 스스로 깨치고 배울 수 있도록 지켜봐 주고, 아이가 먼저 손을 내밀면 따뜻하게 잡아 주는 지혜를 가져야 합니다. 단 명심해야 할 점이 있습니다. 도와준다는 것이 잔소리나 간섭이 되어서는 안 됩니다. 부모는 늘 자신의 개입이 적절한 것인지 판단할 수 있어야 합니다.

생활 속에서 엄마가 무엇을 정해 주기보다는 아이가 결정할 수 있는 기회를 많이 주길 바랍니다. 또한 아이에게 해롭지 않은 범위 내에서 그 선택을 실행할 수 있도록 해 주고, 결과에 대해서도 스스로 책임지게 하는 것이 좋습니다.

Q28 아빠가 너무 바빠 아이랑 놀아 주지 못해요

'아이를 키우는 데 있어 엄마보다 더 중요한 것이 아빠의 존재'라고 이야기하는 전문가들이 있습니다. 아빠가 엄마보다 아이와 함께하는 시간은 적지만 아이에게 미치는 영향은 더 크다는 주장이지요. 아이는 아빠와 보내는 시간이 짧기 때문에 오히려 더 민감하게 아빠의 말과 행동에 영향을 받는다고도 합니다. 아빠의 육아 참여는 선택이 아니라 필수입니다. 아이가 아빠와 있는 시간 동안 과연 아빠는 어떤 모습을 보여 주고 있는지 한번 돌아볼 필요가 있습니다.

아빠의 육아 방식에 따라 아이의 성격도 달라집니다. 또한 아빠에게 부정적인 영향을 받아 문제 행동을 보이는 아이들도 있습니다. 여기서는 아빠의 육아 방식이 아이에게 어떤 영향을 미치는지 알아보지요.

◆엄격한 아빠

아이의 도덕성 발달에 좋은 영향을 미치기도 하지만, 아이를 지극히 수동적인 성격으로 만들기도 합니다. 부모와 친밀감을 형성해야 할 시기에 아빠가 매사에 "안 돼", "하지 마" 하고 명령하면 아이는 주눅 들게 마련이지요. 그러면 아이는 더욱 아빠 눈치를 보고 엄마에게서 떨어지지 않으려고 합니다. 아빠의 엄한 태도가 계속되면 아이는 점점 더 움츠러들고 수동적인 태도를 취해서, 심한 경우 자기의 의견을 제대로 표현하지 못하는 이상 행동을 보이기도 합니다.

◆무관심한 아빠

아이에게 무관심한 아빠는 아이의 발달을 더디게 할 수 있습니다. 세상의 모든 아이는 엄마는 물론 아빠에게서도 사랑을 받길 원합니다. 그래서 아이들은 아무런 관심을 보이지 않는 아빠 앞에서 관심을 끌기 위해 이런저런 재롱을 부리며 애를 씁니다. 그것이 통하지 않아 실망을 하게 되면 애정 결핍으로 이어지지요. 뒹굴고 노는 등 아빠와 스킨십을 통해서 충분한 교류를 하지 못할 경우, 내성적인 성격이 될 수도 있습니다.

◆과잉보호하는 아빠

무엇이든 아빠가 대신 해 주고 대신 싸워 주고 얻어 주면 독립심을 키우지 못해 의존적인 아이가 될 수 있지요. 의존적인 성향이 강해질수록 아이는 작은 일도 스스로 해결하지 않으려 합니다. 그럴 때마다 아빠가 나서서 도와주면 아이는 더욱 나약해지지요. 결국 아이는 자립심과 리더십을 키울 수 없게 됩니다.

◆신경질적인 아빠

공격적인 아이를 만들 가능성이 큽니다. 사소한 일에도 신경질을 내는 아빠는 아이를 주눅 들게 하고, 불안하게 만들지요. 특히 신경질적인 아빠는 말과 행동이 논리적이지 못하고 감정적인 태도를 보이기 때문에 아이는 아무 잘못 없이도 공포를 느끼는 때가 많고, 그로 인해 자주 분노하게 됩니다. 이런 과정이 반복되면 아이도 신경질적인 성격을 갖게 되며, 말과 행동이 순화되지 않은 공격적인 아이로 자라기 쉽습니다.

좋은 아빠가 되기 위해서는 연습이 필요합니다

좋은 아빠가 되고 싶지 않은 아빠가 세상에 어디 있겠습니까? 그런데 회사 일로 바쁘고, 몸이 피곤하고, 아이를 대하는 방법을 모른다는 이유로 조금씩 육아에서 멀어지고 있는 아빠들이 많습니다. 사실 조금만 노력하면 충분히 좋은 아빠가 될 수 있는데도 말입니다. 아이가 어릴 때 좋은 아빠가 되지 못하면 나중에는 가족 내에서 아빠의 자리가 한없이 작아져 버립니다.

좋은 아빠가 되려면 아이와 노는 것을 진심으로 즐겨야 합니다. 이 시기의 아이들은 잦은 스킨십을 통해 친해집니다. 아이를 안아 주고, 서로 볼을 비비고, 아이와 놀아 주는 횟수가 늘어날수록 아빠와 아이의 친밀감이 커집니다. 아빠와 적절한 애착 관계를 형성한 아이는 신뢰감을 배우고, 그런 신뢰감이 밑거름이 되어 사회성을 키우게 됩니다. 이 모든 과정은 절대 억지로 이루어지지 않습니다. 아이와 함께하는 시간을 아빠 스스로 즐길 수 있어야 가능한 일이지요.

또한 아빠는 강하고 엄해야 한다는 강박관념에서 벗어나 느껴지는 감정에 솔직해져야 합니다. 남자는 과묵해야 하며, 슬퍼도 절대 남 앞에서는 울면 안 된다는 식의 생각을 아빠 자신부터 떨쳐 버리도록 노력하세요.

또한 그런 생각을 아이에게 강요하지 마세요. 사람은 누구나 감정을 표현하지 못하고 마음속에 쌓아 두면 병이 납니다. 언젠가 갑자기 돌발적인 형태로 폭발하게 되지요. 아이에게 슬플 때, 기쁠 때, 화날 때, 쓸쓸할 때의 감정을 적절한 말로 표현하는 방법을 가르치세요. 그리고 아빠도 자신의 감정을 표현하세요. 화가 날 때 아이에게 소리를 지르라는 것이 아니라 아빠가 화가 났음을 부드럽게 알려 주라는 뜻입니다.

또한 아빠가 아이와 함께 집안일을 하는 것은 육아에 있어서도 매우 긍정적인 효과가 있습니다. 아이는 엄마와 단둘이 있을 때보다 아빠도 함께 있을 때 가족이라는 집단을 더 실감하게 됩니다. 평소에 아빠와 많은 시간을 같이 보낸 아이는 나중에 사회생활에 적응하기 쉽지만, 아빠 얼굴을 거의 못 보고 자란 아이는 엄마에게 의지하는 습관을 버리기 어렵습니다. 그러니 아이와 함께 집안일을 하며 부족한 시간을 채워 주세요. 그러면 아이는 아빠의 사랑을 느낄 뿐만 아니라 집안일이 당연히 엄마가 하는 일이 아니라 가족 모두가 함께 해야 할 일이란 것도 배우게 됩니다.

Q29 남편과 육아에 대한 생각이 많이 다릅니다

일주일 내내 아이가 어떻게 생활하는지 관심도 안 보이던 아빠가 주말에 갑자기 아빠 노릇을 하겠다며 아이를 데리고 나갑니다. 그런데 집에 돌아온 아이의 손에는 최신형 게임기가 버젓이 들려 있습니다. 아이가 가뜩이나 컴퓨터 게임에 관심을 보이던 터라 주의를 주고 있었는데, 엄마로서는 허무할 수밖에요. 이때 아빠가 던지는 한마디.

"요새 애들 다 이런 거 하잖아. 우리 애만 안 갖고 있으면 기죽어서 안 돼."

아이를 기르다 보면 부부 사이에 아주 사소한 것에서부터 의견 차이가 발생하니다. 엄마는 아이 이불 하나도 면 소재로 된 것을 챙기는데, 아빠는 무엇이든 상관하지 않습니다. 아이에게 좋은 것만 주고 싶은 엄마와 털털하게 아이를 키우려는 아빠. 과연 누가 옳은 걸까요? 이렇게 매번 부딪치다 보면 아이에게도 좋지 않을 텐데 말이지요.

아이가 자랄수록 육아 문제로 갈등이 커집니다. 아이가 접하는 세상이 점점 넓어지는 만큼 신경 쓸 일도 많고 관심을 갖고 이끌어 줘야 할 일도 많아지기 때문이지요. 특히 교육 문제에 있어서는 부모가 서로 첨예하게 대립하는 경우가 많습니다.

서로의 도덕적 성향 차이를 인정하세요

사실 엄마와 아빠는 태생부터 다른 도덕적 성향을 가지고 있습니다. 아빠는 옳고 그름을 판단하여 옳은 것을 좇는 도덕적인 성향을 가진 반면, 엄마는 여성 특유의 타인에 대한 이해와 공감이 강한 도덕적 성향을 가지고 있습니다. 이러한 남자와 여자의 근본적인 성향 차이는 아이를 키울 때에도 드러나게 됩니다. 대체적으로 아빠는 아이를 기르는 데 있어 원칙을 중시합니다. 정해진 규칙을 어기면 벌을 주고 규칙을 지키면 칭찬해 줍니다. 그러나 엄마의 경우 아이가 왜 규칙을 어기게 되었는지, 아이가 힘든 일이 있어 그런 건 아닌지 살피는 등 먼저 아이의 마음을 이해하려고 하는 경향이 있습니다.

사실 어떤 것이 더 우위에 있다고 말할 수는 없습니다. 아이가 올바르게 성장하기 위해서 두 가지 성향이 다 필요하기 때문입니다. 하지만 두 가지 성향이 모두 필요하다고 해서 엄마와 아빠가 다른 육아 원칙을 가져도 된다는 건 아닙니다. 서로의 성향에 근본적인 차이가 있음을 이해하고, 원칙을 정해서 일관성을 유지해 주어야 합니다. 동생을 괴롭힐 때 아빠가 매를 한 대 때리기로 결정했다면, 미리 아이에게 얘기하고 이 같은 잘못을 했을 때 원칙대로 아빠가 훈육하세요. 이때 엄마는 아빠와 함께 야단치기보다 훈육 뒤에 아이의 마음을 달래 주는 식으로 균형을 맞추어 주면 좋습니다. 각자가 잘하는 부분을 육아에 접목하는 것이지요.

아빠와 엄마는 아이에게 비행기의 양 날개와도 같은 존재입니다. 한쪽 날개가 잘 못되면 아무리 다른 날개가 튼튼해도 비행기가 제대로 날 수 없지요. 아이를 위해 평소에 서로 대화를 많이 해서 일관된 원칙을 정하고 도움을 주고받으며 아이를 키워야 합니다.

Q30 올바르게 야단치는 법을 알려 주세요

아이들은 높은 데서 떨어지고 물건을 깨기도 하며 고집을 피우기도 합니다. 아이의 좋은 습관과 안정된 생활을 위하여 야단쳐야 할 순간은 너무도 많지요. 그러나 그때마다 말문이 막힙니다. 대화를 하긴 해야겠는데 좋은 말로 하려니 화가 나고, 했던 말을 또 해야 한다는 생각에 마음이 지치니 말입니다. 무엇보다 먼저 화를 가라앉히고 아이와 대화를 시작해야 합니다. 화가 안 풀렸다면 아이가 잘못했어도 차라리 혼내지 않는 편이 낫습니다. 그런 뒤에 아이를 야단칠 때에는 다음의 원칙을 기억하세요.

첫째, 혼을 내는 목적을 아이의 행동을 강압적으로 저지하는 것이 아니라, 부모로서 아이에게 세상을 살아가는 데 필요한 규칙을 가르치는 것에 두는 것입니다. 그러면 아이에게 소리를 지르고 겁을 주기보다 아이가 규칙을 잘 이해할 수 있도록 친절한 설명을 하게 되지요. 또 그렇게 해야만 아이가 부모의 말을 귀담아듣는 것도 사실입니다. 어떤 부모는 아이의 실수를 기다리기도 합니다. '다음에 실수하면 그땐 용서치 않으리라, 너 한번 두고 보자'라는 심정으로 벼르는 것이지요. 물론 아이는 다음번에 같은 실수를 또 할 것입니다. 그때 부모의 이런 마음이 아이에게 좋은 영향을 미칠 리 없습니다. 잘못은 기억하되 그로 인해 생긴 감정은 바로바로 털어 버려야 합니다.

둘째, 같은 잘못을 또 저지를 때를 대비해 아이와 함께 예방책을 만드는 것입니다.

큰아이가 동생을 때리면 우선 동생을 시샘하는 마음을 이해해 준 후 "동생이 더 사랑받는 것 같아서 속이 상했구나. 그래도 동생은 때리면 안 돼. 정 네가 화가 난다면 그때마다 이 인형을 때리렴" 하고 대안을 제시해 주는 것입니다. 그렇게 하면 아이는 잘못을 저지르지 않고도 감정을 풀 수 있습니다.

셋째, 아이의 이야기를 먼저 들어 주어야 합니다. 아이의 잘못된 행동을 바로잡는 일보다 선행되어야 할 것은 아이가 왜 그랬는지 이해하고 근본적인 원인을 해결해 주는 것입니다. 그런 다음 너무 길고 장황하게 말하지 말고, 쉽고 간단하게 얘기하는 게 좋습니다. 또 대화할 때 절대 다른 아이와 비교하지 마세요. 아이에게 열등감이나 시기심을 일으킬 수 있어 오히려 역효과를 초래합니다.

넷째, 무엇을 해야 하고 무엇을 하면 안 되는지 미리 아이와 약속해야 합니다. 아이는 아직 모든 것이 익숙하지 않습니다. 미리 어떻게 행동해야 하는지 알려 주고 도와줘야 합니다.

마지막으로, 아이를 절대 사람들이 많은 곳에서 혼내서는 안 됩니다. 어른도 대중 속에서 수치심을 느끼면 견디기 힘든데 아이들은 오죽할까요. '어린아이가 뭘 알겠어' 하는 태도는 무척 위험합니다. 이때 생긴 수치심과 모멸감으로 인해 더욱더 반항할 수도 있고, 반발심에 더 큰 잘못을 저지르기도 합니다.

Q31 유치원에 안 가려고 해요

직장 문제로, 혹은 독립심을 키워 주려고 아이가 아주 어릴 때 유치원에 보내려고 하는 경우가 있습니다. 그러나 아이를 어린이집이나 유치원에 보내는 것이 쉬운 일은 아닙니다. 남들도 다 겪는 일이려니 해도 아이가 매일 안 가겠다고 울거나 발버둥을 치면 엄마도 지치게 마련이지요. 유치원에 가기 적절한 시기와 적응 정도는 아이의 발달에 따라 다릅니다. 어떤 아이는 아주 어릴 때부터 쉽게 친구들과 사귀고 선생님을 잘 따르는 반면, 또 어떤 아이는 다 커서도 울며불며 안 가겠다고 떼를 쓰기도 합니다. 아이마다 편차가 있지만 대개 36개월 정도가 되면 부모와 떨어져 유치원에 갈 수 있습니다. 그 이전의 아이가 부모와 떨어지기 싫어 우는 것은 너무나 당연한 현상입니다. 또한 남자아이의 경우 발달이 좀 늦을 수 있어서 부모와 떨어지는 데에 1년 정도 더 걸리기도 하지만, 이 역시 정상 범주에 속하는 현상입니다.

아이가 지나칠 정도로 엄마와 떨어지지 않으려 한다면

세 돌이 지났는데도 아이가 유치원에 가기 싫어한다면 다른 원인이 있는지 살펴볼 필요가 있습니다. 우선 분리 불안을 겪는 시기에 문제가 있진 않았는지 생각해 보세요. 이 시기에 부모가 사회성을 기르겠다고 또래와 놀 것을 강요하는 등 자꾸 밖으로 내보내는 경우, 아이의 불안감이 커지게 됩니다. 그러면 아이는 유치원에 가는 것을 엄마와 이별하는 것으로 받아들여 완고하게 가지 않겠다고 버티게 되지요.

이전에 유치원에 갔다가 적응에 실패한 경험이 있다면 이 역시 원인이 될 수 있습니다. 엄마의 욕심에 너무 어릴 때에 다른 사람들과 오랜 시간을 보내야 했고, 적응을 하지 못한 아이는 다시 그런 경험을 하는 일이 두려운 게 당연합니다. 기질상 불안이 많아도 유치원에 가지 않겠다고 할 수 있습니다. 겁 많고 소심한 기질의 아이는 낯선 환경에 적응하는 것을 힘들어합니다.

이 밖에도 아이가 유치원에 가지 않으려고 하는 원인은 여러 가지입니다. 엄마와의 애착 관계나 친구 관계에 문제가 있을 수도 있고, 지능이 떨어져서 유치원 생활에 적응을 못 하는 것일 수도 있습니다. 부모는 내 아이가 어떤 이유로 유치원에 가기 싫어하는지 정확하게 파악하여 그것부터 해결해 주어야 합니다.

보내지 않는 것도 방법입니다

발달학적 측면에서 보면, 꼭 유치원에 보내야만 아이에게 좋은 것은 아닙니다. 특히 불안이 많은 아이들은 부모가 집에서 잘 데리고 있다가 바로 학교에 보내는 게 오히려 더 좋을 수도 있습니다. 아이가 준비되지 않았는데 억지로 보냈다가 계속 적응에 실패해 좋지 않은 기억이 쌓이면 나중에 학교도 가기 싫어하게 됩니다. 어릴 때 실패 경험을 많이 하는 것보다는 좋은 경험을 바탕으로 자신감을 갖는 것이 더 중요합니다.

아이를 유치원에 보내기 위해서는 부모와 떨어져 지내는 시간을 점차 늘리면서 유치원에 적응할 수 있도록 준비를 시켜야 합니다. 우선은 아이와 함께 놀이터나 다른 부모의 집에 가는 등 또래 아이들과 어울릴 시간을 만들어 주도록 하세요. 처음에 아이는 엄마나 아빠가 자기 옆에 있는지 수시로 확인을 하겠지만, 그때마다 옆에 있다는 것을 확인시켜 주면 조금씩 부모에게서 독립을 하게 됩니다.

유치원에 보내기 시작하면 처음엔 함께 가서 옆에 있어 주는 게 좋습니다. 1~2주 정도 아이가 적응하는 것을 지켜보면서 자연스럽게 아이 혼자서 놀 수 있도록 유도하세요. 아이에게 적응이 어려울 만한 특성이 있다면 선생님에게 미리 설명하고 세심한 배려를 부탁하는 것도 좋은 방법입니다. 이렇게 한 달 정도의 시간을 보낸 후, 아이가 적응할 수 있으면 보내되 아이가 힘들어하면 무리해서 보내지 않는 게 좋습니다. 적응 기간은 최대 한 달을 넘기지 않도록 하고 적응을 못할 경우에는 좀 쉬었다가 다음 기회에 다시 시도해 보세요. 형제가 있는 경우 큰아이가 잘 적응했다고 해서 둘째도 꼭 잘 적응하는 건 아니니 비교하지 않아야 합니다. 형제라 하더라도 저마다의 기질을 가지고 있다는 것을 잊어선 안 됩니다.

Q32 아이가 산만하고 집중력이 없어요

다른 사람의 눈살을 찌푸리게 할 만큼 산만하게 행동하는 아이들이 있습니다. 한 가지 일에 집중하는 시간도 짧고 계단 같은 위험한 곳에서 장난을 치는 것은 물론, 언제 차도로 뛰어갈지 몰라 부모의 마음은 늘 노심초사입니다. 앉혀 놓고 대화를 해 보려고 해도 도통 얌전히 있지를 않으니 어떻게 해야 할지 부모는 난감할 따름이지요.

전문의의 도움을 받는 것도 방법입니다

아이들은 본디 어른보다 집중 시간이 짧고 움직이는 양이 많습니다. 그렇기 때문에 아이가 산만하다고 해서 병인지 아닌지를 함부로 단정할 수는 없습니다. 다른 아이들보다 정도가 심해 일상생활이 어렵고, 부모가 아이를 다루기가 너무 어렵다면 전문의에게 정확한 진단을 받는 것이 좋습니다. 이때 아이의 산만함이 발달 과정에서 있을 수 있는 정상적인 정도가 아니라면 ADHD(주의력결핍 과잉행동장애)일 가능성도 있습니다. 별다른 환경적인 이유가 없는데도 어릴 때부터 참을성이 없고 한자리에 가만히 있지 못한다면 한 번쯤 ADHD를 의심해 볼 필요가 있습니다. ADHD일 경우 아이를 그대로 두면 또래 아이들과의 관계도 나빠지고 학습 능력도 떨어질 가능성이 큽니다. 또한 부정적인 자아상이 형성되어 또 다른 정서적 문제로 이어질 수도 있습니다. 따라서 ADHD로 의심된다면 빨리 진단을 받아야 합니다.

정서적인 불안이 아이를 산만하게 만듭니다

ADHD는 아니더라도 집중력이 약하고 정서적으로 불안을 가진 아이도 있습니다. 바로 '불안 장애'에 해당하는 아이들입니다. 이 경우 심리적 불안으로 인해 손톱을 물어뜯거나, 손을 한시도 가만히 두지 못하고, 주변을 계속 두리번거리는 등 누가 봐도 불안한 행동을 보입니다. 얼핏 봐서는 ADHD와 증상이 비슷해 부모가 판단하기는 쉽지 않으므로 전문의와의 상담이 필요합니다.

이런 아이에게 가장 시급한 처방은 마음을 편히 가질 수 있도록 환경을 변화시켜 주는 것입니다. 만일 아이의 산만한 행동이 전문의의 도움이 필요할 만큼 심각하지 않다면, 아이가 규칙적이고 안정적인 생활을 할 수 있게끔 서서히 이끌어 주세요.

아이에게 무언가를 시킬 때 처음부터 오랜 시간을 집중하게 하기보다는 10분, 20분씩 시간을 늘리면서 하는 일에 집중할 수 있도록 옆에서 도와주세요.

또 아이가 산만하여 실수를 하게 되더라도 작은 것은 그냥 모른 척 넘어가고, 큰 실수에도 야단치기보다 방법을 알려 주는 것이 바람직합니다. 그래야 부모에 대한 신뢰가 쌓이고, 이를 바탕으로 아이의 행동을 변화시킬 수 있으니까요. 야단을 치는 대신 아이와 함께 실수를 한 이유를 생각해 보고 앞으로 실수하지 않기 위해서 어떻게 해야 하는지 함께 고민해 보세요.

아이가 제대로 하지 못한다고 해서 이것저것 너무 많은 것을 한꺼번에 지시하고 명령하면 아이는 더 많은 실수를 하게 됩니다. 집중력이 없어 한꺼번에 여러 일을 처리하기가 힘드니 한 번에 한 가지씩만 시키는 것이 좋습니다. 무엇보다 부모 스스로 아이의 산만한 행동은 고의적인 것이 아니라는 사실을 기억하고 아이가 클수록 좋아질 거라는 긍정적인 마인드를 잃지 않는 것이 중요합니다.

Q33 사정상 아이와 떨어져 있어야 하는데 괜찮을까요?

맞벌이 가정이 늘어나면서 아이를 보육 기관에 맡기고 일을 하는 부모들이 많습니다. 아침에 아이를 맡기고 저녁에 데려오는 경우가 대부분이지만, 공부를 하기 위해 외국에 나간다거나 출장을 가는 경우에는 어쩔 수 없이 아이와 오랜 시간 떨어져 있어야 합니다. 일을 위해서는 다른 선택의 여지가 없지만 부모가 없는 동안 아이가 잘 지낼지 걱정이 앞섭니다.

하늘이 두 쪽 나기 전에는 하지 말아야 합니다

이런 문제로 고민하는 엄마들에게 저는 단호하게 이야기합니다. 하늘이 두 쪽이

나도 절대 아이와 오래 떨어져 있지 말라고요. 아이가 집을 떠나서 1~2년 정도 살 수 있는 나이는 중학교 3학년 정도입니다. 캠프에 가서 지낼 수 있는 나이도 초등학교 3학년은 돼야 합니다.

따라서 5~6세 아이가 부모와 떨어져 지낸다는 것은 정말 힘든 일입니다. 이 시기에 준비가 안 된 상태에서 엄마와 떨어지게 되면 분리 불안이 생길 수 있습니다. 말도 더듬고 똥을 지리는 아이들도 있고, 손톱을 물어뜯는 등 이상 행동이 많이 나타나지요. 엄마와 떨어진다는 것이 이 시기 아이들에게는 감당 못 할 스트레스가 되기 때문입니다.

첫째 경모가 세 돌쯤 지났을 때 박사 논문을 준비하느라 아이와 2주 동안 떨어져 있었어요. 친정에 일주일, 시댁에 일주일 보냈는데 정말 난리가 났습니다. 평소 할아버지 할머니와 친하게 지냈고, 엄마와 떨어져 있는 것이 안쓰러워 어른들이 더 챙겨 주었음에도 불구하고 밤만 되면 서울 집에 가자며 울고불고 난리를 쳤습니다. 2주 후에 만났는데 아이의 원망은 끝나지 않았습니다. "엄마 미워" 하며 말도 안 듣고, 유치원에 안 가겠다고 소리 지르는 등 후유증이 정말 심했지요. 엄마와 떨어져 있는 동안 쌓여 있던 억울한 감정이 그렇게 표출되었던 것입니다. 그후 아이와 다시 가까워지는 데 3주가 걸렸습니다.

만약 어쩔 수 없이 엄마가 아이와 떨어져 있어야 하는 상황이라면 아이를 돌봐주실 분을 집에 오게 해서 같이 지내는 것이 좋습니다. 하루에 한 시간이라도 엄마와 함께 지내는 아이들은 정서적으로 안정감을 갖게 됩니다. 또한 아이와 떨어졌다 만난 후에는 되도록 아이와 많은 시간을 보내며 아이의 감정을 풀어 주기 위해 노력해야 합니다. 그래야 후유증 없이 아이가 밝게 자랄 수 있어요.

초등학교 입학 전까지 아이가 정서적으로 안정감을 가질 수 있도록 잘 키워 놓으면 그 이후에는 한숨 돌릴 수 있습니다. 아이와 떨어져 지내는 문제는 정말 심각하게 생각해 보아야 합니다. 아이를 생각할 때 얻는 것보다 잃는 것이 더 많을 수 있음을 항상 명심해야 합니다.

Q34 밥 먹일 때마다 전쟁을 치러요

'밥 잘 먹는 아이'는 부모들의 소망입니다. 아무거나 줘도 앙증맞은 입을 오물거리며 맛있게 먹는 아이를 바라보는 것만으로도 엄마 아빠는 배가 부르지요. 하지만 밥을 잘 먹지 않아 끼니때마다 아이와 실랑이를 벌이게 되면 밥이 코로 들어가는지 입으로 들어가는지 모를 정도로 식사 시간은 전쟁터가 따로 없게 됩니다.

단맛에 길들여지면 밥을 먹지 않아요

아이들이 밥을 먹지 않는 이유는 크게 두 가지로 볼 수 있습니다. 하나는 식습관의 문제인데 대표적인 것이 단맛이 강한 간식을 너무 많이 먹기 때문입니다. 대부분의 아이들은 단맛을 무척 좋아합니다. 그래서 사탕, 과자, 빵, 초콜릿, 요구르트 등 단맛이 나는 음식을 좋아하고 또 아이들을 통제하기 위해 어른들이 주는 경우도 많습니다. 이런 단맛은 식욕을 떨어뜨리고 포만감을 느끼게 하고 몸에서 빠른 시간 안에 에너지를 만들어 냅니다. 우리가 힘들거나 피곤할 때 초콜릿이나 사탕을 먹으면 잠깐 동안 생기를 느끼는 것도 그 이유 때문입니다.

평소에 단 음식을 많이 먹는 아이들은 단맛을 통해 포만감과 에너지를 얻기 때문에 식사 시간이 되면 밥을 먹지 않으려고 합니다. 밥은 단맛에 비해 자극적이지 않아 아이들은 굳이 맛도 없는 것을 먹어야 할 필요를 느끼지 못하는 것이지요. 이때는 단맛이 강한 간식을 줄여야 합니다. 감자나 고구마 등 천연 재료로 만든 간식을 준비하고, 다음 식사에 지장을 주지 않을 정도의 양을 식사하기 한두 시간 전에 주는 것이 좋습니다. 아이가 더 달라고 해서 원하는 만큼 간식을 주게 되면 아이는 식사 시간에 밥을 거부하게 되고, 밥을 적게 먹었으니 배가 고파서 또 간식을 찾는 악순환이 반복됩니다.

올바른 식습관을 들이기 위해서는 원칙을 정해서 실천하는 것이 중요합니다. 먼저 간식 시간과 식사 시간을 정하고 그 시간 외에는 아이가 다른 군것질을 하지 않도록 해야 합니다. 아이가 밥을 먹지 않는다고 따라다니면서 먹이는 경우가 많은데 이는 절대 하지 말아야 합니다. 엄마 아빠가 밥숟가락을 들고 따라올수록 아이들은 도망가게 되고, 때로는 밥을 먹이고 싶어 하는 부모의 마음을 이용해 "100원 주면 먹을게", "게임하게 해 주면 먹을게" 하며 협상을 제안하기도 합니다. 밥 먹는 것이 부모와 아이 사이의 싸움의 주제가 되면 올바른 식습관을 들이기 힘들어집니다. 아이에게 일정한 식사 시간을 알려 준 후 시간이 지나면 밥상을 치우고 다음 식사까지 간식을 주지 않는 것도 도움이 됩니다.

선천적으로 특정한 맛을 싫어하는 아이들이 있어요

두 번째로는 선천적으로 음식의 특정한 맛과 느낌을 싫어하는 아이들의 경우입니다. 밥을 싫어하는 아이들의 경우 밥의 냄새와 찐득찐득한 느낌이 싫어서 거부하기도 하는데, 이때는 밥 대신 쌀로 만든 국수나 빵을 주어도 됩니다. 먹는 것 자체를 싫어하는 아이들도 있는데 이런 아이들조차 몇 가지 음식은 먹습니다. 그것을 찾아내는 일이 중요하지요. 아이들마다 좋아하는 냄새, 촉감, 색깔, 맛이 다 다른데, 억지로 싫어하는 음식을 먹게 하면 식사 자체를 싫어하게 될 수 있습니다.

아이가 어떤 맛과 느낌 때문에 특정 음식을 먹지 않는지 잘 살펴본 후 아이가 좋아하는 맛과 느낌으로 음식을 만들어 주면 대부분의 아이들이 잘 먹습니다. 아이가 잘 먹는 음식의 리스트를 만들어 그 맛의 공통점을 찾아보면 아이가 좋아하는 맛을 알 수 있습니다. 의외로 매운 것을 잘 먹는 아이들도 있고, 짠 것을 좋아하는 아이들도 있어요. 고소한 맛, 튀긴 음식 등 공통점을 찾아 아이에게 맞는 조리법으로 만들어 주세요. 보통 아이들은 6개월 정도 이렇게 해 주면 음식을 잘 먹게 됩니다.

중요한 것은 아이에게 먹는 즐거움을 알려 주는 것입니다. 아이는 싫다고 하는데 부모는 영양을 따져 가며 싫어도 먹으라고 강요하다 보면 아이는 도망가고 토하면서 음식을 더 거부하게 됩니다. 아이가 좋아하는 맛을 즐기게 해 주면서 새로운 맛에 한두 번씩 도전하게 하면 자연스럽게 다른 음식의 맛도 배우고 즐길 수 있게 됩니다.

유치원에 다니는 아이가 급식을 먹지 못하고 특정 음식만 먹으려고 한다면 반찬 도시락을 싸서 보내는 것이 좋습니다. 유치원에 도시락을 싸 가지고 가서 다른 아이들과 함께 식탁에 앉아 펼쳐 놓고 먹는 것입니다. 아이는 다른 아이들이 먹는 것을 보면서 자연스럽게 '나도 한번 먹어 볼까?' 하는 마음을 갖게 됩니다. 같은 밥이라도 여럿이 먹으면 맛있듯이 아이들도 함께 어울리면서 맛있게 먹는 법을 배우게 되는 것이지요.

Q35 성교육은 언제 어떻게 시켜야 하나요?

식욕과 마찬가지로 성욕은 인간의 기본적인 욕구입니다. 기존 연구 결과에 따르면 인간은 아주 어릴 때부터 성적 쾌감을 느낄 수 있다고 합니다. 남녀 아기 모두 기저귀를 갈거나 목욕을 시키면서 성기 부분을 건드리면 쾌감을 느끼고, 어느 정도 크면 자신의 성기를 만지거나 보면서 놀기도 합니다. 그러다 5~6세가 되면 성적인 욕구를 밖으로 표출하게 됩니다. 성기를 노출하면서 돌아다니거나 성에 관련된 질문을 많이 하는 것이 대표적인 사례이지요.

아이들이 이런 모습을 보일 때 야단을 치거나 강압적으로 못하게 하면 성인이 되어서 행복한 성생활을 하는 데 어려움을 겪을 수 있으므로 주의해야 합니다. 5~6세 아이들의 성적인 호기심과 행동은 초등학교에 가면 급격히 줄어들게 되므로 크게 걱정하지 않으셔도 됩니다. 초등학생이 되면 이성으로 자신의 본능을 억제할 수 있을 정도로 지능이 발달하고, 학교에 가면 재미있는 일들이 더 많아지기 때문이지요.

가정에서 성에 대한 좋은 느낌을 갖게 해 주세요

성교육은 아이들이 넘치는 성적인 본능으로 문제를 일으키기 전에 하는 것이 좋습니다. 아이들이 성에 대해 질문을 하고 성적인 놀이를 할 때가 적기라고 할 수 있습니다. 이 시기 아이들은 아직 자기중심적으로 생각을 하고 있고, 성에 대해서도 다양한 공상을 하고 있어 성적인 지식을 직접 가르치는 것은 무리입니다. 복잡한 성 지식을 가르치기보다는 성에 대해 좋은 느낌을 전달하는 쪽에 초점을 맞추는 것이 좋습니다.

가장 좋은 방법은 가정에서 부모의 태도를 통해 자연스럽게 성 역할과 일반적인 성 지식을 알아가게 하는 것입니다. 부모가 서로 사랑하며 스킨십을 하는 것을 보고 자란 아이들은 성에 대해 좋은 느낌을 갖게 됩니다. 반면 부모가 사랑 없이 서로를 대하는 모습을 본 아이들은 성이라는 것이 사랑과는 별개라는 생각을 하게 되기 쉽습니다.

아이들이 성에 대해 난처한 질문을 할 때는 당황한 모습을 보이며 얼버무리지 말고 아이가 알고 싶어 하는 마음에 관심을 갖고 성의껏 대답해 주어야 합니다. 예를 들어 아이가 "아기는 어떻게 만들어져?"라는 질문을 했을 때는 "엄마 아빠 몸에는 아기를 만드는 아기 씨가 있어. 그 아기 씨끼리 만나면 아기가 만들어진단다" 하는 정도로 이야기해 주는 것이 좋습니다. 더불어 "너도 아기 씨 생기는 곳을 소중히 다루어야 한단다"라고 말해 주면 올바른 성 관념을 형성하는 데 도움이 됩니다.

당황하지 말고 부드러운 목소리로 타이르세요

성에 대해 관심이 많아진 아이들은 질문뿐 아니라 행동을 통해서도 성적인 욕구를 표출하게 됩니다. 친구와 엄마 아빠 놀이를 하면서 신체접촉을 한다거나, 이성 친구의 성기를 만지기도 하고, 텔레비전에서 본 키스 장면을 따라 하기도 합니다. 이때 역시 당황하지 말고 무심한 척 타이르는 것이 좋습니다. "옷을 벗고 병원 놀이를 하고 싶을 때는 인형으로 대신하는 것이 좋아"라고 간접적으로 이야기하는 것이지요.

이 시기의 아이들은 때때로 자위행위를 하기도 합니다. 아이가 자위행위를 하는 모습을 본 부모는 무척 당황하지만 이 또한 성적 발달 측면에서 보면 자연스러운 행동입니다. 큰소리로 야단치거나 놀라는 모습을 보이지 말고 부드러운 목소리로 적절한 행동지침을 알려 주는 것이 좋습니다. 단, 자위행위가 지나치다면 주위에 재미있는 자극이 부족하거나 심리적인 불안 요인이 많아서일 수 있으므로 아이의 양육 환경을 전반적으로 점검해 봐야 합니다. 아이들에게 성적인 쾌감보다 더 재미있는 자극을 찾아 주고 긴장을 유발하는 갈등을 없애 주면 자위행위에 대한 집착이 줄어들게 됩니다.

Q36 집안일을 도와주었을 때 보상을 해 줘야 할까요?

아이에게 좋은 습관을 들이기 위해 어렸을 때부터 집안일을 돕게 해야 한다고 생각하는 부모들이 많습니다. 큰일은 아니더라도 식사할 때 식탁에 수저를 놓게 한다거나, 현관에 널린 신발을 정리하게 하는 등 가족의 일원으로 집안일을 함께 해야 함을 가르치고 싶은 마음에서 그렇게 하는 것이지요. 그런데 이렇게 좋은 의도로 시작했던 것이 때때로 부모와 아이 사이에 실랑이를 만들곤 합니다. 그래서 부모는 때때로 어떤 보상을 걸고 집안일을 시키기도 합니다. 신발 정리하면 500원, 식탁에 수저를 놓으면 100원 이런 식으로요. 이렇게 돈이나 어떤 물건으로 보상을 해 보신 분들은 알겠지만 크게 효과가 없습니다. 아이가 '돈 안 받고, 집안일 안 할래요' 하고 나오면 도로 아미타불이 되니까요.

객관적인 논리성이 생겨야 보상 훈련 가능
이와 같은 현상은 돈이 아니라 아이가 좋아하는 다른 장난감을 제시해도 마찬가지입니다. 왜냐하면 이 시기는 인지 발달상 보상을 통해 긍정적인 행동을 하게 하기가 힘들기 때문입니다. 보상을 통해 긍정적인 행동을 하게 하려면 아이들에게 '나' 중심이 아니라 나를 둘러싼 상황을 바라보는 인지 능력이 있어야 합니다. 이를 '객관적 논리성'이라 하는데, '내가 이만큼 하면 이런 보상을 받을 것이다' 하는 생각을 할 수 있게 되어야 보상을 바라고 긍정적인 행동을 하게 되는 것이지요.

5~6세는 아직 객관적인 논리성을 갖기 힘든 시기입니다. 이때는 주관적인 논리가 우선하지요. 내가 좋으면 하는 것이고, 내가 싫으면 하지 않습니다. 유치원이나 어린이집에서 선생님들이 보상으로 사탕을 제시할 때 사탕을 먹고 싶으면 선생님이 시키는 대로 하지만 사탕이 먹고 싶지 않으면 자기가 원하는 대로 하는 것도 다 이런 이유 때문입니다.

보상을 통해 긍정적인 행동을 강화하려면 초등학교에 들어간 이후가 좋습니다. 초등학교에 들어갈 때가 되어야 객관적인 논리성이 생겨서 보상을 통한 좋은 습관 들이기가 가능해집니다. 이때 스티커 판을 마련해 아이가 긍정적인 행동을 할 때마다 스티커를 붙여 주면 효과가 좋습니다. 그러면 아이들이 자신이 원하는 것이 있을 때 "집안일을 도울 테니 장난감 사 주세요"라고 먼저 제안을 하게 됩니다.

물질적인 보상보다는 따뜻한 칭찬이 좋아

따라서 이 시기에는 아이들이 집안일을 도와줄 때 구체적인 보상을 제시하기보다는 그냥 "잘했어" "○○가 도와주니 엄마가 너무 좋아" 하고 칭찬을 해 주세요. 아이들은 부모에게 인정받고 싶은 마음이 강하기 때문에 돈이나 물건 같은 보상보다는 부모의 따뜻한 말 한마디에 더 기뻐합니다. 또 이 시기에는 집안일 돕는 것을 그렇게 강조하지 않아도 됩니다. 아이가 하고 싶어서 하면 내버려 두고 하기 싫어하면 굳이 시키지 마세요. 아이가 조금 더 컸을 때 왜 집안일을 나눠서 해야 하는지 이야기해 주고 아이가 동의하면 그때 조금씩 시켜도 늦지 않습니다.

Q37 아이가 유치원에서 괴롭힘을 당하는 것 같아요

아이를 유치원에 보낸 부모들은 이래저래 걱정이 많습니다. 아이가 유치원에 적응을 잘 하는지, 친구들과 사이좋게 지내는지 등. 때로는 유치원에 설치된 CCTV를 확인하고 싶어지기도 합니다. 특히 아이가 친구들과 잘 지내지 못하고 괴롭힘을 당하는 것처럼 보이면 걱정이 이만저만이 아닙니다. 유치원에는 정말 다양한 아이들이 모입니다. 다양한 성격과 다양한 습관을 가진 아이들이 모이다 보니 우리 아이와 잘 어울리고 친한 아이가 있는 반면 그렇지 못한 아이들도 있습니다. 유치원의 좋은 점 중 하나는 다양한 아이들이 모여 서로 어울리며 사회성을 키운다는 것입니다. 그런데 아이가 친구들과 어울리지 못하고 괴롭힘을 당하는 것 같다면 주의를 기울여야 합니다.

괴롭힘을 당하는데도 이야기하지 않는다면 문제입니다

문제는 아이가 괴롭힘을 당하는데도 불구하고 자신의 이야기를 하지 않는 것입니다. 이런 아이들은 언젠가부터 말수가 줄어들고 눈치를 보는 모습을 보이기도 합니다. 그래서 부모들이 유치원에서 무슨 문제가 있는 것이 아닌가 하고 짐작하게 되는 것이지요. 유치원에 다양한 아이들이 모이다 보면 다른 아이들을 괴롭히며 즐거움을 느끼는 아이들이 한두 명 있을 수 있습니다. 대부분의 아이들은 그런 아이한테 괴롭힘을 당하면 항변을 합니다. 3~4세 아이들은 좀 힘들지만 5~6세쯤 되면 아이들은 자기 보호 능력이 생겨서 자기를 괴롭히는 아이한테 대들기도 하고 선생님이나 엄마한테 이르기도 합니다.

자기가 겪은 부당함을 알리는 것이 지극히 정상적인 행동인데 눈치만 보고 항변도 안 하고 결국 부모가 느낌으로 알아채게 된다면 문제라 할 수 있습니다. 물론 다른 아이를 괴롭히는 아이가 가장 큰 문제이지만 괴롭힘을 당하고도 이야기하지 않는 것은 아이한테 문제가 있을 가능성이 많습니다. 이때는 전문의의 도움을 받아야 합니다.

그 다음에는 어른들이 나서서 괴롭히는 아이가 더 이상 비슷한 행동을 하지 못하도록 주의시켜야 합니다. 아이 스스로 못하니까 부모가 나서서 선생님과 상의해서 같은 일이 반복되지 않도록 조치를 한 다음, 왜 우리 아이가 자기 보호를 못 하는가에 대한 원인을 찾아야 합니다.

간혹 불안이 많은 아이나 자신감이 부족한 아이들이 이런 모습을 보일 수 있습니다. 불안 장애나 자신감 부족은 부모와 애착 형성이 잘 되지 않았을 경우 나타납니다. 애착이 좋지 않은 아이들은 부모가 없는 상황에서 자기 보호를 잘 하지 못합니다. 괴롭힘을 당해도 말도 못 하고 오줌을 지리기도 하지요.

만약 이런 아이가 이 상태로 초등학교에 들어가면 우울증이 생기게 됩니다. 아이가 슬픈 기분을 많이 느끼고 의욕도 없고 그러다 보니 공부도 안 하게 되지요. 친구로부터 괴롭힘을 당하면 맞서거나 대응하지 못하고 친구를 무서워하고 혼자만 있으려고 하는 등 사회성 발달에 큰 문제를 겪습니다. 그러므로 빨리 문제를 해결해 주어야 합니다.

내성적인 아이에게는 대처 요령을 알려 주세요

기질상 내성적인 아이들도 친구가 괴롭혔을 때 이야기를 안 할 수 있는데, 이 경우는 위에서 이야기한 아이들과는 다릅니다. 괴롭힘을 당했을 당시에는 말을 하지 않을 수 있지만 구체적인 행동령을 알려 주면 정상적인 아이들은 이야기를 합니다. 부모가 나서서 괴롭히는 아이와 대화를 나누고, 선생님과 상담을 하며 문제를 해결한 후에 아이한테 "다음부터 괴롭힘을 당하면 꼭 엄마 아빠에게 이야기해라"는 식으로 가르쳐 주세요. 그러면 아무리 내성적인 아이라도 자기가 당한 것에 대해 이야기를 하게 됩니다.

Q38 책 읽는 것을 너무 지루해해요

아이가 5~6세가 되면 육아의 주된 관심이 양육에서 교육으로 넘어가게 됩니다. 어려서부터 책 읽는 습관을 들여야 공부도 잘하게 된다는 생각에 책 읽기에 집중하고, 하루라도 빨리 한글을 떼어서 혼자 책을 읽게 하고 싶어 하는 부모님들이 많습니다. 아이들이 부모의 요구에 맞게 책을 잘 읽으면 좋지만 그렇지 않을 경우 책 읽기는 또 하나의 고민거리가 되어 버립니다.

과잉 조기 학습이 이유일 수 있습니다

아이들이 책을 싫어하는 이유는 여러 가지가 있습니다. 첫 번째로 너무 어릴 때부터 아이가 받아들일 준비가 되지 않았는데 무리하게 책을 읽어 주어서 책 읽는 것 자체를 싫어하게 되는 경우입니다. 과잉 조기 학습의 결과라 할 수 있지요. 또한 학습지에 학원 등 사교육에 바쁜 아이들은 조용히 책을 읽을 시간이 없어서 책과 멀어지기도 합니다. 이때는 책을 읽을 수 있는 시간을 확보하고 아이가 좋아하는 주제의 아주 쉬운 책부터 시작하면 책을 좋아하게 할 수 있습니다.

두 번째는 ADHD 성향을 가진 아이들의 경우입니다. 이 아이들은 뭐든 몸으로 경험하고, 몸으로 표현하려 하기 때문에 책을 잘 읽지 않습니다.

세 번째는 지능이 떨어지는 아이들입니다. 지능이 떨어지는 아이들은 사고력도 떨어지기 때문에 책을 읽고 생각하는 데 재미를 느끼지 못하게 됩니다. 그러니 책 읽기를 싫어할 수밖에 없지요.

네 번째, 정서적으로 문제가 있는 아이들이 책 읽기를 싫어합니다. 애착 형성에 문제가 있는 아이들은 추상적 사고력이 발달하지 못합니다. 외우는 것은 잘해도 생각을 못하는 아이들이지요. 아이들은 태어나서 주 양육자와 애착을 형성하고 다른 사람들과 접하게 되면서 상상력과 사고력을 발달시키는데, 애착 형성에 문제가 있으면 머리가 좋아도 마음이 즐겁지 못해 상상력과 사고력이 발달하지 않습니다. 어른들의 경우 머리는 좋아서 자기가 맡은 일은 잘하지만 성격은 차갑고 늘 혼자 있는 사람들을 예로 들 수 있습니다. 이런 사람들은 책을 잘 읽지 않습니다. 책을 읽는 활동은 지극히 추상적인 것이기 때문에 상상력도 있고 사고력도 있어야 책 읽기를 즐기게 됩니다.

애착 형성에 문제가 있는 아이들의 놀이를 살펴보면 상당히 단순합니다. 숫자를 세거나 바퀴를 굴리고 블록을 쌓는 등 단순한 놀이를 반복합니다. 이런 아이들은 책을 봐도 내용은 안 보고 글자만 보는 경우가 많아요. 이런 아이들은 아이들마다 원인이 다르고 처방도 다르기 때문에 적극적인 치료가 필요합니다.

요즘 텔레비전이나 스마트폰 등 디지털 기기와 많은 시간을 보내는 아이들 역시 비슷한 유형의 문제를 보입니다. 사람 대신 기기와 소통을 많이 하게 되면 사회성과 공감의 뇌가 충분히 자극을 못 받기 때문에 애착 장애 아이들과 유사한 문제를 보이는 것이 아닌가 추측됩니다.

마지막으로 부모님의 과도한 기대가 아이를 책으로부터 멀어지게 할 수 있습니다. 아이들은 위에서 열거한 문제만 없으면 대부분 책을 보게 됩니다. 아이들 관심사에 맞는 책을 읽어 주면 아주 좋아하지요. 그런데 아이의 수준을 높인다고 글자가 많은 책을 보게 하거나 '우리 아이는 1000권을 읽었네, 2000권을 읽었네' 하고 부모가 권수에 집착하는 모습을 보이면 아이들은 부담감을 갖게 됩니다.

보통 초등학교 1~2학년까지 아이들은 그림이 있는 책을 좋아합니다. 그런데 "우리 애는 그림이 없는 책은 보지 않아요" 하고 고민한다면, 그것은 부모에게 문제가 있어서입니다. 그림 없이 책을 읽을 수 있는 추상적 사고력은 10세 이후에 발달하게 됩니다. 그 전까지는 그림을 보고 이야기를 들으며 상상의 나래를 펴는 것이지요. 부모의 기대치가 너무 높으면 아이의 능력은 정상인데 잘못되었다고 판단할 수 있으므로 주의해야 합니다.

Q39 아이에게 부부 싸움을 들켰어요

아마도 살면서 한 번도 싸움을 하지 않는 부부는 없을 것입니다. 사랑해서 결혼했다고 하더라도 서로 자라 온 환경이 다르고, 남녀의 성향 차이가 있기 때문에 어쩔 수 없이 싸우게 됩니다. 문제는 부부 싸움으로 인해 아이들이 느끼는 불안감입니다.

보호막이 날아갈 수 있다는 불안감을 느끼는 아이들

아이들에게 있어 엄마 아빠는 자신을 지켜 주는 보호막입니다. 그런 엄마 아빠가 싸움을 하면 아이들은 자신의 보호막이 없어질 수도 있다는 불안감을 느끼게 됩니다. 엄마 아빠는 사소한 일로 다투는 것이지만 그것을 보는 아이들은 '우리 엄마 아빠가 헤어지겠구나, 그럼 난 어떻게 하지?' 하는 생각까지 하게 됩니다. 부부 싸움으로 인해 불안을 심하게 느끼는 아이들은 온갖 스트레스 반응을 다 보입니다. 갑자기 손가락을 빨기도 하고 퇴행이 나타날 수도 있어요. 자기를 보호해 주는 시스템이 날아갈 수 있다는 불안감이 그만큼 큰 것이지요. 부부 싸움이 지나쳐 가정 폭력까지 일어났다면 문제는 더 커집니다. 부모가 조절력을 잃고 폭력을 보이면 아이도 감정 조절력이 떨어져 문제 행동을 보일 수 있습니다.

부부 싸움을 하게 될 때는 될 수 있으면 아이들이 보지 않는 곳에서 해야 합니다. 아이에게 들켰을 경우에는 '엄마 아빠도 너희들처럼 싸울 수 있어. 하지만 싸운다고 해서 엄마 아빠가 헤어지는 것은 아니야. 조금 지나면 화해할 거야'라는 식으로 이야기를 해 주는 것이 좋습니다.

또 시간이 어느 정도 지나 부부 싸움이 진정되었을 때는 엄마 아빠가 같이 아이에게 이야기해 주어야 합니다. 이제 엄마 아빠가 화해했으니 걱정하지 말라고요. 엄마나 아빠 어느 한 명만 이야기하면 설득력이 없습니다. 힘들더라도 같이 해야지요. 그래야 아이의 불안감도 줄어들고, 싸우고 화해하는 방법도 배울 수 있습니다.

Q40 아들 가진 부모가 알아야 할 교육 노하우가 있나요?

남자아이를 키우는 엄마들은 이래저래 걱정이 많습니다. 여자인 엄마로서는 도저히 이해할 수 없는 행동을 하는 경우도 많고, 공격성이 강해 조금이라도 자기가 억울한 상황에서는 말보다는 몸으로 먼저 문제를 해결하려는 경향도 강합니다. 게다가 공부를 시켜 보면 여자아이들보다 학습 능력이 떨어져 답답할 때도 많습니다.

뇌 발달이 여자아이들보다 1년 느려요

저 역시 남자아이를 둘씩이나 키운 엄마로서 남자아이 키우기가 쉽지 않다는 것을 절감합니다. 남자아이를 키울 때는 '힘들다'는 것을 각오해야 합니다. 일단 뇌 발달이 여자아이들보다 1년 정도 늦기 때문에 느긋한 마음을 갖는 것이 중요합니다. 중학교 3학년 때까지는 여자아이들이 남자아이들보다 누나라고 봐야 합니다. 몸도 더 빨리 자라고 학습 능력도 높습니다. 남녀공학 중학교의 경우 전교 1등은 대부분 여자아이가 차지할 정도로 여자아이들이 뛰어난 능력을 보이지요.

공부뿐 아니라 다른 측면에서도 남자아이들이 여자아이들보다 떨어집니다. 준비물 챙기는 것에서도 차이가 나고 수행평가에서도 여자아이들과 경쟁이 되지 않습니다. 그렇다 보니 여자아이들이 남자아이들을 괴롭히고 놀리는 현상까지도 나타납니다. 유치원에서도 요즘은 여자아이에게 맞고 우는 남자아이들이 많다고 하더라고요.

남자아이와 여자아이의 수준이 같아지는 시점이 중학교 3학년 때입니다. 그래서 자기 아들이 여자아이들보다 떨어지는 모습을 보기 싫으면 중학교 때부터 남녀공학을 보내지 않는 것이 좋고, 그럴 수 없다면 중학교 3학년까지는 누나를 모시고 산다는 마음으로 학교에 보내는 게 편합니다. 저 역시 경모와 정모를 남자 중학교, 남자 고등학교에 보냈습니다.

남자아이들은 충동 조절이 잘 안 되고 성적 자극에 약하고 뇌도 천천히 발달하는 등 여자에 비하면 열등하다고 할 수 있어요. 그런데 잘 기르면 세상을 위한 큰 일꾼으로 쓸 수 있는 게 남자아이들입니다. 무뚝뚝하지만 정도 있고 잔머리를 굴리지 않고 우직하게 한 우물을 파는 경향이 있지요. 그래서 여자아이들과 비교하고 경쟁하게 하기보다는 남자아이들끼리 경쟁하고 에너지를 발산할 수 있는 분위기를 만들어 주는 것이 좋아요.

공격성을 조절해 주세요

남자아이를 키우면서 신경 써야 할 것이 공격성 조절입니다. 남자아이들은 여자아이들보다 공격성이 강해 자신이 억울한 상황에서 말보다 주먹이 먼저 나갑니다. 이런 공격성을 조절해 주지 않으면 '힘센 것이 옳은 것'이라는 가치관을 갖게 되고, 원하는 것이 있을 때마다 힘으로 해결하려고 하므로 주의를 기울여야 합니다. 아들을 키우는 많은 부모들이 아이가 공격성을 보일 때 '남자아이들이 다 그렇지 뭐' 하며 별일 아니라는 듯 넘어갈 때가 많은데, 이런 태도가 남자아이의 공격성을 키운다는 것을 알아야 합니다.

또한 남자아이들에게는 이성적, 논리적으로 말하는 방법을 가르쳐야 합니다. 몸으로 표현하기 더 좋아하는 아이들은 말이 단순하고 짧은 것이 특징입니다. 그래서 감정 표현도 서툴고 언어능력도 뒤떨어지기 때문에 일상생활에서 논리적으로 길게 이야기하는 습관을 들여 주는 것이 좋습니다. 예를 들어 아이가 장난감 자동차를 갖고 싶어 할 때 무조건 장난감을 사 달라고 조르면 들어주지 말고, 왜 그 장난감을 갖고 싶은지 이야기하면 사 주는 것이지요. 이렇게 하다 보면 말보다 행동이 앞서는 경우도 줄어들고 행동을 하기 전에 생각하고 말을 하는 습관도 길러 줄 수 있습니다.

아이 울음

수면 문제

낯가림 & 분리 불안

버릇

성격 & 기질

양육 태도 & 환경

성장 & 발달

1세

•0~12개월•

신체 발달이 곧
심리 발달을 의미합니다

세상에 태어나 1년 동안 아이는 눈부신 성장을 거듭합니다. 반사 반응이 전부였던 신생아기를 지나 몸을 뒤집고, 혼자 앉고, 기고, 걸음마를 하면서 자신의 의지대로 몸을 움직이게 됩니다. 태어나서 돌까지는 몸과 마음이 분리되지 않는 시기입니다. 때문에 이 시기의 이러한 신체 발달과 심리 발달은 밀접히 연관되어 있습니다. 그러므로 이 시기에는 규칙적으로 먹이고, 기저귀를 제때 갈아 주고, 정해진 시간에 자게 해서 최상의 몸 상태를 유지하는 것과 우는 아이를 무조건 달래서 나쁜 감정을 갖지 않게 하는 것이 최고의 육아입니다.

같은 자극과 같은 반응을 통해 인지 및 정서 발달

6개월 이전의 아이들은 눈으로 보고 생각을 통해 세상을 알아 가는 것이 아니라 감각으로 세상을 알아 갑니다. 그중에서도 청각과 후각에 민감해서 목소리와 냄새로 엄마를 구별합니다. 청각의 경우 아이들이 엄마 배 속에 있을 때부터 발달하기 시작합니다. 그래서 태어나자마자 엄마의 목소리를 들려줘도 엄마가 있는 쪽으로 고개를 돌리지요.

이런 청각과 후각은 매일 같은 목소리를 듣고 같은 냄새를 맡을 때 더욱 발달하게 됩니다. 특히 후각은 뇌의 정서 발달과 관련된 부분과 바로 연결되어 있는 감각으로 매일 같은 냄새를 맡으면 정서 발달에도 도움이 됩니다. 그러므로 이 시기에는 여러 사람이 왔다 갔다 하며 다양한 목소리를 들려주는 것도 좋지 않고, 주 양육자가 자주 바뀌어서 이런저런 냄새를 맡게 하는 것도 그다지 좋지 않습니다. 돌 전의 아이에게는 매일 같은 목소리를 듣고, 매일 같은 냄새를 맡고, 같은 방식으로 먹고 자는 등 규칙적이고 안정감 있는 생활이 무엇보다 중요합니다.

규칙적인 생활은 아이들의 인지 발달에도 큰 영향을 미칩니다. 배가 고파 '앙' 하고 울 때, 엄마가 부드럽게 안아 주고 먹을 것을 주는 것이 반복되면 아이는 자신의 행동이 가져오는 결과를 예상하고 기대하게 됩니다. 그런데 배고파 울어도 먹을 것을 주지 않고 기저귀가 축축한데도 갈아 주지 않으면, 아이는 자신이 만족할 만한 결과가 나타나지 않은 것에 당황하여 인지 발달을 제대로 해 나갈 수 없게 됩니다. 세상과 부모에 대한 불신만 커질 뿐이지요.

막 태어난 아이는 자신이 느끼는 모든 불편한 감각을 울음으로 표현합니다. 엄마 배 속에서 엄마와 하나가 되어 편안하게 살던 아이에게 세상은 춥고 무서운 곳입니다. 안정적인 '밥줄'도 끊겨 수시로 배가 고프고, 때로는 추워지고 때론 더워지고, 기저귀로 인해 축축한 느낌까지 더해져 하루 중 편안한 때가 얼마 되지 않습니다. 그러니 부모는 아이가 울음으로 기분 나쁘다는 것을 표현할 때마다 즉시 해결해 주어야 합니다.

엄마와의 관계가 세상의 전부

아이가 태어나는 순간부터 아이와 엄마의 애착 형성이라는 중요한 과제가 주어집니다. 단, 엄마가 주 양육자일 때 말이지요. 이 시기에는 아이가 울면 달려가서 안아 주고, 배고파하면 젖을 주고, 기저귀를 잘 갈아 주고, 때가 되면 재워 주는 따뜻한 보살핌이 무엇보다 중요합니다.

그런데 아이에게 맞추기보다는 자기 기분대로 하는 엄마들이 있습니다. 그 대표적인 예가 우울증에 걸린 엄마들이지요. 이런 엄마들은 어떤 때는 아이가 울면 바로 달려가고, 어떤 때는 아무리 울어도 안아 주지 않습니다. 소변을 봐도 기저귀를 잘 갈아 주지 않고, 아이에게 말도 잘 걸지 않습니다. 그러면 아이도 이상하다는 것을 느끼게 됩니다. 이렇게 자란 아이들은 밤에 자지 않고 보챈다거나, 잘 먹지 않는 등 여러 가지 문제를 일으킵니다. 이런 문제로 병원을 찾는 경우, 엄마에게 그 원인에 대해서 설명하면 이렇게 이야기하곤 합니다.

"애가 뭘 알아요?"

이 시기의 아이들은 모든 것을 감각으로 느끼고 몸으로 기억합니다. 또한 태어난 지 얼마 안 된 아이들은 자신과 엄마를 구분하지 못합니다. 즉 엄마가 나이고, 내가 엄마라고 느끼지요. 엄마가 기분 나쁘면 아이도 기분 나빠하고, 엄마가 즐거워하면 아이도 즐거워합니다. 때문에 항상 웃는 얼굴과 따뜻한 목소리로 아이를 대해야 합니다. 그래야 아이는 엄마를 믿고, 세상은 편안하고 따뜻한 곳이라 생각하며 성장하게 됩니다.

맞벌이의 경우 엄마보다 주 양육자를 더 좋아해야 정상

맞벌이를 하는 엄마들은 아이를 낳은 지 얼마 안 된 상태에서 현업에 복귀하는 경우가 많습니다. 그러면 어쩔 수 없이 아이를 할머니나 육아 도우미 등 다른 사람에게 맡겨야 하지요. 이때는 엄마가 아니라 아이를 돌봐 주는 사람이 주 양육자가 됩니다. 아이를 다른 사람에게 맡길 때 가장 중요한 것은 한 사람이 꾸준히 아이를 돌보는 것입니다. 돌보는 사람이 수시로 바뀌거나 순번제로 돌아가면서 아이를 볼 경우 냄새나 목소리 등 감각적 자극이 불규칙적이기 때문에 아이 정서에 좋지 않습니다.

이 시기의 아이들은 엄마를 정확하게 구분하지 못해 자기와 가장 많은 시간을 보내는 사람을 좋아하게 됩니다. 그러니 만약 아이가 엄마보다 주 양육자인 다른 사람을 더 좋아하고 따른다면 이는 지극히 정상적인 것입니다. 엄마 마음은 아프겠지만 주 양육자가 그만큼 아이를 잘 돌보는 것이므로 고마워해야 할 일이지요.

반대로 아이가 엄마만 보면 너무 반기고 주 양육자에게 가지 않으려 한다면, 이는 주 양육자가 안정적인 보육 환경을 제공하지 못하고 있는 것으로 봐야 합니다. 예컨대 할머니가 아이를 보면서 하루 종일 텔레비전만 틀어 놓고 있다거나, 낯선 환경에 데려가는 것이 좋지 않은 시기의 아이를 업고 온 동네를 다니면서 이 사람 저 사람을 만나게 한다면 아이는 안정적으로 애착 관계를 형성할 수 없습니다.

아이마다 기질이 달라요

아이마다 감각에 반응하는 정도가 다릅니다. '배가 고프다'는 감각을 느꼈을 때 얼굴을 찡그리는 정도로 반응하는 아이가 있는가 하면, 숨이 꼴깍 넘어갈 듯 우는 아이도 있습니다. 이 같은 차이는 아이의 기질로 인한 것입니다. 기질이란 타고난 유전적이고 생물학적인 바탕을 뜻하지요. 말도 못 하는 아이에게 까다롭다거나 순하다고 하는 것은 이런 기질을 두고 하는 말입니다. 기질에 대한 연구는 오랫동안 계속되고 있는데, 그동안의 연구를 종합하면 아이를 크게 세 가지 유형으로 나눌 수 있습니다.

◆순한 아이

일반적으로 순하다고 이야기하는 아이들입니다. 이런 유형의 아이들은 먹고, 자고, 싸는 등의 생리적 리듬이 일정하고, 새로운 상황에 쉽게 적응합니다. 행복하고 편안한 감정을 갖고 있기 때문에 부모가 키우기에 편하다고 느끼는 경우가 많습니다. 키우기가 편한 만큼 자칫 자극과 사랑을 주는 것에 소홀해지지 않도록 주의해야 합니다.

◆까다로운 아이

생리적 주기가 불규칙하고 외부 자극에 예민하게 반응하는 아이들입니다. 새로운 상황에 민감하고, 적응하는 데 오랜 시간이 걸리곤 합니다. 때문에 이 기질을 가진 아이를 둔 부모는 아이를 키우는 데 어려움을 느끼는 경우가 많습니다. 부모의 감정을 삭이고 아이의 감정과 반응을 잘 받아 주는 것이 중요합니다.

◆ **늦되는 아이**

순하다는 이야기를 듣는 편이지만 새로운 환경에서 적응이 늦는 아이들을 말합니다. 감정 표현에 적극적이지 않고, 낯선 경험에 일단 거부 반응을 보입니다. 하지만 일단 적응을 하고 난 후에는 긍정적인 반응을 보이므로, 이런 유형의 아이들은 다그치지 말고 아이가 적응할 수 있는 충분한 시간을 주는 것이 좋습니다.

기질이 순하다고 좋은 것은 아닙니다

일반적으로 기질이 순하면 좋고 까다로우면 좋지 않다고 생각하는데 꼭 그렇지는 않습니다. 부모 입장에서야 기질이 순한 아이를 키우면 편할 수 있지만 앞서 지적한 것처럼 성장에 필요한 관심과 사랑을 주는 데 소홀해지면 문제가 나타나기도 합니다. 특히 쌍둥이를 키울 때 한 아이는 순하고 다른 한 아이는 까다로울 경우, 순한 아이는 방치될 확률이 높으니 주의해야 합니다.

또한 아이의 기질이 까다롭다 하더라도 환경을 잘 맞춰 주면 아무런 문제가 생기지 않습니다. 만약 아이는 까다로운 기질을 타고났는데 돌보는 사람이 자주 바뀐다거나, 부모가 매일 싸워서 아이를 놀라게 하는 등 환경이 나쁘면 아이의 기질이 더욱 심화됩니다.

아이의 기질과 함께 반드시 생각해 봐야 하는 것이 부모 자신의 기질입니다. 부모와 아이의 기질 궁합이 맞지 않을 때에도 문제가 생길 수 있기 때문이지요. 예컨대 엄마가 예민한데 아이마저 예민하면 엄마는 그 아이를 잘 대할 수 없습니다. 이 경우에는 오히려 아이가 순하면 충분한 관심과 사랑을 쏟게 되지요. 부모가 먼저 자신의 기질을 파악하고, 아이에게 부모의 기질로 인한 피해가 생기지 않도록 노력해야 합니다.

이렇게 아이의 타고난 기질은 환경의 영향을 받으며 긍정적으로, 혹은 부정적으로 발휘됩니다. 세 돌까지 아이의 뇌는 외부의 영향을 받아 구조와 기능이 많이 변하니까요. 아이를 잘 기르고 싶다면 아이의 기질에 맞춰 환경을 조절해 주는 지혜가 필요합니다.

지나친 시각 자극은 뇌 발달 저해

청각과 후각을 통해 세상을 알아 가던 아이들은 생후 6개월이 되면서부터 시각이 발달하게 됩니다. 눈으로 사물을 구분하고, 부모와 다른 사람들을 구분하기 시작하는 것이지요. 이런 발달 특성을 알고 이 시기의 아이에게 학습용 영상을 보여 주는 부모가 있는데, 이는 오히려 아이의 뇌 발달을 저해합니다. 보통 아이들의 뇌 발달 순서를 보면 정서와 사회성의 뇌가 먼저 발달하고, 그다음 인지 기능의 뇌가 발달합니다. 뇌의 구조로 보았을 때는 정서 및 사회성 발달을 조절하는 부분인 변연계가 먼저 발달하고, 그다음에 인지 기능을 담당하는 대뇌 피질이 발달하지요.

한창 변연계가 발달하는 이 시기에 아직 깨어나지도 않은 대뇌 피질을 자극하면, 뇌 발달이 제대로 이루어지지 않아 뇌 발달 장애가 나타날 수 있습니다. 한창 정서 및 언어 자극이 필요한 시기인데 감정 표현과 언어 표현을 해 주지 않고 학습용 영상 앞에만 앉혀 놓으면 뇌 기능 저하로 언어 장애 등 다양한 문제가 생길 수 있습니다. 컴퓨터로 치면 하드웨어를 망가트리는 것이지요.

이 시기 육아 원칙은 과유불급(過猶不及)이 되어야 합니다. 즉 지나친 자극은 모자라는 것보다 못하다는 것이지요. 아이들은 자기가 필요한 자극은 스스로 찾아다닙니다. 싱크대에서 그릇들을 꺼내어 어질러 놓기도 하고, 전화기를 두드려서 망가트리기도 합니다. 그리고 자신이 원하는 자극의 강도를 스스로 조절합니다. 까다롭고 예민한 아이들은 자신이 감당하기에 힘든 자극이 오면 피해 버리고, 탐색을 좋아하는 아이들은 아무것이나 만지려고 달려들지요. 이것이 모두 자신의 뇌 발달에 맞게 반응하는 모습입니다. 부모는 그저 이것을 다 받아 주기만 하면 됩니다. 버릇을 가르친다고 엄하게 대하거나 두뇌를 발달시킨다고 아이가 원하는 것 이상으로 시각적 자극을 주게 되면 뇌 발달에 이상을 초래할 수 있습니다.

이유식도 아이한테 맞는 방법으로

아이가 백일이 넘어가면 부모는 슬슬 이유식을 준비합니다. 그러다 생후 6개월쯤 본격적으로 이유식을 시작하게 되지요. 이때가 되면 시간적·정신적 여유가 없는 엄마들은 좀 편해지리라 기대를 합니다. 이제 매일 젖병을 소독하고 아이가 울 때마다 종종거리며 분유를 타거나 가슴을 들추지 않아도 될 테니까요. 그러나 현실은 그렇지 않습니다. 오히려 더 난항인 경우가 많지요. 아이가 젖이 아닌 새로운 맛을 접하고, 쪽쪽 빨아 먹는 것이 아니라 이와 잇몸으로 씹어 삼키는 새로운 방식을 익혀야 하기 때문입니다. 무난하게 이유식에 적응하는 아이들도 있지만 후각이나 촉각이 민감한 아이들은 이유식을 게워 내고 거부하기도 합니다.

이때부터 먹는 것을 두고 엄마와 아이의 줄다리기가 시작됩니다. 이 고비를 잘 넘기지 못하면 자라서까지 먹는 것을 싫어할 수 있으므로 주의해야 합니다. 정성껏 만든 이유식을 아이가 한 입 겨우 먹고 입을 다물어 버리면 엄마는 정말 속이 상하고 화가 나기도 할 것입니다. 그러나 그 화를 아이에게 표현하면서 억지로 먹이려고 하면 아이는 세상이 괴롭게 느껴질 수밖에 없습니다. 심하면 먹는 것 하나로 인해 식이 장애와 애착 장애가 나타날 수도 있지요.

아이의 반응을 잘 살피는 엄마들은 아이가 이유식을 잘 먹지 않으면 '아직은 이유식을 잘 먹지 않는구나, 좀 기다리자' 하고 생각합니다. 더 좋은 엄마는 실험을 해 봅니다. '이것은 잘 먹지 않는구나', '다른 것은 뭐가 있을까?', '먹이는 방법의 문제일까?' 등 분석을 시작하고 아이에게 맞는 방법을 찾는 것이지요. 귤은 먹는데 죽은 안 먹는다고 하면 죽에 귤즙을 살짝 타서 주는 식으로 말입니다. 이렇게 하면 아무리 까다로운 아이라도 서서히 이유식에 적응할 수 있습니다.

낯가리는 아이 보호하기

6~8개월이 되면 아이는 자기를 돌봐 주고 사랑해 주는 엄마와 다른 사람을 구별하게 됩니다. 낯을 가리기 시작하는 것이지요. 그래서 잠시라도 엄마와 떨어질라치

면 불안해합니다. 엄마가 등만 돌려도 큰 소리로 울어 엄마를 꼼짝달싹 못 하게 하고, 지나가는 어른들이 예쁘다며 쳐다만 보아도 울음을 터트리지요.

아이가 낯을 가린다는 것은 사람을 구분할 수 있을 정도로 지능이 발달했다는 의미입니다. 그런가 하면 익숙한 사람 외에 다른 사람을 믿지 못한다는 것은 아직 사회성이 발달하지 않았다는 뜻이지요. 그렇다고 아이가 낯을 가릴 때 빨리 낯가림을 없애 주겠다는 생각에서 이 사람 저 사람에게 아이를 안겨 주는 것은 좋지 않습니다. 이런 행동은 아이의 낯가림을 더 심하게 할 뿐 아니라 더 견고해져야 할 엄마와의 애착 관계에도 좋지 않은 영향을 미칩니다. 아이 입장에서는 '나에게는 세상의 전부인 엄마가 자꾸 다른 사람에게 나를 보내려 하는 것'으로 생각할 수 있으니까요.

아이가 낯가림을 할 때 엄마는 아이가 안심할 수 있도록 자주 안아 주고 업어 주면서 아이 시야 안에 머물러야 합니다. 그래야만 아이는 엄마의 든든한 사랑을 바탕으로 '이 세상은 괜찮은 곳이구나' 하는, 세상에 대한 기본적인 신뢰를 쌓아 가게 됩니다.

몸놀림이 자유로워진 아이들, 안전을 최우선으로

누워만 있던 아이가 앉고, 기고, 서더니 첫돌 전후에는 제법 자신이 원하는 대로 몸을 움직일 수 있게 됩니다. 부모들은 이때부터 아이 키우는 재미를 느낀다고 하지요. 아이의 뜻을 알아차리기 쉬워지고, 아이의 예쁜 짓에 행복해지는 것도 이때입니다. 하지만 활동량이 늘어나는 만큼 육아가 힘들어지는 시기이기도 합니다. 여기저기 다니며 살림을 다 뒤져 놓고, 요구도 많아지고, 떼도 늘어나니까요.

이때 가장 신경 써야 할 것은 안전입니다. 이 시기의 아이들은 모방 행동을 많이 하기 때문에 부모가 하는 것을 보고 무엇이든 따라 하고, 눈에 보이는 모든 물건이 장난감이 됩니다. 그러니 위험한 것은 아이 눈에 보이지 않는 곳으로 치워야 합니다. 특히 아이가 방 안에 들어가 얼떨결에 톡 튀어나온 꼭지를 눌러 방문을 잠가 버리고는 나오지 못해 우는 경우도 있습니다. 저도 이런 경험이 있지요. 경모가 돌 무렴이었을 때 방문이 잠기는 바람에 그 안에 갇혀 울고 있어 결국은 방문을 부수고 들어갔습니다. 이럴 경우를 대비해 각 방의 열쇠를 모아서 잘 보관해 두는 것이 좋습니다.

안전에 대한 의식이 없는 아이들인 만큼 다쳐서 상처가 생기거나 화상을 입는 경우도 많습니다. 하지만 이 시기에 다치면 아이도 부모도 너무 힘듭니다. 아닌 말로 정말 '다치면 끝장'입니다. 상처를 치료하다 보면 아이는 아이대로 짜증이 늘고 부모는 부모대로 힘들어서 아이가 원하는 사랑과 관심을 제대로 주지 못하고, 아이 역시 그 시기에 해야 하는 발달을 하지 못할 수 있으므로 특히 주의해야 합니다.

아이 울음

우는 아이를 자꾸 안아 주면 버릇이 나빠지나요?

아이 울음에 관한 초보 부모들의 고민은 한두 가지가 아닙니다. 우는 아이 때문에 하던 일을 놓고 달려가야 하고, 밤에도 잠 안 자고 울어 대니 잠 한번 푹 잘 수가 없지요. 부모들에게 가장 힘든 것은 아이가 왜 우는지 이유를 알 수 없다는 것입니다. 기저귀도 멀쩡하고 방금 전에 우유까지 먹였는데 아이가 울음을 멈추지 않으면 때리고 싶다는 생각까지 들 정도이지요. 제가 아는 사람 중엔 우는 아이를 붙잡고 함께 엉엉 울어 버렸다는 엄마도 있습니다.

하지만 잊지 말아야 할 것은, 말을 배우기 전까지 울음은 아이의 유일한 의사 표현의 수단이라는 것입니다. 아이는 대부분 이유 없이 울지 않습니다. 그러니 아무리 힘이 들더라도 아이의 울음을 모른 척하지 마세요. 울음은 아이가 엄마를 부르는 몸짓 언어입니다.

아이가 울 수밖에 없는 이유

세상에서 아이를 돌보는 일만큼 힘든 일은 없습니다. 어느 육체 노동 못지않은 체력을 요하고, 정신적인 스트레스도 만만치 않습니다.

그 어느 것 하나 엄마의 손길이 필요하지 않은 게 없어 온종일 아이에게 매달려 있다 보면 감옥에 갇힌 기분마저 들 정도입니다. 이 고통이 하루 이틀 지나 사라지는 것이 아니라 최소한 아이가 걷고 말할 때까지는 매일 계속된다는 생각을 하면 앞이 까마득하지요. 특히 이유도 없이 아이가 계속 울면 때리고 싶은 마음까지 생기는 게 사실입니다.

하지만 아이의 입장에서 한번 생각해 볼까요. 세상에 태어나기 전에 아이는 따뜻하고 편안한 자궁 안에서 아무 걱정 없이 10개월을 보냈습니다. 소음도 없고, 자극적인 빛도 없고, 배고픔도 모르고, 밤낮 구별 없이 먹고 자고 숨 쉬며 안락한 생활을 하고 있었지요. 그러다가 어느 날 갑자기 세상에 내던져졌습니다. 갑자기 세상이 추워졌고, 도통 알아들을 수 없는 시끄러운 소리가 들리고, 자극적인 빛이 온몸을 공격해 옵니다. 갑자기 뒤바뀐 이 모든 것이 아이에게는 공포 그 자체입니다. 그런데 아이 스스로 할 수 있는 일이란 아무것도 없습니다. 그저 몸을 움츠리거나 손발을 허우적거리는 정도밖에요. 거기에 '먹고살기 위해' 젖을 힘껏 빠는 노동까지 해야 합니다. 아랫도리가 젖어 불쾌한 감정이 들어도 어찌할 도리가 없고요. 아이 입장에서 이것은 무척 억울한 상황입니다.

이때 아이가 자신의 불안한 감정과 원하는 것을 표현하는 유일한 방법이 바로 '울음'입니다. 아이는 우는 것밖에는 달리 아무것도 할 수가 없습니다. 그러니 있는 힘을 다해서 목청껏 울 수밖에 없지요. 그 와중에도 아이는 세상에 적응하기 위해 노력합니다. 상태에 따라 다른 울음소리를 내기도 하고, 기분이 좋을 때는 살짝 미소를 짓거나 가르랑가르랑하는 소리를 내면서요. 그때는 또 아이가 얼마나 예쁩니까.

문제는 아이로 인해 기쁨을 느끼는 순간이 고통스러운 시간에 비해 너무 짧다는 데 있습니다. 그래서 부모 눈엔 아이가 하루 종일 울고 보채는 것처럼 보이는 거고요.

아이는 울 수밖에 없습니다. 오히려 울지 않는다면 감각 발달이 그만큼 더디다는 증거입니다. 그러니 어떻게 보면 아이가 우는 것만큼 다행스러운 일이 없는 것이지요. 괴롭더라도 조금만 참아 주세요.

아이가 울 때에는 바로 대응해 주세요

⋯⋯⋯⋯⋯⋯⋯⋯⋯⋯⋯⋯⋯⋯⋯⋯ 이 시기의 아이들은 울음이라는 하나의 언어를 가지고 이리저리 변주하며 세상과 소통합니다. 그런 까닭에 부모는 아이의 울음에 즉각적으로 대응해 주어야 합니다. 아이가 자신이 아는 유일한 세상인 엄마에게 말을 걸었는데 아무 반응이 없다면 아이는 좌절을 느끼고 세상을 불신하게 됩니다. 특히 생후 3개월까지는 가능한 한 빨리 아이의 욕구를 충족시켜 주는 것이 부모가 해야 하는 가장 중요한 일입니다. 욕구가 바로바로 충족되면 아이는 세상에 대해 안정감을 갖고 이를 바탕으로 건강한 자아상을 갖게 됩니다. 반대로 욕구 충족이 늦어지면 불안과 공포를 느끼게 되고, 세상을 부정적으로 바라보게 되며, 까다로운 성향을 갖게 되지요. 또한 그 때문에 더욱 자주 울게 됩니다. 이런 악순환이 거듭되다 보면 엄마와의 관계에도 당연히 부정적인 영향을 미칩니다.

어떤 엄마는 이렇게 묻기도 합니다.

"운다고 자꾸 안아 주면 버릇이 나빠지지 않을까요?"

서양 이론 중에는 아이가 울 때 바로 가지 말고 조금 기다렸다가 가라는 주장도 있긴 합니다. 어느 육아 관련 웹사이트에는 아이가 귀찮을 정도로 울면 청소기를 틀어 놓으라는, 출처를 알 수 없는 글도 올라와 있더군요. 이와 비슷한 내용이 방송 등 여러 매체에 나오고 있지만, 진위 여부를 떠나 무조건적인 사랑을 줘야 할 시기의 아이를 두고 이런 방법을 얘기한다는 것이 안타까울 따름입니다.

우는 아이를 안아 준다고 버릇이 나빠지는 것은 아닙니다. 오히려 아이가 울 때 그대로 방치하면 성격이 좋지 않은 아이로 자랄 수 있습니다. 아이가 배가 고파서, 기저귀가 젖어서, 혹은 엄마가 그리워서 울었는데 엄마가 늦게 오거나 갑자기 시끄러운 청소기 소리가 들리면 어떻겠습니까. 이렇게 욕구가 충족되지 않는 경험이 계속되면 실망이 쌓이고 좌절하여, 앞서 말한 것처럼 세상을 믿지 못하게 됩니다. '엄마가 나를 사랑하지 않나 보다', '나는 별로 중요하지 않은 사람이구나' 하고 생각하게 되는 거지요. 결국 아이는 세상을 부정적으로 보고, 소심하며 매사에 자신감 없는 사람으로 자라게 됩니다. 아이에게 긍정적인 생각과 마음을 심어 주기 위해서라도, 아이의 울음에는 바로 대응해 주어야 합니다.

울음만 잘 달래 줘도 발달 과업 완수

앞서 말한 대로 아이가 태어난 직후의 가장 중요한 발달 과업은 세상에 대한 신뢰감을 형성하는 일입니다. 이를 '기본 신뢰감(Basic Trust)'이라고 하지요. 기본 신뢰감이란 세상에 태어나 처음 만나는 존재, 즉 엄마를 향한 신뢰감을 말합니다. 단, 이 시기의 주 양육자가 엄마가 아닌 다른 사람이라면 그 사람에 대한 신뢰감이 곧 기본 신뢰감입니다. 아이는 이 기본 신뢰감을 바탕으로 세상에 대한 신뢰감의 영역을 점차 넓혀 갑니다. 쉽게 말해 이때 형성된 신뢰감이 바로 대인관계의 바탕을 이루고, 앞으로의 사회생활에도 중대한 영향을 미칩니다. 생후 초기의 주 양육자가 중요한 이유도 바로 이 때문입니다.

엄마의 역할은 이렇게 막중합니다. 그중에서도 아이가 울 때에 적극적으로 반응해 주고, 달래 주고, 원하는 것을 채워 주는 것은 기본 신뢰감을 쌓아 가는 아주 중요하고 구체적인 방법입니다. 아이의 울음을 달래 준다는 것은, 아이의 입장을 이해해 주고 아이가 요구하는 것을 들어주며 혼자 힘으로 못 해내는 것을 도와주는 사랑의 표현입니다. 이런 과정을 통해 아이는 긍정적인 성격을 가진 밝고 명랑한 아이로 성장할 수 있습니다. 그러므로 아이가 울 때 달려가 안아 주고 울음이 멎도록 노력하는 것만으로도 이 시기의 발달 과업이 어느 정도 완수된다고 할 수 있습니다.

운다고 젖부터 물리지는 마세요!

아이가 울 때 일단 젖부터 물리는 엄마들이 있습니다. 아직 소화 기관이 발달하지 않아 하루에 수차례에 걸쳐 우유를 먹어야 하니 배가 고파 울 때가 많지만, 그렇다고 울 때 무조건 젖을 물려서는 안 됩니다. 이때 아이는 아직 배의 포만감을 제대로 인식할 만큼 감각이 발달되어 있지 않아서 배가 어느 정도 차 있어도 젖이 입안에 들어오면 본능적으로 빱니다. 그로 인해 소화 불량 등의 불편을 느끼면 더 울게 되는 악순환이 생깁니다. 아이가 울면 일단 안아 달래고 오줌을 싸진 않았는지, 어디가 아픈 건 아닌지 등을 확인하고 이상이 없을 때 젖을 먹여야 합니다.

아이가 숨넘어가게 운다면

아무 이유도 없이 아이가 자지러지게 울 때가 있습니다. 어르고 달래고 젖을 물리고 기저귀를 갈아 주는 등 온갖 방법을 다 써 봐도 울음이 잦아들지 않을 때에는 그 원인이 엄마가 미처 깨닫지 못하는 것일 수도 있습니다. 아이가 가진 기질의 문제, 신체적인 질병, 부모의 잘못된 육아 방식 등이 그 예입니다. 아이가 계속 울면 정확한 원인을 찾아 적절한 조치를 취하도록 하세요.

신체상의 문제가 원인일 수 있습니다

생후 50일 된 아이를 안고 소아과를 찾은 엄마가 있었습니다. 간밤에 아이가 계속 우는 통에 새벽까지 잠 한숨 못 자다가 날이 밝자마자 병원 문을 두드린 것이지요. 큰 병은 아닌지 노심초사하며 검사 결과를 기다렸는데 의사의 말은 너무나 간단했습니다.

"영아 산통입니다. 신생아에게서 자주 보이다가 좀 자라면 없어지니 너무 걱정하지 마세요."

영아 산통은 생후 1개월 전후부터 3~4개월까지 나타나는데, 영아 산통이 있으면 이유 없이 밤에 깨어 우는 증상이 나타납니다. 이 시기에 몸에 특별한 이상이 없는데 아무리 달래도 울음을 그치지 않으면 영아 산통일 가능성이 큽니다. 답답한 것은 영아 산통의 원인이 정확하지 않다는 것입니다. 그러다 보니 처방 역시 아이를 포근히 안아 주고 달래 주라는 수준이지요. 증상은 있으나 원인이 불분명하니 기르는 입장에선 당황할 수밖에 없습니다.

이처럼 아이에게 해 줄 수 있는 것을 모두 해 보았는데도 울음을 멈추지 않을 때에는 아이에게 신체적인 문제가 있을 수 있습니다. 예컨대 첫돌 전까지의 아이는 감기로 인한 후두염으로 숨을 쉬기 힘들 때, 중이염으로 귀가 아플 때, 아토피나 습진으로 가려울 때 잠을 자지 못하고 계속 울곤 합니다. 이런 경우에는 울음이 질병의 신호이지요. 아이의 울음이 평소와 다르게 느껴진다면 아이 몸에 문제가 있는지 살펴보고, 원인을 알 수 없을 때에는 전문의에게 진단을 받아 봐야 합니다.

또한 선천적으로 큰 질환을 안고 있어 신생아 때에 큰 수술을 받았거나 병원 치료를 받은 경우에도 심하게 울 수 있습니다. 수술이나 치료를 받으면 감정이 그만큼 민감해져 아주 작은 일에도 울음을 터트리거나, 한번 울음이 터지면 잦아들지 않는 것이지요. 이런 아이들에게는 보다 특별한 배려가 필요합니다. 아이가 감정적으로 민감한 만큼 부모가 아이를 돌보는 것도 세심해져야 합니다. 더욱 주의를 기울여 아이를 보살펴 더 이상 아이가 감정적으로 다치는 일이 없도록 배려해야 한다는 의미입니다.

기질상 까다로운 아이들

기질이 까다로운 아이들도 울음이 잦습니다. 이런 아이들은 한번 울음을 터트리면 숨이 넘어갈 정도로 울어 댑니다. 제 경험을 예로 들자면, 둘째 정모는 어릴 때 한번 울기 시작하면 아무도 말릴 수 없을 정도로 심하게 울었습니다. 약간 참는 듯하다가 한계선을 넘어서면 바로 울음이 터지고 그 뒤부터는 숨이 꼴깍꼴깍 넘어갈 때까지 울었습니다.

이럴 때는 별다른 수가 없습니다. 힘들겠지만 우선 아이의 그런 특성을 이해하고 받아들여야 합니다. 억지로 고치려 들지 마십시오. 기질을 억지로 바꿀 것이 아니라 그 기질이 아이에게 해가 되지 않도록 곁에서 돕는 것이 부모가 할 일입니다. 엄마가 곁에서 잘 조절해 주면 오히려 그 기질이 긍정적인 에너지를 만들어 낼 수도 있습니다.

감정이 칼날처럼 예민한 아이들이 오히려 자신의 능력을 잘 개발하여 사회에서

영아 산통의 증상과 치료법은?

영아 산통일 때 아이는 두 손을 움켜쥐고 양팔을 옆으로 벌린 채 두 다리를 배 위로 끌어당기거나 다리를 굽혔다 펴길 반복하면서 웁니다. 배에 잔뜩 힘을 주고 얼굴을 붉히면서 몇 분, 심하게는 몇 시간 동안 계속 우는 것이 특징입니다. 영아 산통은 아이에게 아직 밤낮의 구분이 없기 때문에 하루 중 어느 때나 일어날 수 있지만, 보통은 저녁이나 밤에 더 잘 일어납니다.

영아 산통을 앓는 아이들은 정상아보다 배가 더 부르고 팽팽하고 가스가 많이 차며, 아이가 긴장감을 갖거나 변비 혹은 소화 불량, 위장 알레르기가 있을 때 주로 생깁니다. 하지만 이 원인들도 정확히 밝혀진 것은 아니라서 영아 산통을 없애는 방법은 아직까지 특별한 게 없습니다.

그나마 다행스럽게도 아이가 백일 무렵이 되면 자연히 없어지니, 그때까지는 엄마 아빠가 가능한 한 아이가 놀라지 않고 편안함을 느낄 수 있게 해 주는 수밖에 없습니다. 품에 안고 얼러 주며 엄마의 심장 소리를 들려주거나 배를 따뜻하게 문질러 주고 토닥여 주는 것이 가장 좋은 방법입니다.

제 몫을 하는 예가 많지요. 주변 환경에 예민하게 반응하는 그 기질이 아이의 장점이 될 수 있다고 긍정적으로 생각하세요.

부모가 먼저 감정 조절을 하세요

옛날 같으면 아이가 좀 심하게 우는 것은 걱정할 일도 아니었습니다. 손자, 손녀를 키우는 할머니를 보세요. 아이가 심하게 떼를 쓰고 뒤로 넘어갈 정도로 울어도 잘 받아넘깁니다. 하지만 지금의 젊은 부모들은 아이를 한둘 키우는 탓에 온 정신을 아이에게만 기울이다 보니 아이의 울음 하나하나에도 민감하게 반응합니다. 그래서 아이가 넘어가면 부모도 같이 넘어가지요.

사실 엄마 아빠가 문제를 만드는 경우도 있습니다. 아이가 감정적으로 좀 예민하고 심하게 울어도 신체적으로 별다른 문제가 없고 잘 적응하여 살고 있다면, 우는 게 크게 문제 되지는 않습니다. 그런데 부모가 너무 민감하게 반응해서 그것을 문제라고 생각하는 것이지요. 먼저 아이가 심하게 울 수도 있다고 생각해야 합니다. 그러고 나서 아이가 울 때 놀라지 않고 편안한 마음으로 대하면 아이는 그런 엄마의 모습을 보고 감정을 조절하는 법을 배워 갑니다. 화가 나거나 참지 못할 일이 있을 때 무조건 화내고 우는 게 능사가 아니라는 점을 알게 되는 것이지요.

그러면서 심하게 울고 떼쓰는 증상이 많이 완화됩니다. 어린아이의 감정 표현은 태어날 때부터 자신만의 패턴이 있지만, 주변 사람의 모습에 의해서 달라질 수 있다는 것을 기억하세요. 엄마가 놀라거나 화를 내거나 슬퍼하면 그 모습을 아이는 여과 없이 지켜보게 되겠지요. 그러면 아이는 그 모습을 그대로 배울 수밖에 없습니다.

울기 전에 막는 것이 최선

아이가 대성통곡을 하며 뒤로 넘어가기 전에 미리 막는 것이 가장 현명한 방법입니다. 제 경우 정모가 울음을 터트릴 기색이 약간이라도 보이면 어떻게든 아이의 관심을 다른 곳으로 돌렸습니다. 아이가 울먹거리는 순간, 얼른 아이를 안고 장소를 옮기거나 미리 준비한 장난감을 눈앞에 보여 주는 식으로 말이지요. 이때는 엄마의 눈치가 정말 중요합니다. 아이의 행동에 민감하지 못한 엄마라면 십중팔구 그 순간을 놓치고 말지요.

평소 아이의 생활 패턴이나 버릇, 습관을 유심히 관찰하다 보면 어느 순간에 아이가 울음을 터트리는지 짐작할 수 있습니다. 아이가 좋은 기분을 유지하려면 무엇이 필요한지, 내 아이가 좋아하는 것이 무엇인지, 무엇을 싫어하는지 잘 관찰하세요. 울음을 터트릴 상황까지 가지 않으면 아이의 울음 때문에 고통스러울 일도 훨씬 줄어듭니다. 그리고 앞서 말했듯이 울음을 터트리면 더욱 부드럽게 아이를 달래 주십시오. 아이는 감정 조절이 안 되기 때문에, 일단 울음을 터트리면 자기 울음에 함몰돼 더 힘들어 합니다. 그럴 때일수록 엄마 아빠의 부드럽고 따뜻한 손길이 필요하다는 것을 명심하세요.

밤만 되면 울어요

파김치가 되어 겨우 눈 좀 붙이려 하면 어떻게 알았는지 때맞춰 아이가 웁니다. 아무리 달래도 소용이 없고 무언가에 놀란 듯, 무서운 것을 보기라도 한 듯 목 놓아 울지요. 한 엄마는 "아이가 불만 끄면 우는 통에 밤이 오는 게 무서워요"라고도 하더군요. 낮에는 잘 노는데 밤만 되면 유독 울음을 터트리는 아이들. 도대체 뭐가 문제인 걸까요?

아이에게 생기는 공포심

.... 유독 밤에 더 우는 아이들이 있습니다. 우유도 잘 먹고 방긋방긋 웃으며 잘 놀다가도 어두워지기만 하면 칭얼대다 끝내 울음을 터트리고 맙니다. 하루 이틀도 아니고 매일 그런 일이 반복되면 당연히 엄마는 지칠 수밖에 없습니다. 잘못하면 우울증이 생기기도 합니다. 생후 6개월 정도가 되었을 때 아이는 공포심을 처음 느끼게 됩니다. 그 전까지는 그저 단순히 먹고 자고 싸는 생리적 욕구의 충족 여부로만 세상을 느끼지만, 이 시기에는 이전까지 체험해 보지 못한 공포를 겪게 되지요.

일반적으로 이 시기에는 주변 환경이 급작스럽게 바뀔 경우 공포심을 느끼게 됩니다. 즉 평소에 머물던 곳이 아닌 다른 곳으로 옮겨질 때, 갑자기 몸이 흔들린다거나 꽉 조여지는 등 신체적인 변화가 일어날 때, 혹은 큰 소리가 나거나 어느 순간 갑자기 어두워질 때, 급작스럽게 인공적인 빛이 쏟아져 올 때 등이 그 예입니다. 변화의 정도가 심할수록 아이가 느끼는 공포심도 커지게 마련입니다. 아이가 신체적으로 아무런 이상이 없고 엄마나 아빠의 양육 태도에도 별다른 문제가 없는데도 불구

밤에 우는 아이, 이것만은 금물!

빠른 아이의 경우 생후 2개월 전후로 밤과 낮을 구별할 줄 알게 됩니다. 그런데 아이가 밤에 운다고 우유를 먹이거나 낮에 했던 것처럼 놀아 주면 밤에도 으레 우유를 먹고 노는 것으로 받아들일 수 있습니다. 따라서 아이가 밤에 운다고 해서 먹여 재우거나, 재우는 것을 포기하고 놀아 줘서는 안 됩니다. 정말 배가 고파서 우는 것이 아니라면 어떻게든 아이를 진정시켜서 다시 잠들 수 있도록 해 주어야 합니다.

하고 밤에 유난히 보채고 우는 까닭은 발달 과정상에 나타나는 공포심이 그 원인일 수 있습니다. 이럴 경우에는 아주 은은한 조명등을 켜 두거나 조용한 클래식 음악을 흐르게 하는 등 아이가 안정감을 느끼도록 도와주어야 합니다.

부모의 태도가 중요합니다

아이가 말을 알아듣지 못한다고 "왜 이렇게 울어?" 하며 다그치는 사람들이 있습니다. 하지만 아이는 3~4개월만 돼도 표정이나 몸짓, 어투에서 부모의 감정을 고스란히 느낍니다. 이른바 비언어적인 상호작용을 하는 것이지요. 낮에 아이를 돌보느라 힘이 들고 짜증이 나 있다 하더라도 밤에 아이가 깨어 울면 안심시키면서 안아 주어야 합니다. 엄마 아빠의 따뜻한 손길에 아이는 안심하고, 당장은 아니더라도 조금씩 공포심을 없애 갈 수 있습니다. 반대로 우는 아이에게 "엄마도 잠 좀 자자. 그만 좀 울어!" 하고 화를 낸다면 공포심이 더욱 커질 수 있습니다.

건강한 체질과 성향을 키워 주세요

신체적으로 허약한 아이일 경우 공포심을 더 크게 느끼기도 합니다. 또한 기질적인 차이도 있는데, 예민한 기질을 타고난 아이의 경우 주변 환경의 아주 작은 변화에도 크게 두려움을 느낄 수 있습니다. 기질이 순하면서 활발한 아이는 예민한 아이에 비해 정서적으로 안정되어 있기 때문에 공포심을 적게 느낄뿐더러 공포심에서 더 빠르게 벗어날 수 있습니다. 그러니 평소에 아이가 신체적으로 건강하면서 활발하고 명랑해지도록 잘 놀아 주세요.

아이가 왜 우는지 모르겠어요

아이마다 우는 모습도 다르고, 원인에 따라 울음의 유형도 제각각입니다. 신체적인 문제가 있을 때, 놀아 달라고 요구할 때, 엄마의 사랑이 필요할 때, 혹은 정서상의 문제가 있을 때 등등. 이런 모든 상황을 아이는 조금씩 다른 울음으로 표현합니다. 하지만 '이럴 땐 이렇게 운다'라는 답이 있는 것은 아닙니다. 따라서 부모 스스로 자신만의 처방을 찾아야 합니다.

원인에 따른 네 가지 울음의 유형

초보 부모들이 가장 답답한 것은 도무지 왜 우는지 울음의 의미를 알 수 없다는 것입니다. 하지만 처음에는 잘 알 수 없어도 아이를 관찰하고 관심을 기울이다 보면 차차 울음의 차이를 발견하게 됩니다. 아이마다 차이가 있지만 제 경험과 제가 만난 엄마들의 이야기를 통해 울음의 유형을 정리해 봤으니 참고하길 바랍니다.

① 눈을 감았다 떴다 하며 칭얼거리는 울음

주로 잠이 올 때 보이는 울음입니다. 날카롭지 않은 중간 음으로 표정의 변화나 눈물 없이 마른 목소리로 웁니다. 아이가 이렇게 울 때에는 먼저 아이가 잠들 수 있는 환경을 마련해야 합니다. 텔레비전이 켜 있거나 시끄러운 음악이 틀어져 있거나 집 안이 너무 밝으면 아이가 쉽게 잠들기 어렵습니다. 주변을 조용하고 아늑하게 만든 다음 등을 토닥이며 달래 주세요.

② 눈을 뜨고 입을 벌려 우는 울음

배가 고파 우는 흔한 울음입니다. 이때 아이 입 주변에 손을 대면 바로 고개를 돌려 손을 보거나 빠는 흉내를 냅니다. 우선은 그 이전의 수유 시간을 체크해 보세요. 아이가 젖을 먹은 지 2~3시간이 지났다면 다시 수유해야 합니다. 혹시 수유한 지가 얼마 되지 않았더라도 먹은 양이 부족하여 젖을 찾는 것일 수 있으므로 수유 양도 확인하기 바랍니다.

③ 갑자기 우는 울음

잠이 오거나 배가 고파서 울 때에는 그 전에 아이가 잘 놀지 않거나 얌전하게 구는 등의 기미가 있습니다. 만일 아이가 활발하게 잘 웃고 놀다가 갑자기 울음을 보인다면 기저귀를 확인해 보세요. 잘 놀다가도 아랫도리에 불쾌한 느낌이 들면 바로 울게 됩니다. 기저귀가 젖지 않았는데도 갑자기 운다면 몸 전체를 살펴보십시오. 이유식을 하는 경우 가끔 음식물 찌꺼기가 옷에 말라붙어 아이를 불편하게 하기도 합니다.

④ 울음소리는 크지만 눈물 없는 울음

아이가 엄마를 부르는 울음일 경우 대개 소리만 우렁찹니다. 눈물도 없고 얼굴색도 크게 바뀌지 않습니다. 아이가 눈물 없이 크게 운다면 배가 고프거나 기저귀가 젖어서가 아니라, "더 안아 주세요", "놀고 싶어요" 하는 투정일 가능성이 높습니다. 이때는 잘 달래 울음을 멈추게 한 다음 눈을 맞추며 놀아 주세요.

질병을 알리는 울음도 있습니다

아이 울음을 잘 살펴야 하는 이유는 울음이 몸의 이상을 알리는 신호일 수 있기 때문입니다. 생후 6개월 전에 잘 나타나는 영아 산통일 경우, 자다가 갑자기 날카롭게 우는 예가 많습니다. 아이가 다리를 구부리고 있고 배가 딱딱하다면 영아 산통을 의심해 봐야 합니다. 영아 산통 때문에 아이가 운다면 울음을 그치게 하는 것이 사실 어렵습니다. 배를 살살 문질러 주거나 따뜻한 물을 먹여 트림을 하게 하는 것 정도이지요. 하지만 통증이 사라지면 언제 그랬냐는 듯 다시 잠이 듭니다.

보채는 정도가 심하고 손을 귀에 대면서 숨이 찰 만큼 운다면 중이염일 가능성이 있습니다. 특히 아이가 감기 기운이 있을 때 갑자기 운다면 그 가능성이 더욱 커지므로 병원을 찾아야 합니다. 또한 울음의 원인을 알 수 없고, 아무리 안고 놀아 줘도 아이의 울음이 그치지 않으며, 울다가 갑자기 잠잠해지고 다시 자지러지게 우는 것을 반복한다면, 장 중첩일 가능성도 있습니다. 장이 꼬일 때마다 우는 것이지요. 이런 경우 역시 바로 병원에 가야 합니다.

이유를 알 수 없을 때는?

·························· 앞서 이 시기의 아이에게 울음은 유일한 의사소통 수단이라고 말했습니다. 그리고 아이의 울음에는 이유가 있다고도 했지요. 하지만 아무리 찾아봐도 이유를 알 수 없을 때가 있습니다. 그럴 때에는 아이가 엄마의 사랑이 그리워 울음으로 엄마를 부르는 것입니다. 잠시 생각해 보세요. 평소 아이와 눈을 자주 맞춰 주었는지, 사랑한다는 말을 충분히 해 주었는지, 불편함을 즉시즉시 해결해 주었는지 곰곰이 되짚어 봅시다. 아이가 울지 않을 때에도 엄마의 사랑은 충분히 전달되어야 합니다. 그렇지 않다면 아이는 엄마의 사랑이 부족해 늘 울면서 엄마를 찾게 됩니다.

수면 문제

언제부터 따로 재울 수 있을까요?

많은 부모들이 아이를 언제부터 따로 재우는 것이 좋으냐고 질문을 해 옵니다. 아이 방을 마련해 놓고도 따로 재우지 못하는 경우가 많고, 그러다 보니 아이 아빠가 다른 방에서 자는 경우도 많아 부부 관계도 소원해지는 것 같고……. 그렇다고 아이를 당장 떼어 놓자니 혹시 정서 발달에 문제가 생기는 건 아닌가 싶어 쉽게 실행을 못하지요.

돌 전 아이를 따로 재워서는 안 되는 이유

외국에서는 아이를 처음부터 혼자 재우는 경우가 많습니다. 아이의 독립심을 키우기 위해서지요. 개인의 삶을 잘 영위하는 것이 인생의 가장 큰 목표인 서양에서는 부모 각자의 개인적인 삶이 양육보다 중요합니다. 그런 가치관으로 인해 아이에게도 어릴 때부터 독립심을 길러 주는 것을 교육의 목표로 삼습니다. 그래서 돌이 되기도 전에 아이 침대를 두거나, 방을 따로 마련해 혼자 자는 연습을 시킵니다. 아이가 울어도 잠깐 달래 줄 뿐 함께 자지는 않습니다.

하지만 이 방식이 꼭 옳다고만은 할 수 없습니다. 돌 전의 아이에게 가장 중요한 과제는 독립심을 키우는 것이 아니라 부모와 견고한 애착을 쌓는 것이기 때문입니다. 엄마의 모습만 안 보여도 우는 아이를 따로 재우는 것은 아이의 정서 발달에 좋지 않습니다.

생각해 보세요. 깜깜한 방에서 잠을 깬 아이가 엄마는 없고 어둠뿐인 천장을 보고 얼마나 놀라고 공포에 떨 것인가를. 만일 아이가 엄마와 떨어져 자는 것을 심하게 거부하고 두려워한다면 혼자 재워서는 안 됩니다.

아이가 혼자 자도록 시도해 볼 수 있을 때는?

3세가 되면 아이는 엄마와 떨어져도 그것이 완전히 헤어지는 것은 아니라는 사실을 제대로 인식하게 됩니다. 따라서 이 시기가 되면 아이에게 따로 자는 것을 가르칠 수 있습니다. 하지만 이때 역시 아이가 무서워하거나 싫어하면 억지로 강요해서는 안 됩니다.

5~6세가 되면 아이의 기본적인 생활 습관과 성격이 모두 형성됩니다. 이때부터는 본격적으로 따로 재우는 것을 연습시킬 수 있습니다. 단, 단계를 밟아 가며 서서히 시도해야 합니다. 아이 방의 문을 열어 놓아 문밖에 엄마 아빠가 있다는 것을 알려 주고, 방을 예쁘게 꾸미거나 침대를 새롭게 들여놓는 등 아이가 자신의 방에 애착을 가질 수 있도록 배려할 필요가 있습니다. 따로 자면서도 부모의 보살핌을 느낄 수 있도록 하는 것이지요.

따로 재울 수 있는 기준은 나이가 아니라, 아이의 정서적인 안정입니다. 아이가 엄마와 떨어져 혼자 자는 것을 잘 받아들이고 편안하게 잘 수 있는 순간이 바로 '따로 재우기'를 시도할 수 있는 때입니다.

밤중에 꼭 한 번은 깨요

돌이 되기 전 아이를 키우는 부모들 가운데에는 아이가 새벽에 곧잘 깬다고 걱정하는 사람들이 있습니다. 아이가 밤중에 자꾸 깨는 것은 엄마 아빠에게 큰 고통입니다. 또 밤에 잠을 푹 자야 성장도 잘할 텐데, 혹시 이로 인해 발달이 늦어지면 어떻게 하나 조바심이 나기도 하지요. 하지만 이는 크게 걱정할 일이 아닙니다. 아이는 어른보다 상대적으로 얕은 잠을 자기 때문에 잠이 들었다가도 쉽게 깨어나곤 합니다. 밤에 일어나 아이를 달래 다시 재우는 것이 쉬운 일은 아니지만, 언젠가는 끝날 수고로움이니 이왕 해야 할 일, 기분 좋게 받아들이세요.

아이가 잠을 제대로 못 자면?

성장 호르몬의 3분의 2는 밤사이에 뇌하수체에서 분비됩니다. 이 호르몬은 다른 내분비선을 자극하는 촉진 성분을 관리해 아이의 성장과 신체적 발달에 중요한 역할을 합니다. 이 중대한 일은 아이가 자는 동안에 이루어지지요. 따라서 아이가 잘 자지 못하고 자주 깨면 그만큼 성장이 지연될 수 있습니다.

또 잠을 충분히 자지 못하면 아이의 스트레스 대처 능력이나 집중력, 인내력, 호기심, 활동성도 떨어집니다. 화를 잘 내고 집중력이 약한 아이들을 살펴보면 수면 시간이 불규칙한 경우가 많습니다. 졸린 아이가 짜증을 내고 울어 대는 것은 이런 이유에서입니다.

반대로 잠을 잘 자는 아이들은 기분이 좋아 집중력이나 호기심을 마음껏 발휘할 수 있어 학습 능력이 높아집니다. 또한 자는 동안에 면역 기능이 활발히 작용해 질병에 대한 저항력도 강해집니다. 잘 재우는 것이 아이를 건강하고 똑똑하게 키우는 첫 번째 방법인 이유입니다.

한 번이 아니라 열 번도 깰 수 있습니다

···································· 돌 전 아이는 생체 리듬이 완전히 자리 잡지 못해 한 번에 쉽게 잠들지 못할뿐더러 잠을 자더라도 자주 깹니다. 또한 잠의 깊이가 얕아 악몽을 꾸기도 하고 외부 자극에 민감하게 반응하지요. 기질적으로 예민한 아이들은 잠이 들고 한두 시간 후 깨어 울거나 뒤척입니다.

문제는 일단 깨면 부모의 도움이 없이는 다시 잠들기 어렵다는 것입니다. 이 시기의 아이는 제 스스로 잠을 청하지 못합니다. 부모 입장에서는 보통 힘든 일이 아니겠지만 이때 아이를 잘 재울수록 수면 패턴을 빨리 바로잡을 수 있습니다.

밤중 수유는 숙면을 방해하는 주범입니다

···································· 아이가 6개월이 되기 전에는 밤중에도 수유를 하게 됩니다. 하지만 아이가 밤에 깨서 운다고 무조건 젖을 물리는 것은 바람직하지 않습니다. 제 양보다 많이 먹는 아이는 체중이 급격히 늡니다. 또한 소변 양이 많아지고 대변이 묽어져 기저귀가 항상 젖어 있게 되지요. 그러면 깊이 잠들기가 더욱 어려워집니다. 게다가 아직 욕구와 습관을 구분하지 못하기 때문에 한밤중에 수유를 자주 하면 아이는 습관적으로 배가 고프다고 느껴 저절로 깨서 울게 되니 주의해야 합니다.

만일 꼭 먹여야 한다면 조용히, 가능한 한 짧게 먹이는 것이 좋습니다. 아이가 보채지 않을 만큼만 먹인 뒤 바로 잠들 수 있도록 다독여 주세요. 어떤 엄마는 수유를 한 뒤 이왕 깬 거 놀아 주자는 생각으로 아이를 대하기도 합니다. 하지만 이것이 반복되면 아이는 밤에도 자지 않고 노는 습관이 생길 수 있습니다. 따라서 수유 후에는 바로 잠들 수 있게 해 줘야 합니다. 처음에는 다시 잠드는 데 시간이 다소 걸리더라도 가능한 한 젖을 먹이지 말고 스스로 잠들 수 있도록 조용한 상태에서 재우는 것이 바람직합니다.

깨는 횟수를 최소화하려면

·································· 우선 잠자기 전에 너무 많이 먹여서는 안 됩니다. 수면과 비수면을 조절하는 생체 리듬이 깨지기 때문이지요. 또한 잠들기 전에 과도하게 노는 습관도 없애 주어야 합니다. 자기 전에 너무 많이 놀아 주면 아이가 흥분 상태에 빠져들어 잠이 들어도 쉽게 깰 수 있습니다. 같은 맥락에서 아이가 잠들기 전에 텔레비전이나 오디오를 틀어 놓는 것도 좋지 않습니다. 어른도 잠들기 전에 책을 보거나 일기를 쓰는 등 차분히 마음을 가라앉히지 않나요? 아이 역시 어른처럼 잠들기 전에 하루의 긴장을 풀고 마음을 차분히 할 시간이 필요합니다. 그래야 서서히 잠에 빠질 수 있어요.

기응환, 함부로 먹이지 마세요!

아이가 밤에 놀라 울어 댄다고 기응환을 먹이는 부모들이 있는데, 이는 좋지 않은 방법입니다. 아이가 놀라는 것은 아직 신경 발달이 완성되지 않았기 때문입니다. 그런 아이에게 울 때마다 일종의 안정제 역할을 하는 기응환을 먹여 진정시키면, 신경이 발달할 기회를 빼앗을 수 있습니다. 또 기응환을 먹여 아이가 보이는 증상이 완화되면 다른 문제가 있어도 제대로 진단할 수 없어 더 큰 문제가 생길 수 있습니다.

퇴근 후 밤늦게 돌아와 아이를 깨운다고요?

·································· 아이를 낳은 뒤 최소 3~4년간은 부모에게 가장 바쁜 시기입니다. 집 장만하랴, 아이 분유 값이며 기저귀 값 대랴, 경제적 부담도 클 뿐만 아니라 사회생활도 가장 치열하게 하지요. 직장 다니느라 아이와 함께할 시간이 적은 엄마나 아빠는 밤늦게 들어와서 반가운 마음에 "○○야~"하며 아이를 깨우기도 합니다. 하지만 가만히 있어도 잘 깨는 아이를 억지로 깨우는 것은 아이의 수면 패턴을 자리 잡지 못하게 하고, 성장 호르몬 분비를 막아 성장에 나쁜 영향을 미칠 수 있습니다. 그런 의미에서 잠자

는 아이를 일부러 깨우는 부모는 0점 부모인 셈이지요. 아이와 눈을 맞추고 놀고 싶은 마음이야 십분 이해하지만, 정말 아이를 위한다면 아이의 잠든 모습을 조용히 바라보는 것으로 만족하세요.

아기도 악몽을 꾸나요?

"아이가 악몽을 꾸나 봐요. 꼭 새벽녘에 자지러지게 울면서 깨요. 꿈에서 무서운 것을 본 것처럼 겁을 내고요" 하며 걱정하는 엄마들이 있습니다. 악몽이란 잠을 깨게 만들 정도로 아주 무서운 꿈을 말합니다. 일단 잠에서 깨면 꿈의 내용을 잘 기억할 수 있는 것이 특징이기도 하지요.

그런데 돌 전 아이가 꾸는 악몽은 어른의 악몽과는 다릅니다. 악몽이라기보다 부모와 떨어지기 싫은 불안 심리가 만들어 내는 현상이라고 보는 것이 옳습니다. 즉 부모가 사라질지도 모른다는 두려움, 조금 자란 아이들은 새로 태어난 동생에게 부모를 빼앗길지도 모른다는 두려움, 놀이방 등에 맡겨져 부모로부터 혼자 떨어지게 될 때의 두려움 등이 그 원인입니다. 이때는 부모가 자신을 얼마나 사랑하는지를 느끼게 해 줘야 합니다.

악몽을 꾸고 나서 보이는 행동도 아이의 연령에 따라 차이가 있습니다. 대개의 경우 어린아이는 악몽을 꾸면 엄마나 아빠가 달려와서 달래 줄 때까지 울면서 소리를 지릅니다. 그러다가 좀 더 자라면 울면서 제 발로 엄마 아빠를 찾아가고, 조금 더 시간이 지나면 악몽은 현실과는 다르다는 것을 이해하기 때문에 부모를 깨우지 않고도 다시 잠을 잘 수 있게 됩니다.

악몽은 아이들이 자라면서 겪는 발달 과정 중 하나이므로 걱정하지 않아도 됩니다. 대개 나이가 들면서 좋아지므로 별다른 치료를 받지 않아도 되지요. 아이가 악몽에 시달리고 있는 것 같으면 깨워서 포근하게 안아 주는 것으로 충분합니다. 또 잠들기 전에 너무 과격한 놀이를 한 것은 아닌지 되돌아보고 자극을 줄여 주는 것도 방법입니다.

잠투정이 너무 심해요

"우리 애는 밤에 눕히기만 하면 눈이 말똥말똥해져요", "안 자려고 억지로 버티는 것 같아 어떨 땐 미워 죽겠어요", "한 번에 재울 수 있으면 소원이 없을 것 같아요", "왜 자꾸 자다가 깨는 걸까요?"…….

엄마라면 누구나 한 번쯤 아이의 잠투정 때문에 고민하게 됩니다. 심한 경우 억지로 재우려다 아이와 사이가 나빠지기도 합니다. 아이는 왜 잠들지 못할까요? 쉽게 잠들게 하는 묘책은 없을까요?

쉽게 잠들지 못하는 아이의 마음

잠투정을 하는 이유는 여러 가지입니다. 우선 돌 전 아이들은 잠을 자고 나면 오늘이 지나 내일이 온다는 사실을 모르기 때문입니다. 학자들마다 차이가 있기는 하지만 적어도 3세쯤 되어야 '내일'의 개념이 확실히 생긴다고 합니다. 잠이 오면 감각이 둔해져 엄마가 잘 보이지 않고 피부로 느껴지지도 않게 되는데, 아이는 이것을 엄마와 떨어지는 것이라고 생각합니다. 아직 '내일'이라는 개념이 정립되지 않은 상태에서 엄마가 잘 느껴지지 않으니 그럴 수밖에요. 때문에 잠드는 것은 아이에게 큰 불안을 안겨 줍니다.

이렇듯 잠드는 게 두렵다 보니 어떻게든 깨어 있으려고 잠투정을 하게 되는 것이지요. 이때 아이는 잠이 쏟아지는데도 억지로 눈을 뜨고 있거나, 불안감을 달래기 위해 인형을 품에 꼭 끌어안고 있기도 하지요. 잠이 올 때 손가락을 빠는 것도 비슷한 이유라고 할 수 있습니다.

잠투정, 이래서 생깁니다

이 밖의 원인으로는 기질의 차이가 있습니다. 날 때부터 잠을 잘 자는 기질을 타고난 아이가 있는가 하면, 그렇지 않은 기질을 가진 아이도 있습니다. 같은 시간을 자더라도 자주 깨는 아이가 있는가 하면, 그렇지 않고 잘 자는 아이도 있습니다.

또 수유량이 적거나 너무 많은 경우, 기저귀가 젖은 경우에도 아이는 잠들기가 어려워 잠투정을 합니다. 몸이 아플 때도 마찬가지이지요. 중이염 같은 질병이나 이가 날 때 하는 잇몸 앓이 등도 그 이유가 됩니다.

배변 훈련을 하는 도중 그 스트레스로 인해 잠투정을 부리기도 하고, 한창 애착이 형성되는 시기에는 엄마와 떨어지는 것을 싫어하는 분리 불안으로 인해 잠투정이 심해질 수도 있습니다. 실내 온도가 너무 높거나 주위가 시끄러울 때, 잠자리가 바뀌거나 낮잠을 너무 많이 잤을 때에도 잠투정을 부릴 수 있습니다. 엄마가 안아 주어야 잠이 드는 아이라면, 아예 잠투정이 버릇이 되어 버린 경우입니다. 이처럼 아이의 잠투정이 늘 같은 원인에서 시작되는 것은 아닙니다. 그러니 아이가 잠투정을 하면 매번 세심하게 원인을 파악하고 적절히 대처해야 합니다.

당당히 SOS를 요청하세요

아이를 재우는 엄마를 더욱 힘들게 하는 것은 '모든 것을 내가 책임져야 한다'는 강박 관념입니다. 아이의 잠투정을 조절하는 데 있어 제일 중요한 것은 아이를 달래는 엄마의 심리 상태인데, 엄마가 힘에 부쳐 귀찮아하거나 화를 내면서 아이를 재우려 하면, 잘 재울 수도 없거니와 아이가 엄마의 부정적인 감정을 느끼게 됩니다. 그러니 울고 싶을 만큼 힘이 들 때에는 친정 부모님이나 시부모님 등 가까운 사람들에게 당당히 도움을 요청하세요. 엄마를 위해서라기보다 아이의 성장과 정서적 안정을 위해서 그 편이 더 바람직할 때도 있습니다.

잠을 재우기 전에 안심시키는 것이 먼저

억지로 재우려 들거나 짜증을 내면 아이는 '엄마가 진짜 나를 떼어 놓으려나 보다', '엄마가 나를 싫어하는구나' 하고 생각합니다. 그로 인해 아이의 불안감이 증폭되지요. 이럴 때에는 먼저 아이를 안심시켜야 합니다. 저는 잠투정을 부리는 아이를 대할 때에는 전통 육아법을 떠올려 보라고 말하곤 합니다.

옛날에 할머니들은 어린 손자, 손녀를 재울 때 나지막한 목소리로 자장가를 불러 주었지요. 또 화내거나 짜증 내지 않고 등을 토닥이며 아이가 잠들 때까지 여유 있게 기다렸습니다. 그 모습을 떠올리며 엄마가 함께 있음을 충분히 느낄 수 있도록 안아 주고 다독여 주세요. 아이는 유일한 세상인 엄마에게 기대 잠을 청하고 있는 것이니까요.

잠투정을 줄이는 세 가지 방법

1. 아이의 수면 리듬을 체크하고 환경을 점검하세요

이 시기 수면 장애의 원인 중 하나가 부모가 자신의 생활 리듬에 맞춰 아이에게 억지로 수면 습관을 들이는 것입니다. 최소한 백일 무렵까지는 아이의 수면 리듬에 맞춰 주어야 합니다. 또한 아이의 잠이 방해받지 않도록 안정적인 환경을 만들어 주세요.

2. 잠들기 전엔 항상 곁에 있어 주세요

낯가림이 시작되는 생후 7~8개월 무렵에는 아이가 엄마에 대한 애착이 매우 커집니다. 때문에 잠으로 인해 엄마와 떨어진다는 사실에 매우 불안해합니다. 이러한 증상은 36개월까지 지속되는데, 이 시기에는 잠들 때 엄마가 옆에 없으면 잠투정을 부쩍 많이 부릴 수 있습니다. 그러므로 엄마는 아이가 안심할 수 있게 잠들고 깰 때 곁에 있어 주는 것이 좋습니다.

3. 즉시 얼러도, 너무 오래 울게 해도 좋지 않습니다

아이가 울 때마다 무조건 젖병을 물리거나 놀아 주는 것도 좋지 않지만, 자는 습관을 들인다고 오랫동안 울게 두는 것은 더 좋지 않습니다. 아이는 대개 엄마가 옆에 없다는 불안함 때문에 웁니다. 이럴 때는 안아 주고 보듬어 주면서 아이를 진정시켜 주세요.

월령별 수면 문제 대처법

돌이 되기까지 아이는 크게 성장하고 변화합니다. 특히 이때는 수면 습관이 자리 잡히는 중요한 시기이기도 하지요. 수면 습관은 개월 수와 성장 발달 정도에 따라 변하고, 이는 신체적 건강이나 습관에도 영향을 미칩니다. 월령별 수면 장애와 그 대처법은 다음과 같습니다. 단, 신체적·심리적 성장 발달은 아이마다 다르니, 절대적인 기준으로 삼지는 마세요.

생후 0~2개월

·················· 신생아는 하루 종일 잔다고 해도 과언이 아닐 만큼 잠을 많이 잡니다. 보통 20시간씩 자는데 생후 몇 주간은 깨는 시간이 불규칙하여 밤낮이 따로 없습니다. 영아 산통이 많은 시기여서 밤에 깨어 우는 것도 예삿일이지요. 엄밀히 말해 이런 특징들을 수면 장애라고 하기는 어렵습니다. 발달상 어쩔 수 없는 과정이지요. 이때는 앞으로 수면 장애가 생길 경우 아이를 어떻게 다시 재울지 연습해 본다는 기분으로 여러 시도를 하며 재워 보세요. 아이마다 재울 수 있는 방법이 조금씩 차이가 있으므로, 내 아이를 위한 잠재우기 요령을 터득해 보길 바랍니다.

생후 3~6개월

·················· 밤중 수유를 조절하는 것이 관건입니다. 아이가 자다 깼다고 무조건 젖부터 물려서는 곤란합니다. 배가 고파서 깬 것이 아니라면 단지 잠을 재우려는 이유로 젖을 먹여서는 안 된다는 말이지요. 밤중 수유가 습관이 되면 아이에게 바른 수면 습관을 길러 주기 어렵습니다. 또한 밤마다 깨서 수유를 해야 하니 엄

마가 더욱 힘들어지지요. 일단 아이가 깨면 젖을 물리기 전에 먼저 안아 주고 달래 주는 것이 좋습니다. 그래도 아이가 울음을 그치지 않는다면 가급적 짧게, 배고픔을 달랠 수 있을 만큼만 수유를 하기 바랍니다. 다만 밤에 깨어 우는 것이 갑작스럽게 시작되었다면 신체적 이상 등의 원인이 없는지 살펴봐야 합니다.

생후 7~8개월

··············· 수면 습관이 서서히 잡혀 가긴 하지만, 엄마와 떨어지는 것을 극히 두려워하는 분리 불안이 시작되는 시기이기도 합니다. 더구나 렘수면, 즉 얕은 잠이 어른보다 두 배 정도 많기 때문에 자다가 자주 깨고 몸도 자주 뒤척입니다. 분리 불안 시기의 아이는 유독 수면 장애가 많다는 것을 부모가 먼저 인식하고 있어야 합니다. 아이가 잠에서 깨어 울거나 쉽게 잠들지 못할 때 늘 엄마가 곁에 있어 주도록 하세요. 다른 사람에게 아이를 맡겼을 경우, 주 양육자가 그 역할을 대신해 주어야 합니다.

생후 9~12개월

··············· 돌이 가까워지면 낮잠을 자는 횟수도 크게 줄고 잠이 들면 오래 자기도 합니다. 즉 어른과 유사한 수면 패턴으로 성장합니다. 또 이 시기 아이들은 부모가 규칙적인 식사 습관을 들였을 경우 밤에 꼭 먹지 않아도 잠을 잘 수 있습니다. 소아과 의사 중에는 성장 발달 측면에서 아이가 자다 깨 먹는 것보다는 안 먹고 자는 편이 더 낫다고 말하는 사람도 있습니다. 한 번에 오래 자는 습관이 들 수 있도록 식습관을 바로잡아 주면서, 잠자리 환경도 고려해 주세요. 잠들기 전 동화책을 읽어 주거나 자장가를 불러 줘 아이를 안심시키는 것도 좋습니다.

낯가림 & 분리 불안

아이 때문에 꼼짝할 수가 없어요

8개월 된 아이가 너무 울보인 것 같아 걱정인 엄마가 있습니다. 엄마가 잠시라도 안 보이면 대성통곡을 한답니다. 화장실이라도 갈라치면 얼마나 서럽게 울어 대는지 문을 살짝 열어 놓고 엄마 모습을 보여 줘야 한다더군요. 잔뜩 심각한 얼굴을 한 엄마에게 저는 살짝 핀잔을 주었습니다. "걱정 마세요! 그맘때 엄마가 안 보여서 우는 건 지극히 정상입니다" 하고요.

세상에서의 첫 번째 과제, 엄마와 떨어지기

·· 생후 8개월 전후가 되면 아이는 좋고 싫은 것이 분명해져서 좋아하는 장난감이나 자주 만나 친근한 사람들에 집착을 하고, 싫어하는 것을 대하면 울음을 터트리거나 짜증을 내는 등 나름의 의사 표현을 합니다. 이는 그만큼 아이의 뇌가 성숙해졌다는 증거랍니다.

문제는 이와 맞물려 엄마와 떨어지는 것을 극도로 두려워하고 싫어한다는 것입니다. 아이는 태어난 직후부터 6개월 정도까지 엄마를 자신의 일부로 생각하고 살아가다가 그 이후에 엄마가 자신과 별개의 존재라는 것을 깨닫게 됩니다. 엄마와 자신이 서로 떨어질 수도 있다는 것을 알게 되면서 불안을 느끼지요. 그것이 점점 심해지면서 엄마가 잠깐이라도 아이를 혼자 두면 아이는 숨이 넘어갈 만큼 소리를 지르며 웁니다. 이처럼 아이가 엄마와 떨어질 때 공포와 불안을 느끼는 것을 '분리 불안'이라고 합니다.

분리 불안이 시작될 때 엄마들은 한시도 떨어지지 않으려는 아이 때문에 몹시 힘들어하고 짜증을 냅니다만, 분리 불안은 아이와 엄마의 애착이 잘 형성되고 있다는 증거입니다. 즉 발달 과정상 중요한 단계에 정상적으로 이른 것이지요. 반대로 아이가 분리 불안을 겪지 않는 것은 엄마와의 애착이 잘 형성되지 않은 것을 의미합니다. 이런 아이들은 조금 더 자라 심각한 정서적 장애를 겪을 수 있습니다.

분리 불안은 아이가 세상에 태어나 처음으로 뛰어넘어야 할 발달 과제이며, 이 과제를 잘 해내야만 다음 발달이 순차적으로 이루어집니다. 아이마다 차이가 있지만 분리 불안은 3세 전후에 점차 사라집니다.

여자아이는 3세 정도가 되면 엄마에게서 떨어져 다른 사람과도 어울려 지낼 수 있습니다. 남자아이는 이보다 조금 늦고 편차가 커서 4세 정도가 돼서야 극복되기도 합니다. 하지만 아이마다 발달 속도가 다르므로 늦는다고 해서 크게 걱정할 것은 아닙니다. 다만 유치원에 갈 나이가 되었는데도 엄마와 떨어지는 것을 두려워하거나 엄마가 없을 때 우울해하고 아무것도 흥미를 보이지 않는다면, 분리 불안 장애를 의심해 봐야 합니다.

아이가 분리 불안을 겪지 않는다면?

.... 생후 8개월이 지나면 아이가 친숙한 사람과 친숙하지 않은 사람을 구분할 수 있기 때문에, 엄마가 눈앞에 보이지 않으면 울고 소리치는 등 온갖 방법을 동원해 불안을 표현하게 됩니다. 동생이 태어나거나, 부모가 싸우거나, 이사로 환경이 바뀌었을 때 분리 불안이 특히 심하게 나타납니다. 분리 불안이 정상 수위를 넘어 지나치게 나타날 경우 근본적인 원인은 아이의 기질

적 불안과 부모와의 불안정한 애착에 있습니다. 앞서 말했듯 생후 24~36개월이 되면 불안감이 줄어들기 시작하는데, 경우에 따라 정서 발달이 늦거나 병적인 이유로 불안감이 오래 지속되는 아이도 있습니다.

이런 아이는 대개 유치원이나 학교에 적응하지 못하고 또래 관계에서 소극적인 태도를 보이지요. 엄마와 너무 자주 떨어져 지냈거나 반대로 과잉보호로 인해 부모와의 분리를 거의 경험하지 못했다면, 초등학교 입학 후에도 새로운 환경에 적응하지 못하는 경우가 많습니다. 또래와의 관계도 매우 제한되어 한둘의 친구를 사귈 뿐이고, 노는 장소도 익숙한 자기 집이나 놀이터 정도이지요. 심한 아이는 몸이 아프다고 하면서 유치원이나 학교에 가지 않으려고도 합니다.

일부러 떼어 놓을수록 심해집니다

아이가 의존적이 될까 걱정한 나머지, 혹은 아이의 반응이 재미있어서 일부러 아이를 떼어 놓거나 아이 앞에서 모습을 감추는 엄마들이 있습니다. 그렇지 않아도 엄마가 보이지 않으면 불안한 아이에게 정말 하지 말아야 할 행동이지요. 집안일을 하기 위해 아이를 보행기에 앉혀 두고 안 보이는 곳에서 일을 하는 것만으로도 아이는 극심한 불안을 경험하게 되고, 이 경험은 아이의 기억 속에 남아 더 큰 불안을 낳습니다.

건강한 아이는 빠르면 두 돌 이후부터 엄마보다 세상에 훨씬 더 재미를 느끼고 제 발로 엄마 품을 벗어나게 되지요. 하지만 그 전에는 아이의 불안감을 충분히 감싸 주고 다독여 줘야 합니다. 아이와 더 많은 시간을 함께해야 하고, 언제나 엄마가 곁에 있다는 확신을 주는 것이 중요합니다. 만일 어쩔 수 없이 떨어져야 하는 일이 생기면 '엄마는 항상 너를 사랑하며 곧 돌아올 것'이라는 사실을 아이에게 분명히 알려 주세요.

거듭 강조하지만 부모와의 애착이 형성되는 첫돌 전까지는 되도록 아이와 많은 시간을 가져야 합니다. 그리고 아이가 아플 때는 아무리 바쁘더라도 반드시 곁에 있

어 주세요. 아이는 가장 필요할 때 곁에 엄마가 없으면 무의식중에 절망하고 엄마를
향해 적개심을 갖는 등 부정적 애착 관계를 형성하게 됩니다.

낯가림이 너무 심한데, 괜찮을까요?

아이가 낯가림이 너무 심하면 엄마는 힘이 듭니다. 할머니, 할아버지는 물론 고모
나 삼촌에게도 안 가고, 심지어 아빠가 안경만 바꿔 써도 울고불고 난리를 치니 엄
마가 쉴 틈이 없지요. 시댁에 갔다가 난리를 치고 울어 대는 아이 때문에 낭패를 보
기도 합니다. 보고 싶던 손자가 그렇게 싫다고 울어 대니 시부모님도 마음이 안 좋
으실 것 같아 죄송스러울 뿐이지요.

낯가림은 뇌가 발달했다는 증거입니다

·· 아이는 세상에 대한 인식의 범위가 넓
어지면서 자신과 다른 대상에 대해 두려움과 공포를 느끼게 되는데, 이를 '낯가림'
이라고 합니다. 그 대상은 낯선 사람이 될 수도 있고, 경우에 따라 동물이나 소리, 혹
은 상상으로 만들어 낸 대상이 되기도 합니다.

아이마다 차이가 있지만 대개 7개월 전후로 낯가림이 시작됩니다. 아무리 순한
아이라고 해도 이 시기가 되면 낯선 사람을 경계하고, 심한 경우 경기를 일으킬 만
큼 울기도 합니다. 이는 엄마를 알아본 직후부터 나타나는 자연스러운 현상으로, 이
전에는 아는 사람과 모르는 사람을 구분하지 못했지만 이제는 구분을 하고 두려움
을 갖게 된 것입니다. 그만큼 기억력이 발달하고 나름의 사고 체계가 잡혔다는 것

을 의미하지요.

기질에 따라 차이가 있지만 아이에게는 이제 새롭게 보고 듣는 모든 것이 무섭습니다. 하지만 대상을 무서워하는 자체가 바로 세상에 적응해 나가는 과정입니다. 엄마는 낯을 가리는 아이 때문에 주변 사람들에게 민망할 때가 종종 있지만, 낯가림 자체가 아이가 엄마를 알아본다는 의미이니 긍정적으로 생각해야 합니다.

아이가 느끼는 두려움에 공감해 주세요

아이의 낯가림을 완화하는 가장 좋은 방법은 아이가 스스로 안전하다고 믿을 수 있게 조금씩 적응시키는 것입니다.

그 첫 번째 방법이 아이의 두려움에 공감해 주는 것입니다. 이제 막 세상을 알아가는 아이에게 모든 것이 무섭고 두렵게 느껴지는 것은 당연합니다. 엄마가 먼저 아이의 편이 되어 무서워하는 아이의 마음과 울고 떼쓰는 행동을 이해해 주세요. 이와 함께 아이가 낯선 대상을 무서워할 때 그것이 두려운 존재가 아니라는 사실을 행동으로 깨닫게 해 주는 것도 효과적입니다.

또한 낯가림에 대비하여 평소에 아이로 하여금 부모가 보호하는 범위 안에서 호기심을 마음껏 충족시킬 수 있는 기회를 마련해 주세요. 평소에 부모가 보호한다는 핑계로 이것저것 제재를 가하고 억압한 아이일수록 낯가림이 심합니다. 이때 중요한 것은 '아이가 얼마큼 엄마를 신뢰하고 있는가'입니다. 엄마를 완전히 믿을 수 있어야만 아이의 두려움도 사라집니다. 낯가림을 할 때 엄마가 보살펴 주면 이 믿음이 커져 점점 낯가림을 덜하게 되지만, 그렇지 않을 경우 점점 더 심하게 낯을 가리게 됩니다.

예민한 아이라면

예민한 아이는 낯가림을 할 시기가 아니더라도 기질상 다른 사람이 자기를 만지는 것을 싫어하고, 경우에 따라 누군가 자기 주변에 가까이 있는 것도 무서워합니다. 또한 자신을 바라보는 주변의 시선이나 사람들의 말 하나에도 상처를 받기 쉽습니다. 그러면서 여전히 엄마만 찾는 이런 아이의 낯가림을 줄이려면 아이의 행동을 충분히 받아 주고 사랑으로 대해 줘야 합니다. 또한 시간이 걸리더라도 아이가 낯선 대상에 스스로 적응해 가도록 인내심을 갖고 기다려야 합니다. 채근하거나 야단치지 말고 느긋한 마음으로 기다리면, 결국은 낯가림을 극복하게 될 것입니다. 엄마의 입장에서는 반 박자 늦게 반응한다는 생각으로 대응하시면 됩니다.

낯가림을 없앤다고 아이를 낯선 사람들 앞에 억지로 내놓는 부모가 간혹 있습니다. 제가 아는 아빠 중에도 그런 사람이 있었습니다. 15개월 된 아들이 자꾸 낯을 가리자 '남자애가 이렇게 심약해서는 안 될 것 같다'며 온 친척들에게 인사를 시키고 어른들 틈에 억지로 앉히곤 했지요. 아이는 결국 심한 스트레스를 받아 불안이 커졌고 그로 인해 밤에 잠을 자지 못했습니다. 급기야 병원에서 치료까지 받게 되었지요.

낯가림을 억지로 극복하게 하려다 이처럼 되레 불안 장애를 일으키는 경우가 종종 있습니다. 특히 엄마 없이 낯선 사람만 있는 곳에 아이를 내놓는 것은 절대 금물입니다. 새로운 사람을 만날 때에는 아이가 불안해하지 않도록 엄마가 곁에 있어 주는 게 좋습니다.

엄마 외에도 좋은 사람이 있다는 것을 아이 스스로 깨달아야 비로소 낯을 가리는 범위가 줄어듭니다. 처음에는 되도록 짧고 간단하게 만나고, 점차 만남의 시간을 늘리며 적응할 시간을 주세요. 애착은 엄마와만 생기는 것은 아니므로 할머니, 할아버지, 이모 등 가까운 사람과도 자주 같이 있도록 배려해야 합니다.

낯가림은 대개 3세 정도가 되면 줄어드는데, 기질에 따라 조금씩 차이를 보입니다. 낯가림이 유독 심한 아이라면 군이 억지로 극복하게 하기보다 아이의 기질을 존중해 주는 지혜도 필요합니다.

아이가 낯을 전혀 안 가려도 문제입니다

강연장에서 한 엄마와 이야기를 나눈 적이 있습니다. 둘째를 낳았는데 아이가 너무 순해 이 사람 저 사람이 안아도 가만히 있는다며 자랑을 하더군요. 돌을 코앞에 두었다기에 낯가림은 안 하냐고 물었더니 이렇게 대꾸합니다.

"낯을 가리긴요. 생전 처음 보는 사람이 와서 안아도 울지 않는 걸요."

낯을 전혀 가리지 않고, 아무도 무서워하지도 않는 아이. 기질이 너무 순해 보여서 엄마 눈에 예쁘게 비치기도 하겠지요. 하지만 낯을 전혀 가리지 않는다면 한 번쯤 심각하게 짚어 볼 필요가 있습니다.

애착에 문제가 있다는 증거입니다

낯가림이 너무 심하면 엄마들은 걱정을 합니다. 반면 아이가 낯을 전혀 가리지 않으면 앞의 사례에서처럼 '내 아이가 순한가 보다', '성격이 좋아 다른 사람에게 잘 안기나 보다' 하며 안심하는 경우가 있지요. 하지만 낯을 전혀 가리지 않는 것이 낯을 심하게 가리는 것보다 더 심각한 문제일 수 있습니다.

아무에게나 잘 안긴다면 엄마와의 애착이 잘 형성되지 않았을 가능성이 있기 때문이지요. 다시 말해 영·유아기에 나타나는 '애착 장애'에 해당할 수 있습니다. 엄마를 가장 좋아하고 엄마에게 잘 안기면서 다른 사람에게도 관심을 보이는 것이 아니라면, 세상에 대한 불신으로 인해 주변인에게 아무런 느낌을 갖지 않는 것일 수 있습니다. 그러니 아이가 전혀 낯을 가리지 않는다면 평소 엄마와의 애착에 문제가 있지는 않은지 점검해야 합니다.

이 밖에도 아이를 너무 이른 시기에 어린이집 등에 맡겼다면 다른 아이보다 여러 사람이 돌봐 주는 환경에 일찍 노출이 되어 낯가림이 적을 가능성이 있습니다. 엄마와의 애착이 생기기도 전에 보모 선생님들과 만나다 보니 엄마가 특별한 존재로 인식이 되지 않아 그럴 수 있지요. 그럴 때는 아이가 집으로 돌아왔을 때 함께하는 시간을 충분히 갖고 안아 주고 놀아 주면 좋아집니다.

지능이 떨어지는 아이는 낯을 가리지 않습니다

낯가림이 없는 아이 중에 간혹 자폐 스펙트럼 장애가 있는 아이들이 있습니다. 이 아이들은 자폐 스펙트럼 장애로 인해 엄마와의 교감이 제대로 이뤄지지 않고 세상을 제대로 인식하지 못합니다. 그만큼 사회성이 떨어지고 타인에 대한 인식이 부족해 낯을 가리지 않게 됩니다. 또한 지능이 떨어져도 낯가림이 늦거나 덜합니다. 엄마와 타인을 제대로 구별해 낼 만큼 뇌가 발달하지 않은 것이지요. 정성껏 보살피고 아이와 함께한 시간이 충분했는데도 8개월 전후로 낯가림이 전혀 생기지 않는다면 발달의 이상 여부를 진단 받아 볼 필요가 있습니다.

낯선 것을 극도로 무서워해요

큰마음 먹고 아이와 함께 첫돌 기념 여행을 떠났던 엄마가, 아이가 좋아할 줄 알았는데 울고 보채기만 해서 여행 내내 속상했다고 하소연을 한 적이 있습니다. 경모를 키우며 첫 여행을 갔을 때 저도 비슷한 경험을 했습니다. 제 딴에는 새로운 자극을 주려고 평소에 가 본 적 없는 바다로 데려가 파도 소리를 들려주고 바닷물에 발도 담그게 해 주려고 했지요. 그런데 경모는 발을 담그기는커녕 파도 근처에만 가도 기겁을 하고 우는 통에 여행이 엉망이 되었습니다. 지금 생각하면 새로운 것에 느리게 적응하는 경모에게 여행이라고 다를 리 없는데 제가 왜 그랬을까 싶습니다.

돌 전에 너무 새로운 자극은 좋지 않습니다

엄마들은 아이들이 새로운 자극과 경험을 좋아할 것이라고 기대하지만, 실상은 그렇지 않습니다. 특히 돌 전 아이들의 경우가 그렇습니다. 아이들이 새로운 것에 적응하는 과정을 잘 지켜보세요. 말하고 춤추는 인형을 아이가 선물 받았다고 해 봅시다. 처음에 아이는 좋아하기보다 우선 경계를 합니다. 소스라치게 놀라 우는 아이도 있지요. 인형이 말을 하고 춤도 추는 게 낯설고 두려운 것입니다. 그러다 시간이 지나면 용기를 내어 슬쩍 만져 보고 탐색을 시작합니다. 새로운 자극을 받아들이는 데에는 이렇게 시간이 필요합니다. 그러니 적어도 첫돌까지는 낯선 곳을 여행하는 일은 피하는 것이 좋습니다. 낯선 환경은 아이에게 스트레스가 될뿐더러 엄마들이 생각하는 것만큼 다양한 경험으로 받아들여지지 않습니다.

낯선 자극에 적응하도록 충분히 기다려 주세요

아이가 낯선 것을 무서워하는 것은 당연한 일입니다. 새로운 것을 무서워하다가 조금 시간이 지나면 호기심을 가지고 궁금해하고, 그런 다음에야 익숙해지고 좋아하게 되는 것이 자연스러운 단계이지요. 이를 무시하고 밀어붙이면 아이는 상처를 받고 위축되게 마련입니다. 특히 주의해야 할 것은 무서움이 너무 커지면 호기심과 학습 욕구마저 사라져 버린다는 사실입니다. 아이가 낯선 것을 두려워하면 낯선 자극에 적응할 시간을 주고 안심시키며 기다려 주어야 합니다.

아이가 아빠를 거부해요

저녁 8시, 보행기를 타고 거실을 돌아다니던 아이가 초인종 소리에 일순 긴장합니다. 그리고 아빠의 등장, 이어 터지는 아이의 울음소리! 이건 정말 너무하다 싶습니다. 눈앞에 곰이라도 나타난 것처럼 어찌나 크게 우는지 보기가 다 민망할 정도지요. 대체 무엇이 문제일까요?

아빠에게도 낯을 가릴 수 있습니다

생후 8개월까지 육아의 목표는 주 양육자와의 애착 형성이라고 해도 과언이 아닙니다. 그 발달 과업에 대한 성적표라 할 수 있는 것이 바로 낯가림이지요. 그러니 이 경우 아이에게 문제가 있는 것은 전혀 아닙니다. 다만 아빠와의 애착 관계가 형성되지 않았다는 점은 한번 생각해 봐야 합니다. 물론 엄마와 아이의 애착이 제일 중요하지만 8개월쯤 되면 매일 보는 아빠나 할아버지, 할머니와도 애착이 형성될 수 있도록 해야 합니다.

평소 아빠와 지낸 시간이 적어 애착 관계가 잘 형성되지 않았다면 아이는 낯을 가리기 시작하는 8개월 전후에 아빠를 싫어하거나 아빠만 보면 울어 버립니다. 한편 대부분의 아빠들은 여성보다 목소리가 크고 굵으며 아이와 과격하게 노는 경향이 있습니다. 그러다 보니 예민한 아이의 경우 아빠를 거부할 수도 있는데, 그런 아이의 반응에 너무 낙담할 필요는 없습니다. 어떤 이유로든 아이와의 유대감을 쌓지 못한 아빠라면 지금부터라도 노력해야 합니다. 밖에서 동분서주 바쁘게 일하고 있겠지만, 적극적으로 육아를 담당해 지친 아내를 쉬게 해 주고 아이와의 애착 관계도 잘 형성해 나가길 바랍니다.

아이에 대한 정보를 아빠에게 알려 주세요

엄마 역시 아빠의 육아 참여를 적극적으로 유도할 필요가 있습니다. 하루아침에 아빠와 아이가 친해질 수는 없습니다. 어떻게 놀아 주면 좋은지, 아이가 무엇을 좋아하고 싫어하는지 등 엄마가 알고 있는 정보를 아빠에게 알려 주세요. 그것이 가족 모두를 위한 길입니다. 아빠가 아이와 친해질 수 있는 가장 좋은 방법은 아이와 놀아 주는 것입니다. 이 시기 아이들은 몸을 움직여 노는 것을 좋아하므로 아빠와의 활동적인 놀이를 좋아한답니다. 아빠가 아이와 신나게 놀 때 엄마는 둘만의 애착이 생기도록 지켜보기만 하는 것이 좋습니다.

CHAPTER
4

(버릇)

아이가 곰 인형만 안 보이면 울어요

아이가 곰 인형에 집착을 한다고 무슨 병이 아니냐며 찾아온 엄마가 있습니다. 인형을 안고서야 잠을 자고, 잠시라도 그 인형이 안 보이면 울고불고 난리를 친답니다. 얼마나 손에 쥐고 놓지 않는지 하얀 인형이 시커멓게 됐는데도 빨 수조차 없다고 하네요. 처음엔 그러려니 하고 넘겼는데 슬며시 걱정이 되어 병원까지 찾은 것이지요. 곰 인형에 대한 별난 집착이 병은 아닌가 하고요.

'자신만의 엄마'를 만드는 아이들

·· 요즘 부모들은 애정 결핍에 대해 지나칠 만큼 걱정합니다. 분명히 넘칠 만큼 애정을 쏟아붓고 있음에도 불구하고, '이게 맞는 건가' 하는 의구심으로 아이가 조금만 평소와 다른 행동을 보여도 걱정을 하지요. 8~9개월이 되면 아이들은 옷이나 이불, 인형, 엄마의 머리카락 등 따뜻하고 촉감이 좋은 특정 대상에 열정적으로 집착하는 행동을 보이기도 합니다.

이렇게 아이에게 심리적 안정을 주는 물건들을 '과도기 대상(Transitional Object)'이라고 부릅니다. 쉽게 설명하자면, 아이가 상상 혹은 무의식중에 만든 '자신만의 엄마'라고 할 수 있습니다.

아이가 과도기 대상에 몰입하는 것은 엄마로부터 정신적으로 독립하기 전의 과도기적 상태에서 엄마의 느낌을 주는 물건에 집착하는 현상입니다. 엄마로부터 독립하려면 일시적으로 엄마를 대신하는 무언가가 필요하기 때문이지요. 발달상 있을 수 있는 자연스러운 현상이니 걱정하지 않아도 됩니다.

평소보다 더욱 안아 주고 사랑해 주세요

대부분의 아이는 잘 때 혹은 평소보다 심한 심리적인 억압을 느낄 때 이런 과도기 대상에 더욱 집착합니다. 병원처럼 낯설고 두려운 환경에 놓이면 좋아하는 인형이나 옷을 만지며 안정과 위안을 느끼는 것이지요. 그 때문에 과도기 대상에 대한 집착은 아이의 심리적인 압박감을 진단할 수 있는 잣대가 되기도 합니다. 과도기 대상에 여느 때보다 지나치게 집착한다면, 부모가 미처 알아채지 못한 이유로 아이가 심리적인 압박을 느끼고 있다는 뜻입니다.

이럴 때는 자주 안아 주고 뽀뽀해 주는 등 스킨십을 많이 하는 것이 제일 좋은 처방입니다. 엄마 품에서 따뜻한 체온과 부드러운 촉감을 통해 '진짜 엄마'의 존재를 자주 확인시켜 줌으로써 아이가 안정감을 느끼도록 하는 것이지요.

이런 행동들은 늦어도 4세 정도가 되면 자연스럽게 줄어듭니다. 4세 이전에 이 집착 행동을 억지로 막는 것은 아이에게 스트레스가 되므로 좋지 않습니다.

아이와 거래하지 마세요!

아이가 특정 대상에 집착할 때 "인형 대신 맛있는 것 사 줄게" 하며 거래를 해서는 안 됩니다. 아이가 필요한 것은 엄마의 사랑과 관심이지 물질적인 보상이 아니기 때문입니다. 이는 임시적인 해결책이 될 수 있을지는 몰라도, 아이에게 내재된 불안이나 엄마에 대한 그리움을 근본적으로 해결해 주지는 못합니다.

이 방법보다는 시간이 걸리더라도 관심과 애정을 가지고 아이를 보살피는 것이 현명합니다.

자폐 스펙트럼 장애가 의심되는 애착 행동

특정 물건에 대한 집착은 시간이 지나 아이가 정서적·인지적 성숙을 이루면서 점차 없어집니다. 그런데 아이가 한 물건이나 감각에 지나칠 정도로 강한 집착을 보인다면 아이에게 문제가 있는 것일 수 있습니다. 그리고 집착하는 물건 이외의 다른 놀잇감에 관심이 없다면 인지 발달에 지장을 주게 됩니다.

특히 이와 함께 말과 행동 발달이 느리고, 같은 행동을 계속 반복하며, 주변 사람에게 도무지 관심을 보이지 않는다면 자폐 스펙트럼 장애 등의 정신 질환을 의심해 봐야 합니다. 시간이 지나도 아이의 행동에 아무런 변화가 없거나 집착의 정도가 강해지고, 위와 같은 이상 증상이 있다면 전문의를 찾아 정확한 진단을 받는 것이 좋습니다.

기저귀만 벗겨 놓으면 고추를 만져요

말도 잘 못하는 아이가 자위행위 비슷한 행동을 하면 엄마들은 당황해 어쩔 줄 모릅니다. 한 엄마는 기저귀를 갈다 잠깐 눈을 돌린 사이 아이가 고추를 만지작거려 깜짝 놀랐다고 합니다. 그런데 너무 반응을 보일 필요는 없습니다. 아이가 성기를 만지며 즐거워하는 것을 어른의 성 관념을 잣대로 판단해선 안됩니다.

아이에게도 성욕이 있다?

아이에게 설마 성욕이 있을까 생각하겠지만 성욕이 있다는 것이 정답입니다. 아이의 성욕, 즉 '유아 성욕'은 프로이트에 의해 처음 제시되었습니다. 프로이트는 이차성징이 나타나는 사춘기에 성욕이 처음 생기는 것이 아니라 영·유아기에도 성욕이 있으며, 이는 지극히 정상적인 것이라고 주장했습니다.

하지만 아이의 성욕은 어른들의 성욕과 본질적으로 다릅니다. 어른의 성욕이 성적인 상상력을 동반하고 성교를 목적으로 하는 것인 반면, 아이의 성욕은 단순히 즐거움을 추구하는 감각적 요소만 존재합니다.

즐거움을 추구하는 것은 아이, 어른 할 것 없이 사람이라면 누구나 가진 본능입니다. 따라서 아이의 이런 행동을 정신적인 문제로 치부해서는 안 됩니다.

빠르면 생후 6개월부터 성기에 손을 댑니다

································· 돌 전 아이가 성기를 만지는 것은 자기 몸을 더듬다가 우연히 성기 부위를 만지거나, 기저귀를 갈다가 성기가 자극을 받았을 때 쾌감을 맛봐 시작하는 경우가 대부분입니다. 처음에는 호기심이나 장난으로 만지작거리다가 점차 놀이로 삼는 것이지요. 돌 이후에는 기저귀를 차고 걸을 때 성기가 자극을 받는 감촉을 좋아하기도 하고, 보행기에 앉아 성기가 자극을 받도록 다리를 모아 쭉 뻗는 행동을 반복하기도 합니다. 이 같은 행동은 성장 과정에서 흔히 보이는 자연스러운 현상입니다.

그렇다고 그냥 두면 남 앞에서 민망한 경우가 종종 생기지요. 이때에는 즐겁고 재미있는 놀이를 통해 아이의 관심을 돌려 주세요. 돌 전 아이의 경우 재밌는 관심거리가 생기면 얼마든지 집착하던 놀이로부터 시선을 돌릴 수 있습니다. 단, 그것이 애착 장애 같은 정서적 불안으로 인한 집착이 아니라면 말이지요.

원인은 다양합니다

··············· 영·유아의 자위행위가 발달상의 자연스러운 과정이기는 합니다만, 아이가 가진 불안감이 그 행동을 증폭시키기도 합니다. 예를 들어 갑자기 젖을 떼거나 동생이 생기는 등 신변에 변화가 생겨 스트레스를 받을 때, 친구나 장난감이 없어 심심할 때, 부모를 비롯한 다른 사람들로부터 관심과 사랑을 충분히 받

지 못할 때, 부모가 지나치게 위생에 신경 쓴 나머지 평소에 성기를 과도하게 씻길 때 등이 이에 해당합니다.

원인을 알아보지 않고 무조건 아이 손을 잡아채거나 야단을 치면 아이의 불안감만 증폭시킬 따름입니다. 그럴수록 더욱 관심과 애정을 쏟으면서 아이를 재미있게 해 주기 위한 묘책을 찾아보세요. 주변 환경이 아이를 긴장하게 하는 것은 아닌지 늘 점검하고, 다른 즐거운 자극을 주면 자연히 성기에 대한 관심이 줄어들 것입니다.

tip

프로이트가 말한 성 본능 발달 단계

프로이트는 인간이 태어날 때부터 가지는 성 본능 에너지를 '리비도(Libido)'라 정의하면서 성 본능의 발달을 이렇게 나누어 설명했습니다.

그에 따르면 1단계인 생후 1년간은 '구순기'로 입술을 통해 자극을 받아 리비도가 활성화됩니다. 엄마의 젖이나 고무젖꼭지를 빠는 행동 모두가 성 본능을 충족시켜 준다는 것입니다. 프로이트는 그중에서도 아이가 가장 좋아하는 것이 바로 '엄지손가락 빨기'라고 했는데, 현재의 많은 정신분석학자는 빨기 본능을 더 이상 아이의 성욕과 연관 지어 설명하지 않습니다. 엄지손가락을 빠는 것도 성 본능이라기보다는 습관화된 행동으로, 애정이나 충족감과 더 연관된다는 이론이 지배적입니다.

2단계는 입보다 배설 기관을 통해 쾌감을 갖는 시기로, 이른바 '항문기'라고 합니다. 대개 배변 훈련을 시작하는 무렵부터 3~4세까지가 해당됩니다. 이 시기의 아이는 자신의 배설물에 관심과 흥미를 갖고 만지면서 놀려는 경향이 있습니다. 또한 배설물을 잃어버리기 싫은 자신의 신체 일부처럼 여기기도 합니다.

3단계는 '남근기'로 대개 4~6세의 유아들이 이 단계에 해당합니다. 이 시기 아이들은 성기에 대한 관심이 커 장소를 가리지 않고 만지작거리는 행동을 해 부모를 당황하게 합니다. 또 자신뿐만 아니라 성이 다른 친구나 엄마, 아빠의 성기에 관심을 갖기도 합니다.

4단계는 '잠재기'로 취학 무렵의 아이들이 바깥 세계에 관심을 가지게 되면서 성욕이 잠재되는 것을 말하고, 5단계인 '생식기'는 또 다른 남근기로 사춘기가 되면서 남녀 사이의 차이를 알고 서로 호감을 갖는 등 '성애(性愛)'의 감정을 확립하는 시기입니다.

화가 나면 물건을 던지고 바닥에 머리를 받아요

첫돌 즈음에 경모가 과자를 달라고 해서 봉지째 주지 않고 그릇에 담아 주자 그릇을 엎고 침을 뱉으며 난리를 피웠어요. 5분쯤 분풀이를 하더니 잠잠해지더군요. 아이가 이렇게 난리를 치는 것은 '화'라는 감정을 느끼고 배우기 시작하기 때문입니다. 화가 치밀 때 어떻게 대처해야 하는지 모르는 것이지요. 이 시기 아이들에게는 감정을 조절할 능력이 없으니까요.

돌 전의 과격한 행동은 의도성이 없습니다

돌 전 아이가 화를 내며 물건을 던지고 머리로 바닥을 받아 "우리 아이가 자해를 해요!"라며 아주 심각한 얼굴로 병원에 오는 부모들이 있습니다. 하지만 이런 행동은 자해가 아니라 부정적인 감정을 스스로 조절할 능력이 없어 나타나는 것입니다. 이때 억지로 가르치다 보면 학대로 진행되기까지 합니다.

첫돌까지 아이들의 과제는 생리적인 자기 조절 능력을 배우는 일입니다. 여기에는 부정적인 감정을 조절하는 것도 포함되지요. 아이가 전에 없이 과격하게 싫다는 감정을 표현한다면 '이제 우리 아이가 감정을 조절하는 법을 배울 시기가 되었구나' 하고 이해하면 됩니다.

젖을 뗄 시기가 오는 것처럼 감정 발달에 있어서도 싫다는 것을 표현하고, 부정적인 기분을 표현하는 시기가 온 것이지요. 이는 발달상 아주 자연스러운 현상입니다. 아이마다 약간의 차이가 있지만 두 돌까지는 충동을 조절하는 능력이 완벽하게 생기지 않습니다. 그걸 익히고 배우는 단계이지요.

따라서 돌 전 아이의 과격한 행동은 분노와 같은 감정을 느낌 그대로 표현하는 것으로 이해해야 합니다.

과격한 행동을 바로잡으려면

아이가 화가 나는 감정을 조절하지 못해 과격한 행동을 한다면 엄마는 어떻게 해야 할까요? 우선은 엄마 감정부터 차분히 가라앉히세요. 물론 아이가 화내는 모습을 아무렇지도 않게 받아들일 수는 없겠지만, 엄마가 함께 흥분하거나 화를 내면 아이는 그에 자극을 받아 안정하기가 더 어려워집니다. 아이가 분노를 표현하면 아이를 기다려 주고 담담하게 지켜볼 수 있어야 합니다. 그러니 화를 내는 아이가 스스로 화를 가라앉힐 때까지 한 걸음 떨어져서 지켜봐 주세요. 스스로 화를 가라앉히는 능력을 배우는 것은 이 시기의 매우 중요한 과제입니다.

아이의 화가 가라앉으면 엉망이 되어 있는 장소나 깨진 것들을 아이와 함께 정리해 아이 스스로 자신이 저지른 일에 책임을 지게끔 해야 합니다. 아이는 이런 과정을 통해 화를 내면서 가진 죄책감이나 자신의 행동으로 인해 엄마의 사랑을 잃을지도 모른다는 불안감에서 벗어나게 됩니다. 이는 부정적인 자아상을 가질 가능성을 줄여 주는 역할을 하지요.

알아듣지 못해도 설명해 주세요

아이가 알아듣지 못하더라도 그것이 옳지 않은 행동이라는 것을 알려 주어야 합니다. 돌 전후의 아이는 엄마가 하는 말을 완벽하게 알아듣지는 못하지만, 엄마의 표정이나 몸짓 등을 통해 무엇을 해도 되고 안 되는지 느낍니다. 엄마가 말로 충분히 설명을 해 주면,

멍이 들 만큼 심하게 머리로 받는다면?

돌 전 아이가 벽이나 바닥을 머리로 받는 경우가 종종 있습니다. 이런 행동은 대개 두 돌이 지나면 저절로 없어지고, 다행히 그렇게 머리로 받아도 뇌에 손상을 입는 경우는 극히 드뭅니다. 그렇지만 만일의 사태에 대비해 아이가 머리로 잘 받는 바닥이나 벽에 방석이나 스펀지 등을 미리 대어 두는 게 좋습니다. 또한 아이가 그런 행동을 보일 때 관심을 다른 방향으로 돌릴 수 있도록 재미있는 놀이나 장난감 등을 준비해 두도록 합니다.

그 분위기만으로도 아이는 자신이 잘못된 행동을 했다는 것을 알게 되지요. 설명을 마친 후에는 항상 아이를 따뜻하게 안아 주세요. 잘못은 했지만 엄마는 그 행동을 이해하고 언제나 변함없이 사랑한다는 것을 아이가 알게 하는 것이 중요합니다.

이 모든 과정에서 가장 중요한 것은 엄마가 끝까지 평정심을 잃지 않아야 한다는 점입니다. 중간에 갑자기 화를 내거나 지쳐서 포기해 버리면 아이에게 충동 조절 능력을 길러 줄 수 없습니다. 충동 조절 능력은 하루아침에 길러지지 않아요. 수개월, 길게는 1년 이상 걸리는 일이지요. 엄마가 이 점을 충분히 이해한 뒤 아이가 부정적인 기분을 조절하는 능력을 키울 수 있도록 따뜻하게 돌봐 주어야 합니다.

아이가 손가락을 빨아도 걱정하지 마세요

아이가 생후 3개월 무렵부터 손을 빨기 시작했는데 돌이 다 되도록 계속 빨고 있다며 혹시 애정 결핍이 아닌지 묻는 부모들이 있습니다. 처음에는 배가 고프거나 졸릴 때만 빨더니 요즘엔 거의 하루 종일 엄지손가락을 물고 있는 것 같다고 말이지요. 손을 입에 가져갈 때마다 억지로 빼내자니 아이가 스트레스를 받을 것 같고요. 손가락 빠는 아이, 그냥 두어도 될까요?

생후 6개월 전 아이가 손가락을 빨 때는

생후 6개월 전후의 아이들에게서 흔히 보게 되는 행동이 손가락 빨기입니다. 이때까지는 아이가 손을 입으로 가져가는 것이 자연스러운 일입니다. 이 시기의 아이는 무엇이든 입으로 가져가 물거나 빨려고 하는데, 손가락을 빼는 것도 같은 맥락에서 해석할 수 있습니다.

대개 시간이 흐르면 부모가 신경 쓰지 않아도 저절로 손가락 빼는 것을 멈춥니다. 손가락을 빼는 것보다 아이에게 즐거움을 주는 것이 훨씬 더 많이 생기니까요. 따라서 생후 6개월 정도까지는 아이가 손가락을 빨고 있어도 크게 문제시하지 않아도 됩니다.

무료함을 달래는 수단일 수도 있습니다

만약 생후 6개월이 지나서도 손가락을 계속 빤다면 무료함을 달래기 위해 습관적으로 손가락을 빼는 것일 수 있습니다. 이럴 경우 평소에 엄마 아빠가 잘 놀아 주었는지, 아이 주변 환경이 너무 심심하지는 않은지 생각해 봐야 합니다. 하지만 분리 불안 장애가 아니라면 손가락이나 고무 젖꼭지를 빼는 것은 심리적으로 큰 문제가 되지 않는다는 것이 지배적인 견해입니다. 엄마와의 관계가 원만하다면 잠들기 전이나 심심할 때, 배고플 때 조금씩 손가락을 빼는 것은 괜찮습니다.

이런 방법은 쓰지 마세요

어떤 부모들은 아이가 손가락을 빨지 못하게 하기 위해 온갖 방법을 동원합니다. 손가락에 쓰디쓴 약물이나 겨자, 검은 매직 등을 바르기도 하고, 아예 반창고를 붙이거나 붕대로 손가락을 감아 버리는 사람도 있습니다. 하지만 이 모든 방법은 별 효과도 없을뿐더러 아이에게 좌절감을 안겨 줄 수도 있습니다.

또 아이가 손을 입으로 가져갈 때마다 윽박지르는 부모도 있는데, 이는 어른으로 치자면 맛있는 음식을 못 먹게 하는 것과 다르지 않습니다. 그만큼 아이에게 참기 힘든 일이므로 억지로 강요해서는 안 됩니다.

비법이 따로 있는 것은 아닙니다

아이를 키우는 모든 일이 그렇듯, 손가락을 빠는 것을 당장 막을 수 있는 비법은 없습니다. 그러니 심하지 않다면 느긋한 마음으로 따뜻한 성장 환경을 마련해 주고 지속적으로 사랑을 표현해 주세요. 말도 알아듣지 못하는 아이를 함부로 야단치거나 억지로 빨지 못하게 하면 아이에게 스트레스를 주고 반항심만 키울 뿐입니다. 그러면 더 심하게 손가락을 빨 수 있습니다. 빠는 것을 대신할 인형이나 좋아하는 장난감, 신나는 놀이 등으로 관심사를 다른 곳으로 유도하는 것도 좋습니다.

성격 & 기질

타고난 기질이라고 다 받아 주지 마세요

아이마다 독특한 기질이 있습니다. 기질이란 태어나면서부터 가지고 있는 특성을 말하지요. 기질은 아이가 자라는 과정에서 엄마와 주변 사람들, 또래 친구들과의 관계 양상에 따라 보다 발전적으로 변하기도 하고, 때로 기질로 인한 어려움이 더 커지기도 합니다. 무엇보다 기질상의 문제가 아이의 정서 발달에 지장을 주지 않도록 잘 조절해 주는 지혜가 필요합니다.

아이마다 기질이 있습니다

························· 나면서부터 순하고 조용한 아이가 있는 반면 한시도 가만히 있지 않고 활개 치며 돌아다니는 아이가 있고, 유독 예민하고 짜증이 많은 아이가 있는 반면 매사에 낙천적이고 잘 웃는 아이가 있습니다. 새로운 환경에 적응을 잘하는 아이도 있고, 낯선 것에 겁을 먹는 아이도 있습니다. 이렇듯 아이들은 저마다의 행동 특성을 보이는데, 나면서부터 아이가 갖고 태어나는 이런 성격적 특성을 '기질(Temperament)'이라고 합니다.

엄마와 아이의 궁합이 맞아야

아이를 키울 때 기질 자체가 문제가 되는 경우는 없습니다. 그 기질이 엄마의 양육 태도나 성격과 충돌할 때 문제가 발생합니다.

예를 들어 집 안에 먼지 하나 있는 것을 못 견딜 정도로 지나치게 깔끔한 엄마가 산만하고 어지르기만 하는 기질의 아이를 키운다면, 그 엄마는 아이의 행동에 간섭을 하고 사사건건 야단을 치게 마련입니다. 그러면 아이는 엄마에 대한 배신감 때문에 절망하고 분노를 느껴 더욱 산만한 행동을 보이게 되지요. 즉 아이의 기질이 부정적인 방향으로 발현되는 것입니다.

그러므로 아이를 기질에 맞게 잘 키우기 위해서는 아이 기질뿐 아니라 엄마의 성격과 양육 방식까지 정확히 파악해야 합니다. 특히 엄마가 부모로서의 자신을 객관적으로 평가해야만 아이의 기질적 장단점을 바르게 이끌어 갈 수 있습니다.

기질에 대한 오해

흔히 기질을 잘 살려 주라는 말을 많이 하는데, 이 말을 '타고난 모습 그대로 두라'는 뜻으로 해석하는 부모들이 있습니다. 또 저를 찾아오는 엄마들 중에도 영·유아기의 아이에게 전폭적인 사랑을 쏟으라는 제 말을 기질상의 문제조차 그냥 받아 주라는 의미로 오해하는 엄마들이 있습니다.

아이의 기질을 잘 살려 주라는 말과 무조건적인 사랑을 쏟으라는 말의 의미는 기질적 특징에 맞춰 아이를 키우는 데 정성을 다하라는 의미입니다. 기질상의 결함이 아이에게 부정적인 영향을 미치지 않도록 말이지요.

제가 이런 말을 하면 또 어떤 부모들은 성급하게 기질적 결함을 고치려고 듭니다. 예를 들어 아이의 소심한 성격을 바꿔 보겠다며 일부러 아이를 밖으로 내보내고 사람들 앞에 내세우는 식으로 말입니다. 하지만 이런 경우 아이의 소심한 기질이 더욱 강화될 수 있습니다. 아이가 기질상 소심하다면 우선 그 기질을 인정하고 낯선 사람이나 시끄러운 환경으로부터 아이를 보호해 주는 것이 좋습니다. 그러면서 엄마가 충분히 애정을 쏟아 그 안에서 자신감을 얻고 활기를 찾게 도와주어야 합니다.

기질에 따른 양육법

① 순한 아이

순한 아이는 영·유아기 동안 몸의 리듬이 규칙적입니다. 잠자고 먹는 것이 순조롭고, 행복하고 즐거운 감정 표현을 많이 하지요. 낯선 상황, 낯선 사람, 새로운 음식에도 적응을 잘합니다. 많은 아이가 이 부류에 해당합니다. 순한 아이들은 편하게 키울 수 있는 장점이 있지만 그렇기 때문에 부모의 관심에서 벗어나기 쉽습니다. 또한 순한 기질의 아이도 환경이 좋지 않고 스트레스를 받으면 문제 행동을 일으킬 수 있습니다. 따라서 아이와 친밀감을 쌓을 시간을 자주 마련하고 꾸준히 관심과 사랑을 표현해야 합니다.

② 까다로운 아이

까다로운 아이는 영·유아기 동안 몸의 리듬이 불규칙합니다. 쉽게 만족할 줄 모르며, 칭얼대거나 짜증 내는 방식으로 부정적인 감정 표현을 많이 하지요. 환경 변화에 민감하기 때문에 변화에 적응하는 데 많은 시간이 걸립니다. 좋고 싫음이 명확한 경우가 많고, 키우는 데 힘이 들지요. 까다로운 기질의 아이를 부모의 뜻에 억지로 맞추려 들면 부모와 아이의 관계에 문제가 발생하기 쉽고, 심한 경우 정신적인 장애로 이어질 가능성이 있으니 주의해야 합니다. 아이가 까다로운 기질을 타고났다면 무엇보다 인내심을 갖고 적절한 지도 방법을 찾아 꾸준히 지도하는 것이 중요합니다.

③ 늦되는 아이

늦되는 아이는 몸의 리듬이 규칙적이고 주로 긍정적인 감정 표현을 하지만, 이런 감정을 표현하기까지 시간이 걸립니다. 순한 면도 있지만 새로운 환경에서 움츠러들며 적응 기간이 긴 것이 특징이지요. 이런 아이들은 뭐든 늦되게 익히기 때문에 가르치는 데 어려움이 있습니다. 만약 부모가 성급하여 새로운 것을 가르치면서 빨리 따라오지 못한다고 다그치면, 아이는 반항하여 더 배우기 싫어하는 악순환이 생깁니다. 아이의 기질을 이해하고 기다려 주어야 합니다.

아이가 너무 까다롭고 예민해서 미치겠어요

아이가 까다롭고 예민해서 너무 힘들다는 엄마가 있습니다. 기저귀를 갈아 주고 젖을 주고 안아 줘도 울음을 멈추지 않고, 잠에서 깰 때에도 울지 않은 적이 한 번도 없답니다. 잠투정은 또 왜 그리 심한지, 졸릴 때마다 그 투정을 다 받아 주자니 너무 힘들어 엄마도 모르게 손이 올라간 적도 있답니다. 이러다 아이가 미워지지 않을까 엄마는 걱정이 태산입니다.

열에 하나는 까다로운 기질을 타고납니다

누구나 자신의 아이는 순한 기질을 가졌길 바랍니다. 하지만 평균 10명의 아이 중에 1명은 까다로운 기질을 가지고 태어납니다. 까다로운 기질의 아이들은 잘 달래지지 않고 잠도 깊이 자지 않아 신생아 때부터 엄마를 괴롭게 하지요. 좀 자라서는 분리 불안과 낯가림이 심해 엄마 이외의 사람에게 잘 가지 않고, 입맛도 까다롭고 매사에 쉽게 넘어가는 일이 없습니다. 이렇다 보니 순한 기질을 가진 아이의 엄마보다 까다로운 기질을 가진 아이의 엄마가 육아 스트레스를 배는 더 받게 되지요. 무엇보다 큰 문제는 이런 아이일수록 엄마와 애착을 형성하기가 어렵다는 점입니다. 하지만 엄마가 이런 기질을 고려하여 아이를 세심하게 대하면, 자라면서 안정적인 성격이 될 수 있습니다.

부모 마음이 편해져야 합니다

아무리 아이의 까다로운 기질 때문에 힘이 들더라도 아이 탓을 해서는 안 됩니다. 아이라고 까다로운 기질로 태어나고 싶었겠어요? 기질이 까다로워서 가장 힘든 사람은 아이 자신입니다. 작은 자극도 쉽게 넘기지 못하고, 음식도 잘 먹을 수 없을뿐더러 잠도 잘 자지 못하니까요. 이때 마땅히 보호하고 사랑을 줘야 할 부모가 야단을 치고 화를 낸다면 아이는 당연히 마음에 상처를 입을 수밖에 없습니다.

무엇보다 중요한 것은 부모가 마음을 편하게 먹고 감정적으로 차분해지는 것입니다. 아이는 부모를 그대로 보고 배우므로, 부모가 화를 내는 모습을 보이면 까다로운 기질에 분노의 감정까지 덧씌워지게 됩니다. 반대로 부모가 느긋한 모습을 보이면 그러한 부모의 모습을 통해 기질적인 불안함을 딛고 안정적인 성격을 만들어 갈 수 있습니다. 그러니 아이의 까다롭고 예민한 행동 반응을 고치려 하기보다는 아이의 기질을 인정하고 받아들여 주세요.

아이가 환경에 적응하도록 충분히 기다려 주세요

아이의 예민한 기질이 돌출 행동으로 드러나는 것을 막으려면 아이에게 낯선 자극을 많이 주어서는 안 됩니다. 기질이 예민한 아이라도 시간이 흐르면 뇌가 성장하면서 머리나 인지능력이 좋아지기 때문에 꾀를 써서 세상에 적응하기 시작합니다. 그러므로 그때까지는 아이를 보호하고 기다려 줘야 합니다. 변화를 추구하되 아이가 적응할 수 있도록 시간적 여유를 가져야 한다는 말입니다. 성격이 급한 부모의 경우 매우 힘들 수도 있지만 까다로운 아이를 기를 때에는 기다리는 것만큼 좋은 방법이 없다는 것을 기억하길 바랍니다. 덧붙여 말하자면, 기질상 까다로운 아이들은 낯선 사람을 보면 울음을 터트려 엄마 아빠를 당황하게 하는 경우가 많습니다. 이때 아이를 혼내기보다는 아이가 안정을 찾을 때까지 다른 사람과 대면하지 않게 하는 편이 좋습니다.

아이가 유난히 극성맞다면

유난히 과격한 행동을 하는 아이들이 있습니다. 부모들은 "다른 아이들은 얌전하고 착해 천사 같은데 우리 아이만 왜 이런가요?" 하고 묻습니다. 대개 남의 아이는 장점만 보이고 내 아이는 단점만 보이지요. 아이에 대한 기대와 욕심이 크기 때문입니다. 그러면서 기질 탓을 하는데, 아이가 과격한 행동을 하는 데에는 부모의 양육 방식에도 원인이 있습니다.

방치해서도 안 되고, 억압해서도 안 됩니다

행동이 과격하고 드센 아이는 특히 그 기질을 부모가 잘 조절해 주어야 합니다. 마구 소리를 지르고, 아무 곳에나 올라가고, 물건을 함부로 던지는 아이를 지켜보세요. 그런 행동 후에 자기가 되레 불안해한다는 것을 알 수 있을 것입니다. 아이 입장에서는 자극에 압도당해서 날뛰고 소리를 지르는 것입니다. 이렇게 충동 조절이 안 되다 보니 아이 스스로 불안을 느끼는 것이지요.

아이의 과격한 행동은 선천적 기질에 외부의 강한 자극이 더해져 나오는 것입니다. 가만히 보면 부모가 아이의 그런 기질을 더 부추기곤 합니다. 예컨대 타고난 거니 어쩔 수 없다고 방치하거나 강하게 억압하면서 말이지요. 그러면 아이는 스스로 충동을 조절할 기회를 가질 수 없게 됩니다.

자극으로부터 아이를 보호해 주세요

먼저 부모가 나서서 아이가 자극에 과격하게 반응하지 않도록 도와주세요. 방법은 간단합니다. 아이의 행동을 부추길 만한 외부 자극을 최소화하는 것입니다. 아이의 호기심을 자극할 만한 물건이나 새로운 장난감을 아이 눈에 띄지 않는 곳에 두세요. 큰 식당이나 대형 마트처럼 사람이 많은 곳에 데려가는 것도 되도록 삼가야 합니다. 만약 어쩔 수 없이 아이를 사람이 많은 곳에 데려가야 할 때는 "안 돼"라고 하면 아이가 말을 듣는 사람, 즉 아빠나 엄한 어른과 함께 가는 것도 방법입니다. 부모는 가슴으로만 아이를 키울 것이 아니라 끊임없이 머리를 써야 합니다. 머리를 안 쓰면 몸이 바빠지지요. 평소에 아이가 어떤 상황에서 더 흥분하고 과격하게 행동하는지 잘 관찰하고, 머리를 써서 대응책을 마련하는 현명한 부모가 되어야 합니다. 이러한 노력 없이 아이가 극성스럽다고 혼내고 윽박지르면 아이와 사이만 나빠질 뿐입니다.

기저귀를 잘 갈아 주지 않으면 성격이 나빠지나요?

유난히 깔끔하고 예민한 성격의 한 엄마는 아이가 소변을 볼 때마다 기다렸다는 듯이 기저귀를 갈아 줍니다. 반면 좀 무디고 털털한 성격의 한 아빠는 기저귀가 축축해질 때까지 몇 번이고 소변을 보도록 기저귀를 채워 둡니다. 두 사람은 제각각 자신의 방법이 아이에게 더 이로울 것이라고 주장합니다. 깔끔한 성격의 엄마는 기저귀를 자주 갈아 주지 않으면 아이가 불쾌감을 가져 성격이 나빠질 것이라고 하고, 무딘 성격의 아빠는 기저귀를 너무 자주 갈아 주면 아이가 까다로워지거나 결벽증이 생길 것이라고 주장합니다. 과연 누구의 말이 맞는 걸까요?

기저귀는 용변을 본 즉시 갈아 주세요

원칙적으로 아이가 대변이나 소변을 본 경우에는 기저귀를 즉시 갈아 주는 것이 좋습니다. 하지만 용변을 보지 않았는데도 일정한 간격으로 기저귀를 갈아 주는 것은 좋지 않습니다. 기저귀를 가는 일은 엄마 아빠에게도 힘이 들지만 아이에게도 번거로운 일입니다. 이런 일을 수시로 한다면 아이가 스트레스를 받을 수 있습니다.

어떤 사람들은 간혹 일회용 기저귀는 흡수력이 좋아 괜찮다며 소변을 여러 번 볼 때까지 그냥 두기도 합니다. 이 역시 좋은 태도가 아닙니다. 축축하면 아이는 불쾌감을 갖게 되는데, 그 불쾌감이 오래 지속되는 것이 아이에게 결코 좋을 리 없습니다

엄마의 감정은 그대로 아이에게 전달됩니다

엄마가 피곤하다고 대충대충 성의 없이 기저귀를 갈거나 기저귀를 갈더라도 엉덩이 주변을 깨끗이 닦아 주지 않으면, 아이가 생리적 조절이 안 된다는 느낌을 받게 되고, 아이의 정서 발달에 좋지 않습니다. 말을 할 줄 모르는 아이라도 엄마의 감정 상태는 그대로 느낄 수 있으며, 엄마가 자신을 어떻게 대하는지도 다 느끼게 마련입니다. 그러므로 아무리 힘들더라도 아이를 대할 때는 좀 더 정성어린 마음가짐을 유지해야 합니다. 그게 힘들다면 과감히 가족에게 도움을 청하는 것이 바람직합니다. 아이의 성격 형성에 영향을 미치는 것은 기저귀를 가는 횟수가 아니라 기저귀를 갈아 주는 엄마의 마음입니다.

병을 앓으면서 성격이 예민해졌어요

병약하거나 만성적인 질환을 가진 아이를 돌보기 위해서는 우선 부모가 지치지 않아야 합니다. 아픈 아이가 짜증이 많고 예민한 것은 당연합니다. 또 그 예민한 아이를 돌보기가 힘든 것도 당연한 일이지요. 하지만 힘들다고 지쳐 있거나 엄마가 먼저 힘든 기색을 하면 안 됩니다. 엄마가 강해야 아이에게 맞는 치료법도 찾을 수 있고, 짜증이 많은 아이도 밝게 키울 수 있습니다.

몸이 아프면 정서적 문제도 함께 옵니다

미국의 경우 전체 아동 중에 만성적인 질환을 앓고 있는 아동이 10퍼센트입니다. 제 생각엔 우리나라도 겉으로 드러나지 않았을 뿐 충분히 그 정도 수치가 되리라고 봅니다.

아이가 몸이 아프면 성격이 예민해지는 것은 물론 정서적 장애도 동반되는 경우가 많습니다. 아이의 성격이 형성되는 데에는 기질도 물론 중요하지만 성장 환경이나 부모의 양육 태도 등 후천적인 영향도 큽니다. 아픈 아이의 경우 부모의 과잉보호와 몸의 고통, 또래와 다른 성장 환경 등의 영향으로 인해 순하던 기질이 예민하고 까다롭게 변하는 것이지요. 심할 경우 불안 장애 등 심각한 정신적 문제가 나타나기도 합니다.

아이가 태어난 직후에 큰 수술을 받은 경우, 천식이나 아토피 등 만성적인 알레르기 질환을 아주 어릴 때부터 앓아 온 경우, 몸이 병약하여 정상적인 성장 발달이 어려운 경우에 정서적 문제가 생겨서 소아 정신과를 찾아오는 예가 종종 있습니다. 그러니 아이가 아플 때 부모는 신체적 문제뿐만 아니라 정서적 발달에도 신경을 써야 합니다.

형제가 있을 때는 아픈 아이로 인해 다른 아이마저 정서적 문제를 일으키기도 합니다. 부모가 아픈 아이에게 관심과 애정을 기울이다 보면 상대적으로 다른 아이를 보살필 여력이 없게 되지요. 그러면 나머지 아이가 아픈 아이로 인해 엄마의 관심을 받지 못하는 등 피해를 보게 마련입니다. 그것이 오래 지속되다 보면 성격적인 결함이나 다른 정서적 장애로 이어지지요.

아픈 아이를 밝게 키우려면

아픈 아이를 키우는 엄마들을 보면 지치고 힘든 기색이 역력합니다. 왜 안 그렇겠습니까. 아픈 아이 돌보랴, 다른 아이 키우랴, 살림하랴 힘든 게 당연하지요. 그러다 보면 엄마의 정신 건강 상태가 나빠져 아이에게도 악영향을 끼칠 수 있습니다. 만성적인 질환을 앓는 아이나 병약한 아이가 정서적 문제를 일으키는 예를 보면, 하나같이 엄마가 양육을 전적으로 책임지고 있습니다. 부모가 함께 아이를 돌보는 경우에는 최소한 정서적 문제로 병원을 찾지는 않습니다. 부모가 힘을 합해 돌보면 몸이 아파 예민할 수밖에 없는 아이도 충분히 밝고 건강하게 키울 수 있지요.

이는 곧 엄마가 적극적으로 주변에 협조를 구해야 한다는 뜻이기도 합니다. 다른 아이를 위해서도 아빠의 양육 참여와 주변 사람의 도움이 꼭 필요합니다. 아픈 아이를 데리고 병원을 가야 할 때 다른 아이가 방치되지 않도록 맡길 곳을 찾고, 엄마의 마음이 괴로울 때 위안을 얻을 수 있는 모임을 마련하는 것이 좋습니다.

엄마 자신의 안정이 최우선입니다

가장 중요한 것은 아픈 아이를 돌보는 엄마 자신의 건강입니다. 여기에는 물론 정신적인 건강도 포함됩니다. 그렇지 않으면 아픈 아이는 물론 가족 모두가 불행해집니다. 우울해질 상황이 되면 가까운 사람에게 아이를 잠시 맡기고 산책이라도 하는 게 좋습니다. 또한 온 가족이 엄마의 스트레스를 줄여 주기 위해 함께 노력해야 합니다.

돌 전 아이도 스트레스를 받는답니다

초등학생인 큰아이가 유치생인 동생에게 "그때가 좋을 때다"라고 해서 한참을 웃었다는 한 엄마의 얘길 들은 적이 있습니다. 어른인 엄마의 눈에야 초등학생이나 유치원생이나 힘든 일이 뭐가 있을까 싶겠지만, 아이들은 제 나름대로 고충이 많은 법이지요. 마냥 행복하기만 할 것 같은 이 시기의 아이들도 스트레스 때문에 괴롭습니다. 대체 무슨 일로 스트레스를 받을까요?

애착 형성이 중요한 돌 전의 아이들

이 시기 아이들은 스트레스를 받아도 그것이 무엇 때문인지 판단할 능력이 없기 때문에 스트레스의 영향이 더 큽니다. 특히 12개월 무렵은 정서적 분화가 빠르게 일어나는 시기이기 때문에 그 어느 때보다 엄마와 아이가 즐거운 관계를 유지해야 합니다. 더불어 신체적인 발달이 급격히 이루어지는 시기이므로 아이가 하는 몸짓이나 행동에 관심을 기울이는 것도 필요합니다. 몸을 움직이는 놀이를 한다면 신체 발달에 효과가 클뿐더러 엄마와의 교감을 쌓는 데도 좋습니다. 단, 이때 신체적 자극을 아이가 즐겁게 받아들이는지 살펴보고 조절해 줘야 합니다. 말을 하지 못하는 시기이므로 아이의 눈짓, 손짓, 발짓 등의 모든 신호와 행동을 자세히 살펴보면서 아이에게 맞추어 가는 것이 중요합니다.

돌 전 아이에게 스트레스가 되는 것들

·······················

① 서투른 육아

초보 양육자는 아이가 울 때 왜 우는지 몰라 우왕좌왕하는 경우가 많습니다. 그로 인해 욕구가 충족되지 못하고, 엄마의 불안과 미숙함이 전해져 아이가 스트레스를 받습니다. 아이가 울음으로 신호를 보내면 기저귀가 젖었는지, 배가 고픈지, 어디가 아픈지 등 원인을 찾아야 합니다. 특별한 상황이 아닌 이상 대부분 이 세 가지의 경우이니 당황하지 말고 찬찬히 살펴보세요. 아이의 욕구를 해결해 주고 난 뒤 아이의 미소나 옹알이에 응답하며 충분한 사랑을 전하세요.

② 배가 고플 때 & 억지로 먹일 때

배고픔을 느끼는 것은 아이 입장에서는 생존을 위협당하는 것과 같은 매우 큰 스트레스입니다. 젖을 충분히 먹지 못하면 아이는 스트레스와 욕구 불만을 느끼게 됩니다. 반대로 싫어하는 이유식을 억지로 먹이려 하거나 배가 부른 아이한테 더 먹으라고 강요하는 것도 스트레스의 원인이 됩니다. 아이가 적당한 양을 제때 먹을 수 있도록 해 주세요. 아이마다 먹는 양이 제각각이므로 먼저 아이의 양을 파악하고 조절해야 합니다.

③ 잠을 못 잘 때

하루 중 절반 이상을 자면서 보내는 돌 전의 아이들에게 수면이 중요한 이유는 자는 동안 아이들의 두뇌와 신체 근육이 회복되고 기억력이 증진되기 때문입니다. 또한 수면은 성장을 촉진시키고 불쾌한 감정을 정화하는 역할도 합니다. 그러니 아이가 원하는 시간에 원하는 만큼 충분히 잘 수 있도록 신경 써야 합니다. 이때 부모의 생활 리듬에 맞춰 아이의 수면 습관을 조절하려고 하는 것은 스트레스로 작용할 수 있습니다. 가능하면 아이의 수면 리듬에 맞춰 주세요. 밤에 아이가 잠을 자지 않는다면 억지로 재우려 하지 말고 부모가 순번을 정해서 아이를 돌보도록 하세요. 어른들처럼 밤에 몰아서 자는 것은 12개월이 지나서야 가능하다는 사실도 기억해 둘 필요가 있습니다.

④ 애착 대상과 잦은 분리가 일어날 때

아이는 생후 6개월 이후부터 주 양육자와 애착 형성이 시작되어, 이후 양육자와 떨어져 있는 것을 싫어하게 됩니다. 오랫동안 떨어져 있게 되면 아이는 엄마가 자기를 버린 것이라고 생각할 정도이지요. 엄마와의 이러한 분리감은 아이에게 강력한 스트레스가 됩니다. 그러므로 아이가 말을 알아듣지 못하더라도 엄마가 왜, 어디에 가는지를 차근차근 설명해 주고, 헤어지기 전에 아이가 안정감을 가질 수 있도록 충분히 안아 주어야 합니다. 한편 주 양육자가 엄마가 아닐 경우에도 가급적이면 주 양육자나 장소가 너무 자주 바뀌지 않도록 유의해야 합니다. 보육 교사에게 맡길 경우에는 일정 시간 규칙적으로 아이를 맡기는 것이 중요합니다. 특히 18개월까지는 아이의 입장에서 볼 때 강제 분리를 당하지 않도록 해야 합니다.

양육 태도 & 환경

애만 보면 우울해요

출산 후 몇 개월간 많은 엄마가 우울증을 경험합니다. 여자에게 임신과 출산, 육아의 과정은 매우 큰 의미와 보람이 있지만, 그만큼 정신적으로나 육체적으로 힘든 일입니다. 가족들이 도와주지 않으면 누구나 극심한 우울증의 주인공이 될 수 있습니다. 우울한 엄마 밑에서는 아이가 밝고 건강하게 자랄 수 없지요.

누구나 겪는 산후 우울증

많은 산모가 아이가 태어나고 3~5일 사이에 약간의 우울증과 긴장을 느끼며 이유 없이 울고 싶어지는 증상을 경험합니다. 이를 '베이비 블루(Baby Blue)'라고 하는데, 이 같이 우울한 기분은 아이를 낳고 나서 다양한 호르몬 수치가 급격하게 변화하기 때문에 나타납니다. 사람에 따라 잠깐 보이다 사라지기도 하고, 한 달 이상 지속되기도 합니다. 산모의 50~70퍼센트가 베이비 블루를 경험하고, 그중 10~15퍼센트는 몇 주 동안 무기력과 우울을 겪으며 감정을 조절하지 못하는데, 이것이 본격적인 '산후 우울증'입니다. 산후 우울증이 생기면 몸이 천근만근 무겁고 모든 일이 귀찮고 짜증스럽게만 느껴집니다. 식욕도 없고 잠도 잘 오지 않지요. 사람에 따라서는 소화 불량이나 답답증, 손발 저림 같은 신체적 이상이 나타나기도 하고, 심한 경우 아이를 쳐다보기도 싫어집니다. 열 달 동안 준비를 해 왔지만 아이를 보는 순간 엄마로서의 자신감이 없어지고, 아이와 남편이 미워지기도 하며, 심한 경우 죽고 싶은 충동까지도 느끼게 됩니다. 특히 임신 시기에 우울과 불안 증세가 심했던 산모의 경우 산후 우울증을 겪을 확률이 매우 높습니다.

죄책감에서 벗어나야 합니다

.... 출산 전에 예상했던 일이 뜻대로 되지 않을 때 산후 우울증을 겪기 쉽습니다. 그러나 생각해 보세요. 뜻대로만 되는 게 인생이던가요? 오히려 뜻대로는 절대 되지 않는 게 인생이지요. 출산이나 육아 역시 마찬가지입니다. 자연 분만을 해야겠다고 결심하고 준비한다고 100퍼센트 자연 분만을 하게되나요? 자연 분만을 원해도 위험하면 제왕 절개 수술을 해야 합니다. 반드시 모유 수유를 해야겠다고 결심한다고 모두 모유 수유에 성공하나요? 초기 대응을 못해서, 혹은 체력이 받쳐 주지 않아서 모유 수유에 실패하는 경우도 많습니다. 누구든 건강하고 순한 아이를 낳고 싶지만, 아이가 저체중일 수도 있고, 뜻밖에 장애를 갖고 태어날 수도 있으며, 기질적으로 예민한 아이일 수도 있습니다. 육아에도 고난과 역경은 있게 마련입니다. 그럼에도 육아에 완벽을 기하고 싶은 엄마들은 자신을 다그치고 스스로를 무능하다 여기며 우울증으로 빠져들게 됩니다.

우선 걱정을 줄여야 합니다. 아이를 잘 키우지 못하면 어쩌나 하는 걱정부터 떨치세요. 완벽한 육아란 있을 수 없습니다. 완벽한 어머니상을 만들어 놓고 겁을 내고 절망할 필요도 없지요. 또한 남편과의 관계를 더욱 확고히 할 필요가 있습니다. 많은 엄마가 남편과 갈등 상황에 놓여 있을 때, 억울함, 분노, 짜증 등의 감정을 느끼게 됩니다. 부부 사이가 원만하지 않은데 힘든 육아가 즐겁고 보람되게 느껴질 리 있겠습니까? 또 남편이 육아에 참여하지 않거나 육아를 하는 아내를 지지해 주지 않으면, 스트레스를 더욱 많이 느끼지요.

새로 태어난 아이만큼이나 엄마 역시 도움이 필요합니다. 그리고 우울증에 빠진 엄마를 구하는 유일한 해법은 남편의 참여와 가족들의 도움입니다.

엄마로서의 삶을 즐겁게 받아들이세요

아이를 낳고 엄마들이 느끼는 막막한 기분의 기저에는 여성으로서의 자신은 사라졌다는 절망감이 있습니다. 아이를 낳으면 일을 그만두어야 하는 경우도 생기고, 그렇지 않더라도 하루 종일 아이에게 집중해야만 합니다. 이 과정에서 엄마들은 '나는 누구인가? 나의 인생은? 나의 꿈은?'이라는 질문을 던지며 허무함을 느끼게 되지요. 사춘기 때처럼 정체성을 가지고 고민을 하게 된다는 말입니다.

이때 육아에 대한 보람과 의미를 찾지 못하면 자신의 삶이 아이를 위해 존재하는 것처럼 느껴집니다. 이런 허무감에 빠지면 아이를 키우는 데도 어려움을 겪게 되지요. 육아 자체가 몹시 힘들고 자신에게 고통을 주는 일이 되어 버리는 것입니다. 아이가 세상에 적응하는 과정이 필요하듯 엄마도 엄마로서의 삶에 적응하는 시간이 필요합니다. 지금 당장은 힘들겠지만, 아이를 키우면서 자신의 인생이 풍요로워지고 성장한다는 것을 믿으세요. 그래야만 아이도 엄마도 행복해질 수 있습니다.

엄마가 우울하면 아이가 더 힘이 듭니다

산후 우울증에 걸렸다면 모든 일을 자기 손으로 완벽하게 처리하려 해서는 안 됩니다. 무엇보다 먼저 해야 할 일은 자신이 힘들다는 것을 가족에게 알리고 도움을 받는 것입니다. 힘든데도 이를 알리지 않고 혼자 해결하려 하면 상황이 더 악화될 뿐입니다. 가족들은 감정의 기복이 심하고 눈물 바람인 산모가 걱정스럽고 짜증이 나기도 하겠지만, 산후 회복기의 정상적인 과정이라 생각하고 산모를 도와주어야 합니다. 산후 우울증을 겪는 엄마 중 10퍼센트가 정신 장애를 겪는데, 가족의 이해와 도움의 부족이 그 원인이기도 합니다.

산후 우울증의 가장 큰 피해자는 다름 아닌 아이입니다. 출생 후 1년은 아이에게 가장 중요한 순간이라 해도 과언이 아닙니다. 이 시기에 엄마가 우울증을 앓고 있으면 아이의 다양한 반응을 파악하기가 쉽지 않고, 이에 따라 아이 발달에 있어 가장 중요한 '애착'을 형성하는 데 실패하게 됩니다. 이러한 상황이 지속되면 흔히 애정 결핍증이라고 불리는 '불안정 애착 관계'에 이르게 되지요. 불안정 애착 관계에 놓인 아이는 정서적으로 미성숙한 것은 물론 사회성 발달이 제대로 이루어지지 않습니다. 산후 우울증이 심할 때는 신경 정신과 전문의의 도움을 꼭 받아야 합니다. 시간이 지나면 나아지겠거니 하고 그냥 방치하면 엄마가 아이를 제대로 돌보지 못하는 것은 물론 엄마와 아이 모두에게 해가 될 수 있습니다.

어쩔 수 없이 아이를 다른 곳에 맡겨야 해요

출산 후 1년 무렵에 직장으로 복귀해야 하는 엄마가 많습니다. 젖도 안 뗀 상태에서 아이를 보육 시설에 맡기기도 하지요. 생후 6개월 전 아이를 보육 시설에 맡겨야 하는 경우도 있습니다. 그러나 이때 주 양육자를 바꾸는 일은 매우 조심해야 합니다. 엄마와의 애착이 이제 막 시작되는 시기이기 때문이지요. 갑자기 환경이 바뀌면 아이는 큰 스트레스를 받습니다.

아이를 보육 시설에 보낼 때는

보육 시설의 선택에서부터 신경 써야 하는데, 정식 인가를 받은 시설인지, 보육 교사 한 사람당 돌보는 아이가 몇 명이나 되는지, 아이가 아플 때 바로바로 달려갈 수 있을 만큼 집 또는 직장과 가까운 거리에 있는지 등 여러 사항을 따져 봐야 합니다. 보육 시설을 정했다면 본격적으로 보내기 전 몇 주간 엄마가 함께 가서 몇 시간 정도 지내며 아이가 잘 적응하도록 도와줘야 합니다. 그렇지 않으면 아이가 스트레스를 받기 쉽습니다.

이 시기 형성된 엄마와의 애착은 일생에 걸쳐 영향을 미칩니다. 엄마와 애착 관계가 잘 형성된 아이는 인생의 출발이 무척 순조롭습니다. 그러나 이 시기에 주 양육자가 바뀌어 애착 발달이 잘 이루어지지 않은 아이는 부정적 정서가 많게 됩니다. 세상을 부정적으로나 불안한 것으로 인식해 자주 울고 보채는 까다로운 아이가 될 뿐만 아니라, 어른이 되어서도 소심하거나 공격적 성향을 가질 가능성이 많습니다. 그러니 아이가 보육 시설에 잘 적응하지 못한다면 어린이집에 보내는 시기를 늦추는 것도 고려해 볼 일입니다.

돌 전 아이 맡기기

생후 6개월 미만
이때에는 엄마가 자신을 대신할 양육자와 돈독한 정을 쌓는 것이 중요합니다. 대리 양육자가 엄마를 대신한다기보다는 아이가 애착을 가질 중요한 사람을 만들어 준다고 생각하는 게 좋습니다. 아이가 대리 양육자와 애착을 쌓는 것에 성공하면 큰 문제는 없을 것입니다.

생후 6~12개월
생후 6개월이 지나면 아이가 엄마나 아빠 등 자주 보는 가족과 애착을 갖게 됩니다. 그렇기에 이때에는 가능한 한 주 양육자를 바꾸지 않는 게 좋습니다. 예컨대 친정이나 시댁에 아이를 맡겨 놓고 주말에만 데려온다든지, 몇 주일 만에 데려오는 것은 피해야 합니다. 18개월 이하의 아이는 최소 하루 한 시간 이상 엄마와 깊은 친밀감을 쌓아야만 정서 발달에 이상이 없습니다. 그러니 어쩔 수 없이 아이를 대리 양육자에게 맡겨야 한다면 매일 일정 시간 아이와 함께 보내도록 노력해야 합니다.

성장 & 발달

우리 아이, 잘 크고 있는 걸까요?

　발달 장애라는 진단을 받은 아이 엄마가 항의하듯 제게 물은 적이 있습니다. 발달이 대체 뭐냐고 말입니다. 자신이 보기에 아이가 조금 늦되기는 해도 신장, 체중 다 정상인데 대체 뭐가 발달 장애냐고 말입니다. 장애라는 진단에 충격을 받은 탓에 그렇게 묻는 엄마를 보며 부모들에게 발달에 대해 알려야겠다는 생각을 했습니다.

아이가 자란다는 것은

　······················· 아이가 바르게 성장한다는 것은 태어난 후부터 자기가 속한 환경에 제대로 적응하고 있다는 것을 의미합니다. 이때 성장이라는 말은 신체적인 크기의 증가와 정신적인 성숙도를 함께 뜻하지요. 간혹 성장과 발달의 차이를 묻는 분들이 있는데, 실제로 넓은 의미에서는 다 같은 의미로 쓰이고 있기도 합니다. 그러나 엄밀히 말해 성장은 신체적인 크기의 증가를 의미하며, 발달이란 주로 기능적인 면이 성숙되는 것을 말합니다. 우리가 주목해야 할 사실은 성장이 정상이라고 해서 발달도 항상 정상인 것은 아니고, 성장에 문제가 있다고 해서 반드시 발달에 문제가 있는 것도 아니라는 점입니다.

돌 전 아이의 바른 성장 & 발달

학령기가 인지 발달이 빠른 속도로 이루어지는 때라면, 청소년기는 정서 발달이 활발한 때입니다. 이에 반해 영·유아기는 뇌의 신경망이 아주 빠른 속도로 형성되는 때이지요. 우리 삶에 필요한 기능을 할 수 있는 기본 뇌 신경망이 형성되는 때가 바로 이 시기인 것입니다.

따라서 영·유아기의 발달 장애라 함은, 뇌의 신경망 형성에 문제가 생긴 경우를 말합니다. 뇌의 신경망이 발달해 가는 이 시기의 뇌 손상은 여러 영역에 장애를 가져올 수 있습니다. 이때 발달 장애가 생기면 그 후유증이 평생 가기도 하고요. 하지만 아직 뇌 신경망이 완성되지 않았다는 것은 적절한 자극을 주어 치료하면 어느 정도 기능을 회복할 수 있다는 의미이기도 합니다. 그렇기 때문에 영·유아기의 발달 장애는 빨리 발견해서 치료를 시작하는 것이 중요합니다.

그런 면에서 보자면 무턱대고 늦되는 아이가 잘 된다며 세 돌까지는 기다려 보라는 말은 무책임하다고 볼 수 있습니다. 아이의 발달 영역은 언어, 인지, 운동, 사회성, 정서라는 다섯 가지 영역으로 크게 나뉘는데, 이중에서 언어, 정서, 사회성 영역을 관장하는 뇌 신경망의 발달은 세 돌 이전에 대부분 이루어집니다. 그러므로 이러한 영역의 발달 지연이 의심되면 돌밖에 안 된 아이라 할지라도 빨리 소아 정신과 전문의에게 데리고 가서 진단을 받고 필요한 치료 등을 하는 것이 현명한 육아입니다.

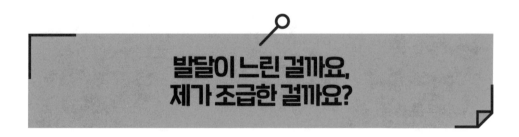

발달이 느린 걸까요, 제가 조급한 걸까요?

"우리 아이 발달이 느린 거 아닌가요?"

아이의 발달에 대해 이렇게 막연하게 질문을 하는 엄마들도 있습니다. 그러나 이 문제는 쉽게 단정할 사안이 아니지요. 사실 발달이 빠르다 혹은 느리다는 말은 아이의 발달을 설명하는 데에는 너무나 막연한 말입니다.

발달의 중요 변수를 파악해야

발달을 제대로 이해하려면 최소한 언어, 인지, 운동, 사회성, 정서 발달로 나누어서 생각해야 합니다. 이때 유의해야 할 점은 나이에 따라 발달을 설명할 수 있는 중요한 변수와 별로 중요하지 않은 변수가 있다는 사실입니다. 예를 들어 정신 발달을 설명하는 데 말을 많이 하는 것은 그리 중요한 변수가 아니지만, 말에 대한 이해력은 매우 중요한 변수입니다. 운동 발달의 경우 아이의 목 가누기와 혼자 걷기는 매우 중요한 변수이지만, 뒤집기와 기기는 전자에 비해 그리 결정적인 변수가 아닙니다.

발달을 도우려면 적절한 자극을!

아이는 뇌에 기초적인 신경망을 가지고 태어납니다. 영재는 일정 영역의 기초 신경망을 강하게 타고난 것이고, 운동 발달에 문제를 보이는 뇌성마비아는 운동 영역의 기초 신경망이 미숙하다고 이해하면 됩니다. 기초 신경망이 아이의 미래를 결정짓는 데 어느 정도 영향을 미치는지는 학자들마다 견해가 다릅니다. 다만 확실한 것은 신경은 사용하면 강해지고, 사용하지 않으면 퇴화한다는 사실입니다. 따라서 손도 자주 쓰면 잘 쓸 수 있게 되고, 머리도 쓰면 쓸수록 좋아진다는 말은 사실입니다. 특히 세 돌까지는 신경망의 구조와 기능이 많이 변할 수 있습니다.

운동 발달과 정서 발달은 같이 갑니다

운동 발달이 느리면 정서 발달도 느려짐

니다. 마찬가지로 정서 발달이 느리면 운동 발달도 느려지지요. 이렇듯 운동 발달과 정서 발달은 분리해서 생각할 수 없습니다. 그리고 신경망 형성이 활발한 만 3세 이전의 아이는 어느 한 영역의 발달에 문제가 생기면 다른 영역의 발달 문제로까지 확산될 수 있습니다.

실제로 불안이 많은 아이는 걷기가 느립니다. 새로운 자극을 두려워해서 운동을 싫어하고, 넘어질까 봐 불안해서 걸을 시도를 하지 않아 기능이 퇴화하는 것입니다. 그러니 아이의 운동 발달과 정서 발달을 돕기 위해서는 긍정적인 태도로 육아에 임하고 불안과 공포를 느끼지 않도록 도와주어야 합니다. 발달이 현저히 느리다면 그 원인이 뇌 발달의 문제일 수도 있습니다. 태어날 때부터 뇌 신경망에 이상이 있을 수도 있지요. 증상에 따라 발달이 저하된 원인을 잘 찾아 대처해야 합니다.

부모의 자세

성장 & 발달

버릇

자의식

성격

놀이 & 학습

2세

•13~24개월•

엄마와 다른 '나'라는 존재가 있다는 것을 알게 됩니다

이 시기의 아이들은 드디어 너와 나를 구분하게 됩니다. 그전까지는 엄마가 나이고 내가 엄마인 시기로 엄마의 의견과 기분에 많은 것이 좌우되었다면, 이제는 엄마의 말에 "아니야"라면서 엄마와 다른 내가 있다는 것을 표현하게 됩니다. 몸이 엄마로부터 분리되어 자유로워진 만큼 마음도 조금씩 분리되기 시작하는 것이지요.

이 시기 아이들의 가장 중요한 발달 과제는 자아 발달입니다. 자기에 대한 인식을 바탕으로 아이는 주변 사물을 탐색하고 그것이 내 의지대로 움직일 수 있는 것인지 아닌지를 늘 실험합니다. 그러므로 아이들이 무언가를 시도하려고 할 때 위험한 일이 아니라면 막지 않는 것이 좋습니다.

자아가 형성되는 시기, 반항이 시작됩니다

자아는 '자기 자신에 대한 의식이나 관념'을 의미하는 심리학적 용어입니다. 아이의 자아가 형성된다는 말은 아이가 남과 다른 내가 있다는 사실, 세상과 분리된 내가 있다는 사실을 알게 되는 것을 뜻하지요. 아이들이 '싫어', '아니야'를 이야기하는 그때가 바로 자아 형성 시기입니다. 부모의 말에 반대 의견을 이야기한다는 것자체가 부모와 다른 내가 존재함을 아이가 인식하고 있음을 의미하는 것이지요. 따라서 아이가 반대 의견을 내는 순간 더 이상 과거의 아이가 아님을 알아야 합니다.

아이들이 자아 형성 과정에 있을 때는 고집이 세지고 부모 말에 반항하는 등 강한 모습을 보이는 것이 특징입니다. 만약 아이가 냉장고에 붙어 있는 자석을 보려고 손을 뻗을 때 부모가 안 된다고 하면, 이 시기의 아이들은 부모가 보여 줄 때까지 고집을 부립니다. '아니, 내가 보겠다는데 왜 엄마가 막느냐'라는 식으로 말이지요. 결국 보여 주어야 아이가 잠잠해집니다.

아이들의 발달 단계를 보면, 어떤 것이든 처음 발달할 때는 이처럼 강한 반응을 보입니다. 이는 수영을 배울 때를 생각해 보면 이해하기가 쉽습니다. 수영을 처음 배울 때는 아무리 힘을 빼려고 해도 힘이 빠지지 않고 오히려 동작이 더 딱딱해집니다. 그러다 익숙해지면 유연하게 수영을 하게 되지요. 마찬가지로 아이가 처음 자의식을 나타낼 때는 아이가 변한 게 아닌가 싶을 정도로 고집스러운 행동을 합니다. 그러다가 주변의 반응과 고집을 부리고 난 후 자신의 느낌을 종합하여, 조금씩 부드럽게 자신을 표현하는 방법을 알아 갑니다. 그러므로 이 시기의 아이가 강하게 자기 표현을 할 때 혹시 예의 없는 아이가 되지는 않을까 걱정하지 않아도 됩니다.

해도 되는 일과 하면 안 되는 일을 명확히

자아 발달을 과제로 삼은 아이들은 자유로워진 몸을 바탕으로 이곳저곳 탐색에 나섭니다. 무엇이든 해 봐야 알기 때문에 부모가 아무리 말려도 무조건 만져 보고, 먹어 보고, 뛰어내리는 등 온갖 행동을 다 합니다. 말 그대로 사고뭉치가 되는 것이지요. 이때 부모는 아이의 의견과 생각을 최대한 인정해 주고, 무엇을 하겠다는 의지를 보일 때 하게 해 주는 것이 좋습니다.

만약 이런 의지를 고집이라 생각하고 꺾으려 하면 의존적이거나, 반대로 반항적인 아이가 되기 쉽습니다. 자신만의 의견이나 생각이 받아들여졌을 때 아이는 '나도 할 수 있구나', '나는 괜찮은 아이구나' 하는 생각을 하게 됩니다. 이것은 아이가 앞으로 인생을 살아갈 때 큰 힘이 됩니다.

하지만 아이가 하는 대로 그냥 둬서는 안 되는 때도 있습니다. 바로 안전에 관련한 경우이지요. 다른 아이를 때린다거나, 물건을 집어 던진다거나, 뜨거운 물에 손을 넣는 등 절대로 해서는 안 되는 일에 대해서는 따끔하게 혼을 내야 합니다. 이때부터 슬슬 떼가 시작되는데, 막무가내로 떼를 쓴다고 하여 아이의 요구를 들어주면 점점 아이에게 휘둘리게 됩니다. 한번 안 된다고 한 일은 어떤 상황에서도 안 되는 것이라는 원칙을 세우고 지키는 게 중요합니다. 아이에게 최대한 자율성을 주되, 안 되는 일에 대해서는 단호하게 저지하도록 하세요.

좌절감에 부정적 감정을 보일 때는 무조건 달래야

세상 탐색을 나선 아이들은 항상 새로운 시도를 합니다. 하지만 이런 시도들이 매번 아이 뜻에 맞는 결과를 낳는 것은 아닙니다. 자기 뜻대로 되지 않아 좌절감을 맛보는 경우도 많지요. 예를 들어 아이는 장난감 퍼즐을 맞추려고 몇 번 시도해 보다가 뜻대로 되지 않으면 울음을 터트립니다. 그리고 도움을 요청하는 눈길로 엄마를 보며 넘어갈 듯 울어 댑니다. 이때 엄마는 즉시 아이를 달래 아이가 부정적인 감정에서 빨리 빠져나오도록 도와주어야 합니다. 아직은 자기 힘으로 부정적인 감정을 극복할 수 없기 때문입니다.

이때 달래 주지 않으면 아이는 땅에 머리를 받으며 자해를 하거나 물건을 던지거나, 다른 사람을 때리는 등 문제 행동을 보일 수 있습니다. 자신이 느끼는 분노를 어떻게든 표현하기 위해서이지요. 어떤 부모들은 아이가 제멋대로 하다가 안 되니까 그런다면서 도와주면 버릇이 된다고 내버려 두기도 하는데, 이는 절대 옳은 방법이 아닙니다.

아이가 좌절감에 휩싸여 부정적 감정을 표현한다면, 거기에서 빨리 벗어날 수 있도록 도와주세요. 아직은 이성적인 판단을 할 수 없는 나이이므로 대화로 해결할 수 없는 일입니다. 그러니 아이가 좋아하는 간식을 준다거나 다른 장난감으로 관심을 돌리게 해서 기분이 좋아지도록 해야 합니다. 그렇게 해서 아이의 기분이 좋아지면 다시 퍼즐을 맞추도록 해 보세요. 실패를 거듭할 수도 있지만 실패를 거울삼아 마침내 잘 맞추게 될 것입니다. 그러면 '해도 안 된다'는 실망감이 '나도 잘할 수 있다'는 자신감으로 바뀌지요.

또한 이런 과정을 통해 아이들은 감정을 조절하는 법을 배웁니다. 기분이 안 좋을 때 자신이 좋아하는 인형을 껴안거나 아기 때부터 덮어 온 이불에 얼굴을 비비는 등 스스로 극복하는 방법을 찾게 되는 것이지요.

만일 아이가 좌절감에 짜증을 낼 때마다 같이 소리 지르고 화를 내면 아이는 계속해서 짜증으로 부정적 감정을 해결하려 합니다. 이 시기 육아의 핵심은 아이가 아무리 터무니없는 행동을 하더라도 인내심을 가지고 도와주는 것입니다.

세상에 대한 두려움으로 겁이 많은 아이들

엄마를 떠나 세상으로 한 발짝 나선 아이들은 참 겁이 많습니다. 엄마와 떨어지기는 해야겠는데 세상이 어떤 곳인지 잘 몰라 두려운 것이지요. 겁이 많기 때문에 어떤 행동을 하려고 할 때 어른들이 옆에서 '에비'라는 말만 해도 아이는 깜짝 놀라 행동을 멈추곤 합니다. 아이 입장에서는 대변을 보는 일도 참 무섭습니다. 몸속에서 뭔가가 빠져나와 바닥에 철퍼덕 하고 떨어지는 것이 무서워 우는 아이도 많지요.

이 시기에는 신체적인 상이 형성되기 때문에 자기 몸에 생긴 상처 역시 아이에겐 무서움의 대상입니다. 아이가 다쳤을 때 반창고를 붙여 주면, 그것을 본 아이는 모기에 물려 발갛게 올라온 부분이나 살짝 긁힌 상처에도 반창고를 붙여 달라고 합니다. 반창고를 붙이면 자기 몸이 원래대로 돌아온다고 생각하는 것이지요. 이렇게 아이의 요구를 들어주다 보면 반창고를 매일 쓰게 되지요. 저도 경모와 정모가 어릴 때 반창고를 쌓아 놓고 썼던 기억이 있습니다. 몸에 작은 상처만 생겨도 반창고를 들고 와 붙여 달라 하고, 엄마나 아빠 얼굴에 뾰루지가 나도 반창고를 붙이라며 가져오곤 했지요. 이는 자신의 몸에 생긴 변화에 대한 무서움을 해결하기 위한 행동이므로 막지 않는 것이 좋습니다.

세 돌까지는 아이들이 무서움을 많이 느끼고 겁이 많은 것을 정상적으로 보지만, 그 후에도 계속된다면 불안 장애를 의심해 볼 수 있습니다. 불안 장애를 보이는 아이들은 엄하고 무서운 부모 밑에서 자란 경우가 많습니다. 부모의 지나친 통제가 불안 장애를 불러올 수 있으므로 주의해야 합니다.

공포 유발로 아이를 통제하는 것은 금물

쉼 없이 나부대는 아이를 통제하기 위해 이 시기 부모들이 가장 많이 쓰는 방법이 공포를 유발하는 것이 아닐까 합니다. "망태 할아버지가 잡아간다"거나 "도깨비가 온다" 등 아이들이 무서워할 만한 대상을 언급하면서 아이의 행동을 통제하는 것이지요. 이 시기 아이들은 겁이 많기 때문에 공포를 유발하면 통제하기는 쉽습니다. 하지만 너무 자주 공포를 유발하면 심약한 아이를 만들 수 있으므로 주의해야 합니다.

또한 "그렇게 하면 엄마 안 해", "엄마 화나서 나가 버릴 거야"와 같이 엄마의 사랑을 조건으로 아이를 통제하는 것 역시 좋지 않습니다. 돌 전후부터 18개월까지는 특히 엄마와 떨어지지 않으려는 성향이 강합니다. 이때 아이들의 최대 고민은 '과연 엄마를 떠나서 내가 살아갈 수 있을까' 하는 것입니다.

그런데 걸핏하면 '엄마가 없어질 수도 있다'는 말을 다른 사람도 아닌 엄마에게서 들으면 아이는 불안해질 수밖에 없지요. 이런 말을 들으면 아이는 엄마가 자신을 떠나지 않는다는 믿음이 약해져 세상을 탐색하는 데에 나서지 못하고, 더 엄마한테서 떨어지지 않으려 하고, 심지어 괜찮다고 허락한 일조차 안 하게 됩니다. 잘못된 행동 하나를 고치려고 했다가 오히려 아이에게 큰 상처를 줄 수 있지요.

배변 훈련, 자기 조절의 시작

아이가 생후 18개월이 넘어서면 서서히 배변 훈련을 시작하게 됩니다. 보통 배변 조절은 18개월 무렵에 시작되어 36개월 전후에 완성됩니다. 따라서 18개월이 넘었는데 아직 대소변을 가리지 못한다고 하여 고민할 필요는 없습니다. 그보다는 배변 훈련의 의미를 알고 여유 있는 마음으로 대처하는 것이 중요합니다.

아이에게 대소변을 가린다는 것은 자기를 조절할 수 있느냐 없느냐의 문제입니다. 자기 스스로 만들어 낸 몸속의 노폐물을 자기 의지대로 배출하는 것이니까요. 그래서 자기 뜻대로 대소변을 보면 아이들은 무척 기뻐합니다. 반대로 실수를 했을 때는 좌절감을 느끼지요. 이때 배변 훈련을 지나치게 엄격하게 시키면 예민한 아이는 변비가 생기기도 하고 심리적으로 위축되어 자신감을 잃을 수도 있습니다.

대부분의 아이들은 특별한 신체적 문제가 없는 이상 36개월이 되면 대소변을 가리게 됩니다. 단순히 기저귀를 빨리 떼게 하려고 아이를 다그치는 것은 좋지 않습니다. 옛날에 할머니들이 여름이 되면 아이를 홀렁 벗겨 놓고 키우면서 배변 훈련을 시켰던 것처럼 '때가 되면 하겠지' 하는 여유 있는 마음으로 기다려 주는 것이 바람직합니다.

아직은 친구가 소용없는 시기

돌이 넘으면 아이의 사회성 발달을 위해 친구와 놀게 해야 한다고 생각하는 부모가 많습니다. 하지만 아직 아닙니다. 이 시기 아이들의 사회성은 또래보다는 어른들과의 관계를 통해 형성되기 때문입니다. 한창 자기 자신에 대해 알아 가고 있는 아이에게 나 이외의 다른 아이는 관심 밖의 대상입니다. 자기 기분이 어떤지도 모르고, 자기가 어떻게 해야 친구가 좋아하고 싫어하는지 전혀 모르는 상황에서는 친구를 사귈 수 없습니다.

이 시기에는 또래 아이와 같이 놀게 해도 잠깐 쳐다만 볼 뿐 아직 적극적으로 어울려 놀기는 힘듭니다. 오히려 '내 놀이를 방해하는 아이'로 생각해 싸울 수 있으므로 무리하게 붙여 놓지 않는 게 좋습니다. 자기에 대한 탐색이 어느 정도 이루어져야 다른 친구에게 관심을 갖게 되니 말입니다. 그 시기는 대략 36개월 이후로 보고 있습니다. 그래서 36개월이 넘었을 때 어린이집이나 유치원에 보내면 또래 아이들과 잘 지낼 수 있게 됩니다.

이때 동생이 태어나는 것도 아이에게 좋지 않습니다. 부모의 관심을 충분히 받으며 자아 탐색을 해 가야 하는 시기에 부모의 관심이 동생에게 분산되면 아이는 불안을 느낍니다. 그래서 동생을 시샘하고, 퇴행 행동을 보이기도 하지요. 가능하다면 터울을 조절해 아이의 자아가 형성되기 시작하는 시기를 피해 동생을 낳는 것이 좋습니다. 만일 이미 동생이 있다면 최대한 큰아이에게 관심을 기울여 주세요. 동생에게 엄마 사랑을 빼앗긴 좌절감은 아이에게 돌이키기 힘든 상처를 줄 수도 있으니까요.

부모의 자세

아이와 함께하는 시간이 적어 미안하고 걱정돼요

세상이 많이 변했다고 하지만 맞벌이 엄마가 아이를 키우는 일이 힘들기는 예나 지금이나 매한가지입니다. 임신과 동시에 잘 다니던 회사에서 눈칫밥을 먹게 되고, 육아를 위해 스스로 일을 그만두기도 하지요. 그만큼 육아와 직장 생활을 병행하기란 힘이 듭니다. 일단 일을 계속하기로 결정했다면 바쁘고 고단해질 각오를 해야 합니다. 친정어머니나 시어머니에게 아이를 맡기거나 육아 도우미를 둘 수 있다면 그나마 다행입니다. 하지만 그마저도 여의치 않으면 육아, 살림, 직장 생활까지 모두 떠안고 아침부터 저녁까지 눈코 뜰 새가 없게 됩니다. 그렇게 최선을 다하고 있으면서도 엄마들의 마음 한구석엔 아이에 대한 미안함이 자리하고 있습니다. 울며 매달리는 아이를 떼어 놓고 나와야 하니 가슴이 찢어지고, 아이가 아파도 달려가지 못해 회사 화장실에서 몰래 눈물짓기도 합니다.

규칙적인 놀이로 아이와 의미 있는 시간 보내기

많은 시간을 함께 보낸다고 해서 아이와 좋은 관계가 이뤄지는 것은 아닙니다. 하루 종일 함께 지내더라도 엄마가 감정 조절을 못하거나, 아이의 요구를 제때 충족시켜 주지 못하면 아이의 정서 발달에 문제가 생길 수 있습니다. 중요한 것은 아이와 함께 보내는 시간의 양이 아니라 질이지요. 아이와 바람직한 관계를 만들기 위해서는 함께하는 시간이 짧더라도 친밀도가 높은 시간을 보내는 것이 중요합니다.

그러니 미안한 마음을 접고 일정한 시간을 정해 아이와 신나게 놀아 주세요. 항상 일과 가사 노동에 쫓기는 상황에서 놀이 시간을 딱 정해 놓지 않으면 아이와의 놀이에 집중하기 어렵습니다. 매일 규칙적으로 재미있게 놀아 주면 아이도 엄마와 떨어져 있는 동안 다시 만날 시간을 기대하며 안정된 마음으로 하루하루를 보낼 수 있습니다. 매일이 힘들면 격일로라도 놀이 시간을 갖도록 하세요. 놀이 시간에는 엄마도 정말 재미있게 놀아야 합니다. 엄마가 억지로 놀아 주거나 무성의하게 반응하면 아이는 귀신같이 알아챕니다. 그런 엄마의 태도에 아이는 상처를 받게 되지요. 아이와의 놀이 시간을 직장에서 받은 스트레스를 날려 버리는 시간으로 삼아 보세요. 까르르 넘어가는 아이 웃음소리에 스트레스가 해소되고 삶의 활력도 얻게 될 것입니다.

아플 때만큼은 무슨 일이 있어도 아이 옆에

.... 아이가 아플 때만큼 엄마의 애간장이 녹는 때가 있을까요. 아픈 아이를 옆에서 돌봐 주고 싶은 마음은 가득하지만 어쩔 수 없이 회사에 가야 할 때 엄마는 정말 고통스럽습니다. 그 사정을 모르는 바는 아니지만, 아이가 아플 때는 아이 옆에 반드시 있어 주어야 합니다. 아무리 아이와 한 달 동안 재미있게 놀면서 좋은 관계를 만들었다 하더라도, 아픈 아이를 남의 손에 맡기면 그동안의 노력이 헛수고로 돌아가기 쉽습니다.

저는 아이가 몸이 아플 때뿐 아니라 정신적으로 힘들어할 때에도 아이 옆에 있어 주었습니다. 예민한 것에서는 둘째라면 서러울 정도였던 경모가 특히 짜증을 부리는 때가 있었습니다. 그럴 때면 저는 일주일쯤 휴가를 내고 경모와 함께 있곤 했습니다. 함께 있다고 해서 특별히 잘해 주는 것은 아니었지만 경모는 엄마가 곁에 있다는 사실만으로도 안정을 찾았습니다.

출근하는 엄마를 평소보다 더 끈질기게 붙잡고 늘어지거나 떼를 더 많이 쓸 때는 아이가 정신적으로 힘들다는 증거입니다. 이때는 직장 일을 잘 조율하여 휴가를 내고 아이와 함께하는 것이 좋습니다. 아이가 엄마를 필요로 하는 절대적인 시간의 양이 있습니다. 아무리 친밀도 높은 시간을 보낸다 하더라도 그 시간이 이에 미치지 못하면 아이는 힘들어하며 엄마를 찾게 되는 것이지요. 아이와 시간을 많이 보내지 못한다는 죄책감에 너무 괴롭다면 재택근무나 휴직도 생각해 봄 직합니다. 엄마 역할에 충실한 다음 일에 복귀하는 게 양쪽 다 효율적일 수 있습니다. 직장에서의 역할과 엄마 역할 둘 다 놓치고 싶지 않다면 회사 일과 집안일을 엄격히 분리해야 합니다. 죄책감에만 빠져 있으면 회사나 아이 모두에게 미안한 사람이 될 뿐, 결국 아이에게도 상처를 주고 회사 일에도 충실할 수 없습니다.

힘듦을 알리고 당당하게 도움 받기

부부가 맞벌이를 하기로 했다면, 남편도 가사의 일정 부분을 담당해야 하고 아내도 이를 당당히 요구해야 합니다. 또 매일 청소를 해야 한다거나 아이에게 매일 좋은 음식을 해 줘야 한다는 식의 생각은 버리고, 청소는 주말에 가족이 모여 함께 하고 이유식은 미리 만들어 냉동해 놓는 등 지혜를 발휘해 보세요. 조금 덜 깨끗하고 조금 덜 정성이 들어간다 해도, 지쳐서 아이에게 사랑을 제대로 주지 못하는 것보다는 낫습니다.

만약 부부 중 한 사람이 너무 바빠 가사와 육아를 담당할 수 없다면 다른 사람의 도움을 구하는 것이 좋습니다. 시댁이나 친정의 도움을 받을 수 있다면 좋겠지만 이도 여의치 않다면 가사 도우미를 쓰는 것을 생각해 보세요. 혹은 집안일을 하는 한두 시간만이라도 아이를 돌봐 줄 사람을 구하는 것도 방법입니다. 엄마가 모든 일을 완벽하게 하려는 슈퍼우먼이 되려다 골병이 들면 가장 먼저 아이가 불행해집니다. 가능한 범위 내에서 방법을 찾아보도록 하세요.

좋은 엄마 콤플렉스 극복을 위한 7단계

아이에게 미안한 마음이 드는 것은 좋은 엄마가 되겠다는 생각이 강하기 때문일 수 있습니다. 하지만 이런 '좋은 엄마 콤플렉스'는 엄마 자신에게도, 아이에게도 좋지 않습니다. 좋은 엄마 콤플렉스에서 벗어나는 7단계를 정리해 보았습니다.

1단계 : 열등감 벗어던지기

부모 자신이 가진 열등감 때문에 더 아이에게 집착하고, 더 잘해 주지 못해 미안한 마음을 갖는 경우가 많습니다. 예쁘지 않은 나, 배가 많이 나온 나, 살림 못하는 나, 말 못하는 나 등 그동안 부정해 왔던 나의 모습을 있는 그대로 인정하는 것이 중요합니다.

2단계 : 스스로를 사랑하기

스스로를 사랑하지 않는 엄마 밑에서 자란 아이들은 자신을 사랑하는 법을 배우지 못합니다. 아이를 사랑하기에 앞서 내가 누구이고, 어떤 장단점이 있고, 호불호는 무엇이며, 하고 싶은 것은 무엇인지 끊임없이 자문해 보세요. 이에 답을 얻는 순간 자신에 대한 사랑이 샘솟을 것입니다.

3단계 : 체력 기르기

몸이 힘들면 육아가 힘들어지는 법. 체력을 기르세요. 아이가 엄마를 힘들게 해도 지치지 않는 힘, 어떠한 역경이라도 이겨 낼 수 있는 힘은 체력에서 나옵니다.

4단계 : 아이에게 권리 주기

아이의 일을 엄마가 모두 봐 주어야 한다는 생각은 버리는 게 좋습니다. 그래야 엄마가 편해집니다. 아이도 나름의 생각이 있게 마련입니다. 아이 스스로 생각하고 행동할 수 있도록 권리를 주는 습관을 들이세요.

5단계 : 선생님 노릇 하지 않기

엄마가 아이에게 하나부터 열까지 다 가르쳐 줘야 한다고 생각하지 마세요. 엄마는 훈계하고 지식을 주는 선생님이 아니라, 아이를 감싸 주는 따뜻한 사람이 되어야 합니다.

6단계 : 아빠의 자리 만들기

아빠가 육아에 관심 없다고 불평하기 전에 아빠의 자리를 만들어 주세요. 엄마가 아무리 아이를 잘 키운다고 해도 아빠만이 할 수 있는 고유한 영역이 있습니다.

7단계 : 그 무엇도 두려워하지 않기

아이의 미래, 나의 미래에 대해 두려움을 갖기보다는 기대를 가지세요. 애도 낳았고, 밤잠을 설쳐 가며 그 애를 키우고, 살림도 꾸려 가고 있는 씩씩한 아줌마가 두려울 것이 무엇이겠습니까.

아이에게 자꾸만 화를 내게 돼요

육아는 참으로 힘든 일인 데다가 휴식도 없고, 언제 끝날지 모를 막막한 일이지요. 보람도 크지만 스트레스 또한 만만치 않습니다. 마음으로 '도'라도 닦아야 할 일이 하루에도 수십 번씩 눈앞에서 펼쳐집니다. 그러다 보니 자기도 모르게 아이에게 화를 내게 됩니다. 한 엄마가 토로하기를, 화가 나서 아이의 뺨을 때린 적이 있는데 그 후로는 화만 나면 아이의 뺨을 때리게 된다며 자신이 미워 죽겠다고 하더군요. 그 엄마는 그런 자신에게 화가 나고, 그 일로 충격을 받았을 아이에게도 죄책감이 든다고 했습니다. 그런데도 다시 아이가 자신을 화나게 하면 또 뺨을 때릴 것 같아 두려워했지요.

화가 난 부모를 붙잡아 줄 아홉 가지 원칙

.... 육아가 힘들고 스트레스를 많이 받는 일이기에, 그리고 세상에서 가장 중요한 일이기에 육아에 임하는 사람들은 자신을 다스릴 줄 알아야 합니다. 나름의 개성을 가진 아이를 어른의 잣대에 맞춰 키우려 하고 뜻대로 되지 않는다고 화를 내면, 좋은 부모가 될 수 없고 아이와 좋은 애착 관계도 형성할 수 없습니다. 그러니 제발 자신 안의 화를 다스리고 아이를 대하길 바랍니다. 다음은 화를 다스리는 방법입니다.

① 화가 날 때 일어나는 자신의 변화 파악하기

화가 날 때 자신의 감정과 몸 상태가 어떻게 변화하는지 자각해야 스스로를 제어할 수 있습니다.

② 숨 고르기

숫자를 세면서 숨을 깊이 들이마시고 내쉬는 것만으로도 마음이 가라앉고 생각이
정리됩니다.

③ 아이에게 화가 난 감정을 말해 주기

단, 소리를 지르기보다는 "엄마는 네 행동 때문에 정말 화가 났어"라고 차분하게 설
명합니다.

④ 상상과 추측은 금물

아이를 막연히 골칫덩어리로 과장해 생각하지 말고, 나쁜 행동을 보이거나 말을 안
듣고 떼를 쓰는 원인이 무엇인지 객관적으로 생각해 보세요.

⑤ 감정적으로 받아들이지 않기

아무리 험악한 기세로 대들어도 엄마는 아이가 절대로 일부러 그런 것이 아님을 믿
어야 합니다. 다 큰 어른도 화가 나면 길길이 날뛰는데, 아직 감정 조절 능력이 성숙
하지 못한 아이이지 않습니까.

⑥ 일단 멈춘 뒤 거리를 두고 지켜보기

분노가 폭발할 것 같으면 집 밖으로 나가는 등 일단 문제 상황으로부터 벗어나는 것
도 방법입니다.

⑦ 그래도 화가 가라앉지 않는다면 스스로에게 말 걸기

'지금 아이는 뭘 바라는 걸까?', '지금 이 상황에서 내가 할 수 있는 일은 뭘까?' 하
고 자문해 감정을 다스려 봅니다.

⑧ 자신의 방식과 생각을 지나치게 강요하는 것은 아닌지 돌아보기

어른들도 지키기 힘든 높은 기준을 세우고 아이에게 요구한다면 아이는 더 말을 듣지 않을 수 있습니다.

⑨ 현실적이고, 유연성 있고, 인간미 있게 육아 원칙 수정하기

부모 말을 전부 따르는 아이는 없고, 아이의 요구를 전부 들어주는 부모도 없습니다.

화가 났을 때 아이에게 절대 해서는 안 되는 말

1. "그렇게 울면 무서운 아저씨가 잡아간다."

실제로 이런 일이 일어나지 않기 때문에 거짓말을 가르치는 꼴이 됩니다.

2. "네가 그러면 그렇지. 그럴 줄 알았어."

부모마저 아이에게 빈정거리면 아이는 자신감을 잃게 됩니다.

3. "바보같이 왜 그러니?"

부모에게 '바보' 소리를 들은 아이는 스스로를 바보라 생각하게 됩니다.

4. "내가 너 때문에 못 살아."

자신이 엄마를 괴롭히는 나쁜 존재라 생각하게 됩니다.

아이 앞에서 부부 싸움을 했어요

싸우지 않고 사는 부부는 없습니다. 부모들도 자라면서 자기 부모의 싸움을 한두 번은 목격했을 테고, 그것이 상처로 남아 있는 경우도 있을 것입니다. 그러나 부모가 된 지금은 부부 싸움이 아이에게 상처로 남는다는 것을 종종 잊곤 합니다. '부부 싸움은 칼로 물 베기'라고 부부는 화해를 하게 되어도, 싸우는 부모를 본 아이의 충격은 '칼로 물 베기'가 되지 않습니다.

부모의 싸움은 세상에서 제일 무서운 공포 영화

부모가 싸우는 것을 본 아이들의 충격은 부모가 생각하는 것 이상입니다. 엄마, 아빠가 싸우는 모습을 본 아이는 뭔가 큰일이 난 것 같아서 안절부절못하게 됩니다. 자신이 잘못을 해서 부모가 싸우는 것일지도 모른다는 생각을 하기도 하지요. 또한 아이는 엄마, 아빠가 싸워서 자신을 떠나는 건 아닐까 하며 매우 두려워합니다.

게다가 아이는 부모의 높고 신경질적이며 적대감이 담긴 목소리를 들으면 불안과 공포를 느낍니다. 이때 신체적으로도 변화가 일어나는데, 심장 박동이 빨라지고 호흡이 가빠지며 땀을 흘리고 근육이 긴장됩니다. 이런 반응은 공포 영화를 봤을 때 일어나는 우리 몸의 변화와 비슷합니다. 아이에게는 부모의 싸움이 이 세상 그 어떤 공포 영화보다 더 무서운 것이지요.

부모의 싸움을 본 아이들은 평소에 부모의 목소리가 조금만 커져도 깜짝깜짝 놀라곤 합니다. 싸울 때 들었던 큰 목소리와 평상시의 큰 목소리가 구분이 안 되기 때문이지요. 부모가 자주 싸우는 모습을 보이면 아이는 결국 소심하고 눈치 보는 아이가 됩니다.

아이도 싸움으로 문제를 해결하려 합니다

아이에게 부부 싸움을 보여 주면 안 되는 또 다른 이유는 아이 역시 자라면서 문제가 생기면 싸움으로 해결하려 할 수 있기 때문입니다. 아이는 부모가 한 행동을 배우고 모방합니다. 배운 게 싸움이니 자신도 문제를 싸움으로 해결하려 드는 것이지요. 부모의 싸움을 자주 보고 자란 아이들은 어른이 되면 친구 관계, 형제 관계, 심지어 부부 관계에서도 싸움으로 문

tip

부부 싸움이 필요할 때는 이렇게

아무리 부부 싸움이 아이에게 좋지 않다고 해도 부부가 한 번도 싸우지 않고 산다는 것은 불가능한 일입니다. 또 건강한 부부 관계를 위해서라도 상대방에 대한 불만을 가슴속에 담아 두고 있기보다는 때로는 부부 싸움을 통해 표출하는 것도 필요합니다. 부부 싸움을 할 수밖에 없는 상황이라면 이렇게 해 보세요.

1. 싸움 장소는 아이가 보지 않는 곳으로
아이에게 일부러 공포 영화를 보여 줄 필요는 없습니다. 아이가 잠들었을 때나 아이가 보지 않는 곳에서 싸우도록 하세요. 아이 앞에서는 절대 싸우는 모습을 보이지 말아야 합니다.

2. 싸운 후 바로 아이와 마주하지 않기
싸운 다음에는 감정의 앙금이 남아 있게 마련입니다. 그 상태에서 아이를 마주하면 아이에게 화풀이를 하게 되지요. 적어도 30분 후에 아이와 눈을 마주치도록 하세요.

3. 아이가 부부 싸움을 목격했을 때는 즉시 달래기
주의했는데도 불구하고 아이가 부부 싸움을 보았을 때는 그 즉시 싸움을 중지하고 아이를 달래야 합니다. 아이를 꼭 안고 "엄마랑 아빠가 싸운 게 아니라 조금 큰 소리로 이야기한 것뿐이야"라고 말해 주는 것이 좋습니다.

제를 해결하려 합니다. 그런 사람을 누가 반기겠습니까. 결국 인생 자체가 불행해질 수밖에 없습니다. 그러므로 절대 아이 앞에서는 부부 싸움을 하지 말아야 합니다. 부부 사이의 갈등은 둘만 있는 자리에서 푸는 것이 정답입니다.

욱하는 마음에 아이를 때리고 말았어요

부모들은 종종 사랑의 매를 듭니다. 그러나 사랑의 매라는 것은 당장은 효과가 있을지 몰라도 적잖은 부작용을 남깁니다. 아이가 '사랑'은 느끼지 못하고 자신을 아프게 한 '매'를 폭력으로 받아들일 수 있기 때문이지요. 매는 들지 않는 것이 원칙입니다. 그래도 어쩔 수 없이 매를 들어야 한다면 반드시 원칙과 절차를 밟아야 합니다.

지혜로운 꾸짖음과 기다릴 줄 아는 여유

명심해야 할 점은 야단치는 일은 화를 표현하는 게 아니라 교육이라는 사실입니다. 아이 스스로 잘못을 반성하게 하기 위해서는 지혜로운 꾸짖음과 기다릴 줄 아는 여유가 필요하지요. 아이를 야단칠 때도 반드시 지켜야 할 원칙이 있습니다. 가능하면 매가 아닌 방법으로 야단치되, 꼭 매를 들어야 한다면 일관성이 있어야 합니다. 엄마 기분이 나쁠 때만 매를 들거나, 집에 손님이 많다고 특별히 봐 주는 등 일관성 없이 체벌하면 아이는 혼란을 느낍니다. 또 같은 잘못인데도 어제는 안 때렸는데 오늘은 때린다면 아이는 억울하다는 생각을 하게 되지요.

감정을 절제하고 원칙대로 체벌하기

부모의 일방적인 기준에 의해 체벌하기보다는 아이와 함께 기준을 정하고, 그 기준에 어긋났을 때 체벌하는 것이 바람직합니다. 매를 들 때에는 부모의 감정을 절대로 싣지 마세요. 그러면 폭력이 됩니다. 참지 못할 정도로 화가 난다면 자신의 기분부터 추스른 후에 체벌하는 것이 좋습니다. 매는 잘못한 만큼만 때리고, 회초리 같은 도구로 손바닥이나 종아리 등 일정한 부위만 때려야 합니다. 아무것이나 손에 잡히는 대로 잡고 아무 데나 때리는 것은 아이들에게 감정적인 사람으로 보이기 쉽습니다. 그러면 체벌의 의미도 사라지지요.

체벌의 이유를 아이에게 분명히 설명해 주고, 잘못을 저지른 그 즉시 벌을 주는 것도 중요합니다. 시간을 오래 끌지 말고, 짧은 시간에 확실하게 때리는 것이 효과적입니다. 체벌의 시간이 길수록 아이의 좌절감도 커지니까요. 또한 때린 후에는 반성할 시간을 주면서 반드시 위로해 주어야 합니다. 매를 들었다고 해도 엄마 아빠의 사랑은 변함없다는 것을 알게 하기 위해서지요. 너무 자주 매를 들면 아이는 매를 겁내지 않게 됩니다. 심하게 매질을 할 경우 부모 앞에서는 말을 잘 듣다가도 밖에 나가면 자기보다 약한 사람을 때리거나 못살게 굴 수 있습니다. 사실 매는 들지 않는 것이 좋습니다. '매'보다는 '말'로 아이를 다스리는 부모가 되는 것이 바람직합니다.

매를 절대 들지 말아야 하는 경우

대소변을 가리지 못하거나 호기심과 모험심을 가지고 행동을 한 경우, 성기를 만지작거리는 경우에는 절대로 매를 들어 죄책감을 갖게 해서는 안 됩니다. 예컨대 아이가 부주의로 컵을 깼다면 이는 아이의 호기심이라는 본능 때문에 벌어진 일입니다. 이를 혼내면 아이의 호기심을 저하시킬 수 있으니 주의해야 합니다. 무조건 "싫어"를 반복한다거나 무언가를 사 달라고 떼를 쓰는 것도 못된 버릇이 아니라, 정상적인 발달 과정에서 나타나는 행동이므로 매를 들지 않는 게 좋습니다.

성장 & 발달

애착 형성을 잘해야 한다는데 방법을 모르겠어요

육아 정보를 다루는 매체에서는 하나같이 '애착 형성'의 중요성을 강조합니다. 동시에 애착 형성이 잘 이루어지지 않았을 때 나타나는 문제점에 대해서도 이야기하지요. 그런데 이런 정보를 접하는 부모는 답답하기만 합니다. 어떻게 해야 애착이 잘 형성되는지 모르기 때문이지요. 아이에게 무조건 잘해 주기만 하면 되는 걸까요?

세 돌까지는 일대일로 안정적 보육을 해야

어느 날 돌이 갓 지난 아이를 데리고 한 엄마가 병원을 찾아왔습니다. 그 엄마는 아이가 자신을 멀리하는 것 같다며 고민을 털어놓았습니다.

"우리 아이는 저만 보면 화를 내요. 일을 끝내고 집에 가면 할머니 품에 안겨서 제게 화를 내며 물건을 집어 던지고 원망의 눈빛을 보내곤 해요. 생후 3개월 때부터 어린이집에 보내서 그러는 건지, 엄마 얼굴 보기가 힘들다고 투정을 부리는 건지 그 이유를 모르겠어요. 바쁜 시간을 쪼개 아이와 놀아 주려고 할 때 이런 과민 반응을 보이면 어떻게 해야 할지 모르겠어요."

그 엄마는 맞벌이로 정말 바쁜 하루하루를 살고 있었습니다. 하긴 이 땅의 부모 중 바쁘지 않은 사람이 누가 있을까요. 맞벌이 때문에 젖도 떼지 않은 아이를 어린이집이나 육아 도우미에게 맡길 수밖에 없는 가정은 또 얼마나 많은지요. 그러나 눈코 뜰 새 없이 바쁜 환경 속에서도 절대 놓치지 말아야 할 것이 아이와의 애착 형성입니다. 아이가 세상에 태어나 처음으로 만나는 사람이 부모입니다. 부모가 먹이고 재우고 씻기고 놀아 주며 안정적인 보육 환경을 제공해야 아이는 생존에 대한 불안감을 떨치고 안정된 정서를 갖게 됩니다.

만약 부모가 이런 환경을 제공할 수 없는 상황이라면 부모를 대신할 사람과 애착 관계를 형성할 수 있도록 적극적으로 노력해야 합니다. 아이의 주 양육자가 바뀌지 않고 안정적인 보육 환경이 제공된다면 대부분의 아이는 안정된 정서를 갖게 됩니다. 그래서 맞벌이 부부라면 아이를 적어도 세 돌까지 안정적으로 돌봐 줄 주 양육자를 찾는 것이 무엇보다 중요합니다.

앞서 예를 든 경우에는 너무 어렸을 때부터 어린이집에 보냈던 것이 문제였습니다. 생후 3개월이면 어린이집을 보내기에는 너무 어린 나이지요. 아이가 주 양육자와 일대일 관계를 맺어야 할 시기인데 한 선생님이 여러 명의 아이를 돌봐야 하는 환경에 놓이다 보니 안정적인 애착 관계를 형성할 수 없었던 것입니다. 그것이 결국 물건을 집어 던지는 등의 폭력적인 행동으로 나타난 것입니다. 어쩔 수 없이 6개월 이전에 아이를 보육 시설에 보내야 하는 상황이라면 가급적 한 교사가 소수의 아이들을 지속적으로 돌보는 곳에 보내는 것이 좋습니다.

애착 형성이 잘 이루어지지 않은 아이의 특징

주 양육자와 애착이 제대로 이루어지지 않으면 불안정 애착 관계를 형성하게 됩니다. 애착이 불안정한 아이는 5~6세가 되어서도 많은 스킨십을 요구하고, 엄마에게서 떨어지지 않으려는 경향을 보입니다. 또한 각종 행동 장애를 일으킬 위험이 높습니다. 다른 사람에게 적대적인 태도를 보이고, 의사 표현이 미숙해 칭얼대고, 스스로 분노를 조절하지 못하는 '분노 발작'을 보이기도 하지요. 공격성을 통제하지 못해 폭력적인 아이가 될 수도 있습니다.

애착이 불안정한 아이는 안정적으로 애착을 형성한 아이와 달리 적응 능력이 떨어집니다. 불안정 애착으로 인해 엄마에게 늘 반항하고 싶은 마음을 갖게 된 아이들은 충동적이고 수동적이며 의존적인 특성을 보입니다. 때문에 또래들과도 잘 어울리지 못하지요. 또 엄마가 무섭고 피하고 싶은 마음을 갖게 된 아이들은 자존감이 낮고 다른 사람에 대한 적개심이나 반사회적 행동을 보입니다. 이 경우 역시 또래들과 잘 어울리지 못합니다.

이런 아이들은 성인이 되어서도 사회생활에 잘 적응하지 못합니다. 애착의 문제가 성인이 되어서까지 이어지는 것입니다. 그러므로 부모는 애착이 처음 형성되는 초기 3년까지는 아이와 안정된 애착을 형성하기 위해 총력을 기울여야 합니다. 생후 3년이 평생을 좌우한다고 해도 과언이 아니니까요.

기본 원칙은 아이의 애착 행동에 적극 반응하는 것

병원을 찾은 그 엄마에게 애착 형성의 중요성을 설명하며 이제부터라도 애착 형성을 위해 노력하라고 이야기해 주었습니다. 그러자 애착 형성은 어떻게 하는 것이냐고 물어보더군요. 저는 '아이의 모든 행동과 말에 반응해 주는 것이 애착 형성의 기본'이라고 일러 주었습니다. 태어나서 세 돌까지의 최대 발달 과제는 애착 형성입니다. 대부분의 부모들은 아이와 애착 형성을 위해 부모만 노력하는 것으로 알고 있는데 사실은 그렇지 않습니다. 아이도 자기가 할 수 있는 모든 노력을 기울이고 있지요. 이것을 '애착 행동'이라고 하는데, 엄마를 찾으며 울고, 엄마와 눈을 맞추고, 엄마가 웃으면 따라 웃는 등 애착 형성을 위한 다양한 행동을 보이는 것을 말합니다. 어른들이 보기에는 일상적인 행동이 아이들에게는 애착 형성을 위한 노력인 셈이지요.

이러한 애착 행동은 아이의 발달에 매우 큰 영향을 미칠 뿐 아니라 생존과도 관련

되어 있습니다. 아이가 엄마를 쳐다보고, 미소 짓고, 울고, 발버둥 치는 것은 엄마로 하여금 껴안아 주고, 음식을 주고, 기저귀를 갈게 하지요. 이렇듯 아이는 애착 행동을 통해 자신의 생존에 필요한 엄마의 보호를 끌어냅니다.

그러므로 애착 형성을 위해 가장 먼저 할 일은 애착 행동에 적극적으로 반응하는 것입니다. 아이가 울면 달려가고, 엄마에게 뛰어오면 번쩍 안아 주고, 엄마와 눈을 맞추고 싶어 하면 따뜻한 눈길로 바라봐 주세요. 엄마가 아이의 애착 행동에 적극적으로 반응해 주기 힘든 상황이라면 아빠가, 아빠 역시 힘들다면 대리 양육자가 대신해 주면 아이는 안정된 애착을 형성할 수 있습니다.

엄마가 행복해야 애착의 질이 높아집니다

엄마와 아빠가 있고, 부모 사이가 원만하며, 안정적으로 보살핌을 받을 수 있는 환경일 때 아이는 무리 없이 애착을 형성할 수 있습니다. 아이를 둘러싸고 있는 환경에서 가장 중요한 것은 엄마입니다. 엄마의 양육 태도에 따라 애착의 질이 달라지지요. 엄마가 자주, 오랜 시간 아이를 돌보고 재미있게 놀아 주는 행동은 애착 형성을 촉진시킵니다. 이 같은 엄마의 양육 행동은 엄마의 심리적·신체적 건강 상태, 부부 관계 만족도, 경제적 여건 등에 의해 큰 영향을 받습니다. 아이를 얼마나 사랑하는가의 문제와는 별도로, 엄마가 먼저 안정적이고 행복해야만 아이 또한 행복하게 클 수 있는 거지요. 엄마가 우울해하거나 슬퍼하고 있으면 아이와 정상적인 애착을 쌓을 수 없습니다.

모유, 젖병 억지로 떼지 마세요

돌이 지나면 젖을 언제까지 물려야 할지, 젖병은 또 어떻게 끊어야 할지 고민이 시작됩니다. 하루아침에 젖을 끊고 우유나 고형식을 쉽게 먹는 아이는 세상에 없습니다. 젖이 안 나와도 계속 엄마 젖을 빠는 아이도 있고, 5세까지 젖병을 물고 다니는 아이도 있습니다. 어떤 사람은 단호하게 끊어야 한다고 하고, 또 어떤 사람은 때가 되면 저절로 끊게 되니 내버려 두라고 합니다. 아이 문제로 고민되거나 헷갈리는 것이 생기면 하나만 생각하면 됩니다. 바로 '아이 입장에서는 어떻게 해야 좋을까?'이지요. 젖을 떼는 문제도 마찬가지입니다.

아이가 젖을 떼지 못하는 진짜 이유

·· 돌 이후에 필요한 영양도 고려해야 하고 식습관도 잡아 줘야 하기 때문에 엄마들은 아이가 젖을 떼지 못하면 조급해집니다. 그래서 젖을 빨리 떼게 하려고 젖꼭지에 쓴 약을 바르거나, 아이가 보는 앞에서 젖병을 쓰레기통에 버리기도 합니다. 단호하게 대처하지 않으면 아이 고집이 더 세져 젖을 떼는 것이 점점 더 어려워진다고 생각하기 때문이지요.

그러나 아이 입장에서 한번 생각해 보세요. 젖을 먹는다는 것은 아이에게는 단순히 영양을 섭취하는 것이 아닙니다. 아이에게는 엄마의 사랑을 느낄 수 있는 최고로 행복하고 편안한 시간이 바로 엄마 품에서 젖을 먹을 때입니다. 아이가 정서적으로 가장 안정감을 갖는 순간이지요. 그 시간을 단번에 빼앗는 것은 아이에게 너무 잔인한 일입니다. 아이가 젖병이나 고무젖꼭지를 빼는 것도 같은 맥락에서 이해해야 하는 일입니다. 아이는 젖병이나 젖꼭지를 빼는 행동을 통해 안정감을 갖게 됩니다.

그래서 병원과 같은 아주 낯선 장소에 가면 젖병이나 고무젖꼭지, 혹은 손가락을 더욱 심하게 빨게 되지요. 기질이 예민하고 불안이 심한 아이인 경우 어느 날 갑자기 그것들을 빨지 못하게 하면 발작을 일으키기도 합니다.

적응할 시간이 필요합니다

마치 달리기 경주라도 하듯이 첫돌을 출발선으로 삼아 젖을 무섭게 끊어 버리는 엄마들이 있습니다. 집 안에 있는 젖병이나 고무젖꼭지를 다 치워 버리고는 아이에게 컵과 수저를 내밀곤 하지요. 일부 소아과 선생님들은 그렇게 단호하게 대처해야만 영양 불균형이나 치아 손상 등을 예방할 수 있다고 말합니다. 또한 젖을 늦게 뗄수록 그것에 의존하는 성향이 더 강해져서 사회성과 자립심이 떨어진다고도 하지요. 하지만 저는 적응할 시간 없이 갑자기 젖을 뗄 경우에 아이가 받을 정서적 충격이 더 심각하다고 봅니다. 발달상 아이가 적정 시기에 젖을 떼어야 하지만, 충분한 시간을 두고 적절한 절차를 따르는 것이 좋지요.

젖을 빨리 끊으려는 이유 중 하나가 영양학적으로 돌 이후에는 모유 대신 꼭 우유를 먹여야 한다는 생각 때문인데, 사실은 그렇지 않습니다. 모유의 면역 기능이 떨어져 돌 전후 아이들에게 영양을 보충해 줘야 하는 것은 맞지만, 엄마들이 생각하는 것처럼 아이가 우유를 먹지 않는다고 해서 영양 결핍에 걸릴 리는 없습니다. 오히려 어느 날 갑자기 모유를 끊었다가는 애정 결핍이 생길 수 있습니다.

젖을 떼기에 앞서 살펴봐야 할 것들

① 이유식 과정은 순조롭게 진행되고 있는가

돌이 가까워도 이유식은 먹지 않고 오로지 젖이나 분유만 먹는 아이들이 있습니다. 기질적으로 예민하거나 불안이 심한 아이들은 젖이나 젖병에 대한 집착이 심합니다. 또한 미각이 예민한 경우에도 이유식에 적응하지 못해 계속 젖을 찾기도 합니다.

② 컵과 숟가락을 쥘 수 있는가

아이가 8개월이 되면 어느 정도 손으로 물건을 쥘 수 있게 됩니다. 이 시기에 숟가락이나 컵을 쥘 수 있어야 젖을 뗀 후 바른 식습관을 들일 수 있습니다. 아이가 숟가락과 컵을 사용할 준비가 전혀 되지 않았는데 젖부터 떼는 것은 순서상 맞지 않지요. 엄마가 대신 쥐고 먹여 주거나 손에 쥔 숟가락을 빼앗으면 아이는 젖이나 젖병에 더욱 매달리게 될뿐더러 아이의 자립심 형성에도 좋지 않습니다.

③ 어른들과 함께 식사하는 것에 흥미를 보이는가

젖을 뗀다는 것은 이제 본격적으로 식습관이 만들어진다는 것을 의미합니다. 아이의 식습관을 만들어 주기 위해서는 먼저 제시간에 식탁에 앉아 여러 가지 음식을 먹는 식사 방법에 아이가 흥미를 보여야 합니다. 이유식을 먹을 시간이 되면 아이를 식탁 의자에 앉히거나, 어른들 식사 시간에 맞춰 가족들이 모인 자리에서 이유식을 먹이는 식으로 아이의 관심을 유도하는 것이 좋습니다. 젖을 떼는 것에 있어서 시기 자체가 중요한 것은 아닙니다. 다른 아이보다 조금 늦는다고 걱정할 필요도 없습니다. 몇 달 젖을 빨리 떼려고 적응도 안 된 아이에게서 엄마의 품을 빼앗는 잘못을 저지르기보다는, 조금 천천히 떼더라도 새로운 식습관에 자연스럽게 적응할 수 있도록 해 주어야 합니다.

배변 훈련, 어떻게 시작하면 좋을까요?

부모들이 두 돌 전에 꼭 해야 한다고 여기는 일이 바로 대소변 가리기입니다. 언제 기저귀를 떼느냐를 발달의 척도라고 생각하는 것이지요. 그래서 일찌감치 아기 변기를 준비하는 등 대소변 가리기 작전을 세웁니다. 하지만 중요한 일은 첫 단추를 어떻게 끼우느냐 하는 것입니다. 배변 훈련 역시 첫 단추를 잘못 끼우면 몇 년간 골치를 썩게 됩니다.

정해진 나이는 없습니다

걸음마는 언제 시작하고, 말문은 언제 트이고, 놀이방은 언제 보낼 수 있는지 등등 무엇이든 그 시기를 알아보고 그보다 내 아이가 조금이라도 늦으면 무슨 큰 문제가 있는 것처럼 생각하는 부모들이 있지요. 하지만 저는 아이 발달을 수치화하는 것을 반대합니다. 아이의 발달은 신체적·정서적 성숙도, 뇌 발달, 양육 환경 등 여러 가지 면이 종합적으로 작용하여 이루어집니다. 그런 여러 가지 요인이 아이마다 다르기 때문에 발달 과정이나 속도 역시 아이마다 다를 수밖에 없습니다. 대소변을 가리는 문제에 있어서도, 부모의 머릿속에는 '18개월이 되면 배변 훈련을 시작해야 한다'는 공식이 박혀 있습니다. 그래서 18개월에 접어들기가 무섭게 본격적인 기저귀 떼기 훈련에 나섭니다. 아이를 억지로 아기 변기에 앉히고, 잘 노는 아이를 붙들어 세워 바지를 내리고 나오지도 않는 오줌을 억지로 눕니다. 어쩌다 바지에 실수를 하면 말귀도 못 알아듣는 아이의 엉덩이를 때리며 혼을 내지요. 이는 부모들이 대소변을 가릴 줄 아는 것을 발달의 척도로 삼기 때문입니다. 하지만 대소변을 가리는 것은 지능이나 운동 신경과는 거의 연관이 없습니다.

똑똑한 아이가 대소변을 잘 가리는 게 아니라, 대소변을 조절하는 근육이 훈련이 잘됐을 때 대소

잠자리에서의 실수 막기

낮에는 소변을 잘 가리다가 자면서 꼭 실수하는 아이가 있습니다. 이런 경우에는 자기 전에 반드시 소변을 보는 습관을 들이도록 하세요. 잠에서 깬 소변을 보고 싶다고 하면 방 안의 아기 변기를 이용하게 하기보다는 정신을 차리게 해 화장실로 가도록 하는 것이 좋습니다. 하지만 이불에 실수를 하는 것이 오래 지속되면 정확한 원인을 알아야 하므로 전문의의 도움을 받기를 권합니다.

변 가리기는 자연스럽게 이뤄집니다. 그러니 조급해하며 아이를 다그치지 마세요. '18개월'의 의미는 그 시기에 근육 훈련을 시켜야 대소변을 가린다는 것이지, 그때부터 대소변을 못 가리면 안 된다는 뜻이 아닙니다.

대소변을 가리게 하기 위한 몇 가지 조건

대소변을 빨리 가리면 엄마는 편합니다. 기저귀로부터 그만큼 빨리 해방되니까요. 하지만 엄마가 아이의 대소변 가리기에 열을 올리면 아이는 스트레스를 받습니다. 엄마를 기쁘게 하기 위해 어느 정도 노력은 하겠지만, 실수를 하고 지적을 받을 때마다 중압감이 쌓이지요. 그 결과 변을 억지로 참느라 변비가 생기기도 하고, 밤에 오줌을 지리는 '야뇨증'이 나타나기도 합니다. 아이가 대소변을 제대로 가리려면 몇 가지 조건이 있습니다. 먼저 대소변이 마렵다는 것을 몸으로 느낄 수 있어야 하고, 화장실에 갈 때까지 그 느낌을 참을 수 있을 만큼 근육이 발달해야 합니다. 또한 변기를 사용하는 법을 이해해야 하므로 아이가 엄마 말을 어느 정도 알아들을 수 있어야 합니다.

하지만 이 조건들이 충족되어도 아이가 거부를 하면 좀 더 기다려 주어야 합니다. 이 시기의 아이들은 자의식이 발달해 엄마가 하는 말에 곧잘 반항하는데, 배변 훈련 역시 반항심으로 인해 거부하는 경우가 많습니다. 때문에 엄마는 근육이 잘 발달되도록 훈련하는 한편, 이러한 아이의 발달 상황을 고려해 느긋하게 기다릴 줄도 알아야 합니다. 엄마가 과도하게 대소변 가리기에 집착하면 그 스트레스로 아이의 성격만 나빠집니다.

대소변을 잘 가리던 아이가 갑자기 바지에 실수를 한다면?

대소변을 가린 지가 한참이 지났는데 어느 날 갑자기 아이가 바지에 소변을 지리는 경우가 있습니다. 그 대부분은 관심을 끌기 위한 표현입니다. 그렇기에 부모가 관심과 애정을 쏟으면 어렵지 않게 고칠 수 있습니다. 아이들이 이런 퇴행 행동을 하는 가장 흔한 예는 동생을 보았을 때입니다. 동생이 생기면 아이는 엄마가 동생에게만 관심을 쏟는다고 생각하면서 자기에게 당연히 와야 할 사랑을 빼앗겼다는 박탈감을 느낍니다. 이때 빼앗긴 부모의 관심을 끌고 싶어 자기도 모르게 실수를 해 버리는 것입니다. 의도적인 경우도 있지만, 대부분 무의식중에 나오는 행동이어서 아이 스스로도 조절을 못할 때가 많습니다. 또한 부모에게 크게 혼이 났거나 매를 맞았을 때 심리적 충격을 받아 소변을 지리기도 합니다. 심리적 충격에 반항심이 섞여 부모가 싫어할 만한 행동을 하는 것이지요.

이처럼 아이의 대소변 가리기는 여러 가지 심리적 원인으로 다시 힘들어질 수 있습니다. 이럴 때 "다 큰 애가 왜 그러니?" 하는 식으로 야단을 치면 상황이 더 나빠집니다. 당황스럽고 화가 나더라도 대수롭지 않게 넘기고, 평소에 "예쁘다", "잘했다" 하고 칭찬을 해 주어야 합니다. 어떤 상황에서든 부모의 사랑과 관심이 변함없다는 것을 말과 행동으로 표현해 주는 것이 아이의 퇴행 현상을 바로잡는 가장 효과적인 방법입니다.

언제, 어떻게 시작하면 좋을까?

아이가 "엄마, 응가!" 하고 말한다면 배변 훈련을 시작할 때가 된 것입니다. 굳이 아기 변기를 마련하지 않아도 됩니다. 아기 변기든 일반 변기든 우선 변기와 친숙해지는 것이 중요합니다. 아이가 변기에 친숙해진 다음에는 대변을 보고 싶어 할 때마다 옷을 벗겨 변기에 앉힌 다음 얼굴을 마주하고 "응가, 응가" 하면서 아이가 힘줄 때 같이 힘주는 시늉을 합니다. 아이가 싫어하면 억지로 강요하지 말고, 배변에 성공할 때에는 칭찬을 아끼지 마세요. 그러면 아이는 엄마의 칭찬과 배변 후의 상쾌함을 좋은 기억으로 남기게 되고, 이런 좋은 기분은 머리에 계속 남아 배변을 조절하는 기초가 됩니다.

※ 본격적인 대소변 가리기 훈련법은 3~4세 배변&잠 편을 참고하세요.

독립심을 키우려다 아이를 망칠 수 있습니다

아이가 걷고 말하기 시작하면 부모 마음이 바빠집니다. 해 줘야 할 것도 많고, 다른 아이에 비해 뒤떨어지지는 않는지 걱정도 됩니다. 이때 부모들이 신경 쓰는 것 중 하나가 '독립심'입니다. 돌 지난 아이를 둔 부모들의 또 하나의 과제, 일명 '혼자서도 잘해요'. 어떻게 하면 내 아이가 독립적으로 설 수 있을까요?

돌쟁이에게 가장 무서운 것

12개월이 넘어서면서부터 아이는 엄마와 떨어져 조금씩 세상을 경험합니다. 걸을 수 있는 만큼 보고 듣고 느끼는 세상도 넓어져 가지요. 또한 자의식이 생겨서 자기 고집도 무섭게 늘어납니다. 재미있는 것은 고집과 반항이 느는 만큼 반대로 엄마 곁에 머물고 싶어 한다는 점입니다. 그래서 엄마에게 무조건 떼를 쓰고 엄마 뜻에 맞서 반항하면서도, 엄마가 안 보이면 무섭게 울면서 엄마를 찾습니다.

심한 아이는 엄마가 밥을 차리려고 부엌에만 들어가도 울음을 터트립니다. 그러면 엄마는 아이가 가뜩이나 고집불통인데 의존적으로 자라기까지 할까 봐 걱정하지요. 엄마 생각엔 이제 엄마 말고 또래 친구나 친척들에게 눈을 돌릴 만도 한데 늘 곁에 붙어 있으려는 아이를 보면 속이 상하고 화도 납니다.

소아 정신과에서는 이런 아이들을 가리켜 '순간적인 고아'라고 부릅니다. 엄마가 어느 날 갑자기 아이를 떼어 놓았을 때, 아이가 세상에 혼자 남겨진 고아와 같은 심정을 느끼게 된다는 것을 표현한 말입니다. 이 시기의 아이에게 가장 무서운 것은 바로 엄마로부터 떨어지는 것입니다.

때문에 결론부터 말하자면 이 시기의 아이에게 독립심을 키워 준다고 억지로 엄마로부터 떨어트리는 것은 위험한 발상입니다. 첫돌 이전에 조금씩 보이는 분리 불안은 돌 이후에도 계속되어 적어도 36개월이 되어야만 극복이 되지요. 돌 지난 아이에게 독립심을 키워 주려는 것은 아직 걸음마도 못 떼는 아이에게 뛰라고 요구하는 것과 마찬가지입니다. 독립심과 자율성을 길러 줘야 한다며 아이에게 무리한 요구를 해서는 안 됩니다.

독립성의 첫 기반은 엄마와의 애착

아이의 독립성은 생후 초기에 형성된 엄마와의 애착에 그 뿌리를 둡니다. 생후 6개월까지 아이들은 일방적인 보살핌을 받으며 엄마에게 애착을 갖게 되지요. 이 과정에서 아이는 자신을 보호해 주고 돌봐 주는 사람은 꼭 엄마여야 한다고 느끼게 됩니다. 그러다가 8개월 전후로 낯가림이 시작된 아이는 유독 엄마만 따릅니다. 아이가 낯가림을 한다면 아이와 엄마의 애착이 성공적으로 형성됐다고 볼 수 있습니다. 아이 입장에서 생각해 보면 낯선 세상에 태어나 유일한 의지처가 엄마이므로 엄마만 따르는 것이 당연합니다.

12개월 이후로 아이는 비로소 사회적인 상호작용을 하게 됩니다. 기어 다니고 스스로 움직이는 것에 익숙해지면서 아이는 또래 아이들이나 다른 사람들에게 조심스럽게 접근합니다. 지금까지 '나'에게만 관심을 가졌던 아이가 나 아닌 다른 세상과 만날 준비를 하는 것이지요. 하지만 아직은 아주 조심스러운 접근입니다. 엄마가 곁에 있을 때만 편안한 마음으로 탐색을 하지요. 조금 다가가다가도 엄마가 안 보이거나 상대방이 너무 적극적으로 다가오면 금방 엄마를 찾습니다.

한 번 더 안아 주는 것이 독립성을 키우는 지름길

그러다가 두 돌에 가까워지면 비로소 사회성과 독립성을 조금씩 키워 갑니다. 엄마에 대한 애착을 바탕으로 자립을 시도하게 되는 것이지요. 또 내 것과 남의 것을 구별하게 되고 소유욕도 생깁니다. 이 시기에는 엄마와의 애착이 안정적이면 엄마와 잠시 떨어져 있어도 아이는 그다지 불안해하지 않습니다. 엄마가 한 공간 안에, 자기 가까이에 있다는 것만 알면 혼자서도 잘 놀지요. 하지만 혼자 놀다가도 늘 엄마가 주변에 있는지 반드시 확인한답니다.

독립성과 사회성 발달의 초기인 생후 1~2년 사이에 무엇보다 중요한 것은 엄마와의 애착 형성입니다. 아이가 엄마를 더 찾고 집착할 때 억지로 아이를 떼어 놓는 것은 오히려 아이의 독립성을 죽이는 독이 됩니다. 아이 손을 놓는 것이 아니라 한 번 더 안아 주는 것이 독립적인 아이를 키우는 방법이라는 것이지요. 아이는 엄마의 사랑 안에서 안정감을 가질 때 비로소 안심하면서 세상 밖으로 나갈 수 있습니다.

아이가 '엄마', '아빠'라는 말도 못해요

"우리 아이는 이제 조금 있으면 두 돌이 되는데, '엄마', '아빠'란 말도 하지 못해요. 뿐만 아니라 간단한 말도 못 알아들어요. 왜 그런 걸까요?"

또래 아이들은 곧잘 말도 하고 엄마가 하는 말에 이런저런 반응도 해 보이는데, 내 아이는 말을 하기는커녕 '엄마' 소리도 잘 못한다면 당연히 걱정이 되겠지요. 이 경우 정말 아이의 언어 발달에 문제가 있는 것인지, 아니면 발달이 조금 느린 것뿐인데 조바심을 내는 건 아닌지 잘 살펴보아야 합니다. 아이의 언어 발달을 위해 무엇보다 중요한 것은 양육 방식과 성장 환경이랍니다.

우리 아이, 언어 장애일까요?

아이들은 보통 6개월이 지나야 옹알이를 시작하고, 돌이 넘어서면서 쉬운 말로 지시를 하면 알아듣고 반응합니다. 그러다가 두 돌이 지나면 "엄마, 밥 줘" 등 세 단어가 들어가는 문장을 말할 수 있게 되지요. 하지만 언어 발달은 아이의 나이에 꼭 비례하는 것이 아니기 때문에 몇 개월 늦는 것은 크게 문제가 되지 않습니다. 만약 돌이 지났는데 '까꿍 놀이' 등 간단한 놀이를 할 수 없고, 18개월 즈음에 간단한 지시를 알아듣지 못하고, 24개월 전까지 아무 말도 하지 못한다면 언어 발달에 문제가 없는지 살펴봐야 합니다. 전반적인 발달 상황을 고려해 그 원인을 찾아 적절한 치료를 한다면 대부분 정상적으로 언어 발달이 이뤄집니다.

언어 장애의 원인

언어 장애의 원인에는 여러 가지가 있습니다. 우선 임신 중의 과도한 스트레스, 음주와 흡연, 영양 결핍, 약물 복용 등이 그 원인이 될 수 있습니다. 이 경우 태아의 뇌가 정상적으로 형성되지 못할 가능성이 있는데, 그러면 태어난 후에 인지와 정서, 기억 능력의 발달이 총체적으로 지연됩니다. 결국 언어 장애가 생길 가능성도 높아지지요.

간혹 지능은 정상이면서 언어 발달이 좀 늦어지는 아이들이 있는데, 알아듣기는 하지만 말을 못하는 경우가 이에 해당합니다. 이때는 말하는 것만 늦어질 뿐이어서 특별한 치료를 받지 않아도 시간이 지나면 좋아지는 경우가 대부분이니 너무 걱정하지 않아도 됩니다. 만약 아이가 말이 늦는 동시에 어떤 행동을 해도 따라 하지 않고, 이상한 행동을 반복하고, 사람에게 관심이 없다면 자폐 스펙트럼 장애를 의심해 볼 수 있습니다. 자폐 스펙트럼 장애도 언어 장애의 한 원인입니다. 자폐 스펙트럼 장애가 있는 아이들은 태어난 지 몇 개월이 지나도 엄마와 눈을 맞추지 않고 웃지 않으며, 안아 달라고 요구도 하지 않습니다.

아이큐 70 이하의 지능이 낮은 아이도 말을 배우기가 어렵습니다. 이런 아이들은 소리에 자연스럽게 반응하고 옹알이도 하지만, 자라면서 또래 아이들과 의사소통을 하지 못하고 사용하는 어휘도 빈약하지요. 또한 언어 이외에 전반적인 발달이 또래에 비해 늦는 것이 특징입니다.

청각 장애가 있어서 말이 늦는 경우도 있는데, 이는 소리를 듣지 못해 언어 획득이 어려워진 경우입니다. 이 경우 청각에 장애가 있더라도 옹알이는 정상적으로 시작합니다. 그러나 정작 말을 배울 때 정상적인 발음이 안 되지요. 이때는 보청기 등을 사용해서 청각 장애를 보완해 주면 정상적인 언어 발달이 어느 정도 가능합니다.

이 밖에 중이염으로 청력이 나빠진 경우에도 언어 발달이 늦습니다. 뇌의 청각 신경이 성숙되는 시기는 생후 0~12개월인데, 이때 중이염을 앓으면 청각 신경이 제대로 성숙되지 못해 청각 기능이 상실될 가능성이 있고, 언어를 담당하는 부분에 심각한 악영향을 줄 수도 있지요.

어떠한 원인으로 언어 장애가 온 것인지 세심하게 관찰하고 판단해 하루빨리 치료에 들어가야 합니다. 언어 발달이 늦으면 학습은 물론 대인 관계에서도 문제가 생기므로 정서 발달에도 어려움이 생길 수 있습니다. 따라서 언어 발달 장애가 의심되면 두 돌 전후 늦어도 세 돌 이전에는 전문가의 평가를 받아 보는 것이 필요합니다.

아이의 언어 발달을 도와주는 생활법

아이의 언어 발달은 무엇보다 양육 방식에 의해 많이 좌우됩니다. 평소 아이와 잘 놀아 주고 교감을 쌓으면 그만큼 언어 발달에 도움이 될뿐더러 정서적으로도 밝고 안정된 아이로 자랄 수 있습니다. 아이의 언어 발달을 돕는 생활 방침은 다음과 같습니다.

① 말을 가르치겠다는 생각을 버리기

책을 읽어 주거나 글자 카드를 보여 주는 것은 언어 발달에는 도움이 되지 않습니다. 언어는 의사소통을 위한 수단이므로 사람과의 교류를 통해 실제로 듣고 따라 하는 것이 효과적이지요. 아이의 언어 발달을 위해서는 먼저 말을 가르치겠다는 생각부터 버리세요. 글자 하나를 보여 주는 것보다는 아이와 눈을 맞추면서 따뜻하게 말을 건네는 것이 더 낫습니다.

② 아이가 원하는 것에 주목하기

아이가 무엇을 보고 있고, 무엇을 하려고 하는지, 또 아이의 기분이 어떤지 주의 깊게 관찰해야 합니다. 아이는 자기가 관심이 있고 좋아하는 것에 대해 호기심을 갖고 알려고 하지요. 언어 발달에 있어서도 마찬가지입니다. 아이가 원하는 것이 무엇인지 파악하세요. 그래야만 아이에게 바로 가 닿는 적절한 말을 찾을 수 있습니다.

③ 아이가 하는 말에 반응하기

아이의 말이나 몸짓, 표정에 반응해 주는 것은 언어뿐 아니라 모든 발달에 도움이 됩니다. 꼭 말에만 반응하지 말고 아이의 몸짓 하나, 표정 하나에도 반응하고 따라 해 주세요. 아이는 부모가 자신의 말을 모방할 때 언어에 대한 관심이 높아집니다.

④ 간단하고 정확하게 말하기

두 돌 전의 아이는 어렵고 긴 말을 알아듣지 못합니다. 따라서 무조건 말을 많이 한다고 해서 아이의 언어 발달에 도움이 되지는 않습니다. 정확하고 짧은 말을 반복적으로 자주 들려주는 것이 좋습니다. 아이가 이해할 수 있는 수준의 말을 자주 해 주세요.

⑤ 몸짓과 표정을 풍부하게 보여 주기

이 시기의 아이들에게는 언어만이 의사소통의 수단이 아닙니다. 아이에게 정확한 의미를 전달하기 위해 말을 할 때 몸짓과 표정을 풍부하게 할 필요가 있습니다. 그러면 아이는 말 자체를 이해하지 못해도 엄마의 몸짓과 표정을 통해 의미를 파악하게 되지요.

CHAPTER
3

(버릇)

편식 습관, 어떻게 바로잡을까요?

몸에 좋은 것만 먹이고 싶은 것이 부모의 심정이지요. 하지만 아이는 돌만 지나도 제 입맛에 맞는 것만 먹으려 하고, 먹기 싫은 음식을 보면 고개를 흔듭니다. 김치는 입에도 안 대고 야채를 보면 울음을 터트리는 아이를 보면 한숨이 절로 나오지요. 편식 습관이 들까 봐 억지로라도 먹여 보지만, 먹기 싫은 것을 억지로 입에 넣어야 하는 아이에게는 이보다 더 큰 고역이 없습니다.

한두 번 먹지 않는 것은 편식이 아닙니다

큰아이 경모가 이유식을 끊고 밥을 조금씩 먹기 시작할 무렵, 저희 집 식탁은 언제나 전쟁터였습니다. 경모가 '싫다'는 부정의 표현을 처음 썼던 것도 바로 식탁 앞에서였지요. 이것저것 가리지 않고 잘 먹어 주면 좋으련만 어찌나 음식을 가리던지, 연신 "안 먹어"를 연신 외치던 경모의 모습이 지금도 생생합니다. 몸에 좋지도 않은 과자를 보면 눈을 반짝반짝 빛내면서 야채만 보면 경기를 하듯 고개를 젓는 경모 때문에 저도 꽤나 속을 끓였지요.

편식이란 먹는 것에 기호가 분명하여 먹는 음식이 편중된 식사를 말합니다. 편식은 영양적으로 불균형을 초래해 아이의 발육이나 영양 상태에 악영향을 미칩니다. 때문에 이제 막 밥을 먹기 시작하는 돌 전후부터 식습관을 바로잡아 줄 필요가 있습니다. 하지만 아이가 어떤 음식을 한두 번 거부한다고 하여 편식이라고 단정 지을 수는 없습니다. 아이가 음식을 거부하는 데에는 여러 가지 이유가 있지요. 그러한 원인을 찾아 해결책을 마련하면 거부하던 음식도 먹게 됩니다. 오히려 몇 번 음식을 거부한다고 아무 대책도 없이 그 음식을 주지 않으면 그것이 곧 편식이 되는 것이지요.

새로운 것에 대한 거부감을 없애 주세요

편식 습관을 바로잡기 위해 반드시 기억해야 할 것이 있습니다. 목적을 '안 먹는 음식을 먹게 하는' 것이 아니라, '새로운 음식에 대한 거부감을 없애는' 데 두라는 것입니다. 아이들은 본래 새로운 것에 대한 호기심이 많지만 한편으로는 그 낯설음과 변화에 대한 반발심도 매우 큽니다. 음식에 대해서도 새로운 음식을 보면 거부감을 갖게 마련이지요. 따라서 이유기 때부터 다양한 식품의 맛과 냄새, 질감 등을 느낄 수 있는 이유식을 만들어 주는 게 편식을 막는 가장 좋은 방법입니다. 제가 시판되는 이유식을 선호하지 않는 것은 이 때문입니다. 아이에게 보다 다양한 질감을 느끼게 하기가 상대적으로 어려우니까요. 또한 이유기가 지나서는 재료의 특징을 그대로 살린 음식을 먹게 되므로 이때에는 조리법을 바꿔 가며 아이의 입맛이 보다 다양해지도록 해야 합니다.

다른 원인이 있을 수도 있습니다

아이가 편식을 하는 데에는 그 밖에도 다양한 이유가 있습니다. 아이가 뭔가를 잘 먹지 않으면, '잘 먹는 것을 더 먹인다'라는 태도로 아이를 대하는 엄마가 있습니다. 그러면 아이는 점점 더 익숙한 것만 찾게 되어 새로운 것을 영영 거부할 수도 있습니다. 신체상의 이유로는 충치가 있거나 몸이 아플 때에도 편식 습관이 나타나지요. 평소에는 그런대로 잘 먹던 아이가 어느 날은 잘 먹지 않으려 든다면 혹시 신체적인 이상이 없는지 살펴볼 필요가 있습니다. 또한 음식과 관련한 불쾌한 기억이 있을 때에도 편식하는 습관이 생길 수 있습니다. 아이가 무서워하는 삼촌이 있는데, 하필 그 삼촌과 같이 밥을 먹었다면 당시 먹은 음식을 거부하기도 하지요. 벌레를 무서워하는 아이는 밥 안에 섞인 콩을 보고 안

편식 고치기 노하우

1. 가족들 편식 습관부터 고치기

아이는 가족의 식사 모습을 모방합니다. 그렇기 때문에 가족 중 누군가 식성이 까다롭거나 좋지 못한 식습관을 가지고 있으면 아이의 식습관도 나빠집니다. 다른 가족들도 잘 먹지 않는 것을 아이에게 먹으라고 하고 있지는 않은지 살펴보세요. 만약 그렇다면 가족의 식습관부터 바로잡아야 합니다.

2. 절대 억지로 먹이지 않기

아이가 싫어하는 음식은 먹이는 횟수와 양을 서서히 늘리며 아이에게 적응할 시간을 주어야 합니다. 새로운 음식은 한 번에 한 가지만 주어 아이가 잘 먹는지 살펴보고, 아이가 싫어한다면 억지로 먹이기보다는 아이가 특히 좋아하는 음식과 함께 주는 등 먹일 방법을 찾아야 합니다.

3. 엄마가 먼저 먹는 모습을 보여 주기

이 시기의 아이들은 특히 부모가 하는 것을 그대로 따라 하려는 특징을 보이므로 새로운 음식을 아이에게 먹이기 전에, 엄마가 먹으면서 즐거워하는 모습을 보여 주면 거부감을 줄일 수 있습니다.

4. 조리법을 바꿔 보기

아이가 특정 음식을 싫어할 때 그것이 맛 자체 때문인지 냄새나 질감, 혹은 형태 때문인지 잘 살펴보세요. 그에 맞춰 조리법을 바꾸면 예상 밖으로 잘 먹기도 합니다. 음식의 질감에 유독 민감한 아이라면 씹히지 않게 다지거나 튀김, 볶음으로 조리법을 바꿔 보는 것도 좋습니다. 또한 아이들이 좋아하는 캐릭터나 꽃, 나뭇잎 모양으로 음식을 만들어 주거나, 영양에 손실이 가지 않도록 대체 식품을 이용하는 것도 좋은 방법입니다.

먹겠다고 버티기도 하고요. 또한 아무 이유 없이 심하게 음식을 거부한다면 부모의 관심을 끌기 위한 무의식적인 편식일 수도 있습니다. 아이의 편식을 없애기 위해서는 이런 근본적인 원인부터 살펴볼 필요가 있지요.

아이는 즐겁지 않으면 절대 먹지 않습니다

먹는 문제로 고민하는 부모를 만날 때마다 저는 이렇게 이야기합니다.

"얼마만큼 먹느냐보다 어떻게 먹느냐가 더 중요합니다."

편식 습관을 바로잡을 때만큼은 먹는 양에 신경을 곤두세워서는 안 됩니다. 당장 무엇을 얼마만큼 먹는가에 주목하다 보면 어떻게든 하나라도 더 먹이기 위해 아이를 다그치게 되지요. 그러면 아이는 식사 시간 자체를 두려워하게 됩니다.

즐겁고 행복할 때 아이는 싫은 것도 하게 됩니다. 바빠서 얼굴 보기가 힘든 아빠가 어느 날 일찍 들어와 저녁을 함께 먹을 때, "아빠도 이거 좋아하는데, 우리 ○○도 한번 먹어 볼래?" 하면 싫어하던 것도 한 숟가락쯤은 먹게 됩니다. 이때 칭찬을 듬뿍 해 주면 기분이 좋아 한 숟가락 더 먹게 될지도 모르지요. 아이가 음식을 잘 먹지 않는다고 해서 혼내서는 절대 안 됩니다. 아이가 혼나지 않으려고 음식을 꾸역꾸역 먹다 보면, 음식을 먹는 즐거움을 느끼지 못하게 됩니다.

버릇처럼 매일 싸워요

아이가 쌈닭처럼 군다며 울상인 엄마가 있었어요. 어디를 가든 기어코 친구를 울리거나, 반대로 맞고 들어오는 통에 늘 불안하다고 하소연을 했지요. 가만히 보면 친구가 쌓기 놀이를 하고 있으면 확 무너트리고는 깔깔대며 웃고, 원하는 것이 눈에 띄면 상대가 누구든 무조건 뺏으려 든다나요. 혼내도 그때뿐인 아이를 어떻게 가르쳐야 할까요?

지나치게 활발한 것이 싸움으로 보일 수 있습니다

.... 이 시기의 아이가 누군가에게 난폭하게 굴거나 함부로 싸움을 걸 때, 행동 자체를 제재하기 전에 아이가 왜 이런 행동을 하는지를 생각해 봐야 합니다. 두 돌이 되기 전에 아이가 보이는 폭력성에는 의도가 없습니다. 자기 화를 못 이겨 난폭한 행동을 하기도 하고, 때로는 화나는 일이 없는데도 다른 사람에게 함부로 손을 대거나 물건을 부수기도 하지요.

이때 가장 보편적인 이유는 아이가 지나치게 활발해서입니다. 그런 아이를 보면 평소의 행동도 매우 동선이 크고 활발합니다. 걸음을 걸을 때 유달리 여기저기 많이 부딪친다거나, 놀이터에서 정글짐을 오를 때 친구의 손을 그냥 밟는 등 한마디로 조심성이 없어 보이지요.

지나치게 활발한 기질의 아이가 누군가와 다툴 때에는 폭력적이라고 받아들일 것이 아니라 기질상의 문제로 이해해 줘야 합니다. 이런 아이를 엄하게 제재하면 반발심으로 그 기질이 정말 폭력적인 성향으로 발전할 수 있습니다.

두 돌 아이에게 타인에 대한 배려를 기대하지 마세요

.... 뇌 발달상 이 시기의 아이들은 남을 생각할 줄 모릅니다. 어른 눈에는 이기적인 아이로 보일 수 있다는 말이지요. 아이가 자기 자신 외에 유일하게 신경을 쓰는 대상은 오로지 엄마뿐입니다. 때문에 싸움을 하는 아이를 혼을 내면 아이는 '내가 다른 사람을 괴롭혀서'가 아니라 '엄마를 화나게 해서' 혼이 난다고 생각합니다.

두 돌 아이가 다른 사람을 생각하고 배려해서 사이좋게 지내길 바라는 것은 부모의 욕심입니다. 남과 어울리는 재미를 알고 남의 입장에서 생각하게 되는 것은 적어도 36개월 이후에나 가능한 일이지요. 그렇기 때문에 이 시기에는 친구가 재미있게 쌓고 있는 블록을 발로 차 버리고도 웃을 수 있는 것입니다. 또한 감정을 표현하고 다스리는 방법이 극히 원초적이기 때문에 즐겁고 유쾌한 기분이 들 때에도 다른 사람을 공격할 수 있습니다. 분노나 욕구 불만이 없어도 남에게 해를 끼칠 수 있다는 말이지요.

원하는 것이 무엇인지를 잘 살펴보세요

아이가 무언가를 절실히 원하면 그 마음이 공격적인 행동으로 나타날 수 있습니다. 예컨대 아이는 자기가 너무 갖고 싶어 하는 장난감을 친구가 가지고 있으면 그 욕구를 억누르지 못하고 억지로라도 빼앗으려고 하지요. 하지만 이 역시 아이가 상대방에게 적의가 있어서 그런 것이 아니므로 걱정할 필요는 없습니다. 다만 그 행동으로 인해 친구와 어울리는 것이 힘들 것 같으면, 상황이 더 진행되지 않도록 막아 줄 필요는 있습니다. 또한 평소에 아이에게 불만이나 부족한 부분이 있는지 늘 살펴봐야 합니다.

더불어 이런 기질의 아이는 쉽게 흥분하므로 아이의 불안 심리를 자극할 만한 환경은 제거해 주기 바랍니다. 아이보다 더 활발한 기질을 가진 친구를 곁에 두거나, 놀이동산처럼 시끄럽고 볼 것 많은 장소에 아이를 데려가는 것은 그런 기질을 더욱 부추기는 결과를 초래합니다.

아이에게 화를 내거나 행동 자체를 너무 억압하지 마세요. 야단을 쳐서 나아지는 시기가 아니므로 아이의 기질이 부정적으로 확장되지 않도록 잘 달래 주는 것이 좋습니다. 또 싸움을 일으키지 않을 만한 다른 놀이를 통해 아이의 마음을 가라앉혀 주도록 하세요.

형제끼리 잘 싸운다면

·························· 두 돌이 지나면 아이들은 자기 것에 대한 소유 의식이 강해집니다. 때문에 한집에 사는 형제끼리 자주 싸우게 되지요. 특히 2~5세 때 많이 싸우는데, 이는 아이들이 발달 단계에 따라 잘 크고 있다는 증거이니 너무 걱정하지 않아도 됩니다. 아이들이 조금 더 커서 유치원이나 학교에 들어가 친구가 생기면, 자연스럽게 형제끼리 부딪치는 일도 줄어듭니다.

형제가 싸울 때는 부모가 중재를 잘해 주어야 합니다. "형이니까 참아라", "형한테 대들면 안 되지"라는 훈계는 좋지 않습니다. 아이들이 싸울 때는 일단 싸움을 멈추게 하고, 잘잘못을 가리는 것은 아이의 감정이 가라앉았을 때 해야 합니다. 이때는 공정심을 잃지 말고, 어느 한쪽의 편을 들지 않도록 주의해야 합니다.

친구와 잘 싸운다면

·························· 친구와 싸우는 아이는 욕구 불만이 있거나 자기중심적인 성향이 강한 경우가 많습니다. 아이가 주로 혼자 놀았거나 부모가 주관 없이 아이를 방치했을 경우, 아이는 어떤 상황에서도 제 뜻대로만 하려고 합니다. 그로 인해 친구들과 계속 싸우게 되지요. 친구들이 자기를 싫어한다는 것을 알면, 좌절감에 빠져 점점 더 심술을 부리게 되고요.

이런 아이는 다 자라서도 이기적이고 괴팍한 아이가 되기 쉽습니다. 이 경우 억지로 친구와 어울리게 하기보다는 엄마 아빠 곁에서 감정을 조절하는 법부터 터득하게 할 필요가 있습니다. 아이가 장난감을 혼자만 쓰려고 하는 등 이기적인 행동을 하면 혼내지 말고 일단은 무시하는 것이 좋습니다. 이때 함부로 야단치거나 통제하면 좌절감만 더 안겨 줄 수 있습니다.

반대로 친구에게 양보하고 친구와 나눠 쓰면 칭찬을 해 주세요. 좋은 점은 칭찬받지 못하고 나쁜 점만 야단맞게 되면, 아이는 긍정적인 자아상을 만들어 갈 수 없게 됩니다.

ADHD가 의심되는 공격성

ADHD(주의력결핍 과잉행동장애)를 앓는 아이에게 자주 보이는 것이 손을 마구 휘두르거나 주변에 신경을 쓰지 못해 나타나는 우발적인 공격 행동입니다. 원하는 것과 상관없이 눈앞에 무엇이 있으면 두드리거나 부수고 싶은 생각에 손이 먼저 나가는 경우가 많습니다. 이는 기질이 아니라 뇌 기능상의 문제이기 때문에 단순히 말로 타이르거나 환경을 조절해 준다고 나아지지 않습니다. 이런 경우에는 약물 치료 등 전문적인 도움이 필요하므로 정확한 진단을 받아야 합니다.

친구들과 노는 걸 싫어해요

"우리 아이는 왜 친구들이 다가오면 도망가고 피하는 걸까요? 처음엔 낯설어 그러려니 했는데, 벌써 몇 달째 문화센터에 다니는데도 친구들과 같이 노는 걸 싫어하고 경계하네요. 다른 아이들은 안 그러는 것 같은데, 혹시 우리 애가 발달에 문제가 있는 것이 아닐까요?"

친구와 어울려 놀지 못하는 아이를 보면 부모는 덜컥 걱정이 앞섭니다. 혹시 아이에게 사회성이나 언어 발달 등에 문제가 있는 건 아닐까 하는 생각이 들게 되지요. 하지만 아이가 하루아침에 친구와 어울리게 되는 것은 아니랍니다. 아이가 친구를 경계한다는 것은 그 자체로 다른 사람과 어울리는 첫걸음을 내디딘 것을 의미합니다. 그러니 걱정 말고 차근차근 도와주세요.

아직은 친구보다 부모와의 관계가 더 중요합니다

진료실을 찾는 아이들을 볼 때마다 제가 느끼는 것은 아이의 문제는 대개 부모가 만든다는 점입니다. 부모의 조급증과 과도한 불안이 별 탈 없이 잘 자라고 있는 아이를 하루아침에 문제아로 만들곤 하지요.

아이가 친구를 사귀는 문제도 그렇습니다. 생후 12~24개월의 아이에게 친구라는 존재는 아직 큰 의미가 없습니다. 활동하는 영역이 부쩍 넓어지기는 하지만, 그래도 여전히 아이에게는 엄마가 가장 중요합니다. 그래서 또래 친구를 봐도 그다지 흥미를 느끼지 못하지요. 함께 어울려 노는 듯하다가도 어느새 엄마 옆에 와 있기 일쑤이고, 재미있는 물건이 앞에 있으면 옆에 친구가 있어도 아랑곳하지 않고 혼자 가지고 노는 것이 특징입니다. 즉 아직은 친구와 어울려 노는 것이 재미있는 일이라는 사실을 제대로 알지 못하는 시기이지요.

이 시기의 사회성 발달이란 나와 비슷한 또래가 있다는 것을 아는 정도입니다. 아이가 이 시기를 거쳐 친구들과 잘 어울려 놀기를 바란다면, 아이를 친구 앞에 세울 것이 아니라 사랑을 더욱 적극적으로 전하세요. 아이와 엄마의 애착 관계가 잘 형성되어야 친구들과 잘 어울려 노는 능력도 생깁니다.

이는 마치 나무를 심기에 앞서 땅을 비옥하게 만드는 것과 같은 이치입니다. 사랑을 받아 본 사람이 베풀 줄도 안다고, 부모로부터 사랑을 충분히 받은 아이는 친구에게도 그 사랑을 베풀 줄 알고, 시키지 않아도 더불어 살아가는 법을 알게 됩니다.

이때 중요한 것은 감정을 전할 때의 일관성입니

돌 지난 아이들끼리 노는 모습

이 시기의 아이는 친구들과 함께 놀 수 있다는 사실은 압니다. 하지만 아이들끼리 함께 놀게 해도 협력해서 노는 경우는 매우 드뭅니다. 한 아이가 옆에서 자동차를 갖고 놀면 다른 아이는 인형을 안고 노는 식이지요. 만일 놀이를 함께 한다 하더라도 어울려 노는 재미를 안다기보다, 단지 재미있는 것이 같은 경우가 대부분입니다. 그렇지만 앞으로 아이에게 친구를 사귀는 일이 발달 과제가 될 것이므로 친구를 접할 기회를 자주 제공하는 게 좋습니다. 단 아이가 두려워하면 억지로 아이들 사이에 두지 말고, 엄마와의 관계에 더 신경을 써야 합니다.

다. 양육자는 아이를 키우면서 엄청난 육아 스트레스에 시달립니다. 그래서 항상 좋은 마음으로 아이를 대하는 것이 어렵지요. 하지만 엄마가 어떤 때는 아이를 예쁘다고 안아 주고 어떤 때는 무관심하다면 아이는 안정된 정서를 형성해 나갈 수 없습니다. 아이가 만난 첫 번째 사람이 부모라는 점을 생각하세요. 아이가 이 첫 번째 사람과의 관계에서 긍정적인 경험을 해야 다른 사람과도 긍정적인 관계를 맺게 됩니다.

또래와 만나는 걸 서두르지 마세요

또래와 만나는 기회를 만들 때에는 서두르지 말고, 아이에게 익숙한 환경에서 시작해야 합니다. 집으로 또래 아이를 데려오거나 자주 보는 이웃과 교류하면서, 아이가 다른 사람을 만나는 것에 천천히 익숙해지도록 해 주세요.

또한 이 시기의 아이는 '나'에 대한 의식은 강해도 '너', '우리'라는 개념은 아직 인지하지 못합니다. 그래서 친구와 잘 놀다가도 서로 장난감을 갖겠다고 싸우기도 하고 울음을 터트리기도 합니다. 이때 부모가 나서서 야단을 치거나 섣불리 중재하는 것은 좋지 않습니다. 자연스러운 현상이니 지켜보되, 아이가 상처받거나 겁을 먹지 않도록 잘 달래고 위로해 주세요.

이 시기에 친구 사이에서 지켜야 할 도리를 아이에게 가르치는 것은 큰 의미가 없습니다. 다만 부모가 할 수 있는 것은 아이가 무의식중에라도 보고 배울 수 있도록 일상생활에서 모범을 보이는 것이지요. 아이에게 "미안해", "고마워"라는 말을 자주 하면서, 다른 사람에게 반갑게 인사하는 모습을 많이 보여 주기 바랍니다.

모든 일을 우는 것으로 해결해요

아이가 우는 것은 당연합니다. 태어나 울음으로 첫 의사를 밝힌 아이는 자라는 내 내 울어 대지요. 넘어져도 울고, 배가 고파도 울고, 야단을 쳐도 울고, 장난감이 있던 자리만 바뀌어도 울고, 심지어 엄마가 얼굴을 찡그리기만 해도 웁니다. 아이가 울 때마다 신경을 곤두세운다면 엄마가 먼저 지칠 겁니다. 아이가 울면 우선 잘 달래서 그치게 한 다음 원인을 찾아봐야 합니다.

'넌 그냥 울어라'는 금물!

돌이 지났는데도 매일 울면서 매달리는 아이를 대하고 있으면 자포자기하는 심정이 들게 마련이지요. 하지만 눈물을 펑펑 쏟고 있는 아이를 앞에 두고 '넌 그냥 울어라' 하고 방관해서는 안 됩니다. 이는 아이가 하는 말에 귀를 막고 있는 것과 같습니다. 돌 이후에도 여전히 아이의 울음은 의사 표현의 수단이기 때문이지요. 또한 이 시기의 아이는 특히 엄마의 무관심이나 외면에 민감하기 때문에, 엄마의 무관심한 모습은 아이의 불안을 가중하는 결과를 초래합니다.

울음의 유형에 따라 대처법도 다릅니다

돌이 지난 아이는 자기가 무엇을 하고 싶거나 갖고 싶을 때 울음으로 해결된 경험이 있을 경우, 무엇을 원할 때마다 계속해서 우는 방법을 택합니다. 또 제멋대로 하고 싶지만 자신이 없거나 어른에게 기대고 싶은 마음을 울음으로 표현하기도 하며, 의사 표현이 제대로 안 되는 것에 스스로 화가 나서 울음을 터트리기도 하지요.

만일 위험하거나 남에게 해가 되는 요구를 들어 달라고 떼를 쓰며 운다면 일단 '안 된다'는 경고를 하세요. 그래도 울면 아이의 시야를 벗어나지 않는 범위 내에서 한 걸음 떨어져 가만히 지켜보세요. 울어도 안 된다는 것을 알게 되면 아이 스스로 방법을 바꾸게 됩니다.

무언가를 하고 싶은데 제 뜻대로 안 됐을 때에도 아이는 웁니다. 예를 들어 아이는 제 몸보다 약간 더 높은 곳을 오르고 싶은데 의지대로 몸을 올리지 못할 때 울음을 터트립니다. 이 시기의 아이에게는 제 뜻을 펼치며 자유를 만끽하는 것도 발달상 중요한 경험이 됩니다. 따라서 아이가 뭔가를 하고 싶어 울음을 터트리면 무조건 혼내고 말리기보다 아이가 그것을 스스로 해 볼 수 있도록 도와주세요.

이유 없이 다가와 칭얼거린다면 그것은 엄마에게 의지하고 싶다는 마음의 표현입니다. 아이가 엄마와의 따뜻한 교감을 원하는 것이지요. 아이가 활동량이 많아 양육자의 고충이 큰 시기이지만, 한 번 더 인내하고 따뜻한 대화, 눈 맞춤, 포옹 등으로 아이 마음을 편안하게 해 주세요.

이 시기의 아이는 감정에 대한 표현력이 미숙합니다. 따라서 운다고 혼내지 말고 어떤 말이 하고 싶은지, 원하는 것이 무엇인지 차근차근 물어보세요. 굳이 말이 아니어도 아이가 손짓이나 표정 등으로 의사 표현을 할 수 있도록 도와주어야 합니다. 이런 경험이 반복되면 아이는 어느새 우는 것 대신 말로 자신의 의사를 표현할 수 있게 됩니다.

자의식

남의 물건도 "내 거야"라며 우겨요

남의 물건을 자기 것이라고 우겨 대며 싸우는 아이의 모습은 키즈카페나 어린이집에서 아주 흔히 볼 수 있는 일입니다. 집에서도 사정은 마찬가지이지요. 또래 아이가 놀러 와서 장난감을 가지고 놀면 제 것이든 아니든 역시나 "내 거야"를 외치며 뺏으려 합니다. 자기 물건에 대해서만 그러는 것이 아니고 남의 물건까지 제 것이라고 우겨 대는 아이를 보면, 어떻게 해 줘야 할지 난처합니다.

자의식 발달로 소유욕이 생기는 시기

아이들은 생후 15~30개월까지 걸음마 시기를 보내면서 자의식이 발달합니다. 엄마와 다른 내가 있다는 것, 엄마의 뜻과 다르게 행동할 수 있다는 것을 알게 되어 이때부터 엄마에게 의존하지 않고 뭐든 스스로 하려고 합니다. 물건을 탐색하는 능력이나 조작하는 능력이 발달하는 것도 바로 이 시기입니다. 또한 물건에 대한 소유욕도 생깁니다. 그래서 아이들끼리 장난감을 두고 싸우게 됩니다. 키즈카페 장난감을 슬쩍 가져오는 일도 있습니다. 물건에 대한 소유욕은 생기기 시작했으나, 남의 물건은 가져오면 안 된다는 것과 내 물건을 나누어 쓸 수 있다는 것을 아직 모르기 때문이지요.

이럴 경우 아이에게 도벽이 생긴 것은 아닐까, 애정 결핍 때문에 그런 행동을 하는 것은 아닐까 걱정하는 부모가 많지만 크게 우려하지 않아도 됩니다. 정상적인 발달 과정에서 나타나는 행동이니까요. 나와 엄마에게만 머물렀던 관심이 친구와 그 친구 물건에까지 미쳐서 그런 행동을 하게 되는 것입니다.

꾸짖지 않아도 문제, 심하게 꾸짖어도 문제

"내 거야" 하며 친구의 장난감을 뺏는 정도는 애교로 봐줄 수 있지만, 남의 물건을 몰래 가져오는 것만큼은 혼을 내서라도 고쳐 주고 싶다고 부모들은 말합니다. 이를 도벽으로 생각하기 때문입니다. 하지만 이 시기에 아이들이 남의 물건을 가져오는 것을 도벽이라고 할 수는 없습니다. 만약 남의 물건을 가져오는 습관이 도벽으로 발전한다면 그 이유는 가정 환경이나 부모의 양육 태도 때문입니다. 습관적으로 남의 물건에 손을 대는 아이들은 대부분 정서적으로 문제가 있습니다.

부모에 대한 애정 결핍으로 물건을 훔쳐 대리 만족을 느끼는 경우가 가장 일반적입니다. 부모의 관심을 끌고자 또는 반항 심리의 한 표현으로 물건을 훔치기도 하지요. 아이가 친구의 물건을 빼앗거나 몰래 가져왔을 때 부모가 보이는 반응도 손버릇에 영향을 미칩니다. 이때 꾸짖지 않고 그냥 넘어가거나 반대로 너무 심하게 꾸짖는다면 도벽이 생길 가능성이 높습니다. 남의 물건을 가지고 오는 것이 나쁜 행동이라는 사실을 인지하지 못하는 아이를 너무 심하게 혼내면 안 됩니다. 잘못하면 아이를 위축시키고 자존감을 잃게 하여, 결과적으로 소극적인 아이로 자라게 만들 수 있습니다.

단호한 어조로 따끔하게 이야기하세요

그렇다고 남의 물건을 가져오는 아이를 그냥 놔둘 수는 없는 일입니다. 먼저 다른 사람의 허락 없이 물건을 가져오는 것은 나쁜 행동이라고 알려 주어야 합니다. 화를 내는 대신 단호한 어조로 따끔하게 이야기해 주세요. 하지만 부모에게 설명을 들어도 아이는 또다시 남의 물건을 가져올 수 있습니다. 아직 논리적인 사고 체계가 서 있지 않기 때문이지요. 이때도 역시 처음과 같은 방식으로 혼을 내야 합니다. 아이의 행동에 대해 부모가 어떨 때는 혼내고 어떨 때는 그냥 지나치면, 그 행동이 나쁘다는 것을 아이는 깨닫지 못합니다. 따라서 잘못에 대해 부모가 일관된 태도를 보여야 합니다.

"싫어"라는 말을 입에 달고 살아요

이 시기 아이들은 세상에서 아는 단어가 '싫어'라는 한마디뿐인 것처럼 "싫어"를 연발합니다. '이래도 싫다, 저래도 싫다'고 반항하는 아이에게 화를 낼 수도 없고, '싫어'라는 말을 곧이곧대로 믿고 놔두면 또 울면서 난리를 치니 부모 속이 속이 아니지요. 꼬마 반항아 때문에 부모들은 하루 종일 이러지도 저러지도 못하고 쩔쩔매기 일쑤입니다. 대체 어찌 된 일일까요?

'싫어'라는 말은 엄마로부터의 독립 선언

아이가 '싫어'라는 말을 하기 시작했다면 이제 더 이상 어제의 아이가 아닙니다. 엄마에게 의존하던 상황을 벗어나 스스로 무언가를 하기 시작한 것이니까요. '싫어'라는 말은 부모로부터의 '독립 선언'이라고도 할 수 있습니다. 더 이상 아기처럼 부모가 시키는 대로 하지 않겠다는 의지의 표현이지요.

진료를 하다 보면 이제 막 반항기에 들어선 아이를 자주 만나게 됩니다. 우리나라에서는 '미운 세 살', 미국에서는 '끔찍한 두 살(Terrible Two)'이라고 불리는 아이들이지요. 이 시기의 아이를 키우는 부모들은 하나같이 이렇게 이야기합니다.

"아이 키우는 게 너무 힘들어요."

전에는 아이가 재롱부리며 엄마 아빠 말을 잘 따라 더할 수 없이 예뻤는데, 이제는 재롱은커녕 말끝마다 "싫어", "아니야"를 연발하니 화가 나기도 한다고요. 그런데 그런 아이를 바라보는 제 마음은 흐뭇하기 그지없습니다. 누가 뭐라고 하지 않아도 자기 발달 단계를 차곡차곡 밟아 가는 아이들이 신기할 따름이지요. 저도 경모와 정모를 키우며 힘든 시간을 보냈으면서 말입니다. 그래서 힘들어 하는 부모들에게 이렇게 이야기해 주곤 합니다.

"지금 아이는 자기 발달 단계를 잘 밟아 가고 있습니다. 자아 형성을 위해 한창 뭐든지 쑤셔 보고, 아무것도 아닌 일 가지고 우길 때입니다. 그렇게 해야 아이가 다음 발달 단계로 나아갈 수 있어요. '나 죽었다' 하고 다 받아 줄 수밖에 없습니다."

보통 돌을 넘긴 아이들은 자기 혼자 걷고, 마음대로 뛰어다닐 수 있게 됩니다. 이제는 부모의 도움이 없어도 스스로 원하는 곳으로 가서 하고 싶은 일을 할 수 있는 능력이 생긴 것입니다.

또한 활동 영역이 넓어지면서 다양한 사물에 흥미를 가지게 되는데, 전에는 손이나 감각으로 사물을 이해하고 느낌을 표현했지만 이제는 머리로 생각하고 의사 표현도 할 수 있게 됩니다. 이는 가히 혁명이라고 할 만한 변화입니다.

이러한 운동 능력과 사고 체계의 발달은 곧 자기주장으로 이어집니다. 무엇이든 혼자 하고 싶어 하고, 어른이 도와주면 싫어하며, 요구가 통하지 않는다고 심하게 화를 내고 떼를 쓰기도 하지요. 세수를 시키려고 해도 혼자서 하겠다고 엄마 손을 뿌리치고, 숟가락을 잘 잡지도 못하면서 한사코 혼자 밥을 먹겠다며 고집을 부립니다. 행여 엎지를까 봐 엄마가 잡아 주려고 하면 막무가내로 혼자서 한다고 우겨 대지요.

변덕이 죽 끓듯 하는 아이들

아이들이 엄마로부터 독립을 시작했다고 해서 그 과정이 순탄한 것은 아닙니다. 엄마와 분리되어 무엇이든 혼자 하려고 하다가도 어느 날은 엄마 옆에 찰싹 달라붙어 떨어지지 않으려 합니다. 어린이집에 잘 가다가 갑자기 안 가겠다고 떼를 쓰고, 엄마 앞에서 까불까불 재롱을 부리다 어느 순간 엄마를 때리는 등 종잡을 수 없는 행동을 보입니다.

이것은 엄마와 한몸이 아니라는 것에 대한 불안과, 자의식이 발달하면서 엄마로부터 독립은 해야겠는데 그것이 뜻대로 안 되는 것에 대한 분노의 표현으로 볼 수 있습니다. 엄마에게 붙어 있을 수도 없고 완전히 떨어질 수도 없는 어정쩡한 상황이 분노를 일으키는 것이지요. 이때는 아이에게 '네가 어떻게 하더라도 엄마는 네 옆에 있을 거야' 하는 믿음을 주는 게 중요합니다. 이 시기의 아이를 키우는 것은 무척 힘듭니다. 그러나 아이는 더 힘들다는 것을 명심하세요. 하고 싶은 것은 많은데 뜻대로 안 되고, 의사 표현도 잘 안 돼 아이는 답답합니다. 그러니 어쩌겠습니까. 아이보다 훨씬 성숙한 어른이 감싸 주고 받아 줄 수밖에요.

자율성과 독립성을 키워 주세요

이때부터는 부모의 양육 태도도 이전과는 달라져야 합니다. 지금까지는 아이를 보호하는 데 주력했다면, 앞으로는 자율성과 독립성을 길러 주기 위해 노력해야 합니다. 이 시기 아이들은 제멋대로 하려는 성향이 강해 부모가 간섭도 많이 하게 됩니다. 하지만 가능하면 아이 행동을 제지하지 않는 게 좋습니다. 대신 아이의 도전이 성공할 수 있도록 소리 없이 도와주고, 성공했을 때는 아낌없이 칭찬하고 보상해 주세요.

만약 아이가 실수를 했다고 야단친다거나, 고집만 부린다며 윽박지른다거나, 부모가 해 주는 대로 가만히 있으라는 식의 태도를 보이면 아이는 수치심을 느낄 뿐만 아니라 어떤 일을 스스로 해 보려는 의지 자체를 상실하게 됩니다. 또한 엄마 아빠를 골탕 먹이는 행동도 하게 됩니다. 예를 들어 야단을 치면 음식을 쏟아 버리는 등 일부러 얄미운 행동을 하는 것이지요. 이것은 이제 아이가 자신이 타인에게 영향을 줄 수 있다는 것을 알기에 가능한 일입니다.

아이의 행동에 대해 비꼬는 투로 이야기하는 것도 피해야 합니다. 아이가 엄마가 먹여 주겠다는데도 싫다며 혼자 먹으려 하다가 밥을 엎었다고 해 봅시다. 이때 "그럴 줄 알았어. 그러니까 엄마가 해 준다고 했잖아" 하고 말하는 것은 최악입니다. 이런 식으로 아이의 독립 욕구에 대해 부정적인 반응을 보이면 아이는 자아 형성을 다음으로 미루게 됩니다.

24개월, 아이 반항의 절정기

"싫어", "아니야"로 시작된 아이의 반항 행동은 24개월 즈음에 절정을 이룹니다. 24개월에 가까워지면 아이는 성인에게서 볼 수 있는 정서를 거의 모두 표현할 수 있게 됩니다. 그 결과 뚜렷한 자의식이 생겨서 반항도 더 심해지는 것이지요. '미운 세 살'이 언제 끝나나 싶어도 지나가면 또 금방입니다. 아이의 반항을 지능 발달과 다양한 정서의 분화 과정으로 여기면 아이와의 힘겨루기에서도 여유를 가질 수 있을 것입니다.

공공장소에만 가면 떼쟁이가 돼요

공공장소에 가면 떼쓰는 아이 때문에 화가 솟구칠 때가 있습니다. 장난감이나 먹을거리, 볼거리가 많은 쇼핑센터에 가면 바닥에 누워 떼를 부리기도 합니다. 이럴 경우 사람들은 쳐다보지, 아이는 고래고래 소리 지르며 울지, 어떻게 대처해야 할지 몰라 당황하게 됩니다. 아이들은 왜 이렇게 떼를 쓰는 것일까요? 또 이를 어떻게 바로잡고 지도해야 할까요?

부모의 미숙한 대처 방식으로 인해 계속되는 떼쓰기

떼쓰기 역시 자아 형성 과정에서 나오는 자연스러운 현상입니다. 아직 말로 자신의 생각을 조리 있게 표현하지 못하기 때문에, 하고 싶은 것을 부모가 막으면 떼를 쓰는 것으로 대신 표현하는 것이지요. 아이가 어느 정도 떼를 쓰는 것은 자연스러운 현상이지만 감당하기 힘들 정도로 떼를 쓴다면 바로잡아 주어야 합니다. 대부분의 부모들은 떼쓰는 아이를 보면서 고집이 세다거나 까다롭다고 이야기합니다. 또한 너무 고집이 세서 원하는 것을 들어주지 않으면 절대 떼쓰기를 멈추지 않는다며 아이의 요구를 들어줄 수밖에 없다고 하지요. 물론 고집 세고 까다로운 아이들이 떼를 심하게 쓰는 것이 사실입니다. 하지만 아이가 떼를 쓸 수밖에 없게 만들고 그 떼의 강도를 높이는 것은 부모의 잘못된 태도입니다.

아이와 함께 쇼핑센터에 갔습니다. 아이가 장난감 코너 앞에서 인형 하나를 잡고 사 달라며 놓지를 않습니다. "다음에 사 줄게", "이러면 다시는 쇼핑하러 안 온다", "엄마 먼저 갈 테니까 알아서 해" 등등 온갖 회유와 협박에도 아이는 꼼짝하지 않습니다. 결국 엄마가 지고 맙니다.

"오늘만 사 주고 절대 안 사 준다. 다음부터는 사 달라고 떼쓰면 진짜 혼나."

인형을 손에 쥔 아이의 귀에는 이 말이 들어오지 않습니다. 그리고 같은 상황이 되었을 때 또 떼로 해결하려 들지요. 이미 떼를 썼을 때 '안 돼'가 '돼'로 바뀌는 경험을 했기 때문입니다.

아이가 떼를 쓸 때는 들어줄 만한 것이면 바로 들어주고, 절대 안 되는 일이면 하늘이 두 쪽 나도 들어주지 않는 결단력 있는 부모의 태도가 필요합니다. 그래야 아이도 자신이 원하는 것을 쟁취하기 위해 목이 터져라 울 필요가 없고, 부모도 그런 아이를 달래느라 기운 빼지 않아도 되지요.

창피함은 순간이고 그 효과는 오래갑니다

공공장소에서 아이의 떼가 심해지는 것 역시 아이가 이미 공공장소에서는 부모가 자기를 엄하게 대하지 못하고, 웬만하면 자신의 요구를 들어준 경험을 기억하기 때문입니다. 쇼핑센터에 갈 때나 대중교통을 이용할 때 만약의 사태를 대비해 사탕이나 과자를 준비하는 엄마가 많습니다. 집에서는 잘 주지 않지만 아이가 떼쓸 때 '당근'으로 사용하기 위해서지요.

이처럼 아이를 데리고 공공장소에 갈 때 엄마들의 마음은 이미 약해져 있습니다. 이런 상태에서 아이가 떼를 쓰면 다른 사람 보기에 창피해서 어쩔 수 없이 아이의 요구를 들어주게 됩니다. 집에 돌아와 아이에게 떼쓰는 것은 옳은 행동이 아니라고 아무리 이야기해도 아이에게는 '쇠귀에 경 읽기'일 뿐입니다. 이미 상황은 끝났고 아이는 자신이 원하는 것을 쟁취했기 때문이지요. 이때는 한 번쯤 무안을 당할 각오를 하고 아이에게 단호한 모습을 보이는 것이 좋습니다. "무식하게 애를 저렇게 다루네",
"웬만하면 하나 사 주지 애를 울리네" 이런 목소리가 들려도 무시하며 아이의 떼에

떼쓰는 아이를 변화시키는 다섯 가지 방법

① 위험하지 않은 요구는 적당히 들어주기
부모의 잦은 "안 돼"는 아이의 의욕을 무너트리고 아이를 떼쟁이로 만듭니다. 단, 절대로 안 되는 일에 떼를 쓰면 처음에는 부드럽게 타이르고 계속 떼를 쓰면 단호하게 안 된다는 것을 표현해야 합니다.

② 자리를 피해 버리기
떼를 쓰는 것이 지나쳐 뒹굴거나 물건을 던지면 위험한 물건을 치우고 일단은 지켜보세요. 그래도 계속 떼를 쓰면 아이를 안고 그 자리를 아주 피해 버리는 게 좋습니다.

③ 침착하게 타이르기
아이가 마음을 가라앉히면 아이를 안아 주고 잘못에 대해 인정하도록 침착하게 타이릅니다.

④ 그 순간을 모면하기 위해 보상하지 않기
떼를 쓸 때 관심을 돌리기 위해 장난감을 사 준다고 약속하는 것은 절대 안 됩니다. 아이가 떼쓰는 일을 횡재하는 일이라고 생각할 수 있습니다.

⑤ 형제나 다른 아이와 비교하지 않기
비교는 아이로 하여금 엄마에 대한 믿음을 잃게 합니다. 뿐만 아니라 자존심에 금이 가 자존감이 낮은 아이로 자라게 만듭니다.

절대 넘어가지 않는 모습을 보여야 합니다. 이때 제가 엄마 아빠들에게 하는 말이 있습니다.

"창피함은 순간이고 그 효과는 오래갑니다."

부모가 공공장소에서 떼쓰는 아이 행동에 단호한 모습을 보이면 아이는 떼쓰는 것으로 문제를 해결하려 하지 않게 됩니다.

무시하기, 칭찬과 병행할 때 효과적

아이의 문제 행동에 대한 훈육법 가운데 하나로 '소멸 원리'가 있습니다. 아이가 옳지 않은 행동을 할 때 관심을 보이지 않으면 그 행동이 저절로 소멸된다는 것이지요. 예를 들어 밥을 안 먹고 숟가락을 가지고 장난만 하는 아이에게는 밥을 먹으라고 권하는 것보다 "밥 다 먹었으니 치운다" 하고 밥상을 깨끗이 치우는 것이 더 효과적입니다. 그러면 밥상 앞에서 뭉그적거리는 아이의 버릇이 사라지지요.

떼를 쓸 때도 마찬가지입니다. 부모가 아무리 이야기하고 달래도 떼쓰기를 멈추지 않을 때는 아이의 행동을 무시하고 멀찌감치 떨어져서 아이의 행동을 지켜보는 것이 효과적입니다. 사람이 많이 다니는 곳이어서 아이의 행동이 다른 사람에게 방해가 된다면, 아이를 사람이 없는 한적한 곳으로 데리고 가는 것이 좋습니다. 그리고 여전히 무시하는 태도를 취하는 것이지요.

결국 아이는 스스로 분을 가라앉히고 부모에게 오게 됩니다. 그러면 아이의 잘못을 지적해 주고, 떼쓰느라 지쳤을 아이의 몸과 마음을 위로해 주세요. 떼쓰기뿐 아니라 아이의 잘못된 행동을 고칠 때도 무시하기 방법은 효과적입니다. 잘못된 행동에 대해 부모가 무관심한 태도를 보이면 아이는 그 행동이 자신을 표현하는 데 아무 도움이 되지 않는다는 것을 알고 포기합니다.

무시하기와 병행해야 하는 것이 칭찬입니다. 잘못된 행동은 무시하되, 바른 행동을 했을 때는 칭찬을 해 줘야 행동을 고칠 수 있습니다. 아이가 떼를 쓸 때 야단을 치는 것보다 떼를 쓰지 않을 때 칭찬을 해 주는 것이 중요합니다. 아이가 착한 행동을 하면 즉시 칭찬을 해 주고 안아 주세요. 칭찬은 고래도 춤추게 하고, 아이의 잘못된 행동도 그치게 합니다.

우리 아이, 혹시 자폐 스펙트럼 장애가 아닐까요?

부모들은 아이가 조금만 이상한 행동을 보여도 자폐 스펙트럼 장애를 의심합니다. 언론 매체에 소개된 자폐 스펙트럼 장애에 관한 이야기를 보고 있자면 부모로서는 자폐 스펙트럼 장애가 무척 두렵게 느껴질 것입니다. 현대 과학으로도 아직 그 원인이 밝혀지지 않았습니다만, 조기에 발견할수록, 부모가 정성을 기울일수록 치료 효과가 높은 것이 자폐 스펙트럼 장애입니다.

자폐 스펙트럼 장애란

자폐 스펙트럼 장애(Autism spectrum disorder)란 언어와 의사소통, 사회화 및 행동 영역에 걸친 발달상의 장애를 말합니다. 어떤 것에 심하게 집착하거나 반복 행동과 습관이 있으면서 언어 발달상에 문제가 있고, 사회성도 떨어지는 증상을 보이지요. 자폐아의 비정상적인 행동은 아이가 사람들과 의사소통을 못해 나타나는 갈등의 결과라고 할 수 있어요. 따라서 자폐아를 치료하기 위해서는 의사소통과 언어 습득을 위한 여러 가지 노력이 필요합니다.

자폐 스펙트럼 장애는 여자보다 남자에게 다섯 배나 더 많이 발생하며, 뇌 발달의 문제가 주된 원인입니다. 또한 임신기에서부터 생후 30개월 이전의 세균 감염도 그

한 원인으로 지목되기도 합니다. 뇌의 특정 부분에 손상을 입으면 자폐 스펙트럼 장애를 일으키는 게 아니라 어느 부분이든 손상을 입으면 자폐 스펙트럼 장애를 일으킬 수 있습니다.

자폐아에게 반드시 나타나는 세 가지 증상

① 눈 맞춤을 하지 못함

정상적인 아이는 생후 3개월이 되면 눈을 맞추기 시작하지만 자폐아들은 눈을 잘 마주치지 못합니다. 부모가 의도적으로 눈을 맞추려고 해도 앞에 사람이 존재하지 않는 것처럼 눈을 맞추지 못하고 허공을 응시하는 경우가 많습니다. 정상적인 아이는 엄마를 알아보기 시작하면서 누워 있기보다는 안겨 있기를 더 좋아하고, 안아 달라고 팔을 내뻗거나 안아 주었을 때 좋아서 소리를 내기도 합니다. 그러나 자폐아는 안아 줬을 때 품에 포근히 안기지 않고, 업어 줘도 매달리지 않은 채 늘어집니다. 오히려 신체적인 접촉을 피하기도 하지요. 이와 더불어 자폐아들은 낯가림이나 엄마와 떨어졌을 때 나타나는 분리 불안을 보이지 않습니다.

이러한 무반응적인 행동과 엄마를 찾지 않고 혼자 잘 있는 것을 보고 아이가 순하다고 오해하기가 쉽기 때문에 세심한 관찰이 필요합니다. 한 가지 덧붙이자면, 또래 아이들에게 관심을 갖기 시작할 시기에도 자폐아는 다른 아이에게 전혀 관심을 보이지 않고 혼자 있으려고 하는 특징을 보입니다.

② 말이 늦고 같은 말을 되풀이함

언어 장애는 모든 자폐아에게 나타나는 특징입니다. 자폐아는 전반적으로 언어 발달이 늦는 편인데, 어떤 아이는 5세 이후에도 말을 전혀 못 하기도 하지요. 정상아의 경우 생후 3~4개월에 옹알이를 하면서 부모의 관심을 끌려고 하는데, 자폐아에게서는 이러한 옹알이가 잘 보이지 않습니다. 대체로 아이들은 말은 못해도 부모를 쳐다보고 좋아하고, 생후 8개월쯤 되면 부모가 하는 말을 흉내 내는데 자폐아에게서는 이런 모습도 보이지 않습니다. 또 이름을 불러도 반응이 없지요.

생후 9~15개월이면 아이는 '엄마'나 '밥' 같은 하나의 단어로 의사소통을 하기 시작하고 생후 18~20개월이면 두 단어를 조합해 "엄마 밥" 하고 말을 하는데, 자폐아는 이런 형태로 언어를 발달시키지 못합니다. 어느 정도 성장을 하고 나서는 말을 하더라도 다른 사람이 한 말을 그대로 되풀이하는 경우가 많지요. 그래서 텔레비전에 나오는 광고 문구나 노래 가사 등은 똑똑히 따라 하면서도, 그것을 의사소통하는 데 적용하지 못합니다. 말을 할 때는 문장이 아닌 단어로 표현하고, 억양이 비교적 고음이며, 발음이 괴상하게 들리는 경우가 많습니다.

③ 환경 변화에 대한 저항이 큼

자폐아는 자기가 알고 있는 것과 자기가 이미 해 오던 행동만을 계속하려 합니다. 따라서 지나친 상상력과 환상을 가지고 늘 같은 놀이 활동과 간단한 일만 되풀이합니다. 특정한 물건에 강한 애착을 느껴서 그것이 없으면 울고불고 난리를 치지요. 비정상적인 행동을 반복해서, 장난감 자동차 바퀴만 몇 시간씩 돌리거나 책장을 넘기는 행동을 되풀이하기도 합니다. 또한 조금만 환경에 변화가 생겨도 이를 참지 못하고 화를 냅니다. 편식도 심해서 새로운 음식

아이가 자폐아 진단을 받았다면

아이가 병이나 장애를 갖고 있는 경우 부모는 죄의식을 갖기 쉽습니다. 하지만 죄책감은 아이의 행동과 특성을 이해하고 완화시키는 데 전혀 도움이 되지 않습니다. 오히려 마음의 부담만 가중시켜 적절한 치료를 어렵게 만들기 때문에 죄의식에서 빨리 벗어나는 것이 중요합니다.

또한 아이를 최대한 정상아와 많이 접촉하도록 도와주어야 합니다. 아이가 보이는 행동이 특이해서 이목을 끌고 다른 사람들이 불편해하는 것 때문에 힘이 들겠지만, 아이를 위해 꼭 필요한 일입니다. 나중에 정상인과 어울려 생활할 수 있기를 바란다면 다른 아이들과 자주 접촉함으로써 그 아이들을 흉내 내고 배울 수 있는 기회를 마련해 주어야 합니다.

자폐 스펙트럼 장애를 치료할 때는 부모의 역할이 가장 중요합니다. 아이에 대해 어느 누구보다 잘 알고 가장 많은 시간을 아이와 함께 보내기 때문이지요. 부모가 제 몫을 다하기 위해서는 무엇보다 전문적인 정보와 조언을 구하기 위해 항상 노력해야 한다는 걸 잊지 말아야 합니다.

자폐 스펙트럼 장애는 치료 시간도 오래 걸리고, 효과도 더디게 나타납니다. 하지만 공을 들인 만큼 나아지는 것이 바로 자폐 스펙트럼 장애입니다. 따라서 이 마라톤에서 지치지 않도록 부모가 평소에 감정을 잘 추스르고 건강하고 활기차게 지내야 합니다.

은 전혀 입에 대지 않고 늘 같은 음식만 먹으려 하기도 하지요.

자폐 스펙트럼 장애는 2세 이전에도 진단이 가능하고 치료가 빠르면 빠를수록 효과가 좋습니다. 따라서 아이가 자폐 스펙트럼 장애로 의심되면 서둘러 전문의를 찾아 상담을 해 보는 것이 좋습니다. 또 부모는 정상 발달에 대해 충분히 알고 있어야합니다. 즉 정상적인 언어·사회성·운동 발달이 어떠하다는 것을 알아야 자폐아가 앞으로 어떤 발달 과정을 거쳐야 하는지 알고 대처할 수 있습니다.

만약 앞에 나열한 증후들은 없고 단지 소심하고 조금 우울해하는 경우라면 걱정하지 않아도 됩니다. 성장 환경과 부모의 양육 태도를 점검하고 보다 정성을 기울여 아이를 돌보면 되지요.

자폐 스펙트럼 장애와 비슷한 유사 자폐

유사 자폐란 자폐와 똑같이 아이가 자기 세계에 갇혀 마음을 열지 않는 병입니다. 처음에는 말이 늦고, 주변 사람들에게 무관심하고, 변화를 두려워하는 등의 사소한 증상을 보이지만, 그냥 방치할 경우 유치원이나 어린이집 생활이 불가능해지는 병입니다. 사실 의학적으로 '유사 자폐'라는 진단명은 없습니다. 그러나 선천적 자폐 스펙트럼 장애와 비슷한 증상을 보이되 그 원인이 다른 곳에 있을 때 유사 자폐라는 말을 종종 씁니다.

① 후천적으로 점차 증상이 드러나는 유사 자폐

선천적인 자폐 스펙트럼 장애는 생후 초기부터 증상을 보이지만, 유사 자폐는 생후 초기에는 문제를 보이지 않다가 엄마의 양육 태도에 문제가 있을 때 서서히 증상이 나타납니다. 표정이 점차 없어지고, 엄마에게 뭔가를 요구하지 않고, 한 가지 장난감이나 놀이에 몰두하면서 전체적으로 발달이 떨어지게 됩니다. 다행히 선천적인 자폐는 완치가 힘들지만 유사 자폐는 조기에 발견해 치료하면 비교적 단기간에 회복이 가능합니다.

② 엄마와 세상에 대한 불신감이 그 원인

유사 자폐의 원인은 아이가 엄마와 세상에 대한 신뢰를 형성해 가는 세 돌 이전에 제대로 된 보호와 사랑을 받지 못했기 때문입니다. 엄마가 너무 바빠서 아이와 잘 놀아 주지 않았을 때, 혹은 아이를 대신 맡아 준 사람이 아이에게 무관심했을 때, 아이에게 지속적인 스트레스를 주었을 때, 아이의 능력을 넘어서는 과도한 학습을 강요했을 때 등이 그 예가 됩니다. 사람 대신 디지털 기기와만 소통하는 경우에도 발생할 수 있습니다.

아이가 유사 자폐 증상을 보이거나 진단을 받았다면 가장 먼저 아이의 1차 애착 대상인 엄마의 양육 태도를 고쳐야 합니다. 병을 간과할 경우 그 어떤 질병보다 아이에게 치명적일 수 있습니다. 그러므로 가급적 사회성과 정서를 담당하는 뇌가 성장하는 세 돌 이전에 치료하는 것이 좋습니다.

성격

성격 좋은 아이로 키우는 법 좀 알려 주세요

부모라면 누구나 '내 아이가 이런 아이가 되었으면' 하는 바람이 있을 것입니다. 그중 대표적인 것이 '성격 좋은 아이'가 아닐까 합니다. 아무리 똑똑한 아이라도 성격에 문제가 있으면 올바른 성인으로 자라기 힘들기 때문입니다. 그래서인지 어떻게 하면 성격 좋은 아이로 키울 수 있는지 물어보는 부모가 많습니다.

가족 구성원들의 관계가 성격 형성에 영향

신생아실에 있는 아이들은 대개 생김새나 하는 행동이 비슷해 보입니다. 하지만 자세히 관찰해 보면 얼굴은 물론 환경과 자극에 대한 반응도 제각각이지요. 어떤 아이는 움직임이 많고 환경 변화에 예민하게 반응하는 반면, 어떤 아이는 자극을 줄 때까지 별다른 반응을 보이지 않습니다. 백지 상태에 비유되는 아이들이 이런 개인차를 보이는 것은 어째서일까요?

생명의 활동은 아빠의 정자와 엄마의 난자가 합쳐지는 순간부터 시작됩니다. 경험이나 학습의 기회를 갖지 못한 신생아가 각기 다른 반응과 행동을 보이는 것은 유전자에 의해 각기 다른 기질을 타고났기 때문이지요. 하지만 기질만으로 성격을 설명할 수는 없습니다. 아이들의 기질은 태어난 후의 성장 환경과 상호작용을 하면서 발달하기 때문이지요. 인간이 태어나고 성장해 가는 환경인 가정이 아이의 성격 형성에 매우 큰 영향을 미친다는 것은 누구나 알고 있는 사실입니다. 특히 가정 환경 가운데 성격 형성에 중대한 영향을 미치는 요인은 '가족 구성원 간의 관계 맺기'입니다.

사랑을 많이 받은 아이가 성격이 좋습니다

부모의 성격과 신체적 건강, 심리적 안정성, 사회적·경제적 지위, 부부 관계, 스트레스의 정도 등이 아이가 가진 기질과 건강, 사회적 반응성 등과 어떻게 상호작용하는가에 따라 아이의 성격이 형성됩니다. 예를 들면 기질이 순한 아이라도 돌보는 부모가 불안하여 일관되고 적절한 반응을 해 주지 못하면, 아이는 불안한 경험을 많이 하게 되어 까다로운 성격이 됩니다. 반대로 돌보기 힘들고 까다로운 기질을 가진 아이라 하더라도 부모가 적절하게 반응해 준다면 아이는 안정적으로 상호작용을 해 원만한 성격을 가질 수 있지요. 어찌 보면 다 부모 하기 나름입니다.

영·유아기에 형성된 부모와 아이의 애착 정도는 외부 세계에 대한 아이의 태도를 결정지으며 성격 발달에 큰 영향을 미칩니다. 즉 영·유아기에 안정적으로 부모와 애착이 형성된 아이는 이후의 발달에서 다른 사람

성격 좋은 아이로 키우기 위해 해야 할 일

① 아이를 일관성 있게 대하기
같은 일을 가지고 어떤 때는 혼내고 어떤 때는 혼내지 않으면, 아이는 올바른 사회 규범을 배울 수 없습니다.

② 자율성을 키워 주기
부모의 지나친 간섭이나 과잉보호는 아이의 성격 장애를 유발하는 요인이 되기도 합니다. 아이 스스로 성공을 해 보는 경험이 많을수록 아이는 자신감이 있는 사람으로 자랍니다.

③ 사랑을 듬뿍 주기
세 돌 전까지 엄마와의 애착이 잘 형성되면 아이의 정서 발달 과정에서 생길 수 있는 많은 문제를 예방할 수 있습니다. 엄마가 우울증으로 인해 아이를 귀찮아하거나 엄마가 아이에게 너무 집착할 경우 감정을 조절하지 못하거나 배려심 없는 아이로 자랄 가능성이 높습니다.

④ 부모도 감정 표현을 솔직하게 하기
아이가 부모의 감정을 이해하고 적절히 대처해 나가다 보면 사회성이 좋아지게 됩니다. 이런 아이들은 정서 발달이 원활해서 자신과 타인의 감정을 빨리 알아차리고, 잘 반응해 주게 되니까요.

에 대한 신뢰감뿐 아니라 자신에 대한 긍정적인 생각도 발달시키게 되지요. 이런 아이는 사회적 상호작용도 잘하고 리더십이 있으며, 안정적인 탐색 활동을 보입니다. 이렇듯 부모와 안정적인 애착 관계를 이룬 아이들이 사회적으로 더 적응력 있는 성격을 갖게 된답니다. 그러니 성격 좋은 아이로 키우려면 부모 역할에 충실하세요.

매사에 의욕이 없고 소심해요

아이가 자꾸 움츠러들고 의기소침해 있으면 걱정이 되게 마련입니다. 그래서 '왜 이렇게 소심하지?', '소아 우울증은 아닌가?', '내가 뭘 잘못했나?' 하고 생각하게 되지요. 아이가 매사에 의욕이 없고 소심한 것은 자아 존중감, 즉 자신을 소중하게 생각하고 사랑하는 마음이 부족하기 때문입니다. 자아 형성 시기에 자아상에 상처를 입으면 이런 현상이 나타날 수 있습니다.

자아 존중감을 키우는 것이 최우선 과제

아이의 자아 존중감을 키워 주는 것은 아이의 장래를 위해서도 매우 중요한 일입니다. 자아 존중감을 키워 주기 위해서는 부모의 세심한 배려가 필요하지요. 우선은 아이의 욕구를 존중해 주세요. 예를 들어 책을 읽을 때 아이는 집중할 수 있는 시간이 짧아 금방 싫증을 내고 얼굴을 돌려 버립니다. 이럴 때는 아이의 행동을 존중해 그냥 두어야 합니다. 아이는 자극을 받아들이는 중간 중간에 휴식 시간을 가져야 하기 때문입니다. 이렇게 사소한 것 하나하나에 아이는 존중받고 있음을 느끼면서 자신이 소중한 존재라고 생각하게 됩니다.

놀이에 몰입할 때는 방해하지 마세요

집중력은 아이들에게 있어 지능과 사고 체계를 발달시키는 매우 중요한 기초 능력입니다. 아이들은 아주 어릴 때에도 어떤 사물에 매력을 느끼면 한동안 그것에 집중하지요. 만약 아이가 자기 손가락을 유심히 바라보고 있으면 방해하지 말아야 합니다. 또 아이가 놀고 있을 때 목욕을 시키거나 책을 읽어 주거나 뭘 사러 나가야 한다는 등의 이유로 놀이를 자꾸 중단시키면 안 됩니다. 아이가 놀이에 몰두할 수 있도록 조용한 장소를 놀이 공간으로 마련해 주면 집중력 향상에 도움이 되지요.

아이의 자아 존중감을 높이려면 작은 것이라도 스스로 이루게 해야 합니다. 작은 것이라도 성공해 본 경험은 아이에게 행복감을 불어넣고, 다시 성공하고 싶다는 느낌을 갖게 합니다. 또 스스로 무엇이든 할 수 있다고 느끼게 하지요. 이런 느낌은 아이가 실패에 대한 두려움 없이 문제를 해결하는 원동력이 됩니다.

이 모든 일이 가능하기 위해 선행되어야 할 것은 안정적이고 행복한 가정 환경을 만드는 것입니다. 부모가 자주 싸우거나 우울한 모습을 보이면, 아이는 자신을 존중하고 사랑하는 법을 배우지 못합니다. 자아 존중감은 인간에게 필요한 덕목 중 하나입니다. 내 아이가 평생 지니고 살아갈 큰 자산 중 하나이지요. 그걸 키워 주기 위한 부모의 역할을 늘 기억하세요.

우리 아이, 왜 이렇게 산만할까요?

새 장난감도 1분만 가지고 놀면 싫증을 내고, 그림책도 서너 장 넘기기가 무섭게 다른 책으로 손을 뻗고, 이리저리 뛰노는 것을 좋아하는 아이를 둔 부모는 아이가 산만한 것은 아닌지 걱정합니다. 육아 방법에 잘못이 있었나 자책하기도 하지요.

부모의 양육 태도가 산만한 아이를 만듭니다

이 시기에 산만한 아이들은 기질적으로 그런 것일 수도 있지만, 대개는 부모의 양육 태도에 의해 산만한 성향을 보이는 경우가 많습니다. 산만한 아이의 부모는 대체로 지나치게 허용적인 양육 태도를 보입니다. 허용적인 태도가 아이의 자율성을 키우는 좋은 방법이기는 하지만, 지나치면 아이는 해도 좋은 것과 해서는 안 되는 것의 경계를 몰라 불안을 느끼게 되지요. 그 불안감 때문에 산만한 행동이 나오는 것입니다. 반대로 부모의 간섭이 많을 때도 산만해질 수 있습니다. 아이가 놀이에 열중하고 있을 때 다른 장난감을 주거나 중간에 끼어들면 아이의 집중력이 떨어지고 산만해지는 거지요. 그러므로 아이가 집중하고 있을 때는 방해하지 않는 것이 좋습니다.

집중력을 키우기 위한 환경 만들기

아이가 좋아하는 것에 빠져 충분히 놀게 하세요. 한 놀이에 1분 이상 집중하지 못하고 다른 놀이를 찾는 아이라면 우선 그 아이가 가장 좋아하는 놀이부터 시켜 보세요. 일단 한 가지 놀이를 통해 집중력을 키운 다음 그 집중력을 바탕으로 다른 분야에도 관심을 가질 수 있도록 유도하는 것이지요. 작은 일이라도 아이 스스로 뭔가 해내면 칭찬을 해 주어야 합니다. 장난감을 스스로 정리했다거나, 저 혼자 책 한 권을 모두 봤다면 아낌없이 격려하고 칭찬해 주세요. 아이에게 성취의 기쁨을 느끼게 하는 것도 집중력을 높이는 방법입니다.

생활의 규칙을 정해 주는 것도 효과적인 방법입니다. 장난감은 정리함에, 책은 책꽂이에 정리하게 하는 등 규칙을 정해서 지키게 하는 겁니다. 사소한 규칙이라도 반드시 지키게 해야 합니다. 규칙을 정해 주면 아이의 산만함을 덜어 줄 수 있으며, 산만함으로 인해 생기는 불안도 없어질 것입니다.

충분한 영양과 휴식을 취하게 하는 것도 중요합니다. 몸이 피곤하면 아이들은 자극을 쉽게 받아 차분해지기가 어렵습니다. 이것이 산만함의 이유가 되지요. 따라서 신체적으로 피로하지 않게끔 충분한 영양을 섭취하게 하고, 조용하고 편안한 상태에서 깊은 수면을 취하도록 해야 합니다.

주변 환경을 차분하게 만들어 주세요. 집 안이 어수선하면 아이는 집중이 되지 않아 쉽게 산만해질 수 있습니다. 항상 집 안을 정돈하고, 아이가 가지고 노는 장난감의 수도 조절해 주세요. 그리고 집에서는 되도록 차분한 목소리로 이야기를 나누는 것이 좋습니다.

또 사람이 많은 음식점이나 백화점 같은 곳을 자주 가는 것은 별로 좋지 않습니다. 아이가 자극적인 환경에 노출되는 것을 피해야 산만함이 커지는 것을 막을 수 있습니다. 또한 놀이든 공부든 식사든 한 번에 한 가지만 하게 해 주세요. 한꺼번에 여러 가지 활동을 하다 보면 자연히 주의가 산만해집니다. 밥 먹을 때 텔레비전을 켜 두거나 그림책을 볼 때 장난감을 옆에 두는 식의 상황은 피하는 것이 좋습니다.

무서움을 많이 타는 아이, 정서 발달에 문제가 있는 것은 아닐까요?

유난히 무서움을 많이 타고 작은 일에도 깜짝깜짝 놀라곤 하는 아이들이 있습니다. 어떤 아이는 어두운 장소에는 절대 들어가지 않으려 하고, 어떤 아이는 할아버지들만 보면 울음을 터트리기도 하지요. 하지만 아이들의 무서움증은 심각하게 걱정할 일은 아닙니다. 특히나 정서 발달에는 아무 문제가 없습니다. 오히려 정서가 풍부하게 분화되고 있기 때문에 일어나는 일이지요. 다만 걱정해야 할 것은 무서움이 지나치면 아이가 소극적이 되고 호기심이 저하된다는 점입니다. 부모는 아이의 호기심이 위축되지 않도록 사랑과 용기를 줘야 합니다.

엄마와 떨어지는 것에 대한 불안에서 나타나는 감정 표현

무서움이나 두려움은 어떤 일이 생겼을 때 괴로울 것을 미리 아는 상태에서 생기는 감정입니다. 아이들은 커 가면서 세상에 대한 지식을 쌓게 됩니다. 그러면서 무섭고 두려운 일이 많아지지요. 지능이 발달하고 감정이 세분화되기 때문에 무서움도 느끼게 되는 것입니다. 아무 생각이 없는 아이들은 커다란 개나 독사도 무서움 없이 만지려 듭니다.

그러나 아이가 본능적으로 무서워하는 것도 있습니다. 바로 엄마와 떨어지는 일입니다. 아이에게 엄마라는 존재는 생존과 연관되어 있기 때문입니다. 아이는 엄마가 없으면 먹을 수도 없고, 어디에 몸을 의지해야 할지도 모릅니다. 무언가를 무서워하면 우선 아이를 따뜻하게 안아 위로하면서 아이의 감정에 공감해 주어야 합니다. 그리고 항상 엄마가 곁에 있다는 것을 알려 주면 분리 불안을 극복하고 차츰 용기를 내어 무서워하던 대상을 향해 다가갈 것입니다.

무서워하는 대상에 따른 대처법

아이들마다 경험이 다르고 자극 받는 일이 다르기 때문에 무서워하는 대상도 다릅니다. 하지만 대개는 어둠이나 낯선 상황, 낯선 소리, 낯선 사람 등을 무서워하지요. 상황별 대처 방법은 다음과 같습니다.

① 불을 끄고 자는 것을 무서워하는 아이

아이가 잠을 자면서 불을 끄지 못하게 하는 것은 자다 깼을 때의 기분이 유쾌하지 않기 때문입니다. 잠에서 깬 아이는 어둠 때문에 주위를 파악할 수 없는 상태에서 창문이 덜컹거리는 소리, 째깍째깍 시계 소리, 천둥소리, 빗소리를 듣고 두려움을 느낍니다. 한번 이런 느낌을 받은 아이는 낮에도 어두운 환경을 싫어하지요. 밝은 대낮에도 불을 켜려고 하고, 조금 어두운 방에도 혼자 들어가지 못하고 울어 댑니다. 이럴 때는 평소에 아이가 조용한 환경에서 자도록 해야 합니다. 흥분한 상태에서 자면 더 깨기 쉽고, 그렇게 깨면 어둠을 더 무서워하게 되기 때문이지요. 아니면 작은 불빛을 남겨 두어 자다 깨도 무서워하지 않도록 아이를 배려하는 것도 도움이 됩니다. 아이를 따로 재운다면 아이가 잠이 들 때까지 옆에 있고, 아이가 깨면 즉각적으로 달려가 안아 주고 달래 줘야 합니다.

② 병원에만 가면 우는 아이

아이가 15개월 이상 되면 병원에서 주사를 맞은 기억 때문에 병원 안으로 들어가기만 해도 울기 시작합니다. 야단을 치거나 달래도 아무 소용이 없지요. 이때는 병원에 가기 전에 아이와 함께 병원놀이를 해서 병원에 친숙해질 수 있는 기회를 마련해 보세요. 또 대기실 등에서 평소 아이가 좋아하는 장난감을 주어 긴장을 푸는 것도 도움이 됩니다. 단, 주사를 맞지 않으면 몸이 더 아프게 된다고 협박하거나 엄포를 놓아서는 안 됩니다. 아이를 더 무섭게 할 뿐이니까요. 아이가 주사를 맞고 치료를 모두 마친 후에는 칭찬과 함께 보상을 해 주세요. 아이의 무서움에 공감해 주고 위로해 주는 것이 해결의 원칙입니다.

③ 동물만 보면 무서워하는 아이

어떤 아이는 동물을 보면 깜짝 놀라거나 자지러지게 웁니다. 동물이 무서운 이유는 큰 소리로 짖거나 갑작스럽게 가까이 다가오는 것이 두려움을 일으키기 때문입니다. 또 아이가 동물에게 상처를 입은 일이 있어도 동물을 무서워하지요. 아이가 동물을 가까이해도 안전하다는 생각을 하게 되면, 더 이상 동물을 보고도 울지 않습니다. 엄마가 먼저 동물을 가까이하고 쓰다듬으면 아이도 서서히 다가오지요. 단, 동물이 있는 곳에서는 우유나 과자를 먹지 못하게 해야 합니다. 동물은 본능적으로 행동하기 때문에 우유나 과자를 보고 충동적으로 물려고 덤빌지도 모르기 때문입니다.

④ 낯선 상황을 무서워하는 아이

낯선 상황에서 예민한 반응을 보이는 아이는 부모가 모르는 사이에 아이가 폭력적인 상황을 접하고 심하게 놀란 일이 있지 않았는지 생각해 봐야 합니다. 특히 시끄러운 소리나 어두운 분위기를 싫어하는 아이라면 이 같은 경험을 한 후에 한동안 움츠러들고 엄마에게서 잘 떨어지지 않으려 합니다. 이때는 무서워하지 않도록 아이가 새로운 것을 접할 때 엄마가 옆에 있어 주는 것이 좋습니다.

어떤 상황에서든 부모의 지지와 사랑이 두려움을 없애는 가장 큰 힘이 되지요. 새로운 상황을 무서워하는 것을 그냥 간과하면 아이는 호기심을 발휘하지 못하고 나아가 학습 능력이나 학습 욕구도 떨어지게 됩니다.

⑤ 목욕을 싫어하는 아이

목욕하는 것을 무서워하는 아이는 목욕을 하기 위해서 놀이를 갑자기 중단하는 것이 싫거나, 목욕하면서 눈이나 코에 비누 거품이 들어간 경험이 있거나, 소리나 촉각에 지나치게 예민한 경우입니다. 목욕에 대한 두려움을 없애는 가장 좋은 방법은 큰 욕조에서 엄마와 아이가 함께 목욕하는 것입니다. 그리고 아이가 싫어할 요소들을 줄여 주는 것이지요. 미끄러지지 않게 미끄럼 방지 매트를 붙이고, 샴푸 캡을 씌워 눈과 귀에 물이 들어가지 않도록 하고, 옷 벗는 것을 싫어하면 위를 먼저 씻긴 다음 옷을 입히고 아래를 씻깁니다. 또 물 위에 아이가 관심을 가질 만한 장난감이나 목욕할 때 볼 수 있는 그림책을 띄워 놓는 것도 좋습니다. 목욕을 하는 욕실 자체에 공포를 갖는다면 대야나 아기 욕조를 거실이나 방에 놓고 씻겨 볼 수도 있을 것입니다. 그래도 안 되면 목욕 횟수를 당분간 줄이는 것도 방법입니다. 싫고 무서운 것을 억지로 시키면 스트레스만 받게 되니까요.

놀이 & 학습

아이에게는 놀이가 좋다는데, 왜 그런가요?

아이에게 놀이는 단순한 즐거움 이상의 의미를 지닙니다. 어른들의 머릿속에 있는 '놀이'는 즐거움을 주는 활동이고, '학습'은 재미없지만 목적을 달성하기 위해 꼭 필요한 활동이지요. 이렇게 대부분은 놀이와 학습을 따로 보고 어떻게 해서든 학습을 시키려는 경향이 있습니다. 그러나 아이에게는 놀이가 곧 학습입니다.

아이가 놀이를 통해 얻는 것들

저명한 교육학자 프뢰벨은 놀이를 가리켜 '아이들이 자라는 과정 자체'라고 했습니다. 실제로 태어난 지 얼마 되지 않은 아이도 손가락을 빨거나 눈앞에 보이는 풍경을 이리저리 탐색하면서 욕구와 호기심을 채우며 즐거움을 느낍니다. 이는 아주 초보적인 단계의 놀이임과 동시에 세상에 적응하는 학습의 과정이지요. 아이가 놀이를 통해 얻는 것들을 살펴보면 다음과 같습니다.

① 정서 순화

낮 동안에 신나게 뛰어놀아야 밤에 잘 자고, 그래야 집중력이 좋아져 호기심과 학습 능력도 발휘할 수 있습니다. 또한 놀이 욕망을 충분히 충족시키고 발산하면 즐겁고 명랑한 아이가 되지요. 이런 아이가 자라면 참기 힘들고 지루한 일이라도 열심히 하는 행복한 어른이 됩니다.

② 삶의 법칙을 배움

프뢰벨은 아이가 어른과 함께 놀이를 할 때 교육의 가장 깊은 의미인 '삶의 조화'를 깨닫게 된다고 했습니다. 엄마와 함께 하는 놀이는 인간관계를 체험하게 해 주며, 놀이 속에 숨어 있는 삶의 법칙을 자연스럽게 터득하게 해 줍니다. 훈계나 강의를 통해 터득하는 것보다 훨씬 쉽고 자연스럽게 다가올 뿐 아니라 오래 기억되지요.

③ 두뇌 발달

아이는 놀이를 통해 주변의 사물이나 장난감 등 새로운 것에 흥미를 가질 수 있고, 여러 사물을 관찰하고 경험하면서 자연스럽게 색깔이나 크기 등을 배우게 됩니다. 이 과정을 통해 새로운 지적 호기심이 생기고 이를 채워 가며 성장하게 되지요. 또한 현실을 놀이 속으로 끌어들여 마음껏 상상하고, 크고 작은 문제를 나름대로 판단하고 해결합니다. 그래서 잘 노는 아이가 똑똑한 아이가 되는 법입니다.

④ 몸을 고루 발달시켜 튼튼하게 자람

재미있는 놀이에 빠져 밀고, 당기고, 달리는 사이에 몸이 저절로 단련되고 골고루 발달합니다. 따라서 조금 번거롭더라도 아이에게 마음껏 움직이며 놀 수 있는 충분한 공간과 여건을 만들어 주는 것이 곧 좋은 교육 환경을 제공하는 길입니다.

놀이의 발달 단계

아이가 돌이 지나면 사회성 발달을 위해 문화센터에 데리고 다니는 등 또래 친구와 접촉하는 기회를 자주 갖게 하려고 노력하는 부모가 많습니다. 그러면서 아이가 친구와 어울려 놀지 못하거나, 장난감을 양보하지 않거나, 친구를 때리면 사회성에 문제가 있는것은 아닌지 걱정을 하곤 하지요. 하지만 세 돌까지는 사회성 발달이 잘 이루어지지 않으며, 자신과 주변을 탐색하는 정도밖에 하지 못합니다. 아이들의 놀이는 크게 세 단계로 나눌 수 있습니다.

① 평행 놀이 단계

세 돌까지의 아이들이 노는 모습을 보면 다른 아이를 쿡쿡 찌르거나 껴안고, 상대방의 장난감을 쳐다보는 등의 탐색을 합니다. 그러다가 관심을 돌려 엄마와 놀려고 하거나 혼자 놀이에 빠지기도 하지요. 이는 발달상 자연스러운 모습으로 이때 사회성이 없는 건 아닌가 하는 걱정은 하지 않아도 됩니다.

② 연합 놀이 단계

세 돌이 지난 아이들은 조금씩 친구에게 관심을 가지고 함께 놀려고 합니다. 하지만 어른이 생각하는 대로 적극적인 상호작용을 하며 노는 것이 아니라, 같은 공간에서 같은 놀이를 하는 것을 즐깁니다. 예를 들어 키즈카페에서 놀 때 한 아이가 기차 놀이를 시작하면 다른 아이들도 장난감 기차를 들고 놀기 시작합니다. 이를 연합 놀이 단계라고 하지요.

③ 협동 놀이 단계

네 돌이 지나면 아이들은 또래 친구들과 노는 즐거움을 알게 됩니다. 그래서 부모와 놀기보다는 친구들과 노는 것을 더 좋아하지요. 이때의 놀이는 활발한 상호작용을 통해서 이루어집니다. 규칙을 즐기면서 놀고, 다른 아이의 기분을 헤아려 자신의 것도 양보할 줄 알게 되는 것이지요. 이런 상호작용을 통해 아이들의 사회성은 비약적으로 발전합니다.

똑똑한 아이로 만들려면
어떻게 해야 하나요?

조기 교육이니 영재 교육이니 하는 학습 열기는 식지도 않고 부모들의 마음을 들었다 놓았다합니다. 세 돌이 안 되었는데 영어로 노래를 술술 하는 아이의 동영상을 보게 되면 왜 그렇게 내 자식은 모자라 보이는지……. 아이를 똑똑하게 키우고 싶은 부모들의 욕심은 한도 끝도 없습니다.

가르친다고 똑똑해지지는 않습니다

엄밀히 말해 아이를 똑똑하게 만드는 것은 지식을 가르친다고 되는 일이 아닙니다. 영·유아기에 두뇌를 자극하는 것은 책이나 장난감이 아니라 엄마의 육아 태도와 방식입니다. 이 사실을 모르고 무작정 돈을 들여 원어민 영어 과외니 글짓기니 하는 학습을 시키다 보면 아이 가슴에 멍이 들게 됩니다. 소아 정신과에 오는 아이들 중에 조기 교육 때문에 마음의 병을 얻은 아이가 얼마나 많은지 아시나요? 그런 아이들을 볼 때마다 저는 분통이 터집니다. 아이를 똑똑하게 만드는 것은 절대 '지식 가르치기'가 아닙니다. 아이를 기르는 사람라면 누구나 하루에도 몇 번씩 "안 돼!", "지지야" 같은 말을 하게 마련입니다. 아이가 혹여 지저분한 것을 먹거나 만질까 봐, 또 다칠까 봐 전전긍긍하지요. 그런데 그 말도 자주 하다 보면 자신도 모르게 습관이 됩니다. 때로는 별로 위험하거나 지저분하지 않아

멍청한 아이를 만드는 부모의 습관

1. 아이가 묻는 말에 성의껏 대답해 주지 않는다.
2. 아이에게 무관심하고 육아에 게을러서 보살펴 주지 않고 놀아 주지 않는다.
3. 아이가 하는 일마다 사사건건 간섭하고 통제한다.
4. 아이를 혼낸 후 달래지 않고 재운다.

도 본인이 편하기 위해 아이의 행동을 제약하게 되는 거지요. 이런 말은 아이의 호기심을 자꾸 막게 되어 좋지 않습니다. 결과적으로는 두뇌 발달을 방해하게 됩니다.

아이의 지적 능력은 부모의 사랑과 비례합니다

부모가 아이의 질문에 대답을 안 하거나 성의 없이 답해 주면서 똑똑한 아이가 되기를 기대하는 것은 어불성설입니다. 두 돌 즈음의 아이는 호기심이 왕성하고 질문도 많습니다. "이건 뭐야?", "저건 왜 그래?" 하면서 끊임없이 주변의 모든 것에 궁금증을 갖고 질문을 하지요. 이때 부모가 어떻게 대답해 주느냐에 따라 아이의 지적 능력에 큰 차이가 나게 됩니다. 아이가 똑똑하게 자라길 바란다면, 아이의 호기심을 존중해 주면서 무엇이든 함께 탐색하고, 질문에 성실히 대답해 줘야 합니다.

부모의 무관심은 아이가 똑똑해지는 것을 어렵게 합니다. 무관심한 부모 밑에서 자란 아이는 자극 받을 기회가 별로 없어 반응도 느리고 두뇌 활동도 현저하게 떨어지게 됩니다. 아이에 관한 일이라면 유난히 부지런한 부모들이 있는데, 그 열정으로 부지런히 아이를 돌보고 놀아 준다면 아이들의 지적 수준이 훨씬 높아질 겁니다. 또한 똑똑한 아이를 만들려면 가능한 한 아이를 자유롭게 해 주어야 합니다. 그래야 호기심과 탐험심이 자랍니다. 엄격한 분위기에서 통제받으며 자란 아이는 정서적으로 위축되어 새로운 것을 배우고 싶은 동기가 떨어지지요. 특히 부모에게 자주 벌을 받거나 맞은 아이는 불만이 누적되고 흥미와 열의가 떨어져 창의적인 사고를 할 수 없게 되며 지능도 떨어지게 됩니다.

또 주의해야 할 것은 아이를 혼내고 달래 주지 않으면 격한 감정이 뇌 속에 그대로 기억되어 나쁜 영향을 준다는 사실입니다. 엄마에게 서운한 감정을 갖고 잠자리에 들면 자는 동안 그 감정을 그대로 간직해 불안한 상태가 되는데, 이런 상태는 뇌 발달에 매우 좋지 않습니다. 야단을 쳤더라도 아이가 잠들기 전에는 부드럽게 달래서 뇌 속에 남아 있는 나쁜 감정을 없애 주어야 합니다.

배변 & 잠

자기 조절

말

습관

놀이 & 장난감

교육기관

형제 관계

자신감 & 사회성

부모와 아이

3~4세

● 25~48개월 ●

몸과 마음을 조절하는 힘이
생기기 시작합니다

남과 다른 내가 있다는 것을 이미 알게 된 3~4세 아이들은 여러 가지 방법으로 자신에 대해 알아 갑니다. 또한 몸을 움직이며 자신의 신체 능력을 파악하고, 여러 가지 요구를 하고 그 요구가 해결되는 과정을 통해 자기 조절력을 배워 나갑니다.

두 돌을 넘긴 아이들은 아직 자기 조절력이 약해 자신이 하고자 하는 일을 금지당했을 경우 떼를 쓰거나 공격적인 행동으로 좌절감을 표현하기도 합니다. 이런 행동은 세 돌이 넘어가면서 조금씩 줄어듭니다. 자기 조절력이 그만큼 생겼기 때문이지요. 그래서 이때부터 친구와 놀기 시작하고, 약간의 학습도 가능해집니다. 이 시기에는 아이가 떼를 쓸 때 잘 대처해서 아이 스스로 조절력을 키워 갈 수 있게 하는 것이 가장 중요합니다.

두 돌, 자기 조절이 미숙해 떼쓰기로 표현

이 시기의 아이들은 더욱 발달한 신체적 능력을 바탕으로 더 많은 탐색을 하고, 더 많은 말썽을 부리고, 더 많은 사고를 치게 됩니다. 이런 특성은 모든 아이들에게 마찬가지입니다. 그래서 우리나라에서는 이 시기의 아이를 '미운 세 살'이라고 부르고, 만으로 나이를 세는 미국에서는 '공포의 두 살(Terrible Two)'이라고 하지요.

이때는 자기 조절이 안 되어 나타나는 떼쓰기가 정점에 이릅니다. 길바닥이나 쇼핑센터에서 자기 요구를 들어주지 않는다며 드러누워 난리 치는 아이들 대부분은 두 돌 전후라고 보면 됩니다. 이 시기의 아이를 키우는 부모들은 아이의 떼가 너무 심하고 때로는 공격성을 보인다며 걱정을 하지만 지극히 정상적인 행동입니다. 아직 자기의 마음을 조절할 수 있는 힘이 없기 때문에 떼쓰기로 표현하는 것뿐이지요. 오히려 부모의 말을 고분고분하게 듣는 아이들은 자아 발달에 이상이 있을 수 있습니다.

아이들은 상황이 자기 뜻대로 되지 않아 극도의 분노를 느꼈을 때 그것을 표출하기 위해 온갖 짓을 다 합니다. 자지러지게 우는 것은 물론 던지고, 침 뱉고, 꼬집고, 토하고, 때리는 등 다양한 문제 행동을 보입니다. 제 아이들의 경우에도, 경모는 자기 뜻대로 되지 않을 때마다 먹은 것을 게워 내곤 했고, 정모는 종종 물건을 집어 던졌습니다. 이런 행동은 부모가 '해도 되는 일'과 '하면 안 되는 일'을 구분해 주고, 그 원칙을 잘 지켜 아이를 규제하면 조금씩 줄어들게 됩니다.

아이는 자신이 떼를 쓸 때 부모가 말리면 자신의 행동이 좋지 않다는 것을 깨닫게 됩니다. 특히 엄마와 관계가 좋은 아이들은 엄마가 자기의 행동을 싫어하는 기색을 보이면 떼쓰기를 멈춥니다. 이 시기에는 '내가 때리면 맞은 사람이 아프겠지' 하는 생각은 하지 못합니다. '내가 너무 난리를 쳐서 사랑하는 엄마가 나를 미워하면 어쩌나' 하는 것이 유일하게 아이 마음을 컨트롤합니다. 아주 초보적인 양심이라고 할 수 있지요. 그러므로 아이가 떼를 쓸 때 같이 큰소리를 치며 아이 행동을 제재하기보다는 실망하는 표정으로 "네가 그렇게 하니까 엄마가 슬퍼" 하고 이야기하면 웬만한 아이들은 떼쓰기를 멈춥니다. 덧붙여 말하자면, 이런 의미에서도 아이와 애착 관계를 잘 형성하는 것이 중요하겠지요.

그런데 떼를 너무 자주 부리고, 오랫동안 이어지는 아이들이 있습니다. 뇌에 문제가 있거나 까다로운 기질을 가진 아이들, 엄마와의 관계에 문제가 있는 아이들의 경우가 대표적입니다. 때로는 세 가지 요인이 복합되어 나타나기도 하는데, 원인을 파악하고 근본적인 해결책을 찾아야 합니다. 부모 스스로 원인 파악이 힘들 때는 전문의의 도움을 받는 것도 좋습니다.

세 돌, 자기 조절력이 내면화되기 시작

세 돌이 지나면 자기 조절력이 상당히 발달하여 기분 나쁜 것도 조절할 줄 알고, 대소변도 가릴 수 있게 됩니다. 그래서 36개월이 지나야 유치원을 갈 수 있게 되는 것입니다. 지능도 월등히 발달하는데, 이는 아이들이 노는 모습을 보면 알 수 있습니다. 두 돌 때까지만 해도 아이들은 인형을 업거나 칫솔을 가져다 인형에게 '치카치카'를 시켜 주는 등 현실 생활을 흉내 내는 놀이를 많이 합니다. 그러던 아이들이 세 돌이 되면 상상 놀이를 시작합니다. 즉, 소꿉놀이를 하면서 엄마 아빠 역할을 정해서 노는 등 상상을 가미해서 노는 것이지요. 이렇게 상상 놀이를 하면서 아이들은 지적으로 성장하고 창의력도 키우게 됩니다.

이는 모두 자기 조절력이 바탕이 되었을 때 가능한 일입니다. 이 시기에 자기 조절력을 갖추지 못한 아이들은 뜻대로 되지 않는 몸과 마음에 휘둘려 지적 발달이 늦어지게 됩니다. 상상 놀이를 하다가도 감정 조절이 안 돼 친구와 싸움을 벌이고, 친구와 노는 도중에 소변을 지린다면 제대로 된 놀이를 할 수 없으니까요.

두 돌 때 병이 나거나 이런저런 이유로 자기 조절력을 키우지 못한 아이들은 세 돌 때에 두 돌 아이가 하는 행동을 보이곤 합니다. 떼를 쓴다거나 단순한 놀이를 하는 등 말입니다. 이때는 아이가 충분히 그 과정을 밟을 수 있도록 놔두어야 합니다. 그래야 자기 조절력을 기를 수 있습니다. 발달심리학에서 보았을 때 아이들은 각 시기에 맞는 발달 과제를 갖게 됩니다. 예를 들어 두 돌에 언어 발달이, 세 돌에 대소변 가리기가 발달 과제 중 하나입니다. 이 발달 과제를 완수하지 못하면 아이들은 다음 단계로 넘어가지 못합니다. 따라서 아이가 자기 나이에 맞지 않는 놀이를 하더라도 충분히 하게 해 줘야 합니다. 그래야 자기 조절력을 기르고 제 나이에 맞는 행동을 하게 되고, 정서적인 성숙을 바탕으로 다음 단계인 인지 발달 단계로 넘어가게 됩니다.

언어 발달이 쑥쑥, 아이 질문에 무조건 대답하기

두 돌이 지나면 아이들이 사용하는 언어에는 하루가 다르게 변화가 나타납니다. 이 시기에 아이들이 가장 많이 하는 말이 "이게 뭐야?", "왜?"와 같은 말입니다. 아이가 이 같은 말을 하며 귀찮을 정도로 똑같이 물어 온다고 해도 충분히 대답을 해 주어야 합니다. 이 과정은 아이의 언어 발달을 돕는 동시에 세상에 대한 호기심을 충족시켜 인지 발달에도 큰 도움을 줍니다. 부모가 자신의 질문에 대해 충분히 대답해 주면, 아이는 자신이 존중받고 있다는 느낌을 받게 되고 자기가 가진 호기심을 더욱 발전시켜 나가게 됩니다.

이처럼 아이들은 끊임없이 물어보고 부모의 대답을 들으면서, 하루에 약 5~6개의 단어를 익히고, 말할 때 1000여 개의 단어를 이용할 수 있게 됩니다. 명사만 연결해 의사 표현을 하던 아이들이 명사에 조사를 붙이고, 동사를 함께 써 문장으로 말하기 시작합니다. 보통 두 돌쯤에는 "엄마 밥 줘", "아빠 다녀오세요"처럼 단어 두세 개로 이루어진 문장을 말할 수 있게 되지요.

또한 이 시기에는 어른들이 하는 말을 그대로 따라 하는 경우가 많습니다. 엄마가 늦게 들어오는 아빠를 보고 "아이고, 지겨워 정말"이라고 말하면 어느 순간 아이가 똑같이 그 말을 따라 합니다. 그러므로 아이가 바른 말, 고운 말을 배울 수 있도록 엄마 아빠가 먼저 바른 말, 고운 말을 쓰는 데 유념하세요.

엄포는 절대 효과적이지 않습니다

3~4세 아이를 둔 엄마 아빠는 하루가 어떻게 가는지 모를 정도로 정신이 없습니다. 아이가 언제, 어디서, 어떤 사고를 칠지 몰라 늘 촉각을 곤두세워야 하기 때문이지요. 틈만 나면 벽에 낙서를 하고, 다른 아이를 때려 상처를 내고, 뜨거운 냄비에 손을 댑니다. 아무리 자아 형성을 위해 하는 행동이라지만 때론 너무하다 싶은 생각도 들지요. 이 시기의 아이를 둔 부모들은 아이에게 '하면 안 되는 것'을 가르치기를 힘들어합니다. 아무리 부드럽게 이야기를 해도 매번 똑같은 사고를 치는 아이를 어떻

게 당해 내겠습니까. 게다가 아이가 사고를 치면 그 뒤처리는 모두 부모가 해야 하기 때문에 순간적으로 화가 나서 무섭게 소리를 칠 때가 있습니다. 그리고 엄포를 놓고는 하지요.

"너 자꾸 이러면 장난감 안 사 줄 거야."

하지만 이런 말도 소용없이 아이는 또 같은 행동을 반복합니다. 한 심리학 연구에서 이와 관련하여 재미있는 실험을 한 적이 있습니다. 먼저 아이를 두 부류로 나누어 상자를 하나씩 주었습니다. 한 부류의 아이들에게는 "상자 안에 있는 것을 만지면 안 된다"라고 부드럽게 이야기했습니다. 다른 부류의 아이들에게는 "상자 안에 있는 것을 만지면 혼난다"라고 엄포했습니다. 그리고 아이들끼리 있게 놔두었습니다. 결과는 어떻게 되었을까요?

상자 안에 있는 것을 만진 아이는 두 부류 모두 30퍼센트로 비슷했습니다. 그런데 3개월 후에 같은 실험을 실시했는데 전혀 다른 결과가 나왔습니다. 엄포를 놓았던 부류의 아이들 중 70퍼센트가 상자 안에 있는 것을 만진 반면, 부드럽게 이야기한 부류의 아이들은 그 전과 마찬가지로 30퍼센트만 만졌습니다. 이 실험은 무서운 말로 아이를 다루는 것은 당장 그때는 효과가 있을지 몰라도 시간이 흐르면 오히려 역효과가 난다는 것을 보여 줍니다.

따라서 아이의 행동을 제지할 때 무섭게 말하는 것은 좋지 않습니다. 엄마의 화가 풀리기에는 좋을지 몰라도 교육적 효과는 하나도 없습니다. 대신 왜 그런 행동을 하면 안 되는지 이유를 설명해 주세요. 또한 "그렇게 해야 착한 아이지"라고 말하기보다는 아이의 행동에 부모가 어떤 감정을 느끼는지 이야기해 주는 것이 더 효과적입니다.

"네가 떼를 쓰면 엄마가 너무 속상해."

"여기에 올라가면 넘어질 수 있고, 네가 다치면 엄마도 마음이 아파."

이렇게 엄마의 감정을 이야기해 주면 아이는 행동을 좀 더 쉽게 바꾸게 됩니다.

'엄마 – 나'의 일대일 관계에서 '엄마 – 아빠 – 나'의 삼각관계로

이 시기에 자신의 성별을 알게 되면서 아이들은 이성의 부모에게 성적인 매력을 느끼고 사랑하게 됩니다. 그런데 아이가 사랑하는 사람 옆에 떡 하니 아빠 혹은 엄마가 버티고 있습니다. 그동안 엄마와 나, 아빠와 나의 일대일 관계만 맺어 오던 아이가 엄마와 아빠의 사이를 인식하게 되면서 '엄마 – 아빠 – 나'의 삼각관계를 만드는 것이지요. 이때 남자아이들은 엄마의 사랑을 독차지하기 위해 아빠를 질투하는 '오이디푸스 콤플렉스'를 보이고, 반대로 여자아이는 아빠를 사랑하고 엄마를 적대시하는 '엘렉트라 콤플렉스'를 보입니다.

그렇게 동성의 부모를 질투하고 경쟁하다 한계를 느낀 아이는 '저 사람을 닮자'라는 결론을 내리고 모든 것을 따라 하게 됩니다. '엄마가 사랑하는 아빠를 따라 하면 엄마가 나도 사랑할 것'이라는 생각에서이지요. 여자아이들이 엄마를 따라 화장을 하고, 남자아이가 아빠를 따라 못질을 하는 것은 이런 이유 때문입니다. 그렇기에 엄마는 딸에게, 아빠는 아들에게 바람직한 역할 모델이 되어 주어야 합니다.

특히 남자아이들에게는 아빠의 영향력이 큽니다. 아빠들은 아이에게 규칙을 세우고 엄격히 규제하는 편입니다. 그런데 이런 규칙을 너무 강조하면 아이는 아빠를 무서워하게 됩니다. 무서운 아빠를 따라 하는 아이는 폭군이 될 확률이 높습니다. 반대로 솜방망이 기준을 가지고 있는 아빠를 보고 배우는 아이들은 사회성 발달에 문제가 생길 수 있지요. 따라서 적당히 엄하고, 적당히 자애로운 아빠의 모습을 보여 주어야 합니다.

아들에게 아빠의 자리는 무척 중요합니다

딸 셋에 아들 하나를 둔 엄마가 세 돌이 막 지난 막내아들을 데리고 병원을 찾은 적이 있습니다. 그 엄마는 아들이 치마를 입으려고 하고 분홍색만 좋아해서 아들의 성 정체성이 생물학적 성 정체성과 다른 건 아닌가 하고 고민하고 있었지요. 그런 건 아니었습니다. 가정환경을 살펴보니 이 아이는 아빠가 장기간 해외에 나가 있어 어렸을 때부터 엄마와 누나 등 여자에 둘러싸여 자랐더군요. 매일 엄마와 누나가 치마를 입고, 분홍색을 좋아하는 모습을 보면서 자연스럽게 따라 하게 된 것이지요.

3~4세 남자아이들에게 아빠는 무척 중요한 존재입니다. 오이디푸스 시기를 거치면서 건강한 남성성을 배워야 하기 때문입니다. 그런데 이때 이혼이나 해외 파견 등의 이유로 아빠가 곁에 없으면 위와 같은 일이 나타나기 쉽습니다. 또한 엄격히 규제를 하는 사람이 없어 도덕성 발달도 지연될 수 있습니다. 아빠가 어쩔 수 없이 아이와 함께할 수 없다면 삼촌이나 동네 이웃 아저씨 등 남자 어른과 자주 만나게 해주는 것이 좋습니다. 남자 어른과 같이 목욕탕도 가고 놀이도 하면서 남성으로서의 역할을 배우게 해 주세요.

이 시기 부모 사이에 갈등이 깊은 경우에도 아이는 성 역할을 제대로 배우지 못합니다. 남편을 싫어하는 엄마들은 아이가 아빠를 따라 하면 질투를 느끼고 아빠와 접촉하지 못하도록 막는 경우가 있습니다. 이렇게 가족으로부터 아빠를 소외시키면 '아빠는 나쁜 사람이다. 따라 하지 마라' 하는 메시지를 아이에게 지속적으로 전달하게 됩니다. 그러면 아이는 아빠를 등한시하고 마마보이가 되고 말지요. 남성으로서의 정체성에 직격탄을 받아 '그럼 나는 어떻게 해야 하나' 하며 불안해할 수도 있고요. 이런 상황은 딸에게도 영향을 미칩니다. 딸은 엄마 아빠의 갈등 상황을 보면서 '나도 엄마처럼 아빠에게 미움을 받을 수 있구나' 하는 생각을 하게 됩니다. 그러면 딸도 마찬가지로 건강한 여성성을 발전시켜 나갈 수 없습니다. 부부간의 불화는 이렇게 당사자들에게뿐만 아니라 아이에게도 악영향을 미칩니다.

엄마 아빠와 관계가 좋을 때 사회성 발달

세 돌 즈음의 아이는 인간관계에 있어 '엄마 - 아빠 - 나', 셋만 중요하게 생각합니다. 가끔 친구와 놀기는 하지만 엄마 아빠가 부르면 친구와 놀다가도 쪼르르 달려가지요. 네 돌이 지나야 이 삼각 구도에 친구까지 집어넣을 수 있는 여유가 생깁니다. 물론 이 시기의 아이들도 친구와 노는 것을 좋아합니다. 하지만 상당히 주관적입니다. 장난감을 사이좋게 가지고 놀다가도 심사가 뒤틀리면 친구를 때리기도 합니다. 아직은 친구와 의견이 다를 때 그 상황에 어떻게 대처해야 할지 잘 모르기 때문이지요. 또 혼자서 놀다가 친구가 옆에 있으면 10분 정도 같이 놀고 다시 혼자 놀기도 합니다.

부모들은 아이의 이런 모습을 보며 사회성이 부족한 것이 아닌가 하는 걱정이 들겠지만, 이렇게 가족이 아닌 다른 사람과 대면하는 것 자체가 사회성이 발달하고 있다는 신호입니다. 또한 알아 두어야 할 것은 이 시기에 아이의 사회성에 가장 큰 영향을 주는 것은 다름 아닌 부모라는 사실입니다. 엄마 아빠에게 충분한 사랑을 받은 아이는 그 애착 관계를 바탕으로 친구를 사귀게 됩니다. 또 엄마 아빠가 서로 대화하며 의견을 조율하는 과정을 보면서 친구와 타협하는 방식도 배웁니다. 만약 엄마 아빠가 매일 싸우면서, 아이에게는 친구들과 잘 지내라고 하면 아이는 어찌할 바를 모르지요. 보고 배운 것이 없는데 어떻게 잘 지낼 수가 있겠습니까.

아이가 사회성에 문제가 있다고 느껴지면 먼저 엄마 아빠의 모습을 되돌아보아야 합니다. 아이와 애착 관계가 원만하고 부부 관계도 좋은데, 아이가 친구 관계에 어려움을 겪는다면 조금 더 클 때까지 기다려 보는 것이 좋습니다.

배변 & 잠

아이가 아직까지 기저귀를 차고 다녀요

육아 책에 의지해 아이를 키우는 부모들의 경우 아이가 18개월만 되면 대소변 가리기에 온 신경을 씁니다. 여기에 기저귀를 하루빨리 떼었으면 하는 마음도 보태져, 아이가 두 돌이 넘었는데도 대소변을 잘 가리지 못하면 전전긍긍하게 됩니다. 조급한 마음에 아이를 채근하거나 아이가 실수를 했을 때 크게 혼내기도 하지요. 그래서 아이가 두 돌이 넘었는데도 대소변을 가리지 못해 걱정이라며 찾아오는 엄마들도 있습니다. 하지만 혼낸다고 해서, 조바심 내고 다그친다고 해서 대소변을 잘 가리게 되는 것은 아닙니다. 아이의 발달 과정을 잘 이해하고, 아이 각각에게 맞는 적절한 훈련이 필요합니다.

18개월쯤 시작되어 36개월에 완성

·· 대소변을 가리는 시기는 아이마다 다릅니다. 18개월 전에 대소변을 가리는 아이도 있고, 그 이후에 대소변을 가리는 아이도 있으므로 괜히 다른 아이와 비교하며 스트레스를 받지 않는 것이 좋습니다. 18개월부터 자율신경계에서 방광과 항문 조절을 시작하기 때문에 거기에 맞춰 배변 훈

련을 하라는 것이지, 배변 훈련은 두 돌 전후에 시작해도 큰 문제는 없습니다. 대소변을 일찍 가린다고 머리가 좋은 것도 아니고, 대소변을 늦게 가린다고 성장 발달이 늦는 것도 아닙니다. 물론 아이가 일찍 대소변을 가리면 손이 덜 가 아이 기르는 것이 한결 수월해지겠지만, 그것은 어디까지나 부모 입장이지요. 아이에게는 특별히 좋을 것도 나쁠 것도 없습니다.

대소변 가리기에 있어 중요한 것은 부모의 여유 있는 마음가짐입니다. 대부분의 아이들은 21개월이 되면 대변이 마려운 것을 느낄 수 있고, 27개월이 되면 낮에는 대변을 가릴 수 있게 됩니다. 그다음 낮에 소변을 가리고, 좀 지나면 밤에도 소변을 가릴 수 있게 됩니다. 그러다 36개월쯤이 되면 자연스럽게 대소변을 가리게 되지요.

대소변 가리기는 아이가 태어나서 스스로 해야 하는 일 중 가장 중요한 것입니다. 아이가 대소변을 가린다는 것은 항문 근육의 발달을 뜻할 뿐 아니라, 그만큼 정서 발달이 이루어졌음을 의미하기 때문이지요. 그러니 대소변을 가리는 것 자체도 중요하지만 아이가 스스로 해냈다는 성취감을 가지는 것 역시 중요합니다. 그래서 저는 부모들에게 무조건 배변 훈련을 빨리 하려고 하지 말고 아이가 준비될 때까지 느긋하게 기다리라고 강조합니다. 또한 아이가 대소변 가리기에 관심을 갖는 순간을 놓치지 않고 잘할 수 있도록 격려해 주고 방법을 알려 주는 것이 부모가 가져야 할 자세입니다.

너무 다그쳐도, 너무 내버려 두어도 문제

프로이트는 18개월부터 36개월까지 시기를 항문기로 정의했습니다. 항문기에는 대변을 참고 있거나 배설하는 데에서 쾌감을 얻는다고 합니다. 그래서 이 시기의 아이들은 유난히 똥과 관련된 이야기를 좋아하고, '방귀'나 '똥구멍' 같은 말을 입에 달고 살기도 합니다. 바로 이 항문기에 배변 훈련이 시작됩니다. 이때 아이는 처음으로 자신의 본능적 충동을 외부로부터 통제받는 경험을 하게 됩니다. 만일 부모가 엄격하고 강압적으로 배변 훈련을 하면, 아이는 규칙과 규범에 지나치게 얽매이게 되어 독립성과 자율성을 키울 수 없게 됩니다. 또한 대변이라는 '더러운 것'에 대한 거부감이 생겨 성인이 되었을 때 결벽증이 나타날 수 있습니다. 반대로 배변 훈련을 허술하게 하면, 규칙이나 규범을 전혀 신경 쓰지 않고 제 마음대로 하는 독불장군식의 성격을 발달시키므로 주의해야 합니다.

변기를 장난감처럼 친숙하게

아이들 중에는 변기에 앉는 것 자체를 거부해서 대소변을 옷에 봐 버리는 경우도 있습니다. 그러니 아이가 대소변을 가릴 준비가 된 것 같다면 먼저 아이가 변기와 친숙해지도록 도와주어야 합니다. 아기 변기를 눈에 잘 띄는 곳에 두고 변기에 앉는 것 자체가 기쁘고 즐거운 일이라는 점을 자연스럽게 느끼도록 하는 것이지요. 만약 아이가 일반 변기에 앉아도 무서워하지 않고, 변기나 변기 주변이 아이에게 위험하지 않다면 굳이 아기 변기를 사용하지 않아도 됩니다. 그런 다음에는 아이의 대변 보는 시간을 체크해서 그 시간에 변기에 앉힙니다. 아이가 변을 보는 동안 아이 앞에 앉아 함께 힘주는 흉내도 내고 노래도 불러 주면서 변을 보는 일을 즐겁게 느끼도록 도와주세요. 변기에 변을 잘 보았을 때는 칭찬도 듬뿍 해 주시고요.

대소변을 잘 가리는 방법은 반복 연습밖에 없습니다. 처음에는 잘 안 되더라도 여러 번 시도를 하면 잘하게 되니 인내심을 가지고 계속해서 연습을 시켜야 합니다. 대변을 가린 후에는 소변을 가리게 됩니다. 이때도 마찬가지로 아이가 소변을 볼 시간에 변기에 앉게 한 다음 그 시간을 즐기도록 해 주세요. 남자아이의 경우 어른들처럼 서서 눌 수 있게 깡통을 대 주는 것이 좋습니다.

대소변과 관련한 동화책을 읽어 주는 것도 요령

아이들에게 친숙한 그림을 통해 배변 습관을 길러 주는 것도 좋은 방법입니다. 서점에는 배변이나 똥에 관련한 그림책이 많이 나와 있어요. 이 시기의 아이들은 책 속 주인공과 자신을 동일시하기 때문에 대소변을 가리는 주인공을 보면서 따라 하려는 마음을 갖게 됩니다. 화장실에 가서 바지를 내리고 일을 본 다음 물을 내리고 손을 씻는 과정을 재미있게 다룬 그림책을 통해 대소변 가리기뿐 아니라 뒤처리 방법까지 자연스럽게 알려 줄 수 있습니다.

대소변이 더럽다고 느끼지 않게 해 주세요

항문기의 아이들은 자신의 대소변을 통해 만족감을 느끼기도 합니다. 스스로 만들어 냈기 때문이지요. 그래서 대소변을 보고 나면 만져 보고 싶어 합니다. 이때 부모가 "안 돼. 만지지 마"라고 부정적으로 이야기하면 자신이 더러운 것을 만들었다는 생각에 죄책감을 느끼기도 합니다. 그렇다고 만지게 내버려 두라는 말은 아닙니다. 이렇게 이야기해 주세요.

"우리 ○○가 참 예쁜 똥을 눴구나. 그래서 만지고 싶은 거지? 그런데 똥에는 벌레가 많아. 벌레들도 ○○의 똥을 좋아하거든. 네가 똥을 만진 손을 입으로 가져가면 벌레들이 네 몸속으로 들어가겠지? 그러니까 만지지 않는 것이 좋아."

이렇게 대소변이 더러운 것이 아니라 예쁜 것이라는 개념을 심어 주면 배변 훈련을 원활하게 진행할 수 있습니다.

실수했을 때 뒤처리는 아이 스스로

배변 훈련을 하는 과정에서 아이들은 실수를 하게 마련입니다. 이때는 엄하게 야단치지 말고 너그럽게 대해 주세요. "너무 급해서 바지에 실수를 했구나? 괜찮아. 그럴 수 있어" 하고 죄책감을 느끼지 않도록 아이의 마음을 위로해 주는 것이지요. 특히 아이들은 소변이 마려울 때 실수를 곧잘 합니다. 어느 정도 소변을 가릴 수 있게 되었는데도 옷에 실수를 한다면 조금 태도를 바꿀 필요가 있습니다. 실수를 할 때마다 소변은 변기에 눠야 한다거나 소변이

우리 아이는 대소변을 가릴 준비가 되었을까?

대소변을 가릴 수 있는 시기는 아이 기질에 따라, 발달 상태에 따라 다릅니다. 하지만 아이의 행동을 살펴보면, 배변 훈련을 시킬 때가 되었는지 가늠해 볼 수 있습니다. 다음과 같은 기준을 두고 내 아이의 행동을 관찰해 보세요.

1. 소변을 4시간 정도 참았다가 한 번에 쌀 수 있다.
2. 대변을 일정한 시간에 본다.
3. 혼자 걸어가서 변기에 앉을 수 있다.
4. 엄마 아빠가 화장실에서 볼일을 보는 것을 따라 한다.
5. "싫어", "안 해" 등의 말을 하고 자기주장이 늘어난다.
6. 바지나 치마를 올리고 내릴 수 있다.
7. '쉬', '응가' 등의 말을 알아듣고 사용할 수 있다.
8. 대소변 때문에 옷이 젖으면 불편해한다.

마려우면 어른들에게 '쉬'라고 얘기해야 한다는 것을 알려 주세요. 그리고 아이가 실수한 것을 직접 닦게 하는 것도 좋은 방법입니다. 자기 행동에 대해 스스로 책임질 수 있게 해서 옷에 소변을 보는 것이 불편한 일임을 깨닫게 하는 것이지요. 할 수 있는데도 일부러 안 하는 아이들에게도 이 방법을 쓰면 좋습니다.

응가를 참거나 숨어서 해요

아이들은 대소변을 가릴 때 어른들로서는 도저히 이해할 수 없는 행동을 많이 합니다. 엄마 몰래 숨어서 변을 보거나, 기저귀를 찬 상태에서만 변을 보기도 하고, 때로는 너무 참아서 변비에 걸리기도 합니다. 기저귀를 채우지 않으면 똥오줌 범벅이 된 옷가지가 수북이 쌓이기도 하지요. 혼내기도 하고 엉덩이를 때려도 보고, 수십 번 이야기해도 아이들의 이런 괴상한 버릇은 쉽게 고쳐지지 않습니다.

그동안 부모가 이끄는 대로 살았던 아이들은 두 돌이 넘어가면서 자기 조절력을 갖게 됩니다. 정신적으로는 부모로부터 조금씩 독립하며 자기주장이 생기고, 신체적으로는 자율신경계가 발달하면서 대소변을 조절할 수 있게 됩니다. 이때 아이들은 무엇이든 자기 뜻대로 하려 하고, 그렇게 하는 데서 기쁨을 느낍니다. 그래서 자기가 할 수 있는 것을 누가 대신 해 주면 울며 뒤로 넘어갑니다.

대소변 가리기는 자기 조절력의 시작입니다

대소변 가리기 역시 자기 뜻대로 조절하고 싶어 합니다. 또한 자기 뜻대로 되지 않을 때는 무척 실망하게 됩니다. 그렇기에 실수를 하고 울어 버리거나, 다시 실패할 것이 두려워 응가를 참기도 합니다. 이때 아이들의 이런 감정을 잘 조절해 주지 않으면 배변 훈련이 어려워지고, 정서 발달에도 문제를 가져올 수 있습니다. 특히 엄마가 결벽증이 있어 아이에게 심하게 배변 훈련을 시킬 경우 예민한 아이는 변비가 생기기도 합니다.

숨어서 배변을 하는 것은 아이에게는 변을 떨어트리는 일이 무섭기 때문입니다. 이 시기 아이들은 아주 사소한 것에도 겁을 먹고 무서워합니다. 몸에서 똥이 나가는 것을 자기 몸의 일부가 떨어져 나가는 것으로 받아들여 배변을 무서워하는 것이죠. 아이는 똥이 몸 밖으로 나가는 것도 무섭고, 몸에서 조절이 안 되는 상황도 두렵기 짝이 없습니다. 이런 아이의 행동은 아이가 발달하는 과정에서 나타나는 정상적인 것이므로 예민하게 반응할 필요가 전혀 없습니다. 실패를 두려워하는 아이의 마음을 이해해 주고 보듬어 주는 일에 더 신경을 써 주세요.

그래서 저는 엄마들에게 예전에 할머니들이 손자 손녀에게 했듯 배변 훈련을 시키라고 얘기하곤 합니다. 우리 할머니들은 여름이면 아이를 홀러덩 벗겨 놓고 키웠지요. 아랫도리를 벗은 아이들이 돌아다니다 대소변을 보면 "아이고 내 새끼, 똥 예쁘게 눴네" 하고 웃으면서 치워 주었습니다. 또 오줌을 눌 때가 되었다 싶으면 할머니는 아이를 데려다 "쉬~" 하며 오줌을 누게 했습니다. 그렇게 깡통을 들고 쫓아다니며 '쉬'를 하게 하는 것만으로도 아이들은 아무 데서나 대소변을 보면 안 된다는 것을 알게 됩니다. 정리해 보자면 안 나오면 안 나오는 대로, 나오면 나오는 대로 "때가 되면 하겠지" 하고 아이 스스로 깨우칠 때까지 기다려 주며, 아이의 발달에 맞춰 주는 것이 할머니들의 배변 훈련법입니다.

아이가 배변 훈련에 어려움을 느끼고 있다면, 문제를 아이 탓으로 돌릴 것이 아니라 평소 배변 문제로 아이를 지나치게 다그치지는 않았는지 곰곰이 생각해 보기를 바랍니다. 만약 그렇다면 좀 더 느긋한 마음으로 아이가 자신에게 주어진 첫 번째 과제를 잘 해내도록 도와주세요. 몇 개월 늦어진다고 해서 큰일 나는 것도 아닐뿐더러, 준비됐을 때 자연스럽게 훈련을 시키는 것이 아이 정서 발달에도 좋습니다.

자다가 깜짝 놀라서 울거나 일어나서 돌아다녀요

아이의 잠 문제는 아이가 태어나는 순간부터 부모의 걱정거리 목록에 빠지지 않고 등장합니다. 신생아 때는 밤낮이 바뀌어서 걱정, 2~3세 때는 자다가 갑자기 깨어울어서 걱정, 3~4세 때는 자다 오줌을 싸서 또 걱정입니다. 게다가 4세가 넘어서는, 자다가 깜짝 놀라면서 일어나 우는 야경증과 자다 일어나서 돌아다니는 몽유병이 나타나기도 해서 걱정입니다.

가벼운 수면 문제는 자연스러운 발달 과정

아이들의 수면 역시 일련의 발달 과정을 거칩니다. 신생아 때는 24시간 중에 20시간 이상 잠을 잡니다. 그러다가 3개월쯤 되면 낮보다는 밤에 잠을 더 자게 되지요. 돌이 되면서부터는 비로소 성인과 유사한 수면 패턴을 보이게 됩니다. 그렇기 때문에 아이의 수면 습관을 어른과 비교해서 이해하려 해서는 안 됩니다.

사람의 잠은 꿈을 꾸면서 자는 렘수면(REM Sleep), 꿈을 꾸지 않고 푹 자는 비렘수면(NON REM Sleep)으로 나뉩니다. 사람이 잠을 잘 때는 렘수면과 비렘수면이 반복되는데, 후반부로 갈수록 렘수면이 늘어나면서 꿈을 꾸게 됩니다. 비렘수면에서 렘수면 상태로 바뀔 때 잠시 의식이 깨어나기도 하는데, 어른의 경우 이를 잘 느끼지 못해 약간 뒤척이거나 설핏 잠에서 깼다가 다시 잠이 들곤 하지요. 그러나 이런 수면 패턴이 익숙하지 않은 아이들은 잠을 자다가 심하게 뒤척이면서 짜증을 부리거나 울고, 때로는 아예 잠에서 깨기도 합니다. 하지만 대부분의 경우 성장하면서 수면 습관이 바로잡히기 때문에 크게 걱정하지 않아도 됩니다.

자다가 깜짝 놀라 우는 야경증

모두가 잠든 한밤중, 갑자기 아이가 벌떡 일어나 웁니다. 아이를 보니 무서운 꿈이라도 꾼 것처럼 공포에 떨고 있고, 목적 없이 무언가를 집으려는 행동도 보입니다. 아이를 안으니 심장도 쿵쾅쿵쾅 뛰고 식은땀까지 흘립니다. 아이 이름을 부르며 흔들어 보지만 아이의 눈동자는 멍한 상태이고 부모의 말에도 아무런 반응이 없습니다. 그러다가 5~15분 정도가 지나면 언제 그랬냐는 듯 편하게 잠들어 버립니다. 다음 날 아침이 되어 어젯밤 일에 대해 물어보면 아이는 전혀 기억을 하지 못합니다. 이것이 야경증의 전형적인 증상입니다.

야경증이나 몽유병, 잠꼬대 등은 모두 비렘수면에서 나타나는 현상입니다. 꿈을 꾸는 동안, 즉 렘수면에서는 그런 현상이 나타나지 않습니다. 따라서 야경증은 악몽을 꿔서 잠에서 깨는 것과는 다릅니다. 악몽인 경우는 부모가 옆에서 토닥거려 주면 곧 다시 잠들고 공포의 정도가 야경증만큼 심하지 않습니다. 또한 악몽은 아이가 밤에 일어난 일을 어느 정도는 기억하지만 야경증은 그렇지 않습니다.

야경증이 보이는 시기는 4~12세 사이이고, 그 연령대 아이들의 1~3퍼센트가 경험하는 것으로 알려져 있습니다. 중추신경계의 발달이 미숙한 아이에게서 나타나는 증상으로 초등학교 고학년으로 갈수록 점차 사라집니다. 발작이나 경기, 간질과 아무런 관련이 없고, 그로 인해 정서나 성격 면에서 문제가 생기지도 않으므로 크게 걱정하지 않아도 됩니다.

자다 일어나 걸어 다니는 몽유병

몽유병은 5~12세 아이들 중 15퍼센트가 겪는 흔한 증세로 나이가 들면서 점차 사라져 성인의 경우에는 0.5퍼센트가 몽유병 증상을 보입니다. 성인에게는 몽유병이 심각한 정신 질환이 될 수 있지만, 아이의 경우에는 발달 과정에서 나타나는 흔한 증세로 볼 수 있는 것이지요. 몽유병이 있는 아이들은 잠자리에서 일어나 눈동자가 풀린 상태나 눈을 감은 상태로 돌아다니는 등 목적 없는 행동을 합니다. 때로는 잘 자던 아이가 일어나서 장난감을 가지고 놀고, 텔레비전을 켜기도 하여 부모가 깜짝 놀라지요. 어떤 아이들은 이때 말을 걸면 대답을 하기도 합니다. 야경증과 마찬가지로 옆에서 깨우려 해도 깨지 않고, 아침에 일어나서도 지난밤 일을 기억하지 못합니다. 이런 증상은 잠들고 나서 두세 시간 이내에 시작되어 30분 정도 지속된 후 다시 잠들면서 끝납니다.

정서적으로 문제가 있어서 몽유병이 나타나는 것도 아니고, 몽유병으로 인해 성격에 문제가 생기는 것도 아닙니다. 또한 사춘기가 오기 전에 자연스럽게 사라집니다. 그러니 크게 우려하지 말고, 아이가 일어나서 움직일 때 다치지 않도록 주변 환경을 안전하게 만들어 주세요. 아이가 걸어 다니는 곳 주위에는 장난감이나 가구를 놓지 않는 것이 좋습니다.

잠꼬대

·········· 잠꼬대는 비렘수면에서 렘수면으로 바뀌는 각성 상태에서 나타나는 현상으로, 아이가 깨어 있는 것이 아닙니다. 잠에 취해 아무 생각 없이 하는 행동이라는 말이지요. 이런 경우 대부분의 부모는 아이의 잠꼬대를 아이의 실제 생활과 연관 지어 심각하게 고민을 합니다. 특히 아이가 '안 돼!', '내려와', '그만해'와 같은 강한 말을 반복할 때는 평소 스트레스가 될 만한 일이 있었는지 걱정하게 되지요. 하지만 잠꼬대에 아이의 평소 생활이 담겨 있다고 할 수는 없습니다.

아동의 수면에 대한 연구 결과를 보면 3~10세 아이들의 반 정도가 1년에 한 번 정도 잠꼬대를 한다고 합니다. 그러므로 그 정도가 심하지 않다면 발달 과정 중에 나타나는 자연스러운 현상일 뿐입니다. 하지만 잠꼬대가 너무 자주 나타나거나, 중얼거리는 수준이 아니라 소리를 지르고 손발을 휘젓는 행동을 보인다면 다른 문제가 있는지 살펴봐야 합니다. 수면의 질이 좋지 않거나 불안 장애로 악몽을 꾸는 등 특정한 원인이 있을 수 있기 때문이지요. 몇 년 전 심각한 불안 장애로 인해 잠꼬대를 하는 아이를 치료한 적이 있습니다. 아이는 교통사고를 목격한 후부터 이런 증상을 보였다고 합니다. 이때는 잠꼬대의 원인이 된 불안 장애를 먼저 치료해야 합니다. 만일 뇌 기능에 문제가 있을 경우에는 신경과적 치료를 병행할 수도 있습니다.

자기 조절

산만한 아이, 부모 때문일 수도 있습니다

에너지가 넘치는 아이들을 데리고 공공장소에 가거나 모임에 나가면, 이리저리 나대는 아이들 때문에 신경이 곤두서곤 할 것입니다. 식당에선 한순간도 가만 앉아 있지 못하고, 극장이나 전시회장 같은 곳에서도 마찬가지지요. 한창 개구쟁이 짓을 할 미운 네 살이라면 더 그렇겠지요. 엄마는 하지 말라고 말리고, 아이는 어떻게든 하려고 하고……. 엄마와 아이 사이에 실랑이가 잠시도 끊이지 않습니다. 실랑이에 지친 엄마는 아이가 너무 산만한 건 아닌지 고민을 하게 됩니다. 그러나 아이의 모든 행동에는 이유가 있습니다. 행동 자체를 탓하지 말고 무엇이 아이를 산만하게 만드는지 그 이유를 찾아보세요.

부모의 높은 기준이 산만한 아이를 만듭니다

아이가 어릴수록 집중 시간이 짧기 때문에 아무것도 안 하고 가만히 있으라고 하면 그것 자체가 아이에게 고문일 수밖에 없습니다. 유치원이나 어린이집의 수업을 생각해 보세요. 그곳에서 아이들이 한 가지 활동을 하는 시간은 15~30분 정도입니다. 그 시간 안에 활동의 도입, 전개, 결말의 전 과정을 모두 마칩니다. 그 이상의 시간 동안 집중하는 것은 아이들 능력 밖의 일입니다. 그러니 공공장소에서 아이들이 움직이지 않고 30분을 넘게 있는 것은 불가능하다고 할 수 있어요.

또한 아이가 어떤 상황에서 산만함을 보이는지 생각해 보세요. 혹시 부모 스스로 점잖게 행동해야 한다는 강박관념을 가지게 되는 곳은 아닌가요? 전시회장이나 극장, 예식장 같은 곳 말입니다. 그런 곳에서는 부모도 긴장이 되어 아이의 사소한 행동 하나하나에 신경을 곤두세우고 지적을 하게 되지요. 어른들도 지키기 힘든 높은 기준을 세우고 아이에게 요구한다면 아이는 산만해질 수밖에 없습니다.

아이들은 부모가 주는 과도한 부담을 덜기 위해 딴짓을 하기도 합니다. 그러므로 아이를 산만하다고 다그치기 전에 입장을 바꿔 다시 한번 생각해 보기를 권합니다. 보통 아이가 산만하다고 느끼면 ADHD를 먼저 떠올리는데, 건강한 아이들의 활동적인 모습이 산만하게 비춰질 때가 많습니다. 그러니 너무 예민하게 받아들이지 않아도 됩니다.

이유 없이 산만한 아이는 없습니다

다시 말하지만 아이의 행동에는 다 이유가 있습니다. 부모가 그 이유를 찾아내기 위해 노력하고, 아이가 원하는 것을 해 주면 산만한 행동을 줄일 수 있습니다. 제 경험을 얘기하자면, 큰아이 경모는 어릴 때부터 기질도 까다롭고 모든 면에서 예민한 아이였습니다. 특히 밥을 먹일 때마다 얼마나 산만하게 구는지 식사 시간만 되면 전쟁터가 따로 없었습니다. 식탁에 얌전히 앉아서 먹는 것은 꿈도 꾸지 못했고, 밥을 입에 물고 여기저기 돌아다니는 경모와 정말 힘겨운 숨바꼭질을 해야 했지요.

끌어다 앉히고 억지로 먹이려고도 해 보고, 무서운 얼굴로 혼도 내 보고, 살살 달래도 보았지만 경모의 산만한 행동은 전혀 나아지지 않았습니다. 오죽했으면 경모가 밥을 잘 먹게 되면 더 이상 아무것도 바라지 않겠다는 생각까지 했을까요. 아무리 노력을 해도 달라지지 않는 경모를 보면서 문득 그런 생각이 들더군요.

'경모가 이렇게 음식을 거부하는 데는 뭔가 다른 이유가 있지 않을까?'

저는 그때부터 왜 경모가 밥 먹을 때마다 산만한 행동을 보이는지 원인 찾기에 나섰습니다. 음식에 대한 경모의 반응을 보면서 어떤 음식을 싫어하고, 어떤 음식을 좋아하는지 체크했지요. 그러다 보니 서서히 가닥이 잡히기 시작했습니다. 혀에 닿는 음식의 촉감에 예민한 것이 그 원인이었습니다. 경모는 혀끝에 닿는 거친 반찬과 끈적거리는 밥의 느낌이 싫었던 것입니다. 그래서 밥을 먹을 때마다 기분이 좋지 않았고, 어떻게든 밥을 안 먹으려는 심리가 산만한 행동으로 나타난 것이지요.

이런 경우는 양육자가 아이에게 맞춰야 도리가 없습니다. 아이도 싫은 것을 어떻게 하겠습니까. 경모가 무엇을 힘들어하는지 알고 나서부터 저는 경모가 좋아할 만한 음식을 만들어 먹여 보았습니다. 그러다 보니 참기름이 들어간 음식은 그런대로 잘 먹는다는 사실을 알게 되었지요. 그래서 그때부터 경모가 먹는 모든 음식에는 참기름을 넣었습니다. 심지어 김치도 참기름을 발라서 먹였지요.

그때 만일 제가 경모의 식습관을 바로잡겠다고, 육아 책에 나오는 것처럼 아이가 안 먹으면 밥상을 치워 버리고, 아이가 찾을 때까지 아무것도 주지 않았다면 어떻게 되었을까요? 아마 경모는 발육 부진이 되었을지도 모를 일입니다. 또한 매일 야단맞고, 하기 싫은 일을 강요당하면서 성격도 나빠졌겠지요.

아이가 특정 상황에서 산만한 행동을 보일 경우 행동 자체를 나무라기보다는 그 원인을 찾아보세요. 원인을 찾아 아이의 요구를 맞춰 주는 것이 양육자도 아이도 편해지는 지름길입니다.

호기심은 살리고 무례함은 바로잡고

아이들은 낯선 환경뿐 아니라 익숙한 환경에서도 새로운 것을 찾고 새로운 놀이를 창조하는 존재입니다. 호기심이 많다는 것은 새로운 장소, 상황, 인물에 대해 궁금한 것이 많고 그 궁금증을 해결하려는 의지가 강한 것이지요. 하지만 그 궁금증이 어른들이 대답하길 꺼리는 내용이거나, 해결 과정이 어른들이 원하는 방식이 아닐 때가 많아서 갈등이 생기곤 합니다. 어른들의 대화 중에 불쑥 질문을 하거나, 처음 보는 물건이 있으면 무조건 손으로 만지니까요. 이런 행동이 어른들에게는 산만하게 보이지요.

그러나 아이에게는 여러 가지 방법을 시도하고 성공과 실패를 직접 경험하면서 새로운 것을 하나하나 알아 가는 과정이랍니다. 그 과정을 통해 자신을 둘러싼 세상을 알아 가는 것이지요. 그러니 어느 정도의 산만함은 용인해 줄 필요가 있습니다. 부모가 먼저 여유로운 마음을 가지세요.

그렇다고 무례한 모습을 그냥 내버려 두라는 뜻은 아닙니다. 예의에 어긋나는 일에 대해서는 주의를 주어야 합니다. 어른들이 대화를 하고 있으면 이야기가 끝나기를 기다렸다가 하고 싶은 말을 하게 하고, 호기심이 가는 물건을 만지고 싶을 때는 만져 봐도 되는지 허락을 받도록 가르쳐야 합니다. 또한 위의 경모 사례와 같은 경우에는 아이 입맛에 맞게 음식을 만들어 주되, 밥을 먹을 때는 돌아다니지 말고 식탁에 앉아 먹어야 한다는 것도 알려 줘야 합니다. 그래야 아이가 상황에 맞는 예의범절을 배울 수 있습니다.

아이의 집중력을 높여 주려면?

1. 사람 많은 곳에 자주 데려가지 않는 것이 좋습니다

산만한 아이들은 자신의 산만한 행동에 스스로 힘들어합니다. 아직 자기 조절력이 부족해, 너무 힘든데도 불구하고 주변에 자극이 많다 보니 저도 모르게 산만한 행동을 하는 것이지요. 이런 아이들에게는 주변 환경을 차분하게 만들어 주어야 합니다. 산만한 아이들은 시장 같은 곳에 가면 더 산만해질 수 있으니 애초에 안 가는 편이 좋고, 가더라도 아이를 통제할 수 있는 남자 어른과 함께 가는 것이 좋습니다.

2. 집 안을 차분하게 정리합니다

집 안 환경도 중요합니다. 항상 텔레비전 소리가 들리는 등 시끄러운 환경에서는 누구라도 산만해지기 쉽습니다. 아이가 지나치게 호기심을 보일 만한 물건은 애초에 치워 두고, 아이가 머무는 일상적인 공간은 최대한 정리 정돈해 두세요.

3. 아이의 일에 참견하지 않습니다

아이가 뭔가에 집중하고 있을 때는 일단 내버려 두는 것이 좋습니다. 아이 방이 지저분하더라도 아이가 책 읽기나 놀이에 집중하고 있으면 정리는 다음 기회로 미루세요. 한 가지 일에 몰두하고 집중하는 버릇이 생기면 아이의 산만한 행동도 자연스럽게 줄어들게 됩니다.

4. 에너지를 분출할 기회를 주세요

산만한 아이들은 대개 에너지가 넘칩니다. 그 에너지를 분출하지 못하면 집 안에서 이리저리 뛰어다니며 말썽을 피우게 됩니다. 그러므로 밖에서 실컷 뛰어놀거나 운동을 할 수 있는 기회를 자주 만들어 주세요. 또한 블록 쌓기나 퍼즐 맞추기 등 집중할 수 있는 놀이를 병행하면 산만함을 줄이는 데 도움이 됩니다.

5. 공공장소에 갈 때는 미리 가지고 놀 것을 준비합니다

아이들이 얌전히 있어야 하는 공공장소에 갈 경우에는 그림 도구나 아이가 혼자서 볼 수 있는 책 등 흥미로운 것을 준비해 아이가 차분히 그것을 즐길 수 있도록 합니다. 지하철을 타고 가는 동안 종이 접기나 실뜨기를 할 수도 있고, 건물 안에 오래 있어야 하는 경우라면 부모 중 한 명이 잠깐 아이와 밖에 나가 노는 것이 좋습니다. 종종 아이와 영화나 연극을 보러 갔다가 제대로 보지 못하고 돌아가는 부모를 보게 되는데, 아이와 함께 공공장소에 갈 때에는 아이가 그 시간을 견딜 수 있는 능력이 되는지부터 따져 봐야 합니다.

아이가 말보다는 손이 먼저 나가요

"저희 아이는 자기 뜻대로 되지 않으면 무조건 손이 먼저 나가요. 매번 '너는 말을 할 수 있으니까 말로 해야 하는 거야' 하고 얘기해도 그때뿐이고 행동에 전혀 변화가 없어요. 얼마 전에는 놀이터에서 친구와 놀다 그 친구가 가진 장난감을 확 뺏더라고요. 친구가 자기 장난감을 달라고 울며 달려들자 아무 말 없이 그 아이를 확 밀쳐 버리는 거 있죠. 그때 제가 얼마나 놀랐는지 몰라요. 저희 아이에게 무슨 문제라도 있는 건가요?"

아이가 공격적이라며 병원을 찾는 부모들이 많습니다. 특히 남자아이들의 경우가 많지요. 부모들은 아이가 다짜고짜 손부터 휘두르면 놀라서 어쩔 줄 모릅니다. 왜 세상 물정 모르는 순수하고 천사 같은 아이들이 공격성을 보이는 것일까요?

환경적 원인으로 나타나는 공격성

공격성과 성적인 욕구는 인간이 타고난 본능이라고 이야기하는 학자들이 많습니다. 인류의 진화 과정을 살펴보면 투쟁의 역사라고 할 수 있습니다. 적으로부터 자신을 지키기 위해서는 어쩔 수 없이 공격성을 가져야 했지요. 그러므로 공격성을 꼭 나쁘다고만 할 수는 없습니다. 때로는 자신에게 닥친 난관을 뛰어넘게 하는 힘이 되기도 하지요. 아이들의 공격성 역시 이런 맥락에서 살펴볼 수 있습니다.

아이들의 공격성은 몸을 자기 마음대로 놀릴 수 있는 돌 이후에 나타나기 시작합니다. 자기 뜻대로 되지 않으면 엄마를 때리고, 물건을 던지며 화를 드러냅니다. 이때는 대부분의 부모들이 '아직 말을 못 해서 그러려니' 하고 넘기게 됩니다. 그러다 자기가 필요한 말은 다 할 수 있는 4세가 넘어서까지 뜻대로 되지 않을 때 무조건 공격성을 보이면 심각한 문제로 생각하게 되지요.

남의 아이가 공격성을 보이면 '부모가 애 교육을 어떻게 시킨 거야?' 하며 넘어갈 수 있지만 내 아이가 그러면 정말 당황스러운 것이 사실입니다. 이때 아이를 바로잡아 주지 않으면 이런 공격적인 성향이 발전되어 의도적으로 부모의 말과 반대되는 행동을 하므로 주의해야 합니다. 또한 아이의 좋지 않은 성장 환경도 공격성의 원인이 됩니다. 환경적 요인은 다음과 같아요.

① 소아 질환을 앓고 있는 경우

정신지체가 있는 경우 주변 상황에 대한 이해가 부족해서 공격성이 나타나기 쉽고, ADHD를 앓고 있는 경우에도 공격성이 나타날 수 있어요. 아이가 언어 장애를 가지고 있는 경우에도 표현 능력이 부족하여 공격성을 보이기도 합니다.

② 부모의 과잉보호

부모가 모든 것을 받아 주는 것도 아이의 공격성을 키울 수 있어요. 아이가 공격성을 보인다면 아이의 요구를 다 받아 줄 것이 아니라 단호하게 대처해야 합니다.

③ 폭력에 노출된 환경

부모에게 부당한 체벌을 자주 당하거나, 텔레비전이나 동영상에서 폭력적인 장면을 자주 보고, 폭력적인 게임을 많이 하는 아이들에게서 공격성이 잘 나타납니다.

④ 일관성 없는 양육 태도

어떤 때는 아이의 공격성을 받아 주고, 어떤 때는 아이의 공격성에 제재를 가하면 아이의 공격성은 더 커지게 됩니다.

사교육으로 인한 스트레스도 공격성의 원인

·· 조기교육 열풍 탓에 우리나라 아이들은 기저귀도 떼기 전에 이런저런 사교육을 받는 경우가 많습니다. 부모들은 시켜 보니 아이들이 무척 좋아한다며 사교육을 시키는 당위성을 늘어놓지만, 정말 아이가 그걸 좋아할까요? 그리고 그 효과가 있을까요? 어린 시절, 특히 3~5세는 일생에서 가장 상상력이 풍부하고 세상을 제멋대로 바라보는 시기입니다. 이 시기에는 모든 사물을 자신의 관점으로 바라보고, 자기만의 언어로 그 사물을 명명하지요. 때로는 엉뚱한 소리를 하여 아이가 모자란 것처럼 보이기도 하지만 이는 발달상 아주 자연스럽고 꼭 필요한 과정입니다. 어린 시절에 이 같은 과정을 잘 거쳐야 나이가 들어서 공부다운 공부를 했을 때 그것을 내면화할 수 있습니다.

몇 년 전, 세간에서 영어 신동이라며 주목을 받던 아이가 지적 능력을 테스트하기 위해 병원을 찾아온 일이 있습니다. 아이를 만난 자리에서 "How are you?"라고 물었더니 즉시 "Fine, thank you. And you?"라는 답이 나왔습니다. 똑 부러지게 대답하는 아이의 모습이 재미있어 몇 가지 질문을 더 하자 아이의 표정이 일그러지기 시작했습니다. 한번 말문이 막힌 아이는 그 뒤 어떤 질문에도 대답을 하지 않더니 급기야 화를 내며 엄마를 때렸습니다. 이것은 자신의 능력을 넘어선 문제에 거부 반응을 보이는 '시험 불안' 증세였습니다. 아이를 진정시키고 엄마와 이야기를 나눠 보니 아이 행동의 원인을 알 수 있었지요.

어렸을 때부터 영어를 가르쳤는데 아이는 엄마가 시키는 대로 잘했다고 해요. 주변에서도 영어를 잘한다는 평을 받자 그 엄마는 더욱 영어 교육에 몰두했지요. 영어 실력이 다른 아이들에 비해 월등해지니 이제는 언론의 주목을 받기 시작했습니다. 그때마다 아이는 시험대에 올라 이런저런 평가를 받곤 했지요. 좋은 평가가 나올 때마다 엄마의 기분은 하늘을 날았습니다. 하지만 아이는 그럴수록 '혹시 내가 못하면 어떻게 하나' 하는 불안과 강박관념을 갖게 되었지요. 결국 아이는 이해가 되지 않아도 무조건 외우고 보는 습관을 갖게 되었습니다. 그러니 암기하지 않은 내용의 질문

아이의 공격성에 관한 부모들의 착각

흔히 공격적인 아이를 기를 때, 부모는 일단 아이의 행동을 규제하거나 야단쳐야 한다고 생각합니다. 하지만 아이의 공격성을 완화하기 위해서는 오히려 공격적인 성향을 마음껏 표출하고 발산하게 하는 것이 좋습니다. 억지로 억누르거나 야단을 치면 공격성은 더 강하게 작용합니다. 우선 아이가 자신의 감정을 마음껏 표현하게 한 다음 감정을 조절시키고 올바르게 행동하는 법을 차분히 가르쳐 주세요. 단, 아이의 공격성이 폭력으로 나타난다면 그 즉시 단호하게 제지해야 합니다. 반복된 폭력은 습관으로 굳어질 가능성이 크기 때문입니다.

을 받았을 때 앞에서처럼 공격성을 보인 것이지요.

아이들은 발달학적으로 시험 상황에서 엄청난 스트레스를 받습니다. 이때 아이가 받는 스트레스는 어른의 것과는 차원이 다릅니다. 어른이야 시험 상황에 놓여도 뇌 발달이 끝난 상태이기 때문에 뇌에 영향을 받지 않지만, 아이들은 스트레스를 장기간 심하게 받다 보면 뇌에 아주 큰 타격을 받게 됩니다. 그 영향으로 기억력과 도덕성이 떨어지면서 공격성이 나타나게 됩니다. 아이 입장에서 볼 때 공부는 일종의 억압입니다. 발달상 견디기 어려운 억압이 주어졌을 때 불만을 거쳐 공격성으로 나타나게 되는 것이지요.

허용과 통제의 조화가 중요

공격성이 인간의 본능인 만큼 너무 위험한 행동만 아니면 아이를 그대로 두어도 나이가 들면서 점차 나아집니다. 그러므로 적당히 풀어 주되 공격성이 너무 심해 다른 사람에게 피해를 줄 정도가 되었을 때는 어느 정도 통제를 하는 것이 좋습니다. 아이들의 공격적인 행동을 얼마만큼 허용하고 통제하느냐는 부모의 성격에 따라 다를 수 있지만, 허용과 통제가 조화를 이루어야 합니다. 만약 부모가 아이의 공격성을 체벌이나 호통으로만 다스린다면 아이 역시 부모의 이런 행동을 따라 하게 됩니다. 형제를 키울 때 큰아이에게 체벌을 하면, 큰아이가 부모가 자신에게 한 그대로 동생을 체벌하는 경우를 흔히 볼 수 있지요. 따라서 아이에게 공격성을 적절히 처리하는 방법을 가르치기 위해서는 부모부터 공격적인 행동을 보이지 않는 것이 중요합니다. 부모는 '아이의 거울'임을 잊지 마세요.

아이 버릇은 초기에 잡아야 한다는 생각에 공격적인 행동을 강하게 통제하면, 아이는 자신의 본능인 공격성을 적절히 조절하지 못해 유치원 선생님에게 반항하고 친구를 괴롭히게 됩니다. 또한 큰아이가 동생을 괴롭힐 때 이를 너무 심하게 야단치면 반항적인 성향을 갖게 될 수도 있습니다. 할아버지 할머니와 함께 사는 경우에 할아버지 할머니는 아이의 공격성을 '그럴 수도 있지' 하며 넘기는데 엄마 아빠는 '절대 안 된다'며 강하게 통제하면, 아이는 어떻게 해야 옳은지 몰라 반항적인 성향을 가질 수 있습니다.

'생각하는 의자' 활용하기

아이가 자신의 공격성을 적절히 조절하게 하려면 부모가 아이를 잘 다루어야 합니다. 우선 아이가 공격성을 보이면 '드디어 시작이다' 하는 마음의 자세를 가져야 합니다. 그렇지 않으면 아이의 페이스에 말려들어 화를 내기 쉽습니다. 아이가 공격적인 행동을 하면 차분한 마음으로 부드럽게 제재하세요. 이때 아이가 부모의 제재를 따르지 않는다 해도 화를 내지 말고 아이의 행동이 옳지 않다는 것을 말과 행동으로 이야기해 줍니다.

이렇게 하면 대부분의 여자아이들은 공격적인 행동을 멈추지만, 기질이 강한 남자아이들은 반발심에 더 강하게 공격성을 보이기도 하지요. 이때는 부모도 강하게 나가야 합니다. 아이가 손으로 때리려고 하면 그 손을 잡고 움직이지 못하게 하며 부모가 힘이 더 세다는 것을 보여 줄 필요도 있습니다. 그렇게 하면 힘으로 해결하려는 버릇을 잡아 줄 수 있습니다.

또한 '생각하는 의자'를 마련하여 아이가 공격적인 행동을 할 때마다 그 의자에 앉아 1~2분 정도 반성하게 해 보세요. 하지만 이때 방문을 닫거나 방이 어두우면 무서움에 무엇을 반성해야 할지 알지 못할 수 있으니, 엄마 아빠를 볼 수 있는 장소에 의자를 마련하는 것이 좋습니다.

저는 경모와 정모가 어렸을 때 생각하는 의자 대신 소파 한구석을 '생각하는 자리'로 만들었어요. 의자를 따로 마련하기보다 거실에 있는 소파를 활용한 것이지요. 보통 문제가 일어나는 곳이 거실이기 때문에 소파 한 구석을 생각하는 자리로 활용하니 아이를 이동하게 하는 것이 편했어요. 또한 엄마와 한 공간에 있기 때문에 아이가 불안해하지 않고 반성에 집중할 수 있었지요.

아이의 공격적인 행동을 통제할 때는 아이가 왜 화가 났는지, 왜 공격적인 행동을 했는지 살펴보세요. 만약 주변 환경이나 부모에게 문제가 있었다면 아이를 야단쳐서는 안 됩니다. 또 부모가 잘못했을 경우에는 미안하다고 진심으로 사과를 해야 합니다. 부모의 사과를 받은 아이는 부모가 자신의 기분을 알아주었다는 사실만으로도 심리적 안정을 느끼며 공격적인 행동을 자제하게 됩니다.

공격성을 풀어 주는 놀이

공격성이 강한 아이는 놀이를 통해 공격성을 마음껏 표출하고 발산하게 하는 것이 좋습니다.

●모래 놀이
모래는 만지는 대로 형태가 변하기 때문에 정해진 놀이 방법이 없어 경쟁이 필요 없습니다. 그래서 욕구불만이 있는 아이들에게 감정을 발산할 수 있는 좋은 놀이가 됩니다.

●물건 두드리기
야구 경기장에서 막대 풍선을 두드리며 응원한 적이 있다면, 무언가를 두드릴 때 스트레스가 날아가는 기분이 뭔지 알 것입니다. 아이들 역시 손에 쥐기 쉬운 물건을 들고 마음껏 두드리면 화가 나서 격해진 기분을 풀 수 있습니다.

●신문지 찢기
아이와 함께 신문지를 마음껏 찢어 보세요. 찢은 후에는 신문지를 머리 위로 날리며 신나게 놀아 보세요. 부모도 아이도 기분 전환이 될 것입니다.

무조건 사 달라고 떼를 써요

주말 오후, 두 아들과 함께 쇼핑센터에 가면 종종 보게 되는 풍경이 있습니다. 바로 장난감 코너 앞에서 자신이 원하는 장난감을 사 달라고 떼를 쓰는 아이와 곤혹스러운 표정으로 이를 말리는 부모의 모습입니다. 이제는 다 자란 경모와 정모가 그런 아이를 보며 한마디 합니다.

"아! 애들은 정말 골치 아파."

개구리 올챙이 적 생각 못 한다고, 자기네들도 장난감 사 달라고 떼를 써서 엄마 아빠를 힘들게 했으면서 말입니다. 떼쓰는 아이, 어떻게 하면 좋을까요? 어르고 달래기도 해 보고 호통도 쳐 보지만, 막무가내로 고집을 피우는 아이 앞에서 부모는 참으로 난처해집니다.

물건에 대한 소유욕이 생기는 시기

아이들은 20개월이 넘어가면 물건을 사는 데 재미를 붙이기 시작합니다. 세상을 자기중심적으로 보는 시기이기 때문에 '내가 원하는 것은 다 가질 수 있다'고 생각하기도 하지요. 그래서 아이들을 장난감 가게에 데리고 가면 자동차며 인형이며 양손 가득 집어 들고는 전부 사 달라고 떼를 씁니다. 이때 아이의 손을 탁 때리며 "안 돼!" 하며 호통을 치는 부모도 있는데, 그런다고 해서 한 번에 물러서는 아이들은 없습니다. 아이는 어떻게든 자기의 요구를 관철하기 위해 울고, 부모는 그런 아이를 힘으로 잡아끌며 상가를 나가기도 합니다. 때로는 부모는 뒤도 안 돌아보고 앞으로 가고, 아이는 울면서 부모를 찾아 뛰어가기도 합니다. 이런 상황을 여러 번 겪어 본 부모들은 알겠지만, 이것은 부모나 아이에게

나 백해무익한 일입니다.

　아이에게 물건에 대한 소유욕이 생기는 것은 자아를 만들어 가는 과정의 일부분이지요. 이런 욕구를 부모가 무조건 막지 않고 잘 조절해 줘야 아이가 자신감을 갖게 됩니다. '얘가 도대체 왜 이러지?' 하는 마음보다는 '벌써 자라 소유욕이 생겼구나' 하는 생각으로 어떻게 그 욕구를 조절하면 좋은지 알려 주는 것이 바람직합니다.

훈육은 'No', 협상과 타협은 'Yes'

제 아이들도 이것저것 사 달라고 무섭게 조르던 때가 있었습니다. 장난감 코너에만 들어섰다 하면 그 자리에 꿈쩍도 안 하고 서서 이것저것 한꺼번에 집어 들고는 제 말은 조금도 듣지 않고 무작정 사 달라고 했지요. 매장 직원 눈치도 보이고 다른 손님들에게도 미안해서 너무 당황스러웠습니다. 일단 저는 당황한 제 마음부터 추스르고, 지금 이 시기가 아이의 소유욕이 강해지는 시기라는 사실을 다시 한번 되새기며 이렇게 이야기해 주었습니다.

　"오늘은 이것 하나만 사고, 그건 내일 사자. 오늘 이 장난감들을 다 가지고 놀 수는 없잖아."

　이렇게 얘기하니 아이도 엄마 말이 맞는 것 같은지 고개를 끄덕였습니다. 그렇게 위기 상황을 모면한 후 다음 날에는 절대 그 가게 근처에 가지 않았습니다. 아직까지는 단순한 아이들이라 이런 대처가 통하게 마련이지요. 하지만 아이가 어제의 약속을 기억하고 사 달라고 하면 사 주었습니다. 단, 그때마다 왜 사고 싶은지 물어보았습니다.

　"이 기차가 왜 갖고 싶은데?"

　"이런 모양으로 생긴 기차는 없단 말이야."

　물건을 살 때는 갖고 싶다고 해서 사는 것이 아니라 이유가 있어야 살 수 있다는 것을 알려 줘야 한다고 생각했거든요. 그리고 나름의 원칙을 정했습니다. 집에 비슷한 장난감이 많을 경우, 너무 비싼 경우, 사 준 지 얼마 안 되었는데 또 사 달라고 하는 경우에는 사 주지 않기로요. 이렇게 원칙을 세울 때에는 부모도 예외 없이 지키는 것이 중요합니다.

또한 3세 정도가 되면 초기 도덕성이 형성되기 때문에 이때부터는 되는 것과 안 되는 것의 기준을 아이에게 조금씩 가르칠 수 있습니다. 경모가 어려서 10만 원짜리 로봇을 사 달라고 할 때 나누었던 대화를 떠올려 보겠습니다.

"경모야, 네가 그 장난감을 갖고 싶은 것 같은데, 그거 얼마인 줄 아니?"

아이가 모른다고 하기에 가격을 알려 주면서 이렇게 이야기하였습니다.

"경모야, 엄마 아빠가 돈을 벌어 오면 그 돈으로 먹을 것도 사고, 옷도 사야 해. 그런데 경모 것 사는 데 10만 원을 쓰면 우리가 쌀을 못 살 수도 있어. 그래도 괜찮겠니?"

"10만 원이 없으면 쌀을 못 사는 거야?"

"응. 10만 원은 굉장히 큰 돈이야."

돈의 가치에 대해 아이의 언어로 설명해 주니 경모 얼굴에 난색이 비쳤습니다. 잠시 생각을 하더니 다시 물었지요.

"그럼 옆집 엄마는 왜 사 줬어?"

이런 질문에 어른들이 당황한다는 것을 알았을까요? 저는 바로 대답을 하지 못하고 잠시 생각을 했습니다. 그리고 이렇게 말해 주었지요.

"옆집은 우리보다 더 부자일 수도 있지. 그리고 그 아이 생일이었을 수도 있어. 너도 생일에는 좋은 선물 받잖아."

"아, 그렇구나. 엄마 아빠가 돈을 많이 벌어야겠구나."

아이가 좋아할 만한 물건이 잔뜩 널려 있는 곳에 가서 장난감 하나 사 주지 않는다면 아이에게 너무 인색한 행동입니다. 아무것도 사 주지 않겠다면 차라리 애초에 가지 말 것을 권합니다. 가능하면 외출 시간을 줄이거나, 소비 유혹이 적은 자연으로 나가는 것도 좋은 방법일 것입니다. 광고도 아이의 소비 욕구를 부추기는 원인이 되므로 요령껏 피해 주세요. 하지만 살 것을 너무 제한하면 아이의 소유욕은 더욱 커지게 마련입니다. '우리 엄마 아빠는 절대 사 주지 않는다'는 생각이 굳어지면 남의 물건을 훔칠 수도 있고, 돈이 생기면 당장 쓰는 충동적인 성향을 갖게 될 수도 있습니다. 아이가 간절히 원한다면 사 주는 대신 다른 의무를 지우는 식으로 타협에 타협을 거듭하세요.

이렇게 해서 경모는 자신이 원하는 것을 모두 가질 수는 없다는 사실을 알게 되었습니다. 아이들이 물건을 사 달라고 조를 때는 무조건 안 된다고 하기보다는 아이가 납득할 수 있는 선에서 조금씩 타협을 하는 것이 중요합니다. 어렸을 때부터 협상하고 타협하는 습관이 든 아이들은 떼를 쓰기 전에 먼저 '왜' 그렇게 하고 싶은지 생각해서 이야기를 하고 다른 사람과 의견이 다를 때는 적절히 타협을 하는 버릇을 갖게 됩니다.

막무가내로 떼를 쓸 때는 먼저 울음부터 그치게

협상과 타협이 통하지 않는 경우가 있습니다. 아이가 부모와 대화하는 훈련이 안 되었거나, 울면서 떼를 써서 어쩔 수 없이 아이의 요구를 들어준 경우는 위와 같이 하는 것이 무척 힘들 것입니다. 이럴 경우 우선은 울음을 그치게 하세요. 이런 일이 처음이라면 "저 장난감이 갖고 싶어서 울었구나. 그런데 울면서 말하면 네가 뭘 원하는지 알 수 없으니 울지 말고 똑바로 이야기해야 장난감을 사 줄 수 있어"라고 한 다음 아이가 눈물을 그치면 약속대로 장난감을 사 줍니다. 그렇다고 해서 매번 장난감을 사 주라는 것은 아닙니다. 이런 훈련이 반복되면 아이는 울지 않고 자기의 요구를 얘기할 것이고, 그러면 타협과 협상도 가능해질 테니까요.

그러나 이미 울음으로 자기 요구를 받아들이도록 하는 것이 만성화되어 있다면 무조건 달랠 것이 아니라 단호한 태도를 보여 줄 필요도 있습니다. 아이가 떼를 쓸 때는 아이의 눈높이에 맞춰 자세를 낮춘 다음 아이 눈을 바라보며 단호하게 이야기하세요.

"이렇게 울고 떼를 쓰면 아무것도 들어줄 수 없어."

사람이 많은 곳이라면 "이곳은 다른 사람들이 같이 사용하는 곳이니까 이렇게 시끄럽게 하면 안 돼. 엄마랑 다른 곳으로 가서 이야기하자"라고 말하고 자리를 옮기세요. 아이와 실랑이가 길어져 정말로 다른 사람에게 피해를 줄 수 있으니까요. 이렇게 하더라도 아이는 떼를 쓰며 울 것입니다. 그러면 어떻게 하냐고요? 마지막 방법은 무관심한 태도로 일관하는 것입니다. '이렇게 해도 엄마가 나를 봐 주질 않네?' 하고 깨닫는 순간 대부분의 아이들은 먼저 지쳐서 떼쓰는 행동을 멈추게 됩니다. 그러고 나면 다음에 가지고 싶은 게 생겨도 울면서 떼를 쓰지 않고 "장난감이 사고 싶어"라고 말로 표현할 것입니다.

그리고 외출 전 미리 규칙을 얘기하세요. 밖에 나가기 전에 아이에게 어디를 가며 무엇을 할 것인지 이야기해 주어야 합니다. 만약 쇼핑센터에 간다면 약속하지 않은 물건을 사 달라고 하면 안 된다는 것과 사 달라고 떼를 써도 사 주지 않는다는 것을 이야기해 주세요. 그럼에도 불구하고 계속 떼를 쓴다면 곧바로 집으로 돌아올 것이라고도 일러 주시고요. 일단 그렇게 약속을 정했으면 부모도 그 약속을 꼭 지켜야 합니다. 어떤 날은 떼를 쓴다고 들어주고, 어떤 날은 들어주지 않으면 아이는 소유욕을 올바르게 조절할 수 없을뿐더러 원하는 것을 다 가질 수 없다는 기본 원칙도 배울 수 없습니다.

화가 나면 울고불고 난리가 나요

아이가 소리를 지르고 울며 뒤로 넘어갈 때만큼 난감한 경우가 없습니다. 조금만 자기 뜻대로 안 되어도 화를 내고 닥치는 대로 차고, 집어 던지고, 고래고래 소리를 지르면 정말 당혹스럽지요. 더구나 그곳이 공공장소라면 어떻겠어요? 난리를 치는 아이와 그런 아이를 컨트롤하지 못하는 부모, 그런 부모와 아이를 째려보는 시선들. 생각만 해도 끔찍하지 않나요? 정도가 심한 아이는 갑자기 1~2분 동안 호흡을 멈춰 얼굴이 새하얗게 질리기도 합니다. 운동경기를 할 때 전략을 세우듯, 아이의 돌발 행동에도 전략적인 대처가 필요합니다. 좋은 전략은 순간의 위기를 넘기게 하고, 아이의 정서 발달에도 큰 도움이 됩니다.

떼를 쓰다 기절해서 병원에 실려 가도 정상

첫돌이 넘어서부터 아이는 자신의 행동에 대해 부모가 "안 돼" 하고 이야기하면 뒤로 넘어갑니다. 저희 경모도 그랬습니다. 워낙 까다롭고 예민했던 경모는 다른 아이라면 그냥 넘어갔을 사소한 일에도 울고불고 난리를 피우다가 급기야 손가락을 입에 넣고 마구 토해 저를 무척이나 난감하게 했습니다. 형제는 용감했다고, 둘째 정모는 그럴 때마다 물건을 던지며 울어댔고요.

두 돌이 되면 아이들의 생떼는 정점에 이르게 됩니다. 원하는 것을 못 하게 하면 끝장을 보겠다는 듯 분노를 표출하지요. 심지어는 떼를 쓰다가 기절해서 응급실에 실려 오는 아이도 있습니다. 이를 의학적인 용어로 '감정 격분 행동(Temper Tantrum)'이라고 하는데, 어쩌다 한두 번 이런 행동을 보이는 것은 정상이라고 할 수 있습니다.

감정 격분 행동은 아이의 감정 조절 능력이 인지능력을 따라가지 못해 나타나는 증상으로, 보통 '안 돼'라는 말을 이해하는 돌 전후에 나타나 두 돌까지 이어집니다. 이때 아이마다 극도의 분노를 표현하는 방법이 다릅니다. 물건 던지기, 침 뱉기, 길바닥에 드러눕기, 아무나 꼬집어 뜯거나 때리기 등이 그 예입니다.

이러한 문제 행동들은 대개 아이 스스로 감정을 조절하지 못해 나타납니다. 즉, 부모가 자신의 요구를 다 들어주었던 시절로 돌아가고 싶은 욕구, 하고 싶은데 자기 능력으로는 할 수가 없는 것에 대한 좌절, 왜 부모가 자기 말을 들어주지 않는지를 몰라서 생기는 분노 등, 부정적인 감정을 풀 수가 없어서 생기는 것이지요. 이런 행동은 어느 정도 자기 조절이 되기 시작하는 36개월 이후에는 상당 부분 좋아집니다.

기질상 감정을 격하게 표현하는 아이들

엄마의 '안 돼'라는 말에 눈물을 글썽이는 아이가 있는가 하면 크게 울며 뒤로 넘어가는 아이들도 있지요. 사람의 감정을 1부터 10까지 나타낸다고 했을 때, 1만큼 표현하는 아이들이 있는가 하면 10 정도로 강하게 표현하는 아이들이 있다는 것입니다. 특히 까다롭고 예민한 기질의 아이들일수록 감정을 격하게 표현하는 경우가 많습니다.

감정을 작게 표현하든 격하게 표현하든 아직 감정 조절이 안 되는 이 시기 아이들에게는 모두 정상적인 현상입니다. 하지만 아이가 감정을 격하게 표현하면 부모는 어떻게 해야 할지 몰라 난감한 것이 사실입니다. 이런 아이들은 스스로 분노를 가라앉힐 때까지 기다려 주어야 합니다. 난리를 치는 동안 다치지 않게 주변에 위험한 물건을 치우고 가만히 지켜보는 것밖에는 방법이 없습니다. 아이들도 몇 번 난리치다 보면 그런 행동을 해서는 안 된다는 것을 알고 스스로 감정을 조절하게 됩니다.

부모가 문제일 수도 있습니다

감정 격분 행동은 부모의 양육 태도에 영향을 많이 받습니다. 기질상 감정을 격하게 표현하는 아이라고 해도, 부모가 아이의 기질을 잘 알고 될 수 있으면 분노 상황을 만들지 않거나 분노를 표현할 때 그 감정을 잘 다스릴 수 있도록 조절해 주면 큰 문제없이 성장하게 됩니다.

만일 부모가 아이의 요구에 잘 반응해 주지 않는다면 두 돌 이후에도 감정 격분 행동이 계속 나타나게 됩니다. 구체적으로 살펴보면 다음과 같습니다.

① 부모가 아이에게 올바른 행동을 가르칠 때 일관성이 없는 경우
② 아이의 잘못을 일일이 지적하며 야단친 경우
③ 아이가 화났을 때 전혀 표출하지 못하도록 억제한 경우
④ 아이가 너무 피로하거나 배가 고픈데도 돌봐 주지 않는 경우

1. 감정 격분 행동은 정상적인 발달 과정에서 보이는 행동입니다.
2. 기질상 감정을 격하게 표현하는 아이들에게서 많이 나타납니다.
3. 두 돌 이전까지는 정상이고 두 돌 이후에 자주 감정 격분 행동을 보이면 올바른 감정 표현 방법을 가르쳐야 합니다.
4. 감정 격분 행동을 보일 때는 가만히 놔둬서 스스로 분노를 가라앉게 합니다.
5. 아이의 분노가 가라앉은 후 차분하게 대화하세요.

~~~~~~

⑤ 그동안 아이가 몸이 아팠거나 다양한 이유로 감정 격분 행동을 한 번도 하지 못한 경우

감정 격분 행동이 정상적인 발달 과정에서 나타나긴 하지만 자기 뜻대로 되지 않을 때마다 격한 행동을 한다면 습관으로 굳어질 수 있으므로 바로잡아야 합니다. 그리고 아이가 두 돌이 넘으면 좀 더 단호한 태도로, 분노를 적절히 표출하는 방법을 아이에게 가르쳐야 합니다.

아이도 어른과 마찬가지로 분노나 슬픔, 싫어함과 같은 부정적 감정을 느끼는데, 이런 감정을 잘 다스리지 못하면 아무 일에나 화를 내고, 폭력적인 행동을 할 수 있습니다. 이 중에서 분노는 내가 원하고 기대하는 것이 이루어지지 않았을 때 바깥으로 공격성이 드러나는 것을 말합니다. 분노를 적절하게 표출하면 마음에 쌓인 스트레스를 풀 수 있고, 다른 사람에게 자신의 의사를 전달할 수 있습니다. 문제는 분노의 감정을 어떻게 적절하게 표현하느냐는 것이지요.

절대로 아이의 감정에 휘말리지 마세요

아이가 감정 격분 행동을 보일 때 가장 중요한 것은 부모의 의연한 태도입니다. 대부분의 부모들은 아이가 괜한 고집을 부리며 큰소리로 울어 댈 때 화가 난다고 이야기합니다. 그래서 아이보다 더 큰 목소리로 화를 내며 아이의 행동을 제재하려 하고, 심지어는 때리기도 합니다. 그러고 나면 후회의 눈물이 흐르지요. 그 어떤 상황에서도 부모가 감정적으로 흔들려 아이에게 화를 내서는 안 됩니다. 제가 이렇게 얘기를 하면 어떤 엄마들은 또 다시 반문합니다.

"화가 나는 것도 조절이 가능해요? 화는 그냥 생기는 거 아닌가요? 화를 참는 것은 알겠는데 처음부터 화가 안 날 수가 있나요?"

가능합니다. 감정 격분 행동이 왜 나타나는지 제대로 이해하면 화가 나지 않습니다. 아이가 왜 그런 행동을 보이는지 먼저 생각해 보세요. 그러면 화가 나지 않고 그 행동을 멈추게 할 방법을 찾게 됩니다. 아이의 행동에 화부터 내는 것은 어디까지나 무지에서 나오는 행동이라고밖에 할 수 없습니다.

아무리 달래도 아이가 행동을 멈추지 않는다면 의연한 태도로 기다려 주세요. 그렇다고 아이 혼자만 남겨 두고 멀리 떨어져 있어서는 안 됩니다. 부모가 눈에 보이지 않으면 불안감 때문에 감정 격분 행동이 더 심해질 수 있고, 아이가 가구나 벽에 부딪쳐 상처를 입을 수 있습니다. 그러니 아이가 엄마를 볼 수 있는 곳에서 지켜보도록 하세요. 이때 아이의 행동을 멈추게 하기 위해 아이의 요구를 들어주는 것은 금물입니다. 분노할 때마다 요구를 들어주는 것이 습관이 되면 아이들은 시도 때도 없이 뒤로 넘어갑니다. 그것이 부모를 조종하는 가장 강력한 무기라는 것을 알아 버렸기 때문이지요.

난리를 친 흔적은 아이가 직접 치우게

저는 경모가 토하며 난리를 칠 때 아이의 감정이 가라앉을 때까지 기다렸다가 아이에게 토한 자리를 치우게 했습니다. 물론 제가 옆에서 도와주었지요. 아이가 물건을 던졌다면 제자리에 갖다 놓게 하고, 얼굴이 더러워졌다면 스스로 씻게 하세요. 그래야 아이도 난리를 치면 자기가 더 힘들다는 것을 알게 됩니다. 또한 부모에 대한 쓸데없는 죄책감도 갖지 않게 되지요. 자기가 어지럽힌 것을 부모가 치운다면 아이가 아무리 어리더라도 미안한 마음을 갖게 마련이지요. 어떤 형태든 아이의 마음에 죄책감이 남는 것은 좋지 않습니다. 죄책감은 아이로 하여금 부정적인 자아상을 만들게 합니다. 그러므로 아이가 만든 사고는 아이 스스로 수습하게 함으로써 아이 안에 남아 있는 죄책감을 없애 주세요.

말로 표현하는 연습을 시키세요

아이의 감정이 가라앉았다면 그 후 마무리를 잘 해야 합니다. 아이의 과격한 행동이 사그라졌다고 안심하고 넘어갈 것이 아니라, 화난 감정을 말로 표현하는 방법을 알려 주도록 하세요.

"나 화났어", "기분이 나빠", "엄마 미워"라는 말도 충분히 부모에게 감정을 전달할 수 있다는 것을 깨닫게 해 주라는 말입니다. 굳이 과격한 행동을 보이지 않아도 엄마가 충분히 자기 마음을 헤아린다는 것을 깨달으면, 아이 스스로 행동을 교정해 갈 수 있습니다. 더불어 화가 난 이유까지도 이야기하게 하면 좋습니다. 아이가 화난 이유를 말하면 우선은 그 감정을 부모가 이해한다는 것을 충분히 알려 주세요.

"엄마가 사탕을 주지 않아서 화가 났구나. 사탕을 먹고 싶은데 못 먹어서 정말 속상했겠다."

이렇게 아이의 감정을 일단 이해해 준 다음, 세상의 모든 일이 항상 자기 뜻대로 되지는 않는다는 이야기를 해 줍니다. 이것은 아이의 감정을 조절하는 데 있어 무척 중요한 역할을 합니다. 아이도 인격체입니다. 왜 안 되는지 알면 과격한 행동을 안하게 됩니다.

"사탕을 너무 많이 먹으면 이에 까만 벌레가 생기고, 그러면 병원에 가서 주사를 맞고 뽑아야 해"라고 아이의 수준에 맞춰 논리 정연하게 이야기하면 대부분의 아이들이 수긍을 하지요. 그런 다음 화가 났을 경우 해야 될 행동과 하지 말아야 할 행동을 꼭 이야기해 주세요.

"화가 났을 때는 울고 소리치는 게 아니야. 왜 화났는지, 어떻게 하면 좋은지 엄마에게 이야기해야 해. 그래야 엄마가 도와줄 수 있거든. 아무리 화가 나도 물건을 던지고, 다른 사람을 때려서는 안 돼. 누가 너한테 그런다고 생각해 봐. 그때 네 기분이 어떻겠니?"

물론 이 과정이 한 번에 물 흐르듯이 이루어지지는 않을 것입니다. 이 시기의 아이들에게는 수십 번, 아니 수천 번의 반복이 필요하지요. 하지만 이런 과정을 통해 아이는 분노는 말로 표현할 수 있는 감정이고, 표현하고 나면 풀린다는 것을 알게 됩니다.

한 가지 물건에 대한 집착이 너무 심해요

아이들은 가지고 놀던 인형이나 베개, 이불 등 특정한 물건에 심한 집착을 보일 때가 있습니다. 여행 때마다 아이 이불을 챙겨야 한다는 엄마도 있고 잠시 외출할 때도 아이 장난감을 꼭 가져가야 한다는 엄마도 있습니다. 아이가 낡고 더러운 물건에 집착하는 모습을 보면 엄마는 걱정이 되지 않을 수 없지요. 그래서 빨래라도 할라치면 아이가 울고불고 난리를 치는 통에 포기하기 일쑤입니다. 하지만 이것은 두 발로 서고 걸음마를 해야 걸을 수 있는 것처럼, 아이가 세상으로 나가기 위해 거치게 되는 필연적인 발달 과정입니다. 그것을 문제 삼아 고치려 들면 그것이 오히려 병이 될 수 있습니다.

아이가 독립하는 과정에서 나타나는 모습

한 엄마가 장난감 기차에 집착하는 다섯 살 난 아들 때문에 고민이라며 병원을 찾아왔습니다. 아이는 매일 장난감 기차만 가지고 놀고, 친구들이 놀러 와서 그 기차를 건드리기라도 하면 그 친구를 때리기까지 한다고 합니다.

"외출할 때마다 장난감 기차를 꼭 챙겨야 해요. 깜빡 잊고 안 가져가면 울며불며 떼를 써서 다시 집으로 돌아가야 해요. 아이에게 무슨 문제가 있어서 그런 건가요?"

장난감 말고 이불에 집착하는 아이들도 있습니다. 한 엄마는 아이가 여섯 살이 되어서도 아기 때 덮고 자던 이불이 있어야 잠이 들고, 아무리 이불이 더러워도 빨래를 할 수 없을 정도로 손에서 이불을 놓지 않아 아이와 늘 실랑이를 해야 한다고도 하더군요. 아이가 한 가지 물건에 집착할 경우 부모는 혹시 편집증 같은 정신적인 문제가 있는 건 아닌지 걱정이 됩니다.

결론부터 말하자면 기차, 인형, 이불 등 한 가지 물건에 집착하는 모습은 특정 몇몇 아이에게서만 보이는 현상이 아닙니다. 대부분의 아이들에게서 보이는 것으로, 아이가 엄마로부터 독립하는 한 과정입니다. 생후 초기의 아이들은 생존을 위해 엄마에게 절대적으로 의존합니다. 또한 엄마와 자신을 하나로 여깁니다. 그래서 엄마가 기뻐하면 아이도 기뻐하고, 엄마가 우울해하면 아이도 우울해합니다. 그러다 기고 걷게 되면서 심리적으로 엄마로부터 독립하게 되는데, 그때 엄마 대신 특정한 물건에 집착하게 되는 것입니다. 따라서 어느 정도 시기가 지나면 이러한 행동은 자연스럽게 사라집니다.

애착 관계가 불안할 때도 나타납니다

어떤 아이들은 물건에 집착하는 정도가 미약해서 언제 그런 일이 있었나 싶게 넘어가기도 합니다. 반면 정도가 심해 5~6세까지 가는 아이들도 있습니다. 이때는 부모와 애착 관계가 잘 형성되어 있는지 살펴보아야 합니다. 집착은 애착 행동의 하나로, 부모와 애착 관계가 원활하게 이루어지지 않을 때 한 물건에 병적일 만큼 집착하게 됩니다. 부모와 헤어지게 되거나 부모에 대한 믿음이 약해지면 그 강도가 세집니다. 집착의 정도가 심할 때에는 아이가 이런 상황에 의해 스트레스를 받았다는 것을 의미하므로 전문의와 상담을 해 보는 것이 좋습니다.

아이가 한 가지 물건에 집착할 때는 우선 그 집착을 인정해 줘야 합니다. 아이가 집착하는 모습이 보기 싫다고 물건을 뺏거나 감추면 아이의 마음에 상처가 될 수 있습니다. 아이는 자신이 집착하는 대상과 자기를 동일시하기도 하므로 오히려 아이가 집착하는 물건을 어떻게 대하는지 잘 관찰하면 아이의 마음을 들여다볼 수 있습니다.

"이 기차는 어디로 가는 거야? 기차 안에는 누가 타고 있어? 엄마와 이런 기차 한번 타 볼까?"

"이 이불을 만지고 있으면 기분이 좋아지니? 엄마도 한번 해 볼까?"

이렇게 이야기하면서 아이가 그 물건에 어떤 태도를 보이는지 살펴보세요. 그리고 아이와 함께 그 물건을 가지고 놀아 주세요. 인형에 이불을 덮어 주며 논다거나, 장난감 기차를 가지고 경주를 하는 등 아이에게 집착 대상과 혼자 노는 것보다 부모와 같이 노는 게 더 재미있음을 알려 주는 것입니다. 부모와 함께 놀다 보면 물건에 대한 집착이 조금씩 사라지게 됩니다. 그리고 아이와 자주 스킨십을 나누세요. 부모의 사랑을 충분히 받은 아이들은 물건에 대한 집착이 심하지 않습니다. 아이가 사랑을 받고 있다는 확신이 들도록 자주 안아 주고 사랑한다고 이야기해 주세요. 그러면 아이는 물건에 집착하는 것보다 엄마와 교감하는 것이 더 좋다고 느끼면서 서서히 물건에 대한 관심을 줄이게 됩니다.

집착을 없애 주는 놀이 심리 치료

한 가지 물건에 집착이 너무 심한 아이들은 전문의와의 상담을 거쳐 적절한 치료를 받아야 합니다. 대표적인 방법이 놀이 심리 치료인데요. 놀이 심리 치료에서는 갓난아이 때로 돌아가서 엄마와 했던 놀이를 재현하게 합니다. 엄마가 아이 앞에 앉아 수건으로 얼굴을 가리고 있다 내리면서 '까꿍' 하는 놀이나 곤지곤지, 죔죔 등 아기 때 누구나 다 했을 놀이를 다시 해 보면서 엄마와의 애착을 유도하는 것입니다. 이런 놀이 심리 치료를 통해 아이는 부족했던 엄마와의 애착을 다시 만들어 가고, 그러는 동안 물건에 대한 집착도 서서히 내려놓게 됩니다.

혹시 우리 아이가 ADHD는 아닐까요?

육아 관련 정보가 넘쳐 나면서 아이가 조금만 산만한 행동을 보여도 ADHD(Attention Deficit Hyperactivity Disorder : 주의력결핍 과잉행동장애)가 아닐까 의심하는 부모들이 많습니다. 실제로 병원을 찾아 "선생님, 저희 아이가 ADHD인 것 같아요"라고 구체적인 병명을 이야기하며 확인을 요청하기도 하지요. 10년 전만 하더라도 아이의 산만함은 병으로 인식되지 않았습니다. 크면 나아진다며 내버려 두곤 했지요. 하지만 지나치게 산만한 아이를 그대로 방치하면 성인이 되어서까지 문제가 나타나 사회생활에 지장을 받기도 합니다. 따라서 그런 아이의 경우 시간이 지나 저절로 좋아지기를 기다리지 말고, 병으로 인식해서 전문의를 찾아 조기에 적절한 치료를 받게 해야 합니다.

ADHD, 조기 발견이 가장 중요합니다

미국 소아과 학회의 통계에 따르면 학령기 전후 아이들의 약 3~6퍼센트가 이 질병에 걸린다고 합니다. 발병률은 성별에 따라 다르게 나타나는데 여자아이보다 남자아이의 발병률이 약 4배 정도 높습니다. 우리나라의 경우 발병률이 5.9~7.6퍼센트로 소아 정신과 질환 중 가장 높게 나타났습니다. 또한 환자의 절반 정도는 만 4세 이전에 ADHD 증상을 보이거나 걸리지만, 병이 발견되는 시점은 대부분 유치원이나 초등학교에 입학한 뒤라고 합니다. 자칫 만성 장애로 발전할 수도 있고, 평균 30퍼센트 정도가 성인이 되어서까지 ADHD 증상을 보이고 있습니다. 따라서 유난히 산만한 아이라면 ADHD인지 아닌지 반드시 짚고 넘어가는 것이 좋습니다.

어느 날 한 엄마가 네 돌이 다가오는 남자아이의 손을 잡고 진료실에 들어섰습니다. 그 아이는 제가 이름을 부르고 말을 거는데도 제대로 대답하지 않았고 엄마와 상담하는 내내 손과 발을 부산스럽게 움직이더군요.

"어렸을 때부터 워낙 활동적인 아이였어요. 그런데 어린이집 선생님이 아이가 수업 중에 돌아다니고 선생님 말씀을 귀담아듣지 않는다고 하시더라고요. 또 친구들과 다툼이 있을 때 충동적으로 행동해서 선생님이 깜짝 놀라기도 했대요."

그 아이를 데리고 주의력, 인지, 지능, 정서, 행동 등 여러 가지 검사를 해 본 뒤 ADHD 진단을 내렸습니다. 검사 결과를 들은 아이 엄마는 왈칵 눈물을 쏟았습니다. 아이에게 병이 있는 줄 모르고 그동안 소리치고 때렸다면서요. 이처럼 ADHD를 일찍 발견하지 못하면 아이를 버릇없는 아이, 산만한 아이로 치부하고 다그치기 쉬워, 아이가 반항적인 성격을 가지게 되는 경우가 많습니다. 그러니 조기 발견이 중요한 것이지요.

아이가 아니라 아이의 뇌에 문제가 있는 것입니다

ADHD를 앓고 있는 아이를 둔 부모는 위의 경우처럼 소리치고 때리면서 아이의 행동을 바꾸고자 애를 씁니다. 그러면서 "아무리 이야기를 해도 도무지 듣지를 않는다"며 하소연을 하지요. 그래서 아이에게 끊임없이 잔소리를 하고, 아이는 전혀 듣지 않고, 그런 아이에게 또 잔소리를 하는 악순환이 반복되는 것입니다.

그런데 한번 생각을 바꾸어서 ADHD를 폐렴과 같은 질병이라고 생각해 보세요. 폐렴이 아이를 다그친다고 해서 낫는 질병인가요? 폐렴을 고치려면 푹 쉬면서 약물을 통해 폐의 염증을 없애야 합니다. ADHD와 같은 정신 질환도 마찬가지입니다.

ADHD의 원인에 대해서는 신경화학적 요인이나 환경적 요인 등에 관한 여러 가지 이론이 있으나, 그중에서 아이의 뇌에서 그 원인을 찾는 이론이 신빙성을 얻고 있습니다. 즉 뇌의 기능에 문제가 생겨 주의력결핍과 과잉행동이 나타난다는 것이지요. 실제 평균적으로 ADHD 아동의 전두엽은 정상아에 비해 10퍼센트 작고, 대뇌 전상부와 전하부의 크기도 10퍼센트 작습니다. 그러므로 ADHD 역시 폐렴과 마찬 가지로 정확한 진단을 통해 치료해야 합니다.

ADHD 자녀를 둔 부모들은 "내 잘못으로 우리 아이가 ADHD에 걸렸다"라며 죄책 감을 갖기도 합니다. 좋은 환경을 만들어 주지 못해서, 혹은 유전적인 영향으로 아 이가 ADHD를 앓게 되었다고 생각하는 것이지요. 하지만 지금까지의 연구 결과, 임 신했을 때 임산부의 영양부족, 흡연, 과도한 스트레스, 조산이나 난산이 아이의 뇌 손상을 유발할 수는 있지만 이런 환경적 요인이 단독으로 ADHD를 야기하는 것은 아니라고 밝혀졌습니다.

또한 유전적 영향 역시 ADHD 아동의 부모나 형제 중 30퍼센트에서 주의력결핍 문제가 있는 것으로 나타났지만, ADHD가 어떤 독자적인 유전 문제로 발생된다고 밝혀진 바는 없습니다. 그러니 아이에게서 이런 질병이 나타났다고 해서 죄책감을 갖지는 마세요. ADHD를 다른 육체적 질병과 마찬가지로 여기고 객관적인 입장에 서 치료에 임하라고 말하고 싶습니다. 부모가 죄책감을 갖는 것은 아이 치료에 하나 도 도움이 되지 않습니다.

연령에 따른 ADHD의 전개 과정

·························· ADHD의 증상은 크게 주의력결핍과 과잉행 동, 충동성으로 나타납니다. 먼저 주의력결핍에 대해 말해 보겠습니다. 주의력은 여 러 기술이 요구되는 복잡한 능력입니다. 아이들이 교실에서 선생님의 말에 집중하 기 위해서는 수많은 유혹을 물리쳐야 합니다. 교실 밖의 풍경, 교실 주변에 있는 그 림이나 교재와 교구, 친구들이 움직이는 소리 등 주의를 분산시키는 것들에 신경을 꺼야 하지요. 하지만 ADHD 아이들은 이런 과정이 무척 힘이 듭니다.

과잉행동은 허락 없이 자리에서 일어나고 뛰어다니며 손과 발을 끊임없이 움직이 는 것으로, 공공장소에서건 집에서건 상관없이 나타납니다. 또한 정서적인 측면에서는 자극에 대해 생각 없이 행동하는 충동성이 나타나기도 합니다. 이러한 행동 특성 때문에 ADHD 아이들은 다른 아이들과 원만한 관계를 맺기 힘들고, 유치원이나 학교 등 집단생활에 적응하는 데도 어려움을 보입니다.

ADHD 체크리스트

●주의력결핍 진단 기준

1. 수업이나 다른 활동을 할 때 부주의해서 실수를 많이 한다. ☐
2. 과제나 놀이를 할 때 지속적으로 주의를 집중하기 어렵다. ☐
3. 다른 사람이 앞에서 이야기할 때 귀를 기울이지 않는다. ☐
4. 어른의 지시에 따라 자신이 해야 할 일을 마치지 못한다. ☐
5. 계획을 세워 체계적으로 활동을 하는 것이 어렵다. ☐
6. 지속적으로 정신 집중을 필요로 하는 일을 꺼린다. ☐
7. 물건을 자주 잃어버린다. ☐
8. 외부 자극에 쉽게 정신을 빼앗긴다. ☐
9. 일상적으로 해야 할 일을 자주 잊어버린다. ☐

●과잉행동장애 진단 기준

1. 손발을 가만히 두지 못하고 계속 꼼지락거린다. ☐
2. 제자리에 있어야 하는 상황에서 마음대로 자리를 뜬다. ☐
3. 상황에 맞지 않게 과도하게 뛰어다닌다. ☐
4. 조용히 하는 놀이나 오락에 참여하지 못한다. ☐
5. 끊임없이 움직인다. ☐
6. 지나치게 말을 많이 한다. ☐
7. 질문을 끝까지 듣지 않고 대답한다. ☐
8. 자기 순서를 기다리지 못한다. ☐
9. 다른 사람을 방해하고 간섭한다. ☐

●평가

주의력결핍과 과잉행동장애 진단 기준에서 9개의 증상 중 6개 이상이 6개월 이상 나타날 경우 ADHD를 의심해 볼 수 있습니다.

또한 ADHD는 연령에 따라 행동 특성이 다르게 나타납니다. 3세 이전 유아기 때는 아이의 기질과 ADHD의 구분이 어렵지만 학령기 전후로 ADHD가 의심되는 경우, 유아기의 모습을 유추해 보면 진단에 도움이 됩니다. ADHD 소인이 있는 아이들은 유아 시절부터 잠을 아주 적게 자거나 자더라도 자주 깨고, 손가락을 심하게 빨거나 머리를 박고 몸을 앞뒤로 흔드는 행동을 많이 합니다. 기어다닐 때에도 끊임없이 이리저리 헤집고 다니고, 전반적으로 활동적인 모습을 보입니다.

3~5세가 되면 집중력이 부족하고 상당히 충동적인 모습을 보입니다. 또래 친구나 형제들과 자주 싸움을 하고, 특별한 이유가 없는데도 분노와 발작을 보이는 경우가 많습니다. 색칠하기, 그림 그리기 같은 활동을 완수하지 못하고, 무모한 행동으로 다치기도 합니다.

6~7세가 되어 유치원이나 학교에 들어가면 그전까지 용납되었던 행동들이 더 이상 허용되지 않기 때문에 이러한 행동들이 눈에 띄게 드러나고 ADHD 아이들의 문제가 부각됩니다. 그래서 초등학교 입학 후 한두 달이 지나 병원을 찾는 아이들이 가장 많습니다. 교실에서 제자리에 가만히 있지 못하고 수업 시간에 일어나서 돌아다니거나, 집중 시간이 짧아 주어진 과제를 시간 안에 끝내지 못하고, 충동성으로 인해 품행에도 여러 가지 문제가 나타나기 시작합니다.

활동적이고 외향적이라고 모두 ADHD는 아니에요

하지만 아이가 너무 활동적이라고 해서 모두 ADHD는 아닙니다. ADHD를 지나치게 걱정하는 부모들은 그 나이 또래에 흔히 보이는 호기심 어린 행동이나 활동적인 모습을 보고도 가슴이 철렁하는 경우가 많은데, 그러지 않아도 됩니다. 특히나 남자아이를 키우고 있는 엄마들은 남자아이의 특성을 제대로 이해하지 못한 나머지, 아이가 조금만 말썽을 피워도 ADHD가 아닐까 걱정을 합니다.

이런 잘못된 시각을 가지고 아이를 바라보면 ADHD 체크리스트의 많은 부분이 내 아이에게 해당하는 것 같기도 하지요. 세상을 바라보는 아이들의 머릿속에는 물음표가 가득합니다. 저것은 무엇이고, 왜 그렇게 되는지 신기하고, 이상하고, 알고 싶은 것들로 넘쳐 납니다. 그래서 무엇이든 직접 만져 보려고 하고, 끊임없이 조잘거리며 질문을 합니다. 이런 특성은 남자아이, 그중에서도 활동적이고 외향적인 아이들에게서 많이 나타납니다.

아들 둘을 키우고 있는 한 엄마는 아이들과 식당에 갈 때마다 아이들이 무슨 사고를 치지 않을지 겁부터 난다고 하더군요. 잠깐 한눈을 팔면 여기저기 돌아다니며 가스레인지를 건드리기도 하고, 옆자리 손님에게 장난을 치고, 심지어는 주방까지 예사로 드나든다고 합니다. 새로운 장소를 갈 때마다 그런 일이 반복되다 보니 아이에게 무슨 문제가 있는 것이 아니냐며 병원을 찾아온 것이지요. 그 엄마에게 이렇게 물어보았습니다.

"아이들에게 왜 그렇게 행동하면 안 되는지 알려 주셨나요?"

이 질문에 그 엄마는 왜 안 되는지는 스스로 알 것 같아 무조건 하지 말라고 야단을 쳤다고 하더군요. 그래서 저는 이렇게 이야기해 주었지요.

"아이들에게 식당에서 그렇게 하면 왜 안 되는지 알려 주면서 호기심을 해결해 주면 아이들의 행동이 달라질 거예요. 활동적인 아이들의 경우 자기가 호기심을 가지고 하려는 일을 엄마가 하지 말라고 하면, 그 호기심을 억누를 수 없어 어떻게든 해결하려 하거든요. 하지만 무조건 아이의 호기심을 억누르면 아이는 더 이상 주변에 대한 관심을 갖지 않게 된답니다."

그런데 만일 엄마의 노력에도 불구하고 아이가 같은 행동을 반복하고, 산만한 행동이 6개월 이상 관찰된다면 ADHD 검사를 해 보는 것이 좋습니다. 아이 행동의 원인이 호기심 때문인지 아니면 뇌의 문제 때문인지 판단해 봐야 하는 것이지요. 단순히 산만한 아이는 주의를 집중해서 활동해야 할 때는 또래 아이와 비슷한 수준의 집중력을 보이고, 자기가 흥미를 갖는 부분에 대해서는 어른 수준의 집중력을 보이기도 합니다. 그러니 아이의 모습을 잘 관찰해 보기를 바랍니다.

ADHD 치료, 사랑이 최고의 명약입니다

ADHD 검사는 소아 정신과나 신경정신과, 아동 심리 센터 등에서 받을 수 있습니다. 검사 비용은 기관마다 다르지만 대략 40~60만 원 정도입니다. ADHD라는 진단을 받으면 약물 치료, 놀이 심리 치료, 부모 교육 등을 하며 부모와 지속적인 상담을 하게 됩니다. 이때부터 부모의 역할이 중요합니다. 어떤 소아 질병도 마찬가지이지만 부모가 지치면 치료를 계속할 수 없을뿐더러 효과도 기대할 수 없습니다. ADHD는 치료를 잘 받으면 1~2년 안에 상당히 호전되는 질병이므로 전문의와 지속적인 상담을 통해 꾸준히 치료를 하는 것이 중요합니다.

약물 치료의 경우 메틸페니데이트라는 약을 사용하는데, 이는 각성제의 일종으로 중추 신경계를 자극하는 약물입니다. 일부 엄마들 사이에 '머리 좋아지는 약'이라고 알려져 있어 정상적인 아이들도 복용하는 경우가 있는데, 집중력 증진 효과가 전혀 없고 오히려 부작용만 나타나므로 주의해야 합니다. 또한 정량을 넘으면 다른 것에는 관심을 보이지 않거나 불면증, 식욕 감퇴 등의 부작용이 생기므로 전문의의 처방을 받아 정량을 복용해야 합니다.

일부 부모들의 경우 아이에게 정신과 약을 먹이는 것이 싫어서 놀이 심리 치료 등 비약물 치료만을 고집하는 경우가 있는데, 이는 옳지 못한 방법입니다. 약물 치료를 놀이 심리 치료와 병행해야 치료 효과가 높고 또 단시간에 증상이 좋아져 약물을 끊게 됩니다.

하지만 무엇보다 치료 효과를 좌우하는 것은 부모의 사랑입니다. 부모가 병에 대해 제대로 알고 아이를 배려해 주고 사랑으로 대하면 아이는 조금씩 달라진 모습을 보입니다. ADHD는 힘든 병입니다. 병원 갈 때마다 드는 돈도 만만치 않고, 치료 효과도 바로 나타나지 않습니다. 하지만 부모가 인내심을 가지고 사랑으로 아이를 대하면 아이는 아주 작은 변화라도 부모의 사랑에 답을 합니다.

ADHD 치료 사례

초등학교 2학년 민성이는 유치원 때부터 산만하다는 얘기를 많이 들었습니다. 한시도 가만히 있지 않고 손과 발을 움직이고 유치원 수업에 집중을 하지 못해 선생님에게도 지적을 많이 받았지요. 민성이 엄마는 어려서 그러는 거려니 하며 무심히 넘겼는데 학교에 들어가자 민성이의 행동이 더 심해졌습니다.

화가 나면 과격한 행동을 하고 악을 쓰며 울었습니다. 민성이 엄마는 아무래도 안 되겠다 싶어 병원을 찾았는데 ADHD라는 진단을 받았습니다. 병원의 지시대로 약을 복용하니 아이의 산만한 행동은 금방 사라졌습니다. 그런데 반대로 한 가지에만 몰입하는 증상이 나타났습니다. 주변에 어떤 상황이 벌어져도 민성이는 하고 있던 놀이나 책 읽기에만 집중했습니다. 그러다가도 12시간 지속되는 약 기운이 떨어지면 또다시 산만한 행동이 나타났지요.

상담 끝에 약을 줄이니 한 가지에 집중하는 증상이 조금은 나아졌습니다. 하지만 민성이 엄마는 약물에만 의존해서는 안 되겠다는 생각에 민성이 치료에 적극적으로 뛰어들었습니다. 약도 먹이고, 병원에서 배운 놀이 심리 치료법을 집에서도 해 주면서 민성이와 많은 시간을 보냈고, 더 많이 사랑해 주고 더 많이 칭찬을 해 주었습니다. 엄마가 불안해하면 아이가 더 불안해할 거라는 생각에 엄마부터 마음을 편히 가지려고 애썼고, 어른이 이렇게 힘든데 아이는 얼마나 힘들까 생각하며 아이 입장에서 생각하려고 노력했습니다. 아이의 실수도 보듬어 주고, 아이에게 자신감을 심어 주기 위해 매일 "너는 훌륭한 사람이 될 거야"라고 말해 주었습니다. 그랬더니 아이가 조금씩 변화하기 시작했고, 그렇게 1년을 보내고 나니 민성이는 전혀 다른 아이가 되어 있었습니다. 이제는 약도 끊고 다른 친구들과 마찬가지로 즐겁게 학교에 다니고 있습니다.

CHAPTER
3

말

또래 아이들보다 말이 늦어요

　3세 전후는 폭발적인 언어 발달을 보이는 시기로, 이때 아이가 또래보다 말이 늦다면 왜 그런지 꼭 따져 봐야 합니다. '크면 좋아지겠지', '늦되는 아이들이 더 잘된대' 등 막연한 생각으로 기다리기만 하는 엄마도 있는데, 제가 개인적으로 싫어하는 말이 바로 "애들은 원래 다 그래. 그냥 내버려 두면 나아질 거야" 하는 말입니다. 그런 생각으로 아이를 방치했는데 한두 해가 지나고도 상태가 나아지지 않으면 돌이킬 수 없는 상황에 이를 수도 있습니다. 특히 언어는 적정 시기에 제대로 발달을 이루지 못하면 말을 못하는 것으로 그치는 것이 아니라 사회성 발달이 잘 이루어지지 않는 등 여러 가지 문제가 연속적으로 발생하게 됩니다.

비언어적 의사소통이 잘되면 너무 걱정 안 해도 됩니다

　⋯⋯⋯⋯⋯⋯⋯⋯⋯⋯⋯⋯⋯⋯⋯⋯⋯⋯⋯⋯⋯⋯⋯⋯⋯ 한 엄마가 저를 찾아왔습니다. 돌이 한참 지났는데도 '엄마', '아빠' 소리만, 그것도 웅얼거리면서 내뱉는다며 문제가 있지 않은지 걱정을 했지요. 간단한 검사를 해 보고 엄마와 어떻게 노는지 관찰해 보니, 아이는 엄마의 몸짓이나 표정에 따라 싱글벙글 웃기도 하고 때

로 눈살도 찌푸리면서 제 나름의 의사 표현을 하고 있었습니다. 저는 그 엄마에게 "아이는 별 문제없이 잘 크고 있으니 지금처럼 아이와 잘 놀아 주면서 아이가 어떤 반응을 보일 때마다 적극적으로 대응해 주세요" 하고 말해 주었습니다.

이렇듯 눈을 잘 맞추고, 다른 사람의 행동을 따라 하고, 손짓 발짓 등 비언어적 의사소통에 문제가 없다면 너무 큰 걱정을 할 필요가 없습니다. 말귀를 다 알아듣고 동작이나 표정 등으로는 의사 표현을 하는데, 말로는 표현하지 못하는 것뿐입니다. 이런 아이는 조금만 더 언어적 자극을 주고 기다려 주면 곧 말문이 트이게 됩니다. 앞에서 말한 '늦는 아이들'인 셈이지요. 그러니 아이가 비언어적으로 자신의 감정과 의지를 표현할 때, 거기에 적극적으로 대응해 주세요. 아이가 웃으면 "우리 ○○가 기분이 좋구나. 엄마랑 놀까?", 아이가 싫은 표정을 짓거나 투정을 부리면 "우리 ○○가 왜 기분이 안 좋을까?" 하며 아이의 감정에 대응해 주고, 적극적으로 의사소통을 하는 것이지요.

하지만 비언어적 의사소통에도 문제가 있다면 자폐증과 같은 발달 장애가 있을 수 있으므로 전문의를 찾아가 봐야 합니다.

지능이 낮으면 언어 발달이 늦습니다

저는 언어 발달 문제가 있는 아이가 병원에 오면 먼저 지능검사를 해 봅니다. 지능이 낮은 아이들은 언어 치료를 해도 큰 효과가 없기 때문이지요. 따라서 말이 늦는 아이는 언어 발달 뿐 아니라 신체 발달은 제대로 이루어지고 있는지, 놀이 수준이 다른 아이들과 비슷한지 살펴봐야 합니다. 이것들은 모두 지능과 밀접한 연관이 있어, 지능상의 문제를 파악하는 데 용이합니다. 예를 들어 3~4세 아이들은 가상의 세계를 꾸며 내 인형 놀이나 소꿉놀이를 즐기지만 지능이 낮은 아이들은 그런 놀이를 못 합니다. 매일 블록을 쌓고 뛰어다니는 등 감각 놀이만을 즐기지요. 그러니 아이가 이러한 모습을 보인다면 병원을 찾아 정확한 진단을 받기 바랍니다.

정서적 안정이 우선입니다

정서가 안정된 아이들이 언어 발달이 빠릅니다. 반대로 말하자면 정서가 불안정한 아이들이 언어 발달이 늦다는 것이지요. 정서가 불안정한 아이들은 다른 사람의 말은 알아들어도, 좀처럼 자기표현을 하지 않는 경우가 많습니다. 기분이 좋을 때는 말을 많이 하고, 기분이 나쁠 때는 한마디도 하지 않는 등 언어 표현의 차이도 심하게 나타납니다.

얼마 전 36개월이 된 소심한 성격의 남자아이가 어린이집에 다니기 시작하면서 하던 말도 안 하게 되어 병원에 온 적이 있습니다. 당시 아이는 말은 한마디도 하지 않고, 겁에 질린 표정으로 엄마 옆에 붙어 있기만 했습니다. 그 시기의 남자아이라면 좀이 쑤셔 자리에 앉아 있지 못하고, 여기저기 들쑤시며 사고를 치는 것이 정상인데 말이지요.

원인이 무엇이었을까요? 아이가 너무 소심하고 약한 것이 걱정스러워 아주 어릴 때부터 어린이집에 보낸 것이 화근이었습니다. 엄마 생각에는 아이에게 도움이 될까 해서 그랬겠지만, 아이 입장에서는 마음의 준비가 전혀 되지 않은 상태에서 갑자기 엄마와 떨어지게 되었으니 얼마나 불안하고 무서웠겠습니까? 거기에 난생 처음 드센 친구들과 부대끼게 되니 아이의 불안이 더욱 커질 수밖에 없었지요. 결국 정서적인 불안이 너무 커진 나머지 아이는 마음의 문을 닫고 세상과의 소통을 거부했던 것이었습니다.

저는 첫 번째 처방으로 어린이집부터 당장 끊으라고 했습니다. 엄마는 그럴 필요까지 있느냐고 되

아이의 언어 발달이 늦는 이유

1. 신생아 때 거의 말을 걸어 주지 않은 경우
2. 아이가 울어도 안아 주지 않은 경우
3. 아이와 눈을 맞추며 말을 걸어 주지 않은 경우
4. 아이가 말로 표현하기 전에 엄마가 알아서 먼저 해 준 경우
5. 텔레비전이나 스마트폰을 많이 보여 준 경우
6. 퍼즐이나 블록 등 혼자 하는 놀이만 시킨 경우
7. 아이를 돌보는 사람을 자주 바꾼 경우
8. 밖에서 다른 아이들과 어울릴 기회를 갖지 못한 경우
9. 아이에게 말을 따라 할 것을 강요하고 틀릴 때마다 지적한 경우
10. 카드나 교재 등을 이용해 주입식 교육을 시킨 경우

물었지만, 그런 엄마에게 저는 "그건 엄마의 욕심이에요" 하고 단호하게 일렀습니다. 그 뒤 아이는 놀이 심리 치료를 받으면서 하루 24시간을 엄마의 보살핌 속에 지냈습니다. 무엇 하나를 하더라도 사랑으로 감싸 주라는 것이 제 조언이었지요. 몇 주 지나지 않아 그 아이는 봇물 터지듯 또박또박 말을 하게 되었습니다. 그뿐만 아니라 활발하게 놀 줄도 알게 되었지요.

언어 발달을 비롯한 모든 발달 과정에 있어 가장 기본은 아이의 정서적 안정입니다. 엄마와의 애착을 기반으로 정서적으로 안정되었을 때 모든 발달도 자연스럽게 이루어진다는 것을 잊지 마세요.

아이와 활발하게 상호작용을 하고 있는지 따져 보세요

언어는 의사소통의 수단이기 때문에 아이가 다른 사람에게 관심이 없으면 언어 발달도 제대로 이루어지지 않습니다. 그렇다면 다른 사람에 대한 관심은 어떻게 생길까요? 바로 아이가 주 양육자로부터 충분한 사랑을 받을 때 생깁니다. 주 양육자인 엄마가 육아를 너무 버거워하여 아이에게 활발한 상호작용을 못 해 줬을 때나, 아이를 봐 주는 사람이 자주 바뀌었을 때에 언어 및 사회성 발달에 문제가 생길 수 있습니다. 애착 문제가 발생하는 경우가 대표적인데 조기에 발견해서 치료를 하면 대부분 정상으로 회복되지만, 아이의 뇌 발달이 상당 부분 진행된 후에 치료를 시작하게 되면 여러 가지 문제들이 도미노처럼 이어집니다.

이 경우 말이 늦는다고 언어 치료나 인지 교육부터 시작하는 것보다는 사회성을 발달시킬 수 있는 심리 치료를 해야 합니다. 이때는 가족들의 적극적인 협조가 필요합니다. 전문의의 조언에 따라 가족들 모두 애써 주어야 아이의 정서가 안정이 되면서 사회성이 발달하고, 저절로 말이 늘게 됩니다.

수다쟁이 엄마 밑에서 말 잘하는 아이가 자랍니다

··· 뚜렷한 원인이 없는데도 불구하고 언어 발달이 늦는 아이들은 '발달성 언어 장애'로 진단합니다. 이런 아이들은 언어 치료를 통해 효과를 볼 수 있습니다. 하지만 아이가 말이 늦는 것 외에 별다른 이상이 없고 다른 비언어적인 의사소통이 활발하다면 집에서 적절한 언어 자극을 주는 것만으로도 효과를 볼 수 있습니다. 이때 빨리 말을 틔우겠다는 욕심으로 아이에게 억지로 말을 따라 하게 하면 오히려 역효과가 날 수 있으니 주의하세요.

먼저 아이가 하는 말을 따라 하면서 정확하게 말할 수 있도록 해 주는 것이 좋습니다. 아이가 "물"이라고 한다면, "물을 먹고 싶다고? 그럴 때는 '물 주세요' 하는 거야" 하고 이야기해서 자기의 뜻을 정확히 전달하도록 도와주세요. 또한 아이가 간단하게 따라 할 수 있는 단어를 반복적으로 말해 줍니다.

아이는 흥미가 있고 즐거워야 조잘조잘 떠들어 댑니다. 아이가 재미있는 놀이를 하고 있을 때, 기분이 좋을 때 짧고 반복적인 언어 자극을 주는 것이 좋습니다. 예를 들어 아이가 장난감 기차에 흥미를 보인다면, "칙칙폭폭 기차가 나갑니다" 하고 반복해서 말해 주면 어느새 아이가 따라 할 것입니다.

어떤 연구에 따르면 엄마가 평소 쓰는 단어의 수와 아이가 말하는 양이 비례한다고 합니다. 정상적인 뇌 발달을 하는 아이라면 주변에서 오는 언어 자극에 따라 언어 발달도 영향을 받는 것이지요. 아이의 언어 발달을 위해 수다쟁이 엄마가 되어 보세요. 그 외에 부모들이 알아 두어야 할 것이 있습니다. 바로 책을 많이 읽는다고 해서 언어 능력이 발달하는 것은 아니라는 사실입니다. 언어는 사회적 상황에서 사용되는 실제 언어를 통해 발달합니다. 책을 통해 영어를 배우면 읽을 수는 있어도, 그것이 곧바로 대화로 이어지지 않는 것과 같은 이치입니다. 아이들도 경험을 통해서만 의사소통에 필요한 언어를 제대로 습득하게 됩니다. 그러니 열 번 책을 읽어 주기보다 아이와 한 번이라도 제대로 이야기를 나누는 편이 언어 발달에 훨씬 효과적일 것입니다.

몸이 아파도 말을 못합니다

아이가 말을 잘 못하는 것은 신체적인 이상 때문일 수도 있습니다. 한 예로 아이가 중이염을 자주 앓아 소리를 잘 듣지 못하기 때문에 그만큼 말을 배울 기회가 줄어들고, 그것이 언어 발달 지연으로 나타나기도 합니다. 이 같은 경우라면, 제일 먼저 할 일은 이비인후과에서 적절한 치료를 하는 것입니다. 먼저 아이의 비언어적 의사 표현력을 잘 살펴본 뒤, 아이의 신체상에 어떤 문제가 있지는 않은지 점검해 보세요.

tip

우리 아이 언어 발달, 과연 정상일까요?
-시기별 언어 발달 체크리스트

●24개월 이후

1. 나와 너를 조금 구분할 수 있다. ☐
2. 자신의 이름이나 나이, 성별은 아직 모른다. ☐
3. 아는 단어가 20~30개 정도 된다. ☐
4. 물건의 용도를 잘 모른다. ☐
5. 숫자 개념이 없다. ☐
6. 컵이나 수저 등 간단한 물건 이름을 안다. ☐
7. 말로 간단한 명령을 하면 알아듣는다. ☐
8. 원하는 물건을 손으로 가리킨다. ☐
9. 명사와 동사를 결합해서 사용한다. ☐
10. '나', '너'라는 말을 사용한다. ☐

●30개월 이후

1. 형용사나 부사 등을 사용할 줄 안다. ☐
2. 간단한 물건의 이름과 용도를 물어보면 반 정도 맞춘다. ☐
3. 나와 너를 구별한다. ☐
4. '물 주세요' 같이 2개 단어로 된 문장을 쓴다. ☐
5. 다른 사람의 말을 2/3 정도 이해한다. ☐

6. 자신의 이름, 성별, 나이를 2/3 정도 인지한다. ☐
7. 컵이나 수저, 공 등 간단한 물건 이름을 안다. ☐
8. 대소변이 마려울 때 말로 표현한다. ☐
9. '아니오', '예'라는 말의 의미를 안다. ☐
10. 진행형, 수동형, 과거형, 현재형을 이해한다. ☐
11. 큰 소리로 말할 수 있다. ☐

●36개월 이후

1. 숫자를 따라 말할 수 있다. ☐
2. 간단한 물건의 이름과 용도를 말할 수 있다. ☐
3. 말하는 속도가 빨라진다. ☐
4. 짧은 대화를 나눌 수 있다. ☐
5. 명사와 동사를 뚜렷하게 구분하여 사용한다. ☐
6. 아직은 말할 때 더듬거나, 말이 막히기도 한다. ☐
7. 물건의 용도를 듣고 무엇을 말하는지 가리킬 수 있다. ☐
8. 마시다, 먹다, 던지다 등의 말을 이해한다. ☐
9. 물건의 이름을 사용하여 문장을 말하기 시작한다. ☐
10. 단순한 질문을 이해하고 대답한다. ☐
11. 질문을 자주한다. ☐
12. 2~3개 단어로 된 6~13음절의 문장을 따라 한다. ☐
13. 과거와 미래의 의미를 안다. ☐
14. 발음이 조금 명확해진다. ☐
15. 말이 자주 틀리고 문장도 맞지 않지만 길게 이야기하려고 한다. ☐
16. '왜', '언제' 등을 물어본다. ☐

※각 시기에 5개 이상 해당될 때는 정상적인 언어 발달을 하고 있는 것으로 볼 수 있습니다. 부족한 부분은 적절한 자극만으로도 좋아집니다. 만약 각 시기에 5개 미만만 할 수 있을 경우 말이 늦는 것이므로 전문가와 상담하는 것이 좋습니다.

말을 더듬는다고 야단치지 마세요

아이가 한창 말을 배울 나이에 갑자기 말을 더듬으면 부모 가슴은 덜컹 내려앉습니다. 뇌에 문제가 있는 건 아닌지, 아이에게 심리적인 병이 생기지는 않았는지 겁부터 더럭 납니다. 이때 아이의 발달 과정을 객관적으로 알면 걱정도 절반으로 줄어들고, 아이를 어떻게 대해야 할지 방법도 알게 됩니다. 말을 더듬는 것은 성장하면서 겪게 되는 자연스러운 과정입니다. 아이마다 차이가 있어 그것이 눈에 띄게 드러날 수도 있고, 그 과정을 거치지 않고 언어 발달이 이뤄질 수도 있습니다. 아이가 말을 더듬는다면 덜컥 걱정부터 할 것이 아니라 그 과정을 잘 넘길 수 있도록 꾸준히 도와주는 것이 현명한 부모의 모습입니다.

단순하게 말만 더듬는지 다른 문제도 있는지 관찰하세요

33개월 된 남자아이가 엄마 손을 잡고 진료실에 들어섰어요. 두 돌이 넘어서부터 말을 곧잘 했는데 얼마 전부터 말을 더듬기 시작했다고 합니다. 항상 그런 것은 아니지만 신경 써서 들으면 말을 더듬는 것이 귀에 거슬릴 정도라 했습니다. 최근에 아이가 변화를 느낄 만한 큰 사건도 없었고, 엄마와 아이의 관계도 좋았답니다. 그 엄마는 아이의 말 더듬는 버릇이 자라서까지 이어지면 어떻게 하느냐고 걱정이었죠.

그 아이의 언어 발달 상황을 검사해 보니 정상으로 나타났습니다. 언어 발달이 왕성해지면서 말수가 늘어나는 이 시기에 일시적으로 말더듬이 현상이 나타날 수 있습니다. 머리에는 말로 하고 싶은 생각이 가득 차 있는데 두뇌 발달상 말로 표현하는 데는 한계가 있기 때문이죠. 시쳇말로 마음은 꿀떡 같은데 머리가 따라 주지 않

우리 아이,
말더듬이일까 아닐까?

다음과 같은 증상을 보일 때는 소아 정신과 전문의와 언어치료사의 복합적 도움을 받는 것이 효과적입니다.

① 모음을 반복해서 말한다면?

엄마를 부를 때 '어-어-어-엄마'라고 한다거나 강아지를 '강-아-아-아지'라고 모음을 삽입해서 반복적으로 발음할 경우 말더듬이라고 할 수 있습니다. 이러한 현상이 지속되면 언어치료사의 도움을 받는 것이 좋습니다. 반면 '가-그-가-강아지'처럼 자음을 반복하는 경우는 크게 걱정할 정도는 아닙니다.

② 접속어를 반복해서 말한다면?

3세 전후의 아이들은 무슨 이야기를 할 때 '그래서' 혹은 '그런데'를 자꾸 되풀이하는 경우가 많습니다. 엄밀히 말해서 이것은 말을 더듬는 게 아닙니다. 머릿속에서 생각한 것을 표현하고자 할 때 언어 표현력이 부족하여 알맞은 단어를 생각해내느라 시간이 걸리는 것이니 걱정하지 않아도 됩니다.

③ 첫 음절을 늘려 말한다면?

말을 더듬는 아이들 중에는 낱말 첫 음절을 길게 늘여 말하는 경우가 있습니다. 예를 들면 '물'이라는 단어를 발음할 때 '음-ㅁ-ㅁ-물'이라고 이야기하는 경우가 있습니다. 이 역시 몇 개월이 지나도 사라지지 않으면 전문가의 도움을 받는 것이 좋습니다.

는다고나 할까요? 그러다 보니 같은 낱말이나 구절을 되풀이하고 한 단어를 말할 때 길게 말하는 것이지요. 엄마가 보기엔 그것이 아이가 말을 더듬는 것처럼 보이는 것이고요. 그러니 아이가 다른 문제 없이 단순히 말을 더듬는 거라면 크게 걱정하지 않아도 좋습니다. 어느 정도 시기가 지나면 저절로 없어지니까요.

아이가 혼자서 책을 읽거나 인형이나 동물과 얘기할 때는 막힘 없이 이야기하면서 사람과 이야기할 때는 긴장하여 말을 더듬기도 하는데, 이 역시 시간이 약인 경우가 많습니다. 아이가 말을 더듬을 때 야단을 치거나 똑바로 이야기할 것을 강요하면 말 더듬는 현상이 습관화될 수 있으므로 주의해야 합니다.

만성적으로 말을 더듬으면
스트레스가 원인입니다

.... 일시적으로 말을 더듬는 것은 시간이 지나면서 해결될 수 있지만 말 더듬는 횟수가 늘어나면서 만성적으로 말을 더듬는다면 스트레스가 심하지 않은지 살펴봐야 합니다. 아이는 어른과 달리 자신에게 닥친 스트레스를 어떻게 해소해야 할지 모릅니다. 그래서 미처 해소되지 못한 스트레스가 말을 더듬는 등의 다른 이상 징후로 나타나는 것이지요. 스트레스가 원인이 되어

말을 오랫동안 더듬는다면, 그 원인부터 찾아 해결해 주어야만 합니다. 이 문제를 계속 방치하면 단순히 말을 못하는 것으로 그치지 않고 성향 자체가 소극적이 될 수도 있고, 모든 일을 엄마에게 미루는 의존적인 성격으로 자랄 수 있습니다.

그렇다면 아이는 무엇 때문에 스트레스를 받을까요? 6세 이전의 아이들에게서 보이는 문제의 대부분은 엄마와의 애착이 제대로 형성되지 않아서 발생합니다. 그러니 우선 엄마와의 관계가 좋은지 살펴보세요. 엄마가 주 양육자가 아니라면, 엄마 대신 아이를 맡아 돌보는 사람과의 관계를 살펴보십시오. 또한 아이에게 스트레스가 될 만한 다른 요소가 없는지 잘 생각해 보길 바랍니다. 엄마에게는 별일 아닌 것이 아이에게는 큰 스트레스가 될 수 있으니 무엇이든 아이 입장에서 생각해 보아야 합니다.

쓸데없이 다른 집 아이와 비교하는 말을 내뱉지는 않았는지, 주변 사람의 말만 듣고 아이에게 무조건 학습을 시키지는 않았는지, 사회성을 키워 준다고 무리하게 아이를 집 밖으로 내돌리지는 않았는지 등 아이의 24시간을 차근차근 떠올려 보고 점검해 보세요.

말 못한다고 지적하는 것은 절대 금물!

아이가 말을 더듬으면 도와준다고 옆에서 "천천히 말해라", "따라서 말해 봐라" 하며 일일이 지적하면서 고치려고 하는 부모들이 있습니다. 이 시기의 아이에게 억지로 바른 습관을 잡아 주려고 하는 것처럼 곤혹스러운 일이 없습니다. 특히 말을 배우는 것처럼 인지능력을 요하는 경우는 더 그렇습니다. 억지로 다그치면 오히려 아이의 증상이 악화될 수 있습니다. 부모가 지적할 때마다 아이는 자신이 말을 더듬는다는 것을 의식해서, 말하는 데 자신감이 없어지거나 더 심하게 말을 더듬게 될 수도 있다는 말입니다. 한 연구에 따르면, 말을 더듬는 증상을 정상적으로 여겨도 되는 상황에서 주변 사람들이 예민하게 반응하면 오히려 증상이 악화된다고 합니다.

아이가 일단 말을 하면 더듬더라도 중간에 끼어들지 말고 끝까지 들어 주세요. 하고 싶은 말을 끝까지 마치게 하는 것이 우선입니다. 그래야만 아이도 자신감을 가지고 자기 생각을 전달하는 방법을 깨치게 됩니다. 그 다음에는 아이의 말에 천천히 정확하게 대답해 주세요. 하루에 5분씩이라도 부모와 천천히 대화하는 연습을 하면 말을 더듬는 증상도 한결 나아집니다.

아이의 심리가 불안할 때도 말 더듬는 현상이 잘 나타납니다. 아이가 말을 더듬는

말 잘하는 아이로 만드는 생활법

1. 계속 말을 걸고, 즐겁게 대화한다

언어 발달에 자극을 주겠다는 생각으로 벽에 단어 카드를 붙여 놓거나 책을 많이 읽어 주는 것은 아이에게 말하는 기쁨을 느끼게 하지 못합니다. 그것보다는 일상생활에서 아이가 관심을 가지는 것들을 소재로 삼아 지속적으로 말을 걸고 즐겁게 대화하는 것이 좋습니다.

2. 아이가 필요한 것을 말할 때까지 기다린다

아이를 배려한다는 생각에 아이가 말을 하지 않아도 일일이 챙겨 주는 부모들이 많습니다. 하지만 말 잘하는 아이로 만들기 위해서는 아이 스스로 원하는 것을 말하게 해야 합니다.

3. 할 말이 많도록 해 준다

즐거운 경험이 많은 아이는 말이 늘어나게 마련입니다. 다양한 경험으로 아이에게 말할 거리를 많이 만들어 주는 것이 좋습니다.

4. 정확한 문장을 들려 준다

"물", "우유" 등 아이가 필요로 하는 것을 한 단어로만 말할 경우 정확한 문장으로 말하도록 유도해 주세요. "우유를 달라고? 우유 여기 있어" 하는 식으로 이끌어 주는 것이 좋습니다.

5. 다른 사람의 이야기를 잘 듣도록 한다

말을 잘하기 위해서는 상대방의 말을 잘 들어야 합니다. 아이가 이야기할 때 집중해서 듣는 모습을 보여 주고, 부모가 이야기할 때도 아이가 집중하여 듣게끔 하세요.

다고 엄마가 '우리 애만 왜 이럴까?', '평생 말을 더듬는 것은 아닐까?' 하고 불안한 마음을 갖고 있으면 그것이 그대로 아이에게 전달되는데, 이 또한 아이의 심리를 불안하게 합니다. 그러니 엄마가 먼저 편안한 마음을 갖고, 아이가 말을 하는 것을 즐겁게 생각할 수 있도록 도와주세요. 아이가 말을 더듬으며 힘들어할 경우에는 "누구나 말이 쉽게 나오지 않을 때가 있어" 하고 격려하면서 부드러운 표정으로 아이를 안심시켜야 합니다. 그리고 아이 스스로 주변 사람들에게 자기가 힘들어하는 점을 이야기할 수 있도록 편안한 양육 환경을 만들어 주세요.

아이가 욕을 입에 달고 살아요

만 3세가 되면 어휘력이 기하급수적으로 늘면서 못 하는 말이 없어집니다. 가끔 "죽을래?", "맞아 볼래?" 같은 말로 부모를 놀라게 하지만, 아이에게 있어서 욕은 단순한 감정 표현이거나 관심을 끌기 위한 행위일 때가 많습니다. 부모가 너무 문제 삼으면 아이가 되레 겁을 먹게 되고, 반발심으로 더 심하게 욕을 할 수도 있습니다. 그렇다고 방치하면 버릇이 될 수 있으므로 세심한 노력이 필요합니다.

사회 경험을 쌓아 가는 과정에서 배우는 욕

아이들이 욕을 하는 것을 처음 들은 부모들의 반응은 한결같습니다. "어디서 배워서 이런 욕을 하는 거야?" 하는 반응이지요. 부모는 아이 스스로 그 욕을 생각해 낸 것이 아니라 다른 사람을 보고 따라 하는 것이라 생각합니다. 맞습니다. 아이들은 다른 언어처럼 욕도 다른 사람의 말을 듣고 따라 합니다. 그렇기 때문에 아이가 욕을 한다는 것은 아이의 사회적 관계가 넓어지고 있음을 뜻합니다. 가족들이 아이에게 일부러 욕을 가르치지는 않으니까요. 가족으로 한정된 인간관계를 벗어나 또래, 대중매체 등과 상호 교류하면서 욕을 배운 것이지요. 그리고 이 시기의 아이들은 욕의 의미를 모른 채 새로운 단어라고 생각하고 그냥 따라 하기도 합니다.

그러므로 아이가 욕을 한다고 해서 걱정할 필요는 없습니다. 그렇다고 욕을 통한 의사 표현이 바람직하다는 것은 아닙니다. 아이가 욕을 하면, 그것을 성장 과정으로 받아들이고 올바르게 자기 의사를 표현하는 방법을 가르쳐 주도록 하세요.

욕을 한 즉시 바로잡아 주세요

아이가 처음으로 욕을 할 때는 '화나는 감정을 표현하기 위해서'라기보다는 '장난 삼아서' 하는 경우가 대부분입니다. 하지만 의도 없이 장난으로 하는 욕이라도 발견한 즉시 바로잡아 주는 것이 좋습니다. 현행범이 자기 죄를 인정할 수밖에 없는 것처럼 아이의 잘못도 현장에서 짚어 줘야 효과적으로 고칠 수 있습니다. 주변에 사람들이 있다고 하여, 또는 다른 일을 먼저 처리해야 해서 "다음에 이야기하자" 하고 그 순간을 넘기면 아이는 욕을 해도 괜찮다고 생각하기 쉽습니다.

"네가 장난으로 나쁜 말을 한 것 같은데 그런 말을 듣는 사람은 기분이 나빠지게 돼. 욕을 하는 것은 나쁜 행동이야. 예쁜 말을 써 줬으면 좋겠어."

이렇게 욕을 해도 엄마가 화를 내지 않는다는 것을 알게 하되, 그것이 잘못된 행동이라는 점을 분명히 일깨워 주세요.

상대방을 화나게 하려는 수단이라면

두 돌 이전에는 자신의 화나는 감정을 바닥을 데굴데굴 구르면서 울거나 떼쓰는 것으로 표현하던 아이들이 세 돌에 가까워지면서 욕이나 위협적인 말로 표현하기 시작합니다. 이는 자신의 감정을 욕이나 위협적인 말로 드러냄으로써 상대방을 화나게 하려는 행동입니다. 화가 났을 때 폭력을 사용하는 경우와 마찬가지이지요. 이런 경우에는 욕의 기능을 알고 사용하는 것이므로 단호하게 대처해야 합니다. 이때 아이에게 화를 내는 것은 아이의 잘못된 의도에 넘어가는 결과밖에 되지 않습니다. 부드러운 목소리로, 그러나 단호하게 이야기해 주세요. 화가 날 때마다 욕을 하면 감정을 조절하는 법도 배우지 못할뿐더러, 어느 순간 습관으로 굳어져 시도 때도 없이 욕을 하게 됩니다. '아이가 뭐 뜻이나 알고 욕을 했겠어?' 하는 생각에 안이하게 대처하면 나중에는 점점 더 바로잡기 힘들어집니다. 여유롭게 대처한다고 방치해서도 안 되고, 너무 엄하게 처벌해 역효과를 내는 것도 곤란합니다.

대화를 통해 욕을 하면 안 되는 이유 설명하기

아이가 자신의 화나는 감정을 표현하기 위해 욕을 사용했다면 이때는 기분이 어떨 때 욕을 사용하는지, 욕을 사용하면 어떤 점이 안 좋은지 대화를 통해 아이 스스로 답을 찾게 유도해 주세요. 다음의 대화를 잘 읽어 보길 바랍니다.

"○○야, 조금 전에 욕을 했잖아. 왜 그런 거야?"
"친구가 장난감을 뺏어 가서 그랬어."
"친구에게 장난감을 뺏겨서 화가 났던 거구나?"
"응."
"그런데 욕을 하니까 기분이 좋아졌어?"
"아니."
"네 욕을 들은 친구는 기분이 어떨 것 같아?"
"그 친구도 기분이 안 좋을 것 같아."

"욕을 하니까 너도 기분 안 좋고, 친구도 안 좋겠지? 또 싸우게 되고."

"응."

"그러면 친구가 장난감을 빼앗아 갈 때 어떻게 해야 할까?"

"예쁜 말로 해야 해."

"그래. '네가 장난감을 빼앗아 가서 기분이 안 좋아. 다시 돌려줄래?' 하고 말하는 거야."

대화가 길고 지루하게 느껴지세요? 하지만 꼭 필요한 과정입니다. 이같은 대화를 통해 아이는 욕을 한 이유, 욕을 했을 때의 기분, 욕을 들은 상대방의 기분, 바른 해결 방법을 스스로 깨닫고 그에 맞춰 행동하게 됩니다. 하지만 아직 사고가 발달하지 않은 아이들이 화나는 순간마다 말로 감정을 표현하기란 쉬운 일이 아니지요. 그래서 불쑥불쑥 욕이 튀어나오는 경우도 있는데, 이때를 대비해 욕 대신 자신의 감정을 표현할 수 있는 다른 말을 알려 주세요. '아이 참!', '기분 나빠!' 등 감정 표현의 수단으로 쓸 수 있는 말이면 어떤 것이든 좋습니다. 처음에는 힘들더라도 꾸준히 학습을 시키면 욕하는 버릇을 바로잡을 수 있습니다.

거짓말을 밥 먹듯이 해요

아이가 거짓말을 한다고요? 그것도 갈수록 정도가 심해진다고요? 하지만 이 시기 아이의 거짓말은 크게 걱정하지 않아도 좋습니다. 아이가 거짓말을 하기 시작했다는 것은 뇌가 그만큼 성숙했다는 증거입니다. 다만 버릇으로 자리 잡지 않도록 부모의 바른 지도가 필요합니다. 먼저 어른이 하는 거짓말과 아이가 하는 거짓말에 어떤 차이가 있는지부터 알아야 합니다.

인지능력이 발달하면서 하게 되는 거짓말

조금 큰 아이들은 부모를 속이려는 불순한 의도를 가지고 거짓말을 하지만 이 시기 아이들은 그렇지 않습니다. 3~4세 아이의 거짓말은 인지능력의 발달 과정에서 나오는 현상이라 할 수 있지요. 거짓말을 하려면 앞으로의 사태를 예견하고 과거의 사건을 논리적으로 회상할 수 있는 인지 수준이 되어야 합니다. 또한 믿을 수 있는 수준의 거짓말을 해야 하므로 상대 입장이 되어 보는 과정이 필수적이지요. 따라서 거짓말을 한다는 것은 있지도 않는 상황을 상상할 수 있는 능력이 생겼음을 의미합니다.

상상력이 발달하기 시작한 3~4세 아이들은 현실과 상상을 제대로 구별하지 못합니다. 그래서 만화 캐릭터와 자신을 동일시하기도 하지요. 마찬가지로 엄마에게 하는 이야기가 실제 일어난 일인지 상상 속에서 만들어 낸 일인지 구분하지 못해 본의 아니게 거짓말을 하기도 합니다. 어린이의 인지 발달을 연구한 피아제는 8세 이하의 아이들은 거짓말의 진정한 의미를 이해하지 못한다고 말하기도 했습니다. 그러니 이 시기 아이들의 거짓말을 나쁘게만 바라볼 필요는 없습니다.

학습 스트레스로 거짓말을 하기도 합니다

저도 아이의 거짓말 때문에 당황했던 적이 있었답니다. 정모가 유치원에 다닐 때였어요. 어느 날 유치원 선생님으로부터 전화가 왔습니다.

"어머님, 예전에는 한 번도 이런 일이 없었는데 정모가 거짓말을 했어요."

아니 정모가? 경모가 유치원 다닐 때 이런저런 문제로 선생님으로부터 전화를 받긴 했지만 정모에게 이런 일이 있을 거라고는 상상도 못 했지요. 둘째인 정모는 사실 거저 키웠다는 표현이 맞을 것입니다. 조금 늦되고 유별난 제 형에 비해 모든 면에서 엄마를 편하게 해 준 아이였지요. 그런 아이가 거짓말을 했다는 말에 하늘이 무너지는 것 같았습니다. 놀란 마음을 추스르고 선생님께 어떻게 된 영문인지 물었습니다.

"정모가 한글 공책을 가져오지 않아서 물어보니 잃어버렸다고 하더라고요. 그런데 며칠 뒤 다른 아이 사물함에서 공책이 나왔어요. 정모가 친구 몰래 넣어 놓고 거짓말을 한 것이었어요."

그날 저녁 퇴근하고 정모를 불러다 앉혔습니다. "너 왜 그런 거야?", "거짓말하는 건 누구한테 배웠어?" 등 아이를 다그치는 말이 목구멍까지 올라오는 것을 겨우 참고 물어보았습니다.

"정모야, 공책을 숨겨야 할 만큼 한글을 배우기가 싫었니?"

"……."

정모는 아무 말 없이 고개를 떨구었습니다.

"정모야."

다시 한번 부르니, 그제야 고개를 드는데 두 눈에 눈물이 그렁그렁 맺혀 있었습니다. 그리고 울음을 터트리며 말을 하더군요.

"엄마, 한글 어려워! 그래서 하기 싫어."

정모에게서 어렵다는 말을 들은 것이 그때가 처음이 아닐까 싶습니다. 그동안 정모는 자기가 다른 아이들보다 뛰어난 것을 당연하게 여겼을지 모릅니다. 그런 정모에게 한글을 빨리 깨우치지 못한다는 것은 정말로 받아들이기 힘든 사실이었을 것입니다. 그래서 한글 공책을 감추고 거짓말을 한 것이지요.

거짓말 자체보다 그 원인을 알아보세요

아이들은 자기가 감당해 내기 벅찬 상황에서 거짓말을 하곤 하는데, 이는 아이가 거짓말을 해야 할 만큼 힘들다는 뜻입니다. 그러니 이럴 때는 거짓말 자체를 탓하기 전에 근본적인 동기를 찾아 그것부터 해결해 주어야 합니다. 뜬눈으로 밤을 지새운 저는 다음 날 유치원에 직접 찾아가 정모의 선생님을 만났어요. 그리고 정모의 한글 수업을 다음 해로 늦춰 달라고 부탁했습니다. 아마도 선생님은 제게 다른 말을 기대했을 거예요. 따끔하게 혼을 냈으니 앞으로는 그런 일이 없을 거라는 등의 얘기 말입니다. 결국 정모는 한글 수업 시간에 다른 걸 하며 보냈고, 여섯 살이 되어서야 비로소 한글을 배우기 시작했어요. 그리고 시작한 지 몇 달 되지 않아 웬만한 받아쓰기는 별다른 어려움 없이 해낼 정도가 되었지요.

제가 만일 그때 정모를 야단쳤더라면 '거짓말은 나쁜 것'이라는 사실은 분명하게 가르쳐 줄 수 있었을 겁니다. 하지만 한글 공부에 대한 버거움은 여전히 아이에게 남아 있었을 것이고, 그게 학습에 대한 거부감으로까지 발전했을지도 모릅니다. 만일 그랬더라면 한글 받아쓰기를 자신 있게 해내는 정모의 모습을 볼 수 없었을 테지요. 아이들이 거짓말을 할 때 '나름대로 이유가 있겠지' 혹은 '오죽했으면 거짓말을 할까' 하는 마음으로 대해 보세요. 어른 입장에서는 별것 아닌 일이 아이들에게는 거짓말을 해야 할 만큼 심각한 문제일 수 있으니까요.

스트레스 없이 거짓말하는 버릇 바로잡기

아이의 마음이 충분히 이해된다고 해도 거짓말하는 버릇을 그냥 내버려 두어서는 안 됩니다. 그렇다고 크게 야단치거나 여러 사람 앞에서 "너 그거 거짓말이지?" 하며 아이의 자존심에 상처를 주지 말고, 아이가 거짓말을 하지 않도록 유도해 주세요. 일단 아이가 거짓말을 하면 부드러운 말로 이렇게 이야기해 보세요.

"엄마는 네 말을 믿어. 네가 거짓말을 하더라도 언젠가는 엄마한테 사실을 말해 줄 거라고도 믿어. 말하지 못해도 그럴 만한 이유가 있을 거라고 생각해."

이 말을 들은 아이는 아마 양심의 가책을 느껴 거짓말하는 버릇을 스스로 고치게 될 것입니다.

그럼에도 불구하고 수시로 거짓말을 할 때는 왜 거짓말을 하면 안 되는지 정확히 짚어 주어야 합니다. '양치기 소년'과 같은 이야기를 들려주면서 거짓말을 하면 어떤 결과가 생기는지 알려 주는 것이 좋습니다. 해도 되는 일과 해서는 안 되는 일을 명확히 구분해 주는 작업이 필요한 것이지요.

또한 아이가 거짓말을 했다고 강한 벌을 주는 것은 좋지 않습니다. 아이가 한 거짓말에 대해 큰 벌을 주고 윽박지르면 아이는 움츠러들고, 나중에 비슷한 상황이 생겼을 때 야단맞는 것이 두려워 더 큰 거짓말을 하게 됩니다. 아이가 거짓말을 할 때 마음속으로 이렇게 구호를 외쳐 보세요.

믿어 주자!

속아 주기도 하자!

혼내지 말자!

습관

어지르기만 하고 도대체 정리 정돈을 하지 않아요

엄마의 하루는 '정리로 시작해서 정리로 끝난다'라고 할 정도로 하루 종일 아이들이 어지럽힌 것을 치우고 쓸고 닦는 데 바쳐집니다. 아이가 놀고 나서 장난감 정리만 해 줘도 좋을 텐데 아무리 잔소리를 해도 반응을 보이지 않으면 정말 '뚜껑이 열릴' 정도로 화가 나지요. 거기에 '이러다 아이가 정리 정돈을 하지 않는 습관을 들이면 어떻게 하나' 하는 걱정이 더해지기도 합니다.

어지르는 것은 상상력을 현실화하는 과정

점점 상상력이 풍부해지는 아이들은 자신이 상상한 것을 현실화하기 위해 주변에 있는 모든 물건을 동원합니다. 어른이 보기에는 어지럽히는 것으로 보이지만 아이들에게는 상상력을 키우는 과정인 셈입니다. 또한 이 시기의 아이들은 자신이 좋아하는 장난감을 꺼내어 노는 것은 잘하지만 그 장난감을 제자리에 돌려 놓는 것은 힘들어합니다. 장난감을 정리하려면 같은 종류의 장난감끼리 분류하는 능력과 다른 일에 한눈을 팔지 않는 집중력이 있어야 하는데 아직 그런 능력이 발달하지 않았기 때문이지요.

엄마가 적극적으로 장난감 정리를 시키지 않았을 경우에도 아이는 정리 정돈을 안 하게 됩니다. 엄마가 "장난감 정리해라" 하고 말해 놓고, 아이가 싫어하거나 꾀를 부리면 이내 포기하고 결국에 엄마가 정리를 해 버리지요. 그러면 아이는 그 상황만 모면하면 된다는 생각에 요령을 부리면서 점점 더 정리를 하지 않게 됩니다. 정리 정돈 습관은 비단 집 안에서의 문제만은 아닙니다. 가정에서부터 정리하는 습관이 몸에 밴 아이들은 놀이방이나 유치원에 갔을 때도 장난감을 가지고 논 후에 정리하는 것을 그리 어려워하지 않습니다.

반면 그 습관이 들지 않은 아이들은 장난감을 정리해야만 하는 상황에 잘 적응하지 못합니다. 아이의 자율성과 상상력을 키워 주는 것은 좋지만, 그와 함께 자기가 한 일에 책임지는 것도 배우게 해야 합니다. 마냥 아이가 원하는 대로 내버려 두는 것은 사회성 발달에도 좋지 않습니다. 그러므로 상상을 현실화하고자 하는 아이의 욕구는 충분히 충족시켜 주면서, 정리 정돈 습관 역시 함께 가르쳐야 합니다.

정리할 때 해 주면 좋은 말

●책을 정리하게 할 때
"책이 아무리 많아도 정리가 잘 돼 있으면 쉽게 찾을 수 있어. 먼저 네가 좋아하는 책을 여기 꽂아 보자. 공룡 책을 꽂고, 그 다음에는 자동차 책, 엄마랑 보고 싶은 책은 거실에, 잘 때 보고 싶은 책은 침대 옆에 놓으면 어떨까?"

●장난감을 정리하게 할 때
"엄마가 장난감 바구니를 마련해 놓았으니까 놀고 나서는 꼭 제자리에 넣자. 블록은 여기, 인형은 여기. 다 놀았는데도 바구니에 넣지 않은 장난감은 네가 싫어하는 것들이니까 내일 다른 친구에게 줄게."

●신발을 정리하게 할 때
"사람이 많은 곳에 신발을 아무렇게나 벗어 놓으면 잃어버릴 수 있어. 신발을 벗을 때는 양쪽 발을 오므리고 얌전하게 벗도록 하자. 그리고 나갈 때 신기 편하도록 짝을 맞춰서 돌려놓으면 더 좋겠지?"

놀이에 집중할 때는 정리를 강요하지 마세요

대부분의 엄마들은 아이가 블록 놀이를 하다가 소꿉놀이 기구를 꺼내 놀면 "소꿉놀이 할 때 블록은 필요 없으니 정리하고 놀아"라거나 "왜 이렇게 장난감을 있는 대로 꺼내 놓은 거야?" 하며 놀이를 하는 중간에 정리를 시킵니다. 그러나 아이가 집중해서 놀 때 놀이의 흐름을 끊고 정리를 강요하는 것은 좋은 방법이 아닙니다. 한창 상상의 날개를 펴는 아이들에게는 블록이 소꿉놀이의 그릇이 될 수 있고, 블록을 조립한 후 그릇을 올려놓고 요리를 할 수도 있습니다. 그러니 아이가 놀이에 열중할 때는 방해하지 말고, 충분히 놀게 한 후에 정리를 시키는 게 좋습니다. 아이들은 자신이 좋아하는 놀이를 할 때 대단한 집중력을 보입니다. 아이가 한 가지 일에 몰두하고 있을 때 자꾸 방해를 하면 집중력이 줄어들 수밖에 없습니다.

정리 정돈을 놀이처럼

거실 가득 어지럽게 놓여 있는 장난감을 치우라고 하면 아이는 부담을 느낍니다. 자기가 어질러 놓긴 했지만 '이 많은 것을 어떻게 다 치워' 하는 생각이 들기 때문이지요. 이때는 부모가 함께 치워 주는 것이 좋습니다. 아이에게 '이건 여기에 놔라, 저건 저기에 놔라' 하고 지시하기보다는 놀이처럼 재미있게 정리해 보세요.

"엄마는 인형을 정리할 테니까, 넌 자동차를 정리해. 우리 누가 빨리 정리하나 시합해 보자!"

이렇게 하면 아이는 재미있는 놀이를 한다는 생각에 신나게 정리를 하게 됩니다. 아이가 시합의 재미를 느낄 수 있도록 아이보다 너무 빠르지도 느리지도 않게 엄마 아빠가 정리하는 속도를 조절해 주는 것이 좋습니다. 정리가 끝난 후에는 아이를 꼭 끌어안고 칭찬해 주시고요.

그리고 아이들에게 무조건 정리하자고 말하면 아이들은 '정리'라는 것을 어떻게 해야 할지 몰라 당황하게 됩니다. 아이와 함께 정리를 하면서 인형 놓을 자리, 기차 놓을 자리, 블록 담는 통 등 장난감을 정리해서 놓을 위치를 구체적으로 알려 주세요. 또한 정리함을 사용할 경우 아이들이 사용하기에 정리함이 너무 크면 정리를 어려워할 수 있으므로, 분류를 쉽게 할 수 있는 적당한 크기의 정리함을 여러 개 마련하는 것이 좋습니다.

어느 날은 아이에게 직접 정리하라고 하고, 또 어느 날은 정리를 안 해도 부모가 알아서 해 주면 아이들은 점점 정리를 하지 않으려고 합니다. 아이들 입장에서는 정리를 하는 것보다는 하지 않는 것이 당연히 더 편하기 때문이지요. 아이와 함께 정리하는 게 더 번거롭더라도, 한두 개라도 직접 정리하게 하세요. 그래야 아이가 '놀고 난 후에는 반드시 정리해야 한다'는 것을 알게 되고, 자연스럽게 정리 정돈 습관을 갖게 됩니다.

어른에게 인사를 하지 않아요

어른 무릎께 오는 아이가 어눌한 발음으로 "안녕하세요" 하고 인사를 하면 아무리 무뚝뚝한 어른이라도 웃으면서 인사를 받아 주게 됩니다. 그러면서 부모에게 말하지요. "아이가 인사성이 참 바르네요." 자식 칭찬하는 데 싫을 부모가 어디 있겠습니까. 반대로 아무리 시켜도 인사를 하지 않으면 그렇게 무안할 수가 없습니다. 인사 예절은 여러 사람과 어울려 살아가는 데 꼭 필요합니다. 특히 놀이방이나 어린이집 등에서 부모 이외의 사람을 만나게 되는 경우 웃는 얼굴로 인사하는 습관을 갖는 것은 무척 중요하지요. 밝게 웃으며 인사하는 아이는 어른이건 아이건 누구나 좋아하게 마련입니다. 그런데 왜 아이들은 인사를 하지 않을까요? 또 어떻게 하면 인사를 잘하게 할 수 있을까요?

천성적으로 수줍음이 많은 아이가 있습니다

기질 때문에 인사를 하지 않는 아이들이 있습니다. 낯선 사람에 대한 거부감이 심하거나 수줍음이 많은 아이는 어른을 만나면 반갑게 인사를 하지 못하고 엄마 뒤로 숨곤 하지요. 이런 아이들에게는 어른을 만나는 것이 반갑기보다는 무서울 수 있습니다. 무서운 사람한테는 당연히 인사를 할 수 없지요.

또한 인사 예절을 배우지 못해 인사를 하지 않을 수 있어요. 인사 예절은 생활 습관이기 때문에 일상생활에서 자연스럽게 보고 익혀야 하는 것입니다. 따라서 부모가 다른 사람을 만났을 때 반갑게 인사하는 모습을 보여 주면 아이는 자연스럽게 따라 하게 됩니다. 부모로부터 그런 자극을 많이 받지 못한 경우 아이가 인사하는 일을 꺼리게 되는 것은 당연합니다.

특정한 사람에게 먼저 인사를 시켜 보세요

아이가 인사를 싫어하는데 만나는 모든 어른에게 인사할 것을 요구하면 더 거부할 수 있습니다. 수줍음이 많은 아이들은 특히 더 반발하고요. 이때는 특정한 어른을 정해 놓고 인사하는 연습을 시키세요. 슈퍼 아저씨나 옆집 아줌마처럼 자주 보는 어른들 중 몇 명에게만 인사를 하게 하는 것이지요. 이때 부모가 먼저 반갑게 인사를 나누는 모습을 보여야 합니다. 인사를 안 했을 때는 야단을 치기보다는 "아까 옆집 아줌마한테 인사를 했으면 정말 좋았을 텐데"라고 가볍고 이야기하며 넘어가는 것이 좋습니다. 아이는 인사를 할 마음의 준비를 하다가 시간을 놓쳤을 수도 있습니다.

주변 어른들과 함께하는 시간을 늘려 줍니다

낯선 사람에게 거부감이 있는 아이들은 주변 어른들과 어울리는 시간을 많이 만들어 주는 것이 좋아요. 아이 친구의 부모들과 자주 만나 아이들끼리 함께 놀게 하거나 함께 여행을 하면서 어른에 대한 부담감을 줄여 주도록 하세요. 부모 외에 다른 어른을 편하게 만날 기회가 많을수록 아이의 인사 습관은 좋아집니다.

상황에 맞는 인사법 알려 주기

———————————————————— 이 시기가 되면 아이가 할 수 있는 인사말의 종류가 늘어납니다. '안녕하세요'에서 '감사합니다', '죄송합니다', '잘 먹었습니다' 등 상황에 맞게 다양한 인사말을 익히도록 해 주세요. 더불어 인사하는 것이 즐거운 일임을 알려 주어야 합니다. 너무 인사하는 것에만 치중하여 의무적으로 고개만 숙이게 하면 인사는 하기 싫은 일이 되고 말지요. 부모가 먼저 즐겁게 인사하는 모습을 보여 주고, 아이가 인사를 할 때는 기분 좋게 맞장구를 쳐 주도록 하세요.

뭐든지 '내 것'이라며 절대 양보하지 않아요

집에서 부모와 지내던 아이가 친구나 어른을 만나면서 부모의 눈에 탐탁지 않은 행동을 하곤 합니다. 그 대표적인 예가 뭐든지 '내 것'이라며 절대 양보를 하지 않는 것이지요. 친척이 놀러와 자기의 수저를 만지면 "내 거야!" 하면서 울고, 친구들이 놀러와 자기 장난감에 손을 대면 역시 "내 거야!" 하면서 휙 빼앗아 갑니다. 그러다 보니 또래 아이들 사이에서 장난감을 가지고 싸움도 많이 일어나지요. 부모가 사이 좋게 놀아라, 양보해라 아무리 이야기해도 아이들 귀에는 들어오지 않습니다. 그래서 부모들은 '우리 아이가 버르장머리가 없는 걸까?' 하고 고민하게 되지요.

자기중심적 사고에서 나오는 행동

———————————————————— 자기중심적 사고란 말 그대로 자신을 중심으로 세상을 바라보는 것을 말합니다. 이 시기의 아이들은 이러한 자기중심적 사

고 아래, 자기가 생각하는 그대로 다른 사람도 생각한다고 여기고 행동합니다. 때문에 누군가 자기 물건에 손을 대면 그 사람이 어린 동생이건 또래 친구이건 상관없이 "내 거야!" 하며 자기가 당장 가지고 놀 것이 아님에도 뺏는 것입니다. 때때로 장난감을 친구에게 주거나 사탕이나 과자를 나누어 주기도 하지만, 이는 상대방을 배려해서가 아닙니다. 단지 주고 싶어서 주는 경우이거나 엄마 아빠의 칭찬을 바라고 하는 행동일 경우가 많습니다.

이 시기의 아이가 엄마 아빠에게 선물을 하면, 과연 어떤 물건을 선물할까요? 자기가 열심히 접은 비행기, 자기가 만족스럽게 그린 그림, 자기가 아끼는 장난감 자동차 등 자기가 좋아하고 아끼는 것이 대부분입니다. 자신이 좋아하는 물건을 엄마 아빠도 좋아한다고 생각하기 때문에 그런 선물을 하는 것이지요. 그러다 유치원에 들어가고 초등학교에 들어가면 달라집니다. 엄마 아빠에게 도움이 되는 것을 선물로 주려 하지요.

이는 드디어 아이가 자기중심적 사고에서 벗어나고 있음을 뜻합니다. 자기중심적 사고를 하는 3~4세 아이에게는 무작정 양보하라는 말이 통하지 않습니다. 이때는 아이의 소유욕을 어느 정도 만족시켜 주면서도 양보와 배려를 가르쳐 주는 균형이 필요합니다.

사랑을 받은 아이가 사랑을 베풀 줄 압니다

자기중심적 사고를 벗어나는 데는 부모와의 애착 형성이 중요합니다. 부모와 애착 관계가 잘 형성된 아이들은 자기중심적인 사고를 하는 기간이 짧고 양보하고 배려하는 방법도 빠르게 익힙니다. 아이들이 걸음마를 하면서 엄마와 분리를 시도할 때, 엄마의 사랑에 대한 믿음이 강한 아이들이 주변에 대한 관심이 많고 심리적 분리도 빠른 것과 같은 이치입니다. 반대로 부모와 애착 관계가 잘 형성되지 않은 아이들은 심리적 독립이 늦고, 양보와 배려를 배우는 과정도 무척 힘듭니다. 아이가 무슨 일을 할 때마다 "안 돼" 하며 막고,

아이가 노력한 결과에 대해 인정해 주지 않고 혼내면, 아이는 부모로부터 버림받았다는 생각을 갖게 됩니다. 따라서 '이 세상에 나 혼자밖에 없구나' 하는 자기중심적 생각이 더 강해지고, 자신의 것을 지키기 위해 '내 거야'라는 말을 남발하게 되는 것이지요. 그러므로 아이의 행동이 너무 자기중심적이라고 판단되면 애착 관계가 얼마나 안정적인가를 돌아볼 필요가 있습니다.

과잉보호는 금물

아이와 충분한 애착 관계를 형성해야 한다고 하여 지나치게 과잉보호를 하는 것은 좋지 않습니다. 아이가 요구하는 것은 무조건 들어주고, 때로는 아이가 요구하기도 전에 알아서 해 주는 것은 올바른 사랑법이 아닙니다. 이는 '이 세상은 나를 중심으로 돌아간다'는 자기중심적 사고를 더욱 강하게 만들 뿐입니다. 과잉보호를 받은 아이들은 놀이방이나 유치원 등 사회적 관계가 시작되는 집단에 들어갔을 때 적응하기가 어렵습니다. 다른 사람이 모두 자기에게 맞춰 주어야 하는데 그러질 않기 때문이지요. 이런 아이에게 양보와 배려는 먼 나라 이야기일 뿐입니다.

아이가 중심이 되는 놀이를 줄여 주세요

대부분의 부모들은 아이와 놀 때 아이가 하고 싶은 대로 다 하게 합니다. 예를 들어 소꿉놀이를 할 때도 아이가 원하는 것을 먼저 선택하게 하고 부모는 아이가 관심 없어 하는 것을 가지고 맞춰 주지요. 더구나 요즘은 형제자매가 적어 부모가 아이의 놀이 상대를 해 주다 보니 매번 아이가 놀이의 중심이 됩니다. 때로는 아이가 좋아하는 장난감을 엄마도 갖고 놀고 싶다고 말해 보세요. "오늘은 엄마가 먼저 장난감 고를게" 하고 말이에요. 놀이를 하는 도중 아이가 바꿔 달라고 해도 금방 바꿔 주지 말고 기다리게 해 보세요. 아이는 이런 과정을 통해 양보하고 기다리는 마음을 배울 수 있습니다.

빼앗긴 물건을 대신 찾아 주지 마세요

·· 친구가 자신의 장난감을 가지고 논다고
"내 거야!"를 연발하며 아이가 울 경우 어떻게 하는 것이 좋을까요? 아이 울음을 빨리 그치게 하기 위해서는 친구가 가져간 장난감을 다시 아이에게 가져다 주는 것이 좋지만, 이는 자기중심적 성향을 더욱 강화시킵니다. 게다가 이번에는 장난감을 빼앗긴 친구가 또 울겠지요. 이때는 친구와 함께 그 장난감을 가지고 놀게 해 주세요. 만약 모래 놀이를 할 때 삽을 서로 가지고 놀겠다고 싸운다면 한 사람은 삽으로 모래를 푸고, 한 사람은 그릇을 잡고 있게 하는 것이지요. 그러면 아이는 자연스럽게 나누는 즐거움을 깨달을 수 있습니다. 만약 어느 순간 아이가 다툼 없이 친구와 장난감을 함께 가지고 논다면 그만큼 자기중심적 사고가 줄고 사회성이 성숙되었다는 것을 의미합니다.

아직도 손가락을 빨아요

자궁 안에 있는 태아는 18주가 지나면 손가락을 빨고, 갓 태어난 신생아도 대부분 손가락을 빱니다. 통계에 따르면 돌 전 아이의 80퍼센트가 손가락을 빤다고 해요. 그만큼 손가락 빠는 것은 아이들의 흔한 버릇입니다. 아이들은 왜 이렇게 손가락 빨기를 좋아하는 걸까요? 손가락을 빠는 행위를 통해 아이는 편안함을 느낍니다. 그래서 불안할 때, 졸리거나 배고플 때, 심심할 때 손가락을 입에 가져가는 것입니다. 이러한 행동은 아이가 자라 불안한 마음이 사라지면 자연스레 줄어들게 됩니다. 그런데 3세가 넘어서도 손가락을 계속 빨면 아이의 심리 상태를 살펴보아야 합니다.

분리 불안을 견디려는 아이 나름의 자구책입니다

·· 아이가 손가락을 빠는 경우, 대부분의 육아 잡지나 책에서는 천편일률적인 처방을 제시합니다. 손가락을 빨면 나중에 치아가 미워지는 등의 문제가 있으니 빨리 고쳐 줘야 한다는 것이지요. 물론 손가락 빨기가 치아 형성에 좋지 않다는 것은 맞는 말이고, 바로잡아야 한다는 것 역시 틀린 말은 아닙니다. 그러나 그 전에 아이가 왜 손가락을 빠는지 그 이유부터 알아야 하겠지요. 3세 무렵 자기주장이 더욱 강해진 아이들은 엄마로부터 독립하기 시작합니다. 아이는 이제 신체적으로는 엄마의 도움 없이도 어디든지 뛰어갈 수 있는 능력을 가지게 됐습니다. 그러나 여전히 불안합니다. 어른들이 새로운 직장에 가거나 새로운 일을 시작할 때 느끼는 불안을 떠올리면 쉽게 이해가 될 것입니다. 몸은 자라서 밖으로 뛰쳐나가려고 하는데 마음은 엄마로부터 떨어지기가 힘들어 불안을 느끼고, 이 불안을 해소하기 위해 손가락을 빠는 것이지요. 반복적으로 손가락을 빠는 행위는 아이의 마음을 편안하게 해 줍니다. 이것은 어른들이 불안할 때 손가락 끝으로 책상을 반복적으로 두드리는 것과 같은 이치입니다.

아이들이 이런 불안한 마음을 갖는 것은 발달상 지극히 정상입니다. 따라서 손가락을 빠는 버릇은 아이의 독립성이 강해지면 자연스럽게 줄어듭니다. 그런데 이런 불안한 마음을 갖고 있을 때 부모가 자주 싸운다거나, 놀이방이나 어린이집 등 낯선 환경에서 지내게 되면 손가락 빨기는 계속 이어질 수밖에 없습니다. 아이가 세 돌이 넘어서까지 손가락을 빤다면 아이의 주변 상황을 체크해 보고, 아이가 손가락을 빠는 근본적인 원인을 찾아 해결해 주어야 합니다.

손가락을 빠는 아이에게 절대 하지 말아야 할 일

1. 야단치기 : 야단을 치면 무서워서 손가락 빨기를 멈출 수 있지만 보이지 않는 곳에서 더 빨 수 있습니다.
2. 강제로 빼기 : 아이에게 좌절감과 불안감을 안겨 주므로 좋지 않습니다.
3. 반창고나 붕대 감기 : 손가락 피부는 보호할 수 있지만, 아이가 반창고를 볼 때마다 심리적 부담감을 느끼게 됩니다.
4. 쓴 약 바르기 : 심리적 부담을 많이 주는 방법임과 동시에 건강에도 좋지 않습니다.

우선 다음의 질문에 답을 해 보세요. 질문에 '아니요'라는 대답이 나왔을 때는 먼저 그 부분부터 해결해야 합니다. 그렇지 않으면 어떤 방법을 써도 아이의 행동을 교정하기가 쉽지 않을 것입니다. 일시적으로 없어지더라도 다시 나타날 가능성이 매우 큽니다.

① 엄마 아빠의 사이가 좋은가?
② 우리 가족은 규칙적인 생활 습관을 가지고 있는가?
③ 평소 아이에게 애정 표현을 자주 하는가?
④ 아이는 교육기관에서 잘 지내고 있는가?

손가락을 빨면 안 되는 이유 설명하기

위의 질문에 모두 '네'라는 대답이 나왔는데도 불구하고 아이가 손가락을 빤다면, 아이의 눈높이에 맞춰 왜 손가락을 빨면 안 되는지 설명해 주세요. 이때 아이의 행동을 나무라거나 강제로 못 하게 하는 것은 절대 피해야 합니다.

"우리의 손가락과 손톱 밑에는 우리 눈에 보이지 않는 병균이 살고 있어. 병균은 우리 몸을 아프게 하는 나쁜 벌레들이지. 그런데 손가락을 자꾸 빨면 그 병균이 네 몸속에 들어가서 배도 아프게 하고, 열도 나게 만들어. 그러면 병원에 가야 하고, 심하면 몸에 큰 주사도 맞아야 해. 그러면 좋지 않겠지? 그러니까 손가락을 빨면 안 되는 거야."

물론 이렇게 한다고 해서 아이가 하루아침에 손가락 빨기를 멈추는 것은 아닙니다. 그렇다면 부모들이 고민할 일도 없겠지요. 손가락 빨기뿐 아니라 어떤 상황에서건 아이들이 부모 말대로 자신의 행동을 180도 바꾸는 일은 거의 없습니다. 당장 달라지지 않더라도 혼내지 말고 아이가 손가락을 빨 때마다 위의 이야기를 줄여 간략하게 해 주세요.

재미있는 놀이로 관심 돌리기

아이가 손가락을 빠는 상황을 관찰해 보면 심심할 때, 혼자 있을 때, 졸릴 때 등입니다. 만약 심심할 때 손가락을 빤다면 아이 입에서 살짝 손가락을 빼서 장난감을 쥐어 주세요. 아이가 심심하지 않게 함께 놀아 주는 것도 좋습니다. 잠잘 때 손가락을 빤다면 옆에 누워서 손을 잡거나 품에 안아 편히 잠들 수 있도록 도와주세요. 특정한 상황이 아닌데도 무의식중에 손가락을 빤다면 스스로 습관을 고칠 수 있게 해야 합니다. 손가락을 빠는 모습을 보면 부드럽게 아이 이름을 부르며 하지 말라는 뜻의 눈짓이나 미소를 보내는 것이지요.

남의 물건을 막 가져와요

"어느 날 유치원에 다녀온 아이 가방을 보니 사 주지도 않은 새로운 장난감이 있는 거예요. 아이에게 물어보니 '가지고 놀고 싶어서 가져온 것'이라고 태연하게 말합니다. 남의 물건을 함부로 가져오는 게 아니라고 이야기해도 그때뿐이고, 또 다른 물건을 가져옵니다. 그러다 선생님에게 걸려 혼나고, 친구들하고 싸우기도 하고요. 우리 아이에게 도벽이 있는 게 아닐까요?"

소유 개념이 없어 나타나는 행동

3~4세 아이들은 대개 아직 소유 개념이 없어 남의 물건을 가져오는 것이 나쁘다는 생각을 하지 못합니다. 또한 자기만족을 우선순위로 두고 행동하기 때문에 친구의 물건이건, 유치원 물건이건 마음에 들면 가져

가도 된다고 생각하는 것이지요. 그러니 '도벽'과 연결시키는 것은 옳지 않습니다. 대신 왜 그런 행동을 하는지 여러 가지 측면에서 생각해 봐야 합니다.

이 시기의 아이들은 사람들의 관심을 끌 만한 좋은 물건을 갖고 싶어 합니다. 그래서 부모에게 값비싼 물건을 사 달라고 떼를 쓰기도 하고, 그 요구를 들어주지 않을 때는 다른 사람의 물건을 가져오기도 하지요. 그런데 지나치게 물건에 집착하는 아이들은 평소 부모의 관심과 사랑을 충분히 받지 못했을 가능성이 있습니다. 부족한 사랑을 물질로 보상받고자 집착하는 것이지요.

평소 아이가 원하는 것은 무엇이든 다 들어준 경우에도 허락 없이 남의 물건을 가져올 수 있습니다. 자신이 원하는 대로 뭐든지 가질 수 있었기 때문에 남의 것도 자기가 원하면 가져도 된다고 생각하는 것이지요. 이런 아이들을 혼내면 뭘 잘못했는지 모르겠다는 표정을 짓기도 합니다.

심하게 야단치거나 벌을 주지 마세요

·· 이 시기의 아이들이 가져오는 물건은 친구의 머리핀이나 작은 장난감, 과자나 사탕 등 소소한 물건일 경우가 많아요. 이때 너무 심하게 야단치거나 벌을 주면 아이 마음에 상처가 될 수 있습니다. 친구의 머리핀을 가져왔다면 '남의 물건은 허락 없이 가져오면 안 된다'고 부드러운 목소리로 이야기한 후 아이와 함께 그 친구를 만나 돌려주는 것이 좋습니다. 슈퍼에서 과자나 사탕을 그냥 들고 나왔다면 아이와 함께 다시 슈퍼에 가서 주인에게 사과를 하고 물건 값을 계산하는 것이 좋고요. 반드시 아이와 함께 이런 과정을 거쳐야 아이는 남의 물건을 말없이 가져오는 것이 옳지 못한 행동임을 알게 됩니다.

이때 아이가 떼를 쓰며 다시 돌려주기를 거부할 수도 있습니다. 이 경우 "우리 애가 고집이 너무 세서요, 가져갔다 다시 가져올게요" 하는 식으로 아이의 떼를 받아주면 아이의 습관을 바로잡을 수 없습니다. 이 시기 아이들에게는 놀이를 통해서 소유 개념을 알려 주는 것이 좋습니다. 3~4세는 친구들과 노는 것을 즐길 나이입니다.

친구와 재미있게 놀기 위해서는 친구의 물건을 함부로 가져오면 안 된다고 얘기해 주세요. 또한 자기의 물건과 엄마 아빠의 물건을 구분하는 놀이를 통해 소유 개념을 알려 주는 것도 좋습니다. 아이에게 자신의 물건에 스티커를 붙이게 할 수도 있고, 빨래를 함께 개면서 누구의 것인지 구분해 보게 하는 것도 좋습니다. 이런 훈련을 통해 남의 물건을 가져오는 버릇을 고칠 수 있습니다.

아이가 텔레비전과 스마트폰 없이는 못 살아요

"28개월 된 남자아이를 키우고 있는데 늘 텔레비전을 끼고 살아서 걱정입니다. 한번 텔레비전을 보기 시작하면 두세 시간 동안 꼼짝도 않고 빠져 있어요. 누가 불러도 듣지 못할 정도예요. 너무 많이 본다 싶어 못 보게 하면 떼쓰고 난리가 납니다. 아직까지 별다른 문제는 없어 보이는데 이대로 계속 두어도 좋을지 걱정입니다."

텔레비전, 이래서 안 됩니다

·························· 이런 질문을 하는 부모들을 보면 정말 답답합니다. 텔레비전이 좋지 않다는 것을 알면서도 '어느 정도는 괜찮지 않을까?' 하는 마음으로 질문을 하는 경우가 대부분이니까요. 집안일로 정신없는데 아이가 텔레비전에 빠져 있으면 그만큼 부모는 편한 것이 사실입니다. 하지만 이러다 아이가 엄마 아빠보다 텔레비전을 더 좋아할 수 있습니다. 저는 아이가 텔레비전이나 스마트폰에 빠져 있다면서 고민하는 분들에게 이렇게 이야기합니다.

"어린 나이에 혼자서 텔레비전을 보는 것만큼 위험한 일은 없습니다. 아이를 바보로 만들지 않으려면 지금부터라도 텔레비전을 못 보게 하세요."

그래도 젊은 부모는 아이에게 텔레비전을 오래 보여 주지는 않습니다. 주의해야 할 것은, 아이를 돌보기에 힘이 부족한 조부모님이나, 아이를 건성으로 보는 베이비 시터 등이 아이를 돌보다 지칠 때 텔레비전 앞에 아이를 방치하는 경우가 종종 있다는 것이지요. 저는 경모와 정모가 텔레비전이나 비디오를 볼 때 꼭 같이 보았습니다. 같이 보면서 말을 걸고, 왜 주인공이 저렇게 하는지, 그 입장이라면 어떻게 할 것인지 등 끊임없이 이야기를 나누었습니다. 텔레비전은 매체의 특성상 수동적으로 아무 생각 없이 보게 되는데, 이렇게 묻고 대답하는 과정을 통해 생각하면서 볼 수 있도록 하기 위해서였습니다.

또한 시청 프로그램도 엄격히 제한했습니다. 교육용 만화와 어린이 프로그램만 보게 했지요. 그것도 시간을 정해서 보게 했고, 텔레비전에 대한 유혹을 없애기 위해 아이들이 텔레비전을 보지 않기로 한 시간에는 연결선을 뽑아서 감춰 두기도 했습니다. 부모와 같이 보더라도 너무 오랫동안 보는 것은 좋지 않습니다. 미국의 한 연구 결과를 보면 하루 세 시간 이상 텔레비전을 본 아이들의 경우 읽기 능력이 상당히 떨어진다고 합니다. 텔레비전을 보는 시간이 많으니 읽기나 쓰기 등 다른 자극을 받아들이고 습득할 시간이 상대적으로 짧기 때문이지요. 또한 일방향적인 매체에 길들여진 아이들은 생각하는 것을 싫어합니다. 오로지 눈으로 보고 듣는 것만 좋아할 뿐 머리를 굴려서 생각하고 그것을 말로 표현하는 일을 싫어하지요. 싫어하니 안 하게 되고, 이런 생활이 반복되면 언어 발달에도 문제가 생깁니다. 언어 발달은 다른 사람과 의사소통하는 과정에서 이루어지는데, 수동적으로 보고 듣기만 해서는 제대로 된 언어를 배울 수 없습니다.

수동적 학습 태도를 만드는 교육용 영상

이쯤에서 아이들에게 한글이나 영어를 가르친다고 교육용 동영상을 틀어 주는 부모들의 잘못을 지적하지 않을 수 없습니다. 언어는 그 상황에 맞는 말을 다른 사람과 주고받는 과정에서 익히는 것입니다. 그러므로 교육용 영상은 언어를 익히는 데 큰 효과가 없습니다. 오히려 화려한 자극만 좋아하게 만들 뿐이지요. 또한 이렇게 일방적으로 쏟아지는 정보를 그대로 수용하다 보면 수동적인 학습 태도가 만들어지기 쉽습니다.

특히 두뇌가 빠른 성장을 보이는 3세 이하 아이들에게는 동영상을 보는 것 자체가 학습 장애를 가져올 수 있습니다. 미국 소아과 학회에서 발표한 '텔레비전 및 비디오 가이드라인'을 보면 어린 시절 영상 매체를 통해 간접 경험을 하는 것이 뇌 발달에 좋지 않다고 합니다. 또한 2세 이하의 아이에게는 아예 보여 주지 말라고 하고 있지요. 이 정도면 교육을 위해 유아용 동영상을 보여 주겠다는 생각이 쏙 들어가지 않을까 합니다.

텔레비전이나 스마트폰은 편하게 앉아서 화려한 자극을 받는 것이니만큼 중독성이 높다는 점도 문제입니다. 텔레비전이나 스마트폰에 중독성을 보이는 아이들은 한번 보면 끝장을 보려 하고, 못 보게 하면 울고불고 난리를 칩니다. 요즘 소아 정신과에는 교육용 동영상을 보다가 스마트폰 자체에 중독되어 문제가 생긴 아이들이 많이 찾아옵니다. 정말 안타까운 일이지요.

다른 사람과 교류를 거부하는 비디오 증후군

어느 날 한 엄마가 딸이 발달 장애가 있는 것 같다며 30개월 된 여자아이를 데리고 병원에 온 적이 있습니다. 어려서부터 영어 비디오를 많이 봤다는 이 아이는 영어 단어는 곧잘 말하는 반면 다른 발달은 또래에 비해 무척 늦었습니다. 말도 많이 늦었고, 대소변도 가리지 못했어요. 가장 큰 문제는 친구들과 놀기보다 혼자서 장난감을 가지고 놀기를 더 좋아한다는 것이었습니다.

정밀 검사 결과 '비디오 증후군'으로 확인되었습니다. 비디오 증후군이란 유아기에 영상물에 습관적으로 노출돼 일방적으로 메시지를 수용하고 지나친 시각적 자극을 받아 나타나는 유사 자폐증으로, 위의 사례에서처럼 언어 장애가 생기거나 사회성이 극도로 떨어지는 등의 증세를 보입니다. 엄마의 의도대로 영어는 알게 됐지만 그보다 더 중요한 발달을 놓치게 된 것이지요. 저는 그 엄마에게 어차피 보여 줄 거면 단순하게 행동과 말만 반복되는 비디오보다는 스토리가 있는 것을 보여 주지 그랬냐고 물었습니다. 그러자 그 엄마의 대답이 너무 명확하더군요.

"그런 것은 학습에 도움이 되지 않잖아요."

스토리가 있으면 그나마 아이가 전체 줄거리를 생각하며 보기 때문에 학습 비디오보다는 위험성이 덜합니다. 그런데 그 엄마는 '학습'이라는 환상에 사로잡혀 아이의 발달이 지체되는 것을 방치했습니다.

우선은 그 아이에게 한 달 동안 비디오를 못 보게 하고 심리 치료와 언어 치료를 병행했습니다. 한 달이 지나자 아이의 표정이 살아났습니다. 두 달 뒤에는 얼굴에 미소를 띠고 사람들에게 관심을 보이기 시작했으며 석 달 뒤에는 엄마 아빠와 적극적인 의사소통을 할 수 있는 정도까지 호전되었습니다.

소아 비만에 걸릴 확률도 높습니다

텔레비전이나 비디오에 푹 빠진 아이들은 언어나 사회성뿐만 아니라 신체적으로도 문제가 생길 수 있습니다. 가장 많이 발생하는 것이 소아 비만입니다. 발에 모터를 단 것처럼 여기저기 뛰어다녀야 할 나이에 가만히 앉아서 화면만 바라보고 있으니 살이 찔 수밖에요. 더군다나 요즘 아이들이 얼마나 잘 먹습니까? 좋아하는 것도 피자, 햄버거, 콜라 등 살이 찌기 쉬운 음식들이지요. 아시다시피 소아 비만은 어른의 비만과 다릅니다. 어른의 비만은 세포의 크기가 늘어나는 것이지만, 아이의 비만은 세포 수가 늘어나는 것이기 때문에 아이가 한 번 비만이 되면 회복하기가 무척 어렵습니다.

텔레비전이나 스마트폰은 어른들을 위해 만들어진 매체입니다. 아이들을 건강하게 키우고, 교육을 잘 하기 위해 만든 매체가 아니라는 말입니다. 그런 만큼 아이들에게는 보여 주지 않는 것이 좋습니다. 일부 부모들은 "미디어 세상인데 어느 정도 접하게 하는 것이 좋지 않나요?"라고 하는데, 그것은 부모 편하자는 소리일 뿐입니다. 엄마 아빠가 노력하면 미디어가 보여 주는 것보다 더 큰 세상을 아이에게 보여 줄 수 있습니다.

미국 소아과 학회가 제시한 올바른 텔레비전 시청 요령

1. 시간을 정한다
텔레비전, 비디오, 게임 시간을 합쳤을 때 두 시간을 넘지 않도록 합니다.

2. 가정에서 텔레비전의 영향력을 최소화한다
거실 가구를 텔레비전 중심으로 배치하지 않습니다.

3. 시청 계획을 미리 세운다
텔레비전 편성표를 미리 파악해서, 보고 싶은 프로그램을 할 때만 켜 주세요.

4. 텔레비전 시청을 상이나 벌로 이용하지 않는다
착한 일을 했을 때 텔레비전을 보여 주겠다는 약속을 하면 아이는 텔레비전을 도리어 소중한 물건으로 인식하게 됩니다.

5. 대안을 마련해서 부모가 함께 한다
운동, 독서, 그림 그리기 등 텔레비전 시청 외에 아이가 재미있게 할 수 있는 것을 함께 합니다.

6. 부모가 모범을 보인다
부모가 텔레비전을 보지 않으면 아이도 텔레비전에서 멀어지게 됩니다.

놀이 & 장난감

두뇌 개발에 좋다는 교재 교구, 정말 효과 있나요?

부모들이 교육에 대해서 고민을 시작하는 아이 연령대가 점점 낮아지고 있습니다. 제 아이들이 어릴 때만 해도 아이가 자기 의사 표현을 하고 대소변을 가리기 시작할 때 놀이방이나 어린이집에 보내면서 교육에 대해 고민하기 시작하는 것이 일반적이었습니다. 당시 저는 그것도 아주 빠르고 그렇게까지 할 필요가 없다고 이야기하고 다녔지요. 그런데 요즘은 아이가 태어나자마자, 아니 배 속에 있을 때부터 고민을 시작합니다. 이런 고민의 단서를 제공하는 사람은 다름 아닌 유아용 교재 교구 판매업자들입니다. 유아교육에 대해 열변을 토하는 영업 사원들을 만나면 아무것도 안 하고 있는 부모는 자신이 무책임한 양육자라는 생각이 들게 마련입니다. 그들이 한결같이 이야기하는 것은 '우리 회사의 교재가 두뇌 개발에 좋다'는 것입니다. 그러다 보니 저는 '두뇌 개발 교재가 효과가 있느냐'는 질문을 종종 받게 됩니다.

6세 이전의 조기교육은 엄마 아빠의 취미 생활일 뿐

이 질문에 대한 답을 궁금해하는 부모들을 위해 결론부터 말하면, 아무런 효과가 없습니다. 조기교육에 대해 질문하는 부모들에게 저는 딱 잘라서 이야기합니다. '6세 이전의 교육은 엄마 아빠의 취미 생활일 뿐'이라고요. 6세 이전 아이들은 인지능력이 발달하지 않아 교육을 해도 효과가 없을뿐더러 그 시기에 교육을 받았다고 해서 성장했을 때 그 영향이 나타난다고 장담할 수 없습니다. 무수히 많은 유아 교재 교구 회사에서는 이렇게 주장합니다. '아이의 두뇌에는 어른들은 상상할 수조차 없는 엄청난 잠재력이 감추어져 있고, 이를 개발시키지 않으면 그 능력이 사장되어 버립니다.'

0~3세 때 아이들의 뇌가 엄청난 잠재력을 가지고 있는 것은 사실이지만, 두뇌를 몇 가지 교재 교구로 개발할 수 있다는 말은 사실이 아닙니다. 사람의 뇌는 일정한 시기가 되었을 때 순차적으로 발달합니다. 이는 높은 빌딩에서 1층부터 불이 들어오는 것을 연상하면 이해하기가 쉽습니다. 인간의 뇌를 1층에 불이 들어와야 그다음 2층에 불이 켜지고, 2층에 불이 다 켜져야 3층에 불이 켜지는 빌딩이라 생각해 보세요. 이제 겨우 1층에 불이 들어왔는데 전기불도 없이 깜깜한 3층 사무실에서 무엇을 하겠습니까. 그러므로 뇌가 준비가 되지 않은 상태에서 현란한 교재 교구로 무작정 자극을 주는 것은 아무 소용없는 일입니다.

더군다나 부작용의 위험이 있습니다. 불이 켜지지 않은 사무실에서 일하려다가 사무 집기를 망가트릴 수 있는 것과 같은 이치 입니다. 조기교육으로 인한 문제로 소아 정신과를 찾는 아이들이 매년 늘고 있는 것만 봐도 그 부작용이 얼마나 심각한지 알 수 있습니다. 몇 년 전 제가 근무하는 병원에서 환자들이 소아 정신과를 찾는 주된 원인을 알아보고자 5개월간의 외래 진료 기록을 토대로 조사를 한 적이 있습니다. 그 결과 조기교육으로 인해 정신 장애 진단을 받은 아이들의 수가 약 700명이나 되었습니다. 이 숫자는 전체 소아 정신과 환자 중 3분의 1에 해당하는 것이었습니다. 이렇

〰〰〰〰〰〰〰〰〰〰〰〰〰
핵심 Summary

1. 3세까지 아이의 뇌는 어느 한 부분에 치중하지 않고 골고루 발달하므로, 시각적 자극만 강조하면 뇌 발달에 문제가 생길 수 있습니다.
2. 두뇌 개발 교재 교구를 왜 사용해야 하고, 그것이 누구를 위한 것인지 따져 보세요.
3. 6세 이전 조기교육은 부모들의 취미 생활일 뿐입니다.

〰〰〰〰〰〰〰〰〰〰〰〰〰

게 많은 수의 아이들이 조기교육에 시달리고 있습니다.

어느 분야를 막론하고 의사들이 약을 쓸 때 가장 우려하는 것이 부작용입니다. 아무리 좋은 약이라도 치명적인 부작용이 있다면 절대 쓰지 않습니다. 마찬가지로 교재 교구를 선택할 때에는 부모의 신중한 판단이 필요합니다.

교육 효과보다 먼저 따져 봐야 할 부작용

두뇌 개발을 앞세운 교육의 폐해는 비단 어제오늘 일이 아닌데도 그 논의가 되풀이되는 것은 아마 부모들의 불안 심리 때문이 아닌가 싶습니다. 아이가 원하지도 않는데 무엇이든 시키려고 하는 부모의 마음에는 이런 심리가 자리 잡고 있지 않을까요? '다른 애들도 다 한다는데 안 할 수 없지. 일단 시켜 보면 어떻게든 되겠지' 하면서 애써 불안감을 떨치고 마음의 위안을 얻습니다. 하지만 아이 교육에 있어서는 '어떻게든 되겠지' 같은 주먹구구식 방법은 통하지 않습니다. 99명의 아이에겐 100퍼센트 효과가 있는 교육법이 한 명의 아이에게는 치명적인 부작용을 불러일으킬 수도 있고, 그 아이가 바로 내 아이일 수 있습니다. 만일 두뇌 개발을 위해 시작한 교육이 아이에게 맞지 않을 경우 부작용은 무척 심각합니다. 아이가 정신적 부담을 받는 것은 물론이고, 실패로 인해 좌절하거나 정서 불안이 나타날 수도 있습니다. 이러한 정서적 문제는 아이의 성장에 지장을 줄 뿐만 아니라 학습 동기도 떨어트립니다.

그러므로 '옆집 아이가 하니까', '아무것도 안 하면 불안해서' 무조건 시키는 것은 정말 돈도 버리고 아이도 버릴 수 있는 일입니다. 어떤 교육이든 아이에게 교육을 할 때는 왜 이것을 시키는지 명확한 이유가 있어야 합니다. 그리고 아이가 그 교육을 좋아하는지, 소화할 수 있을 만큼 능력을 갖추었는지도 꼼꼼히 따져 봐야 합니다. 이 세 가지가 명확하지 않다면 차라리 시키지 않는 것이 좋습니다. 아이들은 자신이 원하는 자극을 스스로 찾아갈 수 있는 놀라운 능력을 지니고 있으니까요.

최고의 두뇌 발달 교육법

.... 아이의 뇌는 어느 한 부분에 치중하지 않고 모든 부분이 골고루 발달합니다. 그래서 두뇌 개발에 좋다는 교재 교구처럼 시각적 자극에만 치중된 교육은 좋지 않습니다. 예를 들어 물고기에 대해 알려 주고자 할 경우에는 단순히 그림책이나 영상을 보여 주는 것보다는 함께 수족관에 가거나 연못을 찾아가서 직접 물고기의 크기를 확인하고, 만져 보게 해 주는 것이 효과적입니다.

그리고 이 시기에는 정서 발달이 중요하므로 아이가 행복하게 생활할 수 있게 해야 합니다. 그래야만 세상에 대해 알고 싶은 것이 많아지고 이는 곧 두뇌 발달로 이어집니다. 아이와 자주 따뜻한 스킨십을 나누세요. 안아 주고 눈을 맞추며 행복한 시간을 보내는 것이 정서적 안정을 가져 오고, 두뇌를 발달시키는 가장 기초적인 방법입니다. 미국의 발달 과학자 스탠리 그린스펀 박사는 사람과의 관계를 통해 제대로 된 인지 발달이 이루어진다고 주장하며 부모가 자신의 아이에 맞게 놀아 주는 기법을 가르치는 플로어타임(FloorTime) 프로그램을 개발하기도 했습니다.

전 세계적으로 모든 아이들이 좋아하는 놀이가 무엇인지 아세요? 바로 '까꿍 놀이'입니다. 이유는 단순합니다. 아이들이 깔깔거리며 좋아하기 때문이지요. 이 시기 교육도 마찬가지여야 합니다. 아이들이 좋아하는 것을 해 주는 것, 그래서 행복감을 느끼게 해 주는 것이 이 시기에 필요한 두뇌 발달 교육입니다.

어떤 장난감을 사 주어야 하나요?

아이들은 완구점을 지날 때마다 장난감을 사 달라고 조르지만, 엄마는 꼼꼼히 따져 보고 아이에게 유익한 것을 사 주고 싶어 합니다. 그러니 내 아이에게 맞는 장난 감을 고르는 일도 쉬운 일은 아니지요. 게다가 아이의 두뇌 개발과 오감 발달에 좋다고 광고하는 장난감은 어찌나 많은지요. 도대체 어떤 장난감을 사 주어야 할까요?

상상 놀이를 돕는 장난감이 최고

두뇌 개발과 오감 발달에 좋다는 장난감이 넘쳐 나고 있지만 두 돌 이전의 아이들에게는 어떤 장난감을 가지고 노느냐가 큰 의미가 없습니다. 두뇌 발달상 두 돌 이전에는 아직 사물에 대한 개념이 없기 때문이지요. 따라서 밥 먹을 때 사용하는 밥그릇이나 엄마가 큰마음 먹고 사다 준 장난감 자동차나 아이에게는 그저 하나의 물건일 뿐입니다. 오히려 전화기나 냄비, 주걱 등 집 안에 있는 물건들이 더 좋은 장난감이 됩니다. 엄마 아빠가 물건을 사용하는 모습을 보고 따라 하면서 자연스럽게 물건의 쓰임새를 알게 되고 사물에 대한 개념도 익히게 되거든요.

부모가 아이에게 어떤 장난감을 사 주어야 하는지 본격적으로 고민해야 하는 시기는 두 돌 이후입니다. 이 시기의 아이들은 상상 놀이를 시작합니다. 상상 놀이는 실제로는 없는 것을 마치 있는 양 꾸며서 노는 것으로 상징 놀이, 가상 놀이, 역할 놀이라고도 합니다. 아이들이 상상 놀이를 한다는 것은 이전에 경험했던 것을 기억했다가 자기 나름대로 이미지화할 수 있는 능력이 생겼다는 것을 의미합니다.

그래서 이 시기 아이들은 소꿉놀이를 할 때 흙을 밥이라고 하며 먹는 시늉을 한다거나, 나무토막을 전화기 삼아 귀에 대고 이야기하기도 합니다. 또 엄마가 자기에게 했던 것을 떠올려 인형을 안고 잠을 재워 주고 우유를 먹이는 흉내를 내기도 합니다. 두 돌 때는 상상과 현실을 구분하지 못해 이런 놀이를 즐기지 못하지만 세 돌 때는 '진짜 밥'이 아닌데도 밥이라며 먹는 시늉을 할 수 있을 만큼 지능이 발달합니다. 상상 놀이를 통해 인지 발달이 이루어지고 더욱 고차원적인 언어를 사용할 수 있는 기초가 만들어집니다. 따라서 이때의 장난감은 아이들의 상상 놀이를 돕는 것이 좋습니다. 대표적인 예로 병원 놀이나 소꿉놀이, 가게 놀이 등을 할 수 있는 장난감이 좋고, 여러 가지 인형 역시 도움이 됩니다. 아이 기질에 맞춰 장난감을 선택하는 것도 좋은 방법입니다. 그러면 아이는 재미있게 놀면서 기질상의 장점은 살리고 단점은 보완할 수 있게 됩니다.

① 활동적인 아이에게는?

몸을 움직여 놀 수 있는 장난감이 좋습니다. 아이가 활동적일 경우 대부분의 부모는 아이가 얌전해졌으면 하는 바람에서 퍼즐이나 인형과 같은 장난감을 사 주곤 합니다. 그러나 이런 장난감은 활동적인 아이들의 흥미를 끌지 못합니다. 그보다는 샌드백이나 타악기, 고무공 등 몸을 움직여서 갖고 놀 수 있는 장난감이 좋습니다. 단, 칼이나 총 등 사람을 공격하는 장난감은 공격성을 키울 수 있으므로 피해야 합니다.

② 고집이 센 아이에게는?

순서와 규칙이 있는 장난감이 좋습니다. 가게 놀이, 볼링 놀이 등 놀이 순서와 규칙이 있어 그것을 지켜야만 재미있게 놀 수 있는 장난감 말이지요. 이런 놀이를 통해 아이는 고집을 줄일 수 있습니다. 또 인형 놀이도 좋습니다. 인형 놀이를 통해 나 아닌 다른 대상을 돌보고 배려할 수 있기 때문입니다.

③ 말이 늦는 아이에게는?

소리 나는 장난감이 좋습니다. 멜로디언, 실로폰 등 청각에 자극을 주는 악기나 장난감 전화기 등 말을 하도록 유도하는 장난감이 도움이 됩니다. 여러 가지 인형을 이용하여 아이에게 말을 걸어 주고 대답을 유도하는 것도 좋은 방법입니다.

④ 소극적인 아이에게는?

모래나 찰흙, 종이 등 형태가 정해지지 않은 장난감이 좋습니다. 소극적인 아이들은 마음속에 부정적인 감정을 담고 있는 경우가 있어요. 이때 모래나 찰흙처럼 형태가 없는 장난감으로 자기가 만들고 싶은 것을 마음껏 만들면서 자기표현을 할 수 있게 해 주면 좋습니다.

⑤ 행동이 느린 아이에게는?

작동을 하면 소리가 나거나 인형이 튀어나오는 장난감처럼 아이가 자신의 행동의 결과를 바로 확인할 수 있는 장난감이 좋습니다. 행동이 느린 아이들은 장난감에 관심을 갖지 않는 경우가 많으므로 요란스럽고 자극적인 장난감도 도움이 됩니다.

파괴적인 놀이를 즐겨요

장난감 바구니를 한순간에 엎어 좌르르 쏟아 놓고, 블록을 높이 쌓았다가 한꺼번에 무너트리면서 깔깔거리고 좋아하는 아이들을 보면 부모는 정상인지 문제가 있는 것인지 헷갈립니다. 더군다나 얌전히 놀기를 좋아하던 여자아이가 갑자기 그런 모습을 보이면 걱정이 되게 마련이지요.

관심사가 넓어졌다는 증거

아이가 파괴적인 놀이를 즐긴다는 것은 그만큼 관심사가 다양해졌다는 뜻입니다. 블록을 맞추거나 쌓기만 하는 것이 아니라 그것을 무너트리면서 또 다른 재미를 느끼는 것이지요. 아이는 무너트리기 직전에 느끼는 긴장과 일정한 모양으로 정렬되어 있던 것이 무너질 때 느끼는 짜릿함에 자꾸 그 놀이를 반복하게 됩니다. 파괴라기보다는 자신의 행동이 일으킨 엄청난 변화에 스스로 놀라고 기뻐하는 것이므로 크게 걱정하지 않아도 됩니다. 아이들이 늘 그렇듯이 이런 놀이도 어느 순간이 되면 시들해져 안 하게 되니까요.

충분히 놀면 저절로 그만둡니다

아이가 무언가를 원할 때 그것을 실컷 하게 해 주면 스스로 그 단계의 발달을 마무리하고 다음 단계로 넘어갑니다. 이것이 아이 발달의 기본이지요. 그러므로 놀이에 있어서도 아이의 요구를 들어주면서 함께 재미있게 즐기는 것이 발달을 위해 가장 좋은 방법입니다. 엄마 아빠가 블록을 아이 키만큼 높이 쌓아 주고 아이에게 무너트리게 하면서 아이의 놀이에 동참하면 아이는 더 즐거워합니다. 반대로 놀이를 저지하면 아이는 좌절감을 갖게 되고, 모든 놀이에 자신감을 잃게 되므로 주의해야 합니다.

성기로 장난을 쳐요

32개월 남자아이 민우에게 요즘 이상한 버릇이 생겼습니다. 다른 사람 앞에서 바지를 내리고 고추를 보여 주는 일이 부쩍 늘어난 것이지요. 처음에는 귀엽게 생각하고 넘겼는데 언제부턴가 또래 여자아이 앞에서도 바지를 내리고 고추를 보여 주곤 해 엄마는 민망한 적이 한두 번이 아니었다고 해요. 또한 혼자 있을 때는 고추를 만지작거려서 여간 신경이 쓰이는 것이 아니랍니다. 왜 이런 행동을 하는지, 어떻게 해 주면 좋을지 걱정하며 민우 엄마는 병원을 찾았습니다. 이렇게 성기로 장난을 치는 아이를 보며 고민하는 부모들이 꽤 많습니다. 과연 아이들이 이런 장난을 하는 진짜 이유는 뭘까요?

성 정체감을 갖게 되면서 나타나는 자연스러운 현상

인간의 대표적인 본능으로 성욕과 식욕을 꼽습니다. 이것은 아이들도 마찬가지입니다. 갓 태어난 아이의 관심사는 오직 먹는 것입니다. 그러다 자라면서 조금씩 성기를 통해 쾌감을 느끼기 시작합니다. 심지어 엄마가 기저귀를 갈아 줄 때 성기를 살짝 건드리기만 해도 아이는 쾌감을 느낍니다. 돌 전후로 아이들은 자신의 성기를 만지기 시작하고, 좀 더 자라 서너 살이 되면 자신의 성기를 들여다보고 만지면서 장난을 칩니다. 일부 남자아이들은 성기 장난을 하다 발기가 되기도 합니다.

아이가 성기에 관심을 갖는 것은 자신이 남자인지, 여자인지를 확실히 알아가는 과정에서 나타나는 자연스러운 현상입니다. 이를 '성 정체감(Gender Identity)'이라고 하지요. 성 정체감을 갖게 된 아이들은 자신의 성별에 맞는 '성 역할(Gender Role)'을 배워 갑니다. 그렇게 성장해서 성인이 되면 '성적 취향(Gender Orientation)'이 만들어집니다.

성 정체감은 생후 18개월부터 발달하는데 2~3세가 되면 아이들 스스로 자신이 여자인지 남자인지 알게 됩니다. 그리고 주변의 남자들과 여자들을 모방하면서 성별에 맞는 역할을 배우지요. 이런 모방이 가장 잘 드러나는 놀이가 바로 소꿉놀이입니다. 서너 살 가량의 아이들이 모여서 소꿉놀이를 하는 장면을 보면, 어쩌면 그렇게 엄마 아빠의 말과 행동을 그대로 모방하며 노는지 감탄하게 되지요. 이는 아이들이 남자와 여자의 역할을 부모로부터 모방하고 그 차이를 인식하고 있기에 가능한 것입니다.

아이가 성기를 다른 사람에게 내보인다는 것 역시 스스로 성 정체감을 확인해 가는 과정이라 할 수 있습니다. 성기를 보여 주며 자신이 남자임을 또는 여자임을 다른 사람에게 알리는 것이지요. 따라서 바지를 내리며 장난을 치는 것은 자연스러운 현상이며 이를 지나치게 억누르면 정상적인 성 발달에 문제가 생길 수 있습니다. 그런데 유교적 전통이 강한 우리 문화가 아직은 성적 본능을 직접적으로 표현하는 것을 꺼리기 때문에 대부분의 부모들은 아이들이 성기에 관심을 가지면 걱정을 많이 합니다. 하지만 성은 자연스러운 것입니다. 아이가 자연스럽게 성을 받아들일 수 있도록 돕는 부모의 지혜가 필요합니다.

적절한 제재가 필요합니다

성기로 장난을 치는 아이들의 행동은 자기 발견의 과정이며, 놀이입니다. 이런 행동은 시간이 지나면서 좋아지고 정서적으로 문제가 되는 경우도 거의 없어요. 아이의 성적 만족감은 사랑받고 있다는 안정감과 비슷한 것이므로 걱정하지 않아도 됩니다. 오히려 아이를 심하게 야단치거나 스트레스를 주면 성욕을 금지당한 어른처럼 위축되고 맙니다. 하지만 아이들이 성기를 가지고 심하게 장난하거나 너무 자주 보여 줄 때는 아이가 불안을 느끼지 않는 범위 내에서 적절히 제재를 해야 합니다. 아무리 아이들이라고 해도 성기를 보여 주는 행동은 주변 사람을 민망하게 하니까요. 또한 사회 구성원으로서 어느 정도 성적인 본능을 억제하는 것도 배워야 하기 때문입니다. 이때는 재미있는 놀이를 제안해 아이의 관심을 다른 곳으로 유도하거나 "고추를 너무 많이 만지면 아플 수 있어", "고추는 소중한 곳이니까 함부로 보여 주면 안 돼" 하며 가볍게 억제해도 대부분의 아이들은 행동을 그만두고 다른 것으로 관심을 돌리곤 합니다.

성기 장난 외에 재미있는 것이 없는 아이들

아이에게 뭔가 심리적인 문제가 있거나 양육 환경이 나쁜 경우, 성기로 장난하는 것 이외의 흥밋거리를 주변에서 찾을 수 없어 자꾸 성기에만 매달리는 경우도 있습니다. 때로는 심한 자위행위로까지 발전하게 되지요. 저에게 찾아오는 아이들 중에도 이런 아이들이 종종 있는데, 성기로 하는 장난 이외에는 재미있는 것이 없는 아이들이 참으로 불쌍하게 여겨집니다. '또래의 다른 아이들은 세상 모든 것에 호기심과 흥미가 많은데, 이 아이들은 여기에 얽매여 있구나' 하는 마음에 안타까울 따름이지요.

엄마와 떨어져 할머니 댁에서 지내거나 동생이 생겨 엄마가 자기를 돌봐 주지 못하는 등 엄마로부터의 사랑에 이상이 생기는 경우, 아이가 일시적으로 성기에 집착하기도 합니다. 이때는 환경이 좋아지면 다시 예전 그대로 돌아오므로 아이에게 더 많은 사랑과 관심을 기울여 주는 것이 좋아요. 만일 성기로 장난을 치는 아이를 혼내고 윽박지르거나, 억지로 못 하게 하면 불안한 마음에 오히려 더 집착하게 되므로 주의해야 합니다.

성기로 장난칠 때 하지 말아야 할 세 가지

1. "더러운 거야", "나쁜 행동이야" 하며 아이를 비난하는 일. 이는 아이에게 죄책감을 갖게 합니다.
2. "고추가 떨어진다"와 같은 거짓말로 아이를 위협하는 일. 실제로 고추가 떨어지지 않기 때문에 부모에 대한 불신감을 갖게 됩니다.
3. 때리거나 야단치기. 자신의 몸에 대한 부정적인 생각을 갖게 될 수 있습니다.

성기로 장난칠 때 해야 할 다섯 가지

1. "더러운 손으로 자꾸 만지면 고추가 아파. 그러면 병원에 가서 주사 맞아야 해"라는 식의 부드러운 말로 타이르기.
2. 마음의 안정을 찾도록 자주 안아 주고 사랑을 표현하기.
3. 매일 아이와 놀아 주고 책을 읽어 주는 등 아이와 함께하는 시간을 늘려 관심을 다른 곳으로 돌려 주기.
4. 손으로 가지고 놀 수 있는 장난감으로 흥미를 분산시키기.
5. 성교육 내용의 동화책을 보여 주며 올바른 성교육을 하기.

교육기관

어린이집이나 유치원 등 보육 시설이나 교육기관에 보낼 때 유의해야 할 점이 있을까요?

무엇보다 아이의 준비 정도가 중요합니다. 아이가 집 밖이라는 낯선 상황에서 무리 없이 적응할 수 있을 정도로 몸과 마음이 성장했는지 따져 봐야 하는 것이지요. "여기에서는 영어를 가르친다더라", "저기는 가베를 한다더라" 하며 어디에 보낼 것인지를 고민하기 전에 내 아이의 상태부터 살펴야 합니다.

가장 먼저 생각해 볼 것은 아이의 나이입니다. 딱 몇 개월이라고 못 박을 수 없지만 여자아이의 경우는 적어도 24개월은 넘어야 합니다. 남자아이들은 여자아이보다 발달이 늦기 때문에 이보다 1년은 더 있다 보내는 것이 좋습니다. 발달과학자들의 연구에 따르면 두 돌 이전에 낯선 곳에 보내는 것 자체가 아이의 뇌 발달에 별로 좋지 않다고 합니다. 그래서 보통 성별을 불문하고 36개월 정도를 적당한 시기로 보고 있습니다.

하지만 나이가 절대적인 기준은 아닙니다. 아이에 따라 36개월이 넘어도 적응을 못하고 힘들어할 수 있습니다. 그러니 가장 중요하게 생각해 봐야 할 것은 아이의 상태입니다. 저는 경모를 낳은 후에도 계속 일을 해야 했기에 베이비시터 할머니께 아이를 맡겼습니다. 할머니가 매일 저희 집에 오셔서 경모를 돌봐 주셨지요. 그러다 경모가 36개월을 넘겼을 때 교육기관에 보내기로 결정하였습니다. 아이의 몸과 마음이 준비가 되었다는 판단에서였지요. 그때 저는 집 주변에 있는, 경모가 갈 만한 교육기관은 모두 찾아다니며 상담을 했습니다. 까다롭고 예민한 경모가 잘 적응할 수 있는 곳을 찾기 위해서였지요. 반면 둘째 정모 때는 훨씬 수월하게 교육기관을 결정했습니다. 형과 달리 외향적이고, 배우는 것에 욕심이 많아 어디서든 잘 적응하리라는 생각 때문이었지요. 그래서 집에서 가깝고, 안전한 보육과 놀이식 학습을 하는 곳을 찾아 보냈습니다.

이처럼 교육기관을 선택할 때는 아이의 상태를 최우선으로 해야 합니다. 만약 부득이하게 아이가 준비되지 않은 상태에서 기관에 보내야 한다면 아이가 제대로 적응하지 못할 수 있다는 것을 염두에 두어야 합니다. 특히 예민한 아이의 경우 적응을 빨리 못할 수 있는데 그럴 때 아이를 나무라면 절대 안 됩니다. 아이가 너무 못 견뎌 하고, 잠도 잘 못 자는 등의 모습을 계속해서 보이면 도우미를 구하는 등의 다른 방법을 강구하는 것이 좋습니다. 예민한 아이는 낯선 곳에 가면 스트레스 호르몬이 급격히 증가해 두뇌 발달에 악영향을 미칠 수 있기 때문입니다.

> ## 교육기관을 선택할 때 따져 봐야 할 것
>
> 1. 위생적이고 안전한 곳인가?
> 2. 분위기가 밝고 편안한가?
> 3. 교육 프로그램이 아이의 발달 과정과 맞는가?
> 4. 채광 상태가 좋고 환기가 잘되는 곳인가?
> 5. 아이들이 뛰어놀 공간은 충분한가?
> 6. 화장실 등의 시설이 아이들이 쉽게 이용할 수 있게 되어 있는가?
> 7. 교사 1인당 아이의 명수는 적당한가?
> 8. 교사와 부모 간 상담을 수시로 할 수 있는 곳인가?
> 9. 교사가 아이를 배려하는 따뜻한 마음을 가지고 있는가?
> 10. 교사의 이직율이 높지는 않은가?

따뜻한 보육과 재미있는 학습이 선택 기준

교육기관을 선택할 때는 시설이나 프로그램보다 먼저 선생님의 자질을 따져 봐야 합니다. 아무리 좋은 시설과 훌륭한 프로그램이 있어도 그것을 어떻게 활용하느냐 하는 것은 선생님에게 달려 있기 때문입니다. 그런 의미에서 주의해서 봐야 할 것은 선생님의 근속 기간입니다. 아이를 보냈는데 선생님이 자주 바뀌면 애착 발달에 안 좋은 영향을 미칠 수 있습니다. 또 한 명의 선생님이 맡고 있는 아이의 수가 너무 많은 것도 별로 좋지 않습니다. 만약 그런 문제가 없다면 되도록 전인교육을 하는 곳을 선택하세요. 전인교육은 쉽게 말하면 아이를 제대로 보호해 주면서, 재미를 주고, 또래와의 어울림 속에서 규칙을 익히게 하는 것입니다. 이 시기의 아이들은 놀이를 통해 모든 것을 배우기 때문에 아이들을 잘 놀게 해서 사고력과 창의력을 키울 수 있게 해 주는 선생님이 있는 곳이면 어디든 괜찮습니다.

적어도 한글이나 영어 같은 특정 과목에 비중을 많이 두고 있는 교육기관에 보낼 필요는 없습니다. 3~4세에 가장 필요한 배움은 긍정적인 자아상을 만들어 세상을 행복한 곳으로 느끼게 만드는 것입니다. 학습만 강조하는 교육기관은 아이에게 '기술'은 가르쳐 줄 수 있을지언정 마음가짐을 길러 줄 수는 없습니다. 가령 미술에 재능이 있어 미술 교육을 시킬 때도 마찬가지입니다. 우선은 단순히 그림을 잘 그리는 기술보다는 세상을 자신만의 시각으로 보고 표현할 수 있는 사고력과 창의력을 길러 주는 것이 무엇보다 중요합니다. 이것은 어린 시절 따뜻한 보육과 재미있는 놀이를 통해서만 가능한 것입니다. 따라서 주변의 입소문에 따라 덜컥 아이를 보낼 것이 아니라 요모조모 잘 따져 보는 현명함이 필요합니다.

36개월 이전 아이, 놀이방에 가지 않으려고 해요

30개월 된 성준이는 매일 아침 엄마와 철석같은 약속을 한다고 합니다. 놀이방에서 엄마와 헤어질 때 절대로 울지 않겠다고 말이에요. 그런데 놀이방 앞에만 서면 언제 그랬냐는 듯 엄마한테 매달려 놀이방에 가지 않겠다며 울곤 합니다. 때로는 억지로 떼어 놓기도 하는데 우는 아이를 뒤로하고 돌아서는 엄마의 마음도 편치 않다고 하네요.

엄마와 심리적 분리가 안 되어 나타나는 현상

맞벌이를 해야 해서, 동생이 태어나서, 아이가 심심해서 등 여러 가지 이유로 36개월이 되기 전에 아이를 놀이방에 보내는 부모들이 많습니다. 발달심리학에서는 아이가 오랜 시간 엄마와 떨어져 생활할 수 있는 시기를 36개월 이후로 보고 있습니다.

세상에 태어난 아이는 자신의 모든 것을 엄마에게 의존합니다. 엄마의 도움이 있어야만 살아갈 수 있고, 한 발자국이라도 이동할 수 있으니까요. 그러다가 걸음마를 하게 되면서 슬슬 엄마와 떨어지는 연습을 시작합니다. 이때 몸은 엄마와 떨어져도 마음은 아직 떨어지지 못합니다. 그래서 신기한 것을 쫓아 앞으로 뛰어가다가도 뒤를 돌아보며 엄마가 있나 없나 확인합니다. 그러고는 엄마가 눈에 들어오면 안심하고 다시 앞으로 뛰어갑니다. 당장 내 눈앞에는 안 보여도 내가 뒤돌아보면 엄마가 있다는 사실을 알 수 있을 정도로 인지가 발달한 것이지요. 그러나 아직은 엄마가 눈앞에 없을 때 혼자 행동하는 시간이 길지는 않습니다.

이 시기에 엄마에 대한 믿음이 강하면 아이는 엄마 이외의 사람과 사물에 대한 호기심을 마음껏 발휘합니다. 한껏 자유로워진 몸으로 이곳저곳을 돌아다니게 되지요. 반대로 엄마에 대한 믿음이 약할 경우에는 계속 엄마 옆에 머물며 떠나려 하지 않습니다. 엄마들 중에는 아이가 엄마를 뒤로하고 앞으로 뛰어갈 때 어떻게 하나 보겠다는 생각에 슬쩍 숨는 사람도 있습니다. 아이의 행동을 재미있어하며 쳐다보고 있다가 아이가 울음을 터트리면 그제야 나타나서 안아 주곤 하지요. 하지만 이것은 정말 잘못된 행동입니다. 엄마가 자신을 지켜 준다는 믿음을 가지고 세상을 탐험하기 시작했는데 엄마가 자신을 지켜 주지 않으면 아이는 상당한 배신감을 느끼게 됩니다. 이런 일을 겪은 아이는 엄마를 떠나는 것은 불안한 일이라고 생각하고 절대 엄마와 떨어지지 않으려 합니다. 엄마에겐 재미있는 장난이 아이에겐 불안의 씨앗이 되는 셈이지요.

정상적인 발달 과정을 거쳐 온 아이라면 30~36개월에 엄마와 심리적으로 떨어지는 것이 가능해집니다. 엄마가 눈에 보이지 않아도 엄마에 대한 일정한 상이 마음속에 자리 잡기 때문입니다. 이를 '대상 항상성'이라고 합니다. 이 시기의 아이들은 엄마와 헤어지더라도 언젠가는 엄마와 다시 만날 것을 알게 됩니다. 그래서 36개월 이후에 놀이방이나 어린이집에 보내면 대부분의 아이들은 무리 없이 적응을 하게 되지요. 36개월 이전에 교육기관에 보낼 경우에는 아이의 심리적 분리가 완전하지 않은 상태에서 엄마와 떨어져야 하기 때문에 여러 가지 문제들이 나타나게 됩니다. 성준이처럼 울며 안 가겠다는 아이도 있고, 놀이방에 가긴 하지만 구석에 쭈그리고 있거나 다른 아이들의 놀이를 방해하는 좋지 않은 행동을 보이는 아이도 있습니다. 이때 아이의 행동을 무조건 나무라기보다는 엄마와 떨어져야 하는 아이의 불안한 마음을 이해하고 달래 주어야 합니다.

놀이방 시설보다는 선생님 인품이 먼저

어쩔 수 없이 놀이방에 가야 하는 경우에는 놀이방 선택을 신중하게 해야 합니다. 이때 중요한 것은 놀이방 시설이나 교육 프로그램이 아닙니다. 선생님이 얼마나 아이들을 잘 이해하고 감싸는지가 가장 중요합니다. 대부분의 놀이방은 가정집에 마련되어 있습니다. 이는 아직 어린아이들이 집과 같은 편안한 환경에서 안정감을 느끼도록 하기 위해서입니다. 그렇다면 선생님 역시 엄마처럼 푸근한 분이어야 합니다.

교육 프로그램을 자랑하는 곳은 그 프로그램을 운영하기에 여념이 없어 아이들의 마음을 잘 보듬어 주지 못하는 경우가 많습니다. 시설이 좋은 곳은 그 시설이 보여 주기 위한 것인지, 정말 아이들에게 필요한 것인지 잘 따져 봐야 합니다. 보여 주기 위한 곳은 선생님들이 시설을 유지하고 꾸미는 데 많은 공을 들이게 되므로 아이들에게 소홀할 수 있습니다. 시설은 가정집처럼 깨끗하기만 하면 됩니다.

아이에게 적응할 시간을 충분히 주세요

아이를 놀이방에 보내는 초기에는 아이와 함께 가서 선생님이 수업하는 모습이나 아이들이 노는 모습을 지켜보는 것이 좋아요. 처음에 두 시간 정도 함께 있었다면, 다음에는 한 시간, 그 다음에는 30분으로 함께 있는 시간을 조금씩 줄이면서 헤어지는 연습을 하도록 하세요. 엄마가 바쁘다고 하여 이런 적응 시간을 충분히 갖지 못하면 아이가 힘들어할 수도 있습니다. 아이와 헤어질 때는 엄마의 손수건이나 열쇠고리 등 엄마를 연상할 수 있는 물건을 쥐어 주는 것도 좋은 방법입니다. 이렇게 한 달 정도만 하면 아무리 적응을 어려워하는 아이라도 놀이방 생활에 어느 정도 익숙해지게 됩니다. 단 적응하는 시간은 한 달을 넘기지 않는 것이 좋고, 그 이후에도 적응을 힘들어하면 다른 문제가 없는지 살펴봐야 합니다.

인사하며 헤어지고, 즐겁게 맞이하기

놀이방 앞에서 울며불며 안 떨어지려는 아이를 던져 놓듯이 선생님에게 맡기고 나오는 것은 좋지 않습니다. 또 아이가 노는 틈에 몰래 빠져나오는 것도 좋지 않아요. 하루 이틀은 괜찮을지 몰라도 계속되다 보면 아이는 불안감을 가질 수 있습니다. 아이가 울 경우에는 충분히 달래 주고, 엄마와 왜 헤어지는지, 언제 만나는지 얘기해 주세요. 그리고 헤어질 때는 아이와 얼굴을 마주 보고 인사를 한 후 헤어지도록 하시고요. 아이가 울고 있는 상태에서 선생님에게 맡기더라도 아이에게 "사랑한다"는 말과 "엄마 간다"는 말을 꼭 해 주도록 하세요. 아이가 놀이방에서 돌아왔을 때는 즐겁게 맞이하면서 엄마가 보고 싶었는데도 꾹 참고 놀고 왔다는 것을 칭찬해 주세요.

너무 힘들어하면 보내지 마세요

.... 아이가 놀이방에 가지 않으면 사회성이 떨어지지 않을까 걱정하는 부모들이 많습니다. 그래서 아이가 힘들어하는데도 억지로 보내려고 하지요. 하지만 이 시기는 아직 사회성 발달이 미미한 시기입니다. 놀이방에 가서도 친구들과 어울려 놀기보다는 혼자 노는 경우가 많습니다. 네 돌이 지나야 친구들과 노는 재미도 알고 사회성도 발달하게 됩니다.

한 달이 넘게 적응을 시도했는데도 안 되면 보내지 않는 것이 좋습니다. 무리하게 보내면 나중에 유치원이나 학교에 보낼 때도 똑같은 어려움을 겪게 됩니다. 아이가 놀이방 적응에 실패한 경험을 많이 쌓는 것보다는 집에 있는 것이 좋습니다. 그럼에도 불구하고 꼭 놀이방에 보내야 하는 상황이라면 전문의와 상담을 통해 놀이방을 싫어하는 구체적인 원인을 밝혀내고 그것을 고친 후 보내는 것이 좋습니다.

36개월 이후 아이, 유치원에 가기 싫어해요

유치원에 보낸 지 몇 달이 되었는데도 적응을 못 하고, 매일 아침 엄마와 떨어지지 않겠다며 떼를 쓰는 아이를 보면 부모는 여러 생각이 교차합니다. '그래, 싫다는데 보내지 말자'라며 느긋하게 생각하다가도 '이러다 계속 가지 않으려고 하면 어쩌지?', '혹시 우리 아이 성격에 문제가 있는 건 아닐까?' 하며 복잡한 기분에 빠집니다. 유치원에 다니는 것을 싫어해 벌써 1년 가까이 집에서 엄마와 지내고 있다는

42개월 유빈이. 유빈이 엄마는 아이가 집에 있을 때도 엄마가 잠시라도 눈에 보이지 않으면 울면서 찾고, 달려가 안아 주면 몇 년 만에 만난 것처럼 더 서럽게 운다며 고민을 털어놓았습니다. 더군다나 5개월 된 둘째가 있어 엄마는 육체적으로나 정신적으로나 너무 힘들다며 눈물까지 보였습니다.

부모와 애착 형성이 안 되어 나타나는 분리 불안

유치원에 간다는 것은 아이의 입장에서 보면 집이라는 익숙한 환경에서 벗어나 엄마가 아닌 낯선 사람들과 함께 지내야 하는 새로운 도전 과제라 할 수 있습니다. 어떤 아이들은 새로운 공간과 친구들을 좋아하며 즐거워하기도 하지만, 또 어떤 아이들은 이런 상황에서 스트레스를 받기도 합니다.

특히 어렸을 때 부모와 애착이 충분히 형성되지 않은 아이들은 엄마와 떨어져 유치원에 가는 것을 힘들어할 수 있습니다. 아이가 태어나서 36개월까지는 부모와 아이 사이에 애정과 믿음을 쌓는 매우 중요한 기간으로, 이때 형성된 애착은 이후의 정서 발달에 큰 영향을 끼칩니다. 부모와 안정적인 애착을 쌓은 아이는 세상에 대한 믿음이 생겨 엄마가 없는 곳에서도 잘 적응하게 됩니다. 반면 애착 형성이 잘되지 않은 아이들은 유치원에 가는 것을 엄마에게서 버림받는 것으로 생각해 가지 않으려 합니다.

또한 아이를 과잉보호하는 가정환경도 유치원에 가기 싫어하는 원인이 됩니다. 가정에서 과잉보호를 받은 아이들은 지나치게 의존적이고 융통성이 없어 엄마나 가족이 없는 공간에서는 심한 불안을 느끼게 되는 것이지요. 어른이나 아이나 낯선 환경에서 불안을 느끼는 것은 자연스러운 현상입니다. 그러다 시간이 지나면서 불안감은 줄어들고 새로운 환경에 적응해 갑니다. 그런데 시간이 지나도 유치원에 적응을 못하고 엄마와 떨어지는 것을 불안해한다면 '분리 불안 장애'로 볼 수 있습니다. 이런 아이는 유치원이 싫은 것이 아니라 엄마와 떨어지기가 두려운 것으로 전문의의 상담과 치료가 필요합니다.

유빈이의 경우는 진단 결과 분리 불안 장애로 나타났습니다. 유빈이는 부모님이 맞벌이를 하느라 어렸을 때부터 할머니 손에서 자랐습니다. 동생이 태어나면서 엄마가 두 아이의 양육을 도맡았는데, 그때부터 엄마와 떨어지지 않으려는 행동이 나타났고, 둘째로 인해 엄마의 사랑을 많이 받지 못해 분리 불안이 나타난 것입니다.

유치원 생활 자체를 싫어하는 경우도 있어요

엄마와 떨어지는 것이 싫은 게 아니라 유치원 자체를 싫어하는 아이들이 있습니다. 이때는 아이가 왜 싫어하는지 이유를 따져 봐야 합니다. 유치원에서 진행되는 학습이 아이에게 부담이 되는지, 또래 친구와 다툼이 있었는지, 유치원 선생님이 아이를 잘 돌봐 주지 못해서 그런 것인지 등 아이가 힘들어하는 부분을 확인해야 합니다. 유아기 아이들은 아주 사소한 일에도 마음 아파할 수 있으므로 "뭘 그런 것 갖고 그러니?" 하며 아이의 말을 무시하기보다는 함께 고민하고 해결할 수 있는 방법을 찾아야 합니다.

유치원이 너무 학습 위주로 프로그램을 운영한다거나 선생님의 자질에 문제가 있을 경우에는 유치원을 옮기는 것도 방법입니다. 단, 이때에는 아이가 새로운 유치원에 잘 적응할 수 있는지 판단해야 합니다. 친구들 사이에 갈등이 있을 때는 아이의 말을 잘 들어 주고, "너는 그 친구에게 어떻게 하고 싶은데?" 하며 아이와 함께 적절한 해결 방법을 찾는 것이 좋습니다.

유치원에서 지켜야 하는 규칙들을 힘들어하는 아이들도 있습니다. 성격이 활발하고 자유분방한 아이들은 화장실에서 줄을 서거나, 수업 시간에 조용히 있어야 하는 것을 싫어할 수 있지요. 사회규범을 가르치는 일은 아이가 싫다고 하여 피할 수 있는 일이 아닙니다. 이때는 규칙이 왜 필요한지, 지키지 않으면 어떻게 되는지를 아이에게 알려 주는 것이 좋습니다. 이런 과정을 통해 아이들은 가정이라는 작은 공간에서 벗어나 사회에서 필요한 행동 규칙을 익히게 됩니다.

헤어질 때는 다정하지만 단호하게

아이들 중에는 엄마와 떨어질 때는 심하게 울다가도 엄마와 떨어진 후 흥분을 가라앉히고 나서는 언제 그랬냐 싶게 잘 노는 아이들이 있어요. 이 경우는 분리 불안이 아닙니다. 헤어지는 연습이 잘 안 되어서 그런 것이지요. 이때 아이가 우는 모습을 보고 마음 아파하거나 당황하는 모습을 보여 주면 아이는 더 크게 울어 버립니다. 그렇게 해서 한두 번 유치원에 가지 않게 되면 아이는 '아! 이렇게 하면 되는구나' 하고 생각하고 계속 울게 되지요.

유치원에 가기 전에 아이에게 왜 엄마와 떨어져 있어야 하는지, 유치원에서는 무엇을 하게 될지, 엄마는 그동안 무슨 일을 하는지, 엄마가 언제 다시 오는지에 대해 차근차근 이야기해 주세요. 이야기할 때는 다정하지만 단호한 말투로 해야 합니다. 엄마가 자신 없는 모습을 보이거나, 미안해하면 아이는 엄마와 헤어진다는 사실을 인정하기 싫어 울며 떼를 쓰게 됩니다. 부모가 유치원에 꼭 가야 한다는 원칙을 정하고 지키면 아이도 따를 수밖에 없습니다. 간혹 엄마가 아이와 헤어지는 것을 더 힘들어하는 경우도 있어요. '다른 아이들 틈에서 스트레스를 받지는 않을까?', '아직 어린애라 더 챙겨 줘야 하는데' 하는 마음을 갖고 있어 아이와 헤어질 때 엄마가 먼저 불안한 모습을 보이는 것이지요. 그러면 아이 역시 엄마의 그 마음을 그대로 받아들여 멀쩡한 아이도 유치원 가는 것을 힘들어하게 됩니다.

분리 불안 장애 체크리스트

1. 유치원에 보낼 때 울음을 터트린다.
2. 엄마가 자신의 시야에서 사라지면 불안해한다.
3. 유치원에 가기 싫다는 말을 자주 한다.
4. 유치원에서 있었던 일을 잘 이야기하지 않는다.
5. 유치원에서 있었던 일 중 부정적인 일만 이야기한다.
6. 내일 유치원에 가야 한다고 이야기하면 싫어한다.
7. 유치원보다 엄마와 있는 것이 좋다고 자주 말한다.
8. 유치원에 가기 싫다고 떼를 쓴다.
9. 유치원에 갈 때 배가 아프다거나 머리가 아프다고 한다.
10. 유치원에서 돌아오면 내일은 안 가겠다고 한다.

[결과 보기]

이 중 체크 항목이 3개 이하면 정상, 4~7개면 주의를 요하는 상황, 8개 이상이면 분리 불안 장애가 의심됩니다.

아이에 대한 걱정을 붙들어 매고, 부모 품을 벗어나 더 넓은 사회로 나아갈 수 있게 이끌어 주세요. 그것이 아이에 대한 올바른 사랑입니다.

분리 불안의 최고 치료법은 사랑입니다

아이들이 일시적으로 유치원에 가기 싫어하는 경우는 앞에서 이야기한 방법을 통해 변화시킬 수 있습니다. 하지만 애착 형성에 문제가 있어 분리 불안이 나타난 경우에는 적절한 치료가 필요합니다. 분리 불안은 자연적으로 없어질 수 있지만 제2의 불안 장애로 이어질 수도 있습니다. 예를 들어 타인에 대한 공포증이 나타나기도 하고, 쓸데없는 상상을 많이 하게 되어 과잉 불안 장애로 이어지기도 합니다. 또한 독립성을 가져야 할 나이에 엄마에게 의존하게 되어 친구를 사귀지 못합니다. 이때 또래들 역시 분리 불안이 있는 아이를 어리게 보고 놀려고 하지 않아 아이가 더욱 위축됩니다.

이때 최고의 치료법은 아이에게 '사랑한다'는 메시지를 끊임없이 보내는 것입니다. 그중에서도 가장 좋은 방법이 스킨십입니다. 유아기 아이들은 스킨십을 많이 요구합니다. 유아기 때 스킨십이 부족했던 아이들은 초등학생이 되어서도 스킨십을 원하게 됩니다. 분리 불안이 있는 아이들의 경우는 과하다 싶을 정도로 안아 주고, 물고 빨아 주는 것이 좋습니다. 아이와 있을 때는 다른 일은 접어 두고 오직 아이한테만 관심을 쏟아 주세요. 그와 동시에 조금씩 엄마와 떨어져 있는 연습을 시키는 것입니다. 친척이나 다른 가족과 생활하게 해 보는 것도 좋고, 이웃집 친구들과 놀 기회를 많이 만들어 주는 것도 좋습니다. "엄마 잠깐 저쪽에 갔다 올 동안 혼자 있을 수 있어?" 하고 물어본 후 다녀와서는 꼭 안아 주며 칭찬을 듬뿍 해 주시고요. 아이가 부모로부터 사랑받고 있다는 것을 느끼면 애착 형성이 잘 안 되어 생기는 문제는 대부분 해결됩니다.

병원에서는 주로 놀이 심리 치료를 하게 됩니다. 아이가 치료사와 친해지기 전까지는 엄마도 함께 들어와 아이와 같이 노는 것이 좋습니다. 그 후 아이가 치료사와 함께 있는 것에 익숙해지면, 조금씩 떨어지는 연습을 한 후 엄마 없이 치료사와 놀게 하세요.

남편, 시댁과 함께 아이 키우기

까다로운 경모를 키우는 것은 초보 엄마인 저에게 결코 쉬운 일이 아니었습니다. 게다가 한창 병원 일이 바빴을 때라 아이에게 소홀할 때도 많았지요. 그래서인지 경모는 심하게 보채면서 출근하는 저를 붙들고 매달리곤 했습니다. 그때 저는 '가슴이 아프다'라는 말을 절감할 만큼 실제로 가슴에 통증을 느꼈습니다. 아픈 아이를 뒤로하고 출근을 할 때면 '내가 지금 잘하고 있는 건가' 하는 회의감마저 들었어요. 경모는 저와 떨어져 있는 시간을 힘들어했고, 그 때문인지 유치원에 적응하는 것도 어려워했습니다. '일을 계속 해야 하나 말아야 하나' 고민하던 순간 이런 생각을 하게 되었습니다.

'아이를 기르는 일은 나 혼자서 해결할 수 있는 게 아니다. 아이를 키우는 데 한 마을이 필요하다는 말이 있지 않은가.'

육아의 중심은 엄마인 내가 되어야 하지만 그것이 힘에 부칠 때는 주변 사람들을 조력자로 만들어야 한다는 결론에 이르렀습니다. 엄마의 사랑만으로 아이의 욕구가 채워지지 않을 경우 다른 사람들로부터 사랑을 듬뿍 받으면 어느 정도 해결될 수 있을 것이라고요. 그리고 그 방법은 경모가 남편이나 시댁 어른과 될 수 있으면 많은 시간을 보내게 하는 것이었습니다.

물론 아이보다 자기 일을 더 좋아했던 무심한 남편과 시부모님을 육아에 참가시키는 것은 결코 쉬운 일이 아니었지만 나와 아이를 위해서 모두 참고 노력했습니다. 남편에게는 아이와 목욕하는 일, 함께 노는 일 등 쉬운 일부터 하게 했고, 매년 휴가 때면 휴가 기간 내내 아이를 데리고 부산에 있는 시댁에 내려가 지냈습니다. 주말이면 아이 고모나 삼촌 집에도 놀러 갔고요.

그렇게 경모는 할아버지 할머니의 사랑을 듬뿍 받고 자랄 수 있었고, 또래 아이들과 달리 할아버지 할머니에 대한 특별한 애착을 키울 수 있었습니다. 고모나 삼촌들에게도 마찬가지였습니다. 그리고 사랑이 충분해서인지, 어느 순간부터 경모는 씩씩하게 엄마와 떨어져서 유치원에 갈 수 있게 되었습니다.

CHAPTER 7
형제 관계

외동이라서 그런지 고집이 세요

사람들은 흔히들 외동이면 고집이 셀 것 같다고 생각합니다. 하지만 정신의학적으로 봤을 때 외동은 오히려 축복일 수 있습니다. 형제가 많으면 자연스럽게 부모의 관심이 흩어지기 마련인데 외동은 부모의 관심을 독차지할 수 있기 때문입니다. 그러므로 단지 외동이라는 이유로 편견을 가지거나 지레 걱정할 필요가 없습니다. 단, 주의할 것이 있습니다.

일부러라도 적절한 좌절을 경험하게 하세요

아이들은 발달에 있어 '적절한 좌절'을 필요로 합니다. 약간의 결핍이나 부족함 때문에 좌절을 느끼고, 다시금 그것을 얻기 위해 노력할 때 성장이 촉진된다는 말입니다. 아무런 부족함이 없으면 아이는 그 어떤 발달의 필요성도 느끼지 못합니다. 특히 사회성 발달이 그러합니다. 아이는 동생이 생길 경우 위기의식을 느끼게 됩니다. 엄마 아빠가 동생만 사랑하지, 더 이상 자신을 사랑하지 않는다고 느끼기 때문입니다. 그래서 떼를 쓰고, 화를 내고, 엄마 몰래 얄미운 동생을 꼬집어 보기도 합니다. 하지만 그러면 그럴수록 엄마 아빠한테 혼이 나게 되죠. 그러한 과정을 통해서 아이는 자연스럽게 사랑받기 위해서는 어떠한 행동을 하는 게 좋은지, 어떤 행동을 하면 안 되는지 스스로 터득하게 됩니다.

그런 경험을 한 아이는 유치원에 가서 다른 아이들과 어울릴 때도 어떻게 해야 좋을지를 빨리 터득하게 됩니다. 경쟁할 때는 경쟁하고, 누가 때리면 스스로를 적절히 보호할 줄도 알고, 싸울 때도 협상을 할 줄 알게 되는 것이지요. 힘으로 안 될 것 같아 보이면 슬쩍 피하기도 합니다. 하지만 적절한 좌절을 통해 배움과 성장의 기회를 갖지 못한 아이는 유치원에서 다른 아이들과 잘 어울리지 못할뿐더러 문제가 생기면 그냥 어쩔 줄 몰라합니다.

그러므로 외동의 경우 아이에게 적절한 좌절을 통한 배움의 기회를 일부러라도 제공할 필요가 있습니다. 이를테면 사촌들과 어울릴 때 한판 붙는다 해도 무조건 말리지 말고 그냥 두는 것도 방법입니다. 그러면서 "걔는 어떻게 생각할 것 같아? 엄마는 네가 걔랑 잘 지냈으면 좋겠는데"라는 식의 이야기를 계속 해 주면 아이는 자신이 어떻게든 사촌과 관계를 잘 풀어야 한다는 걸 파악하게 됩니다. 유치원에서 아이가 친구와 싸우고 들어와 울어도 "엄마가 해결해 줄게"라며 바로 나서는 대신 우선은 "걔가 무슨 말을 했을 때 네가 속상한 마음이 들었어? 그 아이랑 앞으로 어떻게 하면 잘 지낼 수 있을까?" 등의 물음을 던지며 아이에게 스스로 문제를 해결할 기회를 주는 것이 좋습니다.

그러나 외동이든 아니든, 다른 아이들과 잘 지내지 못하고 이기적이라면 엄마와의 애착에 문제가 있는 것은 아닌지 살펴볼 필요가 있습니다. 엄마가 아이를 다룰 때 정서적 지지를 잘 못해 주거나 억압을 하면 아이는 타인에 대한 공감 능력이 떨어져 배려를 할 줄 모르게 됩니다. 그냥 자신의 것만 고집함으로써 남들 눈에는 이기적인 아이로 비치게 되는 거죠. 그럴 때는 아이를 야단치지 말고, 애착 문제를 해결하는 것이 먼저입니다.

어린 동생을 못살게 굴어요

둘째가 태어난 집에서는 동생을 괴롭히고 때로는 동생의 젖병을 빼앗아 먹는 등의 퇴행 현상을 보이는 첫째 때문에 신경이 이만저만 쓰이는 것이 아닙니다. 가뜩이나 출산 후 몸이 피로한 엄마는 둘째를 돌보기도 버거운데 첫째까지 이상 행동을 하면 정말 어찌해야 할지 몰라 두 손 두 발 다 들고 싶은 심정이 됩니다. 어떤 엄마는 둘째를 낳고 나니 '갓난쟁이 쌍둥이를 키우는 것 같은 기분이다'라며 한숨을 내쉬더군요. 갓난아이를 안은 엄마의 눈에는 다 큰 아이처럼 보이는 첫째가 아기처럼 굴기 때문이지요. 동생을 못살게 굴고 동생처럼 행동하는 첫째 아이. 이런 첫째를 엄마는 어떻게 이해해야 하는 걸까요?

동생을 본 첫째의 마음속을 들여다볼까요?

첫째가 두 돌이 넘었을 때 둘째를 낳은 엄마들은 첫째에게 많은 기대를 합니다. 이제 걸어 다니고 말도 제법 하는 첫째를 보면 무척 큰 것처럼 느껴지거든요. 그래서 첫째에게 이런저런 요구를 합니다. "동생이니까 네가 많이 돌봐 줘야 해", "동생 다치니까 장난감은 저쪽에서 가지고 놀아", "동생 자니까 조용히 해" 등 벌써부터 동생을 위해 희생할 것을 요구합니다. 하지만 첫째는 아직 엄마의 손길을 필요로 하는 어린아이일 뿐입니다. 동생을 본 첫째의 마음속을 들여다볼까요? 어느 날 엄마와 아빠, 자신이 사는 집에 아기가 들어왔습니다. 아기는 말도 못하고 똥오줌도 아무 때나 싸 댑니다. 그런데 엄마 아빠, 심지어 할아버지 할머니까지 온통 아기만 쳐다보고 웃고 있습니다. 동네 사람들도 아기를 좋아하며, 놀이방 선생님과 친구들도 아기 얘기만 합니다.

첫째는 이제 모든 것을 기다려야 합니다. 아기가 배고파 울면 엄마는 아기에게 달려갑니다. 첫째가 배고프다고 하면 조금만 기다리라고 합니다. 첫째가 놀아 달라고 하면 엄마는 아기 기저귀 먼저 갈아 주고 조금 이따가 놀아 준다고 합니다. 엄마에게는 '조금'이 짧은 시간이지만 첫째에게는 하루해보다 길게 느껴집니다. 첫째는 자신의 생활을 송두리째 바꿔 놓은 아기가 밉습니다. 아기가 태어나기 전까지는 자신이 세상의 중심이었는데 지금은 더 이상 그렇지 않습니다. 엄마 아빠도 더 이상 자신을 사랑하지 않는 것 같습니다. 너무너무 화가 납니다. 그래서 그 화를 풀기 위해 아기를 괴롭히게 됩니다.

이 시기에 동생을 본 아이들에게 지나칠 수 없는 스트레스는 동생에 대한 질투입니다. 대부분의 부모들은 형제끼리 잘 놀고 자연스럽게 어울릴 것이라 생각하지만 그렇지 않습니다. 왜냐하면 형제는 '한정된 부모의 사랑을 두고 필연적으로 다툴 수밖에 없는 관계'이기 때문이죠. 특히 큰아이와 작은아이 사이의 터울이 적거나, 한 아이가 아파서 부모가 다른 형제를 제대로 돌보지 못했을 경우에는 형제간 갈등이 심해집니다.

제 진료실에는 아이들의 심리를 진단할 때 쓰이는 조그만 아기 인형이 많이 있습니다. 어느 날 한 살 어린 동생을 심하게 괴롭혀 늘 엄마의 지적을 받는다는 아이가 진찰을 받으러 왔습니다. 그 아이는 진료실에 있는 인형을 보자 집어 던지고, 아기 인형의 귀를 물어뜯는 등 신경질적인 반응을 보였어요. 제가 부모의 사랑을 두고 다툴 수밖에 없는 형제 관계에 대해 이야기하자 그 엄마는 저렇게까지 가슴에 깊은 상처가 있었는지 몰랐다며 눈물을 글썽였습니다.

아직 어린아이들은 동생에 대한 시샘을 말로 표현하지 못하고 동생을 때리거나 아기 인형을 깨무는 등 과격한 행동으로 나타내곤 합니다. 그래서 부모는 둘째가 태어났을 경우 더 세심하고 깊은 사랑으로 첫째를 돌봐야 이와 같은 문제를 막을 수 있습니다.

'퇴행 현상'으로 자기 마음을 나타내는 첫째

식구가 많던 예전과 달리 요즘에는 아이가 애정을 받을 수 있는 존재가 부모로만 국한된 경우가 많습니다. 따라서 형은 동생을 '사랑하는 사람을 두고 목숨을 걸고 다퉈야 할 연적'이라 생각하게 되는 것이지요. 형제가 있는 집안에서 그 관계가 형, 동생, 엄마의 삼각 구도를 그리는 경우가 많은 것은 이 때문입니다.

이때 큰아이는 자신의 마음을 '퇴행 현상'으로 나타내기도 합니다. 엄마가 먹여 주지 않으면 밥을 안 먹으려 한다거나, 동생의 젖병을 낚아채 자기가 빨아 먹는다거나 하는 식으로 말이지요. 엄마가 보기에는 속 터지는 행동이지만 이때 절대 야단을 쳐서는 안 됩니다. 큰아이가 원하는 대로 먹여 주고, 큰아이용으로 따로 젖병을 마련해 둘째에게 우유를 먹일 때마다 함께 주는 식으로 배려해 줘야 합니다. 자기가 원하는 만큼 하다 보면 아이는 스스로 퇴행 행동을 그만두게 됩니다. 엄마가 밥을 먹여 주면 자기가 먹을 때보다 불편하고, 젖병으로 우유를 먹으면 빨리 많이 먹을 수 없다는 것을 깨달아서 알아서 멈추게 되지요.

이때 만일 퇴행 행동을 못 하게 하면 아이는 자신의 바람을 엄마가 무시했다는 생각에 더 심한 행동을 보이게 됩니다. 앞에서 이야기했던 아이처럼 말입니다. 그리고 나중에 친구 관계에서 문제가 나타날 확률도 높습니다. 엄마가 혼을 내면 아이는 엄마가 자기를 싫어한다는 생각을 하게 되는데, 이런 생각이 있으면 친구를 사귈 때 소극적이거나 반대로 폭력적인 모습을 보입니다. 친구 역시 자신을 좋아하지 않을 것이라 생각하거나, 부모로부터 충족되지 않은 사랑을 친구에게서 얻으려 하거나, 마음에 쌓인 분노를 친구에게 표현하기 때문입니다.

첫째가 동생을 때리는 이유

● **질투심의 표현** : 부모의 사랑을 빼앗겼다는 질투심에 어찌할 바를 몰라 폭력을 사용하기도 합니다.

● **우월감의 표현** : 자신이 동생보다 크고 강하다는 것을 보여 주기 위해 때리게 됩니다.

● **분노의 표현** : 동생 때문에 엄마에게 혼이 많이 난 아이들은 동생을 때림으로써 화를 풉니다.

형제간의 터울은 2~3년이 적당

첫째를 낳은 부모들에게 나이 드신 분들이 자주 하는 이야기가 있습니다. 바로 "얼른 둘째 낳아야지. 한꺼번에 낳아서 빨리 키우는 게 좋아"입니다. 그런데 이는 제삼자의 입장에서 보았을 때는 좋은 생각일지 몰라도, 직접 아이를 키우는 엄마 아빠와 첫째 아이에게는 장점보다는 단점이 더 많습니다.

엄마 입장에서 보면 큰아이를 낳은 후 몸을 회복하고 육아에 적응할 수 있는 시간이 필요합니다. 하지만 큰아이가 채 걷기도 전에 둘째를 가지면 육아 스트레스에 임신기 우울증까지 올 수 있습니다. 이것은 둘째를 낳고서도 지속되고요. 큰아이 역시 동생이 생기는 새로운 상황을 감당할 수 있을 만큼 마음이 성장할 시간이 필요합니다. 엄마와 떨어지는 불안함, 즉 분리 불안을 겪을 시기에 동생을 보게 되면 분리 불안 과정을 성공적으로 마치기 어렵습니다. 더욱 엄마를 찾고 의존적이 될 수 있지요. 여자아이는 정서적 성숙이 빨라 두 돌 이후면 동생을 보아도 괜찮지만 남자아이는 적어도 3세가 넘었을 때 동생을 보는 것이 좋습니다. 보통 2~3년 정도의 터울이면 무난할 것으로 생각됩니다.

둘째 출산 후에는 첫째에게 더 신경을 쓰세요

형제간의 터울 조절은 둘째를 계획할 때 고려해야 할 사항입니다. 이미 동생이 있는 경우에는 둘째를 낳은 후 6개월 동안은 큰아이 위주로 생활해야 합니다. 보통 둘째가 태어나면 엄마는 첫째보다 둘째에게 더 많은 신경을 쓰게 됩니다. 이제 갓 태어난 아이니 그럴 수밖에 없지요. 그리고 산후 조리를 하는 동안 큰아이를 시댁에 맡겨 놓거나, 집에 함께 있어도 떨어트려 놓곤 합니다. 하지만 이때 큰아이가 받은 충격은 두고두고 남게 되므로 큰아이를 대할 때 특히 주의해야 합니다.

이때는 둘째를 다른 사람이 보게 하고 엄마는 큰아이에게 더 신경을 써야 합니다.

그래야 큰아이가 동생이 '엄마 사랑을 빼앗은 나쁜 놈'이라고 생각하지 않게 되지요. 저는 정모가 태어났을 때 무심코 경모가 썼던 아기 이불을 꺼내 정모를 덮어 준 적이 있어요. 그런데 그것을 보고 경모가 "왜 내 거를 주는 거야" 하며 화를 내더라고요. 그래서 결국은 경모에게 아기 이불을 주고, 정모에게는 큰 담요를 접어서 덮어 주었답니다. 정모의 백일 사진을 보면 더합니다. 정모의 백일인지 경모의 생일잔치인지 헷갈릴 정도로 경모가 주인 행세를 하고 있습니다. 백일 상 앞에도 정모보다는 경모가 앉아 있는 사진이 많고, 엄마 아빠와 찍은 사진 속에서도 경모가 더 많이 등장하고 있고요.

저는 동생이 태어났어도 경모에 대한 엄마 아빠의 사랑이 줄어들지 않았다는 사실을 알려 주기 위해 무척 애를 썼습니다. 둘째가 태어나면 그 순간부터 큰아이에 대한 배려를 해 주어야 합니다. 동생을 미워하고 문제 행동을 보이는 큰아이에게 화를 내기보다는 더 많은 관심을 갖고, 더 자주 사랑을 표현해 줘야 합니다. 둘째를 보살필 때는 큰아이와 함께 해 보세요. 젖을 먹을 때 가제 수건을 가져오게 하거나, 기저귀를 함께 갈아 주면 큰아이는 동생은 말도 못 하고, 혼자서 할 수 있는 것이 아무것도 없는 연약한 존재라는 사실을 금방 알게 됩니다.

형이 뭘 하든 사사건건 방해해요

7세 딸과 4세 아들을 키우고 있는 엄마 희경 씨는 큰아이가 내년에 학교에 들어가는데, 누나와 마주 앉아 있기만 하면 사사건건 방해하는 둘째 아이 때문에 걱정입니다. 이런 상황은 엄마가 집에 없는 낮에도 이어집니다. 큰아이가 그림을 그리고 있으면 그림에 낙서를 하고, 뭔가를 만들고 있으면 부수는 등 계속 방해를 하는 것이지요. 혼내기도 하고 잘 알아듣게 이야기도 해 봤지만 소용이 없었습니다. 그러다 보니 큰아이도 점점 동생을 귀찮게 여기더니 이제는 밉다고까지 말합니다. 큰아이 공부를 미룰 수도 없고, 둘째도 잘 달래야 하니 엄마는 '차라리 내 몸이 하나 더 있었으면' 하는 생각이 듭니다.

양분된 사랑을 되찾고자 하는 행동

첫째는 동생이 태어나기 전까지 부모의 모든 사랑을 독차지하는 반면, 둘째는 태어난 순간부터 부모의 사랑을 첫째와 나눠 가져야 합니다. 둘째는 가장 큰 경쟁자인 첫째를 따라잡고 부모의 사랑을 차지하기 위해 본능적으로 애를 씁니다. 그래서 항상 경쟁하듯이 행동하고, 첫째의 약점을 찾는 요령을 익히고, 첫째가 실패한 것을 성공시킴으로써 부모나 선생님으로부터 인정받으려고 애쓰지요.

위의 사례에서도 엄마가 큰아이와 공부를 하기 위해 마주 앉는 순간, 둘째는 태생적으로 경쟁심을 느낍니다. 그래서 그 틈에 끼어들어 엄마의 관심을 자기에게로 돌리기 위해 애를 쓰는 것이지요. 엄마야 둘째가 얌전히 놀고 있길 바라지만 아직은 엄마 마음을 이해할 정도로 자라지 못했습니다. 이때 둘째를 나무라거나 텔레비전을 보게 하는 등 혼자 놀게 하면 둘째는 엄마에게 버림받았다고 생각하여 첫째에 대한 질투심을 더 키우게 됩니다. 또한 엄마의 관심을 얻기 위해 사고를 치고 말썽을 부리기도 하지요.

배움의 즐거움보다 결과에 집착하는 둘째 아이

태어날 때부터 부모의 사랑을 나눠 가져야 하는 둘째들은 그 마음을 잘 보살펴 주지 않았을 경우 자신의 만족보다는 다른 사람에게 보여 주기 위해 열심히 사는 아이가 될 수 있습니다. 제 둘째 아이 정모가 특히 이런 성향이 강했지요. 유치원에 다니던 어느 날 갑자기 피아노를 배우겠다고 고집을 부리더라고요. '정모가 음악에 관심이 있었나' 하고 의아해했는데, 알고 보니 피아노를 잘 치면 유치원 선생님에게 칭찬도 받고 친구들에게 자랑도 할 수 있다는 생각에서 그랬더라고요.

물론 아이가 뭔가 열심히 해서 칭찬을 받고 뿌듯해하는 것은 좋습니다. 하지만 둘째들은 배움 자체를 즐거워하기보다 그 결과에 집착할 수 있으므로 주의해야 합니다. 평소에도 정모는 '다른 사람이 자기를 어떻게 생각하는지'에 지나치게 집착했습니다. 그리고 뭔가를 해냈을 때는 칭찬이든 상이든 보상이 따르기를 바랐지요. 이는 반대로 생각하면 보상이 있어야 움직인다는 이야기가 됩니다. 그래서 저는 정모에게만큼은 덜 시키고, 아이가 보상 때문에 하려는 것을 말리는 데 힘을 쏟았습니다. 정모가 진정으로 자기가 원하는 것을 찾고, 그것을 정말로 기쁘게 했으면 하는 바람에서 말이지요.

둘째에게 함께할 수 있는 시간을 알려 주세요

사사건건 형이 하는 일을 방해하는 행동은 둘째가 충분히 사랑을 받았다고 느끼는 순간 언제 그랬나 싶게 사라집니다. 따라서 둘째가 만족감을 느낄 수 있도록 안아 주고 놀아 주며 충분히 사랑을 표현해 주면 됩니다. 문제는 시간이지요. 두 아이가 함께 있는 상황에서는 두 아이 모두에게 정성을 쏟기가 어렵습니다. 이때는 시간을 쪼개어 각각의 아이와 함께하는 시간을 마련해 주세요. 예를 들어 30분 동안 큰아이의 공부를 봐 주었다면, 다음 30분 동안은 둘째와 놀아 주는 식으로 말입니다. 또한 큰아이의 공부를 봐 주기 전에 둘째에게 이렇게 이야기하세요.

"○○야, 큰바늘이 6에 올 때까지 누나 공부 봐 준 다음에 놀자. 조금 기다려 줄 수 있지?"

아이가 지루해하며 빨리 엄마와 놀고 싶다고 투정을 부릴 때에는 "10분 남았어",

"5분 남았으니 조금만 기다리면 돼" 하고 기다려야 할 시간이 줄어들고 있음을 알려 주세요. 큰아이의 공부를 마칠 때까지 잘 참고 기다렸다면 칭찬을 해 주시고요.

큰아이를 칭찬할 때 둘째도 함께

저는 경모를 칭찬하거나 스티커와 같은 보상을 줄 때 옆에 있는 정모도 같이 칭찬하고 스티커를 주었습니다. 정모가 특별히 잘한 일이 없어도 말이에요. 한 번은 경모가 자기가 그린 그림을 보여 주며 자랑을 하더라고요. 그때 이렇게 이야기해 주었습니다.

"우아, 우리 경모 진짜 그림 잘 그렸네. 정모도 그림 잘 그리지? 엄마 생각에는 형은 형네 반에서 제일 그림을 잘 그리는 것 같고, 정모는 다섯 살 중에서 제일 잘 그리는 것 같아."

형을 이겨야 하는 경쟁자가 아닌 함께 더불어 살아가야 할 대상으로 받아들여 쓸데없이 형과 경쟁하는 마음을 갖지 않게 하기 위해서였습니다. 과잉 경쟁 심리로 형보다 못한 자신을 미워하게 되면 안 되니까요.

형제 키우기 요령 – 아빠의 양육 참여

아이가 둘일 경우 부모가 한 명씩 맡아 놀아 주거나 공부를 가르치면 의외의 성과를 거둘 수 있습니다. 엄마에게서 채울 수 없는 사랑을 아빠를 통해 채울 수 있으니까요. 특히 우리나라 대부분의 아빠가 생업에 바빠 아이들과 함께하는 시간이 적은데, 하루에 한 시간이라도 아이와 시간을 보내도록 노력해 보세요. 처음에는 단순히 함께 있어 주는 것만으로 족합니다. 그 뒤아이와 같이 할 수 있는 놀이를 시도해 보고 아이의 반응을 봐 가면서 함께하는 시간을 늘리는 것이 좋습니다. 첫째든 둘째든 평소 엄마의 사랑에 부족함을 느끼는 아이에게 효과적입니다.

형제간의 잦은 다툼, 어떻게 중재하면 좋을까요?

둘 이상의 아이를 키우는 부모들은 다른 사람들에게 "형제가 있어야 해"라며 자랑스럽게 얘기하곤 합니다. 저도 '내가 세상에 태어나서 가장 잘한 일은 아이 둘을 낳은 것'이라고 생각하고 있지요. 그런데 아이들이 죽어라 싸우는 모습을 볼 때면 솔직히 '하나만 낳았으면 싸울 일도 없고, 부모 사랑도 독차지하며 컸을 텐데' 하는 생각이 드는 것도 사실입니다. 아이들은 왜 그렇게 싸우는 걸까요? 과연 반복되는 싸움을 그만두게 할 방법은 전혀 없는 걸까요? 어떻게 해야 아이들에게 상처를 주지 않고 싸움을 잘 마무리할 수 있을까요?

부모의 사랑을 독차지하려는 마음에서 출발

어른들의 기대와는 다르게 형제간의 사랑은 단지 같은 피를 나누었다는 이유만으로 저절로 생기지 않습니다. 형제가 있는 집은 다 마찬가지겠지만 경모와 정모도 어릴 때는 하루가 멀다 하고 싸움을 했습니다. 남자아이들이다 보니 주먹질이 오가며 심하게 싸울 때도 있었지요. 어떤 때는 아이들 싸움을 말리다 제가 먼저 지쳐 나가떨어지기도 했답니다.

무엇 하나 양보하기 싫어하는 첫째 경모와 어떻게든 형과 동등한 관계를 유지하고 싶어 하는 둘째 정모. 그 마음은 알지만 싸울 때는 둘 다 집 밖으로 쫓아내고 싶은 생각까지 들었지요. 그런데 싸우다 잠든 정모를 보면 마음 한구석이 짠해 왔습니다. 워낙 키우기 수월한 데다 형의 기세에 눌려 엄마의 관심을 받을 기회도 많지 않았으니까요. 제가 정모에게 관심을 보이면 경모는 그새 사고를 쳐서 엄마의 관심을 자기 쪽으로 끌어가곤 했습니다. 그러다 보니 정모에게 조금씩 문제가 나타나기 시작했습니다. 형 물건에 손을 대는 것이었어요. 경모가 화를 내고 제가 말려도 정모는 몰래 형 물건을 가져가거나 망가뜨리곤 했지요. 그래서 또 싸움이 시작되곤 했습니다. 물론 몸싸움에서는 덩치가 작은 정모가 밀릴 수밖에 없었지요.

하지만 형제간의 다툼이 아이들에게 부정적인 영향만 주는 것은 아닙니다. 오히려 다툼을 통해 타협이나 협상과 같은 능력을 배우게 됩니다. 물론 형제간의 다툼이 평화롭게 마무리되었을 때 이야기입니다. 아이들의 다툼을 평화롭게 마무리하기 위해서는 싸움의 원인을 정확히 파악한 후 대처하는 지혜가 필요합니다.

아이들이 다투는 이유를 알아보세요

6세, 5세 연년생 자매를 둔 맞벌이 엄마가 일을 마치고 집에 들어섰습니다. 그런데 두 아이는 엄마가 왔는데도 아랑곳하지 않고 오렌지를 서로 갖겠다며 싸움이 한창입니다.

"너희들 왜 그러니?"

상황을 전혀 모르는 엄마가 처음에는 부드럽게 묻습니다. 그런데 아이들은 엄마의 말을 들었는지 못 들었는지 여전히 싸움을 합니다. 이렇게 되면 아이들에게 화를 내지 않기가 참 힘들어집니다. 순간 엄마는 소리를 빽 지릅니다.

"너희들 엄마가 사이좋게 놀라고 했지!"

엄마는 화가 나고 아이들은 서로 억울하다며 울고……. 이런 일은 어떻게 해결하면 좋을까요? 병원을 찾는 부모들에게 이 상황을 어떻게 해결할 것인지 물어보면 다양한 의견을 제시합니다.

"일단은 다툼의 원인이 되는 오렌지를 뺏고, 아이들 스스로 문제를 해결해 보도록 시키겠어요. 아이들이 화해를 하면 그때 오렌지를 주는 거죠."

"오렌지가 하나여서 그런 것이니까 오렌지를 똑같이 나누어 주면 되지 않을까요? 나눠 먹는 방법을 알 수 있게요."

"그냥 제가 먹어 버리겠어요."

불행하게도 지금까지 이 상황에 대해 지혜로운 판단을 내린 부모를 만나지 못했습니다. 정답은 왜 싸우는지 그 이유를 물어보는 것입니다. 앞의 예를 살펴보면 두 아이가 오렌지를 서로 '갖겠다'고 싸우는 상황입니다. '먹겠다'고 싸우는 것이 아니라 '갖겠다'고 싸우는 것이지요. 이 경우 왜 서로 갖겠다고 하는지 그 이유를 듣는 것이 첫 번째 할 일입니다. 첫째는 오렌지가 먹고 싶어서, 둘째는 오렌지 껍질로 만들 것이 있어서 오렌지를 가지려 하는 것일 수 있지요. 부모 입장에서야 오렌지를 두고 싸우면 서로 먹겠다고 싸우는 것처럼 보이겠지만요. 이 경우 오렌지를 까서 서로 필요한 부분을 나눠 주면 평화롭게 싸움이 마무리됩니다.

대부분의 부모들이 형제간의 싸움을 말릴 때 '형제간에 싸워서는 안 된다'는 원칙을 세우고 싸운 것 자체를 야단칩니다. 큰아이가 동생을 때려 동생이 우는 상황이 되면 무조건 큰아이를 몰아붙이기도 하지요. 반대인 경우에도 마찬가지로, 어디 형한테 덤비느냐며 동생을 나무랍니다.

이렇게 싸움의 원인보다는 결과를 보고 판단하는 것은 피해야 합니다. 형제간에 다툼이 있을 때는 먼저 그 원인을 알아보세요. 아이들의 싸움은 위의 사례에서와 같이 별것 아닌 일에서 시작됩니다. 그렇다고 "별것도 아닌 것 가지고 왜 그러니? 그만해!"라고 하는 것은 아이들을 무시하는 처사입니다. 아이들 입장에서는 중요한 일이니까 싸우는 것이지요. 그러니 부모 입장에서는 사소한 일일지라도 그 원인을 파악하는 것이 중요합니다.

해결 방법을 아이들과 의논하세요

.... 원인을 파악한 후에는 적절한 해결 과정이 필요합니다. 이때 부모의 판단으로 이래라저래라 하는 것은 옳지 않습니다. 어른들 사이에 문제가 생겼을 때 법원을 찾아가 현명한 판단을 부탁하면 판사는 이런저런 정황을 살펴 적절한 판단을 내립니다. 하지만 그 판단이 피고나 원고 모두를 만족시키는 경우는 매우 드뭅니다. 판결 내용을 듣고 "분명 상대편 사람들이 힘을 썼을 거

야", "우리가 좀 더 세게 나갔어야 하는데" 하며 불평불만을 늘어놓기 쉽습니다. 그래서 웬만한 사건 사고의 경우 먼저 당사자 간의 합의를 유도하는 것이지요.

아이들의 경우도 마찬가지입니다. 부모가 아무리 공정한 판단을 내린다고 해도 아이들 입장에서는 "언니를 더 좋아해", "동생을 더 좋아해" 하며 불만을 가질 수 있습니다. 또한 "네가 누나니까 양보해라", "오빠니까 참아야지" 하며 큰아이를 꾸짖는 경우가 많은데, 이는 첫째에게 동생에 대한 좋지 않은 감정만 심어 줄 뿐입니다. 아이들이 싸우는 이유를 들었으면 어떻게 해결하면 좋을지도 이야기하게 해 보세요. 이때 아이들이 마땅한 해결책을 찾지 못할 수도 있습니다. 그러면 그때 부모의 의견을 제시하는 것이 좋습니다.

"너희가 장난감을 갖고 싸우는데, 시간을 정해서 갖고 놀면 어떨까?"

부모가 제시한 방법을 들은 아이들은 자신의 의견을 이야기할 것입니다. 이렇게 대화를 통해 타협하고 협상해 가는 것이지요. 물론 이 방법은 시간이 오래 걸립니다. 그렇다고 다음에 아이들이 싸우지 않는 것도 아니고요. 아이와 대화를 하는 도중 부모가 스트레스를 받아 버럭 화를 낼 수도 있습니다. 하지만 힘든 만큼 나중에 큰 효과를 발휘합니다. 이렇게 타협하는 방법을 배운 아이들은 밖에서 의견 충돌이 생겨도 타협할 줄 알게 됩니다.

아이들이 싸울 때 '언젠가는 그만두겠지', '싸워 봐야 안 싸우고 노는 것이 좋다는

형제간의 싸움을 예방하는 방법

●서열 명확히 해 주기
형과 동생의 역할을 명확히 구분해 줍니다. 그리고 아이들 사이에 터울이 좀 있다면 형에게 "너는 동생보다 키도 크고 힘도 세니까 동생을 보호해야 해" 하고 이야기해 줍니다. 동생에게는 "형이 너를 보호해 주니까 너는 형 말을 잘 듣고 따라야 해" 하며 형제 사이의 서열을 명확히 해 주면 싸움이 줄어듭니다.

●형에게 선생님의 역할 주기
형 자신이 배우고 있는 것을 동생에게 가르쳐 보게 한다거나, 엄마의 일을 도울 때 형의 주도하에 할 수 있도록 합니다. 예를 들어 장난감 정리를 할 때 큰아이에게 "○○야, 네가 동생을 데리고 거실에 있는 장난감을 치워 주면 좋겠어"라고 이야기하며 큰아이의 주도로 두 아이가 함께 일을 할 수 있게 하는 것입니다.

●함께 재우기
함께 재우면 둘 사이의 결속력이 강화됩니다. 밤에 사이좋게 잔 아이들은 낮에도 사이좋게 놀게 되니까요.

것을 알지' 하며 가만히 지켜보는 부모들도 있는데, 이는 아주 위험한 방법입니다. 태생적으로 경쟁 관계에 놓인 터라 형제간의 싸움은 아주 격해질 수 있습니다. 몸싸움이 심해 서로를 다치게 할 수도 있고, 심한 말다툼으로 마음에 상처를 남길 수도 있습니다. 그러니 형제 사이가 악화되지 않도록 부모가 적절히 개입해야 합니다.

아이들 하나하나에게 깊은 사랑을

형제간의 다툼이 부모의 사랑을 더 받고 싶은 마음에서 출발하는 만큼 아이들이 만족할 정도로 충분한 사랑을 주면 다툼이 줄어들기도 합니다. 이때 꼭 지켜야 할 원칙은 다른 형제가 없는 상황에서 한 아이와 애정을 나눌 수 있는 충분한 시간을 갖는 것입니다.

정모가 다섯 살이었을 때, 드디어 정모가 엄마의 사랑을 독차지할 수 있는 기회가 생겼습니다. 초등학교 방학을 맞은 경모가 할아버지 댁에 내려갔거든요. 경모가 떠난 다음 날 저는 정모와 하루 종일 재미있게 놀기로 계획을 짰습니다. 낮에는 놀이공원에 갔다가 오후에는 영화를 보고 저녁에는 삼촌 집에 놀러 갔지요. 그날 하루 동안 정모는 형 없이 엄마와 삼촌의 사랑을 듬뿍 받으며 지냈습니다. 그날 저녁에는 엄마와 잔다며 베개를 들고 오더라고요. 평소에는 자기 침대에서 씩씩하게 혼자서 자던 아이가 말입니다. 그래서 그러자고 하며 꼭 끌어안고 잠을 잤습니다. 다음 날 아침 만족스러운 얼굴로 눈을 뜬 정모가 말했습니다.

"엄마, 나 이제부터 형 물건 안 만지고, 내 장난감만 가지고 놀게요."

형한테 맞으면서도 고쳐지지 않던 버릇을 하루만에 스스로 고치겠다고 하는 것이었습니다. 엄마 입장에서는 놀라운 현상이었지만 자신이 원하는 만큼의 사랑을 충분히 받은 아이에게는 자연스러운 현상이었지요. 경모가 돌아온 후에도 정모는 형 물건에 손을 대지 않아 형제간의 싸움이 많이 줄었습니다.

뿐만 아니라 옷을 벗어서 빨래 통에 넣고, 밥을 먹고 난 후에는 설거지통에 그릇을 넣는 등 시키지 않아도 예쁜 짓만 골라 했지요. 그런 모습이 한편으로 대견하면서도 한편으로는 가슴이 아팠습니다. 저 어린 것이 얼마나 엄마 사랑이 고팠으면 하루 놀았는데 저렇게 변했을까 하는 마음에서 말입니다.

이처럼 아이들은 자신이 원하는 사랑을 충분히 받았을 때 순한 양이 됩니다. 아이와 함께하는 시간의 질도 중요하지만, 기본적인 양이 확보되어야 하는 것은 바로 이 때문입니다. 아이들 사이에 다툼이 너무 심하다 싶을 경우 이렇게 아이들 한 명 한 명과 함께하는 시간을 마련해 보세요.

자신감 & 사회성

친구들이 놀리는데
바보처럼 아무 말도 못 해요

　아이가 마음이 약한 나머지 자기보다 강한 아이한테는 무엇이든 양보해 버리고 친구들이 놀려도 아무 말도 못 하는 것을 보면 부모는 속에서 열불이 나곤 합니다. 요즘같이 경쟁이 치열한 사회 분위기 속에서는 착한 아이가 바보 취급을 당하는 경우가 많은데다 세 돌만 지나도 이런저런 교육기관에 다니기 때문에 마음이 약한 아이들은 여러 아이들 속에서 상처를 입을 수 있습니다.

기질상 소심한 아이들이 있습니다

　　　　　　　　　　　　　　　　　　　친구들이 놀려도 아무 말도 못 할 정도로 소심한 아이들의 경우, 그 원인을 크게 두 가지로 나누어 볼 수 있습니다. 첫째, 기질적으로 예민하고 쉽게 불안감을 느끼는 아이들입니다. 이런 아이들은 갓난아이였을 때부터 잘 놀라고, 낯가림이 심했을 것입니다. 아동 발달 연구를 보면 새로운 상황을 특히 어려워하는 아이들이 있습니다. 이런 아이들은 수줍음이 많고, 낯선 곳에서 위축되는 모습을 보입니다. 또한 조금만 놀라도 심장 박동이 빨라지고 자율신경계가 활성화되는 등 신체적 이상도 나타나는데 자라서도 이런 경향이 계속될 경우 불안 장애, 우울증, 대인공포증에 걸릴 확률이 높습니다.

아이가 기질상 불안함을 보인다면 부모는 아이들의 이런 기질을 인정하고, 낯선 상황으로부터 아이를 보호해야 합니다. 아이가 친구들과 어울릴 수 있는 충분한 힘을 가질 때까지 교육기관에 보내지 않는 것이 좋고, 낯선 장소나 낯선 사람을 만나는 일도 어느 시기까지는 피하는 것이 좋습니다.

경모 역시 기질이 예민한 아이였습니다. 자기 눈에 조금이라도 낯선 것은 가까이 하지 않았고, 모르는 장소에 가면 너무 예민해져 도로 집으로 올 때가 많았습니다. 새 옷도 싫어해서 옷을 사면 아이가 익숙해질 때까지 아이 눈에 띄는 곳에 걸어 두어야 했고, 그래도 아이가 거부하면 새 옷을 일부러 늘인 다음 헌 옷인 양 입혀야 했습니다. 그런 경모를 키우기 위한 저의 육아 원칙은 오직 하나, 낯선 상황을 될 수 있으면 만들지 않는 것이었습니다.

소심한 아이를 둔 대부분의 부모들이 사회성을 기른다는 명목으로 어린이집이나 유치원, 학원 등에서 단체 생활을 하게 하는데, 이는 아이를 더욱 힘들게 하는 일입니다. 오히려 아이가 가지고 있는 정상적인 적응력마저 잃어버릴 수 있지요.

좋지 않은 양육 환경도 소심한 아이를 만들어요

둘째, 아이가 자신에 대해 긍정적인 자아상을 갖지 못한 경우 소심한 아이가 될 수 있습니다. 부모가 형제들 중 표가 나게 한 아이만 예뻐했거나, 아이가 보는 데서 부부 싸움을 많이 했거나, 오랫동안 부모와 떨어져 지내는 등 좋지 않은 양육 환경이 그 원인입니다. 이런 상황이 계속되면 아이들은 '나는 쓸모없는 아이, 매일 야단만 맞는 아이'라 생각하여 자신감을 키울 수 없습니다. 너무 어려서부터 학습을 강요하며 아이를 다그치는 것도 자신감을 떨어트리는 원인이 됩니다.

이런 아이에게 '왜 친구들이 놀려도 아무 말도 못하느냐'라고 혼내거나, 적극적인 성격으로 바꾸겠다며 태권도와 같은 격투기를 시키는 것은 좋지 않습니다. 오히려 아이를 더 위축시킬 우려가 있습니다. 이때는 먼저 아이의 기부터 살려 줘야 합니다. 자주 칭찬을 하고 가급적 야단을 치지 않으면 아이는 서서히 자신에 대해 긍정적인 생각을 갖게 됩니다.

아이가 자신감을 되찾게 되면 간혹 지나칠 만큼 과격하게 자기의 주장을 펴기도 하는데, 이것은 아이가 자신감을 찾는 과정에서 나타나는 일시적인 현상이므로 그냥 받아넘기면 됩니다. 그동안 억눌려 있던 자신을 표현하려다 보니 그 강도를 조절

친구들이 놀릴 때 자기 방어 요령

심약한 기질의 아이가 자신감을 찾기까지 오랜 시간이 걸리는 것은 사실이지만 마냥 기다릴 수는 없습니다. 아이가 준비되지 않은 상황에서도 친구들은 얼마든지 아이를 놀릴 수 있기 때문이지요. 아이가 친구들에게 놀림을 받고 왔을 경우 다음과 같은 방법으로 대처 요령을 알려 주세요.

1단계 : 놀림을 당한 뒤의 감정을 아이 스스로 알아차리게 한다.

"친구들이 너를 놀리니까 어떤 기분이 들어?"라고 물어보세요.

2단계 : 자신의 기분을 표현하는 방법을 알려 준다.

"기분 나쁜 것을 친구들에게 이야기하지 않으면 그 아이들은 네가 기분이 나쁘다는 것을 몰라. 그러니까 아이들이 놀릴 때는 그 아이를 쳐다보면서 '그렇게 하면 기분 나빠! 하지 마!'라고 말해야 해." 이렇게 친구에게 말하는 방법을 구체적으로 가르쳐 주세요.

3단계 : 아이가 친구들에게 기분을 표현하도록 도와준다.

아이가 자신을 놀린 친구들에게 직접 "그렇게 하면 기분 나빠! 하지 마!"라고 말하게 하세요. 이때 부모는 아이가 자신감을 가지고 이야기할 수 있도록 멀리서나마 지켜봐 주는 것이 좋습니다.

4단계 : 친구들의 반응을 확인시켜 주고 자신감을 갖게 한다.

"네가 친구들에게 '그렇게 하면 기분 나빠! 하지 마!'라고 하니까 친구들이 정말 미안해하던걸. 잘했어. 다음에도 친구들이 놀리면 그렇게 해야 해." 이렇게 격려해 주는 것이 중요합니다.

하지 못해 과격하게 구는 것이지요. 이 역시 부모가 잘 받아 주면서 한 번 정도 주의를 주면 스스로 자제하게 됩니다. 간혹 이런 과격한 표현이 예의가 없는 것으로 비춰져 아이를 통제하는 부모들도 있는데, 예의는 자신감을 찾은 다음에 가르쳐도 늦지 않습니다. 일단은 자신감 회복에 초점을 맞춰 주세요.

부모가 발끈해서 아이를 놀린 친구를 혼내는 것은 금물

친구가 놀렸다며 울면서 집에 들어온 아이를 보고 발끈하여 그 아이에게 달려가는 것은 좋지 않습니다. 아이 스스로 친구에게 "그렇게 놀리면 기분 나빠. 놀리지 마"라고 당당히 얘기할 수 있도록 가르쳐야 합니다. 부모가 나서서 "네가 그렇게 놀리면 우리 애가 기분 나쁘잖아"라고 대신 말하면 아이는 같은 상황에서 계속 부모를 찾게 됩니다. 친구들 역시 늘 부모만 찾는 아이를 더 놀리게 될 뿐이지요. 좋은 부모가 되기 위해서는 아이가 스스로 변화할 수 있도록 끊임없이 도와주고 인내심을 갖고 기다려야 합니다.

모든 일에 "나는 못 해"라고 말해요

새로운 일 하기를 겁내는 아이들이 있어요. 유치원이나 어린이집에서 어떤 활동을 할 때 일단은 뒤에서 다른 아이들이 하는 것을 바라보기만 합니다. 집에서도 부모가 뭔가 해 보자고 하면 종종 "나는 못 해"라고 해서, 부모는 아이가 너무 자신감이 없는 게 아닌가 걱정하는 경우가 많습니다. 때로는 특정 분야의 것만 하려 하고 다른 분야는 시도조차 하지 않으려 합니다.

자신감을 잃었을 경우 많이 나타납니다

⋯⋯⋯⋯⋯⋯⋯⋯⋯⋯⋯⋯⋯⋯⋯⋯⋯⋯⋯⋯⋯⋯ 자아상에 심각한 손상을 입고 자신감을 잃은 아이들이 이런 모습을 보이는 경우가 많습니다. 어린 시절에 자신감은 부모와의 관계에서 많은 영향을 받습니다. 평소 부모가 아이가 잘하는 것에만 관심을 보이거나 못하는 것에 대해 엄하게 꾸짖었다면 아이는 무엇이든 잘해야 한다는 강박관념을 가질 수밖에 없습니다. 그러므로 자신이 잘할 수 없을 것 같은 일에 대해서는 시도도 해 보지 않고 "나는 못 해"라고 하는 것이지요.

부모가 아이의 공부에만 관심을 가질 경우에는 아이가 학습지만 보려 하고, 다른 것은 하지 않으려 할 수 있습니다. 학습지를 통해서 부모에게 인정을 받고 싶다고 생각하기 때문이지요. 따라서 이 같은 경우에는 부모가 아이의 공부에만 관심을 갖지 않았는지 스스로 진단해 봐야 합니다. 그렇다고 생각되면 아이가 학습지 문제를 잘 풀더라도 조금은 무관심해질 필요가 있습니다. 오히려 다른 것을 할 때 "잘한다", "예쁘다"는 말을 해 주어 아이의 관심사를 확장시켜 줘야 합니다. 또한 "나는 못 해"라는 말을 계속 하더라도 끈기를 갖고 다독여 주세요. 화를 내거나 야단을 치면 부모와 아이의 관계만 나빠질 뿐입니다.

결과와 상관없이 시도한 용기를 칭찬해 주세요

⋯⋯⋯⋯⋯⋯⋯⋯⋯⋯⋯⋯⋯⋯⋯⋯⋯⋯⋯⋯⋯⋯ "나는 못 해"를 연발하던 아이가 어떻게든 새로운 일을 시도한 경우에는 결과에 연연하지 말고 그 용기를 칭찬해 주어야 합니다. 자신감이 아주 적은 상태에서 시도했을 때는 그 결과 역시 만족스럽지 못할 것입니다. 하지만 아이가 시도조차 하지 않았다면 어떤 결과물도 절대 만들어 낼 수 없었을 것입니다. 그러므로 아이가 '시도했다는 것' 자체에 칭찬을 듬뿍 해 주세요. 아이 역시 결과물이 만족스럽지 못해 의기소침할지 모릅니다. 그때는 이렇게 격려를 해 주세요.

"누구나 처음에는 잘하기 힘들어. 하지만 노력했다는 것이 중요한 거지. 힘들고 어려워 보이는 일도 여러 번 연습하면 쉽게 할 수 있고 더 잘하게 된단다."

칭찬을 할 때는 아주 구체적으로 해야 합니다. 그림을 그리는 데 자신 없어 하던 아이가 그림을 그렸다면, 밑도 끝도 없이 "참 잘 그렸네"라고 하는 것보다 "여기 자동차가 좀 이상하다. 하지만 나무는 저번보다 잘 그렸는걸! 앞으로 조금만 더 연습하면 자동차도 잘 그리게 될 것 같아. 우리 자동차만 다시 그려 볼까?" 하고 말해 주세요. 두루뭉술한 칭찬은 용기를 내서 시도한 아이에게 큰 도움이 되지 못합니다.

아이에게 자신감을 주는 말

1. 엄마 아빠는 항상 너를 믿어.
2. 엄마 아빠는 네가 해낼 줄 알았어.
3. 네가 그렇게 해내다니 정말 훌륭한데.
4. 열심히 하는 걸 보니 네가 무척 자랑스러워.
5. 너를 보면 기분이 좋아져.
6. 걱정 마, 엄마 아빠가 있잖아.
7. 몇 번 해 보면 쉬워질 거야.
8. 네가 먼저 해 보고 도움이 필요하면 이야기해.
9. 누구나 실수를 할 수 있어.

실수해도 괜찮다고 이야기해 주세요

엄마들은 태생적으로 아이가 뭔가 실수를 저지르거나 잘못하는 것을 못 봅니다. 엄마 생각에 잘못됐다 싶으면 그 즉시 지적해야 직성이 풀리지요. 솔직히 말하면 저도 예외가 아닙니다. 그런데 엄마가 실수를 용납하지 않는 마음으로 아이를 대할 경우 자신감이 부족한 아이들은 실수를 하거나 엄마 기대만큼 하지 못할까 봐 미리 "나는 못 해"라고 이야기하기도 합니다.

그런데 아이가 저지르는 실수는 꼭 '바로잡아야만' 고쳐지는 것은 아닙니다. 오히려 내버려 두었을 때 예기치 않은 효과가 발생하기도 합니다. 예를 들어 젓가락질을 잘 못하는 아이에게 매번 방법을 가르쳐 줘도 나아지지 않아 포기하고 내버려 두었는데 혼자 열심히 연습해서 젓가락질을 하게 되는 경우가 있습니다. 이것이 바로 실수를 통한 피드백 효과입니다. 실수를 거듭하면서 자기 스스로 가장 옳은 방법을 터득해 가는 것이지요. 어른들도 그렇지만 아이들은 특히 그 효과가 상당히 큽니다. 일상생활에서 아이가 실수를 하더라도 야단치지 말고 사람은 누구나 실수를 할 수 있다는 점을 이야기해 주세요. 더불어 엄마 아빠의 경험담을 이야기해 주는 것도 좋습니다.

"엄마도 어렸을 때 퍼즐을 잘 못 맞춰서 너무 속상했어. 그런데 자꾸 하다 보니까 어떻게 하는지 알게 되었고, 나중에는 어려운 퍼즐도 잘 맞추게 되었어."

이런 식으로 실수를 통해 배울 수 있음을 얘기해 주는 것이지요. 저는 경모와 정모를 키우면서 종종 실수를 경험하게 했습니다. 아이들이 어릴 때 자동차를 공룡처럼 그리더라도 내버려 두었고, 준비물을 빠트려도 챙겨 주지 않았지요. 일부러 그랬다기보다는 아이가 흔히 저지르는 실수에 대해 가끔 모르는 척 눈을 감아 주었다는 것이 옳은 표현일 것입니다.

실수를 눈감아 주는 것은 아이 마음에 여유를 줄 뿐 아니라 아이 스스로 문제를 해결하게 하는 원동력이 됩니다. 또한 아이가 다음에 똑같은 상황에 처했을 때 자신감을 갖고 대처하게 하지요. 따라서 아이의 작은 실수만 보지 말고 발달이라는 큰 시각에서 아이의 자신감을 키워 주는 여유가 필요합니다.

수줍음을 너무 많이 타요

아이가 어딜 가도 인사 잘하고 처음 만나는 사람과도 이야기를 잘 나누면 좋겠는데, 그 반대로 어른을 만나면 엄마 뒤에 숨고 누가 물어봐도 대답을 하지 못하고, 게다가 손을 자꾸 입에 넣거나 머리를 긁적이는 버릇까지 있다면 정말 답답하고 애가탑니다. 대부분의 부모들은 여러 사람 앞에서 아이가 이런 모습을 보일 경우 꾹 참고 있다가 집에 가서 아이에게 답답한 마음을 풀어 놓습니다.

"넌 어른들한테 그것도 대답 못 해?"

"몇 살인데 아직까지 엄마 뒤에 숨는 거야?"

하지만 이런 말들은 아이의 태도를 바꾸는 데 눈곱만큼의 도움도 되지 않습니다. 오히려 아이의 수줍음을 더 키울 뿐이지요.

선천적, 유전적 요인으로 수줍음이 나타납니다

수줍음은 생후 24개월 이전까지 보이는 낯가림의 연장으로 볼 수 있어요. 생후 24개월 전후까지는 낯가림이 자연스러운 현상이지만 36개월이 넘어서까지 자신의 이름이나 나이를 말하지 못할 만큼 낯가림이 심하다면 부모의 적극적인 노력이 필요합니다. 수줍음이 많은 아이들은 자신감이 없고, 남을 지나치게 의식하며 부모에게 의존적인 모습을 많이 보입니다. 특히 유치원이나 어린이집 등에서 단체 생활을 하면 이런 성향이 두드러져 외톨이가 되기 쉽습니다.

수줍음을 많이 타는 아이들은 크게 두 부류로 나눌 수 있어요. 하나는 처음 만난 사람이나 낯선 장소에서 자기도 모르게 불안해져서 말을 하지 못하는 경우입니다. 이런 아이들은 다른 사람이 자기를 보고 있다고 의식하면 자기표현을 충분히 하지 못합니다. 다른 하나는 다른 사람에게 별로 관심이 없고 밖에 나가기보다 혼자 놀기를 좋아하는 경우입니다. 이런 아이들은 대체로 나서는 것을 싫어하고 여러 사람 앞에 서면 얼굴이 빨개지기도 하지요.

아기 때 낯가림을 심하게 한 아이들이 커서도 이런 성향을 잘 보이고, 부모가 수줍음을 많이 타면 아이들도 수줍음을 많이 타게 됩니다. 즉 수줍음은 선천적이고 유전적인 측면이 있다는 뜻이지요. 물론 여러 사람 앞에서 심하게 야단을 맞는 등 후천적인 요인으로 인해 수줍음이 나타날 수도 있습니다. 수줍음이 많은 아이가 부모 입장에서는 굉장히 답답해 보일 수 있지만, 내 아이가 아닌 한 인간으로 바라보면 다양한 사람들 속에 살고 있는 정상적인 한 사람의 모습일 뿐입니다. 아이의 타고난 기질을 인정하고 긍정적으로 바라보면서 조금씩 변화할 수 있도록 돕는 것이 부모가 할 수 있는 최선의 노력입니다.

생각을 정리할 시간을 많이 주세요

수줍음이 많은 아이들은 말하라고 다그치거나 사람들의 시선이 자신에게 집중되는 것을 느끼면 더 뒤로 숨는 경향이 있습니다. 그러니 질문 후 바로 대답하기를 기다리기보다는 다른 사람의 이야기를 충분히 들으면서 자신의 생각을 정리할 시간을 주는 것이 중요합니다. 어린이집이나 유치원 선생님에게도 아이의 성향을 이야기하고, 아이에게 발표를 시키기보다는 다른 친구의 이야기를 잘 듣게 해 달라고 부탁하면 좋습니다.

아이에게 충분히 시간을 준 후 이야기를 하게 해 보세요. 처음에는 개미만 한 목소리로 이야기할 수도 있지만 그렇더라도 주의 깊게 들어 주며 맞장구를 쳐 주세요. 부모가 호응해 주면 아이들의 목소리는 점점 커지게 됩니다. 그러면 더 과장되게 맞장구를 치며 이야기를 들어 주시고요. 아이와 대화를 많이 나누는 것도 도움이 됩니다. 아이가 낮에 친구랑 싸웠다면 훈계하지 말고 그 일에 대해 이야기를 나눠 보는 것이지요. 왜 싸웠는지, 어떻게 싸웠는지, 그 당시 아이의 기분이 어땠는지 등등 아이의 이야기를 듣고 부모의 생각도 이야기해 주세요. 부모와 대화를 잘하는 아이는 다른 사람 앞에서도 이야기를 잘하게 됩니다.

수줍음 체크리스트

1. 익숙한 사람들과 함께 있는데도 불안한 행동을 보인다.
2. 여러 사람 앞에서는 말수가 줄고, 표현력도 떨어진다.
3. 단순한 자기표현을 하는 데도 무척 힘들어한다.
4. 자기 기분을 말하는 것을 두려워한다.
5. 여러 사람들과 함께 있으면 경직되면서 힘들어한다.

※일상생활에 지장이 있을 정도로 위와 같은 행동을 보이면 전문의와 상담을 해 보세요.

사람들과 친해지면 수줍음이 줄어들어요

수줍음이 많은 아이는 사람들과 자주 만나게 해서 경계심을 없앨 수 있도록 해야 합니다. 그렇다고 낯선 환경에 아이 혼자만 떨어트려 놓아서는 안 됩니다. 먼저 부모가 다른 사람들과 친숙해져서 그 사람들이 아이를 친숙하게 대할 수 있도록 해 주세요. 동네 슈퍼에 갔을 때 슈퍼 주인이나 동네 사람들에게 반갑게 인사를 건네는 모습을 보여 주세요. 아이가 그 어른들과 얼굴을 익혔다면 아이가 먼저 인사를 할 수 있도록 해 주시고요. 집에 손님을 초대해 즐겁게 놀거나, 아이와 함께 다른 집에 놀러 가는 것도 많은 도움이 됩니다.

그리고 주변 사람들에게 부탁의 말도 해 놓으세요. "우리 아이가 수줍음이 많으니 아이가 인사하거나 길에서 아이를 보면 반갑게 말 한마디 해 주세요" 하고요. 부모가 이렇게 부탁하는데 거절할 사람은 많지 않을 것입니다.

낯선 사람에 대한 아이의 경계심이 어느 정도 줄어든 후에는 자랑하고 싶은 장기를 만들어 주는 것이 좋습니다. 노래를 잘한다거나, 달리기를 잘한다거나, 블록 쌓기를 잘하는 등의 장기를 만들어 주면 수줍음을 극복하는 데 도움이 됩니다. 그렇다고 학원을 보낼 필요는 없습니다. 아직 어리기 때문에 아주 간단한 요령만 익혀도 자신의 장기로 받아들이게 됩니다. 어떤 아이의 경우 종이 접기를 잘한다고 부추겨 주니 더 열심히 해서 진짜 장기로 만들기도 했지요.

부모와 아이

말을 지긋지긋하게 안 들어요

아이가 두 돌을 넘기면 엄마는 몸은 조금 편해지지만 정신적으로는 매우 힘들어집니다. 아이가 엄마 말을 지긋지긋하게 안 듣고 말썽을 부리기 때문이지요. 예전에는 '미운 일곱 살'이라고들 했는데 요즘은 많이 내려가 '미운 세 살'이라고까지 합니다. 이 시기가 되면 어느 집이나 "안 돼"를 연발하는 엄마와 "싫어"를 연발하는 아이의 실랑이가 시작되게 마련입니다.

세상을 알아 가는 본능적인 행동

세상의 모든 부모들이 자기 아이만은 부모 말을 잘 들을 것을 기대합니다. 그리고 아이가 말을 잘 들을 때 정말 예쁘고 사랑스럽다고 합니다. 더군다나 요즘 부모들은 자녀를 한두 명만 낳기 때문에 아이에 대한 기대치가 예전에 비해 높아서, 아이가 기대에 어긋나는 행동을 했을 때는 크게 실망을 합니다. 제가 소아 정신과에서 수많은 아이를 만나면서 느낀 점은 '아이들은 어느 방향으로 튈지 모르는 럭비공'이라는 것입니다. 특히 자기주장이 강해지는 3~4세 아이들은 그야말로 '울트라 수퍼 럭비공'이지요. 늘 부모의 기대와 어긋나는 아이의 말과 행동 때문에 뒷골이 뜨거워지는 때가 한두 번이 아닙니다.

하지만 이것은 아이의 정서 발달상 아주 자연스러운 일입니다. 아이가 감기에 걸렸을 때를 예로 들어 볼까요? 성장기 아이들은 부모가 아무리 조심해서 정성껏 보살펴도 감기에 걸립니다. 아직 면역 기관이나 신체의 여러 기능이 완성되지 않아 면역력이 떨어지기 때문이지요. 하지만 감기에 걸리고 낫는 과정을 거치다 보면 아이들은 더 건강해집니다. 이런 시기가 있어야 아이가 건강하게 자랄 수 있지요.

정서 발달도 감기에 걸리는 것과 마찬가지로 이해할 수 있습니다. 자기주장도 해봤다가 그것이 좌절되는 경험도 해 보고, 또 그것이 받아들여지는 경험도 하면서 한 사람의 인격체로 성장해 나가는 것입니다. 손발이 자유로워지고 의사소통이 가능해진 아이들은 세상과 부딪치며 여러 가지 경험을 하게 됩니다. 이것이 아이들의 본능이지요. 그런데 이 본능은 불행히도 부모의 뜻을 따르는 쪽보다는 거스르는 쪽으로 흐르는 경우가 많습니다.

부모가 이 시기 아이들에게 화가 나는 이유 중 하나는 하지 말라는 것을 계속 반복하기 때문입니다. 자아가 발달해 가는 이 시기의 아이는 아무리 부모가 말을 해도 자기가 싫으면 절대 그 뜻을 따라 주지 않습니다. 아빠 휴대폰을 만지지 말라고 해도 자꾸 만지고, 식탁 위에 올라가지 말라고 해도 기어이 올라갑니다. '기억력이 없는 것이 아닐까' 하는 생각이 들 정도로 하지 말라는 것을 반복하지요. 하지만 아이는 지금 자기가 만족스러울 때까지 노력하는 것입니다. 아빠처럼 멋지게 휴대폰을 사용하고 싶어서 계속 해 보는 것이고, 식탁에 올라가는 능력을 보여 주고 싶어서 올라가는 것이지요. 이런 본능 차원의 행동들은 부모가 야단친다고 없어지지 않습니다.

막을 수 없는 본능, 부모가 맞출 수밖에

어느 날 얼굴 가득 장난기가 넘치는 28개월의 꼬마 신사가 저를 찾아왔습니다. 진료실에 들어서자마자 특유의 호기심을 발동하며 이것저것 만지기 시작합니다. 그런데 그 아이의 엄마는 아주 못마땅한 표정으로 아이 행동을 막기에 정신이 없습니다.

"가만 못 있어! 엄마가 가만히 있으라고 했잖아."

엄마가 아이 손을 낚아채며 야단을 쳐도 아이의 부산한 행동은 계속됩니다. 의자에 앉아서도 연신 손과 발을 꼼지락거리고요.

"아유, 선생님 얘가요, 한 번도 제 말을 들은 적이 없어요."

엄마 말을 빌리자면 아이는 하라는 건 절대 안 하고, 시키지도 않은 일만 골라 하고, 잠시 눈을 뗐다 싶으면 꼭 말썽을 부리는 일명 '청개구리'였습니다. 그 엄마는 아이가 성격적으로 문제가 있지 않은 이상 어떻게 이럴 수 있느냐며 진료를 요청했습니다. 저는 엄마와 아이를 진정시킨 후 놀이방에 들여보내고, 두 사람의 행동을 관찰했습니다. 놀이방에 들어가자 아이가 장난감 총을 들어 바닥을 내리쳤습니다. 그러자 엄마가 곧바로 소리쳤습니다.

"그만해. 그만두라고."

놀이방 안은 정말 아수라장이 따로 없었습니다. 그런데 가만히 보니 엄마가 더 흥분해서 난리를 치는 것 같았습니다. 별것 아닌 아이의 행동에 예민하게 반응하는 모습이 신데렐라 이야기에 나오는 계모 같아 보일 정도였지요. 다시 진료실로 돌아온 엄마와 아이의 모습은 정반대였습니다. 엄마는 아직까지 흥분을 가라앉히지 못한 채 씩씩거리고 있었고, 아이는 생생했습니다. 이런저런 진료 끝에 내린 결론은 다음과 같았습니다.

"엄마가 양육 태도를 바꾸면 될 것 같습니다. 아이에게는 큰 문제가 없어요. 엄마가 조금만 마음의 여유를 가지시는 게 좋을 것 같습니다."

하지만 그 엄마는 아이에게 문제가 있어서 왔는데 왜 애는 안 봐 주고 자기한테만 뭐라고 하냐며 찬바람이 나게 등을 돌리며 나갔습니다.

왜 아이 때문에 힘들어질까요? 그것은 부모가 원하는 대로 아이가 움직여 주지 않기 때문입니다. 부모의 기대에 아이가 맞춰 주지 않고, 반대로 행동하기 때문입니다. 저도 아이의 심리 발달에 대해 공부를 하지 않았을 때는 제 뜻을 따라 주지 않는 아이의 행동에 화를 많이 냈습니다. 어떻게든 제 말에 따르게 하려고 아이를 달래도 보고, 때려도 보았습니다.

그런데 달라지는 것은 아무것도 없더군요. 단지 서먹서먹해진 엄마와 아이의 관계만 남을 뿐이었습니다. 3세 아이들이 미운 짓을 하는 것은 본능입니다. 부모는 아이의 본능을 인정하고 아이의 탐구 활동을 지켜보는 수밖에 없습니다.

해도 되는 것과 안 되는 것 구분해 주기

아이들은 장난감보다는 실생활에서 직접 사용하는 물건에 더 많은 호기심을 보입니다. 아이가 다칠 것을 걱정하여 서랍은 모두 잠그고 싱크대 문도 꽉 닫아 놓고 아이들에게 안전한 장남감만 주면 아이들이 호기심을 충족할 수 있는 기회가 그만큼 줄어들게 됩니다. 아이가 만지면 위험한 물건은 치워야겠지만 큰 지장이 없는 물건들은 그대로 두는 것이 좋습니다.

그렇다고 해서 아이의 모든 행동을 허용하라는 것은 아닙니다. 지나친 자율은 이 시기 아이들이 갖고 있는 자기중심적인 성향을 더욱 강화시켜, 아이들을 고집불통으로 만들 수 있습니다. 아이들에게 해도 되는 일과 해서는 안 되는 일을 명확하게 알려 주세요. 적절한 통제는 아이들의 사회성 발달에도 도움이 됩니다.

아이에게서 벗어나 부모의 마음 컨트롤하기

아이는 원격조종 장치로 움직이는 장난감 자동차가 아닙니다. 부모가 이렇게 하라면 이렇게 하고, 저렇게 하라면 저렇게 하는 기계가 아니라 독립된 인격체입니다. 아이 마음이 내 마음과 다르고, 내가 좋아하는 것을 아이가 싫어할 수 있습니다. 아이를 독립된 인격체로 인정하는 것은 생각만큼 쉬운 일이 아닙니다. 이때는 아이에게서 벗어나 자신만의 시간을 가져 보세요.

유난히 까다롭고 짜증이 많았던 경모는 제가 쉬는 날만 되면 꼭 붙어 이거 해 달라, 저거 해 달라며 떼를 쓰곤 했습니다. 너무 피곤해 쉬고 싶은데도 졸졸 따라다녔지요. 오죽하면 '저 아이는 나를 괴롭히려고 태어난 것 아닌가' 하는 생각이 들기까지 했겠습니까.

그런데 주말을 지내고 병원에 나오면 경모에 대한 미운 감정이 수그러들었습니다. 그러면서 제가 주말 동안 경모에게 했던 행동을 반성하고, 집에 돌아가면 어떻게 해야겠다는 계획도 세우게 되었지요. 오히려 병원에서 아이로 인해 지친 마음이 풀어지곤 했습니다.

그래서 저는 엄마들에게 아이 때문에 힘들 때 잠시라도 아이에게서 벗어나 자신만의 시간, 자신만의 세계를 가지라고 이야기합니다. 이것은 아이 때문에 화가 났을 때 공원을 산책하고, 쇼핑을 하며 단지 스트레스를 풀어 버리는 시간을 가지라는 뜻이 아닙니다. '아이'라는 우물에 갇혀 있는 내 자신을 끌어내어 '나만의 삶'을 찾으라는 것이지요. 내가 좋아서 탐닉할 수 있는 나만의 세계 말입니다. 전문성을 키우는 일을 한다거나 글쓰기, 봉사 활동을 하는 것 등 말이에요.

어떤 것이든 아이 말고 자신의 삶에 활력소가 될 수 있는 일을 찾아 정기적으로 하다 보면 아이로 인한 마음의 갈등도 줄어들고, 다시 환한 미소를 지으며 아이를 바라볼 수 있는 여유도 생기게 됩니다.

말 안 듣는 아이, 때려도 되나요?

아이의 정서 발달 과정을 모르는 부모는 도통 말이 통하지 않는 아이 때문에 화가 나서 매를 들기도 합니다. 어떤 부모들은 좋게 이야기해서는 아이들이 말을 듣지 않기 때문에 매를 들고 '따끔하게' 가르쳐야 한다고 말하기도 합니다. 그러나 매를 드는 순간에는 움찔하여 말을 듣는 듯하다가 며칠이 지나면 언제 그랬나 싶게 미운 행동을 반복하는 아이를 보면 저절로 한숨이 나옵니다. '때려도 소용없는데 어떻게 해야 하나' 하는 생각이 들지요. 이때 아이들이 어떤 방식으로 말을 배우는지 알면 체벌을 하지 않고도 아이가 부모의 말을 듣게 할 수 있습니다.

수천 번의 반복을 통해 말을 배우는 아이들

아이들이 말의 뜻을 알기 위해서는 말과 상황을 연결하는 끊임없는 반복 학습이 필요합니다. '물'이라고 말하기 위해서 아이는 엄마가 물컵을 들고 '물'이라고 말하는 모습을 수천 번 반복해서 봐야 합니다. 마찬가지로 어떤 상황에서 엄마가 굳은 표정과 낮은 목소리로 머리를 흔들며 "하지 마, 위험해" 하고 이야기하면 아이들은 엄마의 표정과 목소리, 그리고 상황 등을 모두 하나로 연결하며 '이러면 안 되는 거구나. 이제 그만 해야 하는 거구나' 하고 알게 됩니다.

다시 똑같은 상황이 벌어졌을 때 엄마가 계속해서 부드러운 방식으로 "하지 마, 위험해" 하고 이야기를 해 주면 어느 순간 아이 스스로 엄마가 했던 말을 고스란히 따라서 "위험해"라고 말합니다. 그것이 바로 아이가 말과 대화법을 배워 가는 과정이며, 아이가 말을 듣게 되는 과정입니다.

이렇게 하면 아이는 말의 의미뿐 아니라 더 중요한 것을 배웁니다. 바로 자기 자신은 부모의 존중을 받는 괜찮은 사람이고 세상은 꽤 믿을 만한 곳이라고 느끼게 되는 것이지요. 일단 부모와 세상에 대한 신뢰가 생긴 아이는 가끔 엄마가 강하게 야단을 쳐도 크게 마음에 상처를 입지 않고 잘 받아들입니다. 먹을 것을 주고, 안아 주고, 놀아도 주고, 자기를 믿어도 주는 좋은 엄마가 혼을 내는 데는 이유가 있을 것이라고 생각합니다. 그리고 이런 감정은 아이의 무의식 속으로 흘러들어 긍정적인 가치관과 세계관을 만듭니다.

아이는 때린다고 무조건 말을 듣지 않습니다

·· 경모와 정모를 데리고 미국에서 공부할 때 일입니다. 경모는 당시 초등학교에 입학할 나이였는데 워낙 새로운 환경에 적응하기 힘들어하는 아이라서 학교에 보내야 할지 말아야 할지 고민이 많았습니다. 결국 일단 보내기로 했지요. 그런데 그런 우려가 현실로 나타났습니다. 거의 날마다 문제를 일으켜서 수시로 선생님의 전화를 받으며 학교에 들락거려야 했지요.

경모는 쉬는 시간에는 교실 바닥에 드러누워 있고, 수업 시간에는 어슬렁거리며 돌아다니고, 선생님 말씀은 귓등으로 흘리며 자기 하고 싶은 것만 했습니다. 한 번은 아이 아빠도 그 상황을 보게 되었습니다. 자기 아들이 교실 바닥에 드러누워 있는 것을 두 눈으로 직접 본 남편의 충격은 이루 말할 수가 없었습니다. 경모 아빠는 집에 오자마자 "저런 아이는 때려야 해. 버릇을 고쳐야겠어" 하면서, 테니스 라켓을 들고 아이를 데리고 방 안으로 들어가더니 문을 잠그는 것이었어요. 잠시 후 아이가 악을 쓰고 우는 소리와 아이를 때리는 소리가 뒤섞여 흘러나왔습니다. 제가 문을 두드리면서 그만두라고 해도 경모 아빠는 멈추지 않았어요.

경모는 결국 엉덩이를 스무 대 가까이 맞고 방 밖으로 나왔습니다. 뒤따라 나온 경모 아빠가 확신에 찬 듯 이야기했지요.

"더 이상 학교에서 그러지 않겠다고 약속했으니까 이제 달라질 거야."

저는 속으로 과연 그럴까 반신반의했지만 한편으로는 '이렇게 해서라도 말을 들었으면 좋겠다'는 기대를 하기도 했습니다. 그러나 아이는 달라지지 않았습니다. 심지어 다음 날 평소보다 더 심하게 문제 행동을 보였지요. 학교 선생님이 어제 집에서 무슨 일이 있었냐고 물을 정도였습니다. 게다가 그 뒤로 경모는 아빠를 피하기 시작했습니다. 아빠와 눈도 마주치지 않고, 말도 섞지 않으려고 했지요. 남편도 전혀 문제가 해결되지 않았음을 깨달았습니다.

"그렇게 혼을 냈는데 어떻게 같은 행동을 또 할 수가 있지?"

"아이를 때리니까 더 말을 안 듣잖아요. 때린다고 애가 바뀌면 세상에 문제 있는 애들 하나도 없게?"

"정말 매를 드는 건 아무 소용이 없구나."

그 후 경모 아빠는 절대로 매를 들지 않았습니다. 매를 들어서 아이들이 말을 들으면 정말 아이 키우기가 쉬울 것입니다. 기준을 정해 놓고, 그것을 넘었을 때 때리면 되니까요. 그런데 그렇지가 않습니다. 아이들은 생각할 줄 아는 엄연한 인격체이기 때문이지요. 구체적으로 체벌의 문제점을 짚어 보면 다음과 같습니다.

① 아이가 폭력적이 되기 쉽습니다

큰아이가 어눌한 발음으로 "내가 그렇게 하지 말라고 했지?" 하며 동생을 때리는 것을 보고 깜짝 놀랐다는 부모들이 많습니다. 아이가 잘못했다고 자주 체벌을 가하면, 비슷한 상황이 되었을 때 자기가 보고 배운 그대로 다른 사람을 대하게 됩니다. 폭력은 또 다른 폭력을 부릅니다. 체벌을 받은 아이들은 폭력적인 성격이 되기 쉬우므로 주의해야 합니다.

② 자신의 잘못을 모르게 됩니다

아이는 매를 맞다 보면 너무 아프고, 그 상황이 공포스러워서 자신이 무엇을 잘못했는지 생각하지 못하게 됩니다. 즉 자신의 행동을 반성하지 못한 채 맞아서 아프고,

기분이 나쁘고, 엄마 아빠가 싫다는 기억만 새기게 되는 것이지요. 매를 든 효과가 하나도 없고 오히려 부모와 아이의 관계만 멀어질 뿐입니다.

③ 체벌의 강도가 강해져야 합니다

아이를 때려서 가르치면 나중에는 더 많이 때려야 효과가 나타납니다. 처음에 맞을 때는 아파서 부모의 말을 듣지만 내성이 생기면 웬만한 체벌에는 나쁜 행동을 고치지 않게 되지요. 반면 잘 타일러서 깨닫게 하면 아이는 스스로 판단하여 나쁜 행동을 하지 않으려고 노력하게 됩니다. 이런 현상을 '도덕성의 내면화'라고 하는데, 체벌은 외부의 힘으로 아이를 통제하는 것이기 때문에 이 과정을 방해합니다.

④ 자아상이 나빠집니다

자주 맞는 아이들은 '나는 나쁜 아이'라는 생각을 갖게 됩니다. 그래서 행동을 수정

tip

꼭 매를 들어야 할 때는 이렇게

체벌의 부작용에도 불구하고 꼭 때려야 하는 경우가 있을 수 있습니다. 아이의 행동은 다양하고, 평소와 같아 보이는 행동에도 다양한 이유들이 있으므로 그 판단은 부모가 세심하게 해야 할 것입니다. 꼭 매를 들어야 할 때는 다음과 같은 점을 주의해 주세요.

첫째, 화를 가라앉히고 나서 때립니다. 화가 난 상황에서 때리면 필요 이상으로 많이 때리게 되고 아이의 잘못을 지적하지 못하게 됩니다.

둘째, "다음에 또 이러면 두 대 때린다"라는 식으로 미리 경고를 하고, 체벌을 해야 하는 상황이 되었을 때는 같은 장소에서 정해진 매로 때립니다. 기준도 없이 아무 데서나 손에 집히는 것으로 때리는 것은 좋지 않습니다. 손으로 직접 때리는 것도 좋지 않은 방법입니다.

셋째, 때린 후에는 꼭 안아서 달래 주세요. 아이가 미워서 때린 것이 아니라 잘못해서 때린 것이라고 이야기해 주도록 합니다. 또한 맞을 때 기분이 어땠는지도 물어보면서 나쁜 감정을 풀어 주는 것이 필요합니다.

하려 하기보다는 '어차피 좋아질 수 없다'고 생각하고 자신감을 잃어버리게 됩니다.

할머니 손에서 자란 아이, 엄마를 멀리해요

맞벌이 부부가 증가하면서 아이의 양육을 할머니에게 맡기는 경우가 늘고 있어요. 낮 시간에는 떨어졌다 저녁에만 아이 얼굴을 보거나, 아예 주중에는 아이를 할머니 집에서 지내게 하고 주말에만 함께 지내는 집도 많습니다. 그러다 보니 아이가 주 양육자인 할머니만 좋아하고 엄마 아빠를 멀리하는 일도 생기게 됩니다. 이때는 부모와 아이의 애착 관계를 잘 살펴야 합니다.

세 돌이 넘어서도 엄마를 멀리하면 애착 장애

아이들은 두 돌 전까지는 주 양육자와 애착 관계를 형성해 나갑니다. 따라서 부모가 아이를 키우지 않고 할머니가 키우는 경우 엄마 아빠보다 할머니를 더 좋아하고 따르는 것이 당연합니다. 이것은 하나도 문제될 것이 없는 상황이고, 오히려 부모는 애를 잘 봐 주는 할머니에게 고마워해야 합니다. 만약 애를 시골에 있는 시댁에 맡겨 놓고 오랜만에 찾아갔는데 애가 엄마를 너무 반기면 할머니의 양육 방식을 의심해야 합니다. 또한 앞으로의 애착 형성에도 문제가 있을 수 있으므로 빨리 병원에 가 보는 것이 좋습니다.

두 돌 반만 지나도 아이들은 엄마라는 존재를 정확하게 인식합니다. 그전까지는 자기를 돌봐 주는 사람을 무조건 '엄마'라고 부르기도 하지만 이 시기쯤에는 확실히 구별하게 되지요. 때문에 이때는 자신을 길러 주는 사람이 따로 있어도 아이는 엄마를 더 좋아합니다. 엄마가 아침에 나갔다 저녁에 들어오거나, 엄마를 오랜만에 만나도 반가워하고 따르게 되는 것이지요. 헤어질 때는 떨어지기 싫어 울기도 하고요.

그런데 세 돌이 넘도록 엄마를 멀리한다면 이것은 애착에 문제가 있다는 증거입니다. 또한 주 양육자가 엄마인데도 불구하고 다른 사람을 더 좋아한다면 이것 역시 분명한 애착 장애입니다. 물론 아빠가 아이한테 무척 잘할 경우 아이가 엄마보다 아빠를 더 따를 수 있습니다. 이때 엄마와의 애착 정도가 어떤지는 아이가 힘들고 아플 때 누구에게 칭얼대는지를 보면 알 수 있습니다.

세 돌이 지나면 아이는 엄마가 자기를 돌봐 주고, 아빠는 자기와 놀아 준다는 사실을 알기 때문에 놀고 싶을 때는 아빠에게, 배고프거나 아플 때는 엄마에게 가는 것이 정상입니다.

무엇이든 허용하는 할머니 VS 사사건건 간섭하는 엄마

할머니와 엄마의 태도 차이도 아이가 엄마를 멀리하는 이유가 됩니다. 아이를 돌보는 할머니의 모습을 자세히 살펴보세요. 아이에게 "안 돼"라고 하기보다 "그래그래" 하며 안전에 크게 문제가 없는 한 무엇이든 하게 합니다. 그러나 엄마는 그렇지 않죠. 일례를 들어 사탕을 줄 경우 엄마는 이런저런 조건을 답니다.

"많이 먹으면 이빨 썩으니까 한 개만 먹어."

"먹고 나서 꼭 양치해야 해."

반면 할머니는 아이가 먹는 모습을 흐뭇하게 바라보며 하나라도 더 주고 싶어 하지요. 물론 치아 건강 면에서 봤을 때는 엄마의 태도가 옳지만 아이는 당연히 자기가 하고 싶은 대로 하게 해 주는 할머니가 더 좋게 마련입니다. 이런 경우 할머니와 엄마가 같이 있을 때는 할머니를 따르더라도, 할머니가 없을 때 엄마와 잘 놀면 큰 문제가 없는 것입니다.

육아를 어려워하는 엄마가 문제의 원인이 되기도

곧 네 돌이 되는 딸아이가 너무 수줍어하고 자기표현을 하지 않아서 찾아온 엄마가 있었습니다. 아이가 엄마에게조차 친근함을 보이지 않아 매우 걱정하고 있었지요. 엄마는 직장 생활을 하는 탓에 아이를 시댁에 맡겨 두고 주말에만 함께 지낸 것이 아이에게 부정적인 영향을 준 것 같다고 했어요. 어릴 때는 몰랐는데 클수록 엄마를 어려워하고 주말에 데리러 가면 가지 않겠다며 할머니 품에서 운다고 했습니다. 그것을 바라보는 엄마 마음은 오죽했을까요.

다행히도 아이는 크게 걱정할 정도는 아니었어요. 그저 엄마가 좀 더 아이에게 관심을 보여 주고 함께 시간을 보내면 금방 좋아질 것 같았습니다.

"이제 아이를 데리고 오시지요. 매일 엄마 얼굴을 보면 아이도 달라질 겁니다."

"그렇지 않아도 이번 승진 시험만 치르면 데려오려고요. 그런데요……."

잠시 망설이던 엄마는 솔직히 아이를 데려오는 것이 겁난다며 속내를 털어놓았습니다. 아이를 평생 시댁에 맡길 수도 없는 노릇이고, 결국 자신이 키워야 하는데 잘 키울 수 있을지 걱정이 된다는 것이었죠.

처음에는 엄마 아빠와 떨어지면 울고불고하던 아이가 시간이 흐르면서 엄마를 낯선 사람 대하듯 서먹해하자 가슴이 아팠다고 해요. 그래서 '얼른 데려와야 할 텐데' 생각은 했지만 '좀 더 편한 부서로 옮기면', '아이가 기저귀만 떼면', '좀 더 넓은 집으로 이사하면' 하면서 아이를 데려오는 시점을 점점 미뤄 온 게 벌써 2년이라고 했습니다. 이렇게 엄마가 아이와의 만남을 어려워하니 아이도 엄마를 멀리하게 된 것이지요. 이 엄마의 경우 부모로서 자신감을 회복하는 것이 급선무였습니다.

무조건적 사랑이 해결책

할머니와 애착이 강해 엄마를 멀리하건, 엄마가 육아에 자신이 없어 해서 엄마를 멀리하건 해결책은 하나밖에 없습니다. 무조건적인 사랑이지요. 할머니보다 더 큰 사랑을 주지 않으면 엄마로부터 떠나간 아이의 마음은 다시 돌아오지 않습니다. 더 많은 시간 아이와 놀아 주고, 더 많이 아이의 요구를 들어주고, 아이로 인해 행복해하는 엄마의 모습을 보여 주어야 합니다. 이때는 아이가 아무리 버릇없게 굴어도 그냥 봐줘야 합니다. 엄마의 사랑이 부족한 아이에게 원칙을 강조하면 더 멀어질 수밖에 없습니다. 사랑이 충족된 후 훈육이 이루어져야 아이도 엄마 말을 믿고 잘 따르게 됩니다.

맞벌이 때문에 할머니에게 아이 양육을 맡겼더라도 아이가 어느 정도 자란 후에는 데려오는 것이 좋습니다. 부모 자식 간의 정도 매일 지지고 볶으면서 쌓여 가는 것이니까요. 앞서 상담했던 엄마에게도 육아에 대한 부담은 접어 두고 일단은 아이를 데려오라고 했습니다. 육아는 머릿속에서 이렇게 해야지, 저렇게 해야지 아무리 생각해 봐야 뜻대로 이루어지지 않습니다. 아이와 함께하면서 상황에 따라 최선의 방법을 찾는 과정에서 엄마와 아이 모두에게 맞는 육아법이 완성되지요.

어쩌면 엄마에게서 멀어진 아이가 엄마보다 더 간절히 서로 친해지길 바라고 있을지도 모릅니다. 무조건적인 사랑과 사랑을 표현할 수 있는 충분한 시간만이 문제를 해결해 줄 것입니다.

아이랑 말이 안 통하는데 제가 문제인 걸까요?

3~4세 아이들은 이제 문장을 사용해서 자기 생각을 표현할 수 있게 됩니다. 그래서 말이 많아지고, 종종 부모와 의견 충돌도 생깁니다. 이때 "조그만 게 벌써 엄마 아빠 말을 안 들어?" 하며 아이의 의견을 무시하는 부모들이 있는데, 그렇게 하면 아

이는 말하는 것을 싫어하게 됩니다. 그럼 그 나이에 발전시켜야 할 사고력이나 표현력도 키울 수가 없게 되지요. 조잘조잘 말이 많아진 아이와 현명하게 대화하기 위해서는 부모가 먼저 아이 수준에 맞는 대화법을 익혀야 합니다. 아이의 감정을 이해하고 읽어 주고 말로 표현하도록 북돋워 주는 것이지요. 부모가 꼭 알아야 할 대화법이 무엇인지 알아봅시다.

아이의 기분 맞추기가 최우선 과제입니다

아이가 말을 잘한다고 해서 감정 표현을 잘하는 것은 아닙니다. 부모가 끊임없이 아이 상태를 살펴서 기분을 맞춰 줘야 가능한 일이지요. 예를 들어 아이가 "내가 할래"라고 했을 때 혼을 내면 아이는 불편하고 불쾌한 기분을 느낍니다. 뭔가가 불편한데 그것이 해소되지 않는 상태가 지속되면 아이는 공격성을 보인다거나 우울해한다거나 엄마 곁을 한시도 떠나지 않으려고 하는 등의 문제를 보이게 됩니다.

그러니 아이가 화를 내면 이유를 물어봐서 풀어 주고, 무서워하거나 놀라면 그 상황으로부터 보호해 주고, 우울해하면 기분을 전환시켜 주는 것이 좋습니다. 될 수 있으면 아이가 나쁜 감정을 갖게 되는 상황을 만들지 않는 것이 제일 좋지요. 그러면 아이는 부모의 말 한마디에 안정된 마음을 갖고 행복한 기분으로 성장해 나가게 됩니다.

감정을 표현할 때 "왜?"라고 묻지 않기

아이는 자라면서 다양한 경험을 통해 급격하게 언어 능력을 발달시킵니다. 이에 따라 아이는 자기 생각을 점점 정교하게 말할 뿐 아니라 다양한 감정을 알게 되지요. 화, 공포, 기쁨, 슬픔 등의 감정들이 이때 섬세하게 분화되어 나갑니다. 감정 개발이 잘된 아이들은 3세가 되면 "나 속상해", "슬퍼", "엄마 미워"와 같이 감정을 말로 표현하게 됩니다.

이때 중요한 것이 "왜?"라고 묻지 않는 것입니다. 특히 아이가 좋지 않은 감정을 말했을 때 주의해야 합니다. 부모의 "왜?"라는 반응에 아이는 감정을 표현하는 일에 부담감을 가질 수 있거든요. 감정을 표현할 때 그 감정을 느끼게 된 이유를 생각해서 말을 해야 한다고 여기게 되기 때문입니다. 또 "왜?"라는 반응은 아이에게 자신의 감정이 옳지 않을 수도 있다는 생각을 하게 하지요.

아이가 자신의 감정을 표현했을 때는 "그렇구나. 네 생각을 말해 줘서 고마워"라고 이야기해서 아이가 자기의 감정을 말하는 것을 북돋워 주어야 합니다. 아이들은 "왜?"라고 물어보는 사람보다 "그렇구나" 하고 자신의 감정을 그대로 인정해 주는 사람과 이야기하는 것을 더 좋아합니다. 이 시기에 중요한 것은 아이와의 공감이라는 점을 잊지 마세요.

'실황중계' 대화로 감정 발달시키기

감정이 풍부한 아이들이 말을 잘합니다. 감정이 풍부한 아이로 키우기 위해 부모가 꼭 알아 두어야 할 사실이 있습니다. 아이들은 조잘조잘 떠들어 대더라도 자신의 기분이 어떤지, 자신의 생각이 뭔지 아직은 잘 모르고 있다는 것입니다. 그래서 아이와 이야기를 할 때는 여러 상황에서 느낄 수 있는 생각과 감정들을 말로 일러 주는 것이 좋습니다.

예를 들어 길에서 어떤 아이가 뛰어가다가 넘어지는 모습을 보았을 때, 부모가 "어머, 저 아이 얼마나 놀랐을까? 정말 아프겠다" 하고 이야기해 줄 수 있지요. 이렇게 하면 아이는 '미안함', '놀람', '창피함' 등의 말과 감정, 그런 감정을 느끼는 상황을 동시에 알아가면서 상황에 맞는 말을 할 수 있게 됩니다. 아이에게 풍부한 감정을 갖게 한다는 것은 생각보다 어려운 일입니다. 특히 부모가 감정이 풍부하지 않은 편이라면 아이 스스로 감정을 발달시키기란 쉽지 않습니다. 하지만 이렇게 부모가 아이의 생각과 감정을 대신 '실황중계' 해 주는 방법을 쓰면 부모의 감정도 발달하게 됩니다.

섣불리 훈계하지 않기

"존댓말 써라."

"밥은 얌전히 앉아서 먹어."

"친구에게 양보해야지."

"실내에서 뛰지 마라."

대부분의 부모들은 아이에게 이렇게 이야기하곤 합니다. 하지만 이런 이야기를 하는 부모를 보면 저는 답답합니다. 왜냐하면 이렇게 훈계조로 말하는 것은 혼을 내는 것만큼이나 좋지 않거든요. 왜 예의 바르게 행동해야 하는지, 왜 존댓말을 써야 하는지, 왜 양보해야 하는지에 대한 설명 없이 훈계만 받는 입장에 처하면 아이는 자존심에 상처를 받게 됩니다. '나는 다 못하는 아이구나', '나는 말썽만 피우는 애구나' 하는 생각을 하게 되는 것이지요.

반면 그렇게 해야 하는 이유를 아이가 알기 쉽게 이야기해 주는 것은 훈계가 아니라 '대화'입니다. 대화는 아이가 부모의 생각을 듣고, 자신의 생각을 말하고, 그런 다음에 행동을 하게끔 만들기 때문이지요. 이런 대화 과정을 거쳐 결정된 것은 아이 스스로 결정했기 때문에 잘 따르게 됩니다. 또한 훈계를 하기 전에 부모가 먼저 모범을 보여 주는 것도 중요합니다. 아이에게는 "얌전히 앉아서 밥 먹어" 하면서 정작 부모는 다리를 흔들면서 먹는다면 아이는 부모의 말을 신뢰하지 않습니다. 이 시기의 아이들에게 무언가 가르치고자 할 때는 훈계보다 직접 보여 주는 편이 100배 효과적입니다.

아이 질문에 성실하게 대답하기

말문이 트였을 때부터 수다쟁이라는 말을 들었던 정모는 세 돌이 넘어가자 질문을 입에 달고 살았습니다. 주변에 보이는 모든 것에 관심을 갖고 "엄마, 저게 뭐야?", "왜 그런데?" 하며 질문을 퍼부었지요. 그래서 한동안은 정모의 호기심을 풀어 주기 위해 걸어다니는 백과사전이 되어야 했답니다. 그 시기에 정모가 처음으로 사이다를 보게 되었는데, 물속에서 거품이 올라오는 모습이 신기했는지 "엄마 저게 뭐야?" 하고 묻더군요. 처음에는 "사이다라는 음료수야" 하고 대답해 주었는데 자기가 원하는 대답이 아니었는지 집요하게 물고 늘어졌습니다. "저건 설탕물에다 이산화탄소를 넣은 음료수야. 저기 방울방울 올라오는 것이 바로 이산화탄소란다." 정모에게는 생소한 단어인 '이산화탄소'를 이야기해 주었음에도 정모는 이제 알았다는 듯 고개를 끄덕이며 사이다를 쳐다보더라고요.

얼마 후 정모가 자기 친구에게 사이다에 대해 설명하는 것을 듣고 뒤로 넘어갈 뻔했습니다.

"여기 올라오는 게 뭔지 알아? 이게 바로 '이상한 탄소'야. 정말 이상하지?"

이 시기 아이들은 엄청난 지적 호기심을 갖고 있습니다. 세 돌 전에는 "이게 뭐야?" 하며 단순한 질문을 하고 알아듣던 못 알아듣던 그에 대해 답변을 듣는 것으로

징징거리며 이야기하는 습관 고치기

이 시기의 아이들은 아직 자기 조절력이 발달하지 않아 조금만 뜻대로 되지 않거나, 힘든 일이 있으면 울면서 이야기하는 경우가 많습니다. 그런데 자꾸 징징거리며 말을 하면 또래 아이들에게도 어려 보이기 때문에 놀림감이 되기 쉽습니다. 또한 의사소통을 하는 데도 문제가 되므로 바로잡아 주어야 합니다. 이때 "그래그래. 엄마가 다 해 줄게" 하면서 아이가 의사 표현을 하기 전에 먼저 해결책을 제시하면 징징거리며 말하는 습관을 고칠 수 없게 됩니다. 저와 남편은 아이들이 하고 싶은 이야기를 정확히 이야기하지 않고 징징대고 있으면 아예 못 들은 척해 버립니다. 특히 남편은 아이들이 그럴 때마다 불러서 앉혀 놓고 진지하게 이야기합니다.

"어떤 문제가 있으면 울먹이지 말고 똑바로 이야기해야 해. 징징거리면서 얘기를 하면 아빠는 네 말을 하나도 알아들을 수 없어서 네가 뭘 원하는지 알 수가 없어."

이런 상황이 여러 번 반복되면 아이들은 징징거리지 않고 자신의 생각을 정확히 전달하기 위해서 노력하게 됩니다.

만족했다면, 네 돌이 가까워 오면 근본 원리를 알려는 욕구가 무척 강해집니다. 이때 부모가 무성의하게 대답하면 절대 안 됩니다. "엄마도 잘 모르겠네. 함께 찾아볼까?" 하고 책도 뒤지고, 인터넷도 검색하면서 아이의 호기심을 함께 풀어 가는 것이 좋습니다. 아이는 그런 부모의 모습을 보면서 모르는 게 있을 때 어떻게 알아내는지 배울 수 있게 되지요.

아이는 일정 시기가 지나면 더 이상 부모에게 "이게 뭐야?" 하고 묻지 않습니다. 그러니 아이가 질문을 하면 기회를 놓치지 말고 친절하게 대답해 주세요. 그것이 아이와의 관계를 향상하는 동시에 공부법도 알려 주는 일석이조의 대화법입니다.

워킹맘에게 해 주고 싶은 말

워킹맘들에게 출근길은 그야말로 매일같이 전쟁입니다. 저도 아침에 아이를 떼어 놓고 나올 때마다 아이가 토하고, 울고, 난리도 아니었습니다. 우는 아이를 남겨 두고 출근하는 발걸음은 늘 무거웠고, 나도 모르게 밀려오는 죄책감으로 힘들었습니다. 그래서 아이 얘기만 나오면 울컥 하는 워킹맘의 마음을 충분히 이해합니다.

우선 체력부터 기르세요

그러나 죄책감으로 스스로를 괴롭히지 않았으면 좋겠습니다. 죄책감은 우울을 부르고, 엄마의 우울은 본인뿐 아니라 아이에게도 결코 좋지 않으니까요. 죄책감과 싸우려면 우선 체력을 길러야 합니다. 제가 엄마들에게 늘 하는 말이 있는데요. 아이가 태어나고 3년은 그냥 죽었다 생각해야 합니다. 분명한 건, 그 시기만 잘 넘기면 이후에는 아이를 키우기가 훨씬 수월해진다는 사실입니다. 그러니 마음 단단히 먹고 체력 먼저 키우세요. 3년 동안 나 자신을 꾸밀 시간은 커녕 제대로 밥도 못 먹고, 잠도 못 잘 텐데, 그것을 견뎌 내려면 반드시 체력이 뒷받침되어야 합니다.

체력이 좋아도 3년을 버티기가 결코 쉽지는 않을 겁니다. 물론 일을 잘해서 직장에서 인정받고, 아이도 잘 키우고 싶겠지만 그때만큼은 욕심을 내려놓아야 합니다. 둘 다 완벽하게 해내고 싶다고 해도 갑자기 아이가 아프거나 아이를 돌보는 가족에게 문제가 생기는 등의 돌발 상황이 언제든 발생할 수 있으니까요. 그런 상황에 유연하게 대처하려면 오히려 일과 육아 모두 심하게 펑크 내지 않는 범위 내에서 최대한 잘 버티는 것을 목표로 삼는 편이 좋습니다. 예상치 못한 돌발 변수들에 대처하려면 무엇보다 돈이 필요합니다. 그러니 3년 동안엔 돈 벌 생각도 잠시 접어 두세요.

엄마가 일해서 아이가 아픈 게 아닙니다

그런데 전업주부처럼 아이를 계속 돌보지 못하기 때문에 아이에게 행동이나 정서상의 문제가 생겼을 때 그것을 빨리 알아차리지 못할 수 있습니다. 더 위험한 건 아이에게 이상이 생겼는데 두려움과 죄책감의 늪에 빠져 혼자서 우왕좌왕하느라 아이의 문제를 더 키우는 것입니다. 아이가 아플 때는 자신이 완벽할 수 없다는 사실을 빨리 인정하고, 적극적으로 전문가를 찾아나서는 용기가 필요합니다. 주위 사람들이 혹여나 엄마가 일하기 때문에 아이가 아픈 거라고 하면 그냥 귀를 닫아 버리세요. 설령 일을 그만두고 전업 주부가 되어 아이를 24시간 돌본다 해도 아이에게 문제가 생길 수 있습니다. 일하는 엄마 탓이 아니라는 말입니다.

만약 아직 아이를 낳지 않은 상황이라면 계획을 다각도로 세워 두는 것이 좋습니다. 남편과 집안일을 어떻게 나눌지, 누구한테 아이를 맡길지, 돌봄 도우미를 써야 한다면 언제쯤 쓸지 등에 대해서 미리 계획을 세우는 것이지요. 친정 엄마 혹은 시댁 근처, 좋은 어린이집 근처로 이사를 가는 것도 방법입니다. 워킹맘에게 최고의 태교는 예상치 못한 돌발 변수들에 대해 최대한 많은 플랜을 세워 두는 것임을 잊지 마세요.

베이비시터 구할 때 꼭 체크해야 할 것들

1. 신원이 확실한가

기관을 통하든, 기관을 통하지 않고 인근에서 베이비시터를 구하든, 신원이 확실한 사람인지를 먼저 확인해야 합니다. 신분증과 주민등록등본을 받아 두고, 되도록 건강검진증명서도 받아서 문제가 없는지 체크하는 것이 좋습니다. 내 아이를 돌봐 줄 사람의 건강에 문제가 없는지 확인하는 것은 너무나 당연한 일입니다.

2. 아이를 돌본 경험이 있는가

베이비시터로 일한 경험이 있는 사람이 좋습니다. 아이를 돌보는 일은 학습과도 연결되어 있기 때문에 하루 종일 텔레비전을 켜 두지는 않는지, 아이와 대화를 많이 하고, 책도 잘 읽어 줄 수 있는지 따져 봐야 합니다. 한 가정에 오래 머물지 않고 자주 옮겨 다닌 경우는 위험합니다. 주 양육자가 자주 바뀌는 것은 내 아이에게 치명적일 수 있습니다.

3. 육아 지식을 풍부하게 갖추고 있는가

평소 아이를 키우는 것에 대해 어떻게 생각하는지, 전 가정에서 돌보던 아이의 성향은 어떠했고 그것에 맞춰 어떻게 아이를 돌봤는지, 본인만의 육아 노하우가 있는지 등을 물어봄으로써 아이의 발달단계에 대한 이해가 어느 정도인지 체크해 보세요. 가능하다면 내 아이가 보이는 문제나 실수에 대해 어떻게 대처할지 질문해서 아이를 돌볼 가이드라인을 만들고 그것을 지킬 수 있게 하는 것이 좋습니다. 이를테면 아이가 갑자기 떼를 쓰면 어떻게 할지, 아이가 자야 할 시간에 안 자면 어떻게 할지, 음식 투정이 심한 아이는 어떻게 할지 등을 질문하고 그에 대한 대처 방법을 서로 공유해 두는 것입니다.

4. 시간 개념이 확실한가

만약 베이비시터가 시간을 잘 안 지키고, 성의 없이 시간을 자주 변경하면 매우 곤란합니다. 그래서 시간 개념이 확실한지를 꼭 체크해 보아야 합니다.

5. 위생 관념이 철저한가

생각보다 위생 관념이 없는 사람들이 의외로 많습니다. 그리고 위생 관념은 개인마다 천차만별이므로 업무 시작 전에 꼭 지켜 줬으면 하는 부분은 꼼꼼하게 리스트를 만들어 두는 것이 좋습니다.

6. 베이비시터를 구한 뒤 꼭 해야 할 일

베이비시터를 결정하고 난 뒤에는 최소한 2~3일만이라도 엄마가 보는 가운데 아이와 베이비시터가 서로에게 적응할 시간을 가지는 게 좋습니다. 아이가 베이비시터와 잘 지내는지는 한 달쯤 지난 뒤 엄마가 퇴근해서 집에 들어갔을 때 아이의 반응을 보면 됩니다. 만약 잘 지내고 있으면 엄마가 퇴근했다고 해서 아이가 버선발로 뛰어나오지는 않습니다. 아이가 반갑게 인사하고 자기가 하던 일을 하는 게 오히려 건강한 것입니다. 만약 아이가 엄마 옆에서 떨어지지 않으려고 하거나, 투정이 심하고, 밤에 잠을 잘 못 자면 그것은 스트레스를 받고 있다는 증거입니다. 만약 아이의 상태가 좋지 않다고 판단되면 다른 방법을 강구해야 합니다.

가끔씩 전화를 하거나 기습적으로 물건 찾는 척 집에 들어가서 베이비시터가 일을 잘하고 있는지 체크해 보는 것도 좋습니다. 간혹 그것을 베이비시터에 대한 결례라고 생각하며 미안해하는 엄마들이 있는데, 그렇게 생각하면 절대 안 됩니다. 베이비시터에게는 내 아이를 안전하고 건강하게 돌봐야 할 의무가 있고, 그것을 엄마가 가끔씩 체크하는 것은 당연히 해야 할 일입니다.

마지막으로 베이비시터가 어쩔 수 없는 사정으로 그만두게 되어 다른 사람을 구해야 할 경우 한 달 정도 시간을 버는 게 필요합니다. 전 베이비시터가 뒤에 오는 사람에게 인수인계를 하고, 아이가 새 베이비시터와 친해질 시간이 필요하기 때문입니다.

5~6세

•49~72개월•

안정된 자아상을 바탕으로
세상 밖으로 나아갑니다

두 돌 때부터 시작된 자아 형성이 다섯 돌이 넘어서면서 거의 완성됩니다. 그래서 이 시기의 아이들은 여자로서 혹은 남자로서 안정된 자아상을 가지고 있고, 쉽게 흔들리지 않습니다. 아이들은 완성된 자아상을 더욱 굳건히 만들기 위해 누가 봐도 성별을 알 수 있는 놀이를 합니다. 남자아이들은 누가 말해 주지 않아도 자동차나 로봇 장난감을 고르고, 칼싸움과 총싸움 놀이를 합니다. 옷도 파란색 옷을 좋아하지요. 여자아이들은 공주 이미지에 사로잡혀 드레스를 사 달라고 조르고 분홍색 옷만 입으려고 합니다. 지겨울 정도로 공주 놀이를 하고요.

감정을 이성적으로 조절할 수 있게 됩니다

5~6세가 되면 아이들은 머리가 무척 좋아집니다. 그래서 자신이 원하는 바가 이루어지지 않아도 화를 내거나 떼를 쓰는 대신 말로 부모를 설득하려 합니다. 감정을 이성적으로 조절할 수 있는 능력이 생긴 것이지요. 이전 시기와 비교해 보자면 2세에는 감정 조절이 안 돼 화를 마구 내고, 3~4세에는 감정 조절이 됐다가 안 됐다가 합니다. 그래서 금방 좋아졌다 금방 싫어졌다 변덕을 부리는 일이 많습니다. 그러다 5~6세가 되어서야 비로소 감정 조절이 가능해지는 것입니다.

이런 감정 조절을 통해 몸을 조절하는 것도 가능해집니다. 3~4세에는 소변이나 대변이 마려울 때 어떻게든 바로 해결해야 하지만 이 시기가 되면 참는 것이 가능해집니다. 그래서 소변이 마려울 때 화장실을 찾을 때까지 소변을 참을 수 있게 됩니다. 때때로 아이들은 자신의 능력을 시험해 보려고 소변이 마려울 때 '하나, 둘, 셋, 넷' 하고 숫자를 세면서 일부러 참기도 합니다.

또한 이때부터 제대로 된 학습도 할 수 있습니다. 3~4세에도 학습은 가능하지만 아이들의 감정이 널을 뛰고 논리적인 사고 능력이 완성되지 않았기 때문에 그 효과를 장담하기 힘듭니다. 3~4세 아이들은 한글이나 숫자를 가르칠 때 틀린 것을 지적하면 금방 의기소침해집니다. '나는 엄마랑 결혼 못 하겠다', '나는 여자로서 매력이 없나 보다'라는 생각까지 합니다. 아직 자아 형성이 완전하지 않아, 단순히 틀린 것을 지적한 것인데도 불구하고 자기 자신에 대한 근본적인 문제 제기까지 하는 것이지요. 아이가 3~4세일 때에는 자칫 잘못하면 자신감을 잃을 수 있으므로 학습을 시키지 않는 것이 좋습니다.

하지만 5~6세가 되면 한글이나 숫자를 가르칠 때 틀린 것을 지적해도 아이의 자아상이 흔들리지 않습니다. 문제를 틀린 것과 내가 남자 혹은 여자인 것과는 아무 상관이 없다고 생각하기 때문입니다.

지겹도록 공주 놀이와 싸움 놀이를 하는 아이들

3~4세에 자신이 여자인지 남자인지 확실히 깨달은 아이들은 이 시기가 되면 놀이를 통해 자신의 여성성 혹은 남성성을 실습합니다. 여자아이들이 공주 이야기에 정신을 못 차리고 남자아이들이 로봇이라면 자다가도 벌떡 일어나는 것이 그 이유입니다. 3~4세에 동성 부모에게 경쟁심을 느끼다가 이제는 닮기로 마음먹으면서부터, 반복적인 놀이를 통해 여성으로서 혹은 남성으로서 자신의 모습을 만들어 가려 노력하는 것이지요.

이 시기의 여자아이는 오빠 옷을 물려주며 입으라고 하면 화를 내고, 남자아이는 분홍색이 조금이라도 들어간 옷을 주면 "나 여자 아냐" 하며 거부합니다. 여자아이들 중에는 공주 드레스를 너무 좋아해 한겨울에도 반팔 드레스를 입고 나가려는 아이들이 있습니다. 그럴 경우 말리는 대신 긴팔을 입히고 그 위에 드레스를 입혀 주는 것이 좋습니다. 또한 남자아이들은 하루 종일 총싸움, 칼싸움을 하며 놉니다. 힘이 최대 관심사이기 때문에 싸움 놀이를 통해 힘을 과시하려 하고, 자기가 놀이에서 지면 하늘이 무너진 것처럼 울기도 합니다.

원할 때 실컷 하게 해 주는 것이 최고의 육아법

이 시기의 아이를 키우는 부모들은 종종 제게 "왜 이렇게 공주 옷만 사 달라고 할까요?", "매일 로봇을 가지고 싸움 놀이만 하는데, 아이가 폭력적으로 변하는 건 아닐까요?"라고 묻습니다. 어떤 엄마는 아들이 하루 종일 로봇 생각만 한다며 병원에 데리고 오기도 했습니다. 그러나 이는 걱정할 일이 아닙니다. 오히려 아이가 원하는 놀이를 실컷 하게 해 주면, 아이들은 원 없이 놀고 나서 스스로 새로운 관심사를 찾아 나섭니다. '아이는 마음껏 무언가를 해 본 뒤에 자기 스스로 끝낸다', 이것이 발달의 기본 원칙입니다.

물론 남자아이들이 싸움 놀이를 너무 심하게 할 때는 제지해야 합니다. 장난감 총을 사람에게 정면으로 겨누고, 장난감 칼로 반려동물을 찌른다면 혼을 내야 합니다. 자기는 재미있게 하려고 엄마에게 장난감 총을 겨누었는데 엄마가 단호하게 제지하면 좋은 행동이 아님을 깨닫고 그다음부터는 하지 않습니다. 또한 아이들은 자기 행동에 대해 재미있는 반응이 나오지 않으면 금방 시들해져서 그 행동을 관둡니다.

그러므로 아이들의 싸움 놀이를 억지로 막기보다는 '다른 사람을 다치게 하거나 기분 나쁘게 해서는 안 된다'라는 원칙을 명확히 일러 주고, 그것을 지키면서 놀 수 있도록 하는 것이 좋습니다. 이 시기에 이런 놀이를 충분히 하지 못한 아이들은 올바른 남성성과 여성성을 실습할 기회가 없어 자신에 대한 자신감을 잃게 됩니다.

친구들과 노는 것이 지상 과제

두 돌까지 엄마 혹은 아빠와 일대일 관계를 맺던 아이들은 3~4세에 '엄마-아빠-나'의 삼각관계를 맺게 됩니다. 이런 삼각관계가 안정화되면 드디어 여기에 친구를 넣어 사각 관계를 만들 수 있지요. 그 전까지의 친구는 단지 옆에 있는 아이일 뿐이지만 5~6세 때의 친구는 나를 재미있게 해 주고, 내가 재미있게 해 줄 수 있는 아이입니다. 자신에 대한 안정된 자아상을 갖게 되었기 때문에 다른 아이와 관계를 맺고 싶은 욕구도 생기는 것이지요. 반대로 자아상이 불안하여 자신감이 없는 아이들은 여전히 친구들과 관계를 맺는 일에 어려움을 느낍니다.

이런 상황에서 유치원과 같은 교육 기관에 보낼 경우 여러 가지 문제가 나타날 수 있습니다. 어떤 아이들은 친구에게 지나치게 매달려 집에 들어오기를 거부하기도 하고, 반대로 아예 친구에게 관심이 없이 혼자 노는 걸 좋아하기도 하는데, 이 양극단이 문제입니다.

이 시기의 아이들은 엄마 아빠와 놀기보다는 친구들과 노는 것을 즐깁니다. 그래서 장난감도 같이 갖고 놀고 싶어 하고, 만화영화도 같이 보려고 합니다. 만약 아빠가 스파이더맨 가면을 선물했을 경우 3~4세 아이들은 가면을 쓴 자신의 모습을 엄마 아빠나 친척들에게 보여 주고 싶어 하는 반면, 5~6세 아이들은 가면을 쓰고 친구들에게 달려갑니다.

물론 아이들이 싸우지 않고 잘 놀기만 하는 것은 아닙니다. 아직은 상대방 입장에서 생각하는 능력이 부족하기 때문에 의견 충돌이 있을 때는 다시는 안 볼 것 같이 심하게 싸우기도 합니다. 하지만 어른들처럼 감정의 앙금이 오래가는 것이 아니라 다음 날이 되면 언제 그랬냐는 듯 헤헤거리며 잘 놉니다. 친구들과 재미있게 노는 것이 이 시기 아이들의 지상 과제이기 때문에 싸웠다고 해도 감정을 툭툭 털고 잘 지낼 수 있는 것이지요.

3~4세에는 옆집 친구가 이사를 가도 그런가 보다 하던 아이들이 이때는 친구와 헤어지면 슬퍼하고, 한참 동안 그리워하기도 합니다. 친구 관계를 통해 많은 것을

배우는 시기이므로 아이가 친구들과 놀 수 있는 기회를 많이 주는 것이 좋습니다.

이성 친구보다 동성 친구와 잘 노는 것이 정상

놀이를 통해 남성성, 여성성을 실습하는 아이들은 이성 친구보다는 동성 친구와 노는 것을 더 좋아합니다. 이는 자신의 성 역할을 더 강화하기 위해서입니다. 이에 대해 여자아이가 너무 여자아이들하고만 놀면 나중에 사회생활을 시작했을 때 남자와 잘 어울리지 못해 어려움을 겪는 것은 아니냐며 걱정하는 부모들이 있습니다. 또 양성을 골고루 사귀어야 된다고 생각하는 부모들도 있고요. 그러나 이는 모두 아이의 발달 과정을 모르고 하는 이야기입니다.

이 시기에 여성성을 충분히 키워 놓으면 자신의 여성성을 잘 활용하는 여자로 자라게 됩니다. 사회생활을 할 때 자신의 여성성을 적절히 이용할 줄 아는 여자들이 성공할 가능성이 더 높습니다. 여자가 꼭 남자처럼 거칠고 공격적이어야 성공하는 것은 아니라는 뜻입니다. 그러므로 아이들이 동성 친구를 찾아 끼리끼리 놀 때 걱정하지 않아도 됩니다. 오히려 남자아이가 여자아이와 노는 것을 더 좋아하고, 여자아이가 남자아이와 노는 것을 더 좋아하는 것이 부자연스러운 일입니다.

규칙을 만들고 지키는 것을 좋아합니다

이 시기 아이들에게 부모의 말은 곧 법입니다. 그동안 부모와 애착 관계를 잘 형성해 온 아이들은 부모가 뭔가를 하라고 하면 그것을 지키려고 노력하고, 그 규칙을 지키는 데서 기쁨을 느낍니다. 또한 아이는 자신의 행동에 대해 항상 인정받기를 원하기 때문에, 아이가 규칙을 잘 지켰을 때 칭찬을 해 주고 '착한 일 스티커' 등으로 보상을 해 주면 효과가 큽니다.

또한 이제 아이도 논리적인 생각을 할 수 있으니 무조건 해야 한다고 말하는 것보다는 그 이유를 설명해 주는 게 좋습니다. 그러면 오히려 쉽게 수긍하지요. 예컨대 손을 씻으라고 이야기할 때 "손이 더러우면 병에 걸릴 수 있어"라고 말해 주면 아이는 엄마의 뜻을 이해하고 손을 씻습니다. 그래서 이 시기에 좋은 습관을 들이고자 할 때는 왜 그래야 하는지를 자세히 설명해 주는 것이 좋습니다.

규칙을 지키는 것을 좋아하다 보니 때로는 경직된 모습을 보이기도 합니다. 규칙이 상황에 따라 달라질 수 있다는 것을 이해하지 못하고 어떤 경우에든 규칙은 적용되어야 한다며 융통성 없이 구는 것이지요. 여행 가서 아이용 숟가락과 젓가락이 없는데도 집에서처럼 반드시 그것으로만 밥을 먹어야 한다며 고집을 부리는 경우가 그 예입니다. 이때에도 역시 왜 그럴 수밖에 없는지 이유를 설명해 주도록 하세요.

또한 부모들은 공중도덕을 잘 지키는 모습을 보여야 합니다. 그렇지 않으면 "아빠, 빨간 불에 건너면 안 되는데 왜 건넜어?" 하는 곤란한 질문에 답해야 하는 상황이 생길 수도 있으니까요.

자존감을 하늘 끝까지 끌어올려 주세요

이 시기의 아이들은 무의식적으로 끊임없이 자기 자신에 대해 이런 질문을 던집니다. '나는 괜찮은 사람인가?' '나는 멋진 남자인가?' 이는 현재의 자아상을 확인하는 작업입니다. 그러느라 어른들이 보기에는 별것도 아닌 걸 가지고 자기 자랑을 늘어놓는 등 잘난 척을 하는 것입니다.

"내 신발 예쁘지?"

"엄마 도와줘서 나 착하지?"

무조건 "응"이라고 대답하기에는 어딘지 석연치 않은 질문을 하며 잘난 척을 하는 아이들. 그러나 그 잘난 척을 무조건 인정해 주어야 합니다. 잘난 척을 하고 인정받는 과정을 통해 '나는 정말 괜찮은 아이구나' 하는 믿음을 쌓아 가니까요.

이 시기에는 이전에 비해 훨씬 머리가 좋아진 아이들과 함께 간단한 보드게임을 하는 것도 육아의 재미입니다. 그런데 게임을 하다 보면 반드시 이겨야만 직성이 풀리는 아이 때문에 곤란해지곤 합니다. 매번 져 주자니 버릇이 없어질까 걱정이고, 그렇다고 부모의 실력대로 해서 이기자니 아이가 씩씩거릴 게 뻔하니까요.

자신의 자아상을 확인하고 있는 아이들에게 이긴다는 것은 곧 '나는 좋은 사람'임을 뜻합니다. 반대로 질 경우 '나는 형편없는 사람'이라는 생각을 하게 되지요. 그래서 어떻게든 자신을 좋은 사람으로 만들기 위해 지지 않으려고 하고, 지면 그 좌절감에 화를 냅니다. 이런 아이들의 마음을 헤아려 아이와 게임을 할 때 마지막에는 일부러라도 져 주는 것이 좋습니다. 아이가 버릇이 없어지면 어떻게 하냐고요? 아이가 자기만 알면 어떻게 하냐고요? 그런 건 걱정하지 않아도 됩니다. 부모가 "넌 그렇게 잘난 아이가 아니야" 하고 이야기해 주지 않아도 유치원에 가고 학교에 가 다른 사람들을 만나면서 자신에 대해 스스로 더 잘 알게 됩니다.

이런 아이가 있었어요. 어렸을 때부터 할머니로부터 "예쁜 내 새끼"라는 말을 듣고 자란 아이였지요. 객관적인 눈으로 봤을 때는 예쁜 아이가 아니었는데도 말입니다. 아이는 그 말을 100퍼센트 믿고 자신은 정말 예쁜 아이라고 생각하며 자랐습니다. 그런데 유치원에 가면서 이런 믿음이 깨졌습니다. 자기가 보기에도 자기보다 예쁜 아이들이 많았던 것입니다. 유치원에서 돌아온 그 아이가 할머니를 보고 "왜 거짓말을 했어요?" 하며 울었다고 합니다.

이처럼 일부러 아이의 믿음을 깨려 하지 않아도 단체 생활을 하면 아이 스스로 다 알게 됩니다. 학교에 들어가게 되면 엄마 아빠의 평가보다는 학교 친구들이나 선생님이 자신을 어떻게 보고 있는지 더 신경을 쓰게 되고요. 그러므로 지금 이 시기, 집에서만큼은 아이의 자존감을 하늘 끝까지 올려 주는 것이 중요합니다. 이 시기에 형성된 자존감이 험난한 세상을 살아갈 아주 든든한 힘이 됩니다.

학습 문제

아이가 학습지만 보면 도망가요

아이들 교육을 시작할 때 제일 먼저 떠올리는 것이 학습지입니다. 학습 분량이 주 단위로 정해져 있고, 정기적으로 선생님이 방문해서 아이들의 상황도 체크해 주고, 일반 학원보다 비용도 저렴하기 때문에 엄마들의 선호도가 높습니다. 그만큼 교육 효과에 대한 기대도 크지요. 하지만 부모들이 기대를 거는 만큼 공부에 효과를 보는 경우는 거의 없습니다. 당장은 아이가 문제를 곧잘 풀어 공부를 잘하는 것처럼 보일 수 있습니다. 그러나 그것이 학습 능력이라고는 절대로 말할 수 없습니다. 이 시기 아이의 뇌는 학습을 할 만큼 발달해 있지 않기 때문입니다.

학습과 관련한 뇌는 6세 이후에 발달

많은 부모들이 6세 이전에도 아이가 학습 지를 풀 수 있고, 그것이 아이 학습에 도움이 되리라 생각합니다. 그러나 앞에서 이 야기했듯이 아이의 뇌는 여섯 돌이 지나야 인지적 학습이 가능할 만큼 발달합니다. 워낙 아이의 교육 시기가 앞당겨진 탓에 아무것도 안 하고 있자니 엄마 아빠는 마음 이 불안할 수밖에 없지만, 아이의 뇌 발달 과정을 안다면 불안해할 필요가 없을뿐더러, 오히려 안 시키는 편이 낫다고 생각하게 될 것입니다.

뇌가 충분히 발달하지 않은 상황에서 아이가 학습지 공부를 하게 되면 단순한 호기심에 처음 몇 번은 풀어 볼지 몰라도, 어느 정도 지나면 흥미를 잃고 버거워하게 됩니다. 자기 몸에 맞지 않는 옷을 입었을 때 불편한 것과 마찬가지이지요. 특히 "오늘은 여기서부터 여기까지 해야 한다" 하며 강압적으로 공부를 시키면 아이는 당연히 거부 반응을 보입니다.

소심한 아이나 부모의 뜻에 억눌려 자기표현을 제대로 하지 못하는 아이의 경우, 심지어 학습지만 봐도 경기를 일으키는 '학습지 증후군'을 보이기도 합니다. 정식 병명은 아니나 그만큼 학습지로 인한 아이들의 스트레스가 심각하다는 것이지요.

아이마다 발달 수준이 다릅니다

아이마다 뇌 발달 속도가 다르기 때문에 6세가 되었다고 해서 모든 아이가 비슷한 수준의 학습 능력을 갖추는 것은 아닙니다. 제가 가장 싫어하는 질문 중 하나가 "언제 뭘 시켜야 하나요?" 하는 식의 물음입니다. 이런 질문을 받으면 저는 그 어떤 대답도 해 줄 수가 없습니다. 아이마다 기질과 발달 정도가 모두 다릅니다. 형제라고 예외가 아니고, 한날한시에 태어난 쌍둥이도 마찬가지입니다. 때문에 아이에게 맞는 교육법도 제각각일 수밖에 없습니다. 옆집 아이한테는 큰 성과를 거둔 교육법이 내 아이에게는 치명적인 독이 될 수도 있지요.

그래서 저는 부모들에게 늘 '아이에게 무엇을 시킬지 고민하기 전에 아이의 기질과 발달 과정부터 잘 살펴라'고 강조합니다. 만일 유치원이나 어린이집에 아이를 보내고 있다면, 그곳에서 배우는 것을 아이가 잘 따라가는지부터 살펴보세요. 또한 그것이 자발적으로 따라가는 것인지, 강요에 의해 억지로 끌려가는 것인지도 알아야 합니다. 강요에 의한 학습이 계속될 경우, 공부 자체에 대한 흥미를 잃어버려 초등학교에 입학해서 학습을 거부하는 사태가 발생할 수도 있습니다. 아이가 학습을 할 능력이 있고 어린이집이나 유치원에서 하는 교육 프로그램도 무리 없이 따라간다

하더라도, 아이가 학습지 공부를 거부하면 억지로 시켜서는 안 됩니다.

학습지를 하는 목적을 분명히

.... 얼마 전 병원을 찾은 부모들에게 학습지 공부를
얼마나 시키고 있는지 물어본 적이 있습니다. 백이면 백 안 시키는 부모가 없었습니
다. 학습지를 시키는 이유를 물어보니 '그냥 노는 것보다는 나을 것 같아서'라는 대
답이 대부분이었습니다. 결국 막연하게 남들 하니까 하는 것이었지요.

'남들이 다 하니까 한다'는 것은 정말 잘못된 생각입니다. 다른 부모들이 짚을 안
고 불속으로 뛰어들면 그것도 따라 할 건가요? 아이의 인생에 사사건건 간섭하며
교육에 열을 올리는 부모를 보면 때때로 이런 생각이 들곤 합니다. '과연 누구를 위
해서 저 어린 나이에 학습지 공부를 시키는 걸까. 결국 엄마 아빠의 불안을 없애기
위한 방편이 아닐까.' 학습지 공부를 시키기 전에 부모 스스로 아이에게 학습을 시
키는 목표가 무엇인지 자문해 볼 필요가 있습니다. 아이가 한글을 술술 읽게 하는
게 목적인지, 어떤 문제에 부딪혔을 때 어렵더라도 해결할 수 있는 자신감을 키우는
것이 목적인지, 사물이나 상황을 잘 이해하도록 하는 것이 목적인지 분명히 해야 합
니다. 그래야 아이가 학습지 공부를 잘 따라가지 못할 때, 그만둘 것인지 살살 달래
서 시킬 것인지, 아니면 학습지 말고 다른 방법을 찾을지 판단할 수 있습니다.

엄마 아빠와 함께하는 놀이 시간으로 만드세요

.... 공부가 그저 앉아서 문제를 푸
는 것이라면 열에 아홉 아이는 고개를 흔들게 마련입니다. 학습지를 그저 들이밀지
말고 엄마나 아빠가 재미있게 그 내용을 가르쳐 주면 아이가 학습지 공부를 싫어할
확률이 줄어듭니다. 아이에게 재미있는 얘기도 해 주고, 잘하면 상을 주는 등 공부
하는 시간을 엄마 아빠와 함께하는 즐거운 놀이 시간으로 만들어 보세요. 공부하는
동안 부모와 좋은 관계를 맺을 수 있으면 아이는 행여 문제를 푸는 것이 지겹더라도

그 즐거움을 위해 참게 됩니다.

공부하는 시간을 놀이 시간으로 만들어 줄 자신이 없는 부모라면 과감히 학습지를 끊어야 합니다. 이 시기의 아이들에게는 노는 것이 곧 지능 발달로 연결되니 차라리 아이가 하고 싶은 것을 하며 놀 수 있도록 도와주는 것도 나쁘지 않습니다.

아이 기질에 따른 학습지 선택법

아이가 배우고 싶어 하고, 부모도 아이의 인지 교육에 신경을 쓰고 싶다면 놀이 차원에서 조금씩 학습지 공부를 시작할 수도 있습니다. 이때 아이 기질에 맞는 학습지를 선택하면 실패할 확률이 줄어듭니다.

① 수줍음이 많은 아이
수줍음이 많은 아이는 일주일마다 한 번씩 학습지를 체크해 주는 선생님도 낯설어 할 수 있습니다. 그러므로 온라인 학습지 등을 이용해 엄마 아빠가 직접 가르치는 것이 좋습니다.

② 활발한 아이
활발한 아이는 다른 아이와 함께 공부하며 경쟁을 즐길 수 있는 환경을 좋아합니다. 따라서 친구들과 함께 공부하는 것이 효과적일 수 있습니다.

③ 주의가 산만한 아이
주의력이 부족한 아이는 학습지 선택만큼이나 공부를 가르치는 선생님 선택도 중요합니다. 미리 선생님에게 아이의 특성을 이야기하고 상의하는 것이 좋습니다.

④ 엄마와 호흡이 잘 맞는 아이
엄마를 유독 따르는 아이는 방문 선생님이 없는 학습지를 선택해 엄마와 아이가 함께 놀면서 공부하도록 합니다.

아이를 가르칠 때마다 속이 뒤집혀요

'모성=교육'이 엄마 노릇의 기본 등식처럼 되어 버린 세상에서 아이 교육을 등한시한다는 것은 '간 큰 엄마'나 할 수 있는 일입니다. 그런데 문제는 아무리 가르쳐도 아이들이 잘 따라 주지 않는다는 것입니다. 아무리 어르고 달래도 부모가 원하는 만큼, 부모가 이끄는 대로 따라오지 않는 아이들. 부모 입장에서는 정말 속상할 수밖에 없지요.

인정받지 못하는 아이는 부모를 따르지 않습니다

놀이터에서 아이 둘이 뛰어 놀고 있습니다. 비둘기들이 날아와 계단 위에 앉자, 그것을 본 아이들이 계단을 뛰어오르다 넘어져 울음을 터트립니다. 그러자 두 엄마가 헐레벌떡 뛰어옵니다.

"그러게 엄마가 높은 데 올라가지 말라고 했지!"

한 엄마가 아이를 잡더니 엉덩이를 철썩 때리며 혼을 냅니다. 엄마에게 맞은 아이는 계속 악을 쓰며 웁니다.

"뚝 그쳐, 뚝! 얼른!"

엄마가 윽박지르자 아이는 기가 질려 울음을 삼킵니다. 그런데 다른 한 아이의 엄마는 이와 대조적입니다.

"넘어져서 아팠구나. 괜찮아. 비둘기를 만져 보고 싶어서 그랬지? 그런데 비둘기가 하늘로 날아가 버렸네. 그런데 저기 또 비둘기가 왔다."

아이가 우는 이유를 자기가 말해 주고, 아이에게 더 이상 울 틈을 주지 않으려는 듯 관심을 다른 곳으로 돌리는 엄마. 아이는 어느새 울음을 뚝 그치고 말합니다.

"엄마, 비둘기 보러 같이 가자."

이 두 엄마의 차이는 무엇일까요? 둘 다 아이의 울음을 그치게 하려는 목표는 같았습니다. 그러나 한 엄마는 "울지 마"라고 하며 억지로 울음을 그치게 했고, 다른 엄마는 아이의 기분을 받아 주면서 울음을 그치게 했습니다.

두 아이 모두 울음을 그치기는 했지만 표정은 정반대입니다. 한 아이는 좌절감에 어두운 얼굴을 하고 있고, 다른 한 아이는 비둘기를 향해 눈을 반짝입니다. 두 아이 중 누가 더 정신적으로 건강하게 자랄까요? 당연히 자신의 기분을 이해받은 아이입니다. 아이뿐 아니라 엄마의 정신 건강에도 차이가 있지요. 아이를 혼낸 엄마는 아이가 자신의 말을 따르지 않은 것에 짜증이 나고 실망한 반면, 아이를 달랜 엄마는 아이가 금방 울음을 그치고 기분이 좋아져서 다행이라고 즐거워합니다. 즐거운 마음으로 아이를 더욱 살갑게 대할 수 있는 사람은 후자겠지요.

엄마의 양육 태도에 따른 이 같은 차이는 아이 학습에서도 나타납니다. 자신의 행동을 엄마로부터 인정받지 못한 아이는 엄마가 아무리 '재미있는 것'이라고 이야기해도 쉽게 믿지 않습니다. 그래서 하기 싫은 반응을 보이고, 그러다 엄마의 강압에 못 이겨 억지로 시작하지요. 반면 자신의 감정을 엄마에게 인정받은 아이는 엄마가 무엇을 가르치려고 하면 일단 해 보려는 마음을 먹습니다. 왜냐하면 '나를 인정해 주는' 엄마가 권하는 것이기 때문입니다. 그래서 무엇이든 재미있게 배우고, 그런 만큼 실력도 쑥쑥 늡니다.

부모가 가르치는 대로 아이가 따르지 않을 경우 먼저 아이와 충분히 감정적 교류를 하고 있는지 등 엄마의 양육 태도부터 따져 봐야 합니다. 부모와 아이의 관계가 좋으면 교육은 크게 고민하지 않아도 자연스럽게 이루어집니다.

'모성=교육'이 아니라 '모성=공감'

엄마들은 자꾸 아이에게 뭔가를 보여 줘야 하고, 무언가를 가르쳐야 한다는 강박관념이 있습니다. 그러다 보니 아이의 행동을 아이의 시각에서 이해하는 일은 뒷전이 되기 쉽습니다. 그러나 진정한 모성은 '교육'이 아니라 '공감'입니다. 지금 아이의 마음이 어떤지 함께 느끼는 것, 감정을 함께 나누고 기뻐하는 것이 먼저이지요. 버릇을 들이고 공부를 시키는 것은 그다음 문제입니다.

아이가 뭔가를 만들었을 때 그게 아무리 하잘것없어도 엄마가 마음을 담아 칭찬을 해 주면 아이는 신이 나서 새로운 것을 궁리하게 됩니다. 하지만 "애걔, 이게 뭐야"라고 하면 좀 더 나은 방향으로 움직일 에너지를 잃고 맙니다. 공감의 유무가 이렇게 큰 차이를 낳는 것이지요.

아이가 만일 모래를 보고 즐거워하면 "모래보다 블록이 깨끗하고 더 좋잖아"라고 말할 게 아니라 "와, 모래 놀이하면 정말 재밌겠네"라고 말해 주어야 합니다. 아이의 지적 능력이 높으면 높은 대로, 낮으면 낮은 대로 아이의 눈높이에 서서 공감해 주는 것, 바로 그것이 지금 엄마들이 갖추어야 할 능력입니다.

물론 뭐라도 빨리 가르쳐야만 할 것 같은 강박관념에 휩싸인 엄마의 심정을 모르는 건 아닙니다. 하지만 아이가 배움을 지겹고 하기 싫은 것으로 기억하게 해서는 안 됩니다. 배우는 즐거움만큼 인생에서 큰 즐거움도 없다는데, 아이가 그 즐거움을 느낄 수 있게 도와줘야 하지 않을까요?

선생님 노릇을 과감히 그만두세요

부모는 선생님이 아닙니다. 부모가 아니어도 아이를 가르칠 사람은 많습니다. 하지만 완전히 아이의 편에 서서 공감해 줄 사람은 엄마 아빠밖에 없습니다. 아이가 뭔가에 서툴러도 '이 세상에서 제일 잘한다'라고 자신감을 심어 주고, 철저히 아이의 편이 돼 줄 사람이 바로 부모라는 이야기지요. 부모가 의도적으로 무언가를 자꾸 가르치려고 들면 아이에게 남는 것은 정서적 결여뿐입니다. 자아상에 잦은 손상을 입어 스스로를 '뭐든지 잘 못하는 아이'로 생각하게 되지요.

사실 아이들은 보통 초등학교 2~3학년만 돼도 엄마의 평가보다 선생님과 친구들의 평가에 더 신경을 씁니다. 다시 말해 엄마 아빠가 아니어도 아이에게 객관적인 평가를 내려 줄 사람은 많다는 것이지요. 그러니 굳이 부모가 아이를 잘 가르쳐야 한다는 강박관념에 빠져 아이를 객관적으로 평가하며 아프게 하지 마세요. 오히려 잘 못해도 잘하는 것처럼 칭찬하고 기뻐해 주면 아이들은 자신감을 얻게 되고, 부모를 좋아하게 됩니다. 그러면 자연스럽게 부모의 기대에 어긋나지 않기 위해 노력하게 되지요. 아이를 내가 잘 가르쳐야 한다는 생각을 버리세요. 그리고 아이가 새로운 것을 발견했을 때, 혼자 힘으로 모래성을 쌓았을 때 아이가 느끼는 환희와 즐거움을 함께 느껴 보세요.

아이가 수 개념이 없는 것 같아요

"○○야. 100원에 100원을 더하면 얼마지?"

"응. 100원 두 개."

"그럴 때는 200원이라고 하는 거야. 다시 해 보자. 100원에 100원을 더하면 얼마지?"

"음……. 100원이 두 개인 것 맞잖아."

수 개념을 억지로 가르치려는 부모들이 많습니다. 하지만 수 개념이란 숫자를 익힘으로써 생기는 것이 아닙니다. 생활 속에서 사용되는 수를 알아가면서 기본적인 수 개념이 형성되지요. 이 바탕 없이 숫자만 외우는 것은 아무런 의미가 없습니다. 수학 공부는 이렇게 생활에서 시작해야 합니다.

일상생활과 떨어져 있는 학습 방법 때문

──────────────────────────────── 일반적으로 5세가 되면 평소 생활을 통해서 기본적인 수 개념이 형성됩니다. 숫자를 정확히 세지는 못하더라도 시계나 달력 등을 보며 숫자가 무엇이고, 그것이 생활 속에서 어떻게 나타나고 적용되는지 깨닫게 되지요. 이 시기에는 1부터 100까지 앵무새처럼 무작정 세는 게 중요하지 않습니다. 10까지 세더라도 그것이 무엇을 의미하는지 아는 게 더 중요합니다. 사탕을 먹을 때 "하나, 둘, 셋, 넷" 하고 세면서 먹는 아이가 있는 반면, 숫자는 100까지 입으로 정확하게 말하면서 생활 속에서는 전혀 숫자의 의미를 이해하지 못하는 아이도 있습니다. 우선 내 아이가 생활 속에서 어느 정도 수를 파악하고 있는지 알아 봐야 합니다. 만일 이런 파악 없이 부모 욕심에 수를 읽고 쓰는 것만 강요한다면, 아이는 그저 '1, 2, 3, 4'만 외는 앵무새가 되고 맙니다. 그 숫자가 무얼 뜻하는지도 모르고 말입니다.

수 개념 형성 놀이를 하세요

──────────────────────────── 차라리 이럴 때는 수 개념 형성 놀이를 하는 것이 더 효과적입니다. 말 그대로 놀면서 자연스럽게 수 개념을 깨우쳐 주는 것이지요. 저는 어린 정모와 함께 '우노게임(Unogame)'이라는 카드놀이를 즐겨 했습니다. 재미있게 놀다 보니 아이가 어느새 순서에 대한 개념은 물론, 간단한 연산도 할 줄 알게 되더군요. 게임에서 이기려면 수를 세고 더하고 뺄 줄도 알아야 했으니까요. 승부욕이 강한 정모에게는 더할 나위 없이 좋은 놀이이자 학습이었던 것입니다. 제 입장에서는 아이와 재미있게 놀면서 숫자도 알려 줄 수 있어 좋았지요.

부모가 어떻게 지도하느냐에 따라 아이는 숫자를 제대로 이해할 수 있기도 하고, 단순한 기호로만 인식할 수도 있습니다. 그러므로 엄마 아빠는 어떻게 하면 아이에게 수 개념을 자연스럽게 알려 줄 수 있을지 궁리해야 합니다.

예를 들어 아이가 퍼즐 놀이를 하면 부분과 전체를 인식할 수 있고, 그림 카드나

효과적으로 수 개념을 가르치는 방법

●아이에게 너무 많은 것을 바라지 않는다

수를 세고, 덧셈 뺄셈을 하는 것이 부모에게는 너무 쉬운 것이지만 아이에게는 추론과 개념 이해가 필요한 어려운 일입니다. 그러므로 수학 공부에 너무 욕심을 내지 않도록 합니다.

●놀이로 가르친다

어떤 학습지로 가르쳐야 할지 고민하기보다는 어떤 놀이로 가르칠지 고민하는 것이 바람직합니다. 재미있는 교구나 교재가 없다면 단추, 바둑알, 구슬 등 우리 주변의 사물을 이용해 보세요.

●눈과 손을 함께 이용한다

아이가 수를 시각적으로 이해하도록 도와주는 것이 좋습니다. 주변에 있는 사물들을 아이가 직접 보고 손으로 만져 보게 하는 것이 그 시작입니다.

●수를 외우게 해서는 안 된다

수는 1, 2, 3 등의 문자를 익히는 것이 아닙니다. 수에는 비교, 분류, 대응 등 다양한 의미가 포함되어 있습니다. 그러므로 아이가 생활 속에서 수를 이해할 수 있도록 가르쳐야 합니다.

●용어보다는 쓰임새를 알게 한다

동그라미를 알려 줄 때 '동그라미'라는 도형의 용어보다는, 자동차 바퀴가 동그라미 형태라고 알려 주는 게 좋습니다. 또한 그로 인해 차가 잘 굴러 가게 된다는 것을 이야기해 주면 아이는 형태뿐 아니라 그 특성도 알게 됩니다.

●쉽고 정확한 언어를 사용한다

아이에게 어려운 개념을 들려주기보다 기본 개념을 정확하고 쉽게 말해 주어야 합니다. 예를 들어 도형에 대해 설명할 때는 삼각형은 뾰족한 곳이 세 곳이 있고, 사각형은 뾰족한 곳이 네 곳이 있다는 식으로 표현해 주는 것이 좋습니다.

여러 가지 물건을 모아 놓고 용도에 따라 나눠 보면 분류와 집합의 개념을 이해할 수 있습니다. 아이의 키와 몸무게를 잰 후 각각 몇 센티미터이고 몇 킬로그램인지 알려 주면, 아이는 모든 사물은 기준을 가지고 측정한다는 사실을 알게 되고, 더불어 측정과 관련한 수학 용어도 알게 됩니다. 아이와 함께 가게에 가서 물건을 고르게 한 후 직접 돈을 내고 거스름돈을 받게 하면 덧셈과 뺄셈은 물론 돈의 단위도 알게 되지요. 식탁에 밥을 차릴 때 차례대로 수저를 놓게 하면 사물의 규칙성과 패턴을 익히게 됩니다. 공놀이를 하면서도 숫자를 알려 줄 수 있어요. 공을 주고받으며 하나씩 숫자를 세는 것입니다. 아이는 자기가 몇 번 던졌는지, 아빠가 몇 번 던졌는지, 합하면 모두 몇 번인지 등을 말해 보면서 계산 능력도 키울 수 있습니다.

무엇을 배우든 쉽게 그만둬 버려요

피아노 학원에 다니게 했더니 얼마 안 가 그만두겠다고 하고, 학습지 푸는 것도 처음에는 잘하다가 며칠 지나면 하기 싫다고 몸을 꼬는 아이들. 싫어하는데 시킬 필요가 있나 싶어 아이 스스로 하겠다고 나설 때까지 기다려 보지만 아이는 아무런 움직임을 보이지 않습니다. 무엇을 배우든 찔끔찔끔 맛만 보고 쉽게 그만두는 아이를 어떻게 바로잡아야 할까요?

흥미도 싫증도 잘 내는 시기

이 시기 아이들은 새로운 것에 흥미를 느끼다가도 금방 싫증을 내는 특징을 보입니다. 다른 아이가 피아노를 치는 것을 보고 자기도 하겠다고 나서지만 막상 시켜 주면 얼마 안 가 안 하겠다고 합니다. 또 도복을 입고 다니는 형이 멋있다며 태권도를 하겠다고 조르지만 이 역시 오래 못 갑니다. 이는 아이 탓이 아닙니다. 이 시기 아이들의 특징을 고려하지 않고 단순히 '하고 싶다'는 아이의 말에 무턱대고 교육을 시킨 결과이지요.

피아노, 태권도, 미술 등 아이가 받는 대부분의 교육은 반복 학습을 해야 하는 것들입니다. 배운 것을 지루할 만큼 반복해서 익혀야 실력이 늘지요. 그러다 보니 아이는 처음에는 반짝 호기심을 갖다가도 배우는 과정에서 쉽게 지루함을 느낍니다. 초등학생 정도만 돼도 이 지루함을 참고 견딜 수 있지만 5~6세 아이들은 아직 자신의 욕구를 억제할 만큼 성숙하지 못합니다.

쉽게 그만두면서도 칭찬받고 싶어 한다면?

얼마 전 6세 여자아이 엄마로부터 상담 전화를 받았습니다. 미술을 하고 싶다고 해서 학원을 보내 줬더니 5개월 만에 그만두고, 피아노 역시 한 달 만에 그만두고, 그 후로도 몇 번 다른 것을 해 보다가 금방 그만두었다고 해요. 그러면서도 아이는 엄마 아빠나 선생님으로부터 잘한다는 칭찬을 듣고 싶어 한다고 했습니다. 무엇이든 배우기 시작할 때는 자기 자랑을 늘어 놓으며 칭찬을 요구해서, "정말 잘하네" 하고 인정해 주면 얼마 못 가 그만두는 식이란 것이었죠. 오래 배우면 더 많이 칭찬을 받을 수 있다고 말해 줘도 아무 소용이 없다고 했습니다.

아이가 무엇을 하든 금방 그만두면서도 칭찬받고 싶어 한다면 아이의 속마음부터 알아보아야 합니다. 저는 그 엄마에게 먼저 아이가 새로운 걸 배우는 것 자체를 좋아하는지, 그것을 통해 인정받기만을 원하는 것인지 살펴보라고 했습니다. 아이가 호기심이 많아 이것저것 해 보고 싶은 게 아니라, 오직 칭찬을 받고 싶어 그러는 것이라면 심리적인 문제가 있을 수 있습니다. 아이는 스스로 무언가가 부족하다고 느낄 때, 칭찬으로 보상받으려 하기 때문입니다.

아이에게 부족한 것이 무엇인지 구체적으로 따져 보고, 그것을 채워 줘도 별반 나아지지 않는다면 뭔가를 배웠다 그만두는 행동을 저지할 필요가 있습니다. 학습 자체에 재미를 느끼지 못하고 오로지 칭찬을 받기 위해 계속 무언가를 배운다면, 아이의 자연스러운 학습 발달을 망치기 때문입니다.

부모의 욕심이 너무 앞선 것은 아닌가요?

아이들은 부모의 표정과 말투만으로도 부모가 자신을 어떤 마음으로 대하고 있는지 귀신같이 알아챕니다. 부모가 교육을 시키며 아이가 잘하기만을 바랄 경우 아이들은 심리적 부담을 갖게 됩니다. 그래서 일단 시작은 하지만 부모의 기대만큼 잘하지 못한다고 생각하면 그만두고 싶어 하는 것이지요. 아이가 아무것도 안 하고 있으면 불안해지는 것은 엄마입니다. 그래서 이것저것 새로운 배울 거리를 제공하게 되고, 엄마의 이런 바람을 아는 아이는 어쩔 수 없이 또 시작을 하지요. 하지만 그것이 아이의 적성에 맞거나 좋아해서 하는 것이 아니라면 조금 하다가 그만두는 악순환이 생깁니다. 이럴 때는 과감하게 그냥 내버려 두는 지혜가 필요합니다. 실패의 경험을 계속 쌓느니 아예 아무것도 하지 않는 게 낫습니다.

학습 동기가 있어야 꾸준히 합니다

아이가 무엇이든 한 가지를 오랫동안 즐겁게 배우지 못하는 것은 학습 동기를 찾지 못해서일 수도 있습니다. 연세대학교 조한혜정 명예교수는 "아이가 먼저 동기를 갖기 전에 미리 부모들이 무엇인가를 끊임없이 제공하면, 아이는 하고 싶고 되고 싶은 게 없고 무엇이든 끈기 있게 하지 못할 수 있다"고 이야기했습니다. 그러므로 아이에게 아무것이나 무작정 시키지 말고 아이가 좋아하는 것을 잘 관찰한 후 그것을 하게 하는 것이 좋습니다. 억지로 시키면 "우리 아이는 무엇을 배우든 쉽게 그만둬 버려요"라는 말을 당연히 하게 됩니다. 아이가 무엇에 흥미를 가지면 격려해 주고, 거기에서 아이디어를 얻어 점차 다른 것을 접목시켜 가는 지혜가 필요합니다.

고비를 잘 넘길 수 있도록 도와주세요

·· 아이들은 자신이 좋아하고, 할 수 있는 범위 내에 있는 것은 쉽게 익힙니다. 그러나 그 범위를 벗어나면 흥미를 잃고 그만 두려고 하지요. 피아노를 배울 때, 한 손으로 간단한 곡을 연주하는 것까지는 잘 따라 하지만 양손으로 쳐야 한다거나 곡이 어려워지면 포기하는 것이 그 예입니다. 이 때 아이의 뜻대로 그만두게 하면 아이는 나중에 조그만 난관이 생겨도 회피하게 됩니다. 아이가 잘하던 것을 어렵다며 그만두려고 할 때는 곧바로 그 요구를 들어주기 보다는 아이가 고비를 잘 넘길 수 있도록 도와주세요. 계속 격려해 주면서 진도를 늦추거나 잠깐 쉬게 하는 등 세심하게 배려해 주세요. 어려운 고비를 잘 넘긴 경험 은 아이가 다른 일을 할 때도 자신감을 갖게 하는 힘이 됩니다.

현명한 교육

조기교육, 정말 안 시켜도 될까요?

대한민국 부모들 중 조기교육의 유혹에서 자유로운 부모는 없을 것입니다. 아이가 한두 살 때야 그저 건강이 최고라고 생각하다가도, 점차 커 갈수록 무엇을 가르쳐야 할지 고민이 많아지지요. 좋다는 교육은 왜 이리 많고, 지금 안 가르치면 안 된다고 겁을 주는 사람은 왜 이리 많은지요. 조기교육, 과연 얼만큼 효과가 있을까요?

정상인 아이를 문제 있는 아이로 몰아가는 조기교육 현실

얼마 전 6살 아들을 둔 한 엄마에게서 메일을 받았습니다. 조기교육에 부정적인 입장이라는 그 엄마는 아이가 여섯 살이 되면서 방문 학습지 하나를 시켰다고 합니다. 처음 학습지를 해 봐서 그런지 아이가 선생님을 너무 좋아했다고 해요. 그것만으로도 됐다 싶어 진도나 숙제 따위는 신경을 쓰지 않았다고 하더군요. 그런데 선생님이 아이가 받아들이는 속도가 느리다며 전문의 상담을 받아 보라고 했답니다. 인지 장애 같은 심각한 병명까지 들먹이면서 말이지요. 그 엄마 말로는 아이는 글자를 잘 몰라도 동화책을 읽어 주면 무척 좋아하며, 자기가 궁금한 것은 꼭 질문을 하고, 유머 감각도 있어 엄마 아빠를 즐겁게 해 준다고 합니다. 하지만 그 선생님 말대로 엄마는 아이에게 정밀 검사를 받게 해야 하는지 심각한 고민에 빠졌습니다. 자신이 그동안 너무 안일하게 아이를 키운 것인지도 모른다는 자책감도 느끼면서 말이지요.

제가 진료를 해 보니 전혀 문제가 없는 아이였습니다. 엄마 역시 아이의 성장 발달을 충분히 고려하며 아이를 키우고 있어, 이대로만 계속되면 언제 그랬냐는 듯 재능을 꽃피울 가능성이 충분한 아이였지요. 하지만 잘못된 조기교육 풍토가 이렇듯 멀쩡한 아이들까지 문제 있는 아이로 몰아가고 있습니다. 누가 정했는지도 모르는 기준에 아이들을 끼워 맞추고 잘하면 영재, 못하면 문제로 판단하는 것이지요. 이런 어른들의 횡포에 상처받는 것은 바로 아이들입니다.

과도한 조기교육, 발달 장애를 가져올 수 있습니다

발달 장애에는 여러 가지 원인이 있지만 최근에는 조기교육으로 인한 스트레스도 주요 원인으로 판명되고 있습니다. 실제로도 조기교육으로 인해 사회성이나 정서 발달에 이상이 생겨 병원을 찾는 아이들이 급증하고 있지요. 아이의 집중력과 지적 능력에는 한계가 있는데 지적인 교육에 치중하다 보니 그 나이에 이루어져야 하는 사회성 발달이나 정서 발달이 제대로 이루어지지 못하는 것이지요. 또한 스트레스를 많이 받으면 뇌에서 기억력을 담당하는 해마라는 부위가 줄어든다는 연구 결과도 나와 있습니다. 그러므로 조기교육은 아주 신중하게 선택해야 합니다.

늦게 재능을 발휘하는 'Late Bloomer'

세계적인 물리학자 아인슈타인, 엑스선을 발명한 뢴트겐, 영국의 위대한 정치가 처칠, 세균학의 선구자 파스퇴르, 발명왕 에디슨. 이런 위인들의 공통점이 무엇일까요? 바로 유년 시절 공부를 못한 것은 물론이고, 발육 부진에 학습 장애, 심지어 미숙아였다는 점입니다. 그런데 지금은 각

분야에서 최고의 위인으로 손꼽히고 있지요. 이들이 어린 시절에는 '지진아'에 속했던 것은 결코 우연의 일치가 아닙니다. 우연이라고 하기에는 눈에 띄는 공통점이 있지요. 어릴 때는 아주 모자란 아이였다는 점, 그래서 어느 누구도 기대를 하지 않았다는 점, 그런데 어느 순간 갑자기 능력을 드러냈다는 점 등이 바로 그것입니다.

여기에는 과학적인 해답이 있습니다. 이들은 이른바 'Late Bloomer(늦게 꽃피는 아이)'라는 것이지요. Late Bloomer는 어렸을 때는 별 볼일 없다가 자라서 자신의 능력을 발휘하는 사람들을 말합니다. 통계를 살펴보면 Late Bloomer들이 영재보다 훨씬 많다고 합니다. 그런데 조기교육 열풍은 이런 Late Bloomer에게 치명적입니다. 스스로 꽃을 피울 때까지 부모와 교육기관들이 도대체 그냥 내버려 두지 않기 때문이지요. 다른 아이들에 비해 뒤떨어진다는 평가에 맞춰 교육이 들어가면서 Late Bloomer들은 그 시작부터 고통을 겪습니다. Late Bloomer들은 다그치면 다그칠수록 꽃은커녕 싹조차 제대로 틔우지 못하게 됩니다. 사회적 편견과 조기교육 열풍에서 이런 Late Bloomer를 보호하는 것은 바로 부모의 몫입니다.

아이가 뒤처진다고 걱정하지 마세요. 세상의 모든 아이에게는 Late Bloomer의 가능성이 있고, 이것을 살려 주는 것은 부모의 책임이자 기쁨입니다.

조기교육과 관련한 터무니없는 주장들

아직 학교에 들어가지 않은 아이를 두고 가르쳐야 할 게 너무 많다고 고민하는 것은 마치 상식처럼 널리 퍼진 조기교육과 관련한 주장들 때문이 아닌가 싶습니다. 조기교육의 허와 실, 분명히 알고 넘어갈 필요가 있습니다.

① 인간의 뇌는 3세 이전에 완성된다?

이는 겨우 옹알이를 하는 아이에게 이런저런 교재 교구를 들이밀고 있는 유아용 교재 교구 회사들의 대표적인 주장입니다. 인간의 뇌는 워낙 복잡하고 신비해서 그 변화와 발전이 어떤 형태로 이루어지는지 완전히 밝혀지지 않았습니다. 그렇지만 과학적으로 증명된 자료를 보면 인간의 뇌가 3세 이전에 완성된다는 것은 분명 잘못된 이론이며, 사춘기까지 계속 변화와 발전을 거듭한다고 합니다.

또 하나 확실한 것은 어린 시절 뇌 발달에 있어 시각, 청각, 촉각과 같은 감각 경험이 중요하다는 것입니다. 그런데 시각이나 청각 장애를 가진 아이들은 세상을 받아들이는 감각 기관에 장애가 있어도 일정 시기가 되면 세상에 대한 심상(心像)을 갖게 됩니다. 즉 시청각적 자극이 없는 상황에서도 세상을 인식할 수 있다는 뜻입니다. 그래서 인간의 뇌에 어떤 외부적인 자극 없이도 발달해 가는 기능이 있는 것으로 추론하는 발달론자들도 많습니다.

② 유아기에 아이의 잠재력을 개발해야 한다?

현재까지 진행된 뇌 발달 연구를 보면 다음과 같은 결론을 내릴 수 있습니다.

'뇌가 어떻게 발달하는지, 뇌를 인위적으로 개발하는 것이 가능한지는 아직까지 확언할 수 없다.'

우리가 아직은 알지 못하는 뇌의 능력이 바로 잠재력입니다. 유아용 교재 교구 회사들이 주장하듯이, 교재 교구와 교육 프로그램으로 개발할 수 있는 것이라면 이미 잠재력이라 할 수 없을 것입니다. 잠재력이란 말 그대로 숨어 있는 능력, 그래서 언제 어떻게 나올지 모르는 능력입니다. 세균학 연구의 선구자 파스퇴르는 자신이 스무 살 때까지만 해도 화가가 될 것이라고 생각했습니다. 더군다나 그의 대학 시절 화학 성적은 20명 중 15등이었습니다. 이처럼 인간의 잠재력의 실체가 어떤 것인지도 모르는데 어떻게 잠재력을 개발할 수 있다고 하는지 답답하기만 합니다.

③ 유아기에 학습 자극을 주어야 좋다?

조기교육 옹호론자들은 갓난아이 때부터 다양한 학습 자극을 주어야 한다고 주장합니다. 하지만 발달론자들은 유아기에 함부로 자극을 주는 것이 아이의 자연스러운 뇌 발달을 막고 잠재력마저 갉아먹을 수 있다고 이야기합니다. 유아기의 뇌는 어떤 외부적인 자극에 의해 발달하는 것이 아니라 스스로에게 필요한 자극을 찾아가며 발달합니다. 기어 다니는 아이들이 이것저것 들쑤시며 만져 보려 하는 것이 바로 그런 행동입니다. 따라서 유아기에는 이런 행동을 방해하지 말고 그냥 가만히 내버려 두어도 충분합니다. 현재까지는 아이들의 뇌 발달 과정이 정확히 밝혀지지 않았으므로 차라리 건드리지 않는 것이 좋습니다.

④ 아이가 남보다 뒤처지면 일단 가르쳐야 한다?

발명왕 에디슨은 초등학교에 입학한 지 3개월 만에 퇴학을 당했습니다. 학교 공부를 하기에는 지능이 모자라는 것 같다는 선생님의 판단에 따른 것이었습니다. 그런데 그때 에디슨의 어머니가 다른 아이들보다 뒤처지면 안 된다는 생각에서 에디슨을 다그치고 이런저런 교육을 시켰다면 과연 '발명왕' 에디슨이 탄생할 수 있었을까요? 저는 아니라고 생각합니다. 에디슨이 평생 발명에 매진하고 훌륭한 발명품을 만들 수 있었던 원동력은 그의 재능이라기보다 주변의 시선으로부터 에디슨을 보호하고 격려하며 끝까지 기다려 준 어머니의 사랑이었습니다. 어머니로부터 세상에 대한 믿음과 자신감을 얻었기 때문에 그 힘을 기반으로 연구에 몰두할 수 있었던 것입니다. 그러니 제발 다른 아이와 비교하여 무리한 조기교육을 감행하는 우를 범하지 않았으면 하는 바람입니다.

배운 것을 되짚어 볼 수 있는 시간적 여유도 중요

새로운 것을 습득함에 있어서는, 응용과 발전이 가능하도록 배운 것을 완전히 내 것으로 만드는 시간적·정신적 여유가 필요합니다. 그런데 국어 끝나면 영어, 영어 끝나면 태권도, 태권도 끝나면 피아노…… 이렇게 쉴 틈 없는 일정은 아이 스스로 뭔가를 받아들이고 재미를 느낄 여유를 앗아갑니다. 아이의 능력이 아무리 뛰어나도 주변의 자극을 받아들이고 제 나름대로 소화할 수 있는 양은 이미 정해져 있습니다. 그 양을 초과할 경우 아무리 공부를 시켜도 밑 빠진 독에 물 붓기가 됩니다. 부모 생각에 약간 부족한 듯 가르치는 것이 가장 좋습니다. 그렇게 여백이 있어야 아이가 배운 것을 갖고 혼자 궁리도 해 보고, 생활과 연결도 해 보면서 자기 것으로 만들 수 있습니다.

함께 길을 가던 아이가 갑자기 가게 간판을 읽어 엄마를 놀라게 했다는 이야기를 한 번쯤은 들었을 것입니다. 제대로 가르친 적도 없는데 "저거 '소'자 맞지?" 하며 이야기를 한다면, 그것이 바로 아이 스스로 생각할 시간을 가진 결과입니다. 언젠가 책에서 본 글자를 계속 기억하고 있다가 불현듯 생활에 적용하는 게 아이들의 특성이지요. 그래서 여러 가지 교육을 시키기보다는 한 가지라도 충분히 배우고 익힐 시간을 주는 것이 더욱 중요합니다.

사교육, 무얼 시켜야 하나요?

국어, 영어, 수학은 기본이고 피아노, 바둑 등 예닐곱 가지씩 배우는 아이들이 있습니다. 그 교육을 따라가는 아이도 놀랍지만, 그 일정을 일일이 관리하는 부모도 대단하다는 생각이 듭니다. 그런데 더 놀라운 것은 이런 아이가 우리 주변에 생각보다 많다는 것입니다.

무조건 아이가 좋아하는 것을 시키는 것이 정답

시킨다고 다 잘하게 된다면 교육이 어려울 까닭이 없지요. 발달의 적기에 아이와 궁합이 맞는 교육을 하는 것,

이것이 부모의 최대 숙제입니다. 5~6세 아이를 키우는 부모들 중 상당수가 "사교육으로 무얼 시켜야 하나요?"라는 질문을 합니다. 아마 내심 "영어는 꼭 해야 하고요, 예체능도 어릴 때 아니면 할 시간이 없으니 힘닿는 데까지 시켜 주세요" 하고 가르칠 과목을 콕콕 짚어 주길 바랄 것입니다. 하지만 아이들마다 타고난 기질이 다르고 뇌 발달 속도가 다른데, 어떻게 일률적으로 가르쳐야 할 것들을 정해 줄 수 있겠습니까. 그렇다면 내 아이에게 지금 무엇을 가르쳐야 할까요? 아주 쉬운 방법이 있습니다. 무조건 아이가 좋아하는 것을 시키면 됩니다. 기질이니 뇌 발달이니 해서 어렵게 생각하지 말고 그저 아이가 원하는 것, 하고 싶어 하는 것을 시키면 된다는 말이지요.

아이가 어떤 것을 좋아한다면 아이의 뇌가 그 학습을 받아들일 준비가 되었다는 뜻이고, 아이의 기질에 맞는 관심 분야가 생겼다는 뜻입니다. 그러므로 그것을 하게 해 주면 뇌 발달이 촉진되고 높은 학습 효과도 기대할 수 있습니다.

싫어하는 것이 무엇인지도 꼭 따져 보세요

아이가 좋아하는 게 있으면 싫어하는 것도 있게 마련입니다. 이때는 무엇을 싫어하며 왜 싫어하는지 그 이유를 알아보는 것이 굉장히 중요합니다. 그런데도 대부분의 부모가 아이가 좋아하는 건 금세 알지만, 싫어하는 것에는 별로 관심을 갖지 않습니다. 왜 싫어하는지, 일시적으로 싫어진 것인지, 아니면 심각한 문제가 있어 기피하는 것인지 깊이 생각하려 하지 않습니다. 아이가 싫어하는 것을 파악하는 일은 초등학교 입학 후의 학습에 큰 도움이 됩니다. 아이가 학교에 들어가면 자기가 하고 싶은 것만 하고, 하기 싫은 것은 안 할 수 없습니다. 싫어하는 것은 미리미리 그 원인을 찾아 해결해 주어야 합니다. 이런 작업은 학습 태도의 기본 바탕을 마련하는 일임과 동시에 아이의 성향을 파악하는 데도 중요합니다.

아이가 싫어하는 것에는 반드시 그럴 만한 이유가 있습니다. 아이의 기질과 맞지 않아서일 수도 있고, 아이가 그것을 받아들일 능력이 되지 않을 때도 그럴 수 있습니다. 그것을 할 만한 동기가 없어서일 수도 있지요. 어쨌거나 아이가 특정한 무엇을 싫어한다는 것은 아이가 거기서 어려움을 느끼고 있다는 뜻입니다. 이때는 어려움의 원인을 찾아 없애 주어야 합니다.

아이를 영어 유치원에 보낸 엄마가 찾아온 적이 있습니다. 아이가 어느 날부터 갑자기 유치원에 안 가겠다고 했답니다. 집에서 영어 동화책을 읽어 주고, 영어로 된 동요를 들려줄 때 너무 좋아하고 잘 따라 해서 영어 유치원에 보냈는데 지금은 영어를 싫어한다는 것이었어요. 상담한 결과 아이는 영어 유치원의 미국인 선생님을 무서워하고 있었습니다. 기질상 수줍음이 많아, 태어나 처음으로 외모가 아주 다른 미국 사람을 만나니 무서움을 느꼈던 것이지요. 그것을 모르는 엄마는 아이가 영어를 싫어하는 줄 알고, 학습 능력에 문제가 있는 건 아닌지 걱정했던 것입니다.

상담 끝에 저는 엄마에게 아이와의 관계가 더 긴밀해지도록 함께하는 시간을 많이 가지라고 이야기했습니다. 아이에게 어려움이 있을 때, 가장 가까운 사이인 엄마가 그 이유를 모른다면 앞으로도 이런 문제가 반복될 것이 뻔하기 때문입니다. 그러면서 이런 말을 덧붙였습니다.

"문제가 있기는 한데 그 이유를 잘 모른다면 이유를 알 때까지 일단 하던 것을 모두 멈추세요."

아이와 친밀한 관계를 유지하면서 싫어하는 이유를 알려고 해도 도무지 알 수 없는 때가 있습니다. 그때는 무조건 시키지 않는 것이 최선입니다. 싫어하는 것을 통해서는 절대 제대로 된 학습 효과가 나타날 수 없으니까요.

교육 적기는 흥미도와 준비도가 갖춰졌을 때

새로운 것에 대한 거부감이 심했던 경모는 초등학교 2학년 여름방학 때 처음으로 미술을 배웠습니다. 주변에서는 초등학교에 가면 미술 실력이 중요하니 미리 가르치라고 이구동성으로 이야기했지만, 마음이 움직이기 전에 아무것도 하려 들지 않는 경모인지라 강요하지 않았습니다. 동생 정모가 유치원 미술 대회에 나가 척척 상을 타 와도 경모는 그건 나와 상관없는 일이라는 무심한 태도를 보였지요.

그러던 경모가 2학년이 되더니 스스로 미술을 배우겠다고 나섰습니다. 그럼 일단 흥미도는 된 것이었지요. 그래서 저는 경모의 준비도를 생각해 봤습니다. 사실 경모는 다른 아이들에 비해 손놀림이 둔했습니다. 글자를 쓰거나 색칠을 하는 등 손을 이용하는 활동은 속도가 느린 편이었지요. 그래서 초등학교 1학년 때부터 손힘

사교육을 할 때 고려해야 할 사항

●낮잠 시간 고려하기

5세까지는 짧은 시간이라도 하루에 한 번 낮잠을 자는 것이 아이에게 좋습니다. 낮잠을 잘 시간에 이런저런 교육을 하다 보면 아이의 몸과 마음이 피곤해집니다.

●친구들과 놀 시간 확보하기

유치원이나 어린이집에서 보내는 시간만으로는 아이들끼리 긴밀한 관계를 유지하기 힘듭니다. 놀이를 통해 사회성을 키우는 시기이므로 친구들과 자유롭게 놀 수 있는 시간을 주어야 합니다.

●아이의 준비도 살피기

아이가 신체적, 정신적으로 교육을 받을 준비가 되어 있는지 살펴 주세요.

●교육의 목적 분명히 하기

예를 들어 피아노를 가르칠 때 피아노 연주 실력을 갖추게 하기 위함인지, 음악을 즐기는 아이로 만들기 위함인지 등 교육 목적을 분명히 해야 부모의 마음에 여유가 생깁니다.

●포기하지 않도록 도와주기

어떤 교육이든 처음에는 재미있고 쉽지만 어느 순간 고비를 맞게 됩니다. 만일 아이가 고비 때마다 그만두면, 쉽게 시작하고 쉽게 포기하는 아이가 되고 맙니다. 따라서 고비를 잘 넘기도록 부모가 옆에서 격려해 주어야 합니다.

을 키워 주기 위해 공작 놀이를 시켰습니다. 그 결과 손힘이 제법 생겨 2학년이 되었을 때는 그리고 쓰는 것이 능숙해졌습니다. 본격적인 미술 공부를 할 수 있는 준비가 된 셈이지요. 경모는 그 뒤 너무나 재미있게 미술을 배웠습니다. 그런데 만일 흥미도와 준비도가 제대로 갖춰지지 않은 채 학습에 들어가면 어떤 반응이 나타날까요? 아이들은 일단 무조건 피하려 듭니다. 힘들다고 툴툴거리면서 어떻게든 안 하려고 거짓말을 한다든지, 해도 마지못해 하는 모습을 보입니다. 아니면 앵무새처럼 무조건 외우려 들 수도 있어요. 부모의 미움을 받지 않기 위해 생각 없이 외워 버리는 것이지요.

소아 정신과 의사 입장에서 보면 안 하려고 하는 아이보다 앵무새처럼 외우는 아이들이 더 걱정됩니다. 무조건 외우다 보면 뇌가 그쪽 방면으로만 발달될 수 있거든요. 달력을 한 번 보고 외워 버리거나, 긴 연산을 앉은 자리에서 해 버리는 등의 증상을 보이는 자폐 스펙트럼 장애가 바로 그런 예입니다. 그러므로 교육을 할 때는 먼저 아이의 흥미도와 준비도를 살펴야 합니다.

창의력이 중요하다는데 어떻게 키워 줄까요?

창의력이 유아 교육의 화두가 된 지도 오래됐습니다. 그래서인지 아이가 창의력이 없다며 병원을 찾는 부모들도 많습니다. 또한 창의력을 높여 준다는 교재나 교구 앞에서는 값이 비싸도 과감히 지갑을 여는 부모들이 많지요. 과연 창의력이란 무엇이며, 어떻게 해야 키울 수 있는 걸까요?

창의력 높은 아이들의 특징

창의력은 쉬운 말로 하면 무언가를 남들과 다르게 새로운 눈으로 보는 능력입니다. 아이가 엉뚱한 행동을 많이 하면 흔히 창의력이 있다고 생각하지만 무조건 그렇다고 말할 수는 없습니다. 창의력에 대한 여러 학자들의 연구 결과를 종합해 보면 창의력 있는 아이의 특징은 다음과 같이 정리할 수 있습니다.

- 성취욕, 자율성, 공격성이 강한 편이고 변화를 선호한다.
- 새롭고, 복잡하고, 어려운 문제를 좋아한다.
- 독립심, 모험심이 강하고 적극적이다.
- 성가실 정도로 호기심이 많고 이상주의적이다.
- 예술적이고 심미적이다.
- 여성스런 취미가 있다.
- 관찰력이 뛰어나고 '만약 ~라면' 하는 생각을 자주 한다.
- 참신한 생각과 행동을 하지만, 가끔 기억한 것을 쉽게 잊어버린다.

우리 아이에게 이런 특징이 보이지 않는다고 실망할 필요는 없습니다. 창의력의 싹은 어린 시절 부모의 양육 태도에 따라 얼마든지 발현될 수 있으니까요.

창의력은 인위적인 교육이 불가능합니다

창의력 높은 아이들의 특징을 살펴보면 알겠지만, 창의력이란 절대 인위적으로 키울 수 있는 능력이 아닙니다. 배운다고 느는 게 아니라 스스로 개발해 나가는 것이지요. 그래서 창의력을 중요하게 여기고 그것을 키우려는 노력이 오히려 창의력을 망치는 주범이 되기도 합니다. 흔히 우리나라의 교육 제도와 교육 방법이 창의력 신장에 방해가 된다고 이야기합니다. 하지만 창의력을 저하하는 근본 원인은 가정환경과 부모의 양육 태도입니다. 말로는 창의력을 키워 준다고 하면서 규율과 규칙을 강조하거나, 인위적인 교육을 시키는 것이 바로 창의력을 갉아먹는 주범이지요.

예를 들어 창의력을 길러 주려고 글쓰기를 시키면, 아이들은 '글을 쓰기 위해' 생각을 하게 되지요. 또한 그것을 글로 표현해야 한다는 부담감에 생각하는 것 자체를 싫어하게 될 수 있습니다. 창의력을 키우기 위해 억지로 많은 책을 보여 주는 것도 마찬가지입니다. 보기 싫은 책을 억지로 읽다 보면 지식을 수동적으로 받아들이게 됩니다. 수동적으로 얻은 지식은 창의력 발달에 도움이 되지 않습니다.

물론 글쓰기나 책 읽기는 다양한 교육적 효과가 있습니다. 그러나 그것은 아이 스스로 나서서 했을 때 해당되는 이야기입니다. 아이가 원치 않을 경우 그 효과를 기대하기 어려울뿐더러 창의력 개발에도 전혀 도움이 되지 않습니다. 오히려 역효과가 생길 가능성이 큽니다.

좋아하고 잘하는 것을 할 때 급성장합니다

창의력을 키우기 위해서는 무엇보다 아이가 자발적으로 생각하는 시간을 많이 가져야 합니다. 아이들은 언제 스스로 생각을 많이 할까요? 바로 자기가 좋아하는 일을 할 때입니다. 퍼즐 맞추기에 빠진 아이들은 누가 시키지 않아도 이런저런 생각을 하며 퍼즐 조각을 맞추는 데 집중합니다. 때로는 맛있는 간식도 거부하며 퍼즐을 완성하는 집중력을 보이기도 합니다. 그렇게 퍼즐을 완성하는 과정에서 눈에 보이진 않지만 창의력이 자라납니다.

그러니 아이의 창의력을 키우고 싶다면 아이가 무언가 하고자 할 때 적극적으로 도와줘야 합니다. 제 아들 경모는 모형 행글라이더를 무척 좋아했어요. 저는 다른 것은 몰라도 행글라이더에 관련한 것이라면 무엇이든 밀어 주었습니다. 주변에서 너무 과한 것 아니냐고 말려도 개의치 않았습니다. 대회에 나가고 싶다고 하면 나가게 하고, 새로운 모델이 나오면 어떻게든 구해 줘서 아이가 더 집중할 수 있도록 해 주었지요. 부모 생각에는 '이게 아니다' 싶은 것에 아이가 관심을 가질 수도 있지만, 아이가 좋아하는 영역을 인정하고 아이의 조력자로 적극 나서 주세요. 아이의 창의력은 그 과정에서 쑥쑥 자랍니다.

직접 경험으로 오감 자극하기

한때 부모들 사이에서 그림인지 사진인지 분간하기 힘들 정도로 사물들이 정교하게 그려져 있는 그림책이 유행한 적이 있습니다. 당시 병원에 오는 아이들 중 이런 책 한두 권 보지 않은 아이가 없을 정도였지요. "선생님 그 책 보셨어요?" 하고 많이들 묻기에 어떤 책인지 궁금해 서점에 나가 봤더니, 정말 실제 사물의 사진인 것 마냥 기가 막히게 그려 놓았더군요. 당시 어떤 엄마가 저에게 이런 질문을 했습니다.

"이렇게 진짜처럼 그려져 있으니 애가 사물에 대해 잘 알 수 있겠지요?"

그 엄마가 펴 보인 그림책에는 귀여운 강아지 한 마리가 그려져 있었습니다. 어찌나 세밀하게 그렸는지 그 책을 만지면 보드라운 털 감촉이 전해질 것 같았습니다. 하지만 감탄하는 마음도 잠시, 그 엄마에게 질문을 던졌습니다.

"혹시 강아지 키우세요?"

"아뇨, 아파트에 살고 있어서 못 키워요."

저는 그 엄마에게 강아지 그림책 열 번 보여 줄 시간에 한 번이라도 아이에게 직접 강아지를 만져 볼 기회를 주라고 말했습니다. 그렇게 하면 아이는 '강아지'라는 말은 물론 강아지의 생김새와 행동 특성까지 알게 될 것이라는 이야기를 덧붙이면서요. 실제로 보고 듣고 만지지 않고서는 그 어떤 지식도 뇌에 저장되지 않습니다. 간접 경험을 통한 지식은 잠시 뇌에 머물렀다 금방 떠날 뿐입니다.

창의력 역시 마찬가지입니다. 3세부터 5세까지는 아이들의 일생을 통틀어 창의력이 가장 발달하는 시기입니다. 따라서 이 시기에는 머릿속에서 생각만 하게 하기보다는 직접 보여 주고 만지고 느끼게 하는 게 창의력 증진에 훨씬 효과적입니다. 책을 보여 주면서 "이게 바다야" 하기보다는 바다에 데리고 가서, 바닷가 바람의 느낌은 어떻고, 냄새는 어떻고, 바닷물의 맛은 어떤지 직접 경험하게 해 주어야 뇌도 발달하고 창의력도 쑥쑥 자라납니다.

생활 속에서 창의력을 키우는 노하우

① 자유로운 집안 분위기를 만들어 주세요

아이와 함께 있으면 무조건 가르치려고 하는 부모들이 있습니다. 이런 부모들은 아이 혼자서 생각하고 빈둥댈 시간을 전혀 주지 않는 경우가 많습니다. 아이가 빈둥대고 있으면 왠지 불안하기 때문이지요. 하지만 창의적인 아이로 크려면 자유로운 환경에서 혼자서 무엇인가 궁리해 보고 빈둥거릴 시간이 필요하다는 것을 잊지 말아야 합니다.

② 아이의 말에 귀를 기울여 주세요

아이의 엉뚱한 말을 바쁘다는 이유로 무시하는 부모들이 많습니다. 이는 부모 자신이 창의적이지 못하기 때문에 아이의 말이 창의적인 질문인지 모르고 지나치는 것입니다. 의미 없고 필요 없어 보이는 말 한마디 한마디에 주의를 기울이고, 아이의 생각이 발전할 수 있도록 도울 때 창의력도 커 나갈 수 있습니다.

③ 확산형 질문을 해 주세요

아이에게 질문을 할 때 '예', '아니오', '이것' 등 간단하게 답변할 수 있는 것보다는 아이가 자기 생각을 말할 수 있는 질문을 던지도록 하세요. "그럼 기분이 나쁠까, 안 나쁠까?" 하는 질문보다는 "어떤 기분이 들까?" 하는 질문이 더 좋습니다. 또 "만약 ~라면 어떻게 할래?"라는 식으로 입장을 바꿔 생각하게 하는 질문을 던지는 것도 좋습니다.

④ 아이가 집중하고 있을 때는 방해하지 마세요

아이가 무언가에 집중하고 있을 때, 부모의 눈에는 그게 하찮아 보일지라도 말리거나 방해해서는 안 됩니다. 아이는 지금 자신만의 생각과 행동에 몰두해 있는데 '공부해라', '숙제해라' 하는 말로 아이가 하는 일을 방해하면 창의력은 물론 집중력도 떨어지게 됩니다.

⑤ 자연에서 놀게 하세요

창의력 교구나 학습지를 아무리 잘 만들어도 자연만큼 창의적인 것은 없다는 사실을 명심하세요.

서로 같은 모양이 없는 돌, 매 계절마다 다르게 피어나는 꽃과 나무의 생명력은 그 자체로 훌륭한 창의력 도구입니다. 내로라하는 창의적 건축물이나 예술품도 그 뿌리는 결국 자연이니까요. 아이를 자연에서 놀게만 해도 창의력의 기본 바탕은 갖춰집니다.

⑥ 또래와 놀게 하세요

또래와 어울리는 것은 사회성뿐 아니라 창의력 발달에도 중요합니다. 부모는 아이가 원하는 것을 주지만 또래 친구들은 그렇지 않습니다. 또래와의 충돌 상황에서 아이는 상대의 입장이 되어 보기도 하고, 문제 해결을 위해 나름대로의 방법을 모색하면서 창의력을 키워 가게 됩니다.

죽음에 대한 질문을 자주 해요

어느 날 아이가 키우던 장수풍뎅이가 죽자 아이는 무척 당황하고 슬퍼했습니다. 그리고 거기서 끝나지 않고, "엄마랑 아빠도 죽어?", "죽으면 어떻게 되는 거야?", "왜 죽는 거지?", "그럼 나도 장수풍뎅이처럼 죽는 거야?" 등 이런저런 질문을 쏟아 놓았습니다. 부모들은 아이가 죽음에 대해 물으면 성에 관한 질문을 받았을 때처럼 당황하게 됩니다. 성에 대한 질문을 받을 때 대답을 잘해 주어야 아이가 올바른 성의식을 가지는 것처럼, 죽음에 대한 질문에도 아이 눈높이에 맞춰 바른 대답을 해 주어야만 아이가 생전 처음 느끼는 죽음에 대한 두려움을 다스릴 수 있습니다.

대답을 꺼리면 아이의 두려움이 커집니다

대부분의 부모들은 아이가 성에 대한 질문을 하면 당황합니다. '어린 나이에 벌써 성에 관심을 갖는 걸까' 하며 어떻게 해야 할지 고민하지요. 이때는 아이의 질문을 막거나 대답을 얼버무릴 것이 아니라, 있는 사실에 대해 아이 수준에 맞추어 쉽게 답해 주는 것이 좋습니다. 그래야 아이가 성을 생활의 한 부분으로 자연스럽게 인식할 수 있습니다.

죽음에 대한 질문도 마찬가지입니다. 죽음 자체를 부정하거나 다른 말로 둘러대는 것은 좋지 않습니다. '엄마 아빠가 언젠가 죽는다고 얘기하면 충격을 받지 않을까' 하는 생각에 대답을 꺼리면 아이는 죽음을 좋지 않은 것, 무서운 것으로 받아들여 곤충의 죽음에도 큰 충격을 받을 수가 있습니다. 그러니 아이가 이해할 수 있는 언어 수준에서 사실 그대로 답변해 주는 것이 좋습니다.

뉴욕 세인트존스 대학교 심리학과 부교수인 엘리사 브라운은 "아이가 죽음에 대한 질문을 하는 것은 죽음 역시 아이가 호기심을 갖는 것 중 하나이기 때문"이라고 말합니다. 즉 자신이 살아가는 세상에 대해 왕성한 호기심을 가지는 시기이기에 죽음에 대해서도 물어보게 되는 것이지요. 어른들이 생각하는 것처럼 죽음에 대한 이야기가 아이들에게 공포가 되지는 않습니다. 오히려 죽음은 어른들에게 큰 공포의 대상입니다. 아이들이 죽음이라는 개념을 갖게 되어 어른들처럼 죽음에 대한 공포를 느끼는 것은 빨라야 10세부터입니다. 그러므로 이 시기의 죽음에 대한 질문을 심각하게 받아들일 필요는 없습니다.

반려동물이 죽었을 때는 이렇게

● **미리 마음의 준비를 시킨다**
반려동물이 죽음 직전에 이르러, 시름시름 앓기 시작하면 아이에게 반려동물의 병이 낫지 않으면 죽을 수도 있다고 미리 이야기해 두는 것이 좋습니다.

● **장례식을 치러 준다**
반려동물이 죽으면 장례식을 치러 주고, 간단하게나마 반려동물을 추도하는 시간을 갖도록 해 보세요. 이러한 의식을 통해 아이들은 아픈 마음을 치유할 수 있고, 이별하는 법을 배우게 됩니다.

● **어른도 함께 슬퍼한다**
반려동물이 죽으면 슬픔을 느끼는 것은 자연스러운 일이라고 말해 주고, 엄마도 슬프다고 이야기합니다.

● **시간이 지나면 추억을 함께 나눈다**
죽음은 고통스러운 일이지만 반려동물과 함께 했던 즐거운 순간이나 행복했던 순간은 추억으로 남는다는 사실을 느끼게 해 주세요.

있는 현상 그대로 설명해 주는 것이 좋습니다

아이가 죽음에 대해 물으면 아이가 이해할 수 있는 말들로 쉽게 대답해 주는 것이 좋습니다. 예를 들어 아이가 "죽는 게 뭐야?" 하고 물을 때는 "심장이 더 이상 뛰지 않고 몸이 말을 듣지 않게 되어, 숨도 쉬지 않고 움직이지 않게 되는 거야"라며 눈에 보이는 현상으로 설명을 해 주는 것이 좋습니다. 이 시기의 아이들은 아직 추상적 사고가 발달하지 않았기 때문에 '정신과 육체가 분리되는 것'이라든지 '이 세상을 떠나 멀리 가는 것'이라는 표현은 좋은 대답이 되지 못합니다. 더불어 사람의 일생에 대해서도 알려 주세요.

"세상에 태어난 모든 아이들은 초등학생이 되고, 중학생, 고등학생, 어른이 돼. 어른이 되면 엄마 아빠처럼 결혼을 하고 아기도 낳을 수 있어. 그러다 할아버지 할머니가 되고 더 나이를 먹으면 죽게 돼. 그건 동물도 마찬가지고 식물도 마찬가지야."

그러면 아이는 죽음이라는 것을 자연스럽게 받아들이게 됩니다. 이때 아이의 질문이 꼬리에 꼬리를 물고 늘어지더라도 막거나 피하지 마시고, 아이의 호기심이 풀릴 때까지 충분히 대답해 주는 것이 좋습니다.

부모나 어른들이 항상 지켜 준다고 이야기하세요

이 시기 아이들이 죽음에 대해 불안한 모습을 보인다면, 그것은 자신을 돌봐 주고 있는 부모의 죽음을 걱정하기 때문입니다. 이때 아이의 질문에 무신경하게 "엄마가 아프면 죽을 수도 있어"라든가 "무슨 애가 그런 질문을 하니?"라는 식으로 대답하면, 아이가 느끼는 불안과 두려움이 증폭됩니다. 이때에는 이렇게 말해 주세요.

"엄마 아빠는 너보다 빨리 죽지 않아. 우리 ○○가 클 때까지 옆에서 지켜 줄 거야."

텔레비전 뉴스를 보면 죽음에 관한 소식이 자주 나옵니다. 이때 가능하면 아이가 무서운 장면을 보지 않도록 신경을 써야 합니다. 만일 텔레비전에서 다른 사람의 죽음, 전쟁, 자연재해 등을 보고 아이가 놀라거나 괴로워한다면 대화를 나눠 아이가 불안해하지 않도록 도와주어야 합니다. 예컨대 우리 집에서는 저런 일이 일어나지 않는다는 사실을 아이에게 설명해 주는 것이지요.

물론 아이들에게 그런 사고가 일어나지 않는다고 100퍼센트 보장해 줄 수는 없습니다. 하지만 그 부분은 어른이 고민하고 해결해야 할 부분이지, 아이가 걱정해야 할 것이 아니므로 아이의 사고가 성숙되기 전까지는 이야기하지 않는 편이 좋습니다. 세상에는 나쁜 일들이 일어나지만 그 일을 해결하는 어른들, 예를 들면 경찰이나 소방관, 군인들이 있다는 사실을 논리적으로 설명해 줄 필요도 있습니다.

아이의 자존감이 그렇게 중요한가요?

국제정신분석가인 이무석 박사가 40년 동안 마음의 병을 앓고 있는 수많은 환자들을 치료하면서 한 가지 진리를 발견했다고 합니다. '인간의 정신을 건강하게 유지시키는 힘의 원천은 바로 자존감'이라는 것입니다. 저도 그 말에 전적으로 동의합니다. 문제가 있어서 소아 정신과를 찾아오는 아이들을 보면 대부분 자존감이 낮습니다. 겉으로는 자신감이 넘쳐 보여도 대화를 나누다 보면 허약한 자존감을 애써 감추고 있는 경우가 많습니다.

자존감은 자기 자신에 대한 평가입니다

자존감이 높은 아이는 자신이 완벽하지는 않지만 괜찮은 사람이며, 다른 사람들도 자신에게 호감을 느낄 것이라고 생각합니다. 그래서 실패를 해도 금방 일어설 줄 알고, 어렵고 힘든 일에 맞닥뜨렸을 때 어떻게든 그것을 극복해 가려고 합니다. 공부를 잘하는 것도 아닌데 늘 자신감이 넘쳐 흐르는 아이가 바로 그런 경우입니다. 시험에서 70점을 맞았다고 해서 그것 때문에 자신이 사랑받을 수 없는 못나고 초라한 존재라고 생각하지 않는 것이지요.

하지만 자존감이 낮은 아이는 힘든 일이 생기면 쉽게 좌절하고 포기해 버립니다. 자신이 조그만 실수라도 저지르면 부모를 비롯한 주위 사람들에게 비난을 받고, 더 이상 사랑받지 못할 것이라고 생각하기 때문에 아예 시도조차 하지 않으려고 하지요. 그래서 타인의 인정과 사랑에 목을 매며 늘 그들의 눈치를 살피느라 정작 자신의 삶을 제대로 살아가지 못합니다. 굳이 무언가를 잘하지 않아도 괜찮으며, 있는 그대로도 충분히 사랑받을 만한 가치가 있는 존재라고 생각하지 못하는 것입니다. 그러므로 내 아이가 장차 성장하여 만족스럽고 행복한 인생을 살기 바란다면 지금 현재 아이의 자존감이 어떤 상태인지 살펴보고, 자존감을 높여 나갈 수 있게 도와주어야 합니다.

부모가 해야 할 말 VS 하지 말아야 할 말

그렇다면 아이의 자존감은 언제 어떻게 형성되는 걸까요? 수많은 아이 발달 연구에 따르면 15개월 이전까지는 아이가 자신과 엄마를 잘 구분하지 못합니다. 자신이 엄마인지, 엄마가 나인지 헷갈려 하는 것이지요. 그러다 18개월쯤 되면 서서히 자신을 자신만의 마음이 있는 사람으로 느끼기 시작합니다. 두 돌쯤 되면 자신에 대한 개념이 확실히 생기는데요. 자기 행동의 주체가 바로 자신임을 깨닫기 시작하는 것입니다. 그래서 "싫어", "아니야"라는 말을 열심히 하게 되지요. 그처럼 본격적으로 자아상을 형성해 가는 두 돌쯤에는 아이가 "내 거야"라고 하면 "왜 그래?"라며 혼내지 말고 "그래, 네 게 맞아"라고 해 주는 게 좋습니다.

아이가 서너 살쯤 되면 경쟁적 자아 개념이 발달하기 시작합니다. 또래 친구나 형제들에게 지기를 싫어하고, 남들에게 부정적인 평가를 받는 것을 극도로 꺼리게 됩니다. 아직 자신이 좋은 사람인지 아닌지에 대해 뚜렷하게 확신이 없다 보니 주변의 피드백에 민감하게 반응하는 것인데요. 그래서 가끔은 하지 않은 일도 자신이 했다고 하는 등 좋은 사람이 되고 싶어 부모에게 거짓말을 하기도 합니다. 그럴 때 아이를 바로잡아 주어야 한다는 생각에 "거짓말하면 못 써. 거짓말하면 나쁜 애야"하며 혼을 내는 부모들이 있습니다. 그러면 아이는 스스로를 나쁜 사람이라고 생각하여 부정적 자아상을 갖게 됩니다. 그러므로 그럴 때는 "아, 그랬어?" 하고 알고도 모르는 척 넘어가 주는 것이 좋습니다.

본격적으로 나쁜 자신과 좋은 자신을 통합하면서 자아 개념이 확실해지는 시기는 5~6세 때입니다. 정모는 여섯 살쯤 되었을 때 저에게 그런 말을 했습니다. "엄마, 나는 입이 여러 개가 있는 것 같아." 그래서 왜 그렇게 생각하느냐고 물었더니 정모가 그러더군요. "이쪽 마음은 형아를 때리고 싶고, 이쪽 마음은 형아를 좋아해. 그래서 어떤 입을 열어야 할지 모르겠어." 정모는 그때 이랬다 저랬다 하는 자신의 마음을 인식하고 본격적으로 자아를 발달시켜 나가고 있었던 겁니다.

그럴 때 부모는 아이가 어떤 상황에서도 긍정적 자아상을 가질 수 있게끔 도와줘야 합니다. 그런데 아이를 가르친다며 욕심을 부리다 도리어 아이의 자존감을 해치는 경우도 있습니다. 준비가 안 된 아이를 무리하게 영어 유치원에 보내는 것도 그에 해당합니다. 저를 찾아왔던 한 아이는 할머니 댁에서 잘 놀다가 집에 갈 때면 오줌을 지리곤 했습니다. 알고 보니 영어 유치원에서 내 준 숙제를 못하거나, 다음 날 시험이 있으면 그 스트레스로 인해 오줌을 지리는 것이었습니다. 어른에게도 시험은 매우 견디기 힘든 스트레스인데 다섯 살 아이에게는 오죽하겠습니까. 그러니 영어 유치원을 보내더라도 절대 시험을 보게 해서는 안 됩니다. 그냥 즐겁게 영어를 배우는 것으로도 충분합니다. 학습지를 풀 때도 맞는 것만 동그라미를 치는 게 좋습니다. 굳이 틀린 것을 체크할 필요는 없다는 말입니다.

부모가 아이에게 줄 수 있는 가장 소중한 유산

하버드 대학교 학생들이 어린 시절 부모로부터 가장 많이 들은 말은 "다 괜찮을 거야(Everything is going to be OK)"라고 합니다. 그래서 그들은 시험을 망치고, 친구와의 관계에서 상처를 입고, 실수를 저질러도 심하게 좌절하지 않고 다시금 용기를 내어 자신의 길을 갈 수 있었습니다. 그처럼 어린 시절 부모가 어떤 말을 하고, 어떤 태도로 아이를 대하느냐가 아이의 자존감 발달에 큰 영향을 미칩니다. 게다가 한번 굳어진 자아상을 바꾸기란 매우 어렵습니다. 그래서 자존감이 낮은 아이는 커서도 자존감 낮은 어른이 될 확률이 매우 높습니다. 그러니 이제라도 아이에게 한글과 영어를 가르치는 것만큼 아이의 자존감 발달에 대해서도 중요하게 생각하고, 아이가 부정적 자아상을 갖지 않게끔 도와줘야 합니다. 어쩌면 부모가 아이에게 줄 수 있는 가장 소중한 유산이 바로 '높은 자존감'일지도 모릅니다.

바른 성교육

아이가 아무 데서나 고추를 내놔요

얼마 전 한 유치원에서 남자아이 몇 명이 호기심으로 여자아이가 소변 보는 것을 훔쳐보고 급기야 여자아이의 성기를 만지는 사건이 발생하여 병원에 온 적이 있었습니다. 부모와 선생님은 아이들이 이렇게까지 성적 호기심이 강할지는 몰랐다며 어떻게 대처해야 하는지 혼란스러워했지요.

성적 본능은 강한 반면 통제력은 약한 유아기

모든 인간은 어릴 때부터 성적 쾌감을 느낄 수 있고 종족 보존을 위한 성적 본능이 몹시 강합니다. '애들이 무슨 성적 쾌감이야' 하며 인상을 찌푸리는 부모도 있을 테지만, 이는 과학적으로 밝혀진 사실입니다. 기존의 연구 결과를 종합해 보면 돌 이전의 아기들도 성기를 자극할 때 기쁨을 느낀다고 합니다. 엄마가 기저귀를 갈거나 목욕을 시키면서 성기 부분을 건드리면 남녀 아기 모두 쾌감을 느낍니다. 이것이 어른의 성적 흥분과 같은 종류의 느낌인지는 확인할 수 없으나 아기도 성기를 자극할 때 쾌감을 느끼는 것은 분명한 사실입니다.

좀 더 자라면 아이들은 성기를 만지거나 들여다보면서 장난을 하기 시작합니다. 일부 남자아이들은 성기로 장난을 하다 발기가 되어 아이와 부모 모두 당황하기도 하지요. 하지만 어린아이들도 성기 자극으로 인한 발기가 가능합니다. 이 시기의 남자아이들이 좋아하는 놀이 중 하나가 바지를 벗고 성기를 노출하며 뛰어다니는 것입니다. 저 역시 목욕 후 옷을 입지 않고 집 안을 뛰어다니는 아이들을 말리느라 목소리를 높인 적이 많습니다. 수건으로 물을 닦아 내보내면서 옷을 입으라고 하면, 두 아들놈은 약속이나 한 듯 수건을 어깨에 두르고 '슈퍼맨'을 외치며 돌아다니곤 했습니다. 결국에는 말리는 것을 포기하고 아이들이 노는 모습을 지켜볼 수밖에 없었지요.

앞의 상황에서처럼 여자아이의 치마를 들춰 보고, 자기 성기를 만지거나 보여 주는 것은 이 시기 아이들이 성적 본능은 강한데 본능을 통제할 수 있는 이성적인 힘은 약하기 때문입니다. 이것은 여자아이도 마찬가지입니다. 남자아이들의 행동이 크고 충동적이어서 눈에 더 띄는 것일 뿐이지, 여자아이들의 성적 호기심도 결코 적지 않습니다.

성 정체성을 확립하는 과정입니다

4세가 넘으면 아이들은 성 역할을 뚜렷하게 구분할 수 있게 됩니다. 이 시기에 자기와 이성 친구의 몸이 어떻게 다른지 보고 싶어 하고 성에 대한 질문이 많아지는 것은, 자신을 남자 혹은 여자로서 확실히 규정짓기 위한 것이지요. 그러니 정상적인 발달 과정이라 할 수 있습니다.

그럼에도 아이들이 성적인 욕구를 밖으로 표출하면 보수적인 부모들은 아이를 심하게 야단치곤 합니다. 이 시기에 성적으로 강한 통제를 받은 아이들은 성인이 되어서 건강하고 행복한 성생활을 하는 데 어려움을 겪을 수 있으므로 지양해야 할 자세이지요. 부모가 말리지 않아도 아이들의 성적인 놀이는 초등학교에 가면 급격히 줄어듭니다. 이성으로 자신의 본능을 억제할 수 있을 정도로 지능이 발달하고, 학교에 가면 그보다 더 재미있는 일들이 많기 때문입니다. 그러니 아이가 성에 관련해서 문제를 일으킬 경우에는 제지는 하되 아이가 이해할 수 있도록 설명해 주어야 합니다.

"물놀이할 때 수영복을 왜 입는 줄 아니? 우리 몸에서 가장 소중한 부위를 가리기 위해서야. 그 부분은 함부로 만져서도 안 되고 보여 줘서도 안 돼. 그러니까 장난으로 그곳을 보려고 하거나, 보여 주려고 하면 안 되겠지?"

이렇게 하면 아이의 마음에 상처를 주지 않으면서도 아이의 잘못된 행동을 바로잡을 수 있습니다.

아이가 성적인 놀이를 할 때가 성교육의 적기

.... 성교육은 문제가 심각해지기 전에 하는 것이 좋습니다. 무분별하게 드러나는 성적 본능을 제어할 수 있도록 해 주어야 하니까요. 이 시기의 아이들은 아직 자기중심적인 생각을 가지고 있고, 성에 대해서도 다양한 공상을 하므로 성적인 지식을 직접 가르치는 것은 무리입니다. 복잡한 성 지식을 가르치기보다는 성에 대해 좋은 느낌을 전해 주는 쪽에 초점을 맞추는 것이 바람직합니다.

어른 입장에서는 성에 대한 전반적인 지식을 객관적으로 전달하는 것이 좋을 것 같지만, 아이들은 사실을 자기 나름대로 해석해서 왜곡되게 받아들이는 경우가 많습니다. 예를 들어 정자와 난자에 대한 설명을 들은 아이가 텔레비전 사극에서 '낭자'라는 말이 나오면, 여자는 난자를 가졌기 때문에 옛날에는 여자를 낭자라고 불렀다고 연상을 하는 경우도 있지요.

또한 성폭력에 대해 이야기할 때도 '낯선 아저씨가 몸을 만지면 이렇게 하라'는 식의 교육은 아이들을 더 불안하게 할 수 있으므로 조심스럽게 해야 합니다. 유치원에서 성폭력 예방 교육을 받은 아이들 중 평소에 소심하고 겁이 많은 아이들은 갑자기 속옷을 여러 개 껴입기도 합니다. 그 아이들에게는 성폭력 예방 교육이 외려 불안을 유발한 것이지요.

그래서 저는 부모들에게 차라리 이렇게 말하기도 합니다. 어설프게 가르쳐서 겁을 먹게 하느니 차라리 성교육을 하지 말라고요. 이 시기에 성 관념이 잘못 잡히면 그것이 잠재 기억에 남아 성인이 되어서도 성을 부정적으로 바라보게 됩니다. 가장 좋은 방법은 가정에서 부모의 태도를 통해 자연스럽게 성 역할과 일반적인 성 지식을 알아 가는 것입니다.

난처한 질문을 하면 이렇게 말해 주세요

아이가 성에 관해 관심을 가질 때는 아이가 던질 질문을 예상해 보고 대답해 보는 연습을 하세요. 준비 없이 그런 상황이 되어 말문이 막히면 "애들은 몰라도 돼"라거나 "그런 말 하는 거 아냐" 하며 얼버무리게 되고, 아이는 부모의 부정적인 반응에 성을 '감추어야 하는 것', '피해야 하는 것'이라고 생각하게 됩니다.

"아기는 어떻게 태어나?"

황새가 물어다 주었다거나 크면 다 알게 된다는 식의 답변은 곤란합니다. 수긍하기 어려운 대답을 들으면 호기심이 풀리지 않아 집착만 커지게 됩니다. 어려운 의학 용어 대신 아이들이 이해할 만한 단어를 사용해서 사실 그대로 전달해 주세요.

"엄마 아빠 몸에는 아기를 만드는 아기 씨가 있어. 그 아기 씨끼리 만나면 아기가 만들어진단다"라고 아이들이 수긍할 수 있게 말해 주는 것이 좋습니다. 덧붙여 "너희들도 어른이 되면 몸에 아기 씨가 생기니까 아기 씨가 생기는 곳을 소중히 다루어야 한다"라고도 이야기해 주면 올바른 성 관념을 형성하는 데 도움이 됩니다.

"아빠 아기 씨와 엄마 아기 씨는 어떻게 만나?"

"아빠의 아기 씨는 고추를 통해서 밖으로 나온단다. 엄마의 아기 씨는 배꼽 밑에 있는 자궁이라는 곳에서 사는데, 자궁은 질이라는 길을 통해 바깥과 연결되어 있어. 아빠 몸에서 나온 아기 씨가 그 길을 따라 엄마 몸의 자궁 안에 들어가서 엄마 아기 씨와 만나는 거야."

이렇게 이야기하면 대부분의 아이들은 잘 이해하지 못해도, 엄마 아빠가 자신의 질문에 성실하게 대답해 줬다는 사실에 만족하고 고개를 끄덕이게 됩니다. 만약 아이가 엄마 아기 씨와 아빠 아기 씨가 어떻게 만나는지 더 구체적으로 묻는다면, "엄마 아빠가 사랑을 하게 되면 만나게 돼" 정도로 이야기해 주면 됩니다. 성행위를 언급하는 것을 회피하면 아이 머릿속에 성에 대한 부정적인 인식이 자리하게 되므로 대답을 할 때는 거리낌 없는 자세를 유지하세요.

"여자는 왜 고추가 없어?"

이때는 남자와 여자의 '차이'를 알려 주는 것이 중요합니다. "남자들의 고추는 시원한 것을 좋아해서 밖으로 나와 있고, 여자들에게 있는 자궁은 따뜻한 것을 좋아해서 몸 안에 들어 있는 거야"라고 말해 주는 것이 좋지요. "너도 하나 달고 나오지 그랬어" 하는 식의 말은 차별을 느끼게 하므로 피해야 합니다.

"왜 고추를 만지면 안 돼?"

고추를 만질 때의 쾌감 때문에 습관적으로 고추를 만지는 아이들이 있습니다. 이때 부모가 고추를 만지지 말라고 하면 왜 안 되는지 묻곤 하지요. 이때 "고추가 떨어져" 혹은 "벌레가 생겨" 같은 말로 겁을 주거나 행동

자체를 나무라면 숨어서 고추를 만질 수도 있습니다. "고추는 소중한 곳이어서 잘 보호해 줘야 해. 그런데 네가 자꾸 만지면 병균이 들어가서 고추가 아플 수도 있거든" 하고 이유를 정확히 설명해 주세요.

아이가 자위행위를 하는데, 정신적으로 문제가 있는 걸까요?

성적 자극에 민감하고 성적 호기심이 강한 아이들은 어른들을 당황시키는 행동을 하기도 합니다. 성기를 내놓는 것은 물론이고 사람이 있는 곳에서 버젓이 자위행위를 하기도 하지요. 하지만 아이들의 성적 행동은 어른의 것과는 본질적으로 다릅니다. 큰소리로 야단치거나 놀라는 모습을 보이지 말고, 부드러운 목소리로 적절한 행동 지침을 세워 주세요.

친구와 엄마 아빠 놀이를 하면서 신체 접촉을 할 때

아이들이 노는 과정에서 신체 접촉을 한다고 해서 놀이 자체를 막아서는 안 됩니다. 단, 뽀뽀나 포옹 정도가 아니라 성기를 만지거나 보여 주는 행동을 할 때는 적절한 제재가 필요합니다. 이때는 너무 놀라지 말고 무심한 척 타이르는 것이 좋습니다. "옷을 벗고 병원 놀이를 하고 싶을 때는 인형으로 대신하는 게 좋아"라고 간접적으로 타이르는 것입니다. 엄마 아빠가 보지 않는 데서 이런 놀이를 한 경우에는 어떻게 놀았는지 물어보고 적절히 지적을 해 주세요. 물론 따지듯이 물어보는 것은 좋지 않습니다. 남자아이와 여자아이가 같이 놀 때는 문을 닫고 놀지 않도록 하고, 아이들이 눈치 채지 못하도록 거리를 두고 어떻게 노는지 관찰하세요.

이성 친구의 성기를 만지려고 할 때

.... 호기심에 이성 친구의 성기를 만져 보려는 아이들이 있습니다. 이때는 그 행동이 왜 나쁜지에 대해 보다 명확하게 설명해 주어야 합니다. "아기 씨를 만드는 소중한 곳이니까 함부로 만져서는 안 돼. 그리고 만약 다른 사람이 너의 성기를 만지려고 할 경우에도 소중한 곳이니까 만지지 못하게 해야 된다"라고 차분한 태도로 일러 주세요.

미디어에서 본 장면을 따라 할 때

.... 요즘 방송에서 성과 관련한 표현 수위가 높아지면서 어린아이들까지 어깨를 내보이며 웃거나, 단순한 입맞춤 정도를 넘는 뽀뽀를 하는 등 텔레비전에서 본 장면을 따라하는 경우가 많습니다. 또한 그로 인해 성에 대한 잘못된 고정관념을 갖게 되기도 하지요. 그러므로 아이들이 매체가 전하는 성적인 메시지에 노출되지 않도록 주의해야 합니다. 너무 일찍 어른들의 세계를 접하면 쓸데없이 조숙해져 동화나 동요 등에는 흥미를 잃게 됩니다. 아이가 혹시 텔레비전의 성인 프로를 보게 되면 아이에게 느낌을 묻고 함께 이야기하면서 성 관념을 바로 세우려는 노력을 해야 합니다. 이 시기의 성 관념은 부모와의 대화를 통해 기반이 다져집니다.

자위행위를 할 때

.... 가끔 병원에 자위행위가 심해서 찾아오는 아이들이 있습니다. 부모는 '아이가 어떻게 성기를 문지르고 흥분을 느낄 수 있느냐'며 수치스러워하는 경우가 많지요. 하지만 자위행위 역시 성적 발달 측면에서 자연스러운 행동입니다. 단, 자위행위가 지나치다면 주변에 재미있는 자극이 부족하거나 심리적인 불

안 요인이 많아서일 수 있으므로 아이의 양육 환경을 전반적으로 점검해 봐야 합니다. 동생이 태어난 후 엄마의 사랑을 빼앗길까 봐 긴장한 큰아이가 그 긴장을 없애기 위해 일시적으로 자위행위에 집착하는 경우도 많습니다. 따라서 자위행위에 지나치게 몰두하는 아이들에게는 성적인 쾌감보다 더 재미있는 자극을 찾아 주고 긴장을 유발하는 갈등을 없애 주면 효과를 볼 수 있습니다. 아이들의 성에 대한 관심은 정상적인 발달 과정으로, 시간이 지나면 자연스럽게 없어지므로 크게 걱정하지 않아도 됩니다.

아이가 성추행을 겪었다면

사회가 험악해지다 보니 어린아이를 대상으로 한 성범죄가 심심치 않게 일어나고 있습니다. 이와 관련한 보도를 접하는 부모들의 마음은 불안할 수밖에 없습니다. 특히 딸을 가진 부모들은 걱정이 이만저만이 아닙니다. 세상 무서워서 딸 못 키우겠다고 탄식하는 부모들이 많습니다. 때문에 아이에게 "누가 네 몸을 만지면 소리 질러라", "모르는 사람 절대 따라가지 마라"와 같은 이야기를 하게 되지요.

하지만 불가피하게 내 아이에게 몹쓸 일이 일어날 수도 있습니다. 부모는 내 아이에게 일어날 수 있는 모든 일에 대비하고 있어야 합니다.

성추행으로 병원을 찾은 여자아이

다섯 살 유치원생 딸을 데리고 한 엄마가 찾아온 적이 있습니다. 엄마는 말을 잘 듣던 아이가 갑자기 유치원에 가기 싫다고

성추행을 당한 아이들이 보이는 행동

1. 악몽을 자주 꾸고, 잘 때도 불을 켜 놓으라고 한다.
2. 신경이 몹시 예민해져서 화를 잘 낸다.
3. 옷에 소변을 보거나 손가락을 빠는 등 퇴행 행동을 보인다.
4. 밥 먹기를 거부하거나 배부른데도 마구 먹는다.
5. 혼자 있는 것을 무서워하고 부모에게서 떨어지지 않으려 한다.
6. 특정 인물이나 장소를 두려워한다.
7. 배가 아프다거나 머리가 아프다는 이야기를 자주 한다.
8. 심한 자위행위를 한다.

거의 발작을 일으키기에 처음에는 꾀가 나서 그러나 보다 싶어 엄하게 꾸짖었다고 합니다. 그런데도 전혀 나아지지 않고 소변에서 피가 나오기도 하고 인형의 목을 비트는 등 이상한 행동을 보여 혹시나 하는 마음에 산부인과를 찾았답니다. 그리고 거기서 아이가 성추행을 당한 것 같다는 진단을 받고 저를 찾아온 것이었습니다.

제게 이야기를 전하는 엄마의 모습은 함께 평평 울어 주고 싶을 정도로 처참했습니다. 엄마가 돼서 아이를 지키지 못했다는 것과 아이의 상태도 모르면서 억지로 유치원에 보내 아이가 더 괴로웠을 것이라는 죄책감에 거의 제정신이 아니었습니다. 치료는 엄마와 아이가 함께 받아야 했습니다. 치료 기간 내내 엄마는 아이에게 그런 일이 일어난 걸 숨기고 싶어 했어요. 자신이 수치스러워서가 아니라 성추행당한 사실이 남의 입에 오르내리면 아이가 또 한 번 마음의 상처를 입을까 걱정됐던 것이지요. 9개월여의 치료가 끝나고 그나마 겉보기에 평온한 일상을 되찾아 가던 어느 날, 그 엄마는 제게 폭탄선언을 했습니다.

"제가 이러고 그냥 덮어 버리면 다른 아이들도 같은 일을 당할 수 있는데, 그렇게 되도록 그냥 두고 볼 수가 없어요. 또 제 딸이 잘못해서 일어난 일이 아니라는 사실을 밝히고 싶어요. 그래야 제 딸이 당당하게 고개를 들고 다닐 수 있을 것 아니에요. 선생님 도와주세요."

같은 엄마로서 그 엄마가 아픈 상처를 어떻게 극복할 것인지 유심히 지켜보던 저는 깜짝 놀랐습니다. 그렇게 놀라운 힘이 숨어 있을 줄은 기대도 못 했기 때문이지요. 정신적인 상처는 그렇게 그 상처와 대면해야 완전히 극복되는 것이 맞습니다.

그러나 사회적으로 약자일 수밖에 없는 엄마와 아이가 자신의 상처를 공개하고 싸우는 건 보통 용기로 되는 일이 아니지요.

엄마의 용기와 노력으로 극복된 성추행의 상처

그렇게 시작된 싸움은 쉬이 끝나지 않았습니다. "딸 하나 간수하지 못하고……. 아줌마나 똑바로 살아!"라는 비

아이가 성추행을 당했을 때 해야 할 일

● 아이의 마음을 위로하며 담대하게 대해 주세요

'아직 어린아이인데 별일 있겠어?' 하는 생각으로 무심히 넘어가서는 안 됩니다. 그렇다고 지나치게 흥분해 여기저기 알리거나 걱정스러운 눈길로 바라보는 것도 좋지 않습니다. 아이의 마음을 위로하며 충분히 해결할 수 있는 사건이 일어난 것처럼 담대하게 대해야 합니다.

● 사건에 대해 올바르게 정리시켜 주세요

따뜻한 분위기에서 아이에게 무슨 일이 있었는지 물어봅니다. 이때 두 가지 사실을 알려 주어야 하는데, 그 첫째는 아이에게는 아무 잘못이 없다는 것이고, 둘째는 잘못은 아이를 괴롭힌 사람에게 있다는 것입니다.

● 앞으로 어떻게 해야 하는지 알려 주세요

성추행을 당한 아이는 모든 어른을 피하고 밖에 나가지 않으려고 할 수 있으므로 앞으로 어떻게 해야 하는지 구체적으로 알려 주는 것이 중요합니다. 잘 모르는 사람이 데리고 가려 하면 절대로 따라가지 말 것, 누군가 강제로 몸을 만지려고 하면 소리를 지를 것, 밖에서 놀 때는 사람이 많은 곳에서 놀 것 등을 당부해 주면 좋습니다.

● 부모가 감당하기 힘들 때는 병원이나 전문 기관에 도움을 청하세요

아이 몸에 상처가 있거나 아이가 힘들어해서 어떻게 해야 할지 감당이 되지 않을 때는 소아 정신과나 성폭력 전문 상담 기관에 도움을 청하도록 합니다. 나중에 법적 처리가 필요할 때 이런 기록은 중요한 증거 자료가 됩니다.

난부터 "알려 봤자 손해 보는 건 아줌마뿐이에요" 하는 충고까지 세상의 시선은 결코 곱지 않았습니다. 그러나 그 엄마는 결코 물러서지 않았습니다. 오히려 더욱 단단해져 갔지요. 재판에 필요한 증거 수집을 위해 여기저기 뛰어다니는 한편, 다른 성추행 피해 아동의 부모를 돕는 데도 앞장섰습니다.

그 엄마의 노력은 헛되지 않았습니다. 언론은 아동 성추행 실태에 대한 기사를 다루며 관심을 보였고, 탁상공론만 일삼던 관공서 관료들도 문제를 부랴부랴 알아보기 시작했습니다. 놀라움은 계속 이어졌어요. 그 엄마가 아동 학대 근절을 위한 모임을 만든 것이었습니다. 자신의 경험을 나누고 싶다며, 언제 어디서 일어날지 모를 이 땅의 아동 성추행을 뿌리 뽑고 싶다며 자신의 실명과 경험을 공개했지요.

저는 그 엄마를 보며 어머니의 위대함을 다시 한 번 깨달았습니다. 아동 성추행은 결코 아이가 잘못해서, 또는 엄마가 잘못해서 일어나는 일이 아닙니다. 아이가 성추행을 당했을 때는 쉬쉬하며 숨지 말고, 적극적으로 알리고 당당하게 대처해야 합니다. 그래야 아이가 상처를 받지 않고 건강한 사회인으로 자랄 수 있습니다.

엄마 아빠의 성생활을 들켰다고요?

아이를 키우면서 가장 난처할 때가 부모의 성생활을 들켰을 때가 아닐까 합니다. 서양에서는 아이가 어릴 때부터 다른 방에 재우는 것이 보편화되어 있지만 우리나라에서는 심지어 초등학생이 되어서도 부모와 아이가 함께 잠을 자는 경우가 많지요. 이런 문화가 나쁘다고는 할 수 없으나 부모의 성생활을 목격할 확률이 높다는 것은 문제점입니다.

아이 눈에는 어떻게 비칠까?

실제 병원에서 진료를 하다 보면 부모들은 아이가 성생활을 목격한 적이 없다고 했으나, 심리 치료 도중에 아이가 부모의 성생활을 재현한 경우가 종종 있습니다.

3~4세의 아이는 부모의 성생활을 목격하면 몹시 놀라게 됩니다. 이때 아이들은 부모의 행동을 성적으로 해석하기보다는 싸움이나 이상한 행동이라고 생각해 불안을 느끼게 됩니다. 혹은 이 시기의 아이들은 아직도 주 양육자인 엄마에게 의존적이기 때문에 아빠가 엄마를 아프게 한다고 생각하고 아빠에 대해 두려움을 느낄 수 있습니다.

5~6세 이상의 아이들은 부모의 성행위를 성적인 의미로 받아들이고 혼란스러워하는 경우가 많습니다. 이 시기의 아이들은 무의식적으로 이성의 부모를 사랑하고 동성의 부모를 라이벌로 생각하기 때문입니다. 예를 들어, 아빠와 결혼할 것이라고 이야기하는 딸이 부모의 성생활을 목격했을 때 어떤 마음일지 상상해 보세요. 얼마나 혼란스럽고 두려울까요? 실제 이런 경험을 한 아이들이 소변을 지리는 등의 퇴행 행동이나 갑작스런 분리 불안을 보여 병원에 오는 경우도 있습니다.

심지어 어릴 때 부모의 성생활을 목격한 사람 중에는 어른이 되어서도 그 기억이 강렬하게 마음에 남아 이성 교제나 결혼을 하는 과정에서 어려움을 겪기도 합니다. 물론 이런 경험을 한 아이 모두에게 문제가 생기는 것은 아니지만, 큰 충격을 받는 것은 사실입니다. 따라서 부부가 사랑을 나눌 때는 아이들이 볼 수 없도록 해야 합니다. 설사 아이가 자고 있다고 하더라도 반드시 거듭 주의해야 합니다.

'결혼한 엄마 아빠가 사랑을 나누는 것'임을 이야기해 주세요

부모의 성생활을 들켰을 때는 놀란 아이의 마음을 잘 풀어 주어야 합니다. 이미 '엎지른 물'이지만 뒷마무리를 잘하면 훌륭한 성교육의 기회가 될 수도 있습니다. 어쩌면 아이보다 더 놀랐을지 모를 자신의 마음부터 잘 진정시키고 아이와 대화를 나눠 보세요. 이때는 아이의 마음을 헤아리는 말로 시작하는 것이 좋습니다.

"엄마 아빠 보고 많이 놀랐지?"

아이가 그렇다고 대답하면, 그 일에 대해 아이가 어떻게 생각하고 있는지 들어 보세요. 그리고 부모의 성생활이 '엄마 아빠가 사랑을 표현하는 것'이라는 이야기를 해 주는 것이 좋습니다.

"엄마와 아빠는 서로 사랑해서 결혼을 했어. 결혼한 사람들은 서로 사랑하기 때문에 몸으로 사랑을 나눈단다. 그래서 소중하고 예쁜 너를 낳은 거야."

이렇게 해서 부모의 성생활이 더럽거나 이상한 행동이 아닌 자연스러운 것임을 알려 주는 것이 중요합니다. 또한 아이들은 호기심에 자신이 본 것을 재현하는 경우도 있습니다. 이때 절대 아이를 야단쳐서는 안 됩니다. 사랑을 나누는 행위를 부정적으로 생각할 수 있기 때문이지요. 그런 것은 결혼한 엄마 아빠만 할 수 있다는 것과 상대방이 원하지 않을 때는 절대로 해서는 안 된다는 것을 알려 주는 정도에서 상황을 마무리하는 것이 좋습니다.

좋은 습관

아이가 밥을 안 먹어요

　조금 있으면 유치원 버스를 타러 가야 하는 시간. 하지만 식탁에 앉은 아이는 밥알을 세고 있습니다. 엄마는 어떻게든 한 숟가락이라도 먹이려 애를 쓰지만 아이는 고개만 내젓습니다. 안 먹이자니 영양 결핍이 걱정이고, 달래서 먹이자니 화가 치밀어 오릅니다. 이럴 때는 억지로라도 먹여야 한다는 강박관념부터 버려야 합니다. 그리고 요령을 알면 쉽게 해결될 문제이기도 합니다.

선천적으로 밥 먹기를 힘들어하는 아이가 있어요

　　　　　　　　　　　　　　　　　　　　　　　　　밥상머리 전쟁을 언제까지 해야 하는지 하소연을 하는 부모들이 많습니다. 형제가 많고 먹을 것이 귀하던 시절에야 밥상만 갖다 놓으면 서로 먹겠다고 달려들었지만 요즘은 먹을 것이 풍부해서인지 아무리 맛난 음식을 차려 놓아도 거부하는 아이들이 많지요. 주는 대로 잘 먹고 탈 없이 잘 자라면 좋으련만 아이가 밥을 잘 먹지 않으면 엄마 아빠는 애가 탑니다. 하지만 아이가 밥을 안 먹는다고 너무 걱정하지 않아도 됩니다. 신체적으로 큰 문제가 없는 아이들은 엄마가 보기에는 잘 먹지 않아 걱정스럽겠지만 성장상 별 탈 없이 잘 자라는 경우가 대부분입니다.

부모가 먹는 문제로 고민하게 되는 시기는 대체적으로 이유식을 시작할 때입니다. 특히 아이가 예민한 기질을 가졌다면 음식의 색다른 맛이나 촉감, 냄새 때문에 쉽게 이유식을 받아들이지 못합니다. 그러면 엄마 아빠는 행여나 영양 결핍이 올까 봐 억지로 먹이려 하고, 아이는 또 한사코 음식을 거부하게 되지요. 그렇게 밥상머리 전쟁이 시작됩니다.

한번 시작된 전쟁은 5~6세까지 이어집니다. 저도 어렸을 때 먹는 문제로 부모님 속을 썩인 아이였어요. 제 동생은 생선에 고기, 야채까지 없어서 못 먹일 정도로 식성이 좋았지만, 저는 냄새만 이상해도 구역질을 하는 아이였습니다. 때로는 입에 든 음식을 어머니 몰래 뱉은 적도 있어요. 그래서 늘 감기를 달고 살았고, 때로는 보약까지 먹어야 했습니다. 제 어머니는 아직도 그때 이야기를 하시며 혀를 끌끌 차곤 합니다. 하지만 어렸을 때 먹는 것을 그렇게 싫어했어도 전혀 문제없이 무럭무럭 자라서 이렇게 건강한 어른이 되었지요.

이렇듯 선천적으로 음식 맛에 길들여지는 데 어려움이 있어 먹는 것을 싫어하는 아이들이 있습니다. 이런 아이들에게 억지로 밥을 먹이려고 하면, 먹는 행위조차 싫어하게 됩니다. 또 부모와 아이 사이도 멀어질 수 있지요. 심할 경우 아이들은 먹는 것을 가지고 부모를 조종하기도 합니다. "껌 주면 먹을 거야", "게임하게 해 주면 먹을 거야" 하고 말이지요. 이런 수법에 넘어가면 아이 버릇까지 망치게 되므로 주의해야 합니다.

아이가 좋아하는 방식으로 원하는 만큼 먹게 해 주세요

아이와 좋은 관계를 유지하기 위해서라도 억지로 먹여서는 안 됩니다. 아이의 건강을 챙긴다는 것이 오히려 아이의 마음을 다치게 할 수 있기 때문입니다. 아이들은 먹는 것 하나까지도 각각 다른 성향을 가지고 있습니다. 형제라고 해도 마찬가지입니다. 쉽게 새로운 음식들에 적응을 하는 아이가 있는 반면, 한 가지 음식에 적응하는 데에도 지루할 정도로 시간이 오래 걸리는 아이도 있습니다. 그러니 다른 집 아이가 무엇이든 잘 먹는다고 해서 '내 아이는 왜 이럴까' 하며 조바심을 낼 필요는 전혀 없습니다. 그저 내 아이의 식성에 맞춰 식습관을 들이면 됩니다.

그러면서 식사가 즐거운 일임을 알려 주는 것이 좋습니다. 세상에서 먹는 즐거움이 얼마나 큰데 그 즐거움을 빼앗을 수는 없지 않겠어요?

무엇보다 중요한 것은 마음의 여유입니다. 느긋하게 여유를 가지면서 놀이를 한다는 마음으로 아이에게 가장 좋은 먹을거리와 먹는 방법을 연구해 보세요. 그러다 보면 어느 순간 '이건 잘 먹네?' 하는 음식이 있을 것입니다. 그렇게 조금씩 아이가 맛있게 먹을 수 있는 음식의 수를 늘려 가다 보면 아이도 먹는 것이 즐거운 일임을 깨닫게 되지요. 또한 아이가 밥을 안 먹겠다고 하면 아이 뜻에 따라 주는 것도 방법입니다. 끼니를 잘 챙겨 먹는 것도 중요하지만 아이가 마음 편하게 자기 뜻대로 해 보는 것도 중요하니까요. 이렇게 노력한 결과는 깨끗이 비운 밥그릇으로 돌아오게 되어 있습니다.

충분히 뛰어놀면 밥을 잘 먹습니다

·· 앞의 방법대로 노력을 기울였는데도 아이의 식습관이 좀처럼 나아지지 않는다면 마냥 두고 볼 수만은 없는 일입니다. 잘못하다가는 정말로 영양 결핍이나 편식 습관이 생길 수 있지요. 이때는 이런 방법이 도움이 됩니다.

먼저 밥을 제대로 먹을 수 있도록 간식은 간식답게, 주식은 주식답게 주는 것이 중요합니다. 간식으로 배를 채우게 해 놓고 밥을 안 먹어 걱정이라고 하는 것은 앞뒤가 안 맞는 말이지요. 또한 밖에서 실컷 뛰어놀도록 시간을 줘서 에너지를 충분히 발산할 수 있게 하세요. 충분히 노는 아이들은 밥도 잘 먹습니다.

즐거운 식사 시간을 만들기 위해 아이와 함께 요리하는 것도 좋습니다. 직접 요리를 해 보면 아무리 먹는 것을 싫어하는 아이라 하더라도 음식에 관심을 갖게 마련입니다. 음식을 차릴 때 아이와 함께 하고, 칭찬을 듬뿍 해 주는 것도 잊지 마세요.

아이에게 식판을 사용하게 하는 것도 좋습니다. 아이가 좋아할 만한 예쁜 식판을 마련해 음식을 조금씩 담아 주세요. 식판에 있는 음식은 모두 먹어야 한다는 원칙을 세우면 골고루 먹는 습관을 기를 수 있습니다.

좋은 식사 습관 만드는 요령

① 밥 먹는 동안에 텔레비전을 보지 않게 해 주세요

아이가 밥을 잘 먹지 않는다고 텔레비전이나 스마트폰 앞에서 밥을 먹게 하는 경우가 있습니다. 이것은 밥을 먹게 하기 위해 더 나쁜 습관을 만드는 것입니다.

② 식사 시간이 지나면 음식을 치우세요

아이에게 밥을 차렸다는 것을 말하고, 엄마 아빠가 밥 먹는 동안 네가 오면 밥을 먹을 수 있지만, 그렇지 않으면 밥을 먹을 수 없다고 알려 줍니다. 만약 아이가 어른들의 식사가 끝난 후에 밥을 달라고 하면 단호하게 주지 않습니다.

③ 따라다니면서 밥을 먹이는 건 좋지 않습니다

밥을 잘 먹지 않는다고 따라다니면서 밥을 먹이는 것은 좋지 않습니다. 한 끼 굶는 것이 안쓰러워 따라다니면서 밥을 먹이기 시작하면 식습관을 바로잡을 기회를 놓치게 됩니다.

④ 아이의 입맛에 맞는 다양한 요리법을 찾아보세요

아이들은 촉감이 거친 음식이나 매운 음식 등을 잘 못 먹는 것이 사실입니다. 아이가 식습관이 너무 나쁘다면 당분간은 아이 입맛에 맞게 요리해 주는 것이 좋습니다. 아이들이 좋아하는 모양의 알록달록한 그릇과 수저 등으로 아이의 시선을 끄는 것도 한 가지 방법입니다.

⑤ 아이의 운동량을 늘려 주세요

요즘 아이들은 예전 아이들에 비해 운동량이 현저하게 줄었습니다. 아이의 활동량을 늘리면 아이가 식사 시간을 기다리게 마련입니다.

아이가 먹기 싫어하는 반찬이 있을 때는 먹기 시합을 해 보세요. "우리, 김치 누가 잘 먹나 내기할까?" 하며 동시에 입에 넣고 먹는 것이지요. 또 밥을 먹을 때 감사의 인사를 하게 하는 것이 좋습니다. 아이에게 음식에 담긴 사람들의 노고에 대해 이야기해 주면 아이도 음식을 귀하게 여기는 마음을 갖게 됩니다.

게임에 빠진 아이, 어떻게 할까요?

요즘은 게임 때문에 집집마다 전쟁입니다. 아이는 한번 게임을 시작하면 일어날 줄 모르고 부모는 어떻게든 게임 시간을 줄이려고 하다 보니 큰소리가 나게 마련이지요. 집에 있으면 무조건 컴퓨터 앞으로 달려가고, 밖으로 나가도 엄마 아빠 스마트폰으로 게임을 하려는 아이. 한번 시작하면 한 시간이고 두 시간이고 상관없고, 때로는 밥 먹는 것도 잊고 화장실 가는 것까지 참으며 게임에 몰두하는 아이. 한창 뛰어놀아야 할 시기에 아이가 이렇게 게임만 좋아한다면 반드시 바로잡아 줘야 합니다. 게임을 많이 하는 아이는 육체적으로 허약해질 뿐만 아니라 사회성도 기르지 못하게 됩니다. 게임은 결코 안일하게 생각할 문제가 아닙니다.

대부분 부모의 권유로 시작

2014년 정보통신부와 한국 인터넷 진흥원이 실시한 정보화 실태 조사에 따르면 3~9세 유아의 인터넷 이용률은 78.8퍼센트에 이른다고 합니다. 또 평균 3.2세에 처음 인터넷을 하는 것으로 나타났습니다. 유아 두 명 중 한 명은 거의 매일 컴퓨터를 하고 있는 셈입니다. 아이가 게임을 즐기게 되는 이유는 부모의 영향이 큽니다. 현재 대부분의 가정은 아이들이 게임에 중독될 만한 최적의 환경을 갖추고 있습니다. 집집마다 컴퓨터나 태블릿PC, 스마트폰으로 영어나 한글 등을 익힐 수 있는 다양한 콘텐츠를 쉽게 접할 수 있지요. 이런 교육 콘텐츠를 외면하기란 쉽지 않습니다. 특히 교육열이 높은 부모들은 좋다고 소문난 콘텐츠가 있으면 서둘러 아이를 컴퓨터 앞에 앉히지요.

문제는 유아용 인터넷 학습 콘텐츠 중에는 게임 형식으로 된 것이 많다는 점입니다. 쉽고 재미있게 배우게 하려는 것이지만 아이들은 이를 통해 자연스럽게 게임을 접하게 됩니다. 단조로운 교육용 게임에 시들해진 아이들은 마우스로 여기저기 클릭하기 시작하고, 누가 가르쳐 주지 않아도 귀신같이 게임 프로그램을 찾아내 능숙하게 게임을 시작합니다. 이쯤 되면 부모가 뜯어말려도 눈만 뜨면 컴퓨터를 켜게 됩니다. 또한 아이들이 자라 또래 친구를 사귀게 되면 친구의 영향으로 게임을 하게 되기도 합니다. 이때 친구들과 놀려면 게임도 해야 한다며 허용적인 입장을 보이는 부모들도 있습니다. 이런 점을 볼 때 아이들의 게임 중독은 대부분 부모 책임이라 할 수 있습니다.

쉽게 벗어날 수 없는 게임의 중독성

·· 게임의 중독성은 텔레비전에 비할 바가 못 됩니다. 시각적 자극도 훨씬 세고, 한번 시작하면 멈추지 못할 정도로 흡입력 또한 큽니다. 더군다나 한 번 클릭할 때마다 바로 반응이 나오기 때문에 웬만해서는 주의를 다른 곳으로 돌리기 힘듭니다. 어른도 그럴진대 아이들이야 오죽하겠습니까.

그 폐해는 엄청납니다. 학교에 들어가기 전의 아이들은 친구나 부모, 선생님과의 접촉을 통해 사회성을 기를 수 있습니다. 하지만 게임에 중독되어 집에만 있다 보면 다른 사람들과의 접촉이 적어 이런 능력을 키울 수 없게 됩니다. 사회성이 제대로 형성되지 못하면 다른 사람의 생각을 이해하지 못하는 이기적인 성격을 갖게 되고, 자신의 생각을 표현할 줄도 모르게 되지요.

또한 폭력적이고 자극적인 게임에 몰두하다 보면 아이가 폭력적인 성향을 갖게 되기도 합니다. 얼마 전 병원을 찾은 여섯 살의 병준이는 세 살 때부터 게임을 했다고 해요. 아빠가 게임광인데, 아이가 울면 안고 게임을 했다더군요. 처음부터 그랬던 것은 아닌데, 아이가 울 때 게임 장면을 보여 주니 울음을 뚝 그치며 뚫어지게 화면을 쳐다보더랍니다. 그러다 보니 아빠는 아이를 쉽게 달래려고 컴퓨터 앞에서 아이를 안고 있었던 거지요.

아이는 세 돌이 지나자 스스로 마우스를 움직이고 클릭을 하더랍니다. 그 모습이 신기했던 부모는 "잘한다" 하며 아이를 부추겼지요. 그러면서 아이가 할 수 있는 쉬운 게임을 골라 주었고, 게임을 곧잘 하자 "영재 아냐?" 하며 좋아했다고 하네요.

부모가 문제의 심각성을 느낀 건 매일 폭력적인 게임을 하던 병준이가 현실에서도 폭력성을 드러내기 시작한 후였습니다. 자기 뜻대로 되지 않을 때는 엄마 아빠를 때리고, 심지어는 집히는 물건을 마구 휘두르기도 했다고요. 그제야 엄마 아빠는 걱정스러운 마음에 병원을 찾은 거지요.

아이들은 모방 심리가 강하기 때문에 행동의 옳고 그름을 따지기에 앞서 무조건 따라 하고 봅니다. 또한 현실과 가상 세계를 구분하는 능력이 약해 게임에서 본 내용이 그대로 현실에서도 일어날 수 있다고 생각하지요. 뿐만 아니라 게임의 강한 자극에 빠져 자극이 약한 학습은 싫어하게 됩니다.

게임보다는 바깥 놀이를 즐기게

아이가 게임에만 몰두할 경우 먼저 그 이유를 알아보아야 합니다. 아이는 밖에 나가 뛰어놀고 싶은데 이런저런 이유로 아이의 욕구를 막지 않았는지 생각해 보세요. 엄마 아빠와 노는 것이 즐겁고, 친구와 노는 것이 재미있는 아이들은 절대로 게임에 빠져들지 않습니다. 게임을 하더라도 잠깐 즐기는 정도고, 통제도 쉽지요.

그러니 밖으로 나가 자연의 변화를 느끼며 마음껏 뛰놀게 해 주세요. 아이들은 자연과 가까운 존재이기 때문에 밖에서 실컷 놀다 보면 게임 생각이 사그라지게 됩니다. 또한 아이들에게는 뛰어노는 과정이 곧 학습의 과정입니다. 놀면서 배우고 성장하기 때문에 아무리 지나쳐도 문제가 되지 않습니다. 집 안에서 컴퓨터 앞에 앉은 아이와 실랑이를 하기보다는 맛있는 간식을 싸서 근처 공원으로 나가는 것이 아이의 게임 시간을 줄이는 지름길입니다.

게임 시간을 엄격히 통제하세요

인터넷이 되지 않는 곳으로 이사가지 않는 이상, 아이로부터 게임을 완벽하게 떼어 놓기란 쉽지 않습니다. 그래서 아이가 어느

게임 중독을 예방하는 방법

① 아이가 하는 게임의 내용을 파악하세요

아이가 좋아하는 게임의 내용과 문제점을 잘 알고 있어야 통제가 쉽습니다. 폭력적인 게임의 경우 '이런 게임을 많이 하면 너도 게임에서처럼 다른 사람을 때리고 싶어져서 안 된다'고 하면 좀 더 쉽게 게임에 몰두하는 것을 막을 수 있습니다.

② 매일 게임을 하게 하면 안 됩니다

아이와 대화를 통해 게임 시간을 정하도록 합니다. 보통 '하루 30분'으로 정하는 경우가 많은데, 이는 시간의 길고 짧음을 떠나 매일 게임하는 습관을 몸에 배게 한다는 점에서 좋지 않습니다. 그보다는 일주일에 두 번 정도 한두 시간으로 횟수를 정하고 점차 그 횟수를 줄여 가는 것이 바람직합니다. 한번 정한 규칙은 어떤 일이 있어도 지키도록 합니다.

③ 바깥 활동을 많이 하게 해 주세요

집에만 있으면 자연히 게임 생각이 나게 마련입니다. 아이가 게임 중독에 빠지지 않도록 여행이나 나들이를 자주 계획하는 것이 좋습니다. 아이가 밖에서 뛰노는 시간이 많아지면 게임과 비교가 안 되는 진짜 재밌는 놀이가 있다는 것을 몸으로 알게 됩니다.

정도 자라 스스로 게임 시간을 통제할 수 있기 전까지는 부모가 엄격히 통제해야 합니다. 아이와 협의를 해서 일주일에 몇 번, 얼마 동안 게임을 할지 정하고 부모와 아이 모두 이를 지켜야 합니다. 집에 손님이 왔다고 못 하게 하거나, 아프다고 봐주는 것 없이 언제나 규칙이 적용돼야 하지요.

보통 맞벌이 부모들이 아이의 게임 시간 통제에 소홀할 수 있는데, 저는 이 부분만큼은 무섭게 규제를 하고, 어긋났을 때는 확실한 처벌을 했습니다. 평소와 다르게 단호한 모습을 보이자 아이들은 게임을 하고 싶으면 제게 꼭 전화를 걸어 허락을 받았지요. 그것은 초등학교에 들어가서도 마찬가지였습니다. 게임이 엄마가 무섭게 규제할 만큼 해롭다는 사실을 어릴 때 이미 깨달았기 때문이지요.

아이의 의사를 존중해야 하지만 예외적인 것들이 있습니다. 게임 문제는 특히 그렇습니다. 한마디로, 절대 아이에게 져서는 안 됩니다. 엄마 아빠와 약속을 하고 안 하겠다고 마음먹어도 게임이 가진 중독성 때문에 아이 스스로 하고 싶은 마음을 통제하기란 쉽지 않습니다. 그러므로 처음부터 단호한 제재와 규칙이 필요합니다.

엄마의 말에 꼬박꼬박 말대답을 해요

아이들과 대화를 하다 보면 때때로 말문이 탁 막히는 경험을 하게 됩니다.

"유치원 가서 친구들하고 싸우지 말고 사이좋게 잘 놀아."

이렇게 이야기하면서 부모들은 "네"라는 착하고 예쁜 답을 기대합니다. 그런데 아이들 입에서는 엉뚱한 말이 나옵니다.

"엄마는 맨날 아빠하고 싸우면서 왜 나는 친구랑 사이좋게 놀아야 해?"

그러면 뒤통수를 맞은 느낌이지만 표정 관리를 하면서 다시 이야기하지요.

"친구의 행동이 마음에 안 들면 싸울 수도 있지만, 될 수 있으면 사이좋게 놀라는 뜻이지."

그러면 아이는 또 이렇게 대답을 합니다.

"알았어. 그럼 엄마도 아빠랑 사이좋게 지내."

이럴 때 아이 말에 틀린 구석이 없으니 할 말은 없지만, 부모는 아이의 말대답에 화가 나지요.

예쁘게 말하는 아이를 만드는 대화 십계명

1. "안 돼"와 같은 금지의 말보다는 "좋아", "괜찮아" 등 허용의 말을 많이 해 주세요.
2. 아이에게 뭔가를 시킬 때는 "해 줄래?" 하고 부탁하세요.
3. 아이가 무엇이든 스스로 하려고 할 때는 막지 마세요.
4. 아이의 행동 동기를 긍정적으로 해석하고 맞장구를 쳐 주세요.
5. 칭찬받을 일과 야단칠 일을 구분하고 일관되게 지켜 주세요.
6. 아이가 잘못했을 때는 화를 내지 말고 낮고 단호한 어조로 타이르세요.
7. 아이가 부모에 대한 불만을 이야기했을 때 인정할 것은 솔직히 인정해 주세요.
8. 해야 할 것과 하지 말아야 할 것을 논리적으로 말해 주세요.
9. 아이에게 바람직한 대안을 제시해 주세요.
10. 아이의 말을 끝까지 잘 들어 주세요.

논리를 세우고 지키는 것을 좋아하는 시기

5~6세 아이들에게는 '~해야 한다', '이래야 한다'는 규칙과 나름의 논리를 세우고 그것을 지키는 것이 아주 중요한 발달 과제입니다. 때로는 아이들이 여기에 너무 매달려서 상황에 따라 규칙이나 논리가 달리 적용될 수 있다는 것을 이해하지 못하기도 합니다. 그만큼 자신도 규칙을 잘 지키려고 애를 쓰고 남들에게도 자신이 정한 규칙을 지키라고 강요하지요. 그래서 자신이 알고 있는 규칙과 반대되는 이야기를 하는 부모의 말에 꼬박꼬박 따지고 들게 되는 것입니다.

아이가 말대답을 한다는 것은 머리가 기가 막히게 좋아졌음을 의미합니다. 이제 아이는 자신이 원하는 대로 일이 되지 않아도 떼를 쓰거나 우는 대신 부모를 설득하려고 듭니다. 자기가 갖고 싶은 물건을 사 주지 않을 때 '그게 없으면 친구들과 놀지 못한다', '너무 갖고 싶으니 생일날 사 달라' 등 제법 논리적인 말을 하기도 합니다. 또한 자기의 생각이나 기분을 말로 정확하게 표현하면서 어른 일이건, 친구 일이건 참견이 많아지지요.

이때 화를 내거나 아이의 말문을 막는 것은 아이의 정상적인 발달을 방해하는 행동입니다. 그보다는 아이의 지능이 발달했음을 기뻐하며 동등한 인격체로 대해 주어야 합니다. 아이의 생각을 자주 묻고 아이의 의견에 대해 부모의 생각을 적극적으로 말해 주며 대화하는 것이지요.

무례한 태도는 바로잡아 주세요

때로는 아이의 말대답이 지나쳐 무례함으로 비치는 경우가 있습니다. 이때는 아이의 생각은 이해해 주되 적절한 표현 방법을 가르치는 것이 중요합니다.

① 부모의 말을 무시할 때

"밥을 많이 먹어야 키가 커져" 하며 밥을 먹일 때, "에이, 거짓말. ○○는 나보다 밥 많이 먹는데 나랑 키가 똑같아" 하고 부모 말을 무시하는 경우가 있습니다. 이때는 "그건 그 아이가 이상한 거고!" 하며 아이 말을 잘라 버리기보다는 책이나 인터넷에서 정보를 찾아 엄마 아빠 말이 과학적으로 옳음을 알려 주는 것이 좋습니다. 아이들은 책이나 인터넷에 있는 내용은 무조건 옳다고 믿기 때문에 이렇게 하면 부모 말에 대한 신뢰도도 높일 수 있고, 호기심도 키울 수 있지요.

② 말끝마다 "싫어"라고 대답할 때

"엄마가 하는 말에 네가 무조건 싫다고 하니까 엄마를 싫어하는 것 같이 느껴져" 하고 이야기하며 슬픈 표정을 지어 보세요. 더불어 왜 싫어하는지 그 이유를 들어 보고 적절한 해결책을 찾아 주세요. 여기서 중요한 것은 긍정적으로 감정을 표현하도록 유도하는 것입니다. "무조건 싫다고 하는 것보다는 '엄마, 나는 이렇게 하고 싶어' 하고 이야기하면 엄마 기분이 너무 좋을 텐데" 하고 말이지요.

③ "엄마는 맨날 안 된다고 해!" 하며 화낼 때

부모들이 아이들에게 가장 많이 하는 말 중 하나가 "안 돼"일 것입니다. 이 말을 할 때는 반드시 그 이유를 설명해 주어야 합니다. 예컨대 아이가 겨울에 자꾸 반팔을 입고 나가려고 한다면 "날씨가 추운데 반팔 옷을 입고 나가면 감기에 걸리거든. 네가 감기에 걸리면 너도 힘들고, 엄마 아빠도 마음이 아파"라고 설명해 주는 것이 좋습니다. 또한 부모도 긍정적인 표현을 써야 하지요. "그렇게 하면 안 돼"보다 "이렇게 해 줄래?"가 훨씬 좋은 표현입니다.

④ 할아버지 할머니에게 "그것도 몰라요?"라고 할 때

휴대폰이나 컴퓨터 등 기계에 익숙하지 않은 할아버지 할머니에게 "그것도 몰라요?"라고 말하는 아이들이 있습니다. 이때는 할아버지 할머니의 상황을 아이에게 이해시켜 주어야 합니다. "할머니가 어렸을 때는 이런 기계들이 없었어. 너처럼 어렸을 때부터 이런 기계들을 봤으면 지금 아마 잘 사용하셨을 거야" 하고 말이지요.

나쁜 버릇을 어떻게 잡아 줄까요?

부모들로부터 자주 듣는 이야기 중 하나가 '아이 버릇을 바로잡으려고 아무리 말을 해 줘도 아이가 달라지는 모습을 보이지 않아 힘들다'는 것입니다. 어떤 엄마는 아이에게 "책상 정리 좀 해라"라고 매일같이 이야기하는데도 스스로 정리한 적이 한 번도 없다고, 아이가 이상한 게 아니냐며 상담을 요청하기도 했습니다. 이런 경우 원인은 아이에게 이상이 있어서라기보다는 부모가 자신의 뜻을 제대로 전달하지 못해서라고 할 수 있습니다. 아이에게 가장 효과적인 방법으로 부모의 뜻을 전달해야 하는데 그러지 못하면, 아이는 부모의 말을 '잔소리'로 여기고 큰 의미를 두지 않게 됩니다.

지각 대장 경모의 버릇 고치기

저 역시 제 생각과 반대로 행동하는 아이들을 볼 때마다 '이걸 혼내야 하나, 말아야 하나' 자주 갈등했습니다. 매일 아침 아무리 깨워도 이불 속에서 뭉그적거리고 있는 아이를 보며 입 안에서 뱅뱅 맴도는 사나운 말을 꿀꺽 삼킨 적도 많지요. 하지만 매번 봐줄 수는 없는 법. 아이의 행동이 도저히 용납할 수 없을 정도에 이르면 작정하고 얘기를 했습니다.

예전에 경모가 연달아 열흘이나 지각한 적이 있었습니다. 경모는 아침잠이 유난히 많은 아이여서, 유치원에 다닐 때도 아침마다 전쟁이 따로 없었습니다. 그런데 이 버릇이 학교에 들어가서도 여전했지요. 그때까지만 해도 시간에 맞춰 깨워 주기만 했을 뿐 지각에 대해서는 크게 나무라지 않았어요. 지각을 하면 학교에서 혼날 테고, 그 정도로 충분하다고 생각해서였습니다.

그런데 열 번이나 연달아 지각한 상황이 되고 보니 안 되겠다 싶었습니다. 혹시 경모가 학교에서 혼나는 것에 무감각해진 것은 아닐까 하는 생각도 들었습니다. 그래서 규칙을 지킨다는 것의 의미를 일깨워 주기로 했지요. 그날 밤 저는 심각한 얼굴로 경모에게 이야기를 꺼냈습니다.

"경모야, 네가 아침에 일어나기 힘들어하는 건 엄마도 잘 알아. 네가 아침잠이 워낙 많아서 그러는 거잖아. 아침잠이 많은 사람도 있고, 저녁잠이 많은 사람도 있지. 맞지?"

"네."

"하지만 세상에는 최소한 지켜야 할 규칙이 있어. 학생이 지각을 하지 말아야 하는 것도 규칙이지. 그 규칙을 지켜야 학교생활도 잘 할 수 있는 거야."

"네."

"앞으로 노력해 보자. 힘들더라도 일찍 일어나기, 할 수 있지?"

"네."

그날 이후 경모는 일찍 일어나기 위해 노력했고, 지각하는 횟수도 줄어들게 되었습니다.

부모의 말이 잔소리가 되지 않게 하려면

경모가 제 이야기를 귀담아듣고 행동을 고친 것은 제 말이 옳았기 때문만은 아닙니다. 어느 부모가 옳지 않은 말을 하겠습니까. 하지만 아무리 옳은 말이라도 자꾸 하다 보면 잔소리가 되고 맙니다. 평소에 잔소리를 별로 하지 않았기에 제가 건네는 말을 경모가 매우 진지하게 받아들일 수 있었던 것이지요. 부모는 자신이 생각한 것과 느낀 것을 모두 아이에게 이야기해서는 안 됩니다. 아이에게 크게 도움이 되지 않는 이야기는 삼킬 수 있는 인내심이 있어야 하지요. 느끼는 대로, 생각나는 대로 바로바로 얘기하면 부모의 권위가 떨어지게 됩니다. 부모의 입에서 나오는 모든 말은 잔소리가 되고 마니까요.

그래서 부모가 생각하기에 정말 중요하다 싶은 메시지를 아이에게 전달하기 위해서는 평소 사소한 잘못은 그냥 넘기는 지혜도 필요합니다. 예를 들어 '책상 정리해라'와 '게으름을 피우지 마라' 중에서 어떤 메시지가 아이에게 더 중요할까요? 물론 가치관에 따라 다르겠지만 아이가 정리는 좀 못해도 게으름 피우지 않는 사람이 되길 바라는 부모가 많을 것입니다.

이때 '게으름 피우지 마라'라는 메시지를 강하게 전달하기 위해서는 '책상 정리해라'라는 말은 참아야 합니다. 그렇지 않으면 '게으름 피우지 마라'라는 말이 '책상 정리해라'와 같은 잔소리 수준으로 뚝 떨어질 수 있습니다.

그래서 부모는 아이에게 이야기를 꺼내기 전에 '꼭 해야 되는 말인가, 아니면 넘겨도 되는 말인가', '지금 당장 해야 할 중요한 말인가, 나중에 해도 될 말인가', '화내지 않고 낮은 목소리로 이야기할 수 있는가'를 항상 판단해야 합니다. 그래야 아이가 꼭 알아야 할 가치를 효과적으로 전달할 수 있습니다.

하고 싶은 말의 반만 하세요

나쁜 버릇을 바로잡기 위해 이야기를 할 때, 중요한 가치를 전달하고 싶을 때 고려해야 할 것이 또 하나 있습니다. 최대한 감정을 억제하고 말하는 것입니다. 만약 제가 경모에게 "경모, 너 이리 와 봐!" 하고 화부터 냈다면, 아이는 '엄마가 심각한 얘기를 하려나 보다'라고 생각하기 전에 이미 기분이 나빠지거나, 혼날까 봐 두려움에 떨었을지도 모릅니다. 아이 역시 감정적이 되어 엄마의 말에 집중하기 힘들었을 것이고요.

그래서 저는 아이 버릇을 바로잡아야 할 필요가 있을 때는 되도록 화를 내는 것도 아니고 웃는 것도 아닌 중립적 표정을 지었습니다. 그리고 낮은 목소리로 천천히 얘기를 시작했지요. 이렇게 하면 감정이 섞이지 않은 상태에서 부모의 뜻을 정확하게 전달할 수 있습니다. 하고 싶은 말을 다 했다가는 잔소리가 되기 십상이며 감정이 격해질 수 있습니다. 아이가 받아들일 수 있는 것에도 한계가 있지요. 그러니 언제나 하고 싶은 말의 반만 하세요. 그랬을 때 아이들은 그 말을 놓치지 않고 듣게 됩니다.

자기표현

아이가 우물쭈물 말을 못해요

흔히 아기가 울거나 떼쓰지 않고 조용히 있으면 어른들은 순하고 착하다며 흐뭇해합니다. 하지만 아이가 자라서 조잘거릴 시기에 자기 생각을 말하지 못하고 우물쭈물하면 부모는 금방 조바심을 냅니다. 아이에게 뭔가 문제가 있지 않나 그제서야 걱정을 하는 것이지요. 아이가 생각과 감정을 표현하지 못한다는 것은 곧 상대방과 원활히 의사소통하지 못한다는 의미입니다. 또한 사회성을 떨어뜨리는 원인이 되기도 합니다. 타인과 소통할 기회가 줄면, 그만큼 남과 더불어 사는 법을 배우지 못할 수밖에요. 그러니 아이가 자기 생각과 감정을 표현하지 못하고 망설이는 모습을 보인다면 서둘러 조치를 취해야 합니다.

아이가 위축될 만한 일이 있는지 살펴보세요

표현을 잘 못하는 것과 온순한 것은 다릅니다. 온순한 것은 아이가 가진 기질로, 이런 아이들은 평소에는 말이 없다가도 꼭 해야 할 말은 합니다. 하지만 표현을 잘 못하는 아이들은 자신감을 잃거나 위축될 때 입을 다물어 버리지요. 아이들이 자신의 감정과 생각을 자유롭게 표현하지 못하는 데에는 여러 가지 원인이 있습니다.

평소에 엄마가 아이의 말에 건성으로 반응하는 편은 아닌지, 번번이 잔소리를 하거나 핀잔을 주지는 않는지, 혹은 친구들 사이에서 크게 창피를 당한 일이 있는 것은 아닌지 등 먼저 그 원인을 살펴보고 그것부터 해결해야 합니다. 잔소리나 핀잔 같은 부모의 억압적인 언어 습관은 아이를 위축시켜 의사 표현을 제대로 못 하게 할 수 있으니 주의해야 합니다. 평소에 친구 관계가 원만하지 못했다면 친구들을 초대하여 아이가 친구들 사이에서 기를 펼 수 있도록 도와주세요. 생활 속에서 기가 죽지 않고 당당한 아이가 자기 감정과 생각도 분명하게 표현할 줄 압니다.

그리고 언제나 아이가 하는 말에 관심을 갖고 정성껏 대답해 주세요. 적절히 장단도 맞춰 주면서 아이가 대화하는 즐거움을 느끼게 해 주세요. 그러면 서서히 자신감을 되찾을 것입니다. 아이는 즐거움을 발견하는 쪽으로 자연스럽게 기울게 되어 있으니까요.

말 잘하는 아이로 키우는 생활 노하우

① 가족회의 시간을 만드세요
일주일에 한 번씩 정기적으로 가족이 모두 모여 이야기하는 시간을 만듭니다. 엄마 아빠와 동등하게 대화를 나누다 보면 아이의 표현력이 좋아집니다.

② 어른과 이야기할 기회를 많이 주세요
친구끼리만 대화를 나누는 아이들은 비속어를 많이 쓰는 반면, 어른과 의사소통이 원활한 아이들은 바르고 정확한 표현을 하게 마련입니다.

③ 아이 질문에 끝까지 대답해 주세요
아이가 아무리 하찮은 이야기를 해도 귀기울여 주고, 성심성의껏 대답해 주면 아무리 말 없는 아이라도 금방 참새처럼 재잘재잘 말을 합니다.

④ 동시를 많이 읽어 주세요
동시의 짧은 글 속에는 아름다운 표현들이 많이 숨어 있습니다. 때문에 아이의 감성을 자극할 뿐 아니라 표현력과 어휘력도 키워 줍니다.

적절한 감정 표현 방법을 모르기 때문

아이는 때로 자기 생각과 감정이 뭔지 잘 모르고 표현 방법도 몰라서 입을 다물기도 합니다. 예를 들어 거미처럼 보이는 그림을 아이에게 보여 준다고 생각해 보세요. 어떤 아이는 "뭐처럼 보이니?"라고 물으면 "거미요"라고는 대답하지만, 그 이유를 물으면 "그냥이요"라고만 할 뿐 이내 입을 다물어 버립니다. 반면 또 어떤 아이는 "거미 같기도 하고 나비처럼도 보이는데요, 자꾸 보니까 무서워요"라고 자신의 느낌과 생각을 말합니다. 평소 아이가 첫 번째와 같은 반응을 보이는 편이라면, 자연스럽게 질문을 이어 가면서 아이에게 표현 방법을 알려 주는 것이 좋습니다. "거미 말고 다른 것은 없을까?", "○○는 거미를 직접 본 적이 있니?" 하는 식으로 말입니다. 하지만 대답을 강요해서는 안 됩니다. 아이가 자신의 감정을 <u>스스로</u> 살펴보게 하면서 적절히 표현할 수 있도록 서서히 이끌어 가는 것이 중요합니다.

단답형으로 대답할 때는 사지 선다형으로 바꿔서
.... 자기표현이 서툰 아이들은 질문에 "네", "아니요", "그냥", "몰라" 등 단답형으로 대답하는 경우가 많습니다. 이 때는 아이 입장에서 생각해 볼 수 있는 여러 개의 상황을 제시하고 그중에서 아이의 생각과 일치하는 것을 고르게 해 보세요. 친구가 갑자기 때리고 도망을 갔는데, 분명 화를 내야 할 상황임에도 불구하고 아이가 어쩔 줄을 모르고 가만히 있다고 해봅시다. 아이에게 기분이 어떠냐고 물었는데 "몰라" 하며 퉁명스럽게 대답했다면 다음처럼 다시 물어보도록 하세요.

"1번 화난다, 2번 속상하다, 3번 참을 수 있다, 4번 싸우고 싶다, 이 중에서 어떤 기분이야?"

이렇게 하면 아이는 자신의 감정을 어떻게 말로 표현하는지 배우고, 그것을 표현하는 게 나쁜 일이 아니라는 것도 깨닫게 됩니다. 또한 감정을 조절하는 방법도 배울 수 있지요. 아이가 말로 생각을 잘 표현하지 못하는 것을 그대로 방치하면, 자라서도 해야 할 말을 못 하고 움츠러들 수 있습니다. 그러면 친구들 사이에서 소외되거나 사회성이 떨어지는 등 더 큰 문제가 생길 수 있으므로 미리부터 적절한 조치를 취할 필요가 있습니다.

발표력이 없어요

유치원 공개수업 날. 선생님의 질문에 "저요, 저요" 하는 아이들 틈에서 한 아이가 잔뜩 웅크린 채 바닥만 뚫어져라 보고 있습니다. 선생님이 부르니 일어나기는 하는데 고개를 숙이고 몸을 비비 꼬며 기어 들어가는 목소리로 더듬거리는 아이. 만일 그 아이가 내 아이라면 어떨까요. 스피치 학원에라도 보내야 할까요? 아니면 다그쳐서라도 버릇을 잡아 주어야 할까요?

관건은 자신감입니다

························· 예전에는 침묵은 금이라고 하여, 자기주장을 하지 않고 남의 이야기를 잘 들어 주는 것이 미덕이었지만 요즘은 정반대입니다. 유치원에 들어가면 발표를 잘하는 아이들은 선생님에게 칭찬을 많이 받고 친구들 사이에서도 인정을 받는 반면, 알고 있어도 발표를 못하는 아이들은 소외되거나 스스로 '나는 바보 같다'라고 느끼기 쉽지요.

평소 수줍음을 잘 타는 아이들은 발표를 하는 데 어려움을 많이 느낍니다. 새로운 상황에 적응하는 속도가 느리고 자기표현이 약한 아이들은 더더욱 발표를 힘들어하지요. 또한 친한 사람들과는 조잘조잘 수다를 잘 떨면서도 낯선 사람들 앞에만 서면 말을 하지 못하고 소극적인 모습을 보이는 아이들도 있습니다. 이런 아이들은 발표할 때 말을 하기는 하는데 요점이 없거나, 기어 들어가는 목소리로 이야기하거나, 발표만 하면 가슴이 콩닥거리고 얼굴이 빨개지는 등의 행동을 보입니다. 이때 대부분의 부모들은 겉으로 보이는 아이의 작은 목소리, 자신감 없는 표정, 불안한 시선, 구부정한 자세 등을 지적하고 고치려 합니다. 그러나 가장 중요한 것은 아이의 자신

아이의 자신감을 떨어뜨리는 열 가지 부모의 말

1. 옆집 ○○는 잘하는데 너는 왜 못하니?
2. 네가 지금 몇 살인데 이렇게 하는 거야?
3. 왜 이렇게 바보같이 그래?
4. 뚝. 조용히 하라고 했지?
5. 한 번만 더 그러면 너 아주 크게 혼난다.
6. 너 자꾸 그러면 경찰 아저씨한테 데려가라고 할 거야.
7. 엄마가 아직 안 됐다고 했잖아. 계속해.
8. 네가 커서 어른이 되면 그때 마음대로 해. 지금은 안 돼.
9. 네가 하는 일이 맨날 그렇지 뭐.
10. 왜 그런 거야? 얼른 얘기해 봐.

아이의 자신감을 키우는 방법은 매우 간단합니다. 아이의 모든 말과 행동에 적극적인 호응과 응원의 메시지를 보내는 것이지요. 아이에 대한 기대를 조금만 낮추고 일부러라도 칭찬할 만한 것을 찾아보세요.

논리력과 설득력을 키우는 질문하기

요즘은 학교에서도 주입식 교육보다는 발표나 토론 수업이 주를 이루고, 입시에서도 면접이 예전에 비해 큰 비중을 차지하기 때문에 그 어느 때보다 발표력에 대한 관심이 높아지고 있습니다. 유아 때부터 말하기를 배우는 것이 유행이 되고, 발표력 향상을 위한 학원도 성행한다고 하지요. 물론 그런 교육을 통해 적절한 발성법이나 손동작과 몸짓, 논리적으로 말하는 방법을 배울 수는 있을 것입니다. 그러나 저는 과연 아이들 발표력 향상에 그것이 효과적일지에 대해서는 다소 회의적인 입장입니다.

발표력은 자기주장을 조리 있게 펼쳐 상대방을 설득하는 능력입니다. 이 능력은 학원을 다닌다고 생기는 게 아닙니다. 평소 자기 생각과 감정, 욕구 등을 부모나 친구에게 조리 있게 이야기하여 원하는 것을 얻는 과정을 통해 형성되는 것이지요. 그러니 발표력을 키우는 가장 효과적인 방법은 엄마 아빠와 나누는 일상적인 대화, 그 안에 있습니다.

아이와 대화를 나누며 아이가 설득력 있게 말할 수 있도록 이끌어 주세요. 이 시기의 아이들은 자신의 느낌과 생각을 어른들이 알아들을 수 있게 표현하는 것이 가능하며 어느 정도의 논리력도 갖추고 있습니다. "왜 그렇게 하고 싶은데?", "그러면 어떻게 하는 게 좋을까?", "그렇게 하면 어떤 일이 일어날까?" 등 생각을 유도하는 질문을 이어 가면 아이는 스스로 논리를 세우고 나아가 해결책을 제시하기도 합니다. 이런 식의 대화를 계속 하다 보면 아이는 이제 원하는 것이 있을 때 부모가 무슨 말을 할지 미리 생각해 보고 그에 대한 설득력 있는 답변을 준비하면서 논리로 무장하게 됩니다.

대화를 할 때는 아이에게 정해진 답을 유도하지 말고 스스로 논리를 세울 때까지 기다려 주는 것이 중요합니다. 아이의 두뇌는 미완성 상태라는 사실을 잊지 마세요. 말하는 도중에 말이 막힐 수도 있고 기대하는 만큼 말을 잘하지 못할 수도 있습니다. 그럴 때 실망하는 기색을 보이지 말고 "좋은 생각이구나" 하며 긍정적인 반응으로 아이를 격려해 주어야 합니다.

잘난 척이 심해요

무엇이든 자기가 하겠다고 나서고, 다 알고 있다는 듯이 행동하는 아이들. 한편으로 보면 자신감 넘치는 모습이지만, 또 한편으로는 볼썽사나울 때도 많습니다. 이런 아이들은 또래 아이들 사이에서 기피 대상이 되기 쉽습니다. 놀이에 끼어들어 이것저것 참견하고 '너희는 나보다 어려' 하는 식으로 무시하면 어린아이라도 당연히 싫겠지요. 부모 입장에서도 이미 다 알고 있는 것처럼 구는 아이를 어떻게 다루어야 할지 난감할 때가 많습니다. 고쳐 주려니 아이의 기를 꺾는 것 같고, 그냥 두자니 친구들 사이에 문제가 생길 것 같지요. 하지만 아이의 잘난 척은 잘만 보듬어 주면 심리적인 성장에 큰 도움이 됩니다.

잘난 척, 아는 척이 심해지는 시기

.... 5~6세 아이들은 엄마 품에서 벗어나 많은 일을 혼자 처리할 수 있게 됩니다. 그에 따라 부모의 역할도 점차 줄어들지요. 0~4세 아이들의 삶에서 부모가 차지하는 비중이 90퍼센트라면, 이 시기 아이들에게 부모의 역할은 50~60퍼센트에 그칩니다. 또한 지능이 발달함에 따라 지적인 호기심도 많아집니다. 이 시기에는 이것저것 아는 것도 많고 할 줄 아는 것도 많아져 아이의 자존감이 무척 높아집니다. 항상 '나는 괜찮은 아이인가?'를 검증하려고 하고, 그 검증에서 '맞다'라는 판단이 내려지면 그것을 누구에게든 자랑하고 싶어 합니다. '잘난 척', '아는 척'이 심해지는 이유이지요.

그러니 아이가 자기가 아는 것을 어떻게든 남에게 말하려 하고, 꼭 해야 할 일을 하고도 "나 잘했지?" 하고 확인하려 하고, 유치원에서 주는 상은 사소한 것까지 모두 받으려 하는 것은 지극히 정상입니다. 하지만 정상 범주에 있다고 해서 마냥 방치해서는 곤란합니다. 대인 관계 등 사회성 발달에 방해가 될 수 있기 때문이지요. 그럴 때에는 "○○가 참 잘해서 엄마가 좋긴 한데, 다른 친구들도 다 함께 잘했으면 더 좋을 것 같아", "다음부터는 동생도 가르쳐 주면 더 훌륭하겠는걸?" 하면서 다른 사람도 함께 배려하도록 유도해 주세요.

겸손은 나중에 가르쳐야 할 가치

.... 언젠가 한 후배가 여섯 살 난 아들 문제를 의논하러 찾아온 적이 있었습니다. 그 후배는 아이가 다니는 유치원에서 '아동 발달 상황'에 관한 리포트를 받고 적잖이 당황하고 있었습니다. 그 내용은 이러했습니다.

'규칙을 잘 지키고 남의 모범이 됩니다. 자기 생각을 조리 있게 잘 말하고 친구들과도 잘 어울립니다. 하지만 경쟁심이 강해서 놀이 상황에서 이기려고 애를 씁니다. 또한 자만심이 강해 겸손함이 요구됩니다.'

"선배가 보기에도 우리 애가 겸손함을 배워야 할 정도로 자만심이 강해?"

고민의 기색이 역력한 후배에게 저는 한마디로 대답해 주었습니다.

"유치원을 바꾸는 게 좋을 것 같은데? 아무래도 그 선생님은 여섯 살짜리 아이들을 잘 모르는 것 같아."

불과 여섯 살밖에 안 된 아이에게 '자만심이 강해 겸손함이 요구된다'고 이야기하는 것은 잘못된 일입니다. 물론 심하게 잘난 척하는 아이들도 있지요. 그러나 그 나이는 겸손이라는 추상적인 가치를 배우기엔 아직 어렵습니다. 만약 아이가 지나치게 잘난 척을 한다면, 거꾸로 자신감이 부족한 탓일 수 있습니다. 불안한 심리가 과잉 행동으로 드러나는 것이지요. 먼저 아이의 심리 상태를 살펴야 할 일이지, 겸손이야 아이가 자신감이 넘칠 때 가르쳐도 늦지 않습니다.

잘난 척을 인정해 주면 자신감이 커집니다

따라서 이 시기에는 아이의 잘난 척을 인정해 주는 것이 중요합니다. "뭘 그걸 가지고 그러니?", "그래 너 잘났다", "그런 말은 안 하는 게 좋아" 하면서 아이의 잘난 척을 억눌렀다가는 아이가 정말 가져야 할 덕목인 자신감을 잃을 수도 있습니다. 예컨대, 엄마가 자기 쿠션을 동생에게 주는 걸 본 아이가 이렇게 물었다고 해 봅시다.

"엄마는 지금 내 쿠션을 동생에게 줘서 나한테 미안하지?"

다소 어이가 없겠지만 별 내색하지 않고 "응, 미안해. 그리고 고마워"라고 말해 준다면, 그 순간 아이는 아마도 자신이 동생을 위해 뭔가를 양보했다는 사실을 자랑스러워하게 될 것입니다. 또한 아이의 공치사를 인정해 주는 이 짧은 대화를 통해 아이는 엄마에 대한 믿음, 정서적 유대감 그리고 '나는 진짜 괜찮은 사람이다'라는 자신감 등 많은 것을 얻을 수 있습니다.

아이의 잘난 척은 백 번 인정하고 받아 주는 것이 좋습니다. 그래야만 언젠가 아이가 '나는 별로 잘나지 않았다'라고 좌절할 만큼의 고비를 만났을 때, 엄마의 '너는 잘났어'라는 말을 기억하며 꿋꿋이 이겨 나갈 수 있습니다.

유치원 생활

다른 아이를 때리고 놀려요

경제적으로 유복한 환경에서 자란 아이가 있었습니다. 엄마 아빠는 소위 말하는 명문대 출신으로 하나뿐인 아이에 대한 교육열이 아주 높았습니다. 그 아이는 엄마의 강요에 의해 네 살이 되던 해부터 영어 유치원에 다니기 시작했습니다. 그런데 얼마 지나지 않아 아이는 문제를 일으켰습니다. 함께 공부하는 친구를 아무 이유 없이 때린 것이지요. 영어 공부에 대한 스트레스를 친구를 때리는 행위로 표출한 것입니다. 아이가 이렇게 폭력적인 성향을 보인다면 잘못된 행동 자체를 탓할 것이 아니라 그런 행동을 보인 아이의 마음을 먼저 읽어 줘야 합니다.

억압적인 부모가 폭력적인 아이를 만듭니다

그 아이를 치료하면서 마음이 참 아팠던 기억이 납니다. 아무 문제가 없었을 아이가 부모의 무리한 욕심과 강요로 인해 그처럼 폭력적으로 변했기 때문이지요. 아이가 폭력적인 행동을 하는 데에는 여러 가지 원인이 있습니다. 먼저 과잉보호를 받은 경우, 집에서는 부모가 자신이 뭘 하든 그 행동을 다 받아 주지만 밖에서는 그렇게 해 주는 사람이 없어 친구를 때리거나 괴롭히면서 그 욕구를 채우려고 할 수 있습니다.

또한 기질적으로 활동이 많고 충동적인 아이들이 공격적인 행동을 좀 더 많이 하는 것이 사실이지요. 그러나 그러한 기질을 지녔더라도 부모의 적절한 지도와 감독이 있다면 큰 문제로 발전되지 않습니다. 무엇보다 부모가 지나치게 엄격할 경우 아이가 공격성을 보이기가 쉽습니다. 부모가 아이의 욕구를 지나치게 억압하면 아이는 자기보다 약한 사람을 공격함으로써 그 스트레스를 풀려고 하기 때문입니다.

폭력적인 영상을 자주 보면 그럴 수 있어요

아이들이 좋아하는 만화영화 중에는 폭력적인 것이 많습니다. 특히 남자아이들이 좋아하는 만화에는 폭력적인 장면이 빠지지 않고 등장합니다. 또한 눈에 보이는 폭력이 없다 해도 말을 비아냥거리면서 하거나, 상대방을 무시하는 대화가 많지요. 아이들은 모방의 천재이기 때문에 이런 종류의 만화영화를 자주 접하면 아이 자신도 모르는 사이에 폭력적으로 변하기 쉽습니다. 아이가 폭력적이라면 평소에 자주 보는 만화와 동영상의 내용을 검토하고 폭력적인 성향이 강한 것은 보지 못하게 해야 합니다. 또한 하루에 만화영화를 보는 시간을 정해 두고 지키게 하는 것이 좋습니다. 5~6세 아이들의 경우 하루 30~60분 정도가 적당합니다. 가장 좋은 방법은 만화영화보다 더 재미있는 놀이를 함께 하는 것입니다. 밖에서 공놀이를 한다거나 만들기 놀이를 하면서 아이가 관심을 돌릴 수 있게 해 주세요.

아이의 폭력적인 모습을 목격했을 때는 이렇게

아이들이 보이는 문제 행동 중 공격적인 행동은 또래 관계를 맺는 데 큰 영향을 미칩니다. 공격적인 행동으로 인해 또래 관계 맺기에 실패하게 된다면, 이후의 인간관계도 큰 영향을 받습니다. 그러므로 이 시기에 반드시 바로잡아 주어야 합니다.

① 공격적인 행동을 즉시 중단시켜 주세요

아이가 다른 아이를 때리는 경우 즉시 그 행동을 중단시키고 아이가 화를 가라앉힐 수 있게 사람들과 떨어진 곳으로 데려가세요. 이때 아이에게 화를 내서는 안 됩니다. '아이가 바람직한 표현 방법을 몰라서 그런 것뿐이다'라고 생각하면서 부모의 마음도 가라앉히세요.

② 아이의 감정을 인정해 주세요

아이가 화를 가라앉히는 동안 맞은 아이에게 다가가 "괜찮니? 미안해. 아줌마가 ○○랑 먼저 얘기해 볼게. 조금만 기다려 줘" 하고 이야기하는 것도 좋아요. 아이가 진정되었다면 "무슨 일이니?"라고 물어보세요. 이때 아이의 때린 행동을 나무라며 "왜 때렸니? 엄마가 친구들 때리면 안 된다고 했잖아" 하는 식으로 이야기를 풀어 가는 것은 좋지 않습니다. 아이가 궁색한 변명을 늘어놓더라도 일단은 아이의 감정

언어 지체로 폭력적이 된 호연이

여섯 살 호연이는 유치원에서 친구들을 괴롭히기로 악명이 높았습니다. 친구들이 싫다고 말해도 아랑곳하지 않고 때리고 울리기 일쑤였고, 유치원 선생님에게 혼이 나도 그때뿐이었어요. 호연이 엄마는 처음에는 이 사실을 믿을 수가 없었습니다. 다섯 살 때까지만 해도 내성적이라 걱정을 많이 했던 아이였으니까요.

병원을 찾은 엄마는 그제서야 호연이가 폭력을 쓰는 이유를 알 수 있었습니다. 또래 아이들보다 말이 늦던 아이는 친구들과의 대화에서 말로는 자기표현을 제대로 할 수 없어 폭력을 쓴 것이었어요. 언어 발달이 늦음을 알면서도 크면 나아질 거라 생각하고 방치한 것이 문제였습니다.

또 호연이는 세 살 터울의 동생에게 엄마의 사랑을 빼앗겼다는 피해 의식이 강했습니다. 그리하여 언어 치료와 더불어 엄마에게는 아이가 사랑받고 있다는 느낌을 가질 수 있게끔 많이 안아 주고 같이 놀아 주는 시간을 늘리게 했습니다. 그 후 호연이는 점차 친구들을 괴롭히지 않게 됐고, 호연이의 표정에서는 사랑받고 있는 아이의 안정감이 느껴졌습니다.

을 인정해 주어야 합니다. 그런 다음 지금 기분이 어떤지, 맞은 아이의 기분이 어떨지 물어보면서 아이로 하여금 누군가를 때려서는 안 된다는 것을 깨닫게 해 주세요.

③ 해결 방법을 찾아봅니다

아이의 말을 들은 후 "그때 네가 때리는 것 말고 다른 방법은 없었을까?" 하고 질문을 해 보세요. 이때 아이가 제대로 대답하지 못한다면 "때리는 대신, 그거 나 좀 써도 될까? 하고 물어보는 건 어때?" 하며 대안을 제시해 주세요. 때리거나 욕을 하고 물건을 던지는 것은 나쁜 행동임을 분명히 알려 주고, 그것을 대신할 방법을 함께 찾아보는 것이지요.

④ 사과를 하게 하세요

바람직한 대안을 찾았다면 이제 맞은 아이에게 사과할 차례입니다. 자신의 행동이 잘못되었다고 깨달은 아이는 자연스럽게 친구에게 "미안해"라고 말할 것입니다. 때로 사과받는 친구가 사과 방법이 마음에 들지 않는다며 까탈을 부릴 수도 있는데, 이때는 그 아이에게 어떤 방법이 좋겠는지 물어보고 타협을 유도하세요.

지기 싫어하고 무엇이든 최고여야 해요

엄마 아빠가 강요하는 것도 아닌데, 뭐든 배우려고 들고 지기 싫어하는 욕심 많은 아이들이 있습니다. 몇 해 전 여섯 살 난 딸을 데리고 한 엄마가 찾아왔습니다. 친구들이 무엇을 배운다고 하면 자기도 가르쳐 달라고 성화고, 조금이라도 뒤처지는 것을 무척 싫어한다면서요. 다른 엄마들이 들으면 배부른 소리라고 할지 모르지만 이 엄마는 고민이 깊었습니다. 아이 성화에 못 이겨 학습지를 시켜 줬는데 숙제를 밤늦도록 하기도 하고, 친구한테 조금이라도 밀리는 것 같으면 분해서 아무것도 못할 정도였으니까요. 이렇게 지기 싫어하는 아이에게 무슨 문제가 있는 걸까요?

관심과 사랑을 원하는 행동입니다

이 아이의 경우에는 단순히 욕심이 많다기보다는 정서 발달에 문제가 있었습니다. 엄마가 직장을 다니고 있어 아이에게 신경 쓸 시간이 부족했고, 또 성격상 아이에게 무심한 경향도 있었습니다. 엄마 스스로는 아이를 편하게 해 주었다고 생각할 수 있지만, 아이 입장에서는 엄마의 사랑과 관심이 무척 필요했습니다. 그래서 배움에 집착한 것이지요. 이런 행동이 심각해지면 정상적인 정서 발달을 저해하여 남과의 경쟁에서 이기는 것을 통해 엄마의 시선을 끌려고 합니다. 그러다 보면 친구 관계도 당연히 나빠지지요.

그러므로 만약 아이가 이 같은 행동을 보인다면 부모 스스로 아이에게 충분한 사랑과 관심을 쏟았는지 먼저 반성할 필요가 있습니다. 그리고 아이가 지는 것에 대한 부담감을 느끼지 않도록 "못해도 괜찮아", "우리 딸 정말 예쁘다" 등의 말로 부모의 사랑을 확인시켜 주세요. 또한 평소보다 더 잘해 주고, 아이와 함께하는 시간을 늘려 보는 것도 좋습니다.

형제 사이의 경쟁 관계가 원인이 되기도 합니다

둘째 정모가 유치원에 다닐 때의 일입니다. 저는 아이가 미술 대회에 나갔는지도 몰랐는데 갑자기 제게 오더니 상장 하나를 쑥 내밀더군요.

"엄마, 나 잘했지?"

"응, 잘했구나."

"그리고?"

"그리고 뭐? 잘했다고 말했잖아."

그 순간 아이 표정이 샐쭉해지더군요. 상을 받아 왔으니 안아 주며 한껏 칭찬해 주기를 기대한 모양이었지만 저는 그 말만 하고 말았습니다. 아이가 서운해할 걸 알면서도 그렇게 한 데는 이유가 있었습니다.

"정모야, 대회에 왜 나갔니?"

"상 받으려고."

짐작한 대로였습니다. 정모는 상을 받으면 남들에게 자랑할 수 있고 칭찬받는다는 사실을 너무나 잘 알고 있었습니다. 그렇게 해서 자신이 남보다 뛰어나다는 것을 인정받고 싶어 했지요. 그러나 저는 정모의 그런 태도가 앞으로 무언가를 배우고 발전시켜 나가는 데 있어 위험하다고 생각했습니다. 그렇게 남보다 앞서는 일에 집착하다가 행여 제 생각대로 되지 않으면 얼마나 큰 상처를 받겠습니까. 또한 경쟁에서 이기는 것만을 의식하면, 여유 있게 생각하고 고민하면서 키워지는 창의성은 상대적으로 뒤처질 수 있지요.

정모의 항상 남보다 앞서려고만 하는 성향은 형과의 경쟁에서부터 시작됐습니다. 둘째는 태어나면서부터 형과 부모의 사랑을 나눠 가져야 하기 때문에 그런 성향을 지니기 쉽지요. 그러니 형이라는 존재를 무조건 이겨야 하는 대상으로 바라보지 않도록 부모가 주의를 기울여야 합니다.

배우는 것 자체에 기쁨을 느끼게

정모는 형이 배우는 것이면 무엇이든 따라 하고 싶어 했고, 그때마다 저는 아이를 말려야 했습니다.

"너 그거 안 해도 괜찮아. 엄마는 네가 그거 잘한다고 좋을 것 같지 않아."

만약 아이가 원하는 대로 하게 했다면 정모는 배우는 즐거움이 무엇인지 모른 채 오로지 형을 이기기 위한 학습에만 관심을 가졌을 것입니다. 칭찬을 받기 위해 또는 보상을 바라면서 하는 학습은 단기적인 효과는 낼 수 있을지 몰라도 결코 장기적인 처방이 되지는 못합니다. 학습이 제대로 효과를 거두기 위해서는 자신이 정말 좋아서 하고, 자기 스스로 성취감을 느낄 수 있어야 합니다. 만약 아이가 배우는 것에 지나친 욕심을 부린다면, 아이의 어떤 마음에서 그 욕심이 비롯되었는지 살펴보고 때에 따라서는 적당히 제지해 주어야 합니다.

행동이 빠르고 욕심이 많은 여섯 살 지민이

여섯 살 지민이는 무엇이든 앞서려고 노력하는 아이입니다. 놀이터에서 놀 때는 다람쥐처럼 달려가 그네를 제일 먼저 차지했고, 유치원에서도 늘 먼저 발표하고, 그림을 그려도 제일 먼저 끝냈어요. 이런 지민이를 두고 엄마는 아이가 행동이 빠르고 배우는 것을 좋아한다고만 생각했습니다. 그러던 어느 날 유치원 선생님의 상담 요청을 받고 깜짝 놀랐습니다. 선생님은 아이가 뭐든지 먼저 하고 잘하려고 하는 것이 수업을 방해한다고 했습니다. 처음에는 '아이가 욕심이 많은 것도 나쁜 것인가' 하는 생각이 들어 엄마는 그런 말을 하는 선생님에게 서운할 뿐이었다고 했습니다.

하지만 선생님과 상담하면서 그제야 엄마는 아이의 문제를 객관적으로 파악하게 됐습니다. 지민이는 수업 시간에 자신의 말만 하려 하고, 다른 친구들의 말을 듣지 않았어요. 늘 자기주장만 하다 보니 친구들과 사이도 나빴고, 선생님에게 지나치게 애정 표현을 요구해 선생님을 힘들게 하고 있었습니다.

엄마는 지민이가 배우는 것에 욕심을 부려 내심 뿌듯했는데 그런 점이 단점이 될 수도 있다는 것을 처음으로 느꼈습니다. 선생님은 지민이가 엄마를 몹시 그리워한다며 아마도 어린 동생에게 사랑을 빼앗기고 있다고 생각하는 것 같다고 전했습니다. 그 후 엄마는 지민이에게 예전보다 더 많이 애정을 쏟으려고 노력하고 있습니다. 지민이에게 될 수 있는 한 애정 표현을 많이 하고 스킨십도 자주 나누고 있습니다. 그 결과 지민이는 쓸데없는 욕심이 줄었고, 유치원에서의 태도도 좋아졌습니다.

같은 어린이집에 3년을 다녔는데 바꿔 주는 것이 좋을까요?

'4세 때부터 어린이집을 보냈는데 학교 들어가기 전까지 같은 곳에 보내면 아이가 너무 지루해하지 않을까?' 하며 고민을 하는 부모들이 있습니다. 처음 교육기관을 선택할 때도 고민을 하지만, 그곳에 어느 정도 적응하게 되면 새로운 자극이 필요하지 않을까 하며 또 고민하는 것이지요. 그런데 교육기관을 바꾸는 문제를 너무 쉽게 여겨선 안 됩니다. 아이의 환경이 바뀌는 것과 어른의 환경이 바뀌는 것은 다릅니다. 아이에게는 환경이 바뀌는 것이 세상이 바뀌는 천재지변이 되기도 합니다. 따라서 이 문제는 아이의 성향을 충분히 파악하고, 아이의 의사를 충분히 고려하여 판단해야 합니다.

어린이집에서 영어 유치원으로 바꾼 유경이

어느 날 영어 유치원을 다닌다는 일곱 살 유경이가 병원에 왔습니다. 엄마 말이 여섯 살 때까지는 어린이집에 다녔는데, 그때만 해도 친구들 사이에서 놀이를 주도하고 교육 프로그램도 잘 따라갔다고 합니다. 그러다 학교 입학을 앞두고 아이에게 인지적 학습이 더 필요할 것 같아 영어 유치원으로 옮겼는데, 아주 소극적인 아이가 되었다는 겁니다.

"선생님, 이렇게 아이가 180도 달라질 수도 있나요? 글쎄 참관수업에 가 보니 다른 아이들은 영어 동요도 잘하고 율동도 잘 따라 하는데 애는 나무 막대기처럼 뻣뻣하게 서 있더라고요. 집에 와서도 유치원 이야기는 잘 하지 않고, 아침에 일어날 때마다 '오늘 유치원 안 가면 안 돼?' 하고 묻곤 해요. 살살 달래서 보내기는 하는데 아이에게 무슨 문제가 있는 게 아닌가 걱정이 되어서요."

이사를 했을 때는 주변 환경 적응이 먼저

이사는 워낙 큰 변화이므로 아이에게 심적으로 많은 부담이 될 수 있습니다. 부모는 대개 이사하자마자 제일 먼저 새로운 교육기관을 찾아 나서지만, 이 역시 신중해야 합니다. 그렇게 되면 아이가 겪게 되는 변화가 가중되기 때문입니다.

먼저 아이가 새로 바뀐 집에 적응하고 동네의 또래 친구들과도 사귀면서 주변 환경을 익힐 시간적 여유를 갖게 하는 것이 좋습니다. 엄마가 보기에 충분한 시간을 가진 것 같아도 실제로 아이가 적응을 하기 위해서는 더 많은 시간이 필요할 수 있습니다. 그러니 아이의 반응을 살피며 아이에게 충분한 시간을 주어야 합니다. 이렇게 배려한 뒤에 새로운 교육기관에 보내도 결코 늦지 않습니다. 그리고 그때도 아이의 부담을 덜 방법이 무엇인지 찾아 적응을 도와야 합니다. 만약 새로 사귄 친구가 다니는 교육기관에 가게 된다면 아이가 적응하는 데에도 훨씬 무리가 적을 것입니다. 아이는 주변 환경에 익숙해져야 비로소 새로운 자극도 즐기게 된다는 것을 기억하세요.

우선은 엄마를 나가 있게 하고 아이에게 유치원이 재미있는지 물었어요. 아이는 한참을 망설이다가 '재미가 없다'며 고개를 숙이더군요.

"어린이집 다닐 때는 어땠어?"

"좋았어요. 친구들하고 아주 재미있게 놀았어요."

어린이집 이야기를 하는 아이 얼굴에 생기가 돌았습니다. 이런저런 검사를 해 본 후 종합적으로 내린 결론은 갑자기 바뀐 환경탓에 아이가 힘들어한다는 것이었습니다. 그동안 같이 있던 친구들이나 선생님과 헤어져 낯선 환경에서, 더군다나 외국인 선생님이 진행하는 수업을 들어야 했으니 아이 입장에서는 전혀 즐겁지 않았던 것이지요.

이처럼 학교 입학을 앞두고 교육기관을 옮기는 부모들이 많습니다. 한곳에 오래 머물다 보면 아이가 지겨워할 수 있고 다양한 경험을 접할 기회가 줄어들지 않겠느냐는 생각에서입니다. 여기에 학교에 들어가기 전에 최소한 한글은 떼야 한다는 생각까지 더해지면 학습을 전문으로 하는 곳을 찾게 됩니다. 다행히 아이가 새로운 교육기관에 잘 적응하면 괜찮지만 그렇지 않을 경우 유경이처럼 자신감을 잃고 소극적인 아이로 바뀔 수 있습니다.

환경이 바뀌는 것은 아이들에게는 천재지변

아이가 새로운 환경에 적응하는 일은 어렵고 힘든 과정입니다. 어른들도 새로운 직장에 들어가면 적응하느라 애를 먹는데 아이들이야 오죽하겠습니까. 좀 과장해서 이야기하면 환경이 바뀌는 것은 아이들에게는 천재지변과 같은 일이므로 신중하게 결정해야 합니다.

여러 이유를 들며 새로운 환경이 필요하다고 생각하는 건, 새로운 것을 가르치고 싶은 부모의 욕심에 아이 핑계를 대는 것입니다. 한곳에 오래 다닌다고 해서 자극의 기회가 줄어드는 것은 아니며, 같은 교육기관이라 해도 해가 바뀌고 연령이 바뀌면서 교육 프로그램이나 선생님 등 환경에 변화가 생기지요. 오히려 익숙한 상황과 환경 속에서 서서히 변화를 주는 것이 아이에게는 훨씬 효과적입니다.

부득이하게 교육기관을 바꿔야 하는 상황이라면, 아이에게 미리 충분히 설명해 주어야 합니다. 여건이 허락한다면 아이가 덜 낯설어하도록 새로 옮길 곳에 아이를 데리고 몇 차례 방문하는 것이 좋습니다. 또한 아이가 빨리 적응하기를 기대하기보다는 아이가 자신의 속도에 맞게 적응하도록 도와주고 기다리는 여유가 필요합니다.

친구가 너무 없어요

유치원에 다녀온 아이가 가방을 집어던지더니 놀이터에서 놀겠다며 뒤도 안 돌아보고 나갑니다. '그래 실컷 놀아라' 하며 평화로운 오후의 여유를 만끽하려는 순간, '과연 아이가 친구들과 잘 어울려 놀까?' 하는 궁금증이 생깁니다. 아이 뒤를 따라 놀이터에 나가 본 엄마는 깜짝 놀랍니다. 아이는 친구들과 떨어져 구석에 쭈그리고 앉아 친구들이 노는 모습을 멍하니 바라보고 있습니다.

"너 왜 여기서 혼자 있어? 친구들하고 같이 놀지 않고."

엄마가 물으니 아이의 눈에서 닭똥 같은 눈물이 뚝뚝 떨어집니다. 아이는 눈물을 삼키며 모기만 한 목소리로 겨우 대답합니다.

"애들이 나랑 안 놀아 줘."

이 말에 엄마의 가슴도 무너져 내립니다. '우리 애가 이런 일을 겪고 있다니' 하는 당혹감과 함께 머릿속에서는 왕따니 어쩌니 하는 말들이 왔다갔다 하고, 속상해하는 아이를 어떻게 달래야 할지 막막할 뿐입니다.

가족 관계에 문제가 있을 때 사회성 발달에 문제

5세 정도가 되면 아이들은 사회성이 발달하면서 부모와 노는 것보다 또래 친구들과 노는 것을 더 즐기게 됩니다. 유치원이나 어린이집 등에서 단체 생활을 하기 시작하면서 친구 관계는 일생일대의 과제라 할 정도로 중요한 문제가 되지요. 그렇기 때문에 아이가 친구들과 잘 어울리지 못하면 부모들은 뜬눈으로 밤을 지새울 정도로 고민을 하게 됩니다.

사회성이란 타인과 잘 어울릴 수 있는 능력이지요. 이 시기에 형성된 사회성은 평생에 걸쳐 영향을 미칩니다. 그러므로 친구와 어울리지 못하는 아이를 내버려 두면 그 성향이 굳어져서 자기 세계에만 집착하는 '천상천하 유아독존'형이 될 수 있고, 매사에 자신감이 없는 삶을 살게 될 수도 있습니다.

사회성의 바탕에는 엄마와 아이의 관계가 중요한 역할을 합니다. 아이는 엄마와의 관계를 통해서 세상을 배우기 때문입니다. 또한 아빠나 형제도 아이의 사회성 형성에 큰 영향을 미치지요. 3세까지 가족, 특히 엄마와 친밀한 관계를 경험한 아이는 다른 사람들과 세상에 대해서도 긍정적인 기대를 하게 되지만, 그렇지 못한 아이는 친구에게 관심이 별로 없거나 친구를 괴롭힙니다. 또는 친구의 장난을 제대로 받아들이지 못하고 어떻게 대처할지 몰라 머뭇거리게 되기도 합니다.

흔히 부모는 아이가 사회성이 부족한 경우 친구를 사귀면 나아질 것이라 기대하고 교육기관에 아이를 보냅니다. 하지만 집에서 부모, 형제와 관계를 맺기 어려워하는 아이는 유치원에서도 관계를 잘 맺지 못하고 힘들어합니다. 친구나 선생님으로부터 마음의 상처라도 받으면 아예 마음의 문을 닫아 버리기도 합니다. 그러니 이런 경우에는 먼저 가족들과의 친밀도를 높이는 데 집중하는 것이 좋습니다. 아이가 긍정적인 자아상을 가질 수 있도록 칭찬을 많이 하고 즐거운 경험을 많이 쌓도록 도와주세요. 용감해지라고 무턱대고 태권도 학원이나 말하기 학원을 보내는 것은 오히려 부작용을 낳을 수 있으므로 주의해야 합니다.

사회성이 부족했던 경모가 변화하기까지

첫째 경모는 사회성이 부족한 아이였습니다. 원래 고집이 세고 약간의 불안증도 있던 터라 자꾸만 자기 세계에서 나오지 않으려 했습니다. 이렇게 세상과 접촉하기를 꺼리는 아이의 문제들은 유치원에 다니는 내내 끊임없이 불거져 나왔습니다. 경모는 친구들과 어울리는 대신 혼자서 기차를 가지고 놀고 다 함께 모래 놀이를 하는 시간에 단 한 번도

사회성을 높여 주는 생활 노하우

① 친구들을 집에 초대한다
아이가 함께 놀고 싶어 하는 친구 몇 명을 초대해서 놀게 하세요. 아이는 자기 집에서 놀기 때문에 심리적 부담감 없이 놀 수 있습니다. 그러다 보면 친구와 노는 재미와 그 방법도 알게 됩니다.

② 아이와 성향이 맞는 친구를 사귀게 한다
아이마다 개성이 있어 잘 맞는 친구와 잘 맞지 않는 친구가 있습니다. 아이는 자신과 잘 맞는 친구가 하나만 있어도 친구들이 놀아 주지 않는다며 속상해하지 않습니다.

③ 부모들끼리 친하게 지낸다
부모들이 친해져서 아이들도 함께 놀게 하면 쉽게 잘 어울릴 수 있고, 아이들 사이에 문제가 생겼을 때도 쉽게 해결이 가능합니다. 여행이나 식사 등 함께할 수 있는 시간을 만들어 보세요.

모래에 손을 대지 않았지요. 뿐만 아니라 푹푹 찌는 날씨에도 내복을 입고 다녔으니 당연히 유치원 아이들은 경모를 멀리 했습니다. 그나마 다행인 것은 친구들이 그러든 말든 경모는 크게 상관하지 않았다는 것입니다. 혼자 놀고 있는 아이를 보고 있자면 억지로라도 끌어다 무리 속에 집어넣고 싶었지만 소용없는 짓인 줄 아니 참을 수밖에 없었습니다.

일단은 경모의 성향을 인정하는 데서부터 시작했습니다. 당시 장난감 기차에 빠져 있던 아이를 위해 다양한 기차 장난감과 기차가 나오는 책을 사 주고 함께 놀아

주었습니다. 될 수 있는 대로 아이의 요구를 들어주고자 노력했고, 드러나지 않게 조금씩 변화를 유도했습니다.

육아에 무관심하던 아빠도 경모와 시간을 좀 더 보내기 위해 노력하기 시작했습니다. 다른 가족들과 만나 폭넓은 관계를 맺을 수 있도록 시댁에도 자주 다녔지요. 몇 년 동안은 여름휴가를 아예 시댁에서 보내기도 했습니다. 또한 유치원 선생님에게는 아이가 돌출된 행동을 보이더라도 조금만 참아 달라고 부탁했습니다.

이때 가장 힘들었던 것은 경모를 보면서 자꾸만 조급해지는 제 마음을 다잡는 일이었습니다. 아픈 아이들과 그 부모들을 만나고, 그들이 변화하는 모습을 지켜보면서 '우리 경모도 언젠가 괜찮아질 거야. 그때까지 믿고 기다리자' 하고 다짐하곤 했습니다. 이러한 노력들을 6개월, 1년 이렇게 기간을 정해 두고 한 것이 아니라, 아예 그 노력 자체가 일상이 되도록 했습니다. 소아 정신과 치료는 육체적 질병 치료와 다릅니다. 감기가 걸리면 감기약을 먹고, 나으면 더 이상 약을 안 먹어도 됩니다. 하지만 심리적인 문제는 조금 나아졌다고 해서 그간의 노력을 끊으면, 다시 문제가 발생합니다.

경모에 대한 제 나름의 처방은 어느새 일상이 되었고, 아이를 바꾸기 위해 시작한 것들이 무엇이었는지 잊어버릴 즈음에야 효과가 나타나기 시작했습니다. 초등학교에 들어간 경모는 친구들과 어울리기 시작했고, 좋아하는 친구와는 깊이 사귀기도 했지요. 그때의 기쁨이란 말로 표현할 수 없을 정도였습니다. 경모는 그간의 제 눈물에 보상이라도 해 주려는 듯 친구들과 잘 어울렸고, 지금은 어른으로 성장하여 원만한 대인관계를 맺고 있습니다.

친구 관계에 걸림돌이 되는 행동을 고쳐 주세요

아이에게 충분한 사랑을 주면서 애정 관계를 돈독히 만들었다면 이제는 문제가 되는 아이의 행동을 고쳐 줘야 합니다. 아이의 행동별로 어떤 노력을 하면 좋은지 소개합니다.

① 놀림을 받는 아이

아이가 연약한 몸짓이나 표정을 하고 있다면 그것부터 고쳐 줘야 합니다. 자세가 구부정하다면 책을 머리에 얹고 걷는 연습을 시키기도 하고, 말을 할 때도 상대방의 눈을 보며 이야기하게 해 주세요. 좋은 건지 싫은 건지 모를 정도로 불명확한 태도는 놀림을 부추기므로 친구들이 자신을 괴롭힐 때 "싫어" 하고 말할 수 있도록 가르쳐 주세요. 또한 아이가 자신감을 가질 수 있도록 아이를 감싸 주고 격려해 주어야 합니다.

② 다른 아이를 괴롭히는 아이

이런 아이 역시 친구들로부터 외면당하기 쉽습니다. 최선의 방법은 왜 친구들에게 친절하게 대해야 하는지 알려 주는 것입니다. 아이의 하루 생활을 관찰해서 아이가 친절한 행동을 하면 그 즉시 과장될 정도로 칭찬해 주세요. 아이들은 부모를 보고 배우므로 부모가 아이를 친절하게 대하면 아이도 바뀌게 됩니다. "자꾸 그러면 밥 안 준다"는 식의 위협적인 말로 아이들의 행동을 바꾸려고 하는 것은 아이를 더 공격적으로 만들 수 있으므로 피해야 합니다.

③ 수줍음이 많은 아이

이런 아이에게는 주변 사람들에게 인사를 하게 하는 것부터 시작하세요. 인사를 못하고 엄마 뒤로 숨거나 기어 들어가는 목소리로 인사를 하는 것은 다른 아이들과 어울리는 데 방해가 되니까요. 이런 아이들은 여러 명의 아이들과 함께 어울리는 것을 힘들어하므로 아이 성향에 맞는 한두 명의 친구와 깊이 사귈 수 있도록 하는 것도 좋습니다.

④ 자주 삐치는 아이

가정에서 과잉보호를 받고 자란 아이들은 친구들이 자기에게 장난치는 것을 의도적으로 괴롭히려고 그런다고 착각해 자주 삐칩니다. 아이가 친구 때문에 자주 삐친다면 평소 아이를 과잉보호한 것은 아닌지 되돌아보고, "친구들이 너와 놀고 싶어서 그러는 거야" 하며 친구들의 행동을 이해시켜 주세요. 만약 아이의 상처가 너무 깊다면 "나한테 장난하는 게 싫어" 하고 친구에게 직접 표현하도록 가르치세요.

유치원 선생님이 아이에게 문제가 있대요

아이를 유치원이나 어린이집 등 단체 생활을 하는 곳에 보낸 부모의 마음은 한결같습니다. 아이가 수업은 잘 따라가는지, 친구들과 사이좋게 잘 노는지 걱정하며 시장 바닥에 유리그릇을 내놓은 것처럼 불안해할 때가 많습니다. 더군다나 유치원 선생님으로부터 아이 때문에 힘들다거나, 아이에게 문제가 있는 것 같다는 말을 들으면 하늘이 무너지는 것 같은 기분이 듭니다.

아이 입장에서 문제 행동의 원인을 생각하기

"경모 때문에 전화했습니다."

저는 경모를 키우며 유치원 선생님으로부터 정말 많은 전화를 받았습니다. 아무리 마음을 다잡아도 휴대폰 너머로 이 말을 들을 때면 정말 그 자리에 주저앉아 엉엉 울고 싶은 마음뿐이었습니다. 저는 유치원 선생님이 경모 문제에 대해 이야기할 때면 만사 제쳐 놓고 달려가 어떤 상황에서 무슨 문제를 일으키는지 자세히 들었습니다. 그리고 아이가 왜 그런 행동을 했는지 경모 입장에서 생각해 봤지요. 그때의 기억을 떠올려 유치원 선생님의 이야기와 제 생각을 정리하면 이렇습니다.

유치원 선생님 : 경모가 다른 아이와 어울리지 않고 장난감 기차만 가지고 놀아요.

엄마 생각 : 경모가 한창 장난감 기차에 빠져 있어, 친구보다 기차가 더 좋았나 보다.

유치원 선생님 : 1년 동안 아이들이 모래 놀이를 할 때 참여한 적이 한 번도 없어요.

엄마 생각 : 기질이 예민해서 모래를 만지는 것이 더럽다고 생각했구나.

유치원 선생님 : 수업 시간에 집중을 하지 않고 딴짓을 해요.

엄마 생각 : 집중력이 약한 것은 아이 잘못이 아니지. 아니면 수업 내용이 재미없었을 수도 있고.

　

유치원 선생님에게서 아이에게 문제가 있다는 이야기를 들었을 때 가장 먼저 할 일은 이처럼 아이 입장에서 문제 행동의 이유를 생각해 보는 것입니다. 그래야 정말 내 아이에게 문제가 있는 것인지, 아니면 유치원 선생님이나 교육 방식에 문제가 있는지 명확히 알 수 있습니다. 아이 입장에서 생각하려면 부모가 아이에 대해 잘 알고 있어야 합니다. 아이의 기질, 행동 특성 등을 알아야 그 속마음도 짐작할 수 있지요. 그러기 위해서는 평소 아이에게 충분한 관심을 보이고 늘 지켜봐야 합니다.

적극적으로 내 아이 보호에 나서세요

문제 행동의 이유를 알았으면 이제는 해결 방법을 모색할 차례입니다. 아이의 기질 때문에 나타나는 문제라면 선생님의 지적으로 상처받았을 아이의 마음을 위로해 주는 것이 첫 번째 할 일입니다. 스스로부터건 외부로부터건 성장기의 아이들은 상처받을 여지가 많습니다. 무언가 견뎌 내고 이겨 내는 힘이 아직 부족하기 때문이지요.

"유치원에서 친구들하고 노는 것보다 기차를 가지고 노는 게 재미있어?"

이렇게 아이 마음을 알아주는 것만으로도 문제의 반은 해결된 것이나 다름없습니다. 그리고 부모가 생각한 아이의 마음과 실제 아이의 마음이 맞는지 확인해 봐야 합니다. 아이가 맞다고 하면 그에 맞춰 해결 방법을 찾고, 아니라고 하면 자신의 행동에 대한 아이의 대답을 기다리세요. 그리고 그에 맞춰 서서히 변화를 유도하는 것이지요.

저는 선생님에게 경모가 기차 놀이할 때는 거기에 집중하고 있을 때니 그냥 놔둬 달라고 부탁했습니다. 만약 그때 제가 선생님 말만 듣고 기차를 가지고 놀지 못하게 했다면 경모는 엄마에게까지 상처를 받아 유치원 생활을 더욱 힘들어했을 것입니다. 부모에게는 내 아이를 보호하기 위해 선생님에게 '내 아이를 내버려 두라'고 요구하는 용기도 필요합니다. 만약 유치원 선생님이나 교육 방식이 문제일 때는 적극적으로 문제를 제기하거나, 쉽게 고쳐질 성질의 것이 아니라면 유치원을 옮기는 것도 방법입니다.

'기다림'이 가장 큰 무기

.... 제가 소아 정신과를 택한 것도 사실은 경모 때문이었습니다. 비슷한 아이들을 치료하고, 관련 공부를 계속하다 보면 언젠가 무슨 방법이 생기겠지 하는 막연한 바람으로 말입니다. 돌아보면 경모를 키워 온 세월은 늘 숨막히는 긴장의 시간들이었습니다. 경모 때문에 언제, 어디서, 어떤 연락이 올지 모르는 상황이라 휴대폰도 늘 곁에 두어야 했습니다. 제 사정을 잘 아는 주변 엄마들은 아이 때문에 속상해하다가도 저를 떠올리며 위안을 삼는다고 할 정도였지요.

물론 저 역시 지친 마음에 포기하고 싶은 순간들도 있었습니다. '내 애도 제대로 못 키우면서 어떻게 소아 정신과 의사 노릇을 할 수 있나' 하는 자괴감이 들기도 했습니다. 아이 때문에 선택한 이 길을 또 다시 아이 때문에 포기할 생각을 한 거지요. 그런데 이제 더는 못 기다리겠다고 생각한 순간 경모는 조금씩 달라지는 모습을 보여 주었습니다. 4학년이 되면서부터는 자기가 먼저 공부에 흥미를 느껴 시키지 않아도 책상에 앉기 시작했습니다. 수업 시간에 집중하지 못한다는 전화도 더 이상 오지 않았습니다. 그러더니 수학과 과학에서 두각을 나타내더군요.

아이를 믿고 기다리라고 하면 어떤 부모들은 '그저 신경 끊고 두 손 두 발 놓고 있으라는 이야기냐'라며 이해할 수 없어 합니다. 제가 기다리라고 하는 건 아이를 대책 없이 바라보기만 하라는 뜻이 아닙니다. 주위의 시선이나 환경에 맞춰 아이를 억지로 끌고 가지 말고, 큰 울타리가 되어 아이가 상처받지 않고 본래의 기질을 긍정적으로 발휘할 수 있도록 도와주라는 것입니다. 기다림은 사실 매우 힘든 일입니다만 아이의 인생을 생각하며 멀리 바라봐 주세요. 의사로서, 엄마로서 장담하건대 기다림의 효과는 기대 이상으로 큽니다.

유치원 선생님과 만날 때는 이렇게

많은 부모들이 유치원 선생님과의 만남을 어려워합니다. 혹시나 내 아이에 대한 부정적인 이야기를 들으면 어떻게 하나, 뭐라도 사 가지고 가야 하는 것 아닌가 등을 고민하느라 만남 자체에서 얻을 수 있는 긍정적인 효과는 생각하지 못하는 것입니다. 유치원 선생님과 만나는 목적은 어디까지나 내 아이가 상처를 덜 받고 제대로 교육을 받을 수 있게끔 하는 것임을 잊어서는 안 됩니다. 좀 더 효과적으로 이야기를 풀어 가려면 다음과 같은 자세로 접근해 보세요.

1. 선생님이 부모가 이미 잘 알고 있는 점을 지적한다면 그것을 어떻게 해석하는지 주의를 기울여 들어 보세요. 부모라서 미처 파악하지 못했던 문제점을 알게 될 수도 있습니다.

2. 선생님이 내 아이의 특성을 제대로 이해하지 못할 수도 있기 때문에 부모의 판단이 옳다는 확신이 들면 선생님을 설득할 수도 있어야 합니다.

3. 위의 경우, 설득하지 못하겠다면 객관적인 평가 자료를 활용하세요. 소아 정신과 등 적절한 기관을 찾아가 평가를 받고 그 자료를 증거로 제시하며 선생님을 설득하는 것입니다. 이것은 아이를 이해하지 못한 선생님으로부터 아이가 받을 수 있는 상처를 줄이기 위한 방법입니다.

CHAPTER
7
책 읽기

책 읽기를 싫어해요

'책 읽기 광풍'이라 부를 만큼 요즘 독서 교육에 열중하는 부모들이 많습니다. 어떤 부모들은 전집으로 한 벽면을 가득 채우고, 그것도 모자라 '다른 책이 없을까?' 하며 여러 사이트와 인터넷 카페를 뒤지곤 합니다. 책 구입도 중독성이 있어 영어 동화책을 사면 수학 동화책이 눈에 밟히고, 수학 동화책을 구해 놓으면 과학 동화나 세계 명작 등 보충해 줘야 할 책들이 꼬리에 꼬리를 물고 부모를 유혹하지요. 이렇게 고르고 고른 책을 아이가 쳐다보지도 않으면 부모는 걱정이 됩니다. 독서 습관은 어렸을 때부터 들여야 한다는데 이러다 영영 책과 멀어지는 것은 아닌지 부모 입장에서는 고민이 아닐 수 없습니다.

책 읽는 경모 만들기 대작전

·························· 저 역시 제 아이에게 책을 읽히기 위해 부단히 싸우던 때가 있었습니다. 경모의 관심은 오로지 기차였습니다. 딸랑이를 가지고 놀 때부터 기차를 좋아하더니 점점 더 기차에 빠져 들어 나중에는 어느덧 직접 조작하고 만드는 수준에까지 다다르게 되었습니다. 세상과 벽을 쌓고 경계하던 아이가 관심

을 보인 유일한 것이었기에 처음에는 그러려니 했습니다. 하지만 해를 거듭하면서 문제가 달라졌지요. 아이가 어떤 것에 관심을 보이고 그로 인한 자극을 적극적으로 수용하는 것은 긍정적인 일이지만, 정도가 지나치면 그 시기에 반드시 해야 할 다른 학습을 놓치게 될 수 있습니다. 경모 역시 기차 외에 다른 학습적 자극이 될 만한 것들을 모두 놓치고 있었습니다. 대표적인 예가 바로 책이었습니다.

아이에게 책을 읽히려고 처음에는 선물로 받은 그림책 전집을 집어 들었습니다. 아이는 몇 장 넘겨 보는가 싶더니 이내 시큰둥해하며 장난감 통으로 직행, 기차를 꺼내 놀더군요. 다른 책을 권해도 마찬가지였습니다. 그나마 처음엔 들춰 보기라도 하더니 나중엔 시선조차 주지 않았습니다. 그 모습을 보면서 화가 치밀어 올랐지만 꾹 참고 아이를 안아 무릎에 앉혔습니다.

"경모야 이것 봐. 여기 예쁜 아이가 있네."

그러나 첫 문장을 미처 다 읽기도 전에 들려온 것은 아이의 고함 소리였습니다. 결국 책을 책장에 다시 꽂아 놓고 경모가 기차를 갖고 노는 모습을 보면서 한숨을 내쉬어야 했습니다. 다음 날 저는 서점으로 달려갔습니다. 아이의 흥미를 끌 만한 색다른 책을 사야겠다는 생각에서였습니다. 특이한 모양의 책뿐 아니라 페이지마다 그림이 튀어나오는 입체 그림책, 음성이 들리는 책까지 신기하고 재미있어 보이는 책들을 한아름 안고 집에 돌아왔습니다. 그리고 아이가 잠든 틈을 타서 기차들을 보이지 않는 곳에 치워 두었습니다. 물론 예상했던 대로 아이는 일어나자마자 울고불고 난리가 났습니다. 엄마를 잃어버렸다 해도 그 정도는 아니었을 겁니다. 그런 아이에게 전날 사 둔 책을 어떻게든 읽혀 보려고 하자 급기야 아이는 책을 바닥에 내동댕이치더군요. 어쩔 수 없이 감춰 두었던 기차를 다시 꺼내 주고 아이를 한참 달래는 것으로 두 번째 시도도 끝나고 말았습니다. 연거푸 실패한 뒤 아예 책을 읽힐 엄두조차 못 내고 여러 날 고민하던 중, 퇴근하여 돌아오니 경모가 신문광고를 뚫어 져라 보고 있었습니다. 무슨 광고였는지는 잘 기억나지 않지만 하늘을 향해 기차가 솟아오르는 사진을 한참 동안 바라보던 경모의 모습은 아직도 선명히 떠오릅니다.

그날 저는 다시 서점을 찾았고, 표지에 기차 그림이 그려진 책 한 권을 찾아냈습니다. 아기 기차가 산길을 넘으며 힘들어하다가 엄마 기차의 격려로 무사히 목적지에 다다른다는 내용이었는데, 경모는 그 책을 보자마자 놀라운 관심을 보였습니다. 표지만 보고도 눈이 동그래지더니 한 장을 다 읽어 주기도 전에 다음 장을 넘기려고 안달이었습니다. 며칠 동안 읽고 또 읽더니 내용을 줄줄 외우게 되었지요. 그러다가 어느 날 집에 돌아와 보니 경모 손에는 다른 그림책이 들려 있었습니다. 지난번에 읽히려다가 포기했던 그 책이었습니다. 책 읽기의 열쇠는 의외로 간단했습니다. 그 열쇠는 아이가 좋아하는 분야의 책으로 아이의 관심을 끄는 것이었습니다. 그토록 책을 안 읽어 애를 먹이던 경모는 지금은 누가 봐도 인정할 만한 독서광이 되었습니다.

아이가 좋아하는 분야의 책부터 시작하세요

아이가 책을 싫어한다면 부모의 과도한 집착으로 인해 아이의 관심사와 상관없이 아무 책이나 들이밀고 있는 것은 아닌지 되돌아봐야 합니다. 다른 학습과 마찬가지로 책 읽기 역시 동기부여가 되어야 합니다. 내 아이가 가장 큰 흥미를 보이는 것이 무엇인지, 무엇을 가장 잘하는지부터 알아본 뒤 아이의 관심사에 맞는 책을 골라 권해 주세요. 그러면서 서서히 다른 분야의 책에 관심을 가질 수 있게 이끌어 주는 것이 좋습니다. 그럼에도 불구하고 아이가 책을 읽기 싫어한다면 아이 스스로 동기를 찾을 때까지 기다려 주어야 합니다. 억지와 강요는 책을 멀리하게 만드는 지름길입니다. 아이 마음이 한번 멀어져 버리면 되돌리기란 정말 힘듭니다. 섣부르게 잡아끌기보다는 느긋하게 기다리는 여유가 필요합니다.

아이들이 책 읽기를 싫어하는 이유

● **텔레비전이나 컴퓨터를 지나치게 좋아하는 경우**

텔레비전이나 컴퓨터의 자극에 길들여져 차분히 앉아서 생각을 해야 하는 책 읽기를 싫어할 수 있습니다.

● **사교육을 너무 많이 받을 때**

이런저런 사교육으로 아이의 생활이 너무 바빠 조용히 앉아서 책을 읽을 시간이 없으면 자연히 책을 싫어하게 됩니다.

● **교육적 목적으로 책을 보여 줄 경우**

한글을 깨치게 하거나 수학 개념을 가르치는 등 지식을 넓히기 위한 수단으로 책을 활용하면 지겨워할 수 있습니다.

● **신체적, 정신적으로 건강에 문제가 있을 때**

난시가 있거나 어떤 이유로 인해 정서적 불안 상태에 있으면 책을 잘 읽지 않게 됩니다. 이때는 전문의의 도움을 받아야 합니다.

주변에는 아무 관심이 없고 책만 좋아해요

책 읽기를 싫어하는 아이와 반대로 책만 좋아하는 아이들도 있습니다. 아침에 눈을 뜨자마자 책을 집어 들고, 밥을 먹을 때도 책을 끼고 앉아 먹습니다. 책을 많이 읽다 보니 누가 가르쳐 주지 않아도 스스로 한글을 깨치기도 합니다. 주변 사람들은 '아이가 똑똑해 좋겠다'고 하지만 엄마는 마음이 편하지만은 않습니다. 아이가 책 읽기 말고는 아무 데도 관심이 없으니까요.

사회성 없는 것이 원인

⋯⋯⋯⋯⋯⋯⋯⋯⋯⋯⋯ 책만 좋아하는 아이들은 사회성이 결여된 경우가 많습니다. 사회성이 부족해서 사람보다 책이 더 좋아진 경우지요. 엄마와의 애착이 정상적으로 형성되지 못한 경우에도 그 부족함을 책에서 대신 얻으려고 할 수 있습니다. 또한 부모가 아이를 너무 재미없게 키웠을 때도 책에만 관심을 보일 수 있습니다. 돌도 되기 전부터 아이를 끼고 앉아 책만 읽어 주고 다른 자극을 주지 않았을 경우, 아이는 책 읽기에만 관심을 갖게 될 수밖에 없습니다. 다른 재미를 찾을 수 없으니 책 읽기가 세상에서 가장 재미있는 일이 되는 셈이지요. 사회성이 부족해 책을 좋아하게 되기도 하지만 이런 경우 거꾸로 사회성 발달에 문제가 생길 수 있습니다.

지나치게 책에 몰입할 경우 생기는 대표적인 문제가 바로 이 사회성 부족 문제입니다. 책에만 탐닉한 아이들은 게임이나 텔레비전에 몰두하는 아이들과 마찬가지로 사회성에 문제가 생깁니다. 책에 빠지다 보니 엄마, 아빠, 선생님, 친구들과 상호작용을 할 수 있는 시간이 그만큼 부족해지기 때문입니다. 무엇이든 지나치면 좋지 않은 법이지요.

병원을 찾은 아이 중에 이런 아이가 있었어요. 유치원 수업 시간에 선생님이 달 이야기를 하며 "지금도 달에서는 토끼가 방아를 찧고 있어요" 하고 이야기를 하자, 그 아이가 "치, 거짓말" 이랬다고 해요. 왜 그렇게 생각하느냐고 선생님이 물으니 아이는 이렇게 대답했답니다.

"달에는 토끼가 살 수 없어요. 산소가 없기 때문이죠. 달에는 분화구가 많은데 지구에서 보면 그게 토끼가 방아 찧는 모습과 같아 보이는 거예요."

여섯 살 아이답지 않은 해박한 지식을 가진 그 아이의 말에 친구들 모두 깜짝 놀라고, 선생님 역시 당황스러워했다고 하네요. 이런 아이가 유치원 수업을 재밌어할 리없고, 자기보다 한참 모르는 친구들과 어울리기도 힘들었던 것이지요. 한편으로는 책 좋아하는 아이를 만든답시고 아이 머릿속에 과학적 지식만 집어넣은 부모가 한심스럽기까지 했습니다. 여섯 살이면 상상력도 넘치고, 감수성도 풍부할 시기인데 세상을 과학적 지식으로만 바라보고 있으니 안타까울 수밖에요.

책 읽기를 조금씩 줄이고, 다른 놀이를 하게 해 주세요

책만 좋아하는 아이들은 그 이외의 재미를 느낄 수 있도록 해 주어야 합니다. 아이와 함께 자주 외출을 하거나 가족 여행을 떠나 보세요. 그리고 이 세상에는 재미있는 것이 많다는 사실을 알려 주세요. 단, 갑작스럽게 변화를 시도하는 것은 좋지 않습니다. 기존에 책 읽는 시간이 수치로 따져 10이었다면 9, 8, 7, 6의 순서로 서서히 줄여 나가는 것이지요. 그래야 아이가 스트레스를 받지 않고 부모의 시도를 잘 따라갈 수 있습니다. 그리고 책의 양을 조금씩 줄여 주세요. 눈앞에 책장 가득 책이 꽂혀 있으면 책을 좋아하는 아이는 시선을 빼앗기고 더욱 책에 몰입하게 됩니다.

CHAPTER 8
입학 준비

초등학교 입학 전 어떤 준비를 해야 하나요?

초등학교 선생님들은 초등학교 입학을 앞둔 아이들이 익혀야 할 '준비 기술'로 연필 제대로 쥐기, 10까지 세기, 자기 이름 쓸 줄 알기 등을 꼽습니다. 그러나 많은 부모들은 말만 그렇지 실제로는 간단한 단어는 읽고 쓸 줄 알아야 하고, 한 자릿수 덧셈 뺄셈 정도는 해야 한다며 조급해 하지요. 최근에는 영어도 일찍 배우는 게 좋다며 미리 배우는 추세입니다.

가장 중요한 것은 '마음의 준비'

.... 초등학교 입학을 앞둔 남자아이 둘을 상담한 일이 있습니다. 산만하고 한 가지 일에 집중하는 시간이 짧던 이 아이들에게는 '집중력 장애'가 있었습니다. 하지만 저는 두 아이에게 각각 다른 처방을 내렸습니다. 한 아이는 약물 치료와 학습 치료를 받게 했고, 다른 아이에게는 먼저 6개월 이상 부모 상담과 놀이 치료를 하게 했습니다.

앞의 아이는 집중력만 빼고는 충분히 초등학교를 다닐 만큼의 소양을 갖추고 있었습니다. 집중력이 약한 것은 그 아이의 뇌 발달상 특징이었을 뿐이었지요. 그러나 뒤의 아이는 집중력 장애를 치료하기에 앞서 해결해야 할 숙제가 있었습니다. 바로 아이의 사회성을 키워 주는 일이었습니다. 그 아이는 다른 사람의 생각과 행동을 따뜻한 시선으로 바라볼 줄 몰랐으며, 집중력이 없는 것보다 철이 없는 것이 더 문제였습니다. 이 아이가 아무런 조치 없이 학교에 들어갈 경우 적응하기 힘들 것은 불을 보듯 뻔한 일이었습니다.

물론 미리 한글을 익히고 연산도 배운다면 학교생활에 적응하기가 좀 더 쉬워지는 면은 있습니다. 그러나 이보다 중요한 것은 학교라는 틀에 적응할 수 있는 '마음의 준비'입니다. '마음의 준비'가 된 아이들은 학교생활이 힘들더라도 즐겁게 적응해 나갈 수 있습니다. 그러나 '마음의 준비'는 되지 않은 채 또래들보다 지식만 많다면 학교생활은 재미없고 지루해지기 쉬우며, 단체 생활에 적응하는 데도 어려움을 겪게 될 것입니다.

초등학교 입학 전에 꼭 갖춰야 할 일곱 가지 덕목

학교에서 아이가 잘 적응할지 염려된다면 아이의 학습 능력을 따지기 전에 먼저 아래의 덕목들이 갖추어져 있는지 살펴보기 바랍니다.

① 감정 조절력

감정 조절력은 좋은 기분을 유지하도록 스스로를 조절할 수 있는 능력을 말합니다. 감정 조절력이 뛰어난 아이는 신나서 뛰어다니다가도 그만해야 할 때는 곧 얌전해지고, 화를 내다가도 이내 웃을 수 있습니다. 그러나 이 능력이 떨어지는 아이는 불쾌한 기분을 조절하지 못합니다. 화가 나면 울음을 터트리고, 소리를 지르거나 물건을 던지기도 합니다. 아이의 감정 조절력은 얼굴 표정만으로도 어느 정도 가늠해 볼 수 있습니다. 잘 웃고 표정이 다양하면 감정 조절력이 뛰어나고, 맹하거나 뚱한 표정을 자주 지으면 감정 조절력이 떨어지는 경우가 많습니다. 감정 조절력이 떨어지는 아이는 학교에 들어가서 적응하는 데 많은 어려움을 겪습니다. 마음에 들지 않으면 마구 짜증을 부리고 누가 뭐라 하면 울기부터 하는 아이의 기분을 과연 학교에서 누가 맞춰 줄 수 있을까요. 선생님에게 가장 다루기 힘든 아이로 '찍힐' 수도 있고 아이들 사이에서 왕따가 될 수도 있습니다.

사실 아이들이 태어나면서부터 감정 조절력이 있는 것은 아닙니다. 아이가 감정을 내보일 때 주위에서 맞춰 주면 '아, 이렇게 맞추는 거구나' 하며 배우고 내면화하는 것이지요. 따라서 감정 조절력을 키우는 데는 부모의 역할이 절대적일 수밖에 없습니다. 아이가 부정적인 기분을 느끼는 상태가 오래 지속되지 않도록 부모가 옆에서 항상 도와줘야 합니다.

② 충동 조절력

하고 싶은 것을 지금 당장 하지 않고 계획을 짜서 할 줄 아는 능력이 바로 충동 조절력입니다. 백화점에 따라나선 아이가 중간에 아이스크림을 사 달라고 조르지 않고 식품 코너에 갈 때까지 기다릴 줄 안다면 그 아이는 충동 조절력이 잘 발달된 것입니다. 이런 아이들은 친구들과 싸우더라도 끝까지 욕설이나 폭력을 사용하지 않으며, 학교에서도 별다른 문제를 일으키지 않을 것입니다.

충동 조절력이 떨어지면 어떤 일을 제때 끝내기가 쉽지 않으므로 공부에도 악영향을 미칩니다. 결과를 생각하지 않고 하고 싶은 것을 먼저 하고, 시험공부를 해도 앞부분만 하고 말거나 숙제를 제대로 마무리 짓지 못하기도 하니까요. 아이에게 ADHD와 같은 질환이 없는데도 충동을 조절하지 못한다면 부모가 과잉보호를 하거나 과도하게 억압하지는 않았는지 생각해 봐야 합니다. 아이가 요구하기도 전에 알아서 다 해결해 주면 아이는 욕구를 참는 법을 배울 수 없으며, 반대로 아이가 무언가를 요구할 때 무조건 "안 돼!" 하며 엄히 가르치는 부모 밑에서도 아이의 충동 조절력은 발달하기 어렵습니다.

③ 집중력

유치원을 다니는 아이들의 집중력은 대개 15~20분 정도이고, 길어야 30분을 넘기지 않습니다. 그러다가 학교에 들어갈 무렵이면 30~40분 정도 집중할 수 있지요. 물론 아이들에 따라서는 자기가 좋아하는 것을 할 때 1~2시간을 훌쩍 넘기며 빠져드는 모습을 보이기도 합니다. 그러나 좋아하는 것을 오래하는 것과 집중력은 다릅니다. 집중력은 따분한 것을 참고 해낼 수 있는 능력을 말합니다.

예전에 비해 요즘 아이들은 집중력이 다소 떨어집니다. 이는 텔레비전이나 디지털 기기 같은 매체의 영향이 큽니다. 조금만 재미가 없으면 리모컨으로 채널을 바꿔 가며 방송을 볼 수 있으니 하나의 주제에 대해 깊이 생각해 볼 기회가 부족하지요. 아이의 집중력을 키우기 위해서 우선 텔레비전 시청 시간과 프로그램을 제한할 필요가 있습니다. 완전히 제한하기가 어려울 때는 리모컨을 없애는 것도 방법입니다. 일단 걸어가서 채널을 바꿔야 하면 그것이 귀찮아서 이리저리 채널을 바꾸는 버릇이 없어집니다. 컴퓨터 역시 아이의 집중력에 영향을 끼칩니다. 인터넷에서는 클릭만 하면 새로운 페이지가 열리니 아이들은 그 내용을 제대로 읽기도 전에 조급하게 마우스 버튼을 눌러 버립니다. 컴퓨터게임을 할 때는 시간과 종류를 정해 부모가 있을 때 하게 하세요. 평소 컴퓨터에 비밀번호를 걸어 두어 아이 혼자 컴퓨터를 사용 못 하도록 철저하게 규제하는 것이 좋습니다. 컴퓨터 사용은 중독성이 강해, 처음부터 습관을 바로 잡지 않으면 시간이 지날수록 점점 더 통제하기가 어려워집니다.

또한 아이들이 너무 많은 장난감에 둘러싸여 있는 것도 좋지 않습니다. 갑자기 장난감이 많이 생기는 경우에는 시간을 두고 하나씩 가지고 놀게 하는 게 좋습니다. 갈수록 환경 자체가 아이의 집중력을 위협해 오는 만큼 아이 일상의 세세한 부분과 작은 버릇까지 주의 깊게 살펴보는 부모의 자세가 필요합니다.

④ 공감 능력

남이 슬프면 같이 슬퍼하고 남이 아프면 같이 아파하는, 말 그대로 타인의 감정에 공감할 수 있는 능력입니다. 공감 능력이 있는 아이는 다른 아이가 괴롭힘을 당하거나 친구가 아픈 걸 보고 안타까워할 줄 압니다. 반면에 공감 능력이 없으면 무심히 지나치거나, 심지어 남의 고통을 재미있어하기도 합니다.

요즘 아이들은 특히 공감 능력이 부족합니다. 그 원인 중 하나가 부모가 자신의 감정에 공감해 준 경험이 많지 않아서입니다. 부모가 아이에게 이런저런 욕심을 내다 보니 아이의 마음을 헤아리지 않은 채 강요하는 일이 많기 때문이지요. 자신의 감정을 제대로 받아들여 주지 않는 부모 밑에서 자랐으니, 다른 사람의 감정을 이해하는 법을 제대로 배웠을 리 만무합니다.

공감 능력을 키우려면 일단 엄마가 아이의 모든 면을 세심하게 살펴야 합니다. 아이가 다쳐서 울면, 다 큰 애가 눈물부터 보이는 게 걱정스럽더라도 우선은 "정말 아프겠다" 하고 공감부터 해 주세요. 타이르는 말은 "앞으로는 좀 조심하자, 그리고 아프더라도 씩씩하게 참아 보자" 정도만으로도 충분합니다. 만일 평소보다 공부를 많이 시켰다면 "따분하고 힘들지?" 하고 아이의 감정을 먼저 헤아려 주는 것이 좋습니다.

⑤ 도덕성

도덕성은 간단히 말하면 자신의 잘못을 알고 죄책감을 느끼며 같은 잘못을 반복하지 않는 능력입니다. 충동 조절력과 비슷한 것 같지만 이 둘은 다릅니다. 예를 들어 친구에게 폭력을 휘둘렀을 때 충동 조절력이 부족한 아이는 때리고 나서 후회하지만, 도덕성이 부족한 아이는 때려 놓고도 잘못했다 생각하지 않습니다.

도덕성은 사실 가정에서 많은 부분을 책임져야 합니다. 부모가 먼저 공중도덕을 지키고 거짓말을 하지 않으며 다른 사람을 배려할 줄 아는 모습을 보일 때, 아이는 그러한 '공공의 가치'가 중요하다는 것을 깨닫게 됩니다. 평소 내 아이가 '당차고 맹랑하다'는 말을 종종 듣는다면 부모의 생활 태도부터 점검해 보기 바랍니다. 그런 다음 아이가 자신의 행동에 대해 옳고 그름을 판단할 수 있는지 살펴보세요. 집에서 길러지지 않은 도덕성은 학교에서도 절대 길러지지 않습니다. 아이가 잘못을 했을 때에는 그 즉시 지적하여 그것이 잘못된 행동이라는 사실을 알려 주세요. 화내지 않고 왜 잘못인가를 분명히 알려 주는 것이 중요합니다.

아이가 바른 행동을 했을 때에는 아낌없이 칭찬해 주고 그에 따른 적절한 보상을 해 주세요. 처음에는 보상 때문에 바른 행동을 하지만, 그것이 반복되면 바른 행동의 가치를 깨닫게 되고 선행이 주는 즐거움 역시 알게 됩니다.

이와 함께 부모 자신이 평소에 공중도덕을 지키는 생활을 하는 것도 중요합니다. 아이에게 교통질서를 지켜야 한다고 말하면서 무단 횡단을 일삼는다면 아이는 부모의 말을 듣지 않게 됩니다. 도덕 교육에 있어 부모가 먼저 모범을 보이는 것처럼 좋은 방법은 없습니다.

⑥ 사회성

아이에게 친구가 많으면 부모는 아이의 사회성이 뛰어나다고 여깁니다. 그러나 사회성과 친구의 수는 큰 연관이 없습니다. 게다가 컴퓨터게임을 같이 하는 것만으로도 얼마든지 친구를 만들 수 있는 요즘 환경에서 친구의 수는 더더욱 그 의미가 없지요. 진정한 사회성이란 내 의견과 친구의 의견이 다를 때 친구의 입장에서 생각해 보고 타협할 수 있는 능력을 의미합니다. 그러니 한 사람이라도 오래, 깊이 사귀는 것이 사회성이라 할 수 있습니다.

유치원에 다니는 아이들이 "너는 이거 해, 나는 이거 할게"라며 서로 타협하는 모습을 볼 수 있습니다. 친구와 다퉈도 친구의 입장과 자신의 입장을 비교하며 갈등을 해결할 방법을 찾아가고요. 이렇게 상대의 입장이 되어 자신을 바라볼 수 있는 아이들은 초등학교에 진학해서도 별 탈 없이 지냅니다. 반면 사회성이 떨어지는 아이들은 자기주장만 고집합니다. 갈등 상황에서 상대의 입장이 되어 바라보는 능력이 떨어지기 때문에 무조건 자기 생각만 내세우는 것이지요.

내 아이의 사회성이 어느 정도인지 알려면 평소 친구들과 어떻게 노는지 살펴보고 특히 친구와의 갈등을 어떻게 해결하는지 주의 깊게 지켜보세요. 아이의 사회성을 키워 주려면 아이가 자기 입장만 고집하지 않고 타인의 입장도 고려해 볼 수 있도록 도와주어야 합니다.

⑦ 새로운 지식에 대한 호기심

사람에게는 누구나 새로운 것에 대한 호기심이 있습니다. 아이들은 특히 더해서 새로운 것만 보면 눈을 반짝이며 달려듭니다. 그런데 아무리 새롭고 신기한 것을 보아도 시큰둥한 반응을 보이는 아이들이 있습니다. 새로운 것이 주어져도 "나, 그거 알아요" 하거나 "또 해요?"라는 식으로 지겨워하면서 말이지요. 이런 아이들은 "생각

학습 준비, 이렇게 하세요

마음의 준비만으로 초등학교 생활에 잘 적응할 수 있으면 좋겠지만 현실은 그렇지 않습니다. 입학 전에 웬만큼 준비를 시켜 보내는 것이 전반적인 추세이고, 학교에서도 이를 감안해서 진도를 나갑니다. 그러니 최소한의 준비는 해야만 합니다.

학교에 입학하기 전에 너무 어렵지 않은 글자는 읽을 수 있게 해 주세요. 수에 있어서는 1부터 20까지는 세게 하고, 10 이하의 수를 이용한 덧셈 정도는 익히게 하면 좋습니다. 이런 준비는 학교에 들어가기 1년 전이면 충분합니다. 늦게 가르칠수록 뇌 발달이 많이 된 상태라서 적은 양의 에너지로 큰 효과를 볼 수 있기 때문에 서두를 필요는 없습니다.

고집이 세서 공부를 하려고 하지 않는 아이는 6개월 전에만 가르쳐도 충분합니다. 아이가 입학하기 전에 부족한 점이 많다 하더라도 처음 1년 동안 상당한 발전을 이루게 되니 조바심 내지 않아도 됩니다. 집에서는 하기 싫다고 하다가도 학교에서 친구들이 잘하는 모습을 보고 자극을 받아 스스로 하는 아이들이 많으니까요.

그러나 이러한 준비들은 오직 아이가 준비 없이 학교에 가서 받게 될지 모르는 상처와 부담감을 줄이기 위해서 하는 것입니다. 다시 말해 학습적 효과를 위해서 하는 것이 아니라는 말입니다. 그러니 너무 욕심내지 말고 아이가 앞으로의 공부를 즐겁게 할 수 있도록 최소한의 것만 준비시키도록 하세요.

해 보자"라는 말을 제일 싫어합니다. 그러니 당연히 공부에 있어서도 소극적이고 수동적일 수밖에 없습니다.

아이들에게 당연히 있어야 할 호기심을 누르는 것이 무엇일까요? 그것은 다름 아닌 지나친 학습입니다. 학습 역시 새로운 자극이라고 할지 모르겠지만, 호기심은 스스로 느끼고 해결하는 과정을 거쳐 발달합니다. 학습지나 책처럼 같은 형식으로 주어지는 단조로운 학습은 오히려 호기심을 저해할 수 있습니다. 게다가 초등학교에 입학하기도 전에 과도한 사교육에 노출되면 학교에 들어가 이미 알고 있는 내용을 또 공부해야 하니 아이가 지루해할 수밖에 없습니다. 최소한 유치원 때까지만이라도 틀에 맞춘 교육보다 세상을 마음껏 느끼고 탐색할 수 있도록 하는 것이 아이의 지적 호기심을 키우는 지름길입니다.

아직까지 한글을 깨치지 못했어요

아이가 학교에 들어가기 전에 가장 고민하게 되는 것이 한글 학습입니다. 더군다나 주변에서 누구는 36개월에 책을 줄줄 읽었네, 옆집 아무개는 글짓기까지 하네 하는 이야기를 들으면 아직 글자도 못 읽는 아이가 걱정이 되는 것이 사실입니다. 그래서 부랴부랴 아이에게 한글 학습지를 비롯한 교재들을 들이밀지만 한글 깨치기가 말처럼 쉬운 것이 아닙니다. '내 자식은 내가 못 가르친다더니 정말 그런가 보다' 하며 때론 우울해지기도 합니다. 어떤 교육이든 효과를 거두려면 아이의 발달 과정에 맞춰 진행해야 합니다. 지식을 충분히 받아들일 수 있는 몸과 마음이 되어야 교육의 효과가 제대로 나타납니다.

효과적인 한글 교육법

1. 사고력이 갖춰질 때까지 기다려 주세요.
2. 다양한 경험으로 한글에 대한 관심을 높여 주세요.
3. 거리 간판이나 과자 이름 등을 통으로 가르치는 것도 좋습니다.
4. 재미있는 동화책을 많이 읽어 주세요.
5. 집 안 곳곳에 사물 카드를 붙여 두세요.

6세가 돼야 언어 관련 뇌 발달

뇌 발달 분야 전문가인 서유헌 교수에 따르면 언어나 수와 관련한 학습은 적어도 6세 이후에 시키는 게 좋다고 합니다. 이 시기가 되어야 비로소 언어 발달과 관련 있는 측두엽이나 수학과 물리적 기능을 맡는 두정엽이 발달하기 때문입니다. 그러므로 아이가 한글을 일찍 못 깨쳤다고 고민할 필요는 없습니다. 아이의 뇌가 아직 그런 교육을 받아들일 만큼 발달하지 못한 것뿐입니다. 대신 5세 정도가 되면 종합적인 사고를 할 수 있는 전두엽이 발달하므로 아이들에게 생각할 기회를 많이 만들어 주세요. 끊임없이 상상의 날개를 펴며 다양한 경험을 하게 되면, 학습의 바탕이 되는 사고력이 저절로 커 나갑니다.

사고력이 바탕이 돼야 한글 교육이 쉬워요

이 시기에는 글자 하나를 아는 것보다 자신이 바라보는 세상에 대해서 생각할 줄 아는 능력을 키우는 것이 중요합니다. 새로운 문제에 부딪혔을 때 나름대로 방법을 모색한다거나, 잘 모르는 것에 대해 스스로 '왜?'라는 질문을 던질 수 있는 사고력이 바탕이 되어야 한글 깨치기도 그만큼 쉬워집니다. 그러므로 충분한 사고력을 갖추지 않은 상황에서 한글 교육을 급하게 시작하는 것은 지양해야 합니다. '옆집 아이는 두 돌 때 한글을 깨쳤다', '여섯 살에 한글을 모르는 아이는 문제가 있다'라는 식의 이야기에 불안해하지 말라는 뜻입니다. 오죽하면 '아이를 잘 키우려면 옆집 아이 이야기에 귀를 닫아야 한다'라는 말이 있을까요. 사고력의 바탕 없이 글자만 외우고 숫자를 익히게 하면 아이는 그저 '암기의 명수'로 자라게 됩니다. '암기의 명수'가 되면 한글뿐만이 아니라 모든 학습을 이해나 사고가 아닌 암기로 받아들이게 됩니다.

입학 전 한글 교육은 늦을수록 좋아

큰아이 경모가 한글을 깨친 것은 입학하기 2개월 전이었습니다. 요새 분위기 같으면 아이가 그때까지 글을 읽지 못한다는 것은 말도 안 되는 일이라 할지 모르겠습니다. 하지만 딱 두 달간의 공부만으로 경모는 한글을 배울 수 있었습니다. 이는 아이에게 특출한 재능이 있어서가 아닙니다. 언어를 담당하는 뇌가 그만큼 충분히 발달했기 때문이지요. 만약에 그 고집 센 아이에게 어릴 때부터 한글을 가르치려 들었다면 오히려 정서적인 문제만 더 커졌을지 모릅니다. 한글 교육은 늦으면 늦을수록 좋습니다. 아이가 충분히 준비되었을 때 시키면, 어릴 때 백번 시켜야 겨우 될 것이 한 번에 바로 해결되는 경우가 많습니다.

생활 속에서 글자를 통으로 외우는 것부터 시작

아이들에게 자음과 모음을 먼저 익히게 하고 그것을 바탕으로 한글을 가르치는 것보다는 글자 자체를 통으로 익히게 하는 것이 훨씬 편하고 효과적입니다. 왜냐하면 이 시기에는 자음과 모음이 합쳐져서 글자가 되는 원리를 이해하는 것이 뇌 발달상 어렵기 때문입니다. 아이마다 차이가 있지만 5세 아이들의 경우 그런 식으로 분석하는 것 자체가 불가능합니다. 만일 이 시기의 아이가 자음과 모음부터 배워 한글을 익히고 있다면 그것은 이해하는 게 아니라 그냥 외우는 것입니다.

일반적인 경우 아이가 한글을 익힐 때는 가장 먼저 글자 자체를 통으로 외웁니다. 이 경우 대개 아이가 평소 좋아하는 것에서부터 시작되지요. 아이가 좋아하는 과자 봉지에 쓰인 글자를 어느 순간 읽게 되는 것이 바로 이 원리입니다. 자기가 좋아하는 것이니만큼 평소에 관심을 가지고 봤을 테고, 그렇게 봉지에 적힌 글자를 마치 그림을 보듯 통째로 눈에 익히는 것이지요. 그런 다음 생활 속에서 그와 비슷한 글자를 보면 읽게 되고, 그것이 이어져 자연스럽게 한글을 익히게 됩니다.

아이에게 한글을 가르칠 때 학습식으로 접근해서는 안 됩니다. 아이로 하여금 다

양하게 사고할 수 있는 기회를 빼앗기 때문이지요. 한글 학습이라는 틀에 아이를 가
둠으로써 창의력을 죽일뿐더러 아이가 세상을 다양하게 보고 제 나름대로 해석할
기회를 막게 됩니다.

쓰기도 따로 가르쳐야 하나요?

어느 날 다섯 살 난 딸의 학습 문제로 병원을 찾은 엄마에게 이런 질문을 받았습
니다.

"아이가 한글을 곧잘 읽곤 하는데 쓰기도 따로 가르쳐야 하나요? 가르친 적은 없
는데 지금 보면 글자를 대충 그려 내고 있어서 제대로 가르쳐 줘야 할 것 같아서요."

아이가 한글을 어느 정도 읽게 되니 이번에는 쓰기에 대해 궁금해진 것이지요. 쓰
는 능력은 읽는 능력과 약간 다릅니다. 연필을 손에 쥐고 움직일 수 있는 손의 미세
운동 능력도 있어야 하고, 단순히 그리는 것이 아니라 의미를 해석해 낼 수 있는 사
고력도 필요하기 때문입니다.

젓가락으로 음식을 집을 수 있을 때 시작

言제 쓸 수 있는가는 아이마다 개인
차가 큽니다. 인지능력과 미세 운동 능력이 동시에 발달해야 가능하기 때문입니다.
쓰기가 가능한 미세 운동 능력은 어느 정도를 말하는 것일까요? 대개 젓가락으로
음식을 집을 수 있는 정도입니다. 연필로 그냥 선을 긋는 것과 글씨를 쓰는 것은 다
르므로 그 정도는 되어야 글자를 그려 낼 수 있습니다. 저는 병원에서 아이의 신경

재미있는 놀이로 쓰기 가르치기

이 시기에는 모든 학습이 놀이처럼 이루어져야 효과가 높습니다. 쓰기를 가르친다고 해서 쓰기 공책을 놓고 네모 칸에 반듯반듯하게 쓸 것을 강요하기 보다는 일상생활에서 쓰기가 얼마나 재미 있는지를 직접 느낄 수 있게 해 주는 것이 좋습니다. 놀이하는 것처럼 쓰기를 가르치는 방법을 몇 가지 소개해 보겠습니다.

① 아이가 원하는 것 쓰게 하기

마트나 시장에 갈 때마다 아이에게 이렇게 이야기해 보세요.
"○○가 먹고 싶은 것을 써 주면 엄마가 사 올게."
이렇게 동기부여를 확실하게 해 주면, 아이는 글씨 쓰는 게 어렵더라도 해 보려고 합니다.

② 편지 쓰기

특히 여자아이들은 편지 쓰기를 좋아합니다. '사랑해', '안녕' 등의 말을 쓰면서 즐거움을 느끼는 것이지요. 엄마가 먼저 아이에게 사랑의 편지를 쓰면 아이는 더욱 즐겁게 편지를 쓰게 됩니다.

③ 손가락으로 글씨 쓰기 게임하기

손가락으로 등에 글씨를 쓰면 알아맞히는 놀이를 해 보세요. 자연스럽게 글씨 쓰기 연습을 할 수 있습니다.

계 성숙도를 보기 위해 글을 써 보게 합니다. 정상적인 경우 글을 쓸 때 나머지 손이 움직이지 않고 가만히 있지만, 미세 운동 능력이 덜 발달된 아이들은 나머지 손도 함께 움직입니다. 이런 아이에게 너무 일찍 쓰기를 강요하면 쓰기를 싫어하게 될 수 있습니다. 그러니 쓰기 교육은 인지 발달뿐 아니라 신체적 발달 상태를 잘 고려해 그 시기를 선택해야 합니다.

아이에 따라 편차가 큽니다

대개 읽는 것을 먼저 하고 그 다음에 쓰기가 이루어집니다. 두 가지가 동시에 이루어진다는 견해도 있지만 발달학적 측면에서 보면 쓰기는 읽기가 어느 정도 된 다음에야 가능합니다. 아이에 따라 읽는 것은 빨리 했는데 쓰기가 늦어져 부모의 애를 태우는 경우도 있습니다. 그러나 이런 아이들 대부분은 스스로 필요성을 느끼고 연습을 시작하면 언제 그랬느냐는 듯 쓰기에 익숙해집니다.

이때 쓰기 연습을 시킨다고 무작정 글자를 따라 쓰게 하는 부모들이 있습니다. 학습지로 가르치는 예가 대표적입니다. 하지만 글자의 조합, 단어의 의미 등을 모른 채 글자를 쓰는 것은 그림을 보고 따라 그리는 것과 다르지 않습니다. 또한 아이에게 쓰기 공부를 강요하면 스트레스를 받아 오히려 더 배우기를 어려워할 수 있습니다. 그러니 아이 스스로 준비될 때까지 기다려 주어야 합니다. 발달 특성상 정상 범주라 하더라도 아이에 따라 그 편차가 있게 마련이므로, 작은 차이를 가지고 혹시 문제가 있는 것은 아닐까 하고 전전긍긍할 필요는 없습니다.

부모 마음

첫째보다 둘째가 더 사랑스러워요

두 명의 아이를 키우고 있는 엄마들은 종종 이런 이야기를 하곤 합니다.

"첫째보다 둘째가 더 예쁘고 사랑스러워요. 둘 다 내가 낳았는데 어떻게 이럴 수 있을까요? 첫째는 하는 짓마다 미워 보이고, 둘째는 뭘 해도 예뻐 보여요. 둘째가 없었으면 무슨 재미로 살았을까 싶을 정도예요. 심지어 짜증 내고 울 때도 볼에다 뽀뽀를 하게 된다니까요."

이러면서도 엄마들은 혹시 첫째가 그 마음을 알아채고 상처를 받는 건 아닌지 노심초사합니다. 열 손가락 깨물어 안 아픈 손가락이 없다는데, 낳은 자식 중에서도 유독 예쁘거나, 유독 미운 자식이 있는 것을 보면 옛말이 다 맞지는 않다는 생각이 들기도 하지요.

하늘이 주신 선물 같았던 둘째, 정모

둘째가 더 사랑스럽다는 말을 하는 엄마들이 있습니다. 사실 저도 거기에 맞장구를 친 적이 많습니다. 3년 동안 큰아이를 키우며 지쳐 있던 저에게 둘째 정모는 하늘이 주신 선물 같기만 했습니다. 미국에 있는 동안 연구의 일환으로 둘째가 발달 검사를 받게 되었는데 전 영역에서 또래보다 최소 1년 이상 빠르다는 결과가 나왔습니다. 검사를 지켜본 미국인 동료들이 "영재 반에 가야겠다"라고 말할 정도였습니다. 하나를 가르치면 열을 아는 것 같은 정모를 보는 일은 큰 기쁨이었습니다. 정모 같은 아이라면 몇 명도 더 키울 수 있다고 남편에게 농담을 했을 정도입니다. 지금 생각해 보면 경모를 보며 주름 짓던 얼굴이 정모를 바라볼 땐 저도 모르게 활짝 펴졌던 것 같습니다.

대부분의 부모는 첫째보다 둘째를 더 좋아하게 됩니다. 셋째가 태어나면 둘째보다 셋째를 더 좋아하게 되지요. 그래서 대부분의 가정에서 막내는 늦게까지 아기 취급을 받고, 그로 인해 의존성이 강해져 부모로부터 심리적인 독립이 늦어지는 경향이 있습니다.

이미 첫째를 키운 부모들은 그간의 경험 덕에 둘째를 수월하게 키우게 마련인데, 그것을 '둘째가 순해서'라고 착각하곤 합니다. 또한 둘째가 태어날 즈음이면 첫째는 한창 사방팔방 뛰어다니며 꼬박꼬박 말대답을 할 나이이지요. 그러니 품에 안겨 천진난만한 표정으로 재롱을 떠는 둘째가 더 예뻐 보일 만도 합니다. 부모의 예쁨을 받는 둘째는 부모의 관심을 더 얻기 위해 더 예쁜 짓을 하게 되고, 이는 또 부모의 사랑을 불러 오지요. 이런 모습에 첫째는 소외감을 느끼고 부모의 사랑을 빼앗아 간 동생에게 심술을 부리기도 합니다. 그러다 보니 엄마 아빠 눈에는 첫째가 날이 갈수록 말썽쟁이가 되는 것 같을 수밖에요.

기대 수준이 다른 것도 둘째를 좋아하게 되는 원인이 됩니다. 첫째에게는 기대가 커서 아이의 행동이 눈에 차지 않는 경우가 많지만 둘째에게는 기대 수준이 낮아 조금만 잘해도 크게 칭찬하게 됩니다. 첫째를 키울 때는 '이제 여섯 살이면 혼자서 밥을 먹어야지' 하고 생각하지만, 둘째가 여섯 살이 되면 '아직 어린데 먹여 줄 수도 있지 뭐' 하고 너그러워지는 것입니다.

이는 어찌 보면 자연스러운 현상이지만 두 아이에 대한 다른 태도를 아이들에게 들켰을 때는 여러 가지 문제를 야기하게 됩니다. 첫째와 둘째 사이에 벽을 만들고,

두 아이 모두에게 정서상 좋지 않은 영향을 미칠 수 있으므로 주의해야 합니다.

비교는 아이들 마음에 상처만 남길 뿐

큰아이 경모 역시 둘째를 대하는 제 태도와 마음을 모르지는 않았을 것입니다. 한집에 살다 보니 숨기고 싶어도 숨길 수 없는 게 아니었을까 싶습니다. 워낙 주변에 관심이 없던 큰아이지만 지금 생각해 보면 속으로 참 많이 서운했을 것 같아 미안한 마음이 듭니다.

하지만 결론을 말하자면 둘째를 키우는 것도 경모를 키울 때만큼이나 어려웠습니다. 무엇을 가르치든 빨리 받아들이고 잘 따라오니까 이것저것 시키고 싶은 게 많아지고, 하는 것마다 잘한다는 소리를 들으니 점점 더 욕심을 내게 되었습니다. 결국 제 이런 욕심은 공부에 대한 스트레스를 키우는 결과를 낳고 말았습니다. 유치원에 다니던 정모가 공부 스트레스로 거짓말까지 하는 것을 보며, 믿는 도끼에 발등 찍힌 기분이 들더군요. 그리고 비로소 제 모습을 반성하게 됐습니다.

둘째가 더 사랑스럽다고 이야기하는 엄마들 중에도 저와 같은 경험을 한 사람들이 있을 것입니다. 그렇지 않다면 앞으로 경험하게 될 것입니다. 지금 당장에야 둘째가 예뻐 보일지 몰라도 아이들은 어디로 튈지 모르는 럭비공 같기 때문에 언제 어떻게 변해서 부모를 당황하게 만들지 모릅니다. 따라서 아이가 보여 주는 지금 현재의 모습에 일희일비하기보다는 아이의 모습 그대로를 인정하고 받아들이는 것이 중요합니다.

그 이후로 저는 두 아이를 똑같이 사랑하기 위해 애썼습니다. 경모는 경모대로 사랑스러운 점을 찾아 칭찬해 주었고, 정모에게는 정모가 감당할 수 있는 만큼의 관심을 주려고 노력했습니다. 그랬더니 어느 순간 경모도 정모만큼 사랑스러운 아이이고, 정모 역시 제 모든 근심을 사라지게 할 만큼 완벽한 아이가 아니라는 걸 깨달았습니다. 그 순간 저는 '열 손가락 깨물어서 안 아픈 손가락이 없다'는 옛말이 맞는 말임을 알았지요.

둘째가 사랑스럽다는 엄마들은 사사건건 큰아이와 동생을 비교합니다. "동생은 이렇게 하는데 너도 해 봐" 하면서요. 심하게는 "어떻게 동생만도 못하니" 하며 혼내기까지 합니다. 비교만큼 나쁜 것은 없습니다. 더군다나 남도 아닌 형제끼리의 비교는 아이들에게 큰 상처를 줍니다.

모성은 본능이 아니라 연습으로 완성됩니다

직장을 다니느라 첫아이를 3년 동안 할머니에게 맡겨 키운 엄마가 있었습니다. 둘째를 임신하게 되자 직장을 그만

출생 순서에 따른 아이 성격 & 양육법

① 첫째

완벽주의적 성격이 강합니다. 부모의 기대치가 동생보다 자신에게 더 높다고 생각해 스스로 부담을 갖는 경우가 많습니다. 동생이 태어나기 전까지는 부모의 사랑을 독차지하며 자신감을 키우지만 동생이 태어나면 질투, 불안감 등으로 퇴행 행동을 보일 수 있습니다. 이때는 둘째보다는 첫째에게 더 많은 관심을 가져 '엄마 아빠가 나를 사랑한다'라는 믿음을 줘야 합니다.

② 막내

사랑스럽고 자유분방하며 사교적인 성격입니다. 가끔은 반항적이고 버릇이 없고 산만한 모습을 보이기도 합니다. 다른 형제들에게 주어지는 관심에 질투를 느끼기도 하고, 가정에서 대화를 주도할 위치가 아니기 때문에 소외감을 느끼기도 합니다. 부모는 막내를 귀엽게만 여기면서 어린아이 취급을 하지 말고, 독립적 존재로 인정해 주어야 합니다.

③ 중간

첫째의 완벽주의나, 막내의 자유분방한 성격 중 하나를 닮기도 하고 양쪽의 성격을 함께 가지기도 합니다. 다툼을 중재하는 일을 잘하는 것도 특징입니다. 중간에 있다 보니 관심을 제대로 받지 못해 때때로 반항적인 모습을 보이기도 하는데, 이때는 아이가 가족에게 얼마나 특별한 존재인지 느끼게 해 주어야 합니다.

두고 아이를 데려왔습니다. 지금껏 제대로 주지 못한 사랑을 맘껏 주겠다고 결심하면서 말이지요. 하지만 둘째가 태어난 뒤 둘째는 그저 보고만 있어도 좋은데, 첫째에게는 좀처럼 그런 마음이 들지 않아 오히려 당황스러웠다고 합니다. 물론 특별히 차별을 하는 것은 아니었지만 첫째는 의무감에서, 둘째는 마음에서 우러나 잘해 주게 된다는 것이었습니다.

힘들어도 내 손으로 직접 키운 아이에게 더 정을 느끼는 것은 당연합니다. 만약 첫째를 직접 키우고 둘째를 할머니에게 맡겼다면 첫째가 더 사랑스러웠을 것입니다. 이렇듯 아이를 향한 사랑에는 함께한 시간의 양도 영향을 미칩니다.

저는 이 엄마에게 첫째와 처음 만났다고 생각하고 사랑하는 연습을 해야 한다고 이야기해 주었습니다. 둘째가 더 사랑스럽다면 그 마음을 솔직히 인정하고 첫째를 향한 사랑을 키우기 위해 노력해야 한다고 말입니다. 흔히 모성은 본능이라고 하지만 그렇지 않습니다. 모성은 아이를 키우면서 길러지는 것이며, 모성에도 연습이 필요합니다. 아이와 함께하며 갈등을 극복해 나가는 노력과 경험 없이 진정한 모성은 생기지 않습니다.

화를 참아야 하는데 그게 잘 안 돼요

아이를 키우다 보면 분통 터지는 일이 한두 가지가 아닙니다. 아침부터 저녁까지 매일 전쟁을 치르다 보니, 처음에는 좋은 말로 달래다가도 어느 순간 울컥하게 되지요. 부모도 사람이니 당연합니다. 하지만 그래도 아이 앞에서 화를 내어서는 안 됩니다. 저는 부모들에게 종종 이런 이야기를 합니다.

"화가 나면 무조건 자리를 피하세요."

아이에게 화를 내느니 일단 자리를 피하는 것이 더 낫다는 이야기입니다. 부모의 화난 모습처럼 아이에게 나쁜 영향을 미치는 것이 없습니다.

부모가 화를 참아야만 하는 이유

오늘도 또 한바탕하고 말았습니다. 왜 이렇게 화를 참지 못하는지.

뒤돌아 생각해 보면 정말 별것도 아닌 일 가지고 매번 아이에게 화를 내게 되네요.

국어 학습지를 같이 풀어 보려 했더니 하기 싫다고 몸을 비비 꼬는 것입니다.

처음에는 살살 달랬는데, 아예 듣지를 않더라고요.

그래서 "이거 안 하면 장난감 안 사 준다, 과자 안 사 준다"라고 했는데도 소용이 없었어요. 큰소리를 내니 그나마 조금 하는 시늉을 보이더군요.

그런데 억지로 하는 모습이 그렇게 미울 수가 없더라고요.

"그렇게 하려면 집어치워"라고 하면서 학습지를 집어던지고, 고래고래 소리를 치며 화를 내고……

엄마한테 혼나고 울다 지쳐 잠든 아이를 보니 눈물이 나네요.

매번 '화내지 말자' 다짐을 해도 뜻대로 움직여 주지 않는 아이를 보면 저도 모르게 울컥 화가 솟구치곤 합니다.

엄마들이 자주 들르는 웹 사이트 게시판에서 종종 이런 글을 발견하게 됩니다. 이성을 잃고 화를 낼 때는 내가 전부 옳은 것 같았는데, 차분히 마음을 가라앉히고 나니 후회가 밀려와 이렇게라도 속상한 마음을 달래는 것이지요. 혼이 난 뒤에 천사 같은 모습으로 곤히 잠든 아이를 보면 눈물을 흘리지 않을 수 없습니다. 하지만 아이는 자기가 잠든 사이에 눈물을 흘리는 부모의 모습을 모릅니다. 오직 무섭게 화를 내는 엄마의 모습만 머릿속에 남을 뿐이지요.

어느 날 한 엄마로부터 전화가 왔습니다. 방송에서 제 인터뷰를 봤다는 것이었어요. 인터뷰의 내용은 이랬습니다.

"인간에게는 누구나 폭력성이 잠재되어 있습니다. 그것이 성장 환경에 따라 발현되기도 하고 잘 통제되기도 합니다. 아이가 자기 안의 폭력적인 성향을 잘 조절하기 위해서는 어릴 때부터 부모가 도와주어야 합니다. 그러기 위해서 부모 자신부터 감정을 잘 추스를 줄 알아야 합니다. 화를 못 참는 부모 밑에서 자란 아이에게 감정 조절을 잘 하기를 기대할 수는 없습니다. 아이가 그 어떤 잘못을 하더라도 되도록 화내지 말고 잘 받아 줘야 하는 것도 이런 이유에서입니다."

제게 전화를 건 엄마는 대뜸 이렇게 묻더군요.

"부모도 사람인데 어떻게 참기만 하라고 말씀하세요? 선생님도 아시잖아요. 아이 키우면서 어떻게 웃을 일만 있겠어요? 왜 엄마만 참아야 하죠?"

마음이 참 아프더군요. 저도 아이를 둘 키운 엄마인데 왜 그 심정을 모르겠습니까. 편히 쉬어야 할 주말에 아이들에게 시달리고, 아이의 고약한 심술을 일일이 받아 줘야 하고, 그것도 모자라 항상 웃는 낯으로 아이를 대해야 한다는 게 저 역시 몹시 억울하고 힘들었습니다. '내가 무슨 죄가 있다고', '내가 성인군자도 아닌데' 하는 생각이 늘 머릿속에 맴돌았지요.

그럼에도 불구하고 저는 부모들에게 적어도 아이를 앞에 두고서는 한 번 더 참으라고 이야기합니다. 어찌 되었건 간에 아직 불안정한 시기의 아이들보다는 부모가 정신적으로 안정된 존재이기 때문입니다. 스트레스를 견딜 수 있는 힘이 부모 쪽이 더 강하다는 뜻이지요.

아이들은 아직 힘든 상황을 견디고 참아 낼 수 있는 능력을 갖추지 못했습니다. 그런 아이들에게 인내하는 법부터 가르치려 하면 아이는 감정을 제대로 표출하는 법을 몰라 정서적으로 바른 성장을 할 수 없습니다. 화를 참는 것이 부모에게는 스트레스 정도로 남겠지만, 아이는 욕구를 참느라 불안감이 생기기도 하고, 부모의 화내는 모습을 보게 되면 공포심을 느끼기도 합니다. 그러니 부모가 더 참는 것이 타당하지 않을까요?

　우울증 진단을 받은 아이들을 살펴보면, 아이의 엄마가 평소에 화를 잘 낸다는 사실을 자주 발견하곤 합니다. 화를 잘 내는 부모 밑에서 자란 아이들은 늘 남의 눈치를 살피고 소극적이며 위축되어 있습니다. 또한 공격적이고 사소한 일에도 화를 잘 내는 아이들도 많습니다. 이런 경우에는 아이와 함께 엄마도 상담과 치료를 받아야 합니다. 아이에게 화를 내는 근본 원인을 되짚어 감정을 추스르도록 유도하는 것이지요. 이렇게 엄마를 치료하면 얼마 지나지 않아 아이가 몰라볼 정도로 호전됩니다.

　감정을 조절하는 것은 어느 한순간에 이뤄지지 않습니다. 평소 습관이 되어 있지 않으면 감정이 폭발하는 순간 절제력을 발휘하기가 쉽지 않지요. 따라서 부모는 아이와 마주하는 순간뿐만이 아니라, 생활하는 모든 순간에서 감정을 조절하고 추스르는 훈련을 해야 합니다.

엄마 기분이 나쁠 때는 절대 아이를 야단치지 마세요

　　　　　　　　　　　　　　　　　　　　　　　화를 잘 내는 부모라 해도 처음부터 마구 화를 내는 것은 아닙니다. 처음엔 말로 달래기도 하고 안아 주기도 하지만, 그럼에도 말을 듣지 않으니 결국 큰소리를 내고 손을 대기도 하는 것입니다. 이럴 때 감정을 조절할 수 있는 능력은 부모의 지적인 면과는 크게 상관이 없습니다. 저는 오히려 지성인이라 불리는 사람들이 아이에게 함부로 하는 경우를 많이 봅니다.

　감정 조절 능력을 선천적으로 가지고 있는 사람도 있긴 하지만, 보통의 경우에는 무수한 훈련과 노력으로 개발해 나가야 합니다. 저도 가끔은 병원에 나가기 싫을 정도로 우울하거나 짜증이 납니다. 그렇게 제 감정 상태가 불안정해지면 아이를 대할 때도 감정이 얼굴에 드러날 수밖에 없습니다. 그래서 저는 기분이 나쁠 때는 아이가 학습지 공부를 안 했거나 밥을 제대로 먹지 않는 등 맘에 안 드는 행동을 해도 일단 내버려 두었습니다. 그런 다음 제 감정 점수가 10점 만점에 최소 7~8점이 될 때까지

화를 낸 후 사과를 했을 때의 효과

부모가 자신의 감정을 잘 조절하지 못해 화를 냈더라도 뒷마무리를 잘하면 아이에게 큰 상처를 주지 않게 됩니다. 그 뒷마무리란 부모의 잘못을 솔직하게 인정하는 것입니다. 아이의 잘못 때문이라고 해도, 길길이 날뛰며 화를 낸 것은 분명 부모가 잘못한 일입니다. 부모가 자신의 이런 실수에 대해 아이에게 사과하는 것은 그 교육적 효과가 매우 큽니다. 정리해 보면 다음과 같습니다.

① 아이와 평등한 관계에서 대화할 수 있다

저 역시 아이들에게 사소한 일로 큰소리를 내고는 조금 지나서야 '내가 너무 심했다'라고 생각할 때가 있습니다. 그럴 때면 아이들에게 "미안해. 많이 놀랐지? 엄마가 가끔 못 참을 때가 있는데 고치도록 노력해 볼게"라고 말하며 사과했습니다.

그러면 아이들의 표정도 풀리기 시작했습니다. "이제야 알았어요?"라고 하거나 "우리 엄마는 그래야 좀 재미있지", "엄마가 요즘 스트레스를 받나 봐"라며 저희들끼리 농담을 주고받기도 했습니다. 이렇게 자기 나름대로의 해석을 덧붙이는 것은 부모와 아이가 평등한 관계에서 주고받는 대화를 통해 아이들이 스스로 존중받고 있다는 생각을 하게 되기 때문입니다.

② 잘못을 했을 때 사과하면 용서받는다는 것을 배우게 된다

부모가 사과하고 그 사과를 받아들이는 과정을 통해 아이들은 사과를 하면 용서받을 수 있다는 사실을 알게 됩니다. 이는 살아가면서 크고 작은 잘못을 하게 될 때 잘못을 저지른 자신을 용납하지 못하고 심하게 자책하는 것을 막아 주는 일종의 예방주사와도 같습니다.

③ 부모에게 받은 감정적 상처를 치유할 수 있다

부모의 신속한 사과는 아이 마음에 생긴 상처를 빨리 아물게 합니다. 사과는 잘못을 깨달은 그 순간 바로 해야 합니다. 제때 사과하지 않으면 상처는 더욱 깊어지고 덧나게 되어 돌이킬 수 없는 기억으로 남게 됩니다.

지금 아이와 대화를 나누기가 힘들다고 느껴진다면 우선은 아이에게 '미안하다'는 말만이라도 해보세요. 그 순간 높기만 했던 감정의 벽이 허물어질지도 모릅니다. 그리고 둘의 관계는 서로 존중하고 배려하는 따뜻한 관계로 거듭날 수 있을 것입니다.

기다렸다가 그때 아이에게 하고 싶은 말을 했지요. 제게는 아이를 대할 때 늘 염두에 두는 세 가지 원칙이 있습니다.

첫째, 항상 나 자신을 되돌아보자.
둘째, 내 기분 상태를 늘 확인하자.
셋째, 내 기분이 좋지 않다면 그때는 아이를 절대 야단치지 않는다.

두 아이를 키우며 썼던 감정 조절법

감정을 조절하기 위한 방법으로 제가 선택한 것은 '음악 감상'이었습니다. 차분한 음악을 듣고 있으면 마음이 조금씩 진정됨을 느낄 수 있었습니다. 그렇게 해도 진정이 되지 않을 때는 아예 아이와 대면하는 것을 피했습니다. 늦게까지 병원에 남아 공부를 하거나 책을 읽는 식으로요. 엄마를 기다리고 있을 아이에겐 미안했지만 그래도 아이에게 인상 쓰며 화를 내는 것보다는 나을 테니까요. 감정 조절이 잘 안 되는 부모는 아이를 자꾸 위축시키며 아이가 긍정적 자아상을 확립하는 것을 가로막기 쉽습니다. 아이의 발전에 걸림돌이 되지 않으려면 부모가 먼저 감정을 조절하는 법을 배워야 합니다.

0~6세 부모들이

———————— ✻ ————————

절대 놓치면 안 되는

———————— ✻ ————————

아이의 위험 신호 20

1 아이가 낯선 사람을 봐도 싫어하거나 울지 않아요

대개 아이는 6~7개월경이 되면 낯가림을 시작합니다. 아무리 순한 아이라고 해도 낯선 사람을 경계하고 심한 경우 얼굴이 빨개질 만큼 울기도 하지요. 그런데 낯가림은 엄마를 알아보고 엄마가 아닌 사람을 경계하는 것으로, 그만큼 기억력이 발달하고 나름의 사고 체계가 잡혔음을 의미합니다. 그래서 만약 낯을 가리기는커 녕 생전 처음 보는 사람이 와서 안아도 울지 않는다면 오히려 매우 위험한 신호에 해당합니다. 아무에게나 잘 안기면 주 양육자와의 애착이 잘 형성되지 않았을 가능 성이 매우 높기 때문입니다. 그럴 때는 아이를 자주 안아 주고, 아이와 눈 맞춤을 길 게 많이 해 주세요. 만약 아이가 눈 맞춤을 회피하거나 반응을 잘 보이지 않으면 전 문의를 찾아가 상담을 받아 볼 필요가 있습니다.

2 아이가 '까꿍 놀이'에 별 반응이 없어요

아이가 7~9개월쯤 되면 다른 사람의 얼굴 표정을 보고 기쁜지, 슬픈지 그 감 정을 알아차리고 그의 행동을 모방하기 시작합니다. 이 시기 대표적인 놀이가 바로 '도리도리', '짝짝꿍', '잼잼' 등의 놀이인데요. 이를테면 엄마가 아이에게 '도리도 리' 동작을 반복해서 보여 주면 아기가 어느새 그 동작을 따라합니다. 이에 대해 하 버드 대학교 펠릭스 바르네켄 교수는 "인간은 생존을 위한 모든 능력을 선천적으로 갖추고 태어나는 게 아니기 때문에 모방과 같은 사회적 학습을 배우려고 노력한다" 라고 말하며 모방의 중요성을 강조한 바 있습니다. 즉 아이가 모방을 하는 것은 생 존을 위해 배우고 습득하고자 하는 인간의 본능인 것이지요.

그러므로 까꿍 놀이를 했을 때 아이가 별 반응이 없이 시큰둥하거나 시선 접촉 없이 짧게 따라 하다가 금방 끝내 버린다면 문제가 있는 것입니다. 자폐 스펙트럼 장애 등의 사회성 발달 문제, 애착 장애, 불안 장애 등의 정서 발달 문제 등을 의심해 볼 필요가 있습니다. 그럴 때는 눈을 수건으로 가렸다 떼는 식으로 아이와 까꿍 놀이를 하면서 눈 맞춤을 통해 감정 교환을 하는 연습을 해 보세요. 그래도 아무런 반응이 없다면 위험 신호라고 볼 수 있습니다.

3 아이가 사회적 기능 놀이에 아무 관심이 없어요

아이가 12개월쯤 되면 어른들이 하는 일에 관심을 보이면서 혼자 놀 때는 모방을 하며 놀기 시작합니다. 아이가 어른들의 행동을 따라 하며 사회적 행동을 배우고, 나중에 이를 또래와의 관계에 적용하는 것이지요. 그런데 이 시기에도 여전히 감각 놀이나 촉감 놀이에만 골몰한다면 문제가 있다고 볼 수 있습니다. 전반적으로 인지 발달이 느리거나 사회성 발달 장애를 의심해 볼 수 있는데요. 그럴 때는 발달 평가를 해 보는 것이 예방적 차원에서 필요합니다. 그냥 내버려 두면 언어적 인지능력이 저조하거나 사회성 발달, 상상력의 발달 등에 계속 문제를 유발할 수 있기 때문입니다. 요즘 들어 돌 전부터 과도하게 텔레비전이나 디지털 기기를 보여 주는 사례가 늘고 있는데, 그것은 아이의 사회성 발달에 치명적인 문제를 일으킬 수 있으므로 유의해야 합니다.

4 다양한 얼굴 표정이 없이 대체적으로 굳어 있어요

아기의 기본적인 정서 발달이 이루어지는 시기는 태어나면서부터 돌 무렵까지인데, 이때 아이는 인간의 기본적인 감정을 느끼고 그것을 표정으로 표현합니다. 배고플 때 수유를 잘해 주고, 기저귀를 제때 갈아 주고, 규칙적인 생활을 하면 좋은 기분을 느끼고, 반대의 경우 불쾌한 기분을 느끼며 감정 발달도 함께 이루어지는 것이지요. 또 타인의 감정에 공감하는 거울 신경(mirror neuron)의 기능으로 인해 주 양육자의 감정을 흉내 내고 알아차리면서 자신의 감정을 어떻게 표현해야 하는지도 배우게 됩니다.

그런데 아이가 생리적, 감각적 조절이 잘 안 되는 예민한 체질을 타고날 경우 감정 조절 역시 어려워 불쾌하고 불안한 상태를 지속하게 됩니다. 그러면 타인과의 감정 교환을 통한 정서 발달이 잘 이루어지지 않아 감정을 인지하고 표현하는 영역에 문제가 생기게 됩니다. 아이가 정상적으로 태어났더라도 제대로 보호받지 못하거나 주 양육자에게 우울증 등의 정서장애가 있는 경우 정서적으로 공감 받을 기회를 박탈당하게 됩니다. 그러면 정서 담당 뇌의 신경망에 가해지는 자극이 부족해서 아이가 정서를 인지하고 표현하는 능력이 부족한 상태로 자라게 됩니다.

아기가 다른 아이들에 비해 무표정하고, 즐거운 자극을 줘도 잠시 관심을 보이다 곧 자신만의 놀이에 몰두하는 등의 행동을 한다면 아이의 정서 발달에 문제가 있는 것은 아닌지 유의할 필요가 있습니다. 만일 그런 문제가 있다면 아이와 눈 맞춤을 길게 하면서 "우리 아기가 화가 났구나", "우리 아기가 좋아하네" 등의 말을 통해 아이가 자신의 기분을 인지하게 도와주고, "우리 아가가 좋아하니까 엄마도 좋네" 하는 식으로 정서적 공감을 확실히 표현하는 것이 좋습니다. 만약 그런 노력에도 아이가 여전히 엄마의 감정에 별로 관심이 없고, 혼자 놀이에 몰두하고, 수시로 짜증을 낸다면 전문가를 찾아가 그 원인을 밝혀 치료를 받는 것이 필요합니다.

5 엄마의 심한 산후 우울증이 가장 큰 문제일 수도 있어요

아이를 봐도 기쁘기는커녕 걱정만 앞선다는 엄마들이 종종 있습니다. 분만 후 3~6일쯤 되면 임산부의 50퍼센트가 산후 우울 기분 장애라고 표현되는 산욕기 정서장애를 겪습니다. 하지만 대부분 증상이 경미하고, 이틀에서 사흘 정도 지나면 회복되는 모습을 보입니다. 하지만 간혹 산후 우울증으로 발전해서 자신은 물론 신생아와 주변 가족들까지 불행에 빠트리는 경우가 있습니다.

산후 우울증은 보통 우울과 불안을 동반하는데 불면, 섭식 장애, 신경과민, 기력

저하, 아기가 보내는 신호의 잘못된 해석, 기억력 및 사고의 장애 등의 증상을 보입니다. 대개 산후 10일 이후에 발생하며 1년 넘게 지속되기도 하는데 일반적으로 산모의 10~15퍼센트가 산후 우울증을 경험한다고 합니다. 그런데 산후 우울증은 아기의 인지능력 및 발달 장애에도 영향을 미친다는 연구 결과들이 있으므로 세심한 주의가 필요합니다.

　다음은 에든버러 산후 우울증 자가 측정표로, 각 항목에 자신이 해당하는 번호를 체크한 뒤 체크된 번호의 숫자를 모두 더했을 때 13점 이상이면 산후 우울증 초기 단계라고 볼 수 있으므로 반드시 전문가를 찾아가 상담과 치료를 받아야 합니다.

에든버러 산후 우울증 자가 진단 체크리스트

1. 웃을 수 있었고, 사물의 재미있고 흥미로운 면을 발견할 수 있었다.

⓪ 예전과 똑같았다.
① 예전보다 조금 줄었다.
② 확실히 예전보다 많이 줄었다.
③ 전혀 그렇지 않았다.

2. 즐거운 마음으로 미래에 일어날 일들을 기대했다.

⓪ 예전과 똑같았다.
① 예전보다 조금 줄었다.
② 확실히 예전보다 많이 줄었다.
③ 거의 그러지 못했다.

3. 어떤 일이 잘못되면 나 자신을 필요 이상으로 탓했다.

⓪ 전혀 그렇지 않았다.
① 그다지 그렇지 않았다.
② 그런 편이었다.
③ 거의 항상 그랬다.

4. 별다른 이유 없이 불안하거나 초조했다.

⓪ 전혀 그렇지 않았다.
① 거의 그렇지 않았다.
② 가끔 그런 적이 있다.
③ 자주 그랬다.

5. 별다른 이유 없이 두려움이나 공포감을 느낀 적이 있었다.

⓪ 전혀 그렇지 않았다.
① 그다지 그렇지 않았다.
② 가끔 그랬다.
③ 꽤 자주 그랬다.

6. 여러 가지 일들이 힘겹게 느껴졌다.

⓪ 평소처럼 일을 매우 잘 감당하였다.
① 대부분의 일을 잘 감당하였다.
② 가끔 그러하여 평소처럼 일을 감당할 수 없었다.
③ 대부분 그러하여 일을 전혀 감당할 수 없었다.

7. 너무 불행하다고 느껴서 잠을 제대로 잘 수가 없었다.

⓪ 전혀 그렇지 않았다.
① 자주 그렇지는 않았다.
② 가끔 그랬다.
③ 대부분 그랬다.

8. 슬프거나 비참하다고 느꼈다.

⓪ 전혀 그렇지 않았다.
① 그다지 그렇지 않았다.
② 가끔 그랬다.
③ 대부분 그랬다.

9. 스스로 불행하다고 느껴 울었다.

⓪ 전혀 그렇지 않았다.
① 아주 가끔 그랬다.
② 자주 그랬다.
③ 대부분 그랬다.

1~2세

█ 아이가 싫다 좋다 표현이 거의 없어요

돌부터 두 돌까지 아이 심리 발달의 가장 큰 특징은 자신이 누구인지 하는 자아 정체감을 형성하는 것입니다. 아기는 처음에 주 양육자와 자신을 잘 분리하지 못합니다. 그러다 어느 순간 싫다는 표현을 말로 하거나 고개를 돌리는데요. 그때가 바로 아이에게 자아 개념이 형성되기 시작하는 순간입니다. 그런데 일부 아이들은 어떤 상황에서도 자신의 뜻을 제대로 표현하지 않고, 그냥 외부에서 시키는 대로 따라 하다가 갑자기 소리를 지르고 떼를 씁니다. 이런 상태가 지속되면 심리적으로 자아 발달이 제대로 되지 않아 언어 표현력이 떨어지고, 타인이나 외부 자극 전체에 대해 적극적으로 대처하는 능력이 발달하지 않아 전반적 발달 지연까지 보이게 됩니다.

아이가 싫다, 좋다 표현이 너무 없으면 부모들은 답답해하기 마련인데요. 그렇다고 아이에게 억지로 대답을 강요해서는 절대 안 됩니다. 그럴 때는 먼저 "기분이 나쁘구나" 혹은 "기차를 가지고 놀고 싶구나" 하고 아이의 마음을 읽어 준 후 아이 스스로 무언가를 할 때까지 기다려 줘야 합니다. 그래도 아이가 별 반응이 없고 자신의 세상에만 머무를 때는 "엄마는 ○○ 하고 싶은데"라고 조심스럽게 자신의 입장을 알려 주며 아이의 반응을 이끌어 내고 "우리 ○○도 엄마처럼 잘하네" 하며 조그만 시도에도 관심과 긍정적 반응을 표시하는 것이 좋습니다.

2 전반적으로 조절이 잘 되지 않아요

아이가 돌이 지나면 수면, 식사 등 기본적 생리가 어느 정도 규칙성을 띠게 되고 다양한 감각 자극에서도 조절 및 통합이 가능하게 됩니다. 하지만 18~24개월이 넘어가는데도 아이가 작은 소리에 깜짝 놀라고, 특정 소리나 자극, 장소를 극도로 싫어해서 외출할 때 꽤 애를 먹는 경우가 있습니다. 그럴 때 아이는 대개 잘 안 자고 자주 깨는 등 수면이 매우 불규칙한 모습을 보이는데요. 그대로 내버려 두면 아이가 불쾌한 정서에 쉽게 휩싸이고, 환경을 적극적으로 탐색하지 않아 인지, 정서, 언어 발달의 문제까지 유발하게 되므로 조기에 치료를 하는 것이 좋습니다.

먼저 감각적 예민성, 신체 자세, 균형감 등을 전문적으로 평가받고, 이상이 있으면 다른 영역의 발달이 제대로 이루어졌는지 종합 발달 평가를 해 보는 것이 필요합니다. 그래서 문제가 있다면 감각 통합 치료와 부모 교육(아이의 예민한 감각을 건드리지 않는 기술)을 통해 가급적 세 돌 이전에 교정해 주는 것이 좋습니다. 감각적 예민성이 지나친 아이를 보육 기관에 보낼 경우, 너무 많은 자극에 노출되어 불안이 증가하거나 회피적 행동을 할 수 있으므로 교정을 끝내고 보내는 것이 낫습니다.

3 아이가 엄마와 떨어지면 잠도 못 자요

아기는 6개월 무렵부터 선별적 애착 형성을 하기 시작하는데, 돌 즈음에는 분리 불안이 강해 잠시도 엄마 곁을 떠나지 않으려고 합니다. 하지만 그 시기를 잘 넘기면 아이는 혼자 걷기가 가능해지면서 엄마 곁을 떠나 돌아다니는 반경이 커지고, 점점 엄마와 떨어져 지내는 시간이 많아지게 됩니다. 하지만 일부 아이들은 18개월이 지나도 엄마 곁에만 딱 붙어 있으려고 하고, 엄마가 없으면 자다가도 깨서 우는 등 점점 더 분리 불안이 심해지는 모습을 보입니다.

그럴 때는 빨리 원인을 파악하는 것이 중요합니다. 아이가 부모와 떨어져 자라거나, 주 양육자가 빈번히 교체되거나, 주 양육자에게 정서적 불안이 있는 등의 이유로 아이에게 애착 불안정성이 생긴 것은 아닌지 살펴볼 필요가 있습니다. 그럴 때는 엄마가 휴직을 하더라도 아이를 정서적으로 편안하게 지속적으로 돌보면서 아이의 불안을 달래 주는 것이 먼저입니다.

비교적 안정된 환경이라도 아이가 원래 예민하고 불안한 기질을 가진 경우라면 분리 불안이 심할 수 있습니다. 그럴 때는 아이의 눈높이에 맞춰 애착 욕구를 수용해 주는 것이 필요합니다. 지나치다 싶을 정도로 아이의 애정 욕구를 맞춰 주어야 하는 겁니다. 그렇게 온갖 노력을 해도 아이의 상태가 나아지지 않는다면 놀이 심리 치료, 부모 교육 등을 받을 필요가 있습니다.

4 아이가 특정 감각, 특정 놀이에만 매달려요

아이는 보통 돌이 지나면 주위의 모든 자극에 급격히 관심을 보이며, 어른들의 행동을 모방하면서 즐거움을 느낍니다. 하지만 자동차 놀이나 문을 여닫는 놀이만 반복하거나 계속 머리카락을 꼬는 행위만 하는 등 특정 감각이나 놀이에 매달리는 아이들이 일부 있습니다. 부모가 보다 못해 아이가 집착하는 장난감을 뺏거나 다른 장난감 놀이를 시키려 하면 소리를 지르면서 심한 거부 행동을 하기도 합니다. 그럴 때 아무 조치를 취하지 않으면 아이는 다른 영역을 배우지 못해 인지 발달의 불균형이 초래됩니다. 특정 뇌 영역의 기능이 저하되어 특정 학습을 잘 못하는 학습 장애, 사회성 두뇌 발달에 문제가 발생하는 자폐 스펙트럼 장애 등이 생기게 되는 것이지요.

그러므로 지나치게 한두 가지 장난감이나 자극에만 매달리는 아이는 전문가를 찾아가 상담을 통해 치료를 받게 하는 게 좋습니다. 아이가 체질적으로 심한 불안이 있는 경우 아이는 불안을 다스리는 놀이 심리 치료를 받게 하고, 부모 또한 플로어타임(floortime) 같은 부모 교육 프로그램을 통해 아이를 제대로 보살피는 법을 배우는 것이 좋습니다. 강박 성향이 심하거나 자폐 스펙트럼 장애가 있는 경우 치료는 빠르면 빠를수록 좋기 때문에 아이에게 문제가 있다고 판단되면 되도록 빨리 전문가를 찾는 것이 필요합니다. 다만 특정 놀이에만 몰두하는 아이가 세 돌이 지나면서 자연스럽게 정상 발달을 하는 경우도 있으므로 섣부른 판단과 걱정으로 오히려 문제를 키우지 않는 것도 중요합니다.

5 심하게 자기주장만 하고 고집이 세요

아이가 두 돌쯤 되면 대개 자기주장이 강해지면서 고집을 부리는 경우가 많아집니다. 눈치가 없는 것은 아니지만 아직 욕망이나 충동의 통제가 잘 되지 않아 떼를 쓰는 것이지요. 심하면 자기중심적 시각만 고집하며 타인의 감정과 생각을 잘 읽지 못해 타인과 공감하지 못하기도 합니다. 어린이집에서 친구를 때리고도 별로 미안해하지 않을뿐더러 나무라는 선생님을 오히려 원망하는 아이가 바로 그런 경우입니다. 그런 아이는 동생에게도 일절 양보가 없고 다른 아이들이 가지고 노는 장난감을 뺏고서도 사과의 말을 할 줄 모릅니다.

이럴 때 대부분의 부모나 교사들은 "우리 아이가 좀 고집이 센 편이에요", "아이가 자기주장이 강한 편이에요"라고 말하며 나이가 들면 자연스럽게 나아질 것이라 생각합니다. 하지만 너무 고집이 세고, 타인의 입장을 전혀 받아들이지 못해 적응도 잘 못한다면 문제가 심각하다고 볼 수 있습니다. 그럴 때는 아이의 눈을 똑바로 보고 "네가 그러니까 엄마는 기분이 나빠"라면서 엄마의 감정과 생각을 확실히 전달해서 아이가 그것을 받아들이는 모습을 잘 관찰할 필요가 있습니다. 만약 아이가 수긍하면 괜찮지만 회피를 하거나 타인의 입장을 인지하지 못하고 계속 자기 입장만 고수한다면 그 원인을 알아내 고쳐야 합니다.

■ 공격성이 너무 강해요

아이가 두 돌경에는 전두엽 발달이 미숙한 탓에 공격적 행동을 자제하지 못하는 경우가 많습니다. 그래서 타인에게 공격적 행동을 쉽게 하게 되고, 뜻대로 안 해주면 자해 행동도 마다하지 않습니다. 하지만 세 돌에 가까워지면 어느 정도 사고력이 발달하면서 기분이 나쁠 때는 언어로 자신의 입장을 간략하게나마 설명하는 게 가능해지고, 따라서 공격적 행동도 줄어들게 됩니다.

하지만 세 돌이 지났는데도 친구나 동생을 때리고 기분이 나쁘면 벽에 머리를 박는 행동을 자주 하는 아이는 공격성이 과도하다고 볼 수 있으며, 그럴 때는 전문가의 도움을 받아야 합니다. 공격성이 강해지는 원인은 보통 다음과 같이 나눠 볼 수 있습니다.

● 부정적 정서를 제대로 조절 못 하는 아이

아이가 나쁜 기분에 휩싸였을 때 주변 어른들이 그것을 빨리 조절해 주지 않으면, 아이의 감정 조절 능력이 제대로 발달하지 않을 수 있습니다. 이 경우 아이는 부정적 감정을 바로 행동으로 표출하게 됩니다. 공격적 성향이 강해지는 것이지요.

● 자아상이 나쁜 아이

세 돌 이전에 주 양육자와 애착 형성이 제대로 되지 않았거나, 주변 어른들로부터 '너는 왜 항상 이 모양이니?'라는 등의 부정적 피드백을 주로 받고 자란 아이는 자신이 나쁜 아이라는 고정관념을 갖게 됩니다. 그래서 쉽게 타인과 자신을 공격하게 됩니다.

● 공격자와의 동일시

흔히 가정폭력이나 신체적 학대를 경험한 아이들에게 나타나는 현상으로 가해자의 폭력을 무의식중에 배워 그대로 타인에게 공격적 행동을 하는 것을 말합니다.

이처럼 공격적 행동의 원인에 따라 대처 방법이 다를 수 있으나 일단 아이가 공격적 행동을 보일 때는 그 행동을 멈추게 하고, 아이의 흥분이 가라앉을 때까지 기다려야 합니다. 바로 야단을 치면 아이는 더 흥분하여 더 공격적으로 행동할 수 있기 때문입니다. 그런 다음 눈을 똑바로 보면서 아이의 공격적 행동으로 인해 발생하는 결과들을 'I message'로 알려 줘야 합니다. 이를테면 "네가 때리면 ○○가 아파", "엄마가 너무 놀라 힘들어"라는 식의 말을 해 줌으로써 아이 스스로 자신의 공격적 행동을 조절하려는 동기를 가질 수 있게끔 돕는 것이지요.

2 대소변을 자주 보거나 지려요

아이들은 18개월경에 대변부터 시작해 소변을 가리게 됩니다. 대략 36개월이면 대소변을 모두 가리게 되어 기저귀를 떼게 되지요. 하지만 일부 아이들은 처음부터 대소변을 잘 못 가리거나, 한동안 잘 가리다가 갑자기 대소변을 지리기도 합니다. 처음부터 대소변을 잘 가리지 못하는 아이들은 신경 발달이 또래보다 늦거나 부모의 배변 훈련 방법이 올바르지 못한 경우가 많습니다. 배변 훈련을 너무 강압적으로 시키거나 아이가 준비되기도 전에 너무 일찍 시키면 아이가 이를 두려워할 수 있습니다. 그러므로 먼저 편안하게 아랫도리를 벗겨 놓고 꼭 변기가 아니더라도 대소변을 보게 하는 등 아이의 두려운 감정을 먼저 없애 주는 게 좋습니다. 그리고 소아과나 비뇨기과 진료를 통해 기질적 원인이 있는지 알아보고 교정을 하는 것이 필요합니다.

애착 대상과의 갑작스러운 분리 혹은 가정 폭력 등 아이 스스로 감당하기 어려운 스트레스를 받으면 자기 조절력을 잃어버려 갑자기 잘 가리던 대소변을 못 가리게 됩니다. 이런 경우에는 스트레스의 원인을 없애고 아이를 기다려 주어야 합니다. 불안 증상으로 인한 아이의 빈뇨 증상은 불안을 감소시켜야 호전되므로 아이를 야단치지 말고 불안의 원인부터 파악해서 그에 맞게 대처를 해야 합니다.

3 암기만 유독 잘하는 아이는 위험합니다

요즘 부모들은 아이가 두 돌만 지나면 한글과 숫자를 가르치려 난리입니다. 하지만 대부분의 아이들은 다양한 자극에 관심이 많기 때문에 단순히 글자를 외우는 것보다는 놀이를 더 재미있어 합니다. 예를 들어 엄마가 의자에 '의자'라는 단어 카드를 붙여 놓아도, 아이는 카드보다 의자를 뒤집어 그 위에 수건을 씌워 텐트를 만드는 창의적 놀이에 더 관심을 보입니다. 그런데 놀이에는 전혀 관심이 없고 글자나 숫자 암기만 좋아하고 잘하는 아이들이 간혹 있습니다. 그럴 때 부모는 자신의 아이가 영재일지로 모른다는 착각에 빠지는데요. 결론부터 말하자면 그런 아이는 창의적 놀이를 즐기는 아이보다 오히려 인지능력이 떨어질 확률이 높습니다. 예를 들어 불안 증상이 심한 아이의 경우 다양한 자극에 관심을 갖지 못하고 규칙성이 있는 글자, 숫자 등에만 과도한 관심을 보여 유난히 암기 능력이 좋아 보일 수 있습니다. 전반적으로 인지 발달이 느릴 때에도 비교적 단순한 암기 능력 위주로 인지가 발달할 수 있습니다.

그러므로 특정 숫자, 글자에 대한 암기력이 뛰어난 아이라면 다른 영역에도 관심을 보이는지, 사고력과 이야기 능력도 함께 잘 발달하고 있는지 체크해 보아야 합니다. 불안 증상으로 인해 특정 자극에만 집착하며, 다른 분야의 성장이 느린 경우에는 불안 치료와 함께 인지적 유연성을 기르는 인지 치료도 병행하는 것이 좋습니다.

4 너무 엄마 눈치를 보고, 자꾸만 엄마를 도와주려고 해요

서너 살밖에 안 된 아이가 너무 엄마 눈치를 보면서 엄마의 비위를 맞추려 하고, 형제를 돌보려고 한다면 문제가 있다고 볼 수 있습니다. 착한 아이라고 생각하며 안심할 때가 아니라는 말입니다. 3세 전까지 주 양육자와 건강한 애착 관계를 형성한 아이들은 세상을 신뢰하고, 타인과 갈등이 생겨도 잘 해결하며, 친구들을 잘 사귀고, 어려울 때 회복하는 능력도 뛰어납니다. 하지만 부모의 우울증이나 비일관적인 양육 태도로 불안정 애착을 형성한 경우에는 사회성 영역 발달에 문제가 생기게 됩니다.

특히 엄마가 우울하거나 정신적 스트레스가 심해 아이를 돌볼 마음의 여유가 없고 자신의 문제에 함몰되어 있으면, 아이는 능력도 없으면서 엄마를 돌보려고 하는 마음을 가지게 됩니다. 이처럼 아이가 심리적으로 어른을 돌보는 상태가 지속되면 역할 전도형 애착 관계가 형성됩니다. 겉으로 봐서는 아이가 지나치다 싶을 정도로 순응적이고, 항상 동생이나 엄마를 돕는 행동을 하기 때문에 효자, 효녀라고 불리지만 아이가 심리적으로 건강하다고 볼 수는 없습니다. 아이가 아이답게 유년기를 보내지 못할 뿐더러 심리적 여유가 없이 강박적으로 뭐든지 잘해야 한다는 부담으로 자신이나 남들을 몰아가기 때문입니다. 그러면 항상 긴장을 하고, 성취지향적인 면이 지나친 어른으로 성장할 확률이 높습니다. 또 자신의 뜻대로 타인이 움직여지지 않을 때 심한 분노를 느껴 타인에게 과도하게 화를 내는 경우도 종종 있습니다.

그러므로 서너 살밖에 안 된 아이가 너무 부모 비위를 맞추고, 형제들을 돌보려고 한다면 왜 아이답게 어른에게 의존하고 적당히 떼를 부리지 않는지 체크해 볼 필요가 있습니다. 만약 엄마의 우울증이 심해 아이에게 오히려 의존하고 있다면 엄마는 빨리 우울증 치료를 받아야 합니다. 그래서 아이가 부담을 갖지 않게 해야 합니다. 만약 엄마의 우울증 치료가 끝났는데도 아이가 누군가를 계속 돌보려 하면 "네가 정말 하고 싶은 건 뭐야?"라는 질문과 메시지를 꾸준히 보내서 아이 스스로 자신이 원하는 것을 하게끔 지지해 주어야 합니다.

 ## 유치원, 어린이집에서 요구하는 규칙을 지키지 못해요
아이가 두 돌 정도 되면 뜻대로 안 될 때 황야의 무법자처럼 드러눕고 물건을 던지는 방법으로 강렬하게 저항 내지는 분노를 표현합니다. 이때는 아이가 규칙에 대한 감이 없고 미성숙하기 때문에 아이의 위험한 행동을 통제하기가 매우 어렵습니다. 하지만 심하게 떼를 쓰거나 위험한 행동을 할 때마다 부모가 따끔하게 제재를 하거나 올바른 훈육을 하게 되면 아이는 사랑을 받지 못할까 봐 두려워하는 마음에 서서히 참는 버릇을 기르게 됩니다. 그러다 세 돌이 지나면 전반적 인지능력의 발달과 더불어 어느 정도 주변에서 요구하는 규칙을 수용할 수 있는 능력을 갖추게 됩니다.

하지만 일부 아이들은 자신의 의견을 언어로 표현할 수 있는 능력이 있음에도 불구하고 외부에서 요구하는 규칙을 안 지키거나 못 지켜서 문제를 일으킵니다. 집에서 부모가 보지 않으면 형제들과 계속 싸우고 양치나 식사 예절 등을 잘 따르지 않아 말썽을 부리는 것이지요. 어린이집에 다니는 경우에는 선생님 말을 듣지 않고, 친구와도 계속 부딪치는 사례가 발생합니다. 이럴 때 원인별로 처방이 조금씩 달라지는데 다음과 같이 나눠 볼 수 있습니다.

● 전반적 발달 지연일 때

언어, 인지, 운동, 정서, 사회성 발달 등 전 영역에서 발달 지연이 있는 경우에는 당연히 주변에서 요구하는 규칙을 지키기가 어렵습니다. 이때는 발달 지연의 원인을 찾아 치료와 교육을 병행함으로써 우선 발달을 촉진해야 합니다. 만약 원인을 모른 채 자꾸만 아이를 야단치면 반항 장애 등 다른 문제 행동까지 유발할 수 있으므로 유의해야 합니다.

● 사회성 발달에 문제가 생겼을 때

아이가 말은 잘 알아듣고 표현할 줄도 아는데 규칙을 잘 지키지 못하면 사회성 발달에 문제가 없는지 살펴봐야 합니다. 부모와의 애착 형성에 문제가 있거나 디지털 기기와 미디어에 조기 과잉 노출되는 경우 사회성을 담당하는 두뇌 발달에 문제가 생겨 눈치 없는 아이가 될 수 있기 때문입니다. 빠른 시일 내 교정이 안 되면 심리 치료, 부모 교육 등의 치료적 손길이 필요할 수도 있습니다.

●충동적인 기질이 있을 때

아이가 충분히 규칙을 이해하고 따를 마음도 있는데 자꾸 손이 나가고 실수로 규칙을 어기는 일이 발생한다면 잘 참지 못하는 충동적인 기질의 아이일 수 있습니다. 극단적인 경우 ADHD 증상을 보이거나 어른이 되어 조울증 증상이 발현될 가능성도 있고요. 하지만 대부분의 경우는 뇌가 성장하면서 충동적 기질이 조금씩 완화되어 자기주장이 센 보통의 아이로 자라납니다. 그러므로 너무 걱정할 필요는 없습니다. 다만 충동적인 성향이 강한 아이를 양육할 때는 야단을 치기보다 실수할 때 조금 더 기다려 주는 태도가 필요합니다. "그렇게 서두르지 말고, 차분히 마음속으로 하나, 둘, 셋을 세어 봐"라고 말하는 등 좀 더 숙고해서 행동하도록 피드백을 주는 것입니다. 처음에는 받아들이기 어려워하지만 꾸준히 기분 나쁘지 않게 관심을 주고 가르치면 아이는 어느 순간 스스로 규칙을 내면화하게 됩니다.

5~6세

▌생각이 너무 단순해요

부모는 아이가 5세가 되면서부터, 늦어도 6세 즈음에는 한글, 영어, 숫자 학습을 비롯해 초등학교 입학 준비를 시키기 시작합니다. 그때가 되면 아이들이 똑똑해져서 기억을 잘 하고, 집중력도 30분 정도는 유지하며, 논리적인 사고도 가능해지기 때문입니다. 하지만 직접 인지 검사를 해 보지 않고는 아이의 기억력과 집중력, 사고력, 실행 기능 등의 인지 발달이 정상인지 아닌지를 구별하기가 쉽지 않습니다.

그럼에도 아이에게 새로운 학습 자극을 줬을 때 그다지 거부하지 않고 스스로 반복하면서 규칙을 익히고, 필요한 지식을 암기해서 배운 내용을 일상생활에서 응용할 수 있다면 정상적인 인지 발달을 하고 있다고 볼 수 있습니다.

하지만 아이가 단순한 기호와 사실 암기만 잘하고, 배운 지식들을 엮어서 이야기를 만들거나, 그것을 문제 해결에 사용하지 못한다면 사고력과 실행 능력이 떨어지는 것은 아닌지 의심해 볼 필요가 있습니다. 아이가 무언가를 배울 때 조금만 규칙을 바꾸거나 기존의 틀을 벗어나도 어려워하고, 당황하거나 거부하는 태도부터 취하면 더욱 그렇습니다. 생각이 너무 단순한 아이가 위험한 이유는 그 상태로 고착되어 성장할 경우 복잡한 사고가 요구되는 고학년 이후의 학습을 포기하게 되고, 친구들을 비롯한 대인 관계 또한 잘 맺지 못해 심각한 문제를 야기할 수 있기 때문입니다.

그러므로 내 아이가 생각이 너무 단순하다는 판단이 들면 아이의 상태를 세심히 살펴봐야 합니다. 실제로 지능검사에서는 암기력 이외에 체계적 사고력과 응용 능력, 문제 해결 능력, 이해력 등을 다양하게 측정하기 때문에 부모의 기대와 다른 결과가 나올 때가 많습니다.

●아이의 생각이 너무 단순하고 암기만 잘한다면

내 아이가 전반적으로 인지 발달이 느린 것은 아닌지 먼저 점검해 볼 필요가 있습니다. 어려서부터 텔레비전과 스마트폰에 너무 많이 노출된 경우에도 두뇌가 골고루 발달하지 않을 수 있습니다. 글자나 기호 암기는 잘하지만 수동적으로 한정된 자극에만 반복적으로 노출됨으로써 추상적 사고력이 제대로 발달하지 않을 수 있다는 뜻입니다.

●아이의 인지적 유연성이 떨어진다면

불안정 애착 등 다양한 이유로 불안 증상이 심한 아이들은 다양한 자극에 관심을 보이는 대신 규칙성이 있는 글자, 숫자 등에만 과도한 관심을 가질 수 있습니다. 특히 이런 아이들은 스스로 자신의 내면을 알아차리고 말로 표현하는 능력이 떨어져 언어 이해력 및 표현력 등에서 부족한 모습을 보입니다. 이런 경우에는 불안 치료와 함께 인지적 유연성을 기르는 인지 치료를 병행하는 것이 좋습니다.

이처럼 원인에 따른 처방이 다르긴 하지만 모든 부모가 알아 두어야 할 사실이 있습니다. 아이의 사고력이 부족하다고 해서 자꾸 다른 질문을 하거나 억지로 가르치려고 하면 아이가 거부하거나 회피해서 오히려 역효과가 날 수 있습니다. 그럴 때는 아이가 관심을 보이는 것에 부모도 동참해서 그 관심을 넓혀 주는 쪽으로 학습을 시도하는 게 좋습니다.

2 독특한 반복 행동이 너무 오래 가요

아이가 자신의 손가락을 빨거나 엄마의 머리카락을 손가락에 감는 경우가 있습니다. 어떤 아이는 까치발을 하고 다니기도 합니다. 그처럼 아이가 어른들이 보기에 기이한 버릇을 수개월 내지 1년 이상 보일 때가 있습니다. 대부분의 경우에는 두뇌가 성장하면서 신체 감각의 통합이 수월해지고, 생각으로 불안을 누르는 능력이 생기면서 이상한 버릇이 자연스레 없어집니다. 하지만 너무 오래 반복적으로 하는 행동이 있다면 주의 깊게 살펴볼 필요가 있습니다.

이를테면 성기 주변을 계속 자극하거나(자위행위), 눈 깜빡거림으로 시작해 온몸의 근육이 반복적으로 불규칙하게 움직인다면(틱), 혹은 아이가 물건을 반드시 자기가 원하는 위치에만 놓아야 하고, 몸에 뭐가 묻으면 못 견디고 하루에도 몇 번씩 옷을 갈아입는 반복 행동(강박증)이 있는 경우에는 그대로 두어서는 큰일납니다. 증상에 따라 처방법도 달라지는데 그 구체적인 내용은 다음과 같습니다.

●자위행위

자위행위는 3~4세 유아들에게 흔히 나타나는 증상입니다. 아직 미숙한 아이는 성기 부분을 만질 때 느껴지는 쾌감이 강력하기 때문에 부모가 만류해도 자위행위를 통한 짜릿한 감각을 즐기게 됩니다. 하지만 부모와 교사가 제재를 하고 아이 스스로도 사회적으로 바람직한 가치와 규칙들을 내면화하게 되면, 다른 것들에 관심을 가지면서 자연스럽게 자위행위를 멈추게 됩니다. 하지만 학교 갈 나이가 다 되어도 몰래 자위행위를 계속하고, 심한 경우 친구들에게도 심한 성적인 놀이를 시도하는 아이들이 간혹 있습니다. 어린 시절 가정 폭력이나 엄마의 심한 우울증을 겪은 아이들의 경우 부정적 기분에 휩싸일 때가 많은데, 그때마다 자위행위를 하며 기분을 전환하는 버릇이 어느 순간 고착화되는 모습을 보입니다. 그럴 때는 무엇보다 아이가 심한 스트레스로 인해 부정적 기분에 사로잡히지 않게 하는 치료가 선행되어야 하며, 그와 함께 아이의 스트레스를 유발하는 원인 자체를 없애도록 노력해야 합니다.

한편 지나친 학습 강요 등으로 재미를 잃어버린 아이들이 자신의 성기를 자극함으로써 얻는 쾌감을 즐기는 경우도 있습니다. 부모가 불안이나 무지로 인해 놀잇감을 없애고 책이나 학습 도구만 아이에게 일방적으로 강요했을 때 그런 현상이 나타나는데요. 그럴 때는 책을 잠시 미뤄 두고 아이가 좋아하는 놀잇감을 가지고 즐겁게 노는 시간을 늘리는 게 필요합니다. 아이의 잃어버린 재미들을 찾아 주는 게 먼저라는 이야기입니다.

●틱 증상

일시적으로 긴장이 증가하면 얼굴을 찡그리거나 눈을 깜빡이는 등의 틱 증상을 보일 수 있습니다. 하지만 긴장을 유발하는 환경이 사라지면 아이는 다시 정상으로 돌아오는데요. 근육을 움칠거리는 버릇이 있다가 한동안 괜찮다가 다시 시작되는 기간이 1년 이상 계속되면 틱 장애일 확률이 높습니다. 틱 장애는 뇌의 체질로 인해 발생합니다. 스트레스, 불안으로 증상이 악화될 수는 있지만 그렇다고 틱 체질이 없는 아이가 스트레스로 인해 틱 장애에 이르지는 않습니다. 틱 증상이 심한 경우라면 전문가를 찾아가 증상을 억제하는 약물을 처방받는 것이 좋습니다. 하지만 아직 틱 체질을 교정하는 과학적 방법은 개발되지 않은 상태이므로 괜히 과학적으로 규명되지 않는 치료에 매달려 아이를 고생시켜서는 안 됩니다.

●강박 증상

체질이든 아니면 환경적 스트레스가 높아서든, 스스로 감당하기 어려운 불안에 휩싸이게 될 경우 아이들은 고집스럽게 특정 행동을 반복하는 경향이 강해집니다. 유치원에서 꼭 제자리에 앉기를 고집해서 사사건건 친구들과 부딪히는 아이, 뭐가 조금만 몸에 묻으면 못 견뎌 바로 씻거나 옷을 갈아입어야 하는 아이가 그에 속하는데요. 아이가 보이는 강박적 행동이 지나쳐서 일상생활을 영위하기가 쉽지 않다면 가급적 전문가를 방문하여 그 원인이 무엇인지 알아보는 것이 필요합니다. 불안 정도가 높은 상태로 계속 성장하게 되면 아이는 자신의 능력을 제대로 발휘하지 못해 학업과 친구 관계에서 문제를 일으키고, 조금만 어려운 상황이 생겨도 못 견디고 무너질 수 있기 때문입니다.

3 너무 산만하고, 집중을 잘 못해요

아이들은 어른에 비해 몸을 가만히 두고 오래 집중하지 못합니다. 그도 그럴 것이 따분한 자극을 견디며 집중하는 능력, 차분히 앉아 정적인 활동을 할 수 있는 능력, 욱하지 않고 충동을 조절하는 능력 등은 전두엽의 성장을 필요로 합니다. 그런데 아이 개인마다 전두엽의 성장 속도가 다릅니다. 그러다 보니 집중력과 자기 조절력이 늦게 발달하는 아이들도 꽤 있습니다.

산만해 보이는 아이들의 가장 흔한 원인은 전두엽의 성장 속도는 느린 반면 신체적 에너지는 많은 체질을 타고나는 것인데요. 대부분의 남자아이들이 이 경우에 해당됩니다. 하지만 막상 부모가 되면 자신의 아이만 유독 산만하고 까부는 게 아닌가 걱정을 하게 되지요. 그러다 아이가 정신없이 뛰어다니고 좀처럼 앉아 있지 못하면 자신도 모르게 화를 내고 야단을 칩니다. 하지만 그럴 때는 야단을 치기보다 아이의 눈높이에 맞추어 원하는 대로 에너지를 발산할 수 있도록 실외 활동을 늘려 주어야 합니다. 또 학습을 시킬 때는 짧은 시간 단위로 끊어서 시켜야 합니다. 또 산만한 아이는 말을 대충 흘려듣는 경우가 많으므로 아이에게 전하고 싶은 말이 있을 때는 시선을 맞추고 천천히 반복해서 알려 줘야 합니다. 아이가 잘 못 참고 소리를 지르는 행동을 하면 '잠시 멈추기'를 하고 2~3분간 가만히 숨쉬기를 한 후 주의를 전환하고 다른 놀이에 집중하게 하는 것이 좋습니다. 아이가 화를 내면 먼저 마음속으로 다섯까지 세게 해서 스스로 기분 조절력을 키우게 하는 것도 괜찮습니다. 그렇게 해서 아이가 나는 좋은 아이니까 공부할 때는 집중하고, 기분 나쁠 때도 한번 참아 보고, 생활 속 규칙들을 잘 지키는 사람이 되어야겠다는 내적인 동기를 유지할 수 있도록 부모가 당근과 채찍을 잘 구사할 필요가 있습니다.

요즘 부모들은 자신의 아이가 산만할 경우 ADHD가 아닌지부터 걱정하는데요. ADHD는 두뇌 발달의 어려움으로 유난히 집중을 못 하고, 잠시도 가만히 있지 못하고, 충동 억제가 어려워 조금만 화가 나도 공격적 행동을 하는 것을 말합니다. 만약 아이의 산만함이 너무 지나치다 싶으면 다음과 같은 항목들이 내 아이에게도 해당되는지 체크해 볼 필요가 있습니다. 체크된 항목이 세 개 이하이면 괜찮지만 절반 이상 해당되면 전문가를 찾아가 상담을 받는 게 좋습니다. 정확한 진단과 평가 결과에 따라 부모 교육, 약물 치료, 심리 치료, 운동 치료, 사회성 기술 훈련, 학습 치료 등의 치료 요법을 받으면 ADHD는 대부분 완치되므로 너무 늦지 않게 치료를 받게 하는 것이 가장 중요합니다.

1. 세부적인 면에 대해 꼼꼼하게 주의를 기울이지 못하거나, 학업에서 부주의한 실수를 한다.
2. 손발을 가만히 두지 못하거나 의자에 앉아서도 몸을 꼼지락거린다.
3. 일을 하거나 놀이를 할 때 지속적으로 주의를 집중하는 데 어려움이 있다.
4. 교실이나 자리에 앉아 있어야 하는 상황에서 앉아 있지 못한다.
5. 다른 사람과 마주보고 이야기할 때 경청하지 않는 것처럼 보인다.
6. 그렇게 하면 안 되는 상황에서 지나치게 뛰어다니거나 기어오른다.
7. 지시를 따르지 않고, 일을 끝내지 못한다.

8. 여가 활동이나 재미있는 일에 조용히 참여하기가 어렵다.

9. 과제와 일을 체계적으로 하지 못한다.

10. 끊임없이 무엇인가를 하거나 마치 모터가 돌아가듯 움직인다.

11. 공부 등 지속적인 노력이 요구되는 과제를 하지 않으려 한다.

12. 지나치게 말을 많이 한다.

13. 과제나 일을 하는 데 필요한 물건들을 잃어버린다.

14. 질문이 채 끝나기도 전에 성급하게 대답한다.

15. 쉽게 산만해진다.

16. 차례를 기다리는 데 어려움이 있다.

17. 일상적으로 하는 일을 잊어버린다.

18. 다른 사람을 방해하거나 간섭한다.

4 타인 앞에서 자기 의견을 발표하지 못하고 심지어 말도 잘 안 해요

대부분의 부모들은 아이의 기질이 순하고 자기 표현이 많지 않으면 착하고 말을 잘 듣는다고 칭찬합니다. 반면 활발하고 자기주장이 강한 아이는 모나지 않을까 걱정하지요. 하지만 아직 전두엽의 발달이 미성숙한 유아기에는 어른들이 정해 놓은 틀에서 자꾸 벗어나려고 하고, 떼를 쓰는 게 오히려 건강함의 증거일 수 있습니다. 전문가의 입장에서 보자면 매사 주변의 요구에 순응하고, 불편해도 참으며, 자신의 목소리를 제대로 내지 못하는 아이들의 경우 사회성이 부족하고 자신의 감정에 대한 인식조차 제대로 못 하는 사례가 너무 많습니다. 하지만 부모는 자신의 아이가 순하다고만 생각하다가 아이가 친구들에게 따돌림을 당하거나 유치원 등원을 거부할 정도가 되어서야 문제를 인식하게 되지요. 타인 앞에서 자기 의견을 잘 발표하지 못하고, 말도 잘 못하는 아이들은 크게 다음의 세 가지 경우로 나눠 볼 수 있습니다. 내 아이가 혹시 그에 해당되지 않는지 살펴볼 필요가 있습니다.

●억압 성향의 기질을 타고난 경우

매사에 예민하고 긴장을 많이 하며 새로운 자극에 스트레스를 심하게 받는 기질을 타고난 아이들이 있습니다. 이런 아이는 잠들기도 어려워하고, 겨우 재워도 자주 깨고, 낯가림이 너무 심해 엄마 외에는 아무에게도 가지 않는 모습을 보입니다. 그런데 까다롭고 예민한 것을 넘어서 억압 성향의 기질을 타고난 경우에는 주변의 자극을 극도로 회피해 버림으로써 매사에 반응이 적고 표현도 잘 하지 않게 됩니다. 그럴 때 부모는 자신의 아이가 그저 순하다고만 생각하는 오류를 범하게 되지요. 하지만 억압 성향의 기질을 타고난 아이들도 부모가 아이의 기질을 알고 충분히 기다려주면 점점 지능이 발달하면서 두려움과 회피 행동이 줄게 됩니다. 그래서 초등학교 입학 직전의 연령이 되면 자기를 보호하는 사회적 기술을 습득해서 두려움을 주는 새로운 환경에도 자신만의 방식으로 적응하는 모습을 보입니다.

●강압적인 양육 환경에서 크는 경우

아이가 자신이 정한 틀에서 벗어나는 것을 못 견디는 부모들은 아이에게 시도때도 없이 예의범절과 청결, 학습 등을 강요합니다. 그들은 아이가 자기 식으로 서투르게 행동할 때 그것을 참지 못하고 강하게 야단을 치거나 심하면 때리기까지 합니다. 그처럼 아이에게 실수를 용납하지 않고 정해진 규칙을 따르라고만 강요하면 아이는 매사에 부모의 눈치를 보느라 항상 긴장하고 불안해할 수밖에 없습니다. 부모의 강요가 자기 감정조차 제대로 인식하지 못하고 아무것도 표현할 줄 모르는 아이를 만드는 것입니다.

●이미 정신병리가 발생한 경우

'선택적 함구증(Selective Mutism)'이란 질환을 겪는 아이들이 있는데, 이들은 집 안에서는 쾌활하게 말을 잘하는데 집 밖에서 낯선 사람들과는 통 말을 하지 않습니다. 유치원에서 친구들과도 말을 잘 안 하고 행동으로만 표현하며, 타인 앞에서 발표를 절대 하지 않으려고 합니다. 심하면 걸려 오는 전화도 피하는 경우가 종종 있습니다. 선택적 함구증을 앓는 아이들은 처음에는 불안해서 말을 못 하다가 점점 말을 안 하는 편리함에 익숙해져 습관이 되어 버리는데, 그러면 치료를 해도 호전이 되기 어려울 수 있습니다. 선택적 함구증과 비슷한 경우로 사회불안 장애를 들 수 있는데, 이 장애를 앓는 아이들은 새로운 장소에 가고, 남 앞에 나서는 것을 극도로 꺼려 발표를 하지 못합니다. 이들은 선택적 함구증을 가진 아이처럼 아예 집 밖에서 말을 안 하는 것은 아니지만 익숙한 환경이 아니면 항상 긴장하고 불안해하는 증상을 보입니다.

이처럼 정신병리 수준까지 아이에게 불안 증상이 있다면 반드시 소아 정신과 병원을 방문하여 심리 검사와 진단 과정을 통해 원인을 파악하고 맞춤 치료를 받아야 합니다. 하지만 대부분의 아이들은 부모가 양육 태도를 허용적으로 바꾸고, 아이가 자기표현을 제대로 할 때까지 기다려 주고, 뭐든지 다른 아이보다 천천히 적응하도록 배려하면 호전되는 모습을 보입니다. 서서히 자기주장을 하게 되고 표현력도 늘어나게 되지요. 그 과정에서 무엇보다 중요한 것은 부모의 기다림입니다. 아이가 빨리 좋아지지 않더라도 기대치를 낮추고 아이가 따라올 때까지 충분히 기다려 줄 수 있어야 합니다. 그러면 아이는 어느 순간 어려운 상황에서도 두려워하지 않고 나름대로의 방식으로 대처하는 능력을 키우게 됩니다.

5 어려운 상황을 미리 포기하거나 회피해 버려요

어떤 것이든 조금이라도 어려울 것으로 예상되면 "나 못해", "안 해", "싫어요"를 입에 달고 사는 아이들이 있습니다. 심지어 지능검사를 하는 중에 충분히 할 수 있음에도 불구하고 미리 포기하거나 다른 곳을 쳐다보는 등의 회피 행동으로 100에도 훨씬 못 미치는 낮은 점수를 받는 경우도 있습니다. 그러면 부모는 결과를 보고 충격을 받게 됩니다. 보통 아이들보다 더 똑똑하고 잘하는 아이가 어떻게 이렇게 낮은 지능 점수를 받을 수 있느냐며 도저히 결과를 그대로 받아들이지 못하겠다는 반응을 보이는 것이지요.

그도 그럴 것이 그런 아이들은 스트레스가 없는 상황에서는 아무런 문제없이 잘 지내다가, 어려운 일이 생겨 새로운 전략이나 적극적 도전이 필요한 상황이 되면 뒤로 물러섭니다. 그래서 집에서는 잘 모를 수가 있습니다. 대부분 어린이집 혹은 유치원에서 친구와 부딪히거나 어려운 과제를 수행해야 할 때 비로소 문제가 드러나기 때문입니다.

'내가 어떠한 사람'이라는 자기 정체성의 가장 핵심적인 부분은 유아기에 형성됩니다. 이때 바로 '나는 어떤 경우에라도 왠지 좋은 사람' 혹은 '나는 왠지 항상 부족하고 뭔가 나쁜 일이 많이 생기는 사람'이라는 개념이 생기는 것이지요. 그런데 유아기에 부정적 자아상을 지니게 된 아이는 성장하면서 학업과 대인관계에서 어려움을 보일 뿐 아니라 사춘기가 되면 우울증에 빠지거나 자해를 하는 등 정신적인 문제를 겪게 될 확률이 높습니다. 그러므로 처음부터 아이가 부정적 자아상을 갖지 않도록 하는 것이 중요한데요. 부모들이 특히나 주의해야 할 부분들은 다음과 같습니다.

●자신의 능력보다 더 잘하도록 강요받고 자란 경우

발달이 또래보다 느린 아이들이 있습니다. 그런데 그 아이들이 보통의 아이들과 비슷한 수준의 교육을 받고, 부모 역시 또래 아이들과 자꾸만 비교를 할 때, 아이는 세상이 너무 버겁다고 느낍니다. 그 결과 아이는 자신이 뭘 해도 부족한 사람이라는 생각에 빠져 어느 순간 스스로 할 수 있는 일조차 못 한다고 포기해 버리게 됩니다. 반대로 아이가 정상 발달을 하고 있는데도 부모가 욕심을 부려 지나친 선행 수업, 영어 학습, 예능 교육을 강요하는 경우에도 아이는 패배감과 좌절감을 느끼며 자신감을 잃어버리게 됩니다.

●비교로 인해 아이의 자신감에 심한 손상을 주었을 때

어릴 때부터 매사 형제나 다른 아이들과 비교하며 양육하는 경우, 아이는 항상 부모 눈치를 보며 자신이 뭔가 부족한 아이가 아닐까 하고 걱정하게 됩니다. 그럴 때 부모 역시 무의식적인 열등감이 있어서 자기도 모르게 아이를 있는 그대로 보지 못하고 항상 더 잘하는 다른 아이들과 비교하여 판단하고 걱정하기 때문에, 자신들의 실수를 잘 깨닫지 못합니다. 그러다 아이가 자신감이 너무 떨어져서 자포자기함으로써 뭐든 거부하는 상황에 이르러서야 놀라게 되지요. 어떤 아이들은 몸이 아프다며 무기력하게 자꾸 누워 있기 때문에 신체가 허약하거나 병이 생긴 것으로 오해하는 상황이 발생하기도 합니다. 물론 그럴 경우 엉뚱한 치료를 하게 되기 때문에 상황은 더 악화되기 마련입니다. 그러므로 그 어떤 순간에라도 부모의 비교는 아이를 멍들게 한다는 사실을 기억해야만 합니다. 부모의 비교로 인해 다친 아이의 자존감을 회복하기란 너무 어렵기 때문입니다.

● 가정 폭력, 학대에 시달린 경우

부모가 아이들 앞에서 소리를 지르며 싸우는 모습을 보이면 아이는 그 자체만으로도 힘들어합니다. 그런데 그 과정에서 물리적인 폭력까지 당하게 되면 아이는 자신이 이런 취급을 받을 만큼 값어치가 없는 사람이라고 생각해서 부정적인 자아상을 형성하게 됩니다. 그처럼 가정 폭력과 학대에 시달리며 자란 아이들은 자신이 아무런 쓸모가 없는 사람이라고 생각해 무언가 시도하는 것조차 두려워하게 됩니다.

그 어떤 상황에서도 부모는 아이의 자아상이 건강하게 자리잡을 수 있도록 노력해야 하는 존재입니다. 어린 아이에게 부모는 그야말로 세상 전부이기 때문입니다. 그러므로 일반적인 잣대로 내 아이를 바라봐서는 안 됩니다. 아이가 가진 고유의 능력을 있는 그대로 바라보고, 아이가 그것을 잘 꺼내어 쓸 수 있게끔 도와주어야 합니다. 그러기 위해서는 아이의 긍정적 자아상 형성에 방해가 되는 환경적 요인은 빨리 제거하고, 아이가 자신의 능력을 건강하게 키워 나가도록 기다리는 자세가 필요합니다. 부모가 양육 기술을 제대로 배우고 익혀야 하는 이유이기도 합니다.

신의진의 아이심리백과

초판 1쇄 2021년 11월 8일
초판 4쇄 2023년 9월 8일

지은이 | 신의진
발행인 | 강수진
구성 | 이승민
편집 | 유소연 조예은
마케팅 | 곽수진
홍보 | 이여경
디자인 | design co＊kkiri
일러스트 | 굴리굴리

주소 | (04075) 서울시 마포구 독막로 92 공감빌딩 6층
전화 | 마케팅 02-332-4804 편집 02-332-4806
팩스 | 02-332-4807
이메일 | mavenbook@naver.com
홈페이지 | www.mavenbook.co.kr
발행처 | 메이븐
출판등록 | 2017년 2월 1일 제2017-000064